Reúso da Água:

Conceitos, Teorias e Práticas

Blucher

Reúso da Água:

Conceitos, Teorias e Práticas

2ª Edição revista, atualizada e ampliada

Coordenadores
Dirceu D'Alkmin Telles
Regina Helena Pacca Guimarães Costa

Autores
Ariovaldo Nuvolari
Elisabeth Pelosi Teixeira
Flávio de Miranda Ribeiro
José Edmário do Nascimento
Karen Stange
Lineu José Bassoi
Marcos Olivetti Souza
Pedro Norberto de Paula
Regina Helena Pacca Guimarães Costa
Ruben Bresaola Jr.
Silvia Marta Castelo de Moura Carrara

Reúso da água: conceitos, teorias e práticas
© 2010   Dirceu D'Alkmin Telles
             Regina Helena Pacca Guimarães Costa
2ª edição – 2010
2ª reimpressão – 2016
Editora Edgard Blücher Ltda.

Blucher

Rua Pedroso Alvarenga, 1245, 4º andar
04531-934 – São Paulo – SP – Brasil
Tel.: 55 11 3078-5366
contato@blucher.com.br
www.blucher.com.br

Segundo o Novo Acordo Ortográfico, conforme 5. ed. do *Vocabulário Ortográfico da Língua Portuguesa*, Academia Brasileira de Letras, março de 2009.

É proibida a reprodução total ou parcial por quaisquer meios sem autorização escrita da Editora.

Todos os direitos reservados pela Editora Edgard Blücher Ltda.

FICHA CATALOGRÁFICA

Reúso da água: conceitos, teorias e práticas / coordenação Dirceu D' Alkmin Telles, Regina Helena Pacca Guimarães Costa – 2ª edição – São Paulo: Blucher, 2010.

Vários autores
Bibliografia.

ISBN 978-85-212-0536-4

1. Água – Reúso I. Telles, Dirceu D'Alkmin. II. Costa, Regina Helena Pacca Guimarães.

10-04193   CDD-363.7284

Índices para catálogo sistemático:

1. Água: Reúso: Saúde ambiental: Bem-estar social   363.7284
2. Reúso da água: Saúde ambiental: Bem-estar social   363.7284
3. Água: Uso racional   363.7284

Agradecimentos

Regina Helena Pacca Guimarães Costa
Coordenadora

A Deus... que me deu a oportunidade de viver e aprender...
À vida... que sempre me deu motivos para crescer...
À saúde... que sempre me favorece com o equilíbrio e o bem-estar...
À felicidade... que me dá infinitos motivos para existir...
Ao amor... que alimenta minha alma...
Aos amigos... que dividem comigo este cenário...
e À minha família...
que colore o meu destino e faz com que eu exista em paz!

Coordenadores e Autores

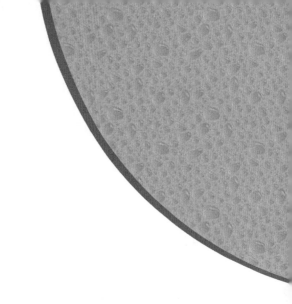

ARIOVALDO NUVOLARI

Tecnólogo (Fatec/SP), Doutor em Saneamento pela FEC/Unicamp, Professor Pleno da Graduação e da Pós-Graduação (Fatec/SP). Atuação em engenharia e consultoria em empresas privadas: Themag Engenharia Paulo Abib, Semasa e Petrobras.

DIRCEU D'ALKMIN TELLES

Doutor na área de engenharia hidráulica (Poli/USP), Engenheiro Civil (Poli/USP), Professor Pleno da Graduação e da Pós-Graduação (Fatec/SP), Professor Convidado da Pós-Graduação (Poli/USP). Ex-Presidente da Abid, Diretor da Fatec Zona Sul. Membro da ABNT. Atuação em recursos hídricos no DAEE/SP e em consultorias para diversas empresas.

ELISABETH PELOSI TEIXEIRA

Doutora em Ciências Biológicas – Microbiologia pelo ICB/USP, Mestre em Ciências Biológicas – Imunologia pelo IB/Unicamp, Graduada em Ciências Farmacêuticas pela Faculdade de Ciências Farmacêuticas de Araraquara – Unesp. Professora do Programa de Pós-Graduação – Mestrado Profissional do Ceeteps desde 2001, Professora de cinco disciplinas do Curso Superior de Tecnologia da Saúde da Faculdade de Tecnologia de Sorocaba (Fatec/SO) desde 1993 e Professora do curso de Engenharia Ambiental da Unesp – Campus Sorocaba desde 2005. Farmacêutica Bioquímica de Bancos de Sangue e de Laboratórios Clínicos e de Análises Clínicas em Sorocaba e Araçatuba-SP (1982-1985) e Técnica de Apoio Superior do Hospital das Clínicas da Unicamp – Campinas-SP (1986-1993).

FLÁVIO DE MIRANDA RIBEIRO

Engenheiro Mecânico (Poli/USP), Técnico em Gestão e Tratamento de Resíduos e Pós-Graduado em Análise Pluridisciplinar do Estado do Mundo pela Universitat Politècnica de Catalunya, Barcelona/Espanha. Especialista em Gestão e Tecnologias Ambientais (Pece – Poli/USP), Mestre em Energia (Programa Interunidades Pós-Graduação em Energia/USP PIPGE). Desde 2004, ocupa a gerência do Setor de Tecnologias de Produção mais Limpa da Cetesb. Professor do MBA em Gestão e Tecnologias Ambientais do Pece/USP.

JOSÉ EDMÁRIO DO NASCIMENTO

Técnico em Química, Plásticos e Borracha, engenheirando em Produção. Coordenador Técnico de Operações da Chevron Oronite do Brasil Ltda. (uma empresa do grupo ChevronTexaco), 11 anos de experiência em plantas petroquímicas e situações diversas em estações de tratamento de efluentes.

KAREN STANGE

Tecnóloga em Saúde pela Faculdade de Tecnologia de Sorocaba. Curso de Gerenciamento de Resíduos Sólidos de Serviços de Saúde pela Fatec/Sorocaba. Tem artigo técnico publicado no Boletim Técnico da Fatec/SP. Coautora de trabalho científico apresentado no 5º Simpósio de Iniciação Científica da Faculdade de Tecnologia de São Paulo. Desde 2004, é Responsável Técnica na área de Saúde da Ortomed Pró-Hospitalar.

LINEU JOSÉ BASSOI

Engenheiro Civil pela Faculdade de Engenharia de Bauru (atual Unesp). Pós-Graduação *Lato Sensu* em Engenharia Ambiental pela Faculdade de Saúde Pública da USP. Diversos cursos de aperfeiçoamento. Funcionário da Cetesb há 31 anos, tendo ocupado diversos cargos de gerenciamento nas áreas de apoio ao controle de poluição, gestão de recursos hídricos e saneamento ambiental. Diretor de Engenharia, Tecnologia e Qualidade Ambiental da Cetesb. Professor convidado de diversos cursos de especialização na área ambiental na Faculdade de Saúde Pública da USP, Programa de Educação Continuada em Engenharia da Escola Politécnica da USP, Fundação Armando Alvarez Penteado – Faap, Fatec/SP – Faculdade de Tecnologia de São Paulo) e em cursos da Cetesb. Professor convidado da OPS/OMS em curso sobre caracterização e tratamento de efluentes industriais.

MARCOS OLIVETTI SOUZA

Técnico em Mecânica pela Escola Técnica São Francisco de Bórgia (São Paulo-SP) e Tecnólogo em Hidráulica e Saneamento Ambiental pela Faculdade de Tecnologia do Estado de São Paulo (Fatec – São Paulo). Vinte anos de experiência em manutenção industrial de máquinas, equipamentos e instrumentos nas indústrias do segmento de alimentos, farmacêutica e cuidados e higiene pessoal. Atua como Projetista de instalações hidráulicas prediais e industriais nos segmentos: comerciais, residenciais, prediais, aeroportuárias, segurança pública, hospitais, transporte urbano, conjuntos habitacionais, petróleo, entre outros. Atuou junto à várias empresas, tais como: RR Consultoria Ltda., Aliança Metalúrgica Ltda., Sanko do Brasil S.A. (Dupont Coated-DPC), Clorox do Brasil Ltda., Novartis Biociências S.A., Progen – Projetos, Gerenciamento e Engenharia Ltda., Elevadores Otis Ltda., Procter & Gamble do Brasil & Cia. E realizou treinamentos corporativos no exterior: Itália, Suíça e Alemanha.

PEDRO NORBERTO DE PAULA FILHO

Tecnólogo em Construção Civil, com Especialização em Tecnologias Ambientais, pela Faculdade de Tecnologia de São Paulo (Fatec/SP). Professor do Centro Paula Souza, com atuação nas escolas Técnicas ETE Benedito Storani e Vasco Antonio Venchiarutti (Jundiaí), Instrutor da Escola Senai Conde Alexandre Siciliano (Jundiaí).

REGINA HELENA PACCA GUIMARÃES COSTA

Tecnóloga (Fatec/SP). Especialista em Tecnologias Ambientais (Fatec/SP). Treinamentos em gestão ambiental. Professora Associada do curso de graduação da Fatec/SP desde1981. Responsável pelas cadeiras de Ciência do Ambiente, Introdução à Hidráulica e ao Saneamento Ambiental, Poluentes Atmosféricos e Reúso da Água. Atuou junto à Suplência de chefia do Departamento de Hidráulica e Saneamento da Câmara de Ensino e da Congregação da Fatec/SP. Professora convidada no curso de Pós-Graduação (Fatec/SP). Vivência em engenharia: Figueiredo Ferraz Consultoria e Engenharia de Projetos; Sothis Delactoquímica Ind. Com. de Produtos para Construção Civil e Hidráulica Ltda.

RUBEN BRESAOLA JÚNIOR

Engenheiro Civil. Professor Doutor do Departamento de Saneamento e Ambiente da FEC/Unicamp. Membro do Conselho Estadual de Recursos Hídricos 1994 a 1998. Representante da Unicamp no Conselho Estadual de Saneamento. Diretor de Projeto e Pesquisa do ICTR-SP. Diretor de Educação do CREA-SP 1997 a 1998. Chefe DSA/FEC/Unicamp 2000 a 2004. Membro da Comissão de Reúso de águas de chuva ABNT.

SILVIA MARTA CASTELO DE MOURA CARRARA

Engenheira Civil formada pela Escola de Engenharia de São Carlos da USP. Mestre em Saneamento pela Universidade Estadual de Campinas. Doutora em Engenharia Hidráulica e Sanitária pela Escola Politécnica da Universidade de São Paulo (2003). Docente do Centro Tecnológico Oswaldo Cruz e das Faculdades Oswaldo Cruz (2003 a 2005). Pesquisadora do Instituto Geológico do Governo do Estado de São Paulo (2005 a 2005).

Prefácio da 2ª Edição

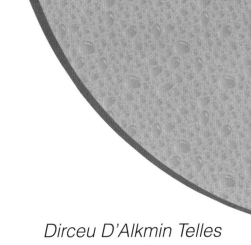

Dirceu D'Alkmin Telles
Coordenador

A 1ª edição de "Reúso da água: conceitos, teorias e práticas" esgotou-se rapidamente, refletindo sua ampla aceitação em estudos, projetos, cursos de graduação e de pós-graduação, quer no LATO, como no *stricto sensu*.

Agregando sugestões recebidas, tendo em vista a evolução da tecnologia e o enriquecimento teórico e prático do livro, a coordenação promove esta 2ª edição com revisões, atualizações e ampliações.

Foram acrescentadas ilustrações, exemplos de aplicação e inserido o capítulo: "Dessalinização da Água", de autoria de um novo colaborador.

Os capítulos 5 – "Esgoto" e 6 – "Tratamento de Efluentes" mereceram atenção especial. Processos avançados de tratamentos de água e de efluentes estão mais detalhados, destacando-se os processos de remoção de sólidos dissolvidos, de sólidos suspensos e de compostos orgânicos, processos de desinfecção e de destilação.

Uma das preocupações constantes das Fatecs – Faculdades de Tecnologia e do Ceeteps – Centro Estadual de Educação Tecnológica Paula Souza é a produção de livros técnicos, especializados, destinados a trabalhos profissionais e aos seus cursos de graduação e de pós-graduação que atendam também estudantes, profissionais e a pesquisadores externos.

A elaboração de "Reúso da água: conceitos, teorias e práticas" é produto do intercâmbio que as Fatecs mantêm com docentes e profissionais externos. Foi construído graças à participação de seus especialistas, da FEC/Unicamp, da Poli/USP, de instituições particulares de ensino e de profissionais de destaque que atuam em empresas oficiais e privadas, mantendo-se as peculiaridades de cada autor.

As Fatecs vêm há quatro décadas formando profissionais competentes através de seus Cursos Superiores de Tecnologia, concebidos e desenvolvidos para atender aos segmentos atuais e emergentes da atividade industrial e do setor de serviços, em consonância com a evolução tecnológica.

Esta 2ª edição de "Reúso da água: conceitos, teorias e práticas" continua não pretendendo esgotar o tema e permanece aberto a sugestões e correções, visando a atualizações e novas edições.

Os coordenadores e autores agradecem às colaborações da FAT – Fundação de Apoio à Tecnologia e do Ceeteps – Centro Estadual de Educação Tecnológica Paula Souza que tornaram possível a reedição deste livro.

Prefácio da 1ª edição

Dirceu D'Alkmin Telles
Coordenador

As Faculdades de Tecnologia, unidades do Centro Estadual de Educação Tecnológica Paula Souza, vêm há mais de trinta e cinco anos formando profissionais competentes por meio de seus cursos Superiores de Tecnologia, concebidos e desenvolvidos para atender aos segmentos atuais e emergentes da atividade industrial e do setor de serviços em consonância com a evolução tecnológica.

O ensino é compromissado com o sistema produtivo, seus currículos são flexíveis, compostos por disciplinas básicas, humanísticas, de apoio tecnológico e de formação específica em cada área de atuação do tecnólogo. A aprendizagem se faz por meio de projetos práticos, estudos de casos e em laboratórios específicos que reproduzem as condições do ambiente profissional, fornecendo condições ao futuro tecnólogo de participar, de forma inovadora, dos trabalhos de sua área. Esta proposta exige um corpo docente formado por especialistas em suas áreas de conhecimento e por professores dedicados ao desenvolvimento do ensino e da investigação científica e tecnológica.

Uma das preocupações constantes das Faculdades de Tecnologia do Ceeteps é a produção de livros técnicos e especializados, destinados aos seus cursos de graduação e de pós-graduação que atendam também a profissionais, estudiosos e pesquisadores de outras instituições.

A elaboração de "Reúso da água: conceitos, teorias e práticas" é produto do intercâmbio que as Fatecs e o Ceeteps mantêm com docentes e profissionais externos em cursos de pós-graduação. Esta obra foi escrita graças a colaborações de professores das Fatecs São Paulo, Sorocaba e Zona Sul, da FEC/Unicamp, da Poli/USP, de instituições particulares de ensino e de profissionais de destaque que atuam em empresas públicas e privadas, mantendo-se as peculiaridades de cada autor.

O livro "Reúso da água: conceitos, teorias e práticas" não pretende esgotar o tema e está aberto a sugestões e colaborações para atualizações e novas edições.

Os organizadores e autores agradecem as colaborações da Fundação de Apoio à Tecnologia (FAT) e do Centro Estadual de Educação Tecnológica Paula Souza (Ceeteps), que tornaram possível a edição desta publicação.

Apresentação

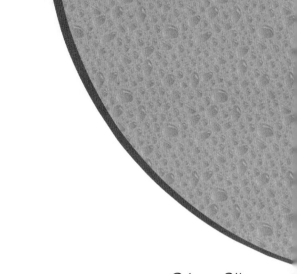

César Silva
Presidente da FAT

A Fundação de Apoio à Tecnologia (FAT) foi fundada em 18 de dezembro de 1987, por um grupo de professores da Faculdade de Tecnologia de São Paulo (Fatec-SP), a partir da necessidade de interagir e obter sinergia com os sistemas produtivos, por meio do desenvolvimento e da gestão de projetos e cursos, tendo em vista a difusão da tecnologia aplicada.

Sendo assim, os objetivos da FAT são: a colaboração com instituições que atuem nas áreas de educação técnica e tecnológica; a oferta de serviços especializados e o apoio a atividades relevantes, desenvolvidas no Centro Paula Souza ou por outros centros e institutos de referência.

Uma das áreas de atuação da FAT é o apoio a eventos e a publicações, como forma de gerar difusão e transferência de tecnologia, a partir de experiências desenvolvidas por docentes, especialistas, mestres e doutores do Centro Paula Souza e de outras instituições de renome.

É com imensa satisfação que a FAT apresenta a obra: "Reúso da água: conceitos, teorias e práticas", resultado do intercâmbio e da colaboração entre os docentes e especialistas da Fatec São Paulo, Fatec Sorocaba, Fatec Zona Sul, FEC/Unicamp e Poli/USP.

Parabenizamos a todos pela iniciativa e pelo resultado deste trabalho, que sem dúvida traz uma contribuição significativa para toda a comunidade acadêmica e nos encoraja a continuar apoiando a publicação de obras que estejam na vanguarda do conhecimento técnico e tecnológico.

Conteúdo

1 *Água: matéria-prima primordial à vida* 1
    1.1   Água no mundo
    1.2   Água no Brasil

2 *Consumo de água* 13
    2.1   Consumo doméstico
    2.2   Consumo industrial
    2.3   Consumo na agricultura

3 *Qualidade da água* 25
    3.1   Impurezas presentes nas águas
    3.2   Qualidade da água de abastecimento urbano
    3.3   Qualidade da água na indústria
    3.4   Qualidade da água na agricultura

4 *Poluição da água* 35
    4.1   Impurezas
    4.2   Tipos de impureza

5 *Esgoto* 41
    5.1   Definição de esgoto sanitário
    5.2   Parâmetros no tratamento do esgoto sanitário
    5.3   Vazões médias
    5.4   Indicadores ambientais

6 *Tratamento de efluentes* 51
    6.1   Tratamento prévio ou preliminar
    6.2   Tratamento primário
    6.3   Tratamento secundário/biológico
    6.4   Tratamento terciário/avançado
    6.5   Disposição final do efluente líquido
    6.6   Tratamento e disposição da fase sólida
    6.7   Disposição final dos resíduos
    6.8   Escolha do tipo de tratamento

7 *Reúso* 153
    7.1   Uma tecnologia sustentável
    7.2   O reúso como opção inteligente
    7.3   Necessidade de reúso
    7.4   Aplicações do reúso
    7.5   Reúso urbano para fins potáveis
    7.6   Reúso agrícola
    7.7   Reúso industrial
    7.8   Recarga de aquíferos
    7.9   Outros tipos de reúso

8 *Água: um bem público de valor econômico* 209
    8.1   Uma preocupação mundial
    8.2   Resumo da Lei das Águas (Lei Federal n. 9.433/97)

- 8.3 Leis, decretos e normas
- 8.4 Reúso na agricultura
- 8.5 Aproveitamento de água de chuva
- 8.6 Resolução Conama n. 357, de 17 de março de 2005
- 8.7 Decreto Federal n. 5.440, de 4 de maio de 2005: controle de qualidade de água para consumo

9 Reúso e uso racional de água na indústria: considerações e exemplos no Estado de São Paulo *249*
- 9.1 Introdução
- 9.2 Usos de água na indústria e seus requisitos
- 9.3 Uso racional e reúso de água
- 9.4 Uso racional de água em alguns setores produtivos no Estado de São Paulo
- 9.5 Exemplos de reúso industrial no Estado de São Paulo
- 9.6 Conclusão

10 Estudos de viabilidade do reúso de águas residuárias provenientes de um processo de galvanoplastia por tratamento físico-químico *281*
- 10.1 Introdução
- 10.2 Objetivos
- 10.3 Revisão bibliográfica
- 10.4 Materiais e métodos
- 10.5 Resultados e discussão
- 10.6 Conclusões

11 Reúso da água de tratamento de efluentes: Chevron Oronite do Brasil *299*
- 11.1 Histórico
- 11.2 Unidade de tratamento de efluentes
- 11.3 Situações críticas e ações necessárias para correções na ETE
- 11.4 Quantidade de amostragens
- 11.5 Pontos de amostragem do sistema
- 11.6 Conclusão

12 Tratamento de esgotos urbanos para reúso – ETE Jesus Netto *315*
- 12.1 ETE Jesus Netto
- 12.2 ETA de Reúso – Jesus Netto
- 12.3 Unidades adaptadas para produção da água de reúso
- 12.4 Disponibilidade de área para ampliação
- 12.5 Característica da água de reúso fornecida
- 12.6 Objetivo principal da ETE Jesus Netto
- 12.7 Ampliação do mercado consumidor
- 12.8 Conclusão
- 12.9 Recomendações

13 Reaproveitamento da água pré-tratada não utilizada para hemodiálise *329*
- 13.1 Resumo
- 13.2 Introdução
- 13.3 Metodologia
- 13.4 Resultados
- 13.5 Discussão e conclusões

14 Dessalinização da água do mar para consumo humano *333*
- 14.1 Histórico do consumo de água dessalinizada
- 14.2 Comparação entre a água doce e a dessalinizada
- 14.3 Processos de dessalinização

Glossário *353*

Referências bibliográficas *397*

Capítulo 1

ÁGUA
MATÉRIA-PRIMA PRIMORDIAL À VIDA

Regina Helena Pacca G. Costa

A água é uma substância vital presente na natureza, e constitui parte importante de todas as matérias do ambiente natural ou antrópico.

A caracterização dos diversos ambientes decorre das variações climáticas, geográficas e pluviométricas que determinarão a presença de água em maior ou menor quantidade durante um ciclo. Formando ou regenerando oceanos, rios, desertos e florestas, a água está diretamente ligada à identidade dos ambientes e paisagens.

A disponibilidade da água define a estrutura e funções de um ambiente responsável pela sobrevivência de plantas e animais assim como todas as substâncias em circulação no meio celular que constituem o ser vivo. Se encontram em solução aquosa: desde os elementos minerais que, procedentes do solo, percorrem as raízes e caule em direção às folhas, para a elaboração dos alimentos orgânicos, até a passagem dos alimentos elaborados, das mais variadas composições químicas, de uma para outra célula, de um para outro tecido, vegetal ou animal, no abastecimento de matéria e energia indispensáveis às funções vitais de nutrição, reprodução e proteção do organismo (Branco, 1999).

Podem-se observar diferentes tipos de seres vivos que se caracterizam pela disponibilidade hídrica, fornecendo a diversidade dos ecossistemas.

A água é a substância predominante nos seres vivos, atuando como veículo de assimilação e eliminação de muitas substâncias pelos organismos, além de manter estável sua temperatura corporal.

Normalmente, os seres vivos obtêm água por meio de ingestão direta, retirando-a de alimentos, ou através de reações metabólicas, como a degradação de gorduras. Por outro lado, perdem água, de forma limitada e controlada, por meio da transpiração, respiração, sistema excretor e urinário.

Conclui-se, portanto, que a água é imprescindível como recurso natural renovável, sendo de suma importância para o desenvolvimento dos ecossistemas, e por consequência, considerada um fator vital para toda a população terrestre. Dessa forma, ela possui um valor econômico que reflete diretamente nas condições socioeconômicas das diversas populações mundiais.

Por ser um fluido vital para todos os seres vivos, é essencial para consumo humano e para o desenvolvimento de atividades industriais e agropecuárias, caracterizando-se, dessa forma, como bem de importância global, responsável por aspectos ambientais, financeiros, econômicos, sociais e de mercado.

1.1 ÁGUA NO MUNDO

Não é à toa que nosso Planeta é chamado de "Planeta Água", pois em sua maior extensão ele é constituído por este fluido.

Apresentando-se em vários estados físicos, possibilita movimentos constantes de manifestação e renovação, caracterizando a forma mais inteligente de reposição contínua: o *Ciclo Hidrológico*, mantido pela energia solar e pela atração gravítica (Figura 1.1).

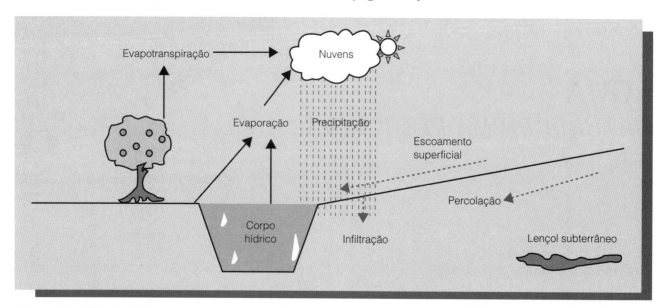

Figura 1.1 Ciclo hidrológico

É através da transformação de seus estados físicos que a água se recicla na natureza sob forma líquida ou sólida. Pelas condições climáticas, geográficas e meteorológicas apresenta-se em vapor, neblina, chuva ou neve, atingindo as superfícies dos oceanos, mares, continentes ou ilhas, justificando-se, dessa forma, como um recurso renovável e móvel, de caráter aleatório, de forma a manter constante o seu volume no planeta.

Todo esse processo ecológico favorece o perfeito equilíbrio do ciclo hidrológico, alternando-se no espaço e no tempo.

A evaporação terrestre somada à transpiração dos organismos vivos sobe à atmosfera; atuam junto às condições climáticas na formação de nevoeiros e nuvens que, sob a ação da gravidade, precipitam-se na terra na fase líquida (chuva, chuvisco ou neblina), na fase sólida (neve, granizo e saraiva), por condensação de vapor de água (orvalho) ou por congelação de vapor (geada).

A superfície terrestre, ao receber a precipitação pluvial, interage com o solo através da infiltração, do escoamento superficial e da percolação. Estes contribuem para as recargas hídricas, tanto em forma de alimentação dos fluxos de água subterrâneos como em descargas nos reservatórios superficiais, além da umidade dos solos e da atmosfera. Considera-se, atualmente, que a quantidade total de água na Terra seja de 1.386 milhões de km^3, em que 97,5% do volume total formam os oceanos e os mares, e somente 2,5% constituem-se de água doce. Este volume tem permanecido aproximadamente constante durante os últimos 500 milhões de anos. Vale ressaltar, todavia, que as quantidades estocadas nos diferentes reservatórios individuais da Terra variam substancialmente ao longo desse período (Rebouças, 1999, ver Tabela 1.1).

Verifica-se, portanto, que embora a Terra tenha sua área predominantemente ocupada por água, a maior parcela desse volume é de água salgada

Tabela 1.1	Volume de água em circulação na terra – km³/ano (1 km³ = 1 bilhão m³)
Precipitação nos oceanos	458.000
Precipitação nos continentes	119.000
Descarga total dos rios	43.000
Volume vapor atmosférico	13.000
Evaporação dos oceanos	503.000
Evaporação dos continentes	74.200
Contribuição dos fluxos subterrâneos às descargas dos rios	43.000

Fonte: Adaptada de Rebouças, 1999

e uma mínima parte de água doce. A grande dificuldade para o aproveitamento desta água é sua distribuição geográfica, uma vez que a quantidade relativa à água doce, em sua maior proporção, se encontra nas calotas polares e geleiras, conforme demonstra a Figura 1.2.

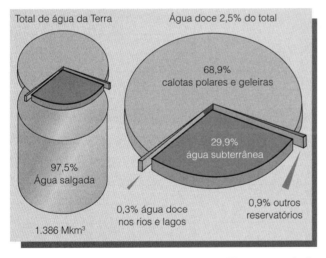

Figura 1.2 Distribuição das águas na Terra num dado instante. *Fonte:* Rebouças, 1999

Os fluxos de água são caracterizados de acordo com o clima e condições geológicas de evapotranspiração e escoamento. Variam sensivelmente no espaço e no tempo, e são medidos por índices pluviométricos. Na Tabela 1.2, observa-se que o maior volume de precipitação se encontra nas zonas intertropicais.

Os mananciais mais acessíveis utilizados para as atividades sociais e econômicas da humanidade são os volumes de água estocados nos rios e lagos de água doce, que somam apenas cerca de 200 mil km³, como se pode verificar na Tabela 1.3.

Isto vem chamando a atenção dos especialistas e estudiosos para a "crise da água", principalmente porque estatisticamente é possível que esse volume se esgote em 30 ou 40 anos, considerando o seu uso por uma população mundial de 5 a 6 bilhões de habitantes, conforme mostra a comparação feita na Tabela 1.4 (Rebouças, 1999).

Os maiores rios do mundo estão, total ou parcialmente, inseridos em regiões úmidas, conforme mostra a Tabela 1.5.

Deve-se considerar que a ausência de condições geológicas para a formação de reservas hídricas é responsável pela dificuldade ou impedimento de acesso à água nos períodos de estiagem, como ocorre nas zonas semiáridas do nordeste do Brasil, que apresentam um quadro de rios temporários, intermitentes e sazonais.

A grande problemática da escassez da água mundial está relacionada com a má distribuição de recursos naturais no espaço em relação à concentração populacional, ou seja, o volume *per capita*, como se pode observar na Figura 1.3.

Sabe-se que os reservatórios hídricos variam de acordo com a condição geográfica, climática e topográfica de cada lugar. O Quadro 1.1 mostra o volume de água doce disponível em rios por continente. Estes dados, juntamente com as concentrações populacionais, personalizam a condição hídrica de cada região.

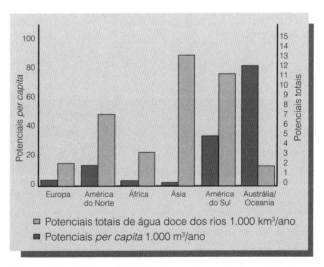

Figura 1.3 Potenciais de água doce dos continentes e influência da população. *Fonte:* Rebouças, 1999

Tabela 1.2 Fluxo de água por regiões climáticas km³/ano

Zonas climáticas	Precipitação	Evapotranspiração	Escoamento total dos rios	Escoamento de base
Temperadas	49.000	27.800	21.200 (48%)	6.500
Áridas e semiáridas	7.000	6.200	800 (2%)	200
Intertropicais	60.000	38.000	22.000 (50%)	6.300
Total (mundo)	116.000	72.000	44.000 (10%)	13.000

Obs. Escoamento-base: é fundamentalmente alimentado pelos fluxos subterrâneos onde deságua na rede hidrográfica da área em apreço. *Fonte:* Margat, 1998

Tabela 1.3 Áreas, volumes totais e relativos de água dos principais reservatórios da Terra

Reservatório	Área (10³ km²)	Volume (10⁶ km³)	% do volume total	% do volume de água doce
Oceanos	361.300	1.338	96,5	–
Subsolo	134.800	23,4	1,7	–
Água doce	–	10,53	0,76	29,9
Umidade de solo	–	0,016	0,001	0,05
Calotas polares	16.227	24,1	1,74	68,9
Antártica	13.980	21,6	1,56	61,7
Groenlândia	1.802	2,3	0,17	6,68
Ártico	226	0,084	0,006	0,24
Geleiras	224	0,041	0,003	0,12
Solos gelados	21.000	0,300	0,022	0,86
Lagos	2.059	0,176	0,013	0,26
Água doce	1.236	0,091	0,007	–
Água salgada	822	0,085	0,006	–
Pântanos	2.683	0,011	0,0008	0,03
Calha dos rios	14.880	0,002	0,0002	0,006
Biomassa	–	0,001	0,0001	0,003
Vapor atmosfera	–	0,013	0,001	0,04
Totais	510.000	1.386	100	–
Água doce	–	35,0	2,53	100

Fonte: Shiklomanov, 1998

Tabela 1.4 Disponibilidade de água por habitante/região (1.000 m³)

Região	1950	1960	1970	1980	2000
África	20,6	16,5	12,7	9,4	5,1
Ásia	9,6	7,9	6,1	5,1	3,3
América Latina	105,0	80,2	61,7	48,8	28,3
Europa	5,9	5,4	4,9	4,4	4,1
América do Norte	37,2	30,2	25,2	21,3	17,5
Total	178,3	140,2	110,6	89	58,3

Fonte: Universidade das Águas – Águas no Planeta, 2001

Tabela 1.5 Os maiores rios do mundo

Rios	Precipitação (mm/ano)	Evapotranspiração (mm/ano)	Lâmina escoada (mm/ano)	Descarga média (m³/s)
Amazonas	2.150	1.062	1.088	212.000
La Plata	1.240	808	432	42.400
Congo	1.551	1.224	337	38.800
Orinoco	1.990	1.107	883	28.000
Mekong	1.570	1.047	523	13.500
Irrawaddy	1.970	992	978	13.400

Fonte: IHP/Unesco, 1991

Quadro 1.1 Volume de água doce dos rios em cada um dos continentes

Continentes	Volume de água doce dos rios (km³)
Europa	76
Ásia	533
África	184
América do Norte	236
América do Sul	916
Oceania	24

Fonte: Embrapa, 1994

O Quadro 1.2 mostra a disponibilidade de água nos continentes em relação ao percentual populacional. Pode-se reparar a insuficiência no continente asiático que possui mais da metade da população mundial, com somente 36% dos recursos hídricos mundiais (Unesco, 2003).

Quadro 1.2 Relação entre a disponibilidade de água e a população em porcentagem

Continentes	Água (%)	População (%)
América do Norte e Central	15	8
América do Sul	26	6
Europa	8	13
África	11	13
Ásia	36	60
Austrália e Oceania	5	1

Fonte: Unesco, 2004

As Tabelas 1.6 e 1.7 revelam que as reservas hídricas mundiais já se encontram à beira do colapso, em algumas regiões.

Tabela 1.6 A situação da água no mundo

Regiões onde há deficiência de água	
África	Saara (9.000.000 km²) Kalahari (260.000 km²)
Ásia	Arábia (225.500 km²) Gobi (1.295.000 km²)
Chile	Atacama (78.268 km²)

Fonte: Uniágua, 2006

Tabela 1.7 Países pobres em água – Os onze países mais pobres de água

País	Disponibilidade – m³/hab x ano
Kuwait	Praticamente nula
Malta	40
Quatar	54
Gaza	59
Bahamas	75
Arábia Saudita	105
Líbia	111
Bahraïn	185
Jordânia	185
Cingapura	211
União dos Emirados Árabes	279

Fonte: Margat, 1998

Onze países da África e nove do Oriente Médio já não têm água. A situação também é crítica no México, Hungria, Índia, China, Tailândia e Estados Unidos. Os países mais pobres em água possuem sua maior concentração populacional próxima aos rios, estando estes localizados em zonas áridas ou insulares da terra. Considera-se que menos de 1.000 m³ *per capita*/ano já representam uma condição de "estresse da água", e que menos de 500 m³/hab.ano já significa "escassez de água" (Falkenmark, 1986).

A Tabela 1.8 mostra como o consumo de água também está diretamente ligado à condição econômica da população, onde se observam níveis de variação ligados ao desperdício por falta de conscientização como consequência da falta de instrução (classe baixa) ou por descaso provocado pelo seu baixo valor monetário (classe alta).

Tabela 1.8	Consumo médio de água no mundo – faixa de renda
Grupo de renda	Utilização anual – m³/ hab.
Baixa	386
Média	453
Alta	1.167

Fonte: Uniágua, 2006

A situação crítica deverá atingir 30 países no ano 2025 (Tabela 1.9), o que sugere a "guerra iminente da água". Os problemas políticos e sociais agravar-se-ão ainda mais pela falta de empenho dos governos na busca do uso mais racional da água. A deficiência poderia ser minimizada mediante o gerenciamento inteligente dos recursos internos, incluindo-se a utilização dos lençóis subterrâneos, o *Reúso* e a adequação nas atividades agrícolas, principalmente (Rebouças, 1999).

Tabela 1.9	Evolução do uso da água no mundo	
Ano	Habitantes	Uso da água m³/hab. x ano
1940	2,3 x 10⁹	400
1990	5,3 x 10⁹	800

Fonte: Uniágua, 2006

Gleick (1993) mostra na Tabela 1.10 os países com "estresse de água" ou "escassez de água".

Numa projeção mais atual, Macedo (2004) compara disponibilidade hídrica e concentração da população. O Quadro 1.3 apresenta os países com escassez de água em 1992, com projeção para 2010, sua população e o tempo previsto para sua duplicação.

O Quadro 1.4 relaciona países com maiores e menores recursos hídricos.

A Uniágua (2005) alerta: "Mais de um sexto da população mundial, 18%, o que corresponde a 1,1 bilhões de pessoas, não tem abastecimento de água". A situação piora quando se fala em saneamento básico, que não faz parte da realidade de 39% da humanidade, ou 2,4 bilhões de pessoas. Até 2050, quando 9,3 bilhões de pessoas devem habitar a Terra, 2 a 7 bilhões destas não terão acesso à água de qualidade, seja em casa ou na comunidade. A confirmação ou não desses números extremados depende das medidas adotadas pelos governos. Estes dados fazem parte de relatório da Unesco (Organização das Nações Unidas para a Educação, Ciência e Cultura), órgão responsável pelo Programa Mundial de Avaliação Hídrica, como preparação para o 3º Fórum Mundial da Água, que aconteceu em Kyoto, Japão, em março de 2003.

Os mananciais do planeta estão secando rapidamente, problema esse que vai se somar ao crescimento populacional, à poluição e ao aquecimento global, com tendência a reduzir em um terço, nos próximos 20 anos, a quantidade de água disponível para cada pessoa no mundo. O volume de água vem caindo desde 1970. "As reservas de água estão diminuindo, enquanto a demanda cresce de forma dramática, em um ritmo insustentável", afirmou o diretor-geral da Unesco, Koichiro Matsuura.

Doenças relacionadas à água estão entre as causas mais comuns de morte no mundo e afetam especialmente países em desenvolvimento. Mais de 2,2 milhões de pessoas morrem anualmente devido ao consumo de água contaminada e à falta de saneamento, sendo mais afetadas as crianças com até cinco anos.

A Unesco montou um ranking de 122 países comparando a qualidade de seus mananciais. A Bélgica ficou em último lugar, atrás de países subdesenvolvidos como a Índia e Ruanda. Isto porque a Bélgica possui escassos lençóis freáticos, intensa poluição industrial e um precário sistema de tratamento de resíduos. No topo da lista estão Finlândia, Canadá, Nova Zelândia, Reino Unido e Japão.

O estudo também constatou disparidade quanto à disponibilidade de água nos diversos países. Cada kuwaitiano, por exemplo, tem à disposição

Tabela 1.10	Países com "estresse de água" ou "escassez de água"					
País	Per capita m³/hab. x ano 1990	Per capita m³/hab. x ano 2025		Per capita m³/hab. x ano 1990	Per capita m³/hab. x ano 2025
África				**América do Norte**	
Argélia	750	380	Barbados	170	170
Burundi	660	280	Haiti	1.690	960
Cabo Verde	500	220	**América do Sul**		
Camarões	2.040	790	Peru	1.790	980
Djibuti	750	270	**Ásia/Oriente Médio**		
Egito	1.070	620	Chipre	1.290	1,00
Etiópia	2.360	980	Irã	2.080	960
Quênia	590	190	Israel	470	310
Lisoto	2.220	930	Jordânia	260	80
Líbia	160	60	Kuwait	<10	<10
Marrocos	1.200	680	Líbano	1.600	960
Nigéria	2.660	1.000	Oman	1.330	470
Ruanda	880	350	Arábia Saudita	160	50
Somália	1.510	610	Cingapura	220	190
África do Sul	1.420	790	Iêmen	240	80
Tanzânia	2.780	900	**Europa**		
Tunísia	530	330	Malta	80	80

Fonte: Gleick, 1993

Quadro 1.3	Países com escassez de água em 1992 – projeção para 2010 – população e tempo previsto de duplicação				
Região/País	Suprimentos de águas renováveis per capita (m³/pessoa) – 1992	Suprimentos de águas renováveis per capita (m³/pessoa) – 2010	Alteração (%)	População (milhões)	Tempo de duplicação da população
África					
Argélia	730	500	32	26,0	27
Botsuana	710	420	–41	1,4	23
Burundi	620	360	–42	5,8	21
Cabo Verde	500	290	–42	0,4	21
Djibuti	750	430	–43	0,4	24
Egito	30	20	–33	55,7	28
Quênia	560	330	–41	26,2	19
Líbia	160	100	–38	4,5	23
Mauritânia	190	110	–42	2,1	25
Ruanda	820	440	–46	7,7	20
Tunísia	450	330	–27	8,4	33
Oriente Médio					
Barein	0	0	0	0,5	29
Israel	330	250	–24	5,2	45
Jordânia	190	110	–42	3,6	20
Kuwait	0	0	0	1,4	23
Quatar	40	30	–25	0,5	28
Arábia Saudita	140	70	–50	16,1	20
Síria	550	300	–45	13,7	18
Emirados Árabes	120	60	–50	2,5	25
Iêmen	240	130	–46	10,4	20

(Continua)

(Continuação)

Quadro 1.3 Países com escassez de água em 1992 – projeção para 2010 – população e tempo previsto de duplicação

Região/País	Suprimentos de águas renováveis *per capita* (m³/pessoa) – 1992	Suprimentos de águas renováveis *per capita* (m³/pessoa) – 2010	Alteração (%)	População (milhões)	Tempo de duplicação da população
Outros					
Barbados	170	170	0	0,3	102
Bélgica	840	870	+4	10,0	347
Hungria	580	570	–2	10,3	–
Malta	80	80	0	0,4	92
Holanda	660	600	–9	15,2	147
Cingapura	210	190	–10	2,8	51
População Total				231,5	
Países com suprimentos de águas renováveis menor que 1.000 m³ por ano (não se inclui água proveniente de países do entorno).					

Fonte: Macedo, 2004

apenas 10 metros cúbicos de água anualmente; já na Guiana Francesa, são 812.121 metros cúbicos *per capita*.

Quadro 1.4 Comparação de disponibilidades hídricas por países

Países com maior disponibilidade de água	Quantidade (m³/habitante/ano)
1º Guiana Francesa	812.121
2º Islândia	609.319
3º Suriname	292.566
4º Congo	275.679
25º Brasil	48.314
Países com menor disponibilidade de água	**Quantidade (m³/habitante)**
1º Kuwait	10
2º Faixa de Gaza (território Palestino)	52
3º Emirados Árabes Unidos	58
4º Ilhas Bahamas	66

Fonte: Macedo, 2004

Ainda de acordo com o relatório, os rios asiáticos são os mais poluídos do mundo, e metade da população nos países pobres está exposta à água contaminada por esgoto ou resíduos industriais.

1.2 ÁGUA NO BRASIL

O território brasileiro é considerado o quinto no mundo em extensão territorial, possui uma área de 8.547.403 km², ocupando 20,8% do território das Américas e 47,7% da América do Sul (IBGE, 1996).

De acordo com dados de 2006, da Fundação Instituto Brasileiro de Geografia e Estatística (IBGE), referente ao Censo Demográfico 2000, a população brasileira totaliza 169.590.693 habitantes, sendo previsto para o ano de 2006 o número de 186.770.562 habitantes. Possui uma densidade demográfica média de 19,92 habitantes por km². A população urbana corresponde a 81,23% do total e a rural perfaz 18,77%. O crescimento demográfico no ano de 2005/2006 foi de 1,40%. Em 2010, a população nacional é estimada em 192.648.283, e no mundo, em 6.823.290.138, segundo IBGE (2010). A Figura 1.4 mostra o crescimento da população dos anos de 1980 a 2010 (IBGE, 2006, 2010).

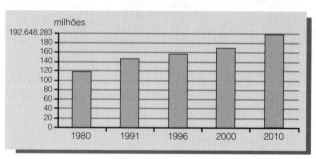

Figura 1.4 População Total – 1980–2010. *Fonte:* IBGE, Censo Demográfico 1980, 1991 e 2000 e Contagem da População 1996 e 2010.

Obs. População total – (1980 = 119.002.706; 1990 = 146.825.475; 1996 = 157.070.163; 2000 = 169.799.170; 2010 = 192.648.283.)

A região coberta por água doce no interior do Brasil ocupa 55.457 km², o que equivale a 1,66% da superfície do planeta. O clima úmido do país propicia uma rede hidrográfica numerosa formada por rios de grande volume de água, todos desaguando no mar. Com exceção das nascentes do rio Amazonas, que recebem fluxos provenientes do derretimento das neves e de geleiras, a origem da água dos rios brasileiros encontra-se nas chuvas. A maioria dos rios é perene, ou seja, não se extingue no período de seca e apenas no sertão nordestino, região semiárida, existem rios temporários (www. mre.gov.br, 2001).

O Brasil se destaca no cenário mundial pela grande descarga de água doce dos seus rios, cuja produção hídrica é de 177.900 m³/s. Quando somada aos 73.100 m³/s da Amazônia internacional, representa 53% da produção de água doce do continente Sul-Americano (334.000 m³/s) e 12% do total mundial (1.488.000 m³/s).

São quatro as principais bacias hidrográficas brasileiras: Amazônica, Prata ou Platina, São Francisco e Tocantins (Tabela 1.11).

Tabela 1.11 Bacias hidrográficas brasileiras

Bacias hidrográficas	Área (km²)	Principais afluentes	Potencial hídrico
Bacia Amazônica	3.889.489,6 (extensão = 6.515 km)	> 7000	23 mil km navegáveis e grande potencial hidrelétrico
Bacia do Prata	1.393.115,6	Formada pelos rios Paraná, Paraguai e Uruguai	➥ Rio Paraná = o maior potencial hidrelétrico do país ➥ Rio Uruguai = potencial hidrelétrico ➥ Rio Paraguai = navegação
Bacia do São Francisco	645.876,6	São Francisco	➥ Única *Fonte* de água da região semiárida do Nordeste brasileiro ➥ Potencial hidrelétrico razoável ➥ 2 mil km navegáveis
Bacia do Tocantins	808.150,1	Tocantins	Potencial hidrelétrico

Fonte: Adaptada do www.mre.gov.br, 2001

Tabela 1.12 Produção hídrica das grandes regiões hidrográficas do Brasil

Região hidrográfica	Área de drenagem (km²)	Vazão média (m³/s)	Vazão específica (L/s/km²)	Porcentagem total do Brasil
Amazonas Brasil	3.900.000	128.900	33,0	72
Tocantins	757.000	11.300	14,9	6
Parnaíba – Atlântico Norte	242.000	6.000	24,8	3
Atlântico Nordeste	787.000	3.130	4,0	1,7
São Francisco	634.000	3.040	4,8	1,7
Atlântico Leste (BA/MG)	242.000	670	2,8	0,3
Paraíba do Sul	303.000	3.170	12,2	1,8
Paraná até Foz	901.000	11.500	12,8	6,5
(Paraná – Brasil)	877.000	11.200	12,8	6,3
Paraguai – Foz do Apá	485.000	1.770	3,6	1,0
(Paraguai – Brasil)	386.000	1.340	3,6	0,7
Uruguai – Foz Quaraí	189.000	4.300	22,7	2,4
(Uruguai – Brasil)	178.000	4.040	22,7	2,2
Atlântico Sudoeste	224.000	4.570	20,4	2,5
Brasil	8.547.403	177.900	20,9	100
Brasil – Amazonas total	10.724.000	251.000	23,4	140

Fonte: Dados DNAEE, 1985

Mesmo possuindo grandes bacias hidrográficas, que totalizam cerca de 80% de nossa produção hídrica, cobrindo 72% do território brasileiro, como mostra a Tabela 1.12, o Brasil sofre com escassez da água, devido à má distribuição da densidade populacional dominante, que cresce exageradamente e concentra-se em áreas de pouca disponibilidade hídrica, conforme mostra a Tabela 1.13. Como exemplo, pode-se citar a Região Metropolitana de São Paulo, onde atualmente se verificam sérios problemas de quantidade de água a ser distribuída, devido à sua alta concentração populacional, destacando-se também a grande degradação da qualidade dessas águas.

Tabela 1.13 Densidade de população dominante

Região	Habitantes por km²	Descarga dos rios (% do total)
Amazonas	< de 2,00 a 5,00	72,0
Tocantins	2,00 a 5,00	6,0
Atlântico Norte-Nordeste	5,01 a 25,00 e 25,01 a 100,00	2,3
São Francisco	< de 2,00 a 5,00 e 5,01 a 25,00	1,7
Atlântico Leste	5,01 a 25,00 e 25,01 a 100,00	1,0
Paraná	25,01 a 100,00 e > de 100,00	6,5
Uruguai	5,01 a 25,00 e 25,01 a 100,00	2,2
Atlântico Sudeste	25,01 a 100,00 e > de 100,00	2,5

Fonte: Adaptado – IBGE, 1996

As formas desordenadas de uso e ocupação de territórios, em geral, agravam os efeitos das secas ou enchentes, atingindo a população e comprometendo suas atividades econômicas.

A ineficiente coleta e tratamento da água residual com o consequente lançamento de esgotos não tratados nos corpos de água, a inapropriada destinação dos resíduos sólidos, o desperdício, o falho sistema de drenagem, a grande poluição atmosférica, a falta de conscientização ambiental da população, empresários e governantes, enfim, os grandes impactos ambientais causados pela imprudência da sociedade refletem-se na degradação dos recursos hídricos.

Repara-se que os dados da Tabela 1.12 (de 1985) comparados com a Figura 1.5 (2001) são conflitantes, provavelmente devido às diferentes metodologias das pesquisas.

Nos grandes centros urbanos, soma-se ao problema da falta de água o padrão cultural da população. É necessário um programa eficiente de combate ao desperdício e à degradação da qualidade, objetivando a conscientização definitiva de que a água é um bem finito, vital e de grande valor econômico competitivo no mercado global.

A necessidade de gerenciamento se faz presente à medida que a demanda cresce, e isso inclui controle efetivo e educação ambiental extensivos a toda a população, inibição do crescimento desordenado da demanda, assim como o controle do autoabastecimento das indústrias e do uso agrícola.

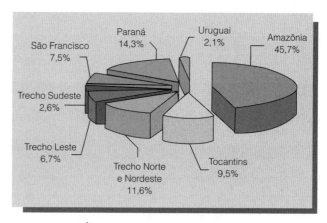

Figura 1.5 Área das Bacias Hidrográficas no Brasil (em % do total). *Fonte:* Uniágua, 2006

Também é necessário, e imprescindível, um melhor desempenho político, de forma que os poderes públicos, federal e estaduais promovam uma administração eficaz no controle e fiscalização das condições de uso e proteção da água e do solo.

Constata-se que, no Brasil, as dificuldades hídricas evidenciadas decorrem dos problemas ambientais e socioculturais refletidos diretamente nas condições inadequadas de uso e conservação dos recursos naturais, tanto na captação de água quanto na ocupação do solo.

A Tabela 1.14 mostra a distribuição hídrica nas regiões brasileiras, onde se verifica que nas regiões mais populosas é que se encontram menos recursos hídricos.

Tabela 1.14 Distribuição dos recursos hídricos, da área superficial e da população (em % do total do país)

Região	Recursos hídricos	Superfície	População
Norte	68,50	45,30	6,98
Centro-Oeste	15,70	18,80	6,41
Sul	6,50	6,80	15,05
Sudeste	6,00	10,80	42,65
Nordeste	3,30	18,30	28,91
SOMA	100,00	100,00	100,00

Fonte: Uniágua, 2006

Capítulo 2

CONSUMO
DE ÁGUA

Regina Helena Pacca G. Costa

Como recurso natural de valor econômico, estratégico e social, essencial à existência e bem-estar do homem e à manutenção do meio ambiente, a água é um bem ao qual toda a humanidade tem direito.

Durante milênios, a água foi considerada um recurso infinito. A generosidade da natureza fazia crer em inesgotáveis mananciais, abundantes e renováveis. Hoje, o mau uso, aliado à crescente demanda, vem preocupando especialistas e autoridades no assunto, pelo evidente decréscimo das reservas de água limpa em todo o planeta.

Além de satisfazer necessidades biológicas, ela serve ao meio ambiente, à geração de energia, ao saneamento básico, agricultura, pecuária, industrial, navegação, aquicultura, entre outros.

Conforme a intenção de uso, as características de qualidade da água podem variar, sendo, para isto, fixado um padrão mínimo relativo à sua aplicação.

O gerenciamento dos recursos hídricos de uma região, além do quesito qualidade, é responsável pelo controle do volume de água direcionado a cada objetivo, que varia de uma para outra atividade, com base nos conceitos de sustentabilidade das tecnologias aplicadas em cada caso.

Como forma de propagar a conscientização populacional quanto a fundamental importância do controle dos recursos hídricos para o futuro da humanidade, em 1992, a Organização das Nações Unidas (ONU) instituiu o dia 22 de março como o "Dia Mundial da Água". Com a mesma filosofia, a Assembleia Geral das Nações Unidas proclamou 2003 como o "Ano Internacional da Água Doce".

O consumo de água por atividade distingue três áreas: a agricultura, considerada a mais dispendiosa, seguida pela indústria e finalizando com as atividades urbano-domésticas.

Os incentivos culturais, econômicos e políticos, que têm apoiado a aplicação de tecnologias sustentáveis, vêm proporcionando alterações significativas na demanda de água nesses setores. A Figura 2.1 demonstra como esses valores podem ser variados e como é sensível essa conscientização, de acordo com a condição cultural.

Um dos principais desafios das administrações das grandes cidades é encontrar mecanismos de controle no processo de urbanização desenfreada. Com o adensamento populacional, o poder público precisa oferecer infraestrutura e serviços que garantam a funcionalidade do sistema urbano, com qualidade de vida para a população.

No caso da Região Metropolitana de São Paulo, a empresa responsável pelo saneamento básico é a Companhia de Saneamento Básico de São Paulo (Sabesp). Ela produz 88 mil litros de água por segundo, para atender as necessidades de abas-

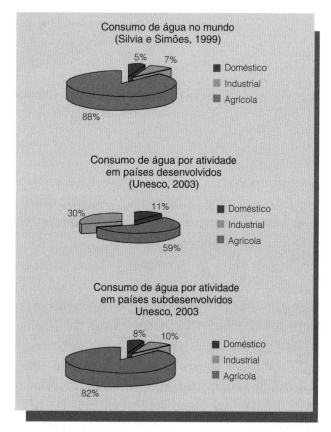

Figura 2.1 Consumo de água no mundo. *Fonte:* Unesco, 2003

tecimento de 25 milhões de pessoas, nas 366 localidades atendidas (Sabesp, 2005).

Antes de chegar às torneiras, a água percorre um longo processo de captação, que compreende a retirada da água dos mananciais superficiais (rios, lagos ou represas) e profundos (poços), para depois enviarem às estações de tratamento de água e sua consequente distribuição.

O Brasil apresentou nos últimos anos um aumento significativo na utilização das reservas de água subterrânea. Atualmente, o Estado de São Paulo se destaca como o maior usuário das reservas hídricas brasileiras, e possui grande parte das unidades do interior paulista abastecidas a partir de poços artesianos.

Outro problema decorrente da alta concentração populacional está no limite de capacidade sustentável dos sistemas produtores. Não é prudente retirar da natureza uma quantidade de água bruta que vá comprometer o abastecimento público no futuro. Por isso, a Sabesp atua na primordial reversão de possíveis danos da superexploração dos mananciais, evitando a degradação ambiental e garantindo o abastecimento público com qualidade.

A Sabesp produz cerca de 65 mil litros de água por segundo, para atender os habitantes da Região Metropolitana de São Paulo. Utiliza "águas superficiais" em mananciais localizados principalmente na Bacia do Alto Tietê, operando em oito sistemas produtores de água potável. São 32 cidades servidas, além de 6 municípios (Santo André, São Caetano do Sul, Guarulhos, Mogi das Cruzes, Diadema e Mauá) que compram água da empresa por atacado. No total, são 1.516 quilômetros de adutoras e 331 reservatórios, com capacidade para armazenar 1,8 milhões de litros de água, conforme mostra a Tabela 2.1.

Em cada área de aplicação, verificam-se alterações de qualidade e quantidade da água. O consumo varia em função de fatores inerentes a cada localidade, como clima, padrão de vida, hábitos, tecnologias aplicadas, culturas, perdas etc.

A Tabela 2.2 mostra a evolução de consumo de água, ao longo do tempo, em âmbito mundial. Nessa tabela pode-se verificar que o uso agrícola é, de longe, o maior e também o que tem crescido mais, requerendo absoluto controle na outorga, assim como incentivos para implantação de tecnologias sustentáveis nos sistemas de irrigação.

Já a Tabela 2.3 exemplifica o percentual de consumo em relação ao volume total de água utilizada por setores de aplicação.

Com a avaliação desses dados, visualiza-se a necessidade crescente de fontes alternativas como

Tabela 2.1	Sistemas produtores de água potável da Sabesp			
Sistema	Locais de captação	Capacidade de captação l/s	N. de habitantes favorecidos	Localidades atendidas
Cantareira 1º maior sistema produtor	Rio Jaguarí Rio Jacareí Rio Cachoeirinha Rio Atibainha Rio Juqueri	33 mil	8,1 milhões	Zona Norte, Central, parte da Leste e Oeste da capital e os municípios de Franco da Rocha, Francisco Morato, Caieiras, Osasco, Carapicuíba, São Caetano do Sul e parte dos municípios de Guarulhos, Barueri, Taboão da Serra e Santo André e São Caetano
Baixo Cotia	Rio Cotia	900 L/s	400 mil	Barueri, Jandira e Itapevi
Alto Cotia	Represa Pedro Beich	1,0 mil	400 mil	Cotia, Embu, Itapecerica da Serra, Embu Guaçu e Vargem Grande
Guarapiranga 2º maior sistema produtor	Rep. Guarapiranga, formada pelos rios: Embu-Mirim; Embu-Guaçu; Santa Rita; Vermelho; Ribeirão Itaim; Capivari; e Parelheiros	14 mil	3,8 milhões	Zona Sul e Sudeste da Capital
Rio Grande	Braço da represa Bilings	4,7 mil	1,6 milhões	Diadema; São Bernardo do Campo e parte de Santo André
Ribeirão da Estiva	Rio Ribeirão da Estiva	100 litros	40 mil	Município de Rio Grande da Serra
Rio Claro	Rio Ribeirão do Campo (70 km da Capital)	4 mil	1,2 milhões	Parte de Sapopemba e parte dos municípios de Ribeirão Pires, Mauá e Santo André
Alto Tietê	Barragens: Ponte Nova; Paraitinga; Biritiba; Jundiaí; Taiaçupeba	10 mil	3,1 milhões	Zona Leste e municípios de Arujá, Itaquaquecetuba, Poá, Ferraz de Vasconcelos e Suzano
Total	São Paulo	88 mil	25 milhões	366 localidades atendidas

Fonte: Adaptada a partir do site www.sabesp.com.br, 2006

Tabela 2.2	Evolução do consumo de água em âmbito mundial (km³/ano)						
Tipos de uso	Evolução ao longo do tempo						
	1900	1920	1940	1960	1980	2000*	2020**
Doméstico	–	–	–	30	250	500	850
Industrial	30	45	100	350	750	1.350	1.900
Agrícola	500	705	1.000	1.580	2.400	3.600	4.300
Total	530	750	1.100	1.960	3.400	5.450	7.050

Obs. (–) sem dados   (*) estimativa   (**) previsão

Fonte: Padilha, 1999

Tabela 2.3	Comparação do consumo de águas em vários setores (%) – Denver, Colorado							
Setores	Indústrias (em geral)	Engarrafadoras	Fábrica de alimentos	Estabelecimento de saúde	Lavanderias	Edifícios comerciais	Hotéis
Lavanderias	–	–	0,1	12,4	89,8	–	17,2
Resfriamento e aquecimento	54,7	13,9	33,5	19,6	1,9	27,8	28,5
Consumo doméstico	17,7	3,3	3,3	44,1	3,5	41,4	33,7
Processo Industrial	7,6	56,0	12,7	7,5	–	–	–
Lavagem	0,9	11,1	41,9	4,8	–	–	6,4
Rega de jardins	4,6	1,4	–	3,8	0,5	21,6	–
Vazamentos	2,7	0,9	1,6	–	0,3	0,5	0,6
Perdas	8,8	9,5	6,0	5,4	3,3	8,7	13,6
Outros	3,0	3,9	0,9	2,4	0,7	–	–

Fonte: Adaptada de Tomaz, 2000

garantia da condição sustentável para as populações futuras.

A Tabela 2.4 é um demonstrativo das regiões hidrográficas nacionais, suas respectivas áreas, vazões dos rios e demandas, segundo a Agência Nacional das Águas (ANA, 2002).

O desperdício de água, como fator de grande relevância, urge por providências. Segundo a Companhia de Saneamento Básico de São Paulo (Sabesp), as perdas de água na rede de abastecimento chegam a 24%. Este desperdício alcança números de 10 m³/s, o que representa o abasteci-

Tabela 2.4	Regiões hidrográficas, área, vazão dos rios e suas demandas efetivas							
Regiões hidrográficas	Área (km²)	Vazão dos rios (m³/s)	Humanas	Irrigação	Animal	Industrial	Totais	Vazão (%)
Amazonas	3.988.813	134.119	9	190	8	2	209	0,2
Tocantins	757.000	11.306	112	51	7	2	72	0,6
Parnaíba	344.248	1.272	9	32	2	2	45	3,6
São Francisco	645.000	2.850	28	160	7	29	224	7,9
Paraguai	363.592	1.340	4	41	10	1	56	4,2
Paraná	56.820	11.000	105	253	44	113	515	4,7
Uruguai	178.000	150	8	157	9	5	178	4,3
Costeira Norte	98.583	3.253	1	0	0	0	1	0,0
Costeira Nordeste Ocidental	256.098	1.695	10	5	3	2	19	1,1
Costeira Nordeste Oriental	685.303	2.937	78	118	14	53	262	8,9
Costeira SE	209.000	3.868	105	28	4	78	215	5,6
Costeira Sul	192.810	4.842	18	309	6	11	344	7,1
Brasil	8.574.761	182.633	384	1.344	115	299	2.141	1,2

Fonte: ANA, 2002

mento de aproximadamente 3 milhões de pessoas por dia.

2.1 CONSUMO DOMÉSTICO

A qualidade da água destinada ao abastecimento público deve obedecer, rigorosamente, às normas de potabilidade da regulamentação nacional.

Para o cálculo do consumo de água no sistema de abastecimento urbano devem ser considerados: o sistema de fornecimento e cobrança, a qualidade da água fornecida, o custo operacional, a pressão na rede distribuidora, a existência de rede de esgoto e os tipos de aplicação.

A Tabela 2.5 expõe o consumo nas atividades domésticas, no Brasil, a partir de números publicados pela Companhia de Saneamento Básico de São Paulo (Sabesp, 2006). Já a Tabela 2.6 mostra percentuais de consumo residencial, levantados em 1993.

Persiste aqui a necessidade de programas educacionais e de incentivo à pesquisa para a inibição dos abusos, racionalização do consumo doméstico e combate às perdas do sistema. No Brasil, gastam-se, em média, 10 litros de água por descarga, enquanto outros países, como, por exemplo, os Estados Unidos, modernas bacias sanitárias possuem válvulas que liberam somente 6 litros por descarga.

Para o abastecimento de uma localidade, são consideradas várias formas de consumo de água, como mostra o Quadro 2.1.

2.2 CONSUMO INDUSTRIAL

Do consumo total de água doce, uma grande parcela é direcionada para as indústrias, que em razão de suas diferentes atividades e tecnologias possuem uma diversificada gama de usos, tais como matéria-prima, reagente, solvente, lavagens de gases e sólidos, veículo, transmissão de calor, agente de resfriamento, fonte de energia, entre outros.

A qualidade da água aplicada no setor industrial pode variar conforme estudos de causas e efeitos das impurezas nela contidas e o custo benefício de cada tipo de aplicação.

Tabela 2.5 Consumo de água de algumas atividades domésticas no Brasil

Atividade	Tempo	Consumo
Banho (registro ½ aberto)	15 min. (ducha)	135 L (casa) / 243 L (apartamento)
	5 min. (ducha)	45 L (casa) / 81 L (apartamento)
	15 min. (chuveiro)	45 L (casa) / 144 L (apartamento)
	5 min. (chuveiro)	15 L (casa) / 48 L (apartamento)
Escovar os dentes	5 min. (torneira aberta)	12 L (casa) / 80 L (apartamento)
	Torneira fechada	0,5 L (casa) / 1,0 L (apartamento)
Lavar o rosto	5 min. (torneira aberta)	2,5 L
Fazer barba	5 min. (torneira aberta)	12 L
Bacia sanitária	Válvula (acionamento de 6 segundos)	10 L
Lavar louça Torneira ½ aberta	15 min.	117 L (casa) / 243 L (apartamento)
Lavar roupa	15 min. (tanque com torneira aberta)	279 L
	Máquina (5 kg)	135 L
Rega de jardim	19 min. (mangueira normal)	186 L
	19 min. (esguicho revólver)	96 L

Fonte: Sabesp, 2006

Tabela 2.6 Consumo residencial

Consumo interno	% de consumo
Bacia sanitária	35%
Lavagem de roupas	22%
Chuveiros	18%
Torneiras	13%
Banhos	10%
Lavagem de pratos	2%
Total	100%

Fonte: Tomaz, 2000

Quadro 2.1 Tipos de consumo urbano

Uso doméstico	a) Descarga de bacias sanitárias b) Asseio corporal c) Cozinha d) Bebida e) Lavagem de roupas f) Rega de jardins e quintais g) Limpeza em geral h) Lavagem de automóveis
Uso comercial	a) Lojas (sanitários) b) Bares e restaurantes (matéria-prima, sanitários e limpeza) c) Postos e entrepostos (processos, veículos, sanitários e limpeza)
Uso industrial	a) Água como matéria-prima b) Água consumida em processo industrial c) Água utilizada para resfriamento d) Água para instalações sanitárias, refeitórios etc.
Uso público	a) Limpeza de logradouros públicos b) Irrigação de jardins públicos c) Fontes e bebedouros d) Limpeza de redes de esgotamento sanitário e de galerias de águas pluviais e) Edifícios públicos, escolas e hospitais f) Piscinas públicas e recreação
Usos especiais	a) Combate a incêndios b) Instalações desportivas c) Ferrovias e metrôs d) Portos e aeroportos e) Estações rodoviárias
Perdas e desperdícios	a) Perdas na adução b) Perdas no tratamento c) Perdas na rede distribuidora d) Perdas domiciliares e) Desperdícios

Fonte: Adaptado de Neto, A. J. M., 1998

Uma indústria se abastece de água potável (usada em refeitórios, banheiros e como matéria-prima) e de outras qualidades para o processo industrial, o que determina quantidade e variedades diferentes de água para cada setor de produção.

Do tipo de impureza da água decorrem modificações de suas propriedades, e sua qualificação, para ser utilizada em um ou outro setor, se dará sob o prisma econômico, ou seja, benefícios x manutenção x segurança x custo de purificação.

As características de impureza mais consideradas neste setor são: a turbidez, a cor, o odor, a alcalinidade, a salinidade, a dureza, o teor em sílica, os gases dissolvidos e a oxidabilidade na água, que vêm influenciar no comportamento e resultado dos produtos, por isso a pureza da água deve ser adequada ao processo que participa.

O grande volume de água gasto nos segmentos industriais vem chamando a atenção da economia mundial. Dessa forma, buscam-se opções para o melhor controle da demanda nessa área, e esta demanda varia de acordo com a exigência de cada aplicação. O abastecimento é proveniente de fontes diversas, tais como a água potável do sistema de distribuição pública, água de poço tubular ou profundo, água de chuva, reciclagem ou reúso, água de rio ou córrego próximo, caminhão-tanque, além do uso de dispositivos economizadores.

A Tabela 2.7 exemplifica o consumo percentual de alguns setores industriais na demanda por aplicação, mostrando o volume de água degradada.

Deve-se lembrar que os dados da Tabela 2.7 podem se alterar face às inovações tecnológicas que podem diminuir ou até aumentar o consumo de água.

2.3 CONSUMO NA AGRICULTURA

Sem dúvida nenhuma, a maior demanda de água de todos os setores está direcionada para a agricultura. A Figura 2.2 mostra as áreas irrigadas, por método de irrigação e regiões administrativas brasileiras.

Segundo dados de 1996 do Ministério do Meio Ambiente (MMA), dos Recursos Hídricos e da Amazônia Legal, o Brasil possui uma superfície cultivada de cerca de 55 milhões de hectares, não considerando as pastagens naturais.

Considerando-se as variações das condições climáticas e a dimensão continental, a irrigação é

Tabela 2.7	Consumo médio em indústrias	
Indústrias	Unidade de produção	Consumos/ unidade de produção Litros/unid.
Açúcar, usinas	kg	100
Aciarias	kg	250 a 450
Álcool, destilarias	Litro	20 a 30
Cerveja	Litro	15 a 25
Conservas	kg	10 a 50
Curtumes	kg	50 a 60
Laticínios	kg	15 a 20
Papel fino	kg	1.500 a 3.000
Papel de imprensa	kg	400 a 600
Polpa de papel	kg	300 a 800
Têxteis, alvejamento	kg	275 a 365
Têxteis, tinturaria	kg	35 a 70

Fonte: Tomaz, 2000

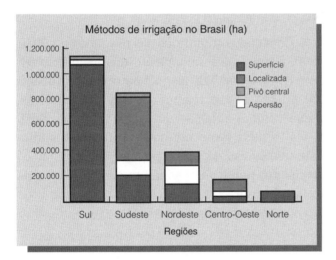

Figura 2.2 Métodos de irrigação no Brasil. *Fonte:* Telles, 2002

largamente utilizada. Em áreas onde o solo é seco, ou em lugares que apresentam períodos de estresse hídrico, é essencial o emprego da irrigação para se conseguir uma boa produtividade agrícola.

Com investimento em modernas tecnologias de irrigação, o agricultor consegue o aumento da produtividade agrícola, podendo obter até duas ou mais colheitas por ano. Ao mesmo tempo em que consegue controlar o desperdício, otimiza a demanda, o que resultará na ampliação da área irrigada e na disponibilidade de água para outros fins.

A demanda da área a ser irrigada, depende basicamente (Telles, 2002):

→ **Das características morfológicas e pedológicas do solo:** definem a capacidade de armazenamento de água no solo, as condições de drenagem e percolação profunda e sinalizam os níveis de eficiência que poderão ser obtidos com cada técnica de irrigação.

→ **Da evaporação potencial:** está ligada aos coeficientes culturais correspondentes às culturas selecionadas.

→ **Do tipo de cultura e do seu estágio de desenvolvimento:** corresponde às culturas selecionadas, estudadas caso a caso, sendo importante a garantia de fornecimento d'água exigido para cada cultura.

→ **Da chuva efetiva:** elemento básico para se determinar a real demanda da água no processo de irrigação.

→ **Do método de irrigação e sua eficiência:** itens cruciais para a determinação da demanda hídrica para a irrigação.

O desperdício de água na irrigação provém da não implantação de projetos adequados que justifiquem o tipo de irrigação ao tipo de cultura. Muitos agricultores ainda confundem excesso de água com qualidade da produtividade agrícola. Pode-se considerar ainda como causa do desperdício a precária manutenção dos sistemas já implantados e também, mais uma vez, o descaso e a falta de conscientização dos profissionais da área.

Em cada cultura deve-se aplicar um sistema de irrigação que fornecerá maior ou menor vazão de água. A escolha adequada de um bom projeto reflete em uma maior produtividade, assim como o uso otimizado da água.

Por sua grande extensão territorial, a irrigação no Brasil se diferencia de região para região. No Nordeste, por exemplo, a aridez exige a irrigação, sendo o único recurso para viabilizar a agricultura, enquanto, na região Sul, a abundância de reservas hídricas favorece as opções dos agricultores e, em outras regiões, a economia facilita a implantação de sistemas mais sofisticados.

O Quadro 2.2 mostra os condicionantes de cada região do Brasil, com ênfase em suas explo-

Quadro 2.2 Distribuição regional no Brasil de: condicionantes, ênfase na exploração, principais culturas irrigadas e sistemas de irrigação

Região	Condicionante	Ênfase na exploração	Principais culturas	Sistemas de irrigação
Norte	Drenagem obrigatória	Empresarial (JARI)	Arroz	Inundação
Nordeste	Irrigação obrigatória	"Profissional" e social	Frutas finas, tomate, arroz, cana-de-açúcar	Localizada aspersão/pivô superfície montagem direta
Centro-Oeste	Irrigação suplementar e obrigatória	"Profissional" grandes produtores	Cereais, frutas, arroz	Pivô Localizada superfície
Sudeste	Irrigação suplementar	"Profissional" pequenos e médios produtores	Feijão e tomate, frutas e citros, hortaliças, cana-de-açúcar	Pivô Localizada aspersão montagem direta
Sul	Irrigação suplementar e drenagem	"Facilitada"	Arroz e pastagens	Inundação

Fonte: Telles, 2002

rações, suas principais culturas e o sistema de irrigação utilizado.

A irrigação no Brasil pode ser dividida em 3 grupos, de acordo com a região (Telles 2002):

- irrigação obrigatória no Nordeste, onde há escassez de recursos hídricos;
- irrigação facilitada no Rio Grande do Sul, onde existem extensas áreas planas com recursos hídricos abundantes;
- irrigação profissional nas regiões Sudeste, Centro-Oeste e parte do Sul, onde há investimento para a aplicação de tecnologia moderna.

Como se pode observar na Figura 2.3, há uma demanda estimada em mais de 790 m³/s de água, para atender à irrigação no Brasil. Em 2010, esta demanda poderá subir para 928,3 m³/s (Telles, 2002). Ver Tabela 2.8.

Com dados adquiridos nas pesquisas do IBGE (2006), através de levantamento atualizado em 2004, apresenta-se nas tabelas que se seguem (Tabelas 2.9, 2.10 e 2.11) um resumo das condições hídricas, assim como a situação do saneamento nacional. Estes estudos fornecem dados suficientes para a conscientização de toda a população, incluindo os segmentos políticos e econômicos, da importância de se adquirir novos conceitos, buscar soluções

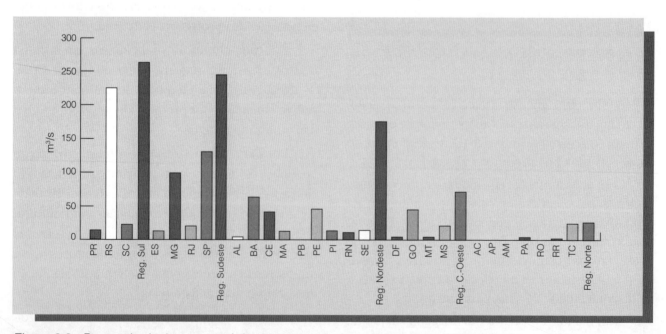

Figura 2.3 Demanda de águas para irrigação, por estado e região. *Fonte:* Telles, 2002

Tabela 2.8 Estimativa de áreas irrigadas e de demandas para irrigação em 2010

Região	Área irrigada (1.000 ha)	Demanda específica (L/s.ha)	Vazão demandada m³/s	% demanda total
Sul	1.150	0,226	259,90	28,00
Sudeste	900	0,297	267,30	28,80
Nordeste	450	0,472	212,40	22,88
Centro-Oeste	400	0,380	152,00	16,37
Norte	100	0,367	36,70	3,95
Total	3.000		928,30	

Fonte: Telles, 1999

Tabela 2.9 Percentual de distritos com tratamento de esgoto sanitário por tipo de sistema de tratamento, por região do Brasil

Variável = número de distritos com tratamento de esgoto sanitário (percentual)

Ano = 2000

Tipo de sistema de tratamento	Brasil	Norte	Nordeste	Sudeste	Sul	Centro-Oeste
Filtro biológico	3,36	0,33	2,95	5,55	2,43	1,14
Lodo ativado	2,31	0,33	0,68	5,71	0,90	0,71
Reator anaeróbio	3,02	1,48	1,39	2,54	6,28	2,71
Valo de oxidação	0,28	–	0,13	0,42	0,38	0,29
Lagoa anaeróbia	3,17	1,32	1,43	5,91	2,31	3,14
Lagoa aeróbia	1,38	0,33	0,97	2,12	1,24	1,29
Lagoa aerada	0,62	0,16	0,55	0,93	0,26	1,14
Lagoa facultativa	3,81	0,99	1,91	7,83	2,09	2,43
Lagoa mista	0,47	–	0,29	0,96	0,13	0,57
Lagoa de maturação	0,76	0,33	0,81	0,64	0,68	1,71
Fossa séptica de sistema condominial	1,74	0,33	1,91	2,31	1,49	0,43
Outros	0,20	–	0,16	0,32	0,17	0,14
Sem declaração	0,22	–	–	0,67	0,04	–
Total geral de distritos	100,00	100,00	100,00	100,00	100,00	100,00
Total	14,04	3,13	8,17	25,52	11,10	8,14

Nota: Um mesmo distrito pode apresentar mais de um tipo de sistema de tratamento.

Fonte: IBGE – Pesquisa Nacional de Saneamento Básico, 2000

inteligentes e empreendimentos sustentáveis para os assuntos ambientais, de forma a assegurar um digno e competente sistema de saúde pública.

Como pode ser verificado na Tabela 2.9, são vários os tipos de tratamento aplicados conforme a região de implementação. O tipo de tratamento de efluente a ser adotado em cada região do país é processado com base na eficiência, custo x benefício, volume de esgoto a ser tratado, disponibilidade de espaço e tempo.

Tabela 2.10 Volume de água distribuída por dia, com tratamento de água, por tipo de tratamento, segundo as Grandes Regiões, Unidades da Federação, Regiões Metropolitanas – 2000

Grandes Regiões, Unidades da Federação, Regiões Metropolitanas e Municípios das Capitais	Volume de água distribuída m³/dia					
	Total	Com tratamento de água				Sem tratamento
		Total[1]	Tipo de tratamento			
			Convencional	Não convencional	Simples desinfecção (cloração)	
Brasil	43.999.678	40.843.004	30.651.850	2.280.231	7.855.040	3.156.674
Norte	2.468.238	1.668.382	742.226	614.103	294.196	799.856
Nordeste	7.892.876	7.386.055	5.445.434	564.469	1.376.152	506.821
Sudeste	26.214.949	24.752.375	18.890.737	547.440	5.260.970	1.462.574
Sul	5.103.209	4.800.049	4.258.975	80.991	460.083	303.160
Centro-Oeste	2.320.406	2 236.143	1 314.478	473.228	463.639	84.263

[1] Inclusive o volume total de água distribuída nos distritos que não discriminaram o tipo de tratamento da água.

Fonte: IBGE, Diretoria de Pesquisas, Departamento de População e Indicadores Sociais, Pesquisa Nacional de Saneamento Básico, 2000

Tabela 2.11 - Distritos com coleta de esgoto sanitário, com tratamento de esgoto sanitário e sem tratamento de esgoto sanitário, por tipos de corpos receptores, segundo as Grandes Regiões, Unidades da Federação, Regiões Metropolitanas e Municípios das Capitais – 2000

Grandes Regiões, Unidades da Federação, Regiões Metropolitanas e Municípios das Capitais	Distritos com coleta de esgoto sanitário														
	Total	Com tratamento de esgoto sanitário							Sem tratamento de esgoto sanitário						
		Total	Tipo de corpos receptores					Total	Tipo de corpos receptores				
			Rio	Mar	Lago ou lagoa	Baía	Outro	Sem declaração		Rio	Mar	Lago ou lagoa	Baía	Outro	Sem declaração
Brasil	4.097	1.383	1.111	32	101	16	116	12	2 714	2 295	15	110	6	293	13
Norte	35	19	13	–	1	4	2	–	16	15	–	–	–	2	–
Nordeste	933	252	180	13	41	–	20	–	681	448	9	77	2	148	2
Sudeste	2.544	795	648	16	38	10	72	12	1.749	1.615	3	22	2	104	10
Sul	501	260	224	3	15	2	17	–	241	197	3	9	1	35	1
Centro-Oeste	84	57	46	–	6	–	5	–	27	20	–	2	1	4	–

Fonte: IBGE, Diretoria de Pesquisas, Departamento de População e Indicadores Sociais, Pesquisa Nacional de Saneamento Básico, 2000

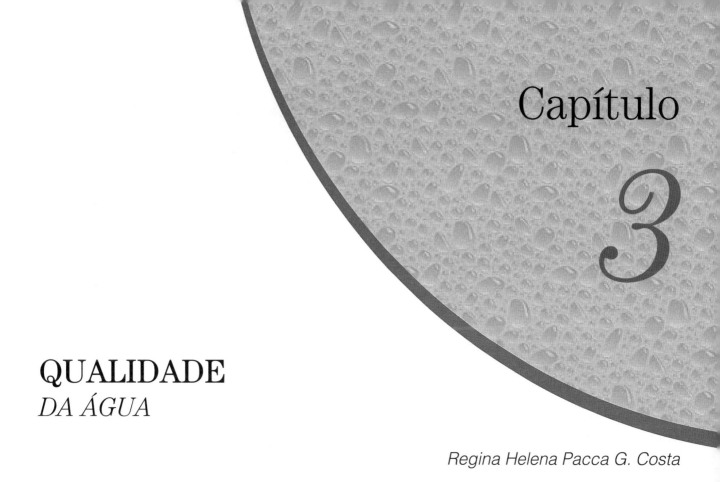

Capítulo 3

QUALIDADE
DA ÁGUA

Regina Helena Pacca G. Costa

Quando se define a qualidade de um produto, entende-se que ele esteja dentro de um conceito normativo, aprovado para um determinado fim e seja capaz de satisfazer uma necessidade. Para isso, são reconhecidas as suas características e especificadas suas aplicações, sua qualificação e quantificação, assim como a sua viabilização e manutenção.

Fica estabelecido, portanto, que de acordo com sua aplicação, pode-se definir sua qualidade, ou seja, a condição de uso. Dessa forma, o controle de qualidade objetiva o limite aceitável de impureza, em conformidade com o produto em uma determinada aplicação.

É necessário ainda que a relação qualidade/aplicação contenha o conceito de sustentabilidade, considerando sua viabilização técnica, econômica, política e ambiental.

A água, considerada um dos melhores solventes existentes, nunca é encontrada em estado de absoluta pureza. Possui uma extraordinária capacidade de dissolução e transporte das mais variadas formas de matérias, em solução ou em suspensão, representando, dessa forma, um veículo para os mais variados tipos de impureza.

As características da água derivam dos ambientes naturais e antrópicos onde se origina, percola ou fica estocada.

A água sofre alterações de propriedades nas condições naturais do ciclo hidrológico, assim como manifesta características alteradas pelas ações diretas do homem.

A qualidade de uma água está diretamente ligada ao seu uso. Dessa forma, quando se faz a análise da água, deve-se associar tal uso aos requisitos mínimos exigidos para cada tipo de aplicação. No Quadro 3.1, Sperling (1996) destaca essas associações, de forma sucinta.

Os padrões de qualidade para as diversas finalidades da água devem ser embasados em suporte legal, por meio de legislações que estabeleçam e convencionem os requisitos, em função do uso previsto para a água.

Quadro 3.1 Associação entre os usos da água e os requisitos de qualidade

Uso geral	Uso específico	Qualidade requerida
Abastecimento de água doméstico	–	→ Isenta de substâncias químicas prejudiciais à saúde → Isenta de organismos prejudiciais à saúde → Adequada para serviços domésticos → Baixa agressividade e dureza → Esteticamente agradável (baixa turbidez, cor, sabor e odor; ausência de microrganismos)
Abastecimento Industrial	Água é incorporada ao produto (ex.: alimento, bebidas, remédios)	→ Isenta de substâncias químicas prejudiciais à saúde → Isenta de organismos prejudiciais à saúde → Esteticamente agradável (baixa turbidez, cor, sabor e odor)
	Água entra em contato com o produto	→ Variável com o produto
	Água não entra em contato com o produto (ex.: refrigeração e caldeiras)	→ Baixa dureza → Baixa agressividade
Irrigação	Hortaliças, produtos ingeridos crus ou com casca	→ Isenta de substâncias químicas prejudiciais à saúde → Isenta de organismos prejudiciais à saúde → Salinidade não excessiva
	Demais plantações	→ Isenta de substâncias químicas prejudiciais ao solo e às plantações → Salinidade não excessiva
Dessedentação de animais	–	→ Isenta de substâncias químicas prejudiciais à saúde dos animais → Isenta de organismos prejudiciais à saúde dos animais
Preservação da flora e fauna	–	→ Variável com os requisitos ambientais da flora e da fauna que se deseja preservar
Recreação e lazer	Contato primário (contato direto com o meio líquido); (ex.: natação, esqui, surfe)	→ Isenta de substâncias químicas prejudiciais à saúde → Isenta de organismos prejudiciais à saúde → Baixos teores de sólidos em suspensão, óleos e graxas
	Contato secundário (não há contato direto com o meio líquido); (ex.: navegação de lazer, pesca, lazer contemplativo)	→ Aparência agradável
Geração de energia	Usinas hidrelétricas	→ Baixa agressividade
	Usinas nucleares ou termelétricas (ex.: torres de resfriamento)	→ Baixa dureza
Transporte	–	→ Baixa presença de material grosseiro que possa pôr em risco as embarcações
Diluição de despejos	–	–

Fonte: Sperling, 1996

A Resolução Conama n. 357, de 17 de março de 2005, que veio substituir a Resolução Conama n. 20, de 18 de junho de 86, apresenta padrões de qualidade dos corpos receptores; padrões para lançamento de efluentes nos corpos d'água; e padrões de balneabilidade. Todos eles objetivam a preservação dos corpos d'água.

O Ministério da Saúde, através da portaria n. 518/04, de 25 de março de 2004, define os padrões de potabilidade, característica esta associada à qualidade da água fornecida no sistema de abastecimento urbano. Essa portaria veio em substituição à portaria n. 36, de 19 de janeiro de 1990.

A Política Nacional de Recursos Hídricos, dentro dos fundamentos da Lei das Águas (Lei Federal n. 9.433/97), declara, entre outras coisas, que a gestão de recursos hídricos deve sempre proporcionar o uso múltiplo das águas.

3.1 IMPUREZAS PRESENTES NAS ÁGUAS

As impurezas da água podem estar nas formas dissolvida ou em suspensão. A água possui cinco tipos básicos de contaminantes naturais, conforme exemplifica o Quadro 3.2.

Quadro 3.2	Contaminantes naturais da água
Sólidos em suspensão	Silte, ferro precipitado, coloides etc.
Sais dissolvidos	Contaminantes iônicos, tais como o sódio, cálcio, sulfato etc.
Materiais orgânicos dissolvidos	Trihalometanos, ácidos húmicos e outros contaminantes não iônicos
Microrganismos	Bactérias, vírus, cistos de protozoários, algas, fungos etc.
Gases dissolvidos	Sulfeto de hidrogênio, metano etc.

Fonte: Adaptado Tomaz, 1998

Segundo Sperling (1996), quando se analisa a qualidade da água, é de fundamental importância o reconhecimento de dois tópicos: os sólidos presentes na água e os organismos presentes na água.

↪ Sólidos presentes na água:
  ↪ todos os contaminantes da água, exceto os gases dissolvidos, contribuem para a carga de sólidos;

  ↪ características físicas (tamanho e estado): em suspensão, coloidais e dissolvidos (Figura 3.1);

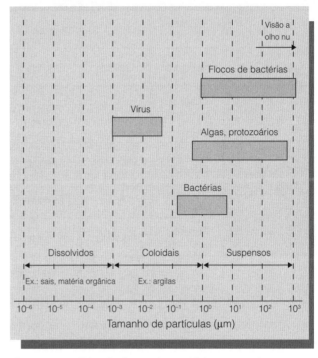

Figura 3.1 Distribuição dos sólidos. *Fonte:* Sperling, 1996

  ↪ características químicas: sólidos orgânicos (voláteis) e inorgânicos (não voláteis).

↪ Organismos presentes na água:
  ↪ significativo nos processos de depuração dos despejos e sua associação com a contaminação;
  ↪ reino vegetal;
  ↪ reino animal;
  ↪ protistas: elevada diferenciação celular dos outros dois reinos;
  ↪ a nova classificação dos seres vivos engloba a "monera".

O Quadro 3.3 destaca as características básicas dos 3 reinos do mundo vivo.

É importante o monitoramento da água, não só para mantê-la dentro dos padrões legais de qualidade como também para atender as necessidades de aplicação, controlando as alterações efetuadas em sua qualidade.

A presença da impureza é avaliada de acordo com sua característica, sendo ela dividida em três tipos de análises:

Quadro 3.3	Características básicas dos três reinos do mundo vivo			
Características	Monera/ Protistas	Vegetais	Animais
Célula	Unicelular/ multicelular	Multicelular	Multicelular
Diferenciação celular	Inexistente	Elevada	Elevada
Fonte de energia	Luz/mat. organ./mat. inorg.	Luz	Matéria orgânica
Clorofila	Ausente/ presente	Presente	Ausente
Movimento	Imóveis/ móveis	Imóvel	Móveis
Parede celular	Ausente/ presente	Presente	Ausente

Fonte: Sperling, 1996

→ **Características físicas:** relativas aos sólidos presentes na água. Comumente são tidas como de menor importância, uma vez que envolvem aspectos de ordem estética e subjetiva, como cor, sabor, turbidez, odor e temperatura. Por causar repugnância, levam à preferência pela água de melhor aparência, que pode inclusive ser de pior qualidade.

→ **Características biológicas:** referem-se à parte viva da água analisada através da microbiologia, que revela a presença dos reinos animal, vegetal e protista, compreendendo organismos como bactérias, algas, fungos, protozoários, vírus e helmintos. Os parâmetros estabelecidos pelas análises biológicas condizem com os interesses da Engenharia Sanitária e Ambiental e visa principalmente ao controle de transmissão de doenças.

→ **Características químicas:** referem-se às substâncias dissolvidas que podem causar alterações nos valores dos parâmetros: pH, alcalinidade, acidez, dureza, ferro e manganês, cloretos, nitrogênio, fósforo, oxigênio dissolvido, matéria orgânica e inorgânica. Tais parâmetros, determinados por análises químicas, são rigorosos, uma vez que têm consequências diretas, desejáveis ou evitáveis, sobre os tipos de uso e consumidores. São classificadas como matéria orgânica ou inorgânica.

O Quadro 3.4 fornece uma visão mais clara da forma, na qual se apresenta a impureza da água. É importante observar que os processos de remoção dos sólidos em suspensão são diferenciados dos processos de remoção dos sólidos dissolvidos, como também dos gases dissolvidos.

A qualidade total tem elevado grau de complexidade, uma vez que à água são agregados componentes derivados de partículas primárias contidas na atmosfera como também derivados de gases que vão causar impactos aos ambientes naturais e antrópicos, bem como na flora, fauna, qualidade da água dos rios e outros corpos de água de superfície. A situação mais grave está nas regiões urbanas mais desenvolvidas (Figura 3.2).

Um grande impacto causado na água é o fenômeno da "eutrofização dos rios", que é o resultado de inúmeras descargas de água contaminada, poluída, com altas concentrações de nitrogênio e fósforo, aumentando a matéria orgânica e a quantidade de fitoplâncton a níveis indesejáveis, o que favorece os focos de doenças de veiculação hídrica.

Tundisi *et al.* (1999) descrevem as consequências da eutrofização em lagos, represas e rios: a) aumento da concentração de nitrogênio de fósforo na água (sob forma dissolvida e particulada); b) aumento da concentração de fósforo no sedimento; c) aumento da concentração de amônia e nitrito no sistema; d) redução da zona eufótica (profundidade até onde existe luz para ocorrer a fotossíntese, referente à transparência da coluna de água); e) aumento da concentração de material em suspensão particulado de origem orgânica na água; f) redução da concentração de oxigênio dissolvido na água (principalmente durante o período noturno); g) anoxia (falta de oxigênio dissolvido) das camadas mais profundas do sistema próximas ao sedimento; h) aumento da decomposição geral do sistema e emanação de odores indesejáveis; i) aumento das bactérias patogênicas (de vida livre ou agregadas ao material em suspensão); j) aumento dos custos para o tratamento de água; k) diminuição da capacidade de fornecer usos múltiplos pelo sistema aquático; l) mortalidade ocasional em massa de peixes; m) redução do valor eco-

Quadro 3.4 Forma física preponderante representada pelos parâmetros de qualidade

Característica	Parâmetro	Sólidos em suspensão	Sólidos dissolvidos	Gases dissolvidos
Física	Cor		X	
	Turbidez	X		
	Sabor e odor	X	X	X
Química	PH		X	X
	Alcalinidade		X	
	Acidez		X	X
	Dureza		X	
	Ferro e manganês	X	X	
	Cloretos		X	
	Nitrogênio	X	X	
	Fósforo	X	X	
	Oxigênio dissolvido			X
	Matéria orgânica	X	X	
	Metais pesados	X	X	
	Micropoluentes orgânicos		X	
Biológica	Organismos indicadores	X		
	Algas	X		
	Bactérias	X		

Fonte: Sperling, 1996

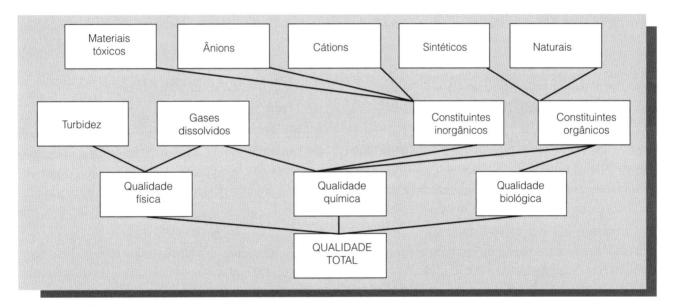

Figura 3.2   Árvore da qualidade total da água. *Fonte:* Rebouças, 1999

nômico de residências e propriedades próximas a lagos, rios ou represas eutrofizados; n) alteração nas cadeias alimentares; o) aumento da biomassa de algumas espécies de fitoplâncton, macrofitas, zooplâncton e peixes; p) em muitas regiões, o processo de eutrofização vem acompanhado do aumento, em geral, das doenças de veiculação hídrica nos habitantes próximos dos lagos, rios ou represas eutrofizadas.

Os estudiosos destacam que os principais impactos nos ecossistemas aquáticos no Brasil provêm do desmatamento, da mineração, dos despejos de material residual, e que o aumento da toxicidade provém dos usos de pesticidas, herbicidas, poluição atmosférica e também, em algumas regiões, da chuva ácida. Descrevem ainda, na Figura 3.3, os principais processos de contaminação e poluição da água e suas consequências.

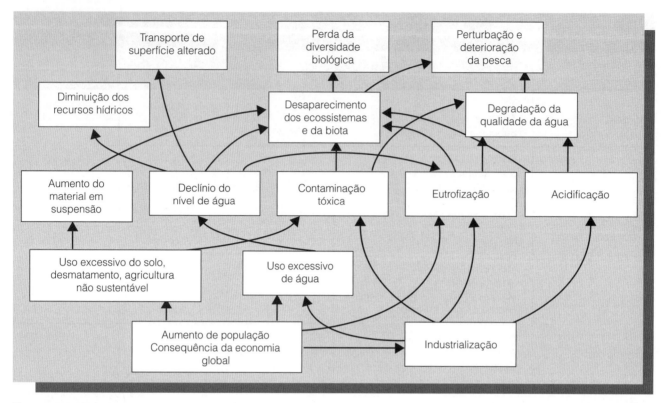

Figura 3.3 Principais processos de contaminação e poluição das águas e suas consequências. *Fonte:* Tundisi *et al.*,1999

3.2 QUALIDADE DA ÁGUA DE ABASTECIMENTO URBANO

Como já foi observado, a qualidade da água doce para o abastecimento urbano está vinculada aos padrões de potabilidade. No Brasil, esses padrões são estabelecidos pelo Ministério da Saúde, através da Portaria n. 518/04, de 25 de março de 2004.

Existem outros padrões mundiais, sendo os mais conhecidos: Padrão Internacional da Organização das Nações Unidas (ONU); Padrão Americano – United States Environmental Protection Agency (Usepa); e o Padrão 80/778/EEC, da Comunidade Europeia.

As empresas que fazem o suprimento de água pública são responsáveis pelo fornecimento em quantidade suficiente à necessidade da população e com qualidade submetida aos conceitos de potabilidade, com todas as características exigidas para o consumo humano.

As características da água natural comparada às características que deve possuir a água fornecida ao consumidor vão especificar o grau de tratamento e seu uso.

3.3 QUALIDADE DA ÁGUA NA INDÚSTRIA

Existe uma gama enorme de aplicações da água no setor industrial. Dentre eles podem-se destacar: veículo (transporte), matéria-prima, fonte de energia, agente de aquecimento, solvente, para lavagens de gases e sólidos e transmissão de calor ou como agente de resfriamento.

A água possui propriedades que podem favorecer ou dificultar sua aplicação na área industrial, tais como densidade, temperatura, pressão, condutividade elétrica e térmica e viscosidade. Os principais problemas que a impureza presente na água pode causar aos processos industriais são a corrosão, a incrustação, cor e pH, dependendo da área de aplicação, conforme demonstra o Quadro 3.5.

Quando em aplicações industriais, a manutenção e/ou correção da qualidade da água devem ser especificadas de acordo com sua influência no processo, considerando-se a relação custo-benefício do produto final.

Reafirmando que a qualidade da água para o setor industrial varia de acordo com sua aplica-

Quadro 3.5	Propriedades das águas industriais
Características organolépticas	São consideradas, quando necessário, a cor, o sabor e o odor das águas. Possuem origens variadas e são de difícil detecção.
Dureza	Vinculada à presença de sais alcalinoterrosos dissolvidos nas águas, sendo os principais elementos que conferem dureza o cálcio e o magnésio. O estrôncio ocorre ocasionalmente e o bário, muito raramente. Estes sais reagem com o sabão, dificultando a formação de espuma. Outras substâncias que também reagem com o sabão, indicando impureza, são o ferro, alumínio, ácidos orgânicos e minerais e alguns outros metais. A dureza também pode causar incrustações nas caldeiras.
Dureza temporária	Devida à presença de bicarbonatos, pode ser eliminada pelo aquecimento da água até a temperatura de ebulição, formando carbonatos insolúveis na água, que se precipitam.
Dureza permanente	Devida à ocorrência dos íons sulfato, cloreto, nitrato ou silicato. À soma das durezas temporárias e permanentes denomina-se dureza total.
pH	O termo pH (potencial hidrogeniônico) expressa a concentração de íons de hidrogênio na solução, sendo indicador do seu grau de acidez ou basicidade. Apresenta uma escala que varia de 0 a 14, que denotam vários graus de acidez ou alcalinidade.
Alcalinidade	Representa a capacidade que um sistema aquoso tem de neutralizar (tamponar) ácidos a ele adicionados, dependendo de alguns compostos, tais como bicarbonato, carbonatos e hidróxidos. Sua medida é feita através da titulação.
Salinidade total	Medida do teor de sais solúveis existentes na água.
Turbidez	Medida da quantidade de materiais em suspensão, atuando na transparência do meio.
Teor de sílica	Pode se apresentar tanto na forma de partículas ou em suspensão, quanto na forma coloidal e no estado iônico, em solução, causando problemas de incrustação.

Fonte: Adaptado Silva e Simões, 1999; Programa Pró-Ciência, 2002

ção, conforme o Manual da Fiesp/Ciesp (volume 1), essas aplicações, de maneira genérica, podem ser:

→ **Consumo humano:** utilizada em ambientes sanitários, vestiários, cozinhas, refeitórios, bebedouros, ou para qualquer atividade doméstica com contato humano direto.

→ **Matéria-prima:** incorporada ao produto final, como é o caso das bebidas, produtos de higiene, limpeza, cosméticos, alimentos em conservas e fármacos.

→ **Fluido auxiliar:** compondo a preparação de soluções químicas, compostos intermediários, reagentes químicos, veículo e operações de lavagens.

→ **Geração de energia:** intermediando a transformação de energia cinética, potencial ou térmica em energia mecânica e posterior energia elétrica.

→ **Fluido de aquecimento e/ou resfriamento:** agente no transporte de calor no resfriamento ou geração de calor.

→ **Outros usos:** combate a incêndios, rega de áreas verdes ou incorporação em diversos subprodutos gerados nos processos industriais, seja em fase sólida, líquida ou gasosa.

Às características de qualidade da água natural que afetam o produto ou o resultado do processo produtivo, entre elas a dureza, a salinidade total, a turbidez, a alcalinidade e o teor de sílica, atribui-se também a responsabilidade de causar maior ou menor desgaste dos materiais do sistema (Quadro 3.6).

3.4 QUALIDADE DA ÁGUA NA AGRICULTURA

A qualidade da água para a agricultura vai depender do tipo de cultura a ser irrigada e da técnica a ser

Quadro 3.6 — Problemas relacionados com as impurezas das águas

Incrustação	Provém de depósitos de materiais sólidos nas paredes dos equipamentos que mantêm contato com as águas que possuem sólidos em suspensão ou materiais resultantes da precipitação de sais solúveis. São prejudiciais por possuírem baixa condutividade térmica, podendo provocar redução da eficiência térmica do equipamento devido à presença de gases de combustão que saem em temperaturas mais altas; também causa o superaquecimento do material de construção das caldeiras, provocando redução de resistência mecânica, podendo causar deformações ou rupturas.
Corrosão	Aparecem em equipamentos que operam com águas em condições de temperatura e pressão acima das normais. A intensidade desta reação depende do metal e das condições de temperatura e pressão do sistema; das impurezas presentes na água usada e das condições de operação do sistema. Esta reação varia de acordo com o valor do pH, que quanto mais baixo provocará a intensificação da corrosão. Dessa forma, seu controle dependerá da correção da acidez da água, podendo ser feita através da adição de uma substância alcalina, sendo que a faixa recomendada é de pH entre 8,5 e 9,0, quando a água estiver na temperatura de trabalho.
Sólidos em suspensão	São de natureza variada, podendo ser provenientes da drenagem superficial ou da disposição de resíduos industriais, urbanos ou agrícolas nas fontes de água natural.
Gases dissolvidos	O oxigênio dissolvido na água pode se tornar um dos principais fatores causadores da corrosão quando age, por exemplo, com o ferro na forma ferrosa (Fe^{+2}) resultante de reações metálicas com outras impurezas, o que leva o ferro à forma férrica (Fe^{+3}). O controle desta corrosão deve ser feito através da eliminação desta impureza nos tratamentos prévios. O gás carbônico, quando dissolvido na água, pode formar ácido carbônico, que também é corrosivo. O H_2S causa corrosão até no concreto, pois transforma-se em ácido sulfúrico (H_2SO_4) na parte alta dos equipamentos.
Sais solúveis	Em sua quase totalidade são provenientes do contato das águas com depósitos minerais da crosta terrestre. Os sais de sódio só apresentam problemas de contaminação quando ocorrem em concentrações muito altas. As formas mais frequentes de ocorrência de sódio nas águas naturais são: ↳ cloreto (NaCl), que na presença de sais de magnésio forma o cloreto de magnésio, que é corrosivo; ↳ carbonato (Na_2CO_3): quando aquecido o bicarbonato de sódio, este passa a carbonato de sódio, que em temperaturas superiores a 100 °C é hidrolisado, formando o gás carbônico e o hidróxido de sódio, que é altamente corrosivo; ↳ bicarbonato ($NaHCO_3$), hidróxido (NaOH), sulfato (Na_2SO_4) e nitrato ($NaNO_3$).
Sais de metais alcalinoterrosos (cálcio e magnésio)	Dureza: impede a formação de espuma na reação com os sabões, prejudica as águas usadas em operações industriais de lavagens, como indústria têxtil, lavanderias etc. Outra consequência indesejável nas águas duras é a tendência à formação de incrustações quando usadas para a produção de vapor nas caldeiras. Particularmente o cálcio e o magnésio conferem dureza às águas. As formas mais frequentes destes metais são bicarbonatos, sulfatos, cloretos e silicatos. Eles podem provocar problemas de incrustação e corrosão quando do uso da água em caldeiras.
Sílica (SiO_2)	Proveniente de drenagem superficial ou de depósitos minerais da crosta terrestre, é uma impureza que pode ser encontrada em três formas: em suspensão (partículas); coloidal e dissolvida. Quando presente e não controlada, pode provocar incrustação decorrente da formação de silicatos insolúveis, por reação com outros sais no sistema.
Ácidos livres	Águas com presença de ácidos clorídrico e sulfúrico, provenientes de resíduos industriais, drenagem de minas etc., que provocam corrosão.
Outras impurezas	Matéria orgânica e óleos provenientes de resíduos industriais e urbanos, causando problemas relacionados a propriedades organolépticas e à contaminação microbiológica das águas. Além de causar problemas para o abastecimento público, também é relevante no suprimento das águas industriais, como, por exemplo, a indústria de alimentos.

Fonte: Adaptado de Silva e Simões; Hespanhol, 1999

adotada. Segundo Telles (2002), a especificação da qualidade da água para irrigação deve considerar:

a) **Efeitos sobre o solo e sobre o desenvolvimento da cultura:**

→ **Salinidade:** a presença de sais em excesso (na água ou no solo) reduz a disponibilidade de água para o vegetal, comprometendo seu desenvolvimento. No entanto, as culturas respondem de forma diferente à salinidade, variando o rendimento proporcional quando submetidas a um mesmo teor no ambiente em que são cultivadas.

→ **Infiltração:** é através da infiltração que as raízes das plantas absorvem água para seu desenvolvimento. Os teores totais de sais e o teor de sódio em relação aos teores de cálcio e magnésio influem na infiltração da água no solo. Quanto mais sólido, mais impermeável fica o solo.

→ **Toxicidade:** as substâncias tóxicas são prejudiciais às plantações, quando excessivas no solo ou na água, acumulando-se nos tecidos vegetais e causando perdas irreversíveis. A tolerância também é variável de acordo com a cultura.

→ **Outros problemas:** a alta concentração de nitrogênio pode retardar a maturação da cultura, ou ainda, os altos teores de bicarbonato, gesso ou ferro podem causar manchas nas folhas e no fruto.

b) **Efeitos sobre os equipamentos:**

A qualidade da água pode afetar e danificar o equipamento usado na irrigação, sob forma de agressão, corrosão e incrustação, sendo assim conveniente analisar as propriedades da água para definir o material mais adequado a ser usado no sistema, garantindo sua maior vida útil.

c) **Efeitos sobre a saúde:**

Direta ou indiretamente, a qualidade da água pode fomentar a presença de vetores de doenças, como a malária, filariose linfática, encefalites e esquistossomose, entre outras. Esse problema pode ser causado pela passagem das propriedades da água ao solo através da infiltração, pelo acúmulo de água nos drenos (que vai promover o desenvolvimento de plantas aquáticas, caracóis e insetos) ou pelos fertilizantes, pesticidas e inseticidas degradantes.

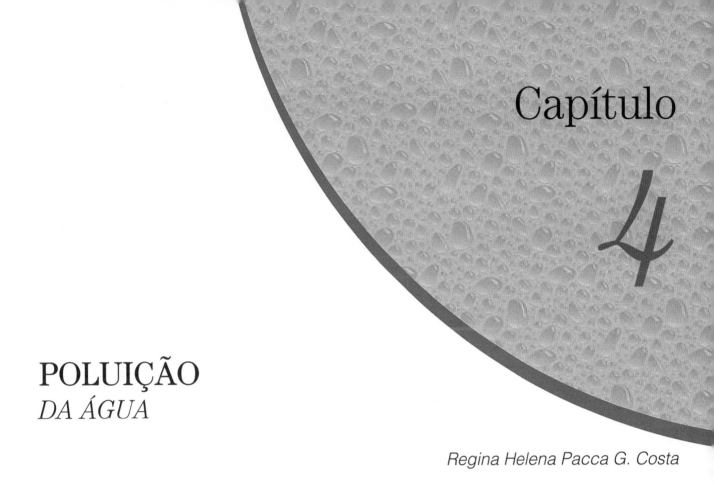

Capítulo 4

POLUIÇÃO
DA ÁGUA

Regina Helena Pacca G. Costa

Pela facilidade de modificar sua qualidade, a água altera seu grau de pureza conforme os diversos componentes que a ela são agregados.

De acordo com Sperling (1996): "Entende-se por poluição da água a adição de substâncias ou de formas de energia que, direta ou indiretamente, alterem a natureza do corpo d'água de uma maneira tal que prejudique os legítimos usos que dele são feitos."

O Quadro 4.1 ilustra os principais agentes e preocupações que se deve ter com os agentes poluidores das águas, de acordo com seus diversos usos.

O controle da poluição da água é de suma importância e varia de acordo com o uso a que ela é destinada, devendo-se analisar as principais fontes poluidoras juntamente com seus efeitos degradantes.

4.1 IMPUREZAS

Os principais problemas de poluição da água a serem ainda resolvidos em nosso país são os patogênicos, o consumo de oxigênio dissolvido e os nutrientes.

Os organismos patogênicos consistem num item importante a ser considerado na purificação da água, pois estão relacionados ao fator higiênico e associados às doenças de veiculação hídrica. Para manter a potabilidade e a balneabilidade é necessário controlar o agente transmissor de doenças, acompanhando o seu comportamento em um corpo d'água, desde o seu lançamento até os locais de utilização. A maioria destes agentes, as bactérias do grupo coliforme, advêm do material fecal. São identificadas na medição e controle e utilizadas como indicadoras do grau de contaminação. A melhor forma de controlar a contaminação por patogênicos é por meio de sua remoção na etapa de tratamento dos esgotos.

De maneira geral, os poluentes se originam de esgotos domésticos, despejos industriais e escoamento superficial (poluição difusa), e sua quantificação deve ser demonstrada em "carga" (massa por unidade de tempo).

Quadro 4.1   Principais agentes poluidores das águas

Poluentes	Principais parâmetros	Esgotos Domésticos	Esgotos Industriais	Esgotos Reutilizados	Drenagem superficial Urbana	Drenagem superficial Agricultura e pastagens	Possível efeito poluidor
Sólidos em suspensão	Sólidos em suspensão totais	xxx	↔		xx	x	→ Problemas estéticos → Depósitos de lodo → Adsorção de poluentes → Proteção de patogênicos
Matéria orgânica biodegradável	Demanda bioquímica de oxigênio	xxx	↔		xx	x	→ Consumo de oxigênio → Mortandade de peixes → Condições sépticas
Nutrientes	Nitrogênio Fósforo	xxx	↔		xx	x	→ Crescimento excessivo de Algas → Toxicidade aos peixes (amônia) → Doença em recém-nascidos (nitrato) → Poluição da água subterrânea
Patogênicos	Coliformes	xxx			xx	x	→ Doenças de veiculação hídrica
Matéria orgânica não biodegradável	Pesticidas, alguns detergentes, outros		↔			xx	→ Toxicidade (vários) → Espumas (detergentes) → Redução da transferência de oxigênio (detergentes) → Não biodegradabilidade → Maus odores (ex.: Fenóis)
Metais pesados	Elementos específicos (As, Cd, Cr, Cu, Hg, Ni, Pb, Zn etc.)		↔				→ Toxicidade → Inibição do tratamento biológico dos esgotos → Problemas na disposição do lodo na agricultura → Contaminação da água subterrânea
Sólidos inorgânicos dissolvidos	Sólidos dissolvidos totais Condutividade elétrica				xx	x	→ Salinidade excessiva → Prejuízo às plantações (irrigação) → Toxicidade às plantas (alguns íons) → Problemas de permeabilidade de solo (sódio)

x: pouco   xx: médio   xxx: muito   ↔: variável   em branco: usualmente não importantes

Fonte: Sperling, 1996

Devido à diversidade de usuários e efetivos pontos de contribuição, as análises quantitativas e qualitativas do esgoto sanitário, obtidas de uma amostra, podem apresentar variações de carga orgânica e vazão. Estas variações resultam do clima, hábitos e renda *per capita* da população atendida, da diversificação das atividades comerciais e industriais do município, da existência ou não de micromedição de consumo de água, do custo unitário desta água e da topografia, entre outras possibilidades.

A fonte poluente pode ser do tipo pontual, quando lançada de forma concentrada, ou do tipo difusa, quando é distribuída ao longo da extensão do corpo d'água.

O controle eficaz da poluição de fonte difusa depende também da conscientização popular. Daí a necessidade das campanhas educacionais. Já para as fontes de poluição pontuais deve-se priorizar o tratamento dos esgotos previamente coletados e transportados, tanto das cidades como das indústrias.

Deve-se considerar que o esgoto (ou água servida) é constituído de uma elevada parcela de água (99,9%) e uma parcela mínima de impureza, incluindo sólidos orgânicos e inorgânicos, suspensos e dissolvidos, bem como microrganismos, que, no entanto, lhe conferem características bastante acentuadas, que se alteram na origem ou na decorrência.

A aparência do esgoto depende de sua composição e do tempo decorrido desde a sua produção, podendo ser caracterizado como esgoto de produção recente, esgoto velho ou esgoto séptico, apresentando como principais diferenças o tamanho das partículas, a coloração e o odor.

Para se caracterizar o esgoto são usados parâmetros indiretos que traduzem o caráter ou o potencial poluidor do despejo em questão. Os parâmetros físicos, químicos e biológicos definem seu tipo de impureza, e a caracterização está diretamente ligada ao tipo de tratamento que será aplicado ao efluente.

A impureza de natureza física (partículas sólidas suspensas ou em estado coloidal) afeta as características da água independentemente de sua natureza química ou biológica e propicia alterações na transparência e na cor (turbidez), podendo ser retirada através da precipitação (Unicamp, 2002).

A impureza de natureza química constitui-se de substâncias orgânicas (proteínas, gorduras, hidratos de carbono, fenóis e substâncias artificiais – detergentes e defensivos agrícolas) e inorgânicas solúveis. Os minerais mais agressivos são os nutrientes (nitrogênio e fósforo), enxofre, metais pesados e compostos tóxicos (Unicamp, 2002).

A impureza de natureza biológica é representada pelos seres vivos (bactérias, vírus, fungos, helmintos e protozoários) normalmente liberados pelos dejetos humanos.

Na sua configuração o esgoto apresenta coloração, turbidez, odor, sólidos suspensos e sólidos dissolvidos. A soma de todos os sólidos (suspensos e dissolvidos) denomina-se "resíduo total" ou "sólidos totais" (Quadro 4.2).

Para se analisar a impureza, deve-se considerar o local de sua incorporação ao esgoto, que pode ser tanto nas fases do ciclo hidrológico (precipitação atmosférica, escoamento superficial, infiltração no solo, despejos diretos e represamento) como na poluição da água de consumo (compreendendo todo o sistema de abastecimento de água, desde a captação até as instalações hidrossanitárias).

O controle ou a retirada da impureza, contida na água, tem por objetivo preservar o meio ambiente, evitando ações deletérias nos corpos d'água. Isto é de fundamental importância, pois, sabe-se que a água serve de veículo transmissor de doenças, como a febre tifoide, disenteria bacilar, cólera, hepatite infecciosa, verminoses, infecções e envenenamentos.

4.2 TIPOS DE IMPUREZA

A impureza é avaliada de acordo com os danos que pode causar, podendo ser considerada como impureza comum ou impureza de características particulares.

A impureza comum está relacionada à natureza, à ocasião de incorporação, à forma de apresentação e aos seus principais efeitos.

Quadro 4.2 Principais características do esgoto doméstico

Parâmetro	Descrição
Características físicas	
Temperatura	→ Ligeiramente superior à da água de abastecimento → Variação conforme as estações do ano (mais estável que a temperatura do ar) → Influência na atividade microbiana → Influência na solubilidade dos gases → Influência na viscosidade do líquido
Cor	→ Esgoto fresco: ligeiramente cinza → Esgoto séptico: de cinza-escuro ao preto
Odor	→ Esgoto fresco: odor oleoso, relativamente desagradável → Esgoto séptico: odor fétido (desagradável), devido ao gás sulfídrico e a outros gases da decomposição → Despejos industriais: odores característicos
Turbidez	→ Causada por uma grande variedade de sólidos em suspensão → Esgotos mais frescos ou mais concentrados: geralmente apresentam maior turbidez
Características químicas	

Sólidos Totais
→ Em suspensão
  → fixos
  → voláteis
→ Dissolvidos
→ Fixos
  → Voláteis
→ Sedimentáveis
	Orgânicos e inorgânicos; suspensos e dissolvidos; sedimentáveis
	→ Fração dos sólidos orgânicos e inorgânicos que não são filtráveis (não dissolvidos)
	→ Componentes minerais, não incineráveis, inertes, dos sólidos em suspensão
	→ Componentes orgânicos dos sólidos em suspensão
	→ Fração dos sólidos orgânicos e inorgânicos filtráveis. Considerados com dimensão inferior a 10^{-3}
	→ Componentes minerais dos sólidos dissolvidos
	→ Componentes orgânicos dos sólidos dissolvidos
	→ Fração dos sólidos orgânicos e inorgânicos que sedimenta em uma hora no cone Imhoff. Indicação aproximada da sedimentação em um tanque de sedimentação

Matéria Orgânica → Determinação indireta → DBO_5 → DQO → DBO última → Determinação direta – COT	Mistura heterogênea de diversos compostos orgânicos. Principais componentes: proteínas, carboidratos e lipídeos → Demanda Bioquímica de Oxigênio. Medida aos 5 dias, após incubação a 20 °C. Está associada à fração biodegradável dos componentes orgânicos carbonáceos. É uma medida do oxigênio consumido após 5 dias pelos microrganismos na estabilização bioquímica da matéria orgânica. → Demanda Química de Oxigênio. Representa a quantidade de oxigênio requerida para estabilizar quimicamente a matéria orgânica carbonácea. Utiliza fortes agentes oxidantes em condições ácidas. → Demanda Última de Oxigênio. Representa o consumo total de oxigênio, ao final de vários dias, requerido pelos microrganismos para a estabilização bioquímica da matéria orgânica. Carbono Orgânico Total. É uma medida direta da matéria orgânica carbonácea. É determinada através da conversão do carbono orgânico a gás carbônico
Nitrogênio Total Nitrogênio Orgânico Amônia Nitrito Nitrato	O nitrogênio total inclui o nitrogênio orgânico, amônia, nitrito e nitrato. É um nutriente indispensável para o desenvolvimento dos microrganismos no tratamento biológico. O nitrogênio orgânico e a amônia compreendem o denominado Nitrogênio Total (NTK). → Nitrogênio na forma de proteínas, aminoácidos e ureia → Produzida como primeiro estágio da decomposição do nitrogênio orgânico → Estágio intermediário da oxidação da amônia. Praticamente ausente no esgoto bruto → Produto final da oxidação da amônia. Praticamente ausente no esgoto bruto
Fósforo → Fósforo orgânico → Fósforo inorgânico	O fósforo total existe na forma orgânica e inorgânica. Nutriente indispensável no tratamento biológico. → Combinado à matéria orgânica → Ortofosfato e polifosfatos

(Continua)

(Continuação)

Quadro 4.2 — Principais características do esgoto doméstico

Parâmetro	Descrição
Características físicas	
pH	Indicador das características ácidas ou básicas do esgoto. Uma solução é neutra em pH 7. Os processos de oxidação biológica normalmente tendem a reduzir o pH.
Alcalinidade	Indicador da capacidade tampão do meio (resistência às variações do pH). Devida à presença de bicarbonato, carbonato e íon hidroxila (OH$^-$)
Cloretos	Provenientes da água de abastecimento e dos dejetos humanos
Óleos e graxas	Fração da matéria orgânica solúvel em hexanos. Nos esgotos domésticos, as fontes são óleos e gorduras utilizados nas comidas, esgotos de oficinas mecânicas e de postos de gasolina.
Principais microrganismos presentes nos esgotos	
Bactérias	Organismos protistas unicelulares. Apresentam-se em várias formas e tamanhos. São os principais responsáveis pela estabilização da matéria orgânica. Algumas são patogênicas, causando principalmente doenças intestinais.
Fungos	Organismos aeróbios, multicelulares, não fotossintéticos, heterotróficos. De grande importância na decomposição da matéria orgânica. Podem crescer em condições de baixo pH.
Protozoários	Organismos unicelulares sem parede celular. A maioria é aeróbia ou facultativa. Alimenta-se de bactérias, algas e outros microrganismos. São essenciais no tratamento biológico para a manutenção de um equilíbrio entre os diversos grupos. Alguns são patogênicos.
Vírus	Organismos parasitas, formados por material genético (DNA ou RNA) e uma carapaça proteica. Causam doenças e podem ser de difícil remoção no tratamento da água ou do esgoto.
Helmintos	Animais superiores. Ovos de helmintos presentes no esgoto podem causar doenças.

Fonte: Adaptado de Sperling, 1996

a) **Quanto à natureza**
   - **Naturais:** provêm da atmosfera e do solo.
   - **Artificiais:** provêm do lançamento, na atmosfera, no solo ou na água, dos resíduos gerados pelas atividades humanas.

b) **Quanto à ocasião de incorporação:**
   - **Na água meteórica (chuvas):** poeira, oxigênio, gases, cloretos, substâncias radioativas.
   - **Na água de superfície (rios e lagos):** argilas, siltes, algas, microrganismos diversos, matéria orgânica.
   - **Na água subterrânea (lençóis freáticos):** microrganismos, carbonatos, gases, sais, ferro, flúor.
   - **Na água de suprimento (represas e unidades do sistema):** microrganismos diversos, além de elementos ou compostos nocivos.

c) **Quanto à forma de apresentação:**
   - **Em suspensão (causam odor, sabor e turbidez):** bactérias, algas, protozoários, vírus, vermes e substâncias minerais.
   - **Em estado coloidal (causam cor, sabor e acidez):** substâncias vegetais e minerais, ácidos húmicos e fúlvicos.
   - **Em dissolução:** sais de cálcio, magnésio, sódio, potássio, ferro, manganês, gases, substâncias minerais e orgânicas.

d) **Quanto ao seu principal efeito:** a impureza pode ter importância negativa ou positiva. Sob controle, pode ser denominada impureza com características particulares:
   - **Impureza de interesse especial:** flúor, nitratos, fenóis, cloreto, ferro, iodo e substâncias radioativas.

- **Impureza de risco (ação envenenadora):** arsênico, cromo hexavalente, cobre, chumbo, selênio, cianetos etc.

- **Impureza laxativa:** excesso de magnésio, sulfatos, "sólidos totais" (sólidos suspensos + sólidos sedimentados).

- **Impureza que em concentrações normais nas águas não apresenta efeitos adversos:** alumínio e seus compostos, boro, magnésio, rádio, prata, estanho, zinco, cloro etc.

- **Impureza de contaminação:** chumbo, mercúrio, cádmio etc.

- **Impureza desagradável (causa odor, sabor ou ação purgativa):** fenóis, algas (toxidez das algas azuis), magnésio etc.

- **Impureza antieconômica (inutiliza a água ou dificulta o seu tratamento):** ferro, manganês (causam manchas); cálcio, magnésio (dureza).

Para se enquadrarem nos padrões de potabilidade, os constituintes de impureza deverão respeitar os valores exigidos pelo Ministério da Saúde, baseados na Organização Mundial da Saúde, na Portaria n. 518, de 25 de março de 2004, se apresentar nas concentrações admitidas e especificadas para o consumo geral e para a preservação do ecossistema.

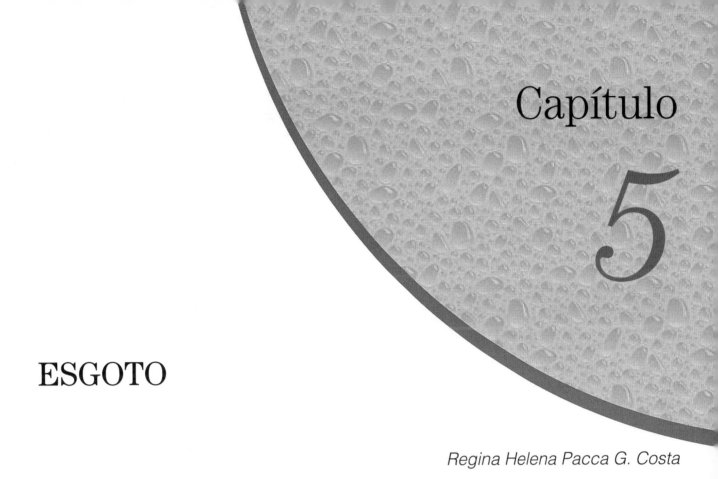

Capítulo 5

ESGOTO

Regina Helena Pacca G. Costa

5.1 DEFINIÇÃO DE ESGOTO SANITÁRIO

O esgoto sanitário, segundo norma brasileira NBR 9648 (ABNT, 1986), é o "despejo líquido constituído de esgoto doméstico e industrial, água de infiltração e a contribuição pluvial parasitária". Definindo ainda:

→ esgoto doméstico é o "despejo líquido resultante do uso da água para higiene e necessidades fisiológicas humanas";

→ esgoto industrial é o "despejo de líquido resultante dos processos industriais, respeitados os padrões de lançamento estabelecidos";

→ água de infiltração é "toda a água proveniente do subsolo, indesejável ao sistema separador e que penetra nas canalizações";

→ contribuição pluvial parasitária é a "parcela do deflúvio superficial inevitavelmente absorvida pela rede de esgoto sanitário".

Entende-se inicialmente por esgoto urbano a água com impureza de características orgânicas.

Já a água residual industrial altera suas características conforme os produtos usados nos diversos processos, devendo ser considerados ainda os padrões de lançamento. Estas denominações podem variar de acordo com o número de habitantes servidos, hábitos locais, característica econômica do centro urbano, educação, comportamento e conscientização popular.

Os Quadros 5.1 e 5.2 mostram a composição simplificada dos esgotos sanitários e a composição dos esgotos domésticos, segundo Nuvolari (2003).

O município ideal deve ter um sistema de esgotamento sanitário que atenda 100% das residências, do comércio e do complexo industrial, através de redes coletoras, interceptores e emissários devidamente executados e tratamento competente da água residuária. Seu planejamento e sua construção devem ser inteligentes e personalizados para cada cidade, seja ela de pequeno, médio ou grande porte. Essa é uma necessidade básica e urgente para a formação, ou transformação, de uma sociedade saudável, promissora e com qualidade de vida.

Quadro 5.1 Composição simplificada dos esgotos sanitários

Em média	Descrição
99,9% de água	Água de abastecimento utilizada na remoção do esgoto das economias e residências
0,1% de sólidos	Sólidos grosseiros
	Areia
	Sólidos sedimentáveis
	Sólidos dissolvidos

Fonte: Adaptado de Nuvolari, 2003

Quadro 5.2 Composição dos esgotos domésticos

Tipos de substâncias	Origem	Observações
Sabões	Lavagem de louças e roupas	–
Detergentes (podem ser ou não biodegradáveis)	Lavagem de louças e roupas	A maioria dos detergentes contém o nutriente fósforo na forma de polifosfato.
Cloreto de sódio	Cozinhas e na urina humana	Cada ser humano elimina pela urina de 7 a 15 gramas/dia.
Fosfatos	Detergentes e urina humana	Cada ser humano elimina, em média, pela urina, 1,5 gramas/dia.
Sulfatos	Urina humana	–
Carbonatos	Urina humana	–
Ureia, amoníaco e ácido úrico	Urina humana	Cada ser humano elimina de 14 a 42 gramas de ureia por dia.
Gorduras	Cozinhas e fezes humanas	–
Substâncias córneas, ligamentos da carne e fibras vegetais não digeridas	Fezes humanas	Vão se constituir na porção de matéria orgânica em decomposição encontrada nos esgotos.
Porções de amido (glicogênio, glicose) e de proteicos (aminoácidos, proteínas, albumina)	Fezes humanas	Idem
Urobilina, pigmentos hepáticos etc.	Urina humana	Idem
Mucos, células de descamação epitelial	Fezes humanas	Idem
Vermes, bactérias, vírus, leveduras etc.	Fezes humanas	Idem
Outros materiais e substâncias: areia, plásticos, cabelos, sementes, fetos, madeira, absorventes femininos etc.	Areia: infiltrações nas redes de coleta, banhos em cidades litorâneas, parcela de águas pluviais etc. Demais substâncias são indevidamente lançadas nos vasos sanitários.	–

Fonte: Adaptado de Nuvolari, 2003

5.2 PARÂMETROS NO TRATAMENTO DO ESGOTO SANITÁRIO

Como pode ser observado no Capítulo 4 deste livro, as impurezas contidas na água seriam substâncias ou energias que, direta ou indiretamente, alteram a natureza do corpo d'água. De acordo com o efeito que elas trazem podem impedir ou dificultar a utilização desta água, necessitando assim a implementação de um tratamento de remoção destas impurezas que deve adequar a qualidade final da água deste processo com a qualidade desejada para sua aplicação.

Como parâmetros de projeto e operação das estações de tratamento de esgoto destacam-se os sólidos, os indicadores de matéria orgânica carbonácea, o nitrogênio, o fósforo e os indicadores de contaminação fecal. Genericamente, estão presentes no esgoto doméstico os elementos: Carbono (C), Hidrogênio (H), Oxigênio (O), Nitrogênio (N), o Fósforo (P) e Enxofre (S) além de outros microelementos, sendo os sólidos totais; a matéria orgânica; o nitrogênio total; o fósforo; o pH; a alcalinidade; os cloretos e os óleos e graxas os principais parâmetros a serem considerados.

Entre os vários tipos de impureza contida no esgoto doméstico, alguns possuem maior importância nas diretrizes do tratamento escolhido, conforme mostra o Quadro 5.3.

Quadro 5.3 Principais parâmetros analisados nos esgotos domésticos

Parâmetros	Conceito	Importância
Sólidos	→ Todos os contaminantes da água, com exceção dos gases dissolvidos, contribuem para a carga de sólidos. → São classificados de acordo com seu tamanho e estado, suas características químicas e sua decantabilidade.	→ Cor → Depósito de lodo → Adsorção de poluentes → Proteção de patogênicos → Turbidez
Indicadores de Matéria Orgânica	→ Matéria orgânica carbonácea: baseada no carbono orgânico (compostos de proteínas; carboidratos; gordura e óleos; ureia, surfactantes, fenóis, pesticidas etc.). Classificam-se quanto à forma, tamanho e biodegradabilidade.	→ Consumo de oxigênio → Mortandade de peixes → Condições sépticas → Toxicidade → Odor
Nitrogênio	→ Pode se apresentar como nitrogênio molecular (N_2); nitrogênio orgânico; amônia; nitrito e nitrato. → Indispensável para o crescimento das algas (causa eutrofização). → Nos processos de conversão da amônia a nitrito e posteriormente a nitrato, implica no consumo de oxigênio dissolvido. → Em forma de amônia livre é toxico aos peixes. → Em forma de nitrato é associado a doenças como a metamoglobinemia.	→ Geração e controle da poluição das águas → Indispensável para o crescimento dos microrganismos responsáveis pelo tratamento de esgotos → Implica no consumo de oxigênio e alcalinidade → Desnitrificação: implica na deterioração da sedimentabilidade do lodo
Fósforo	Apresenta-se como: → Ortofosfatos (diretamente disponíveis para o metabolismo biológico), tendo como principais fontes a água, o solo, detergentes, fertilizantes, despejos industriais e esgotos domésticos → Polifosfatos: moléculas mais complexas com dois ou mais átomos de fósforo. Transformam-se em ortofosfatos pela hidrólise. → Fósforo orgânico: nutriente essencial para o crescimento dos microrganismos responsáveis pela estabilização da matéria orgânica	→ Crescimento das algas. → Estabilização da matéria orgânica
Indicadores de contaminação fecal	→ Coliformes totais (Ct); coliformes fecais (Cf); e estreptococos fecais (Ef). → Organismos patogênicos indicadores de contaminação fecal → Apresentam grandes quantias nas fezes humanas e em animais de sangue quente. → Resistência aproximadamente similar à maioria das bactérias patogênicas intestinais	→ Detecção dos agentes patogênicos → Alto potencial para transmissão de doenças

Fonte: Adaptado de Sperling, 1996

Os despejos industriais apresentam variações em suas características quantitativas e qualitativas, em consequência, variam-se também os parâmetros a serem considerados na sua caracterização, com importância relativa à atividade industrial. No que se refere ao tratamento biológico, os conceitos principalmente considerados são: biodegradabilidade, tratabilidade, concentração de matéria orgânica, disponibilidade de nutrientes e toxicidade. Já na análise química, é de fundamental importância o reconhecimento de cianetos e metais, assim como o controle do pH e dos fenóis (Quadro 5.4).

Quadro 5.4 Principais parâmetros analisados nos efluentes industriais

Ramo	Atividade	DBO ou DQO	SS	Óleos graxas	Fenóis	pH	CN⁻	Metais
Produtos alimentares	Usinas de açúcar e álcool	X	X		X	X		
	Conservas carne/peixe	X	X			X		
	Laticínios	X	X	X		X		
	Matadouros e frigoríficos	X	X	X				
	Conserva de frutas e vegetais	X	X			X		
	Moagem de grãos	X	X					
Bebidas	Refrigerantes	X	X	X		X		
	Cervejaria	X	X	X		X		
Têxtil	Algodão	X				X		
	Lã	X		X		X		
	Sintéticos	X				X		
	Tingimento				X	X	X	
Couros e pele	Curtimento vegetal	X	X	X		X		X
	Curtimento ao cromo	X	X	X		X		X
Papel	Processamento da polpa-celulose	X	X			X		X
	Fábrica de papel e papelão	X	X			X		X
Produtos minerais não metálicos	Vidros e espelhos		X	X		X		X
	Fibras de vidro	X	X	X	X			
	Cimento		X	X		X		X
	Cerâmica		X	X				
Borrachas	Artefato de borracha	X	X	X		X		
	Pneus e câmaras	X	X	X		X		
Produtos químicos	Produtos químicos (vários)				X	X	X	X
	Laboratório fotográfico							X
	Tintas e corantes							X
	Inseticidas					X		X
	Desinfetantes				X			X
Plásticos	Plásticos e resinas	X	X		X	X		X
Perfumaria e sabões	Cosméticos, detergentes e sabões	X		X				X
Mecânica	Produção de peças metálicas			X	X			
Metalúrgica	Produção de ferro-gusa	X	X	X	X	X	X	X
	Siderúrgicas		X	X		X	X	X
	Tratamento de superfícies		X	X	X	X	X	X
Mineração	Atividades extrativas		X			X		
Derivados de petróleo	Combustíveis e lubrificantes	X		X	X	X		
	Usinas de asfalto		X	X				
Artigos elétricos	Artigos elétricos						X	X
Madeira	Serrarias, compensados	X						
Serviços pessoais	Lavanderias	X		X		X		

Fonte: Sperling, 1996

5.3 VAZÕES MÉDIAS

Sendo o esgoto uma consequência da utilização da água limpa, seu volume produzido está diretamente ligado ao volume do consumo de água local, portanto sua qualidade vai depender da aplicação/uso desta água, podendo apresentar variações tanto no quesito caracterização como no volume (ver Capítulo 1 deste livro).

Entende-se por "água limpa" a água adequada para o consumo em geral, potável ou não, mesmo em estado bruto, ou seja, encontrada na natureza com qualidade tal que dispensa qualquer tipo de tratamento e com características aplicáveis nos sistemas urbano, empresarial, recreativo ou agropecuário.

Considerada o maior centro urbano do Brasil, a Região Metropolitana de São Paulo é um exemplo significativo de saneamento público. A Tabela 5.1 fornece dados do serviço prestado aos municípios de todo o estado, numa apuração feita pela própria Companhia de Saneamento Básico do Estado de São Paulo (Sabesp).

Em 2005, a Sabesp operava cinco unidades de Estações de Tratamento de Esgotos (ETE), tratando 18 mil litros de esgoto por segundo, com benefícios diretos para 8,4 milhões de habitantes, contando com cerca de 130 km de interceptores, sifões, travessias e emissários com diâmetros variando de 0,60 m a 4,50 m, e respondendo pela interceptação, pelo tratamento e pela disposição final dos esgotos do Sistema Principal da RMSP (Sabesp, 2005). A Tabela 5.2 destaca os números deste sistema no ano de 2000 e a Tabela 5.3 mostra os valores referentes à capacidade instalada de cada um dos 5 sistemas de tratamento de esgoto e o número de habitantes que se beneficiam deste processo.

Para o levantamento quantitativo da vazão de esgotos domésticos, considera-se o volume oriundo de domicílios, atividades comerciais e institucionais e calculam-se os valores referentes ao consumo de água, com picos mínimos e máximos.

Já para a vazão de despejos industriais, o cálculo se baseia também no porte da indústria, área de beneficiamento, tipo de processo, grau de reciclagem, existência de pré-tratamento e períodos do dia. Conforme a Tabela 5.4, o consumo e, consequentemente, a produção de despejos podem ser diferentes, para um mesmo tipo de indústria.

Tabela 5.1 Dados gerais: população, água e esgoto

População total atendida	25 milhões de pessoas
Municípios atendidos	368
Índice de tratamento de água	100%
Índice de esgotos coletados	78%
Índice de esgotos tratados	62%
Água	
Produção de água tratada (acumulada até setembro de 2004)	2.073 milhões de m^3
Ligações de água	5,6 milhões
Estações de Tratamento de água	195
Reservatórios	2.014
Capacidade do armazenamento de água (reservatórios)	2,6 bilhões de litros
Poços	1.073
Adutoras	4.916 quilômetros
Redes de distribuição de água	53.051 quilômetros
Ligações de água	6,3 milhões
Esgoto	
Estações de tratamento de esgotos	430
Capacidade de tratamento de esgotos	37,8 mil litros por segundo
Redes coletoras de esgotos	34.192 quilômetros
Emissários e interceptores	1.606 quilômetros
Ligações de esgotos	4,7 milhões

Dados de dezembro de 2004. *Fonte:* Sabesp, 2005

Tabela 5.2 Números do sistema principal da RMSP – ano referência 2000

Vazão média de esgoto tratado	11.000 L/s
População equivalente de atendimento	6.500.000 habitantes
Carga orgânica removida	168.000 kg DBO/dia
Carga de sólidos em suspensão removida	133.000 kg SST/dia
Remoção de carga orgânica	90 a 95%
Quantidade de lodo produzida	229 t/dia
Potência instalada	63.000 kVA
Consumo de energia elétrica	1.765.729 kWh

Fonte: Adaptado de Sabesp, 2005

Tabela 5.3 Sistemas de tratamento de esgoto da RMSP

Estação de tratamento de esgoto	Capacidade instalada	N. de habitantes favorecidos
Barueri	9.500 L/seg	4.460.000 hab.
Parque Novo Mundo	2.500 L/seg	1.120.000 hab.
São Miguel Paulista	1.500 L/seg	720.000 hab.
ABC	3.000 L/seg	1.400.000 hab.
Suzano	1.500 L/seg	720.000 hab.
Total	18.000 L/seg	8.420.000 hab.

Fonte: Adaptado de Sabesp, 2005

5.4 INDICADORES AMBIENTAIS

Essencialmente, o sistema de saneamento visa aos seguintes objetivos:

- controle e prevenção de doenças;
- qualidade de vida da população;
- incentivo à produtividade; e
- desenvolvimento socioeconômico.

O principal objetivo do serviço de esgotamento sanitário é impedir o contato dos despejos (resíduos e dejetos humanos) com a população, com a água de abastecimento e irrigação de alimentos, inibindo vetores patogênicos e reduzindo custos médico-hospitalares, além de controlar a poluição e manter o ambiente sustentável. Há soluções para a retirada do esgoto e dejetos ainda que o fornecimento de água não seja canalizado.

A ausência de tratamento da água contribui para a proliferação de doenças parasitárias e infecciosas, além da degradação da reserva hídrica. A destinação adequada do esgoto é essencial para a manutenção da saúde pública. Contam mais de uma centena as patologias causadas pela falta de saneamento básico, entre as quais cólera, amebíase, vários tipos de diarreia, peste bubônica, lepra, meningite, pólio, herpes, sarampo, hepatite, febre amarela, gripe, malária, leptospirose, ebola, febre tifoide e inúmeros casos de verminoses.

Aproximadamente, cinquenta tipos de infecções podem ser transmitidos de uma pessoa doente para uma sadia por diferentes caminhos que envolvem as excretas humanas. As excretas presentes no esgoto podem contaminar a água, os alimentos, os utensílios domésticos, as mãos, o solo ou ser transportadas por moscas, baratas, roedores, provocando novas infecções.

Outra importante razão para tratar os esgotos é a preservação do meio ambiente. As substâncias presentes no esgoto exercem ação deletéria nos corpos de água: a matéria orgânica pode diminuir a concentração de oxigênio dissolvido, provocando a morte de peixes e outros organismos aquáticos, escurecimento da água e exalação de odores desagradáveis. Eventualmente, os detergentes presentes no esgoto provocam a formação de espumas em locais de maior turbulência da massa líquida. Os defensivos agrícolas levam à morte peixes e outros animais. Há ainda a possibilidade de eutrofização pela concentração de nutrientes, provocando o crescimento acelerado de algas que conferem odor, sabor e acrescentam biotoxinas à água (Cetesb, 1989).

Elucidações importantes sobre o tema:

- **Saneamento:** "O controle de todos os fatores do meio físico do homem que exercem efeito deletério sobre seu bem-estar físico, mental ou social." (OMS, 1980);

- **Saneamento básico:** "As ações, serviços e obras considerados prioritários em programas de saúde pública, notadamente o abastecimento público de água e a coleta e o afastamento de esgotos." (Lei n. 7.750, 1992);

- **Saneamento ambiental:** "Conjunto de ações que tendem a conservar e melhorar as condições do meio ambiente em benefício da saúde.";

- **Desenvolvimento sustentável:** "É aquele que atende às necessidades do presente sem comprometer a possibilidade das gerações futuras atenderem às suas próprias necessidades. Em seu sentido mais amplo, a estratégia de desenvolvimento sustentável visa a promover a harmonia entre os seres humanos e entre a humanidade e a natureza."

As atuais instituições políticas e econômicas, nacionais e internacionais ainda não atingiram o

Tabela 5.4 — Vazão específica média de algumas indústrias

Ramo	Tipo	Unidade	Consumo de água por unidade (m³/unid.) *
Alimentícia	Frutas e legumes em conservas	1 ton. conserva	4–50
	Doces	1 ton. produto	5–25
	Açúcar de cana	1 ton. açúcar	0,5–10,0
	Matadouros	1 boi ou 2,5 porcos	0,3–0,4
	Laticínios (leite)	1000 L leite	1–10
	Laticínios (queijo ou manteiga)	1000 L leite	2–10
	Margarina	1 ton. margarina	20
	Cervejaria	1000 L cerveja	5–20
	Padaria	1 ton. pão	2–4
	Refrigerantes	1000 L refrigerante	2–5
Têxtil	Algodão	1 ton. produto	120–750
	Lã	1 ton. produto	500–600
	Rayon	1 ton. produto	25–60
	Náilon	1 ton. produto	100–150
	Poliéster	1 ton. produto	60–130
	Lavanderia de lã	1 ton. lã	20–70
	Tinturaria	1 ton. produto	20–60
Couro e curtume	Curtume	1 ton. de pele	20–40
Polpa e papel	Fabricação de polpa	1 ton. produto	15–200
	Embranquecimento de polpa	1 ton. produto	80–200
	Fabricação de papel	1 ton. produto	30–250
	Polpa e papel integrados	1 ton. produto	200–250
Indústrias químicas	Tinta	1 empregado	110 L/dia
	Vidro	1 ton. vidro	3–30
	Sabão	1 ton. sabão	25–200
	Ácido, base, sal	1 ton. cloro	50
	Borracha	1 ton. produto	100–150
	Borracha sintética	1 ton. produto	500
	Refinaria de petróleo	1 ton. barril (117l)	0,2–0,4
	Detergente	1 ton. produto	13
	Amônia	1 ton. produto	100–130
	Dióxido de carbono	1 ton. produto	60–90
	Gasolina	1 ton. produto	7–30
	Lactose	1 ton. produto	600–800
	Enxofre	1 ton. produto	8–10
	Produtos farmacêuticos (vitaminas)	1 ton. produto	10–30
Produtos manufaturados	Mecânica fina, ótica, eletrônica	1 empregado	20–40 L/dia
	Cerâmica fina	1 empregado	40 L/dia
	Indústria de máquinas	1 empregado	40 L/dia
Metalúrgicas	Fundição	1 ton. gusa	3–8
	Laminação	1 ton. produto	8–50
	Forja	1 ton. produto	80
	Deposição eletrolítica de metais	1 m³ de solução	1–25
	Indústria de chapas, ferro e aço	1 empregado	60 L/dia
Minerações	Ferro	1 m³ minério lavado	16
	Carvão	1 ton. carvão	2–10

* Consumo em m³ por unidade produzida ou l/dia por empregado

Fonte: Sperling, 1996

pleno desenvolvimento sustentável, pois essa busca requer:

- um sistema político que assegure a efetiva participação dos cidadãos no processo decisório;
- um sistema econômico capaz de gerar excedentes para a pesquisa em bases confiáveis e constantes;
- um sistema social capaz de resolver as tensões causadas pela desigualdade;
- um sistema de produção compromissado com a base ecológica do desenvolvimento;
- um sistema tecnológico ambicioso;
- um sistema internacional de relacionamento que estimule padrões sustentáveis de comércio e financiamento;
- um sistema administrativo flexível e inovador.

O conceito de desenvolvimento sustentável não diz respeito apenas ao impacto da atividade econômica no meio ambiente, mas também às consequências desta relação na qualidade de vida e no bem-estar da sociedade, no presente e no futuro. A sustentabilidade visa à harmônica preservação e ao equilíbrio social, econômico e ecológico.

Submeter este conceito à realidade depende do poder público e da iniciativa privada, assim como exige um consenso internacional. Ao cidadão cabe a atitude ao seu alcance: o exercício da cidadania.

Segundo o Relatório Brundtland, uma série de medidas deve ser tomada por todos os países:

- controle demográfico;
- garantia de alimentação;
- preservação da biodiversidade e dos ecossistemas;
- diminuição do consumo de energia e desenvolvimento de tecnologias que incentivem o uso de fontes energéticas renováveis;
- aumento da produção industrial nos países não industrializados com base em tecnologias ecologicamente adaptadas;
- controle da urbanização desenfreada e integração urbano-rural;
- o poder público deve priorizar as estratégias de desenvolvimento sustentável;
- proteção dos ecossistemas supranacionais como a Antártica, os oceanos, e o espaço, pela comunidade internacional;
- desarmamento bélico e intervenções, se necessárias, diplomáticas;

A atuação do poder público, em toda a sua hierarquia, deve proporcionar adequadas condições para o cumprimento de um programa de tal proporção, desde a elaboração de uma legislação apropriada de desenvolvimento sustentável até a efetiva realização de obras de infraestrutura, como a instalação de um sistema de água e esgoto que prime pelo uso contido, recuperação e reaproveitamento.

As tecnologias de tratamento hídrico devem se submeter aos princípios da sustentabilidade, em âmbitos econômico, social e ecológico. O conceito "sustentável" concilia necessidades, interesses e consequências em amplitude máxima, estabelecendo parâmetros para as ações. No caso do esgoto, os parâmetros decidirão pela instalação de um sistema de esgotamento sanitário ou até pela implantação de uma Estação de Tratamento de Esgoto (ETE).

Eis aqui uma relação de parâmetros selecionados para a avaliação e comparação das tecnologias, segundo Unicamp, 2002:

"Quando se considera a tecnologia para o tratamento de esgoto sanitário, a escolha entre as diversas alternativas disponíveis é ampla e depende de diversos fatores, dentre eles, podem ser citados":

- área disponível para implantação da ETE;
- topografia dos possíveis locais de implantação e das bacias de drenagem e esgotamento sanitário;
- volumes diários a serem tratados e variações horárias e sazonais da vazão de esgotos;
- características do corpo receptor de esgotos tratados;
- disponibilidade e grau de instrução da equipe operacional responsável pelo sistema;
- disponibilidade e custos operacionais de consumo de energia elétrica;

- clima e variações de temperatura da região;
- disponibilidade de locais e/ou sistemas de reaproveitamento e/ou disposição adequados dos resíduos gerados pela ETE.

Para comparar as diferentes tecnologias utilizadas no processo de tratamento de esgoto sanitário, os parâmetros são equacionados e transcritos em valores numéricos. O Quadro 5.5 apresenta os parâmetros, suas formas de avaliação e unidades adotadas

O Quadro 5.6 compara os efeitos dos poluentes normalmente encontrados no esgoto sanitário e seus impactos ambientais.

Quadro 5.5 Parâmetros e formas de avaliação para escolha da tecnologia empregada

Parâmetro	Forma de avaliação	Unidade
Área ocupada pela ETE (Depende da vazão nominal a ser tratada e da tecnologia empregada. É conveniente analisar a relação entre a área necessária e o número de habitantes atendidos.)	Área ocupada pela ETE / N. de habitantes atendidos	m²/hab.
Custo de implantação (Depende dos recursos financeiros, variando de acordo com a tecnologia escolhida, o grau de automação desejado, a vazão tratada e a eficiência desejada para o tratamento. Quantificação estabelecida pela relação entre o custo e o número de habitantes atendidos.)	Custo / N. de habitantes atendidos	R$/hab. e/ou US$/hab
Potência instalada (Em função do tipo de tecnologia escolhida, da carga orgânica dos esgotos a serem tratados e da vazão nominal do sistema. Avaliação numérica estabelecida pela relação entre a potência dos equipamentos eletromecânicos instalados e o número de habitantes atendidos.)	Potência instalada / N. de habitantes atendidos	Kw/hab.
Consumo de energia (De grande importância no custo operacional do sistema, pois depende da potência instalada e do período de funcionamento dos equipamentos. Avaliação feita pela relação entre o consumo anual de energia elétrica e o número de habitantes atendidos.)	Consumo anual de energia elétrica / N. de habitantes atendidos	kwh/hab.ano
Produção de lodo (Fator de grande importância nos custos de operação do sistema. Depende fundamentalmente do tipo de tecnologia empregado, da carga orgânica, grau de eficiência desejado e vazão tratada. Avaliado pela relação entre a massa de sólidos produzida e o número de habitantes atendidos.)	Lodo produzido por dia / N. de habitantes atendidos	gSST/hab.dia
Remoção de nutrientes (A presença de nutrientes como o nitrogênio e o fósforo no esgoto tratado pode favorecer a eutrofização dos corpos de água receptores. Sua remoção, geralmente, é feita em unidades de tratamento complementares do processo ou através de estratégias operacionais específicas, interferindo nos custos de implantação e operação do sistema. Avaliado individualmente para cada parâmetro, classificando-se como altas as remoções superiores a 80%; médias, entre 50 e 80% e baixas, para valores inferiores a 50%.)	Nitrogênio e fósforo	alta (> 80%) média (50 a 80%) baixa (< 50%)
Eficiência e confiabilidade do sistema (O processo de tratamento deve garantir a eficiência desejada e os padrões de lançamento ao corpo receptor. Este indicador depende da frequência de análises realizadas para verificação da eficiência do processo e será avaliado pela porcentagem de amostras que respeitem aos padrões de lançamento.)	N. de amostras fora do padrão x1000 / N. total de amostras	adimensional
Simplicidade operacional (Fácil manutenção e controle são fundamentais para o bom funcionamento da estação. Dependem da tecnologia empregada no tratamento e dos equipamentos incorporados no sistema. Em geral, quanto maior a automação na operação do sistema menor o risco, estando diretamente relacionado aos recursos financeiros. Indicador numérico adotado é a relação entre o número de funcionários necessários e o número de habitantes atendidos.)	N. de funcionários x 1000 / N. de habitantes atendidos	adimensional
Vida útil (Depende da manutenção, da fiscalização do processo construtivo e da variação das condições ambientais interferentes. Parâmetro avaliado pelo número de anos em que a estação de tratamento cumpre com a eficiência necessária a vazão de esgoto gerado pela população atendida.)	N. de anos em que a ETE pode tratar a vazão nominal	anos

Fonte: Adaptado de Unicamp, 2005

Quadro 5.6 Efeitos dos poluentes do esgoto no corpo d'água

Poluentes	Parâmetros de caracterização	Tipo de efluente	Impactos
Sólidos em suspensão	Sólidos em suspensão totais	Domésticos Industriais	Problemas estéticos Depósitos de lodo Adsorção de poluentes Proteção de patogênicos
Sólidos flutuantes	Óleos e graxas	Domésticos Industriais	Problemas estéticos Se não removidos, podem causar problemas do tratamento biológico, por asfixia do floco, no tratamento aeróbio.
Matéria orgânica biodegradável	Demanda bioquímica de oxigênio (DBO)	Domésticos Industriais	Consumo de oxigênio Mortandade de peixes Condições sépticas
Patogênicos	Coliformes	Domésticos	Doenças de veiculação hídrica
Nutrientes	Nitrogênio Fósforo	Domésticos Industriais	Crescimento excessivo de algas Toxicidade aos peixes Doença em recém-nascidos (nitratos)
Compostos não biodegradáveis	Pesticidas Detergentes Outros	Industriais Agrícolas	Toxicidade Espumas Redução de transferência de oxigênio Não biodegradabilidade Maus odores
Metais pesados	Elementos específicos (ex.: arsênio, cádmio, cromo, mercúrio, zinco etc.)	Industriais	Toxicidade Inibição do tratamento biológico dos esgotos Problemas de disposição do lodo na agricultura Contaminação da água subterrânea
Sólidos inorgânicos dissolvidos	Sólidos dissolvidos totais Condutividade elétrica	Reutilizados	Salinidade excessiva – prejuízo às plantações (irrigação) Toxicidade a plantas (alguns íons) Problemas de permeabilidade do solo (sódio)

Fonte: Adaptado de Unicamp, 2005

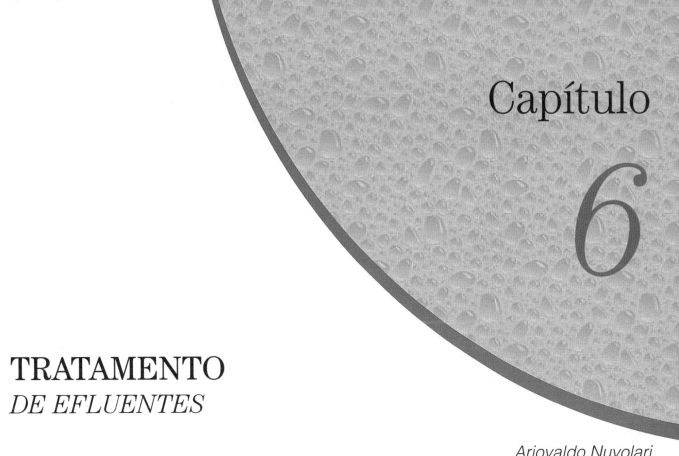

Capítulo 6

TRATAMENTO
DE EFLUENTES

Ariovaldo Nuvolari
Regina Helena Pacca G. Costa

Neste capítulo far-se-á uma breve descrição dos principais processos de tratamento de águas residuárias. Maiores detalhes, incluindo critérios de dimensionamento, poderão ser encontrados nas seguintes literaturas: Metcalf e Eddy (1991); Von Sperling (1996, 1997 e 2005); Chernicharo (1996); Asano (1998); Qasin (1999); Mancuso e Santos (2003) e Nuvolari (2003).

É de extrema importância que a administração pública tenha um sistema de esgotamento sanitário que atenda 100% das residências, do comércio e das indústrias, composto de redes coletoras, com interceptores e emissários devidamente executados, culminando com um sistema de tratamento para as águas residuárias adequado. Seu planejamento e construção deve ser eficiente e personalizado para cada cidade, seja ela de pequeno, médio ou grande porte. Este é um desafio necessário, urgente e que tem como resultado um alto impacto social, já que em curto espaço de tempo se alcançam favoráveis índices na melhoria da qualidade de vida da população atendida.

No Brasil, a coleta de esgoto sanitário atende a apenas cerca de 40% da população urbana. Do volume coletado, atualmente, apenas cerca de 40% recebe tratamento adequado, gerando perspectivas significativas de crescimento e de geração de lodo. A maior parte deste resíduo, até recentemente, era lançada indiscriminadamente em rios. No entanto, com a evolução da legislação ambiental, as operadoras vêm sendo obrigadas a destinar adequadamente estes resíduos (Prosab, 2005).

O tratamento do esgoto (ou água servida) se resume na busca eficiente da remoção dos poluentes nele contidos. Baseia-se em parâmetros normatizados e varia de acordo com o volume a ser tratado, finalidade, nível de processamento, qualidades originais e pretendidas e local de lançamento ou reaproveitamento.

Sabe-se que o esgoto é composto de uma elevada parcela de água (99,9%) e uma parcela mínima de impurezas (0,1%). Quando se faz o tratamento de esgoto, procura-se retirar tais impurezas.

Em termos de tratamento, tudo o que não for água é classificado como sólido. Dessa forma, resulta do tratamento um concentrado de poluentes mais água denominado "lodo". Para seu acondicionamento é necessário outro procedimento, o chamado tratamento de sólidos ou da fase sólida, com o objetivo de reduzir o volume e neutralizar seus efeitos nocivos e impactantes, de forma a melhor destinar o seu descarte e/ou aproveitamento.

Um processo de tratamento de esgoto convencional possui duas fases: a chamada fase líquida, correspondente ao fluxo principal do líquido na estação de tratamento de esgoto, e a fase sólida, do lodo retirado. Para cada uma delas existe uma forma de processamento e acondicionamento.

Na fase líquida, basicamente, busca-se remover os sólidos presentes no esgoto, clarificando o efluente final. Existem diversas técnicas de tratamento, aplicáveis a cada caso particular, calcadas nas vazões a serem tratadas; diretamente proporcionais à população atendida. No tratamento de esgoto busca-se:

→ **A remoção dos sólidos presentes:** dos grosseiros por gradeamento, da areia nas caixas de areia, de óleos e graxas e sólidos sedimentáveis (por gravidade) nas unidades de sedimentação primária;

→ **A remoção da matéria orgânica biodegradável contida nos sólidos finamente particulados e nos sólidos dissolvidos em:** lagoas aeradas, lagoas de estabilização, lodos ativados, filtros biológicos, filtros anaeróbios de fluxo ascendente (FAFA) e reatores anaeróbios de fluxo ascendente (RAFA);

→ **A remoção de patogênicos:** em lagoas de maturação, por disposição no solo ou por diversas formas de desinfecção;

→ **A remoção de Nitrogênio:** por nitrificação e desnitrificação biológica, disposição no solo ou por processos físico-químicos; e

→ **A remoção de Fósforo:** por processos biológicos ou físico-químicos ou por disposição no solo.

Todo tratamento de esgoto deve satisfazer a legislação que regula a qualidade do efluente final e do corpo receptor. É indispensável considerar os padrões permitidos para lançamento, a classificação dos rios, a qualidade final requerida após o lançamento, o estudo de impactos, atentando sempre para o que dispõem as normas, resoluções, decretos, leis estaduais e federais.

Para se projetarem as unidades de tratamento de esgoto sanitário, parte-se do princípio de que essas águas possuem concentração maior de substâncias orgânicas, pois este advém de residências, comércio, centros recreativos, hotelaria, hospitais, ou seja, são compostas por restos alimentares, detergentes, descarga de bacias sanitárias e de asseio pessoal, materiais bio e não biodegradáveis em geral, podendo, no entanto, também conter efluentes industriais.

O esgoto bruto que chega às estações de tratamento, ao passar pelas etapas de tratamento das fases sólida e líquida, tem, em grande parte, seus componentes poluidores removidos, para que possam retornar ao ambiente, de maneira sustentável. Para o material removido (lodo) busca-se, cada vez mais, a obtenção de soluções inovadoras de descarte e/ou de utilização, elevando-o à categoria de produtos. Hoje, parte do efluente tratado também tem sido utilizado como água de reúso, após passar por tratamento complementar.

Normalmente, o tratamento do esgoto sanitário inclui um tratamento prévio ou preliminar, no qual são removidos os sólidos grosseiros e a areia. Na sequência, o esgoto passa por um tratamento primário, visando à remoção dos sólidos que sedimentam pelo próprio peso e finalmente por um tratamento secundário (ou tratamento biológico), para remoção dos sólidos finamente particulados e sólidos dissolvidos. Se necessário, pode-se ainda incluir o "tratamento terciário ou avançado", sempre considerando a relação custo/benefício.

Em suma, na escolha do tratamento deve-se considerar a área disponível para o projeto, os recursos financeiros e a expectativa de eficiência no tratamento. A Tabela 6.1 mostra uma estimativa de eficiência dos diversos níveis de tratamento numa ETE.

6.1 TRATAMENTO PRÉVIO OU PRELIMINAR

Equivale à primeira fase de separação de sólidos. Remove sólidos grosseiros, detritos minerais (areia), materiais flutuantes e carreados e, por

Tabela 6.1 Estimativa da eficiência esperada nos diversos níveis de tratamento incorporados numa ETE

Tipo de tratamento	Matéria orgânica (% remoção de DBO)	Sólidos em suspensão (% remoção SS)	Nutrientes (% remoção nutrientes)	Bactérias (% remoção)
Preliminar	5 – 10	5 – 20	Não remove *	10 – 20
Primário	25 – 50	40 – 70	Não remove *	25 – 75
Secundário	80 – 95	65 – 95	Pode remover	70 – 99
Terciário	40 – 99	80 – 99	Até 99	Até 99,999

* Não remove os nutrientes que estão na forma dissolvida ou finamente particulada. Os nutrientes incorporados nas partículas de lodo são removidos nos decantadores.

Fonte: Cetesb, 1988

vezes, óleos e graxas. Unidades: grades, caixa de areia, e, eventualmente, tanques de remoção de óleos e graxas.

➥ **Gradeamento:** são barras metálicas paralelas e igualmente espaçadas. Servem para reter os sólidos grosseiros em suspensão e corpos flutuantes. Protegem tubulações, válvulas, registros, bombas e equipamentos de tratamento contra obstruções e entupimentos. Constituem geralmente a primeira unidade de uma estação de tratamento.

➥ **Caixa de areia:** canal com velocidade de escoamento controlada ou tanque de seção quadrada ou circular e de área adequada à sedimentação de partículas. Pode ser ou não mecanizada. Retém a areia e outros detritos minerais inertes e pesados (entulhos, seixos, partículas de metal, carvão etc.), protegendo as bombas contra a abrasão, evitando entupimentos, obstruções, depósitos de materiais nos decantadores e digestores. Devido às suas maiores dimensões e densidade, tais partículas vão para o fundo do tanque, enquanto os sólidos orgânicos, cuja velocidade de sedimentação é bem mais lenta, permanecem em suspensão, seguindo para as unidades seguintes.

➥ **Tanque para remoção de óleos e graxas:** tanques de equalização de vazões. É aproveitado para remover óleos e graxas, porém, é mais comum que esta remoção ocorra no tanque de sedimentação (tratamento primário).

6.2 TRATAMENTO PRIMÁRIO

O tratamento primário consiste na passagem do esgoto por uma unidade de sedimentação (decantador primário) logo após as unidades de tratamento prévio, atuando na remoção de sólidos sedimentáveis. As unidades de tratamento preliminar e primária, somadas, removem cerca de 60 a 70% de sólidos em suspensão (SS) e cerca de 20 a 45% da DBO e 30 a 40% de coliformes (Figura 6.1).

➥ **Tanques de sedimentação primária ou clarificadores:** que são, erroneamente, mas geralmente, chamados de decantadores. Nestes é feita a operação de sedimentação primária, que remove os sólidos sedimentáveis. Nessas unidades, o esgoto flui vagarosamente, permitindo que os sólidos em suspensão cheguem gradualmente ao fundo, por ação da gravidade. A sedimentação pode ser simples, retirando-se os sólidos sedimentáveis por gravidade, ou por precipitação química, em que a operação de sedimentação é precedida da adição de produtos químicos coagulantes e de floculação. No entanto, a adição de produtos químicos não é recomendável, pois resulta num acréscimo no volume de lodo. A massa de sólidos removida, denominada lodo primário bruto, pode ser enviada diretamente para o tratamento da fase sólida (digestão de lodos) ou seguir para os espessadores de lodo (para diminuir a quantidade de água presente). Uma parte significativa desses sólidos em suspensão é composta de matéria orgânica, sua remoção evita a formação de depósitos de lodos nos corpos receptores. Nesta unidade também é comum a remoção de óleos e graxas, quando não removidos nos tanques de equalização de vazão.

➥ **Digestão, secagem e disposição dos lodos:** Os materiais sólidos retidos no decantador

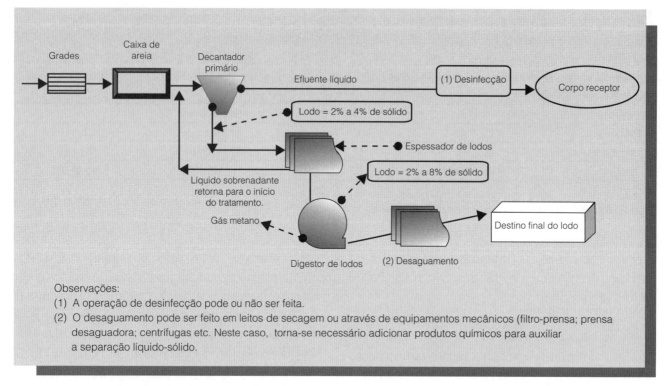

Figura 6.1 Tratamento de esgoto em nível primário

primário constituem o lodo primário ou o lodo bruto que são classificados em:

- lodo fresco: retirado logo após a sedimentação;
- lodo séptico: em início de putrefação anaeróbia;
- lodo digerido: após digestão (geralmente feita em digestores anaeróbios).

Para diminuir volumes e promover a estabilização biológica, o lodo passa pelo processo de espessamento e de digestão e, posteriormente, por condicionamento químico e desaguamento final. Estes processos garantem uma redução de volume e de organismos patogênicos, permitindo até o seu reaproveitamento (ver Capítulo 6.6).

- A digestão do lodo é um processo de decomposição da matéria orgânica presente no lodo, na maioria das vezes, anaeróbia, sob condições controladas. Elimina parte dos organismos patogênicos, reduz e estabiliza a matéria orgânica presente no lodo fresco, reduz o volume do lodo através da liquefação, gaseificação, adensamento, facilitando o desaguamento final (diminuição do teor de água) do lodo; às vezes, é feito com aproveitamento do gás metano resultante. Pode-se, então, encaminhar o lodo para o seu destino final.

6.3 TRATAMENTO SECUNDÁRIO/BIOLÓGICO

Trata-se da remoção da matéria orgânica biodegradável contida nos sólidos dissolvidos, ou finamente particulados e, eventualmente, de nutrientes (nitrogênio e fósforo), através de processos biológicos aeróbios (oxidação) ou anaeróbios seguidos da sedimentação final (secundária). Remove: DBO (60 a 99%), coliformes (60 a 99%) e nutrientes (10 a 50%), podendo esta porcentagem ser superior, se houver unidades específicas para isso.

Esta remoção é efetuada através de reações bioquímicas, realizadas por microrganismos aeróbios (bactérias, protozoários, fungos etc.) no tanque de aeração, por meio do contato efetivo entre esses organismos e o material orgânico contido nos esgotos, de tal forma que a matéria orgânica possa ser utilizada como alimento pelos microrganismos, convertendo-a em gás carbônico, água e material celular (lodo secundário).

Os decantadores secundários são responsáveis pela separação dos sólidos em suspensão presentes no tanque de aeração, permitindo a saída de um efluente clarificado e o aumento do teor de sólidos em suspensão no fundo do decantador. Essa unidade exerce um papel fundamental no processo de lodos ativados, pois o material sólido que advém do tanque de aeração é nela retido, originando o chamado lodo ativado. Parte desse lodo é recirculada para o tanque de aeração, e outra parte é descartada.

Os sólidos suspensos voláteis produzidos diariamente são resultado da produção celular, ou seja, do crescimento dos microrganismos que se alimentam do substrato, e devem ser descartados do sistema, para que este permaneça em equilíbrio (produção de sólidos ≅ descarte de sólidos). O lodo excedente extraído do sistema deve ser encaminhado para o tratamento da fase sólida. Tal tratamento consiste num espessamento, para aumentar o teor de sólidos, para então juntar-se ao lodo primário e seguir para o digestor. É comum fazer o espessamento do lodo primário por sedimentação e o espessamento do lodo secundário por flotação, pois o lodo secundário flota mais facilmente do que sedimenta. O efluente líquido oriundo do decantador secundário é descartado diretamente para o corpo receptor ou passa por tratamento para que possa ser reutilizado. Quando o processo biológico é feito de forma anaeróbia, normalmente não existe a sedimentação primária e secundária.

Para complementar o tratamento em nível secundário (Figura 6.2), pode-se fazer a desinfecção do efluente final. Ela pode ser feita com o cloro, ozônio, UV, ácido peracético, H_2O_2, compostos de bromo ou outras substâncias que reduzam o número de organismos patogênicos presentes no efluente tratado, antes do seu lançamento no corpo receptor (ver Nuvolari, 2003 – Capítulo 10).

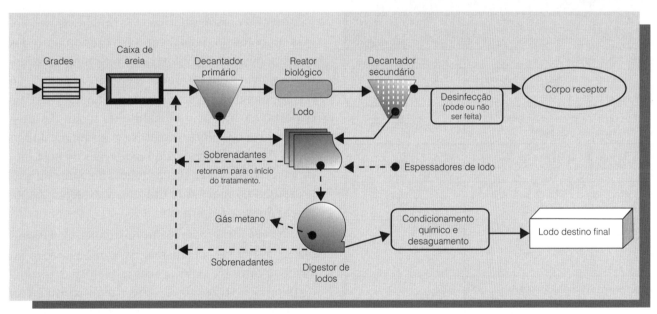

Figura 6.2   Tratamento em nível secundário

O processo de lodos ativados é um dos mais utilizados nas grandes estações. Para este processo existem diversas variantes, tais como a aeração prolongada, que geralmente dispensa a sedimentação primária e os digestores de lodo. Como opção ao processo de lodos ativados existe, por exemplo, o filtro biológico.

6.3.1 Processos biológicos (oxidação da MO)

De acordo com o objetivo ou a qualidade pretendida do efluente, o tratamento pode ser projetado para um ou mais níveis sequenciais. Como já foi visto, o tratamento do esgoto é feito por meio de processos físicos, químicos e biológicos, com características próprias de cada nível de tratamento. No tratamento preliminar e no primário, a remoção dos poluentes é caracterizada por ações físicas, podendo ser auxiliada por produtos químicos (não muito usuais). No tratamento secundário, a remoção ocorre por meio de atividades biológicas. O tratamento terciário também se utiliza de processos químicos e físicos, tais como precipitação, adsorção, desinfecção, osmose reversa, entre outros.

Os resultados do tratamento dependem da natureza dos efluentes, da extensão do tratamento, dos processos aplicados e das condições de operação. A eficiência alcançada é geralmente expressa em porcentagens de redução de "DBO" ou de sólidos em suspensão ou ainda de coliformes totais ou fecais.

Os agentes biológicos mais importantes na degradação da matéria orgânica são as bactérias, que se desenvolvem no sistema mediante condições controladas de operação dos reatores, bem como do tipo de água residuária a ser tratada. O Quadro 6.1 fornece alguns exemplos de águas residuárias potencialmente tratáveis por processos biológicos, bem como as faixas de valores característicos de Demanda Bioquímica de Oxigênio desses efluentes.

Quadro 6.1 Valores de DBO para diferentes tipos de águas residuárias

Águas residuárias	DBO (mg/L)
Esgoto sanitário	200 – 600
Efluente de enlatados – alimentos	500 – 2.000
Efluente de cervejarias	500 – 2.000
Efluente de processamento de óleo – comestível	15.000 – 20.000
Efluente de destilaria de álcool (vinhaça)	15.000 – 20.000
Percolado de aterros sanitários (chorume)	15.000 – 20.000
Efluente de laticínios (sem recuperação de soro de leite)	30.000
Efluente de matadouros (sem recuperação de resíduos)	30.000

Fonte: Branco & Hess,1975 *apud* Glazer & Nikaido,1995

Além do tratamento convencional, já descrito no item 6.3, existem outros sistemas mais simples, que são aplicados de acordo com a vazão a ser tratada. São considerados tratamentos mais econômicos que dependem de estudos de viabilidade técnica e econômica.

Cada vez que o ambiente natural é alterado, seja por vias naturais (intempéries em geral) ou induzidas, a natureza normalmente reage procurando o equilíbrio, ou seja, desencadeia processos naturais de autodepuração. Dessa forma, podem-se encontrar vários exemplos de autodepuração da água na natureza, desde a deposição natural de sólidos nos leitos dos rios represados, ou mesmo reações biológicas de biodegradação em função da presença (e ou ausência) de energia e oxigênio.

A pressão atmosférica aliada aos movimentos da água (correnteza ou ondas) é a principal responsável pela introdução de oxigênio no meio líquido. Quanto maior a pressão atmosférica, maior a concentração de gases em meio líquido. A temperatura tem grande influência na concentração de saturação dos gases em meio líquido. Quanto maior a temperatura, menor a concentração de saturação. A temperatura tem também grande influência no metabolismo microbiano, afetando as taxas de estabilização da matéria orgânica (MO). Quanto maior a temperatura, maior é a atividade dos microrganismos, levando, em decorrência, a um consumo maior de oxigênio.

A presença em excesso da matéria orgânica na água é considerada um dos principais problemas de poluição, pois favorece o crescimento dos microrganismos aeróbios, que consomem o oxigênio dissolvido (OD).Quanto menor a concentração de OD, menor a presença de vida aquática aeróbia e, portanto, menor o equilíbrio do meio. Para estabelecer o equilíbrio, a natureza atua na estabilização desta MO através da oxidação, ou seja, um processo realizado pelas bactérias decompositoras presentes no meio, que utilizam o oxigênio disponível para sua respiração.

As bactérias que usam o oxigênio para estabilizar a MO são chamadas de **aeróbias**, responsáveis, portanto, pelo processo biológico aeróbio de depuração do esgoto. Estas bactérias atuam no ambiente que favorece sua proliferação, ou seja, onde haja oxigênio como fonte de energia e MO como fonte alimentar.

Pode-se afirmar então que o "OD" é um índice de poluição e de autodepuração em cursos d'água, sendo seu teor expresso em concentrações quantificáveis. O Quadro 6.2 mostra as concentrações de "OD" exigidas nos corpos de água doce, de acordo com a sua classe.

O fenômeno da autodepuração consiste em um mecanismo natural de restabelecimento do equilíbrio do meio aquático após este ter sido alterado, no qual os compostos orgânicos são convertidos em compostos inertes (água e gás carbônico).

Quadro 6.2 — Limites legais para o oxigênio dissolvido "OD" nos corpos de água doce

Parâmetro	Unidades	Padrões de qualidade dos corpos d'água conforme suas classes (CONAMA 357/2005) *				Padrões de qualidade dos corpos d'água conforme suas classes (Decreto Estadual Paulista 8468/76)			
		Classe 1	Classe 2	Classe 3	Classe 4	Classe 1	Classe 2	Classe 3	Classe 4
OD	mg O_2/L	≥6	≥5	≥4	≥2	NF	≥5	≥4	≥0,5

Obs. NF = valor "não fixado"; * A Resolução CONAMA 357/2005 não permite lançamento de efluentes, mesmo tratados, nas águas de classe especial. O Decreto Estadual Paulista 8468/76 faz a mesma restrição para as águas da classe 1. *Fonte:* Conama n. 357/2005 e Decreto Estadual Paulista n. 8.468/76

Este processo promove o equilíbrio entre as fontes de produção e as fontes de consumo de oxigênio, e qualquer alteração neste quadro provoca imediata reação de retorno à sua normalidade. Logo, quando o consumo do oxigênio é superior à taxa de produção, a concentração de oxigênio decresce, e vice-versa.

Em uma amostra de esgoto sanitário, em concentrações normais, considera-se que a MO ali presente consome OD na faixa de 200 a 600 mg/L para se degradar. Portanto, a carga orgânica no esgoto é muito alta, favorecendo o aumento das colônias de microrganismos decompositores. Se o esgoto for lançado em um corpo d'água, as bactérias aeróbias, ao se alimentarem desta MO, usam do oxigênio dissolvido ainda presente no meio líquido, para obtenção de energia e síntese. Dessa forma, pode-se verificar que a grande concentração de MO favorece o crescimento de bactérias aeróbias, que por sua vez, consomem o OD no seu processo vital. Dessa forma, conclui-se que quanto maior a presença de MO, maior a presença de microrganismos decompositores aeróbios e, por consequência, menor a presença de OD no meio.

Em um corpo d'água, quando o consumo de OD é superior a sua condição de reposição, o oxigênio vai se extinguindo, criando um novo ambiente que permite a formação de colônias de microrganismos decompositores anaeróbios. As bactérias **anaeróbias** se alimentam da MO na ausência do oxigênio, produzindo energia para seus processos vitais. Pode-se então dizer que a junção das ações das bactérias aeróbias e anaeróbias criam um ciclo de biodegradação natural, forçando o equilíbrio das colônias.

Em águas represadas e lagoas, geralmente se estabelece o equilíbrio entre o consumo e a produção de oxigênio e gás carbônico, pois enquanto as bactérias produzem gás carbônico e consomem oxigênio através da respiração, as algas consomem o CO_2 presente e produzem oxigênio na realização da fotossíntese.

Para a incorporação de oxigênio em rios de certa velocidade, predominam processos físicos como a turbulência, entre outros. Já nas águas represadas e lagoas, onde haja a presença de matéria orgânica, a introdução de oxigênio pelas algas pode ser predominante. A MO sedimentada forma o lodo de fundo, que por sua vez também entra em processo de estabilização anaeróbia (demanda bentônica).

Um outro processo importante de oxidação é a nitrificação, no qual ocorre a transformação da amônia em nitritos e posteriormente em nitratos. Sob determinadas condições ambientais, este processo pode ocorrer nos corpos d'agua, concorrendo com o consumo do OD.

Conforme a profundidade do leito aquático, podem-se encontrar características de autodepuração diferenciadas, pois tudo está diretamente ligado aos fatores pressão, temperatura e volume hídrico, favorecendo ações aeróbias ou anaeróbias e de nitrificação.

Pode-se dizer, em resumo, em se tratando de tratamento de efluentes, que há:

→ **Processo aeróbio:** Baseia-se na ação de bactérias aeróbias. Este princípio de tratamento é aplicado em todas as variantes de lodos ativados e lagoas aeradas, nos quais o oxigênio é introduzido artificialmente, ou em filtros biológicos, onde o oxigênio entra no processo naturalmente. Nas lagoas de estabilização facultativas, a presença de luz e algas induz o incremento de oxigênio dissolvido no meio através da fotossíntese e, no lodo de fundo (sólidos orgânicos sedimentados), ocorre a decomposição anaeróbia. O processo aeróbio produz maior quantidade de lodo do que o processo anaeróbio.

→ **Processo anaeróbio:** Baseia-se na ação de bactérias que sobrevivem na ausência de oxigênio (bactérias anaeróbias). É aplicado em reatores anaeróbios de fluxo ascendente (RAFA ou UASB), filtros anaeróbios de fluxo ascendente (FAFA), digestores de lodo, e tanques sépticos. Geram gases que podem produzir energia (biogás = metano, CO_2 e outros gases) e geram menor volume de lodo do que os processos aeróbios, uma vez que parte da matéria orgânica decomposta é transformada em gases.

Este processo ou ciclo ocorrerá enquanto houver ambiente para proliferação das colônias, até o momento em que ocorrer o equilíbrio do meio (conceito ecológico: ambiente + alimento + condição de proliferação = aumento da colônia; diminuição das fontes vitais = equilíbrio).

A Figura 6.3 mostra de uma forma simplificada a biodegradação nos corpos hídricos, em especial nos lagos e represas. Tal princípio é utilizado nas lagoas de estabilização facultativas.

6.3.2 Tipos de tratamentos biológicos

Existem vários tipos de tratamentos biológicos que podem ser aplicados aos efluentes de esgotos sanitários e industriais. Para a escolha do tipo de tratamento mais adequado a cada caso, deve-se considerar a vazão e a carga orgânica do efluente a ser tratado, a qualidade final a ser alcançada, a área disponível para a implantação do projeto, a disponibilidade econômica etc., entre outros fatores importantes para o estudo de viabilidade técnica/econômica.

6.3.2.1 Lodos ativados

Este processo possui diversas variantes, mas consiste, basicamente, na introdução de oxigênio numa unidade específica (tanques de aeração), permitindo assim que a comunidade de microrganismos aeróbios cresça em grande quantidade e assim promova, de forma rápida, a depuração da matéria orgânica presente no esgoto. É o processo que ocupa menor área para o tratamento, podendo-se obter uma remoção da carga orgânica bastante elevada, se bem projetado e operado. Tais processos apresentam eficiências na faixa de 90 a 98% de remoção de DBO.

No tanque de aeração, há a formação de flocos contendo colônias de microrganismos, em meio a uma matriz de polissacarídeos (enzimas exógenas liberadas por esses microrganismos), no qual a matéria orgânica vai aderindo e vai então sendo degradada. É necessário que se faça a remoção desses

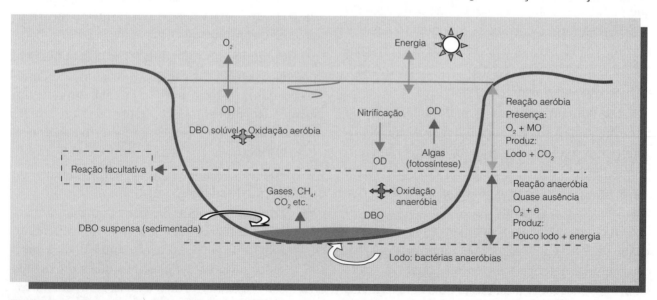

Figura 6.3 Balanço do OD nos corpos hídricos

flocos (chamados de lodo secundário), numa unidade específica (decantador secundário) ou, às vezes, na própria unidade de aeração. Parte do lodo retirado do fundo do decantador secundário retorna à unidade de aeração visando manter uma grande concentração de flocos biológicos nessa unidade, aumentando a sua eficiência na adsorção da matéria orgânica presente. Uma outra parte é descartada do processo e segue para o tratamento da fase sólida, conforme anteriormente descrito.

O controle e a eficiência do processo está baseado na recirculação do lodo para o tanque de aeração (Figura 6.4).

Como já foi dito, o sistema de lodos ativados resulta em menor área que as lagoas, porém, requer um alto grau de mecanização e um elevado consumo de energia elétrica. Normalmente, precedem as unidades descritas (tanque de aeração e decantador secundário), as unidades de tratamento preliminar e primária (grades, caixas de areia e decantadores primários).

A recirculação de lodo propicia o controle da concentração de bactérias em suspensão no tanque de aeração, agilizando o processo (cerca de 10 vezes mais rápido que o de uma lagoa aerada de mistura completa sem recirculação). Do lodo

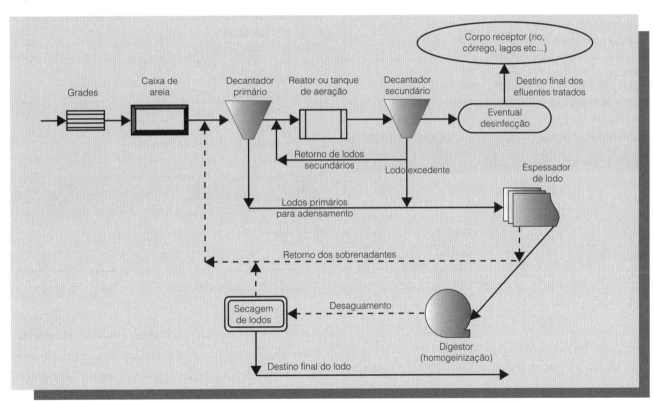

Figura 6.4 Lodos ativados – processo convencional

recirculado deve ser retirada uma taxa equivalente ao lodo biológico excedente, de forma a manter uma certa concentração de microrganismos no reator e garantir uma melhor eficiência. O tempo de permanência desta biomassa no sistema é chamado de idade do lodo.

Este sistema de tratamento possui alta eficiência, permitindo que o tempo de detenção hidráulico seja pequeno. Consegue-se remover além da MO carbonácea, uma certa percentagem de nitrogênio e de fósforo, porém, devido ao pequeno tempo de detenção hidráulico, a remoção de coliformes é geralmente baixa, normalmente insuficiente para cumprir os padrões de lançamento no corpo receptor.

→ **Lodos ativados convencionais:** possuem decantador primário para que a MO sedimentável seja retirada antes do tanque de aeração, de forma a economizar energia. Possuem tempo de detenção hidráulico baixo (6 a 8 horas) e idade do lodo em torno de 3 a 10 dias. Ilustração: Figura 6.5.

→ **Lodos ativados por aeração prolongada (fluxo contínuo):** a diferença para o sistema de lodos ativados convencionais é que a biomassa

Localização: Franca-SP
Lodos ativados sistema convencional para atender 315.000 hab.
Área total: 200.000 m²
Área construída: 116.000 m²
Potência instalada: 3.5 Kw
Consumo de energia: 490.167 kw/h
Capacidade nominal do sistema: 750 L/s
Volume médio de esgoto tratado: 25.000 m³/dia
Volume de lodo produzido: 699.00 m³/mês
Desempenho:

	DQO (mg/L)	DBO (mg/L)	SST (mg/L)	RS (mg/L)	Ntotal (mg/L)
Esgoto bruto	751,00	366,00	294,00	4,40	63,00
Efluente final	63,20	12,50	19,83	0,58	16,50
Eficiência (%)	91,60	96,60	93,3	86,8	73,80

Figura 6.5 Vista aérea da ETE Franca-SP. *Fonte:* Unicamp, 2002

Localização: Ribeirão Preto-SP
Lodos ativados com aeração prolongada para atender 120.000 hab.
Área total: 56.336 m²
Área construída: 25.199 m²
Área prevista para ampliação: 6.500 m²
Potência instalada: 480 kw
Consumo de energia: 129.300 kw/h
Capacidade nominal do sistema: 526 m³/h
Volume médio de esgoto tratado: 8.000 m³/dia
Volume de lodo produzido: 260 m³/mês
Desempenho:

	DQO (mg/l)	DBO (mg/l)	SS (mg/l)	pH
Esgoto Bruto	502	251	279	6,0
Efluente final	≤ 60	≤ 50	≤ 30	–
Eficiência (%)	≥ 88	≥ 80	≥ 89	–

Figura 6.6 Vista aérea da ETE Caiçara: Ribeirão Preto-SP. *Fonte:* Unicamp, 2002

permanece mais tempo no reator (18 a 30 dias) Dessa forma, o reator deverá possuir maiores dimensões e apresentará menor concentração de MO por unidade de volume e menor disponibilidade de alimento. Este ambiente faz com que o metabolismo das bactérias consuma a MO existente em suas células, promovendo um lodo já estabilizado no tanque de aeração, eliminando, portanto, o digestor de lodos e o decantador primário. A estabilização do lodo ocorre de forma aeróbia no reator.

Tal sistema resulta num consumo maior de energia elétrica, porém, com maior eficiência na remoção de DBO que o processo convencional. Ilustração: Figura 6.6.

↳ **Lodos ativados por batelada (fluxo intermitente):** neste, todas as etapas do tratamento ocorrem dentro do reator, com ciclos bem definidos de operação: enchimento com ou sem aeração; aeração; sedimentação; drenagem do efluente tratado; e repouso. A biomassa permanece no tanque, não havendo necessidade de sistema de recirculação de lodo. Esses sistemas exigem a construção de mais de uma unidade, para o uso intercalado e/ou manutenção do principal reator. É considerado como um dos sistemas de aeração prolongada, ou seja, o lodo não necessita de posterior biodigestão.

↳ **Valos de oxidação:** valo ou canal de circuito fechado, onde a aeração é feita através de aeradores de escovas, de eixo horizontal. Tais aeradores têm dupla função: promover a incorporação de oxigênio do ar e fazer com que o líquido passe pelo valo, com certa velocidade para evitar sedimentação de sólidos. É considerado um sistema de lodos ativados por aeração prolongada, onde se obtêm excelentes resultados, de até 98% de redução da DBO para efluentes domésticos, podendo ser utilizado também para efluentes industriais.

Tais plantas constituem-se em estações de tratamento completas, em nível secundário. Incluem processos físicos, químicos e biológicos. A sedimentação final, em unidades específicas, é uma opção de projeto, que possibilitará a remoção de sólidos sedimentáveis e flocos biológicos, além de permitir o funcionamento contínuo do sistema. Ilustração: Figura 6.7. As plantas mais simples são compostas de:

Localização: Florianópolis-SC
Tratamento secundário com valo de oxidação para atender 3.880 hab.
Capacidade nominal do sistema: 5,72 L/s
Carga orgânica: 209 kg DBO/dia
Pré-tratamento: gradeamento; caixa de areia e caixa de gordura.
Tratamento secundário: pré-tratamento; dois tanques de aeração de fluxo orbital com aeradores do tipo eixo inclinado. Do valo de oxidação o efluente vai para o decantador secundário para depois ser filtrado nas dunas, enquanto o lodo é recirculado e o excesso é disposto nos leitos de secagem.

Figura 6.7 ETE Lagoa da Conceição – Florianópolis-SC. *Fonte:* Casan, 2002

→ **Dispositivo de entrada:** grade, caixa de areia e caixa de gordura.

→ **Tanque de aeração:** que pode ter vários formatos, desde que sejam mantidos os critérios estabelecidos para a velocidade média do fluxo acima de 0,4 m/s durante a operação e que o fluxo escoe sem a possibilidade de zonas mortas. A aeração permite a oxidação biológica e o crescimento de flocos biológicos com consequente redução da DBO.

→ **Dispositivo de saída:** projetado em função do tipo de operação, que poderá ser de fluxo contínuo ou intermitente. No caso do fluxo contínuo é necessário o clarificador ("decantador").

6.3.2.2 Filtros biológicos

O nome filtro biológico é erroneamente utilizado, pois trata-se de um leito de percolação onde a biomassa permanece aderida no material de enchimento. Sua eficiência fica em torno de 75% a 90% de remoção de DBO. São tanques circulares e de diâmetro compatível com a vazão a ser tratada, empregando como meio a pedra britada ou material sintético, no qual a biomassa adere e fica retida. Ilustração: Figura 6.8.

Tratamento industrial: IFF Essências e Fragrâncias Ltda.
Taubaté-São Paulo
Montagem de sistema:
Filtro Biológico + Decantador Secundário
Vazão: 3 m³/h

Figura 6.8 Filtro Biológico mais decantador secundário – Tratamento industrial. *Fonte:* Acquaeng, 2002

O esgoto passa previamente por grades, caixas de areia e decantadores primários. No filtro, o líquido é aplicado continuamente por meio de um distribuidor rotativo sobre a superfície superior, percola através do leito e é coletado no fundo, passando posteriormente por um decantador secundário, para sedimentação dos sólidos.

No meio filtrante, forma-se uma película de biomassa aderida, de forma que, ao passar o esgoto pelo leito em direção ao dreno de fundo, essa biomassa adsorve a MO, e as bactérias promovem sua digestão mais lentamente. É considerado um processo aeróbio, uma vez que o ar pode circular livremente entre os vazios do material que constitui o leito. O filtro pode colmatar, ou seja, perder sua capacidade filtrante à medida que se forma uma película de biomassa mais espessa, os vazios diminuem de dimensões e aumenta a velocidade com que o efluente passa (FEC/Unicamp, 2002).

→ **Filtros biológicos de baixa carga:** a carga de DBO é baixa, e o lodo sai parcialmente estabilizado devido ao consumo de MO pelas bactérias. Possui eficiência equivalente ao sistema de lodo ativado convencional, porém, ocupa área maior e possui menor capacidade de adaptação às variações do efluente; contudo, consome menos energia e tem como vantagem uma maior simplicidade operacional (Sperling, 1995).

→ **Filtros biológicos de alta carga:** são menos eficientes que o anterior e o lodo não sai estabilizado. A área ocupada é menor e a carga de DBO aplicada é maior. Há recirculação do efluente, para que se mantenham os braços distribuidores funcionando durante a noite, quando a vazão é menor, evitando, assim, a secagem do leito. Com isso, há também um novo contato das bactérias com a MO, melhorando sua eficiência. Outra forma de aumentar a eficiência é usar filtros biológicos em série. Há diferentes formas de combinar os filtros e a recirculação de efluentes (Sperling, 1995).

6.3.2.3 Lagoa de estabilização

É considerada uma opção de tratamento biológico muito eficiente, especialmente indicada para tratar esgoto sanitário de pequenas comunidades, em função da área requerida. As condições climáticas brasileiras são muito favoráveis para este tipo de tratamento, particularmente nas áreas onde o custo do terreno é relativamente barato. Sua operação é simples, exige poucos equipamentos e possui uma manutenção relativamente barata.

São reservatórios escavados diretamente no solo, com a proteção dos taludes e do fundo variando de acordo com o tipo de terreno utilizado. A instalação dessa técnica simples de tratamento de esgoto depende da área disponível, da topografia, do grau de eficiência desejado e da verba disponível para sua implantação. Tem como principais vantagens a serem consideradas: a facilidade de construção, operação e manutenção com custos reduzidos e resistência a variações de carga. Sua maior desvantagem é a necessidade de grandes áreas.

Geralmente não se faz uma lagoa isolada. A montagem do sistema de lagoas pode ser feita de várias formas: lagoas facultativas; sistema de lagoas anaeróbias seguidas por lagoas facultativas (Sistema Australiano); lagoas aeradas facultativas; sistema de lagoas aeradas de mistura completa seguida por lagoas de sedimentação; e lagoas de maturação.

→ **Lagoas facultativas:** é um processo de tratamento muito simples, baseado nos processos naturais de autodepuração. Nestas criam-se condições favoráveis à ocorrência distinta dos processos biológicos: aeróbio na parte superior da lagoa e anaeróbio, para o material sedimentado no fundo da lagoa. O efluente entra por uma extremidade da lagoa e sai pela outra, com tempos de detenção calculados no projeto, de forma a garantir que o esgoto sofra os processos biológicos de estabilização. Quando bem projetada, a iluminação solar, as algas e a pressão atmosférica garantem a zona aeróbia de superfície e, no fundo, para os sólidos que tendem a sedimentar, ocorre a digestão anaeróbia. Sua eficiência pode chegar a valores da ordem de 70 a 90% na remoção de DBO, com grandes períodos de detenção, em geral de 15 a 20 dias. Ilustração: Figura 6.9.

→ **Lagoas anaeróbias:** são lagoas com profundidades da ordem de 3 a 5 metros, cujo objetivo é minimizar ao máximo a entrada de oxigênio, para que a estabilização da matéria orgânica ocorra estritamente em condições anaeróbias. Estas lagoas possuem uma área menor, pois são dimensionadas para altas cargas orgânicas. Além disso, se comparadas às lagoas facultativas têm maior profundidade, o que resulta em economia na área de implantação. O ambiente anaeróbio gera subprodutos de alto poder energético (biogás). Neste caso, o

Localização: Franca-SP
Lagoa facultativa para atender 9.718 hab
Área construída = 3.100 m²
Área espelhada de lagoa facultativa = 17.954 m²
Capacidade nominal do sistema = 14.96 L/s
Volume médio de esgoto tratado = 1.149,10 m³/dia
Desempenho:
- DBO total = 77,8%
- DBO filtrado = 88,4%
- DQO = 62,9%
- Coli total = 97,1%
- E.Coli = 98,5%

Figura 6.9 Lagoa de estabilização – Jardim Paulistano I. *Fonte:* Unicamp, 2002

Localização: Franca-SP
Sistema australiano + lagoa de maturação (remoção de patogênicos)
Área construída: 3.100 m²
Área espelhada de lagoa anaeróbia: 2.092 m²
Área espelhada de lagoa facultativa: 4.020 m²
Área espelhada de lagoa de maturação: 5.550 m²
Capacidade nominal do sistema = 10,84 L/s
Volume médio de esgoto tratado = 2.306,08 m³/dia
Desempenho:
- DBO total = 83.62% / DBO filtrado = 83,79%
- DQO = 82,14%
- Coli total = 99,1382%/E.Coli = 98.5960%

Figura 6.10 Sistema de Lagoa Jardim Paulistano II. *Fonte:* Unicamp, 2002

biogás não pode ser aproveitado e pode ser destacado como uma desvantagem, pois pode ser causador de maus odores provenientes da liberação do gás sulfídrico e outros gases. Por este motivo, aconselha-se que tais lagoas sejam instaladas em áreas afastadas dos bairros residenciais. Seu efluente normalmente passa por tratamento complementar em lagoas facultativas, no processo conhecido como "Sistema Australiano", onde o efluente da lagoa anaeróbia segue para a lagoa facultativa, melhorando muito a eficiência global do sistema. Ilustração: Figura 6.10.

- **Lagoas de maturação:** são lagoas com profundidades de 0,8 a 1,5 m e sua principal função é destruir os organismos patogênicos. Isso ocorre devido à boa penetração de radiação solar, elevado pH e elevada concentração de oxigênio dissolvido. (Casan, 2002). É uma alternativa mais barata a outros métodos, como, por exemplo, a desinfecção por cloração. Ilustração: Figura 6.10.

- **Lagoa aerada:** a lagoa aerada pode ser utilizada quando se deseja um sistema predominantemente aeróbio e a disponibilidade de área é insuficiente para a instalação de uma lagoa facultativa convencional. Devido à introdução de equipamentos eletromecânicos, a complexidade e manutenção operacional do sistema são aumentadas, além de haver consumo de energia elétrica. A lagoa aerada pode também ser uma solução para lagoas facultativas que operam no limite de sua capacidade e não possuem área suficiente para sua expansão (Sperling, 1996).

- **Lagoas aeradas de mistura completa seguidas por lagoas de sedimentação:** o grau de energia introduzido é suficiente para garantir a oxigenação da lagoa e manter os sólidos em suspensão, que incluem a biomassa, dispersos na massa líquida. Por este motivo, o efluente que sai de uma lagoa aerada de mistura completa possui uma grande quantidade de sólidos suspensos e não pode ser lançado diretamente no corpo receptor (FEC/Unicamp, 2002). Para possibilitar a sedimentação e estabilização desses sólidos é necessária a inclusão de unidade de tratamento complementar, que, neste caso, são as lagoas de sedimentação. Opcionalmente podem ser instalados decantadores secundários, com a desvantagem de uma remoção contínua e a necessidade de estabilização do lodo.

O tempo de detenção nas lagoas aeradas é da ordem de 2 a 4 dias e nas lagoas de sedimentação, da ordem de 2 dias. O acúmulo de lodo nas lagoas de sedimentação é baixo e sua remoção geralmente é feita com intervalos de 1 a 5 anos. Este sistema ocupa uma menor área que outros sistemas compostos por lagoas. Os requisitos energéticos são maiores que os exigidos por outros sistemas compostos por lagoas (Sperling, 1996). Ilustração: Figura 6.11.

As tabelas e quadros apresentados a seguir mostram diversas características dos sistemas de tratamento. A Tabela 6.2 mostra as áreas necessárias para o tratamento de esgoto sanitário por sistemas de lagoas de estabilização; a Tabela 6.3, as áreas e volumes estimados requeridos no tratamento de esgoto sanitário por reatores anaeróbios de fluxo ascendente e o Quadro 6.3 faz uma comparação entre tratamento por lagoas de aeração e digestores anaeróbios de fluxo ascendente.

Comparando-se a Tabela 6.3 e o Quadro 6.3, pode-se constatar que a área requerida para uma lagoa de estabilização é bastante superior à requerida pelos reatores anaeróbios de fluxo ascendente (RAFA). Deve-se ressaltar que a eficiência deste último é menor que a das lagoas, na remoção da DBO, necessitando quase sempre de um pós-tratamento.

6.3.2.4 Biodiscos

Apresentam similaridade com os filtros biológicos pelo fato de que nestes também a biomassa cresce aderida a um meio suporte. Este meio é provido por discos que giram, ora expondo a superfície ao líquido, ora ao ar (Sperling, 2005).

Neste sistema, um conjunto de discos, geralmente de plástico, de baixo peso, gira em torno de um eixo horizontal. Metade do disco é imerso no esgoto a ser tratado enquanto a outra metade fica exposta ao ar.

As bactérias formam uma película aderida ao disco que, quando exposta ao ar, é oxigenada. Esta, quando novamente em contato com o efluente, contribui para a oxigenação deste. Quando essa película cresce demasiadamente, ela se desgarra do disco e permanece em suspensão no meio líquido, devido ao movimento destes contribuindo para um aumento da eficiência (Unicamp, 2002).

Este sistema é limitado ao tratamento de pequenas vazões. O diâmetro máximo dos discos é de 3,60 m, sendo geralmente necessário um grande número de discos para vazões maiores (Sperling, 1995).

Figura 6.11 Braspelco Ltda. – Uberlândia MG. Lagoa de aeração e decantador secundário – 100 m³/h. *Fonte:* Acquaeng, 2002

Capítulo 6 – *Tratamento de efluentes*

Tabela 6.2	Áreas necessárias para tratamento de esgoto sanitário por sistemas de lagoas de estabilização	
População (número de habitantes)	Área necessária (m²)	
	Lagoa anaeróbia + facultativa	Lagoa facultativa unicelular
1.000	2.260	2.600
1.500	3.390	3.900
2.000	4.520	5.200
2.500	5.650	6.500
3.000	6.780	7.800
3.500	7.910	9.100
4.000	9.040	10.400
4.500	10.170	11.700
5.000	11.300	13.000
10.000	22.600	26.000
15.000	33.900	39.000
20.000	45.200	52.000
50.000	113.000	300.000

Critério: 1,74 m²/hab. + 30% = 2,26   2,00 m²/hab. + 30% = 2,60

Fonte: Cetesb, 1990

Tabela 6.3	Áreas e volumes estimados requeridos no tratamento de esgotos domésticos por reatores anaeróbios de fluxo ascendente		
População (hab.)	Área (m²)	Volume (m³)	
1.000	7,5	25,0	
1.500	11,3	37,5	
2.000	15,0	50,0	
2.500	18,8	62,5	
3.000	22,5	75,00	
3.500	26,3	87,5	
4.000	30,0	100,0	
4.500	33,8	112,5	
5.000	37,5	125,0	
10.000	75,0	250,0	
15.000	112,5	375,0	
20.000	150,0	500,0	
50.000	375,4	1250,0	
100.000	750,0	2500,0	
Valores *per capita*	0,0075 m²/hab.	0,0250 m³/hab.	

Fonte: Cetesb, 1990

Quadro 6.3	Comparação entre tratamento por lagoas de aeração e digestor anaeróbio de fluxo ascendente			
Características	Lagoa facultativa unicelular	Lagoa anaeróbia + lagoa facultativa	Reator anaeróbio de fluxo ascendente
Área necessária para a implantação	Grande	Muito grande	Pequena
Custo investimento por hab. *	Pequeno	Pequeno	Pequeno
Custo de operação e manutenção	Muito pequeno	Muito pequeno	Pequeno
Confiabilidade	Muito grande	Muito grande	Grande
Necessidade de mão de obra para a operação	Eventual, não especializada	Eventual, não especializada	Constante, não especializada
Requerimento de energia para a operação	Não requer	Não requer	Não requer
Produção de lodo a ser disposto	Não	Não	Sim
Potencial de reaproveitamento de subprodutos	Sim	Sim	Sim (biogás)
Remoção de matéria orgânica	Muito grande	Muito grande	Grande
Remoção de nutrientes	Pode remover algum	Pode remover algum	Não remove

* Não inclui o custo do terreno.

Fonte: Cetesb, 1990

6.3.2.5 RAFA: Reator Anaeróbio de Fluxo Ascendente

Também chamado de reator anaeróbio de manta de lodo. Neste reator, a biomassa cresce dispersa no meio, formando pequenos grânulos. A concentração de bactérias é bastante elevada formando uma manta de lodo. O efluente entra por baixo do reator e possui fluxo ascendente. No topo do reator, há uma estrutura cônica ou piramidal. Esta possibilita a separação dos gases resultantes do processo anaeróbio (gás carbônico e metano) da biomassa, que sedimenta no cone sendo devolvida ao reator, e do efluente.

A área requerida para instalação desse sistema é bastante reduzida, devido à alta concentração das bactérias. A produção de lodo é baixa e este já sai estabilizado. Os maus odores podem ser evitados com um projeto adequado (Sperling, 1995).

6.3.2.6 FAFA: Filtro Anaeróbio de Fluxo Ascendente

É uma opção de tratamento para pequenos núcleos habitacionais ou de recreação. Consiste em um tanque dotado de uma laje inferior perfurada. O esgoto, que normalmente já passou por uma fossa séptica (ver item 6.3.2.7), entra pelo fundo, abaixo de uma laje perfurada que sustenta o material de enchimento, atravessa pelos furos da laje e pelo material de enchimento. Este leito de enchimento pode ser feito de material variado, desde que permita a formação de um filme biológico sob condições anaeróbias, responsável pela decomposição da matéria orgânica.

O FAFA é considerado uma alternativa para o tratamento de efluentes de fossas sépticas. Como todo processo anaeróbio de tratamento depende muito das condições climáticas, sendo mais eficiente em locais de temperaturas elevadas. Seu efluente pode ainda sofrer um tratamento posterior através de valas de filtração (ver item 6.3.2.11), para posterior disposição em corpos d'água, ou disposto em valas de infiltração (ver item 6.3.2.10) ou mesmo em sumidouros (ver item 6.3.2.9).

Como o efluente entra na parte inferior do filtro e atravessa o leito em um fluxo ascendente, o leito é afogado, ou seja, os vazios são preenchidos com o efluente. Esse motivo e também a alta concentração de matéria orgânica por unidade de volume fazem com que as bactérias envolvidas neste processo sejam anaeróbias. Por ser um processo anaeróbio, as dimensões do filtro são reduzidas e a unidade é fechada (Sperling, 2005).

6.3.2.7 Fossa séptica

Fossas sépticas são unidades econômicas de tratamento primário de esgotos domésticos, compostas por uma única câmara fechada com finalidade de reter os despejos, por um período de tempo estabelecido em projeto. Nela se processa a sedimentação dos sólidos e a retenção do material graxo. Assim, se comparada ao tratamento convencional, a FS faz a função do decantador primário e do digestor de lodos. O lodo retido sofre lentamente a digestão anaeróbia e deve ser removido periodicamente.

A implementação das fossas sépticas não exige grandes áreas e nem muitos recursos, possuindo manutenção muito simples. Geralmente precedem o FAFA (descrito no item 6.3.2.6), sendo utilizadas para pequenas vazões (pequenos núcleos habitacionais).

De acordo com a NBR 7229 (ABNT, 1993), sua capacidade de retenção pode variar de 12 a 24 horas, dependendo das contribuições afluentes; sedimentação de 60 a 70% dos sólidos em suspensão contidos nos esgotos e parte dos sólidos não decantados (óleos, graxas, gorduras etc.) se posicionam na superfície livre do líquido, denominados de "escuma"; com a digestão anaeróbia ocorre uma acentuada redução do volume dos sólidos (lodo), resultando gases e o efluente líquido.

É projetada para receber afluentes de despejos domésticos, sendo recomendada a instalação de uma caixa de gordura instalada antes da entrada dos afluentes no tanque séptico, de forma a reter as gorduras, prevenindo a colmatação das unidades subsequentes de tratamento e obstrução dos ramais (Figura 6.12).

Por ser um processo anaeróbio, há a possibilidade de geração de maus odores, mas isto pode ser evitado por um projeto, planejamento e manutenção adequados. A fossa séptica possui baixa eficiência e geralmente é utilizada como processo preliminar. O efluente passa através da fossa e a matéria orgânica sedimentável forma um lodo de fundo que sofrerá digestão anaeróbia. Este já sai estabilizado, porém pode conter muitos organismos patogênicos (Unicamp, 2002).

O líquido efluente da fossa séptica ainda está contaminado por coliformes fecais, possui uma DBO solúvel relativamente alta e, portanto, necessita de tratamento para disposição final em corpos d'água. A seleção da técnica mais adequada para a disposição e/ou tratamento de seu efluente varia de acordo com a permeabilidade do solo; espaço disponível; inclinação do terreno; formação topográfica e geológica local; fluxo do esgoto; entre outros fatores.

Como técnicas de tratamento e disposição final de fossas sépticas podem-se utilizar: sumidouros, valas de infiltração, valas de filtração e filtros anaeróbios.

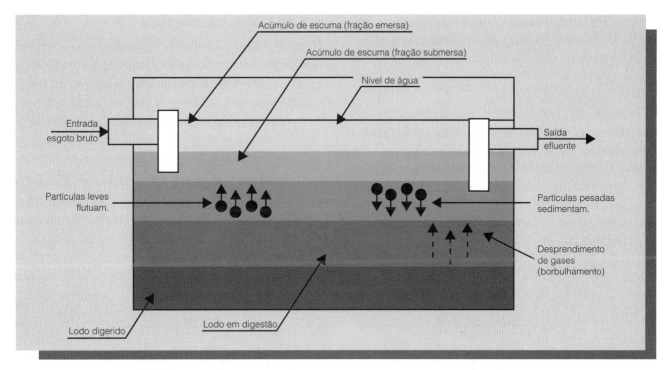

Figura 6.12 Funcionamento geral de um tanque séptico. *Fonte:* NBR 7229; ABNT, 1993

Alguns cuidados devem ser tomados na construção de uma fossa séptica, de forma a não contaminar lençóis subterrâneos e poços de água próximos ao local de sua implantação. Além deste sistema, pode-se citar ainda:

- **Fossa negra:** sistema de tratamento primário que consiste em uma fossa simples, ou seja, uma escavação sem revestimento interno onde os dejetos caem no terreno, parte se infiltrando e parte sendo decomposta no fundo da mesma. Não existe nenhum deflúvio.

- **Fossa seca:** são escavações, cujas paredes são revestidas de tábuas não aparelhadas com o fundo em terreno natural e cobertas na altura do piso por uma laje onde é instalado um "vaso sanitário". (Carvalho, 1981).

6.3.2.8 Tanque Imhoff e tanque tipo OMS

Compreendem os tanques sépticos de câmaras superpostas. Destinam-se ao tratamento primário do esgoto, à semelhança dos tanques sépticos comuns, mas para vazões um pouco maiores do que as fossas sépticas. Compõem-se de uma câmara superior de sedimentação e outra inferior de digestão. A comunicação entre os dois compartimentos é feita unicamente por uma fenda que dá passagem aos lodos. A diferença entre a fossa OMS e o tanque Imhoff está no detalhe da construção da câmara de sedimentação. Na OMS, esta câmara é vedada por cima, impedindo qualquer comunicação de gases entre os dois compartimentos (Funasa, 2002).

O tanque tipo OMS possui algumas vantagens sobre o tanque séptico, tais como menor tempo de detenção, melhor digestão, melhor qualidade do efluente e atendimento a volumes maiores. A Figura 6.13 mostra um tanque tipo Imhoff.

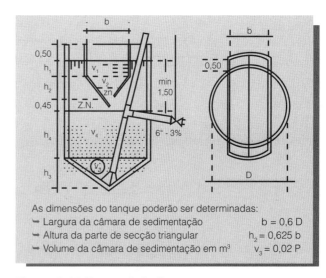

Figura 6.13 Tanque Imhoff. *Fonte:* www.funasa, 2002

6.3.2.9 Sumidouros

Normalmente, os sumidouros são utilizados para pequenas vazões. Consiste no lançamento e infiltração dos esgotos domésticos no subsolo. Também conhecidos como poços absorventes ou fossas absorventes, são escavações feitas no terreno para receber os efluentes do tanque séptico ou do FAFA, que se infiltram no solo através das aberturas na parede (Figura 6.14).

Possuem dimensões determinadas em função da capacidade de absorção do terreno, construídos com paredes de alvenaria de tijolos, assentes com juntas livres, ou de anéis (ou placas) pré-moldados de concreto, convenientemente furados. Devem ter no fundo enchimento de cascalho, coque ou brita n. 3 ou 4, com altura igual ou maior que 0,50 m (Funasa, 2002).

6.3.2.10 Vala de infiltração

Consiste em um conjunto de canalizações assentadas a uma determinada profundidade, em um solo, cujas características permitam a absorção do esgoto efluente de tratamentos de pequenos volumes (ex.: tanque séptico). A percolação do líquido através do solo permitirá a mineralização dos esgotos, antes que os mesmos se transformem em fontes de contaminação das águas subterrâneas e de superfície (Figura 6.15). A área por onde são assentadas as canalizações de infiltração também são chamadas de "campo de nitrificação" (Funasa, 2002).

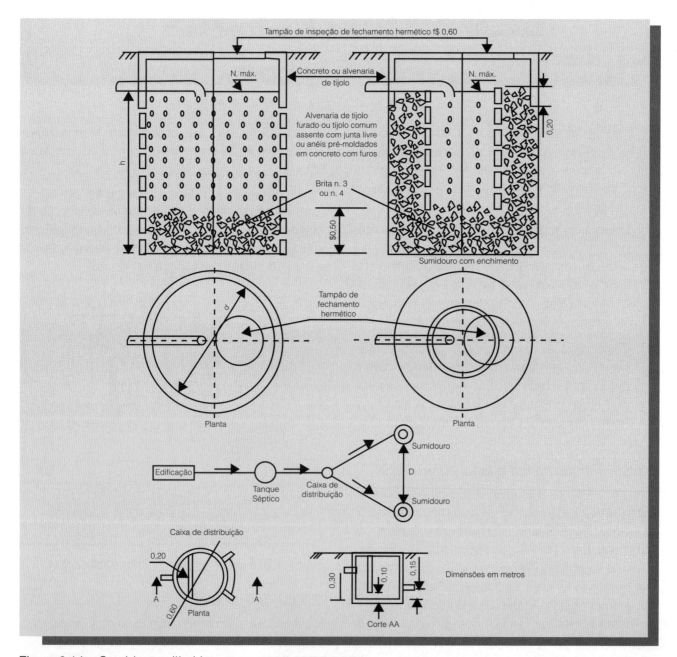

Figura 6.14   Sumidouro cilíndrico. *Fonte:* ABNT, NBR 7229/93

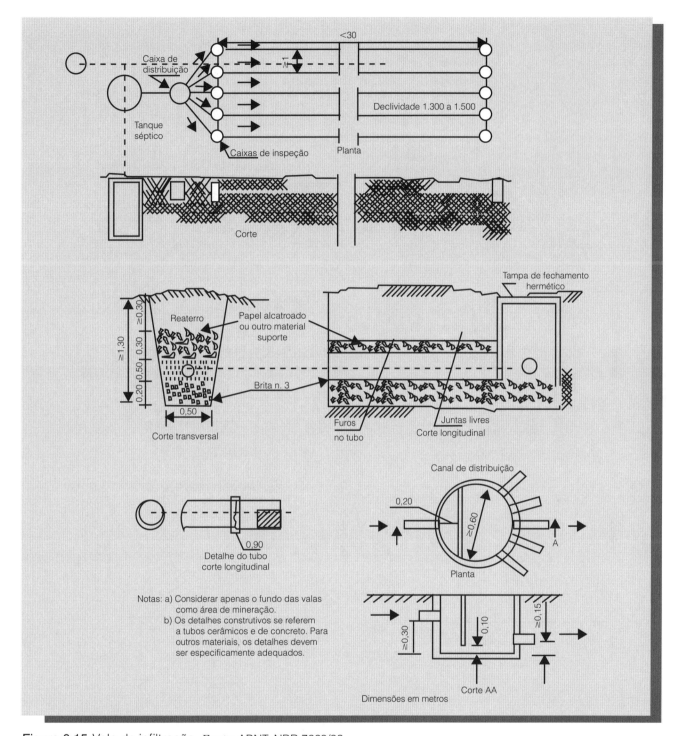

Figura 6.15 Vala de infiltração. *Fonte:* ABNT, NBR 7229/93

6.3.2.11 Vala de filtração

O sistema de valas de filtração consiste em um tratamento simplificado, usado em pequenas comunidades. São constituídos de duas canalizações superpostas, com a camada entre as mesmas ocupada com pedra e areia (Figura 6.16). O sistema deve ser empregado quando o tempo de infiltração do solo não permite adotar outro sistema mais econômico para pequenas vazões (vala de infiltração) e/ou quando a poluição do lençol freático deva ser evitada (Funasa, 2002).

Ao contrário dos sumidouros e das valas de infiltração, a vala de filtração é uma opção de tratamento do efluente da fossa séptica ou do FAFA, antes do destino final num corpo d'água receptor.

70 Reúso da água

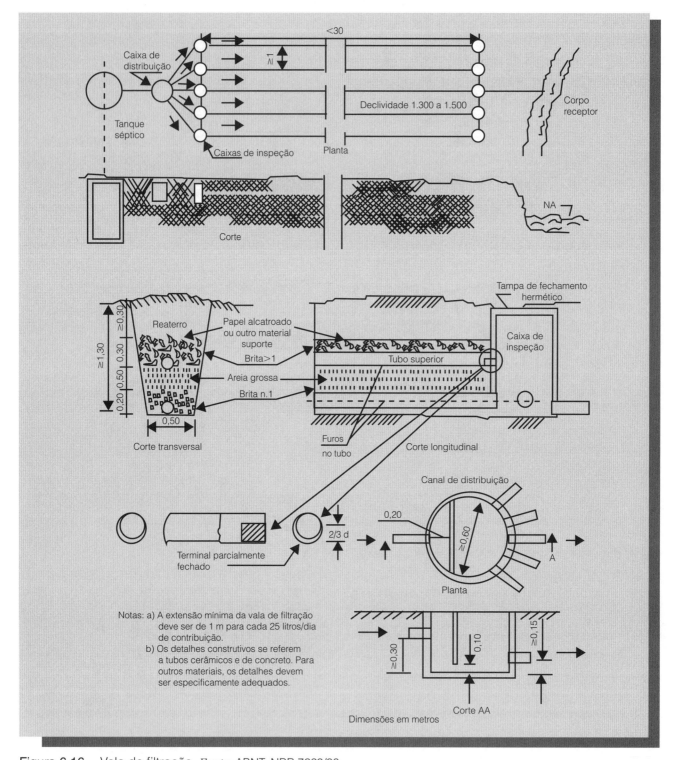

Figura 6.16   Vala de filtração. *Fonte:* ABNT, NBR 7229/93

6.4 TRATAMENTO TERCIÁRIO/AVANÇADO

O início deste capítulo destaca que o tratamento das águas servidas varia seu nível de eficiência de acordo com o grau de purificção desejado. Dessa forma, verifica-se que de acordo com o tipo de substância a ser removida do meio líquido, aplica-se uma técnica mais adequada de remoção.

Verificou-se também que a análise dos parâmetros físicos, químicos e biológicos da água, estabelece a caracterização da substância presente na amostra líquida, fornecendo dados para que se possa projetar o tipo de tratamento a ser implementado, de forma a alcançarmos um produto final adequado para a utilização proposta em projeto.

Como a utilização da água não se restringe às aplicações domésticas, o efluente gerado em outros processos pode apresentar as mais diversas características físicas, químicas e biológicas. Quando direciona-se à analise das qualidades dos efluentes industriais, teremos as mais diversas substâncias a serem analisadas, diferenciando-se de acordo com o processo industrial implementado, a matéria-prima utilizada, as tecnologias aplicadas etc.

Sendo assim, para se obter a melhor proposta de tratamento de um efluente (remoção de impurezas), devemos também considerar o tamanho das partículas a serem removidas, assim como a densidade do meio líquido, a temperatura, o pH, ações e reações químicas e biológicas, entre outros parâmetros anteriormente citados.

Entende-se como tratamento terciário a tecnologia de remoção de impurezas, aplicada após os tratamentos anteriormente citados (preliminar, primário, secundário e terciário). Nessa fase, busca-se a remoção de partículas que não foram removidas nos processos anteriores.

A velocidade de sedimentação de sólidos suspensos da água varia de acordo com o tamanho e densidade das partículas. Quando se trata de pequenas partículas finamente divididas, como bactérias e coloides, é praticamente impossível removê-las exclusivamente por efeito da gravidade, sem o auxílio de outros processos.

A análise gravimétrica dos sólidos totais possibilita determinar a quantidade total do material presente no esgoto (sólidos), incluindo todos os sólidos dissolvidos e em suspensão. O teor de sólidos totais na amostra serve como meio para classificar os esgotos, permitindo avaliar a eficiência do processo.

Os Sólidos Totais Voláteis (STv) são aqueles sólidos presentes em uma água residuária e que se volatilizam. A grande maioria dos sólidos totais voláteis é material orgânico (biodegradável e não biodegradável) e a dos sólidos totais fixos é de material mineral.

Sólidos Totais Voláteis (mg/L) = Sólidos Totais – Sólidos Totais Fixos

O tratamento terciário, nem sempre presente nas nossas ETEs, geralmente é constituído de unidades de tratamento físico-químico que têm como finalidade a remoção complementar da matéria orgânica e de compostos não biodegradáveis, de nutrientes, de poluentes tóxicos e/ou específicos de metais pesados, de sólidos inorgânicos dissolvidos e sólidos em suspensão remanescentes, e de patogenias por desinfecção dos esgotos tratados.

Inclui etapas específicas e diversas, de acordo com o grau de depuração que se deseja alcançar, caracterizando tratamentos para situações especiais, com o objetivo de completar o tratamento secundário, sempre que as condições locais exigirem um grau de depuração excepcionalmente elevado (usos ou reúsos das águas receptoras).

No tratamento avançado são utilizadas combinações de unidades de operação e processos para remover outros constituintes além dos orgânicos, tais como nitrogênio e fósforo.

Geralmente são constituídos de unidades de tratamento físico-químico para remoções adicionais, tais como:

- complementar da matéria orgânica e de compostos não biodegradáveis;
- de nutrientes;
- de poluentes tóxicos e/ou específicos;
- de patogênicos;
- de metais pesados;
- de sólidos inorgânicos dissolvidos e sólidos em suspensão remanescentes; e
- a desinfecção dos esgotos tratados.

O tratamento avançado de efluentes pode remover constituintes, os quais podem ser agrupados em quatros categorias: (1) orgânicos residuais, coloides inorgânicos e sólidos suspensos, (2) constituintes orgânicos dissolvidos, (3) constituintes inorgânicos dissolvidos e (4) constituintes biológicos. Os efeitos potenciais desses constituintes nos efluentes das estações de tratamento de efluentes (ETEs) podem variar consideravelmente. Alguns desses efeitos são listados no Quadro 6.4 (Lautenschlager, 2006).

Quadro 6.4 Constituintes típicos encontrados no efluente de ETEs e o seus efeitos na qualidade final do efluente

Constituinte residual	Efeito
Coloides orgânicos, inorgânicos e sólidos em suspensão	
Sólidos em suspensão	Podem causar o depósito de lodos ou interferir na transparência da água.
	Podem prejudicar a desinfecção por proteger os organismos.
Sólidos coloidais	Podem afetar a turbidez do efluente.
Matéria orgânica (particulada)	Pode proteger bactérias durante desinfecção, pode consumir fontes de oxigênio.
Matéria orgânica dissolvida	
Carbono orgânico total	Pode consumir oxigênio.
Orgânicos refratários	Tóxicos para ser humano; carcinogênicos.
Compostos orgânicos voláteis	Tóxicos para ser humano; carcinogênicos, formam oxidantes fotoquímicos.
Compostos Farmacêuticos	Impacta espécies aquáticas (ex. disfunções endócrinas, mutação sexual).
Surfactantes	Causam espumas e podem interferir na coagulação.
Matéria inorgânica dissolvida	
Amônia	Aumenta o consumo de cloro para desinfecção.
	Pode ser convertida a nitrato e pode consumir oxigênio.
	Com fósforo, pode induzir o crescimento descontrolado de algas.
	Não ionizada forma produtos tóxicos aos peixes.
Nitrato	Estimula o crescimento aquático e de algas.
Fósforo	Estimula o crescimento aquático e de algas.
	Pode interferir na coagulação.
	Pode interferir no abrandamento cal-soda.
Cálcio e Magnésio	Aumenta a dureza e sólidos dissolvidos totais.
Sólidos dissolvidos totais	Interfere nos processos industriais e na agricultura.
Biológicos	
Bactérias	Podem causar doenças.
Protozoários	Podem causar doenças.
Vírus	Podem causar doenças.

Fonte: Metcalf & Eddy, 2003 *apud* Lautenschlager, 2006

Os principais processos de tratamento de efluentes líquidos a nível terciário são:

→ Remoção de sólidos dissolvidos
   → osmose reversa;
   → troca Iônica;
   → eletrodiálise reversa;
   → evaporação;

→ Remoção de sólidos suspensos
   → macrofiltração;
   → microfiltração;
   → ultrafiltração;
   → nanofiltração;
   → clarificação: ozonização;

→ Remoção de compostos orgânicos
   → ozonização;
   → carvão ativado;

→ Desinfecção
   → cloro; ozônio; dióxido de cloro (ClO_2); permanganato de potássio; cloramidas; radiação ultravioleta, entre outros meios.

6.4.1 Processos de remoção de sólidos dissolvidos

O teor de sólidos dissolvidos representa a quantidade de substâncias dissolvidas na amostra, que alteram suas propriedades físicas e químicas da água.

A classificação dos sólidos pode ser química ou física. Fisicamente eles são classificados segundo suas dimensões: sólidos dissolvidos possuem dimensões inferiores a 2,0 µm, e os em suspensão, dimensões superiores a esta.

Do ponto de vista químico, os sólidos são classificados em voláteis e fixos. Sólidos voláteis são os que se volatilizam a temperaturas inferiores a 550 °C, sejam estes substâncias orgânicas ou sais minerais que evaporam a esta temperatura. Os sólidos fixos são aqueles que permanecem após a completa evaporação da água, geralmente os sais.

O excesso de sólidos dissolvidos na água pode causar alterações no sabor e problemas de corrosão. Já os sólidos em suspensão provocam a turbidez da água, gerando problemas estéticos e prejudicando a atividade fotossintética.

Classificam-se os sólidos da seguinte maneira:

a) Sólidos totais (ST): resíduo que resta na cápsula após a evaporação em banho-maria de uma porção de amostra e sua posterior secagem em estufa a 103-105 °C até peso constante. Também denominado resíduo total.

b) Sólidos em suspensão (ou sólidos suspensos) (SS): é a porção dos sólidos totais que fica retida em um filtro que propicia a retenção de partículas de diâmetro maior ou igual a 1,2 µm. Também denominado resíduo não filtrável (RNF).

c) Sólidos voláteis (SV): é a porção dos sólidos (sólidos totais, suspensos ou dissolvidos) que se perde após a ignição ou calcinação da amostra a 550-600 °C, durante uma hora para sólidos totais ou dissolvidos voláteis ou 15 minutos para sólidos em suspensão voláteis, em forno mufla. Também denominado resíduo volátil.

d) Sólidos fixos (SF): É a porção dos sólidos (totais, suspensos ou dissolvidos) que resta após a ignição ou calcinação a 550-600 °C após uma hora (para sólidos totais ou dissolvidos fixos) ou 15 minutos (para sólidos em suspensão fixos) em forno mufla. Também denominado resíduo fixo.

e) Sólidos sedimentáveis (SSed): é a porção os sólidos em suspensão que se sedimenta sob a ação da gravidade durante um período de uma hora, a partir de um litro de amostra mantida em repouso em um cone Imhoff.

$$SV = ST - SF$$

As principais tecnologias de remoção de sólidos dissolvidos são: osmose reversa, troca iônica, eletrodiálise reversa e evaporação. O Quadro 6.5 mostra as faixas normais de operação destas tecnologias em função da concentração de sólidos na corrente de alimentação.

Quadro 6.5	Processos de remoção de sólidos dissolvidos
Processos	Concentração de sólidos dissolvidos (mg/L)
Osmose reversa	50 a 50.000
Troca iônica	10 a 600
Eletrodiálise reversa	300 a 10.000
Evaporação	>20.000

Fonte: Mustafá, 1998

6.4.1.1 Osmose reversa

Segundo Rozenthal (1996), a Osmose Reversa (OR) é aplicada basicamente para reduzir a salinidade da água, porém pode também remover sílica e material orgânico coloidal com alto peso molecular. Esses sistemas produzem água tratada para as mais diferentes aplicações, servindo cidades, indústrias, comércio, bem como pequenos sistemas para plataformas de petróleo, condomínios, fazendas, hospitais, hotéis e laboratórios. Também possui aplicações na recuperação de proteínas de queijo, na concentração de sucos de frutas, café, chá, concentração de medicamentos e produtos biológicos. A capacidade desses sistemas varia de alguns litros por hora até milhões de litros por hora. A OR também tem sido aplicada com sucesso no reúso de efluentes líquidos industriais.

A osmose consiste no fluxo natural de transporte de um solvente através de uma membrana semipermeável, com a transposição da solução diluída para a concentrada. A força motriz dessa transferência de massa é a diferença dos potenciais químicos entre os dois lados da membrana. Dessa forma, este fluxo, chamado de osmótico, ocorre até atingir um novo equilíbrio, quando os potenciais químicos se igualam. Neste ponto, haverá uma diferença de pressão entre os dois lados, denominada de "pressão osmótica". Figura 6.17 (Mustafá, 1998).

Pode-se dizer que: a pressão osmótica é a força total necessária para finalizar o escoamento espontâneo do solvente através da membrana. O mecanismo da pressão osmótica independe da característica da membrana mas, sim, da proporcionalidade entre a quantidade de substâncias dissolvidas na solução e a temperatura da solução.

Quando se aplica uma pressão no lado da solução concentrada superior à pressão osmótica, ocorre a inversão do fluxo do solvente. Este fenômeno, no qual o solvente é transferido por uma pressão externa, de outra solução com alta concentração de soluto para uma solução com baixa concentração, é denominado de Osmose Reversa. A pressão osmótica é apenas a força mínima necessária para se obter a purificação de um solvente. Normalmente, as pressões de operação do sistema de Osmose Reversa são várias vezes superiores à pressão osmótica.

É um processo de alta tecnologia que utiliza membranas para eliminar, com grande eficiência, sais dissolvidos (cálcio, magnésio, cloretos, sulfatos, fluoretos, sódio, alcalinidade, alumínio, nitrato, entre outros), pirogênios, pesticidas, dureza, cor, bactérias, protozoários, vírus, coloides, sílica, contaminantes orgânicos e outros elementos indesejáveis e impurezas presentes na água, através da passagem pelas membranas especiais sob alta pressão, alcançando alto grau de pureza, aplicado a uma extensa variedade de processos, seja para consumo urbano, industrial e hospitalar. Pode-se tratar água de diversas origens, como água da rede pública, de poços, de superfície, água salobra e salgada.

Na Osmose, uma membrana semipermeável separa uma solução pura de uma concentrada. A solução concentrada, devido ao peso molecular dos sólidos dissolvidos, apresenta um potencial próprio, chamado pressão osmótica. Desse modo, a solução pura é extraída através da membrana, equilibrando o potencial ou o diferencial de pressão. Quanto mais concentrada for a solução, maior será seu potencial, ou seja, maior sua **pressão osmótica** (Greentec, 2010).

A Figura 6.17 representa graficamente a diferença entre a Osmose e a Osmose Reversa, ilustrando o processo.

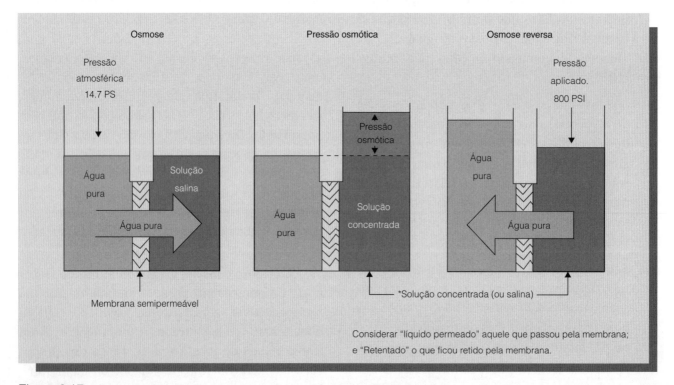

Figura 6.17 Processo de tratamento por osmose reversa. *Fonte:* Greentec, 2010

Esse tipo de técnica já vem sendo utilizada desde 1748, usando a bexiga de porco como membrana. Estas membranas de animais, com o tempo, foram sendo substituídas pelo acetato de celulose, com beneficiamentos constantes e polímero de poliamida. Atualmente, existem 3 tipos de membranas: acetato de celulose, aramida e película composta. Esta última é a mais utilizada, já que possui alta rejeição de sais, com baixo consumo de energia. No entanto, devido à sua baixa resistência ao cloro, a carga a ser tratada deve ser desclorada antes de passar pelas membranas (Rosenthal, 1996).

Para a aplicação de um tratamento com Osmose Reversa é necessário que o efluente passe por um pré-tratamento, de forma a minimizar problemas com incrustações e degradação das membranas, maximizando a eficiência da unidade da Osmose Reversa.

Além de sais dissolvidos, os sólidos suspensos e material coloidal podem provocar também incrustações nas membranas. É aconselhável que se empregue filtração em meios de multicamadas (poros de 1 a 5 μm), de forma a remover essas substâncias, antes de passar o efluente pelas membranas. Os compostos oxidantes (cloro, ozônio etc.) presentes na corrente de alimentação podem também degradar as membranas. Para a remoção destes compostos, normalmente é utilizada a adsorção em carvão ativado e reação com agentes químicos redutores (Mustafá, 1998). O Quadro 6.6 resume as limitações de projeto da Osmose Reversa.

Quadro 6.6	Limitações de projeto da osmose reversa	
Parâmetros	Unidades	Valores máximos
Temperatura	°C	50
Cloro livre	Ppm	1
Turbidez	Unt	1
Óleos e graxas	Ppm	Isento

Fonte: Hespanhol, 1998

A eficiência deste sistema é determinada pela vazão do produto e pela taxa de rejeição de sais, padrões estes influenciados pela pressão, temperatura, taxa de recuperação de água e concentração de sais na corrente de alimentação.

A tecnologia de Membranas Filtrantes tem-se desenvolvido de forma acelerada, tanto técnica como comercialmente nos últimos anos, sendo que o custo fixo de instalações e de operação tem baixado muito. Há até quem diga que se transformarão, em breve, em *commodities*. Existem muitas situações em que a dessalinização de água marinha ou a simples e pura potabilização de esgotos é a única alternativa disponível (Uniágua, 2005).

A osmose tem capacidade de reter partículas de baixa micragem: 0,1 a 0,05 m.m

A Membrana de Osmose é um material muito sensível a certas impurezas; logo, a água bruta a ser tratada deve estar livre de: impurezas sólidas, cloro, coloides, colorações, matérias orgânicas, ferro, nitrogênio, dureza elevada e algumas bactérias, buscando preservar a vida útil e eficiência do sistema. Por isso, é importante o uso de pré-filtros e filtros eficazes para eliminação desses elementos da água de entrada do sistema.

Segundo a Greentech, 2010, dentro das várias aplicações conhecidas para o processo de osmose, podem-se destacar:

- É aplicada basicamente para reduzir a salinidade da água, podendo remover sílica e material orgânico coloidal com alto peso molecular.

- Sistema normalmente encontrado no tratamento de água para: indústrias, comércio, pequenos sistemas para plataformas de petróleo, condomínios, fazendas, hospitais, hotéis e laboratórios.

- A capacidade destes sistemas varia de alguns litros por hora até milhões de litros por hora. Também possui aplicações na recuperação de proteínas de queijo, na concentração de sucos de frutas, café, chá, concentração de medicamentos e produtos biológicos. Água ultrapura para microeletrônica, fibra óptica, indústria farmacêutica, química, têxtil, cosméticos, galvanoplastia, indústria de alimentos e bebidas, entre outras, sempre associada aos sistemas de deionização/desmineralização.

- Também tem sido aplicada com sucesso na reciclagem, ou reúso, de efluentes líquidos industriais. O sistema de osmose reversa é ideal para tratamento de água utilizada em centros de hemodiálise devido à sua eficiência, estabilidade, manutenção e segurança.

→ Sistemas para uso potável: água para abastecimento de comunidades, edifícios, condomínios, escolas, hospitais, cozinhas industriais, restaurantes etc; poços que apresentem água salobra ou perto da costa marinha; engarrafamento de água para garrafões de bebedouro; embarcações e iates etc.

A Figura 6.18 mostra um sistema compacto de osmose reversa para dessalinização da água.

Figura 6.18 Osmose reversa para dessalinização.
Fonte: Greentech, 2010

A produtividade do sistema de filtração por osmose reversa depende do fluxo de água permeada pela membrana (Qp), que, por sua vez, é condicionada por uma série de fatores que, coletivamente, constituem a resistência da membrana à filtração, tais como (Schneider e Tsutiya, 2001):

a) raio médio dos poros;

b) porosidade da membrana;

c) espessura efetiva da membrana ($m\ \delta$);

d) pressão de filtração (Pf);

e) viscosidade absoluta da água (μ);

f) fator de tortuosidade do poro (e);

g) fenômenos operacionais, como, por exemplo, a camada de concentração-polarização;

h) camadas de material retido na superfície da membrana (torta de filtro);

i) géis ou camadas de sais precipitados (*fouling* químico);

j) biofilmes (*fouling* biológico);

6.4.1.2 Troca iônica

A troca iônica é a troca entre íons presentes numa solução (contaminantes) e íons sólidos presentes na resina.

O processo de Troca Iônica (TI) é utilizado para a desmineralização da água. Um sistema clássico de purificação utilizado para a remoção de íons, compostos fracamente ionizáveis (sílica e dióxido de carbono), compostos fenólicos e ácidos orgânicos (Cunha, 1996).

A aplicação das resinas sintéticas saiu dos laboratórios e passou para a etapa industrial. A utilização de resinas de TI para separações, recuperações, desmineralizações, catálise e abrandamento da escala industrial tornou-se uma realidade na evolução tecnológica, com desenvolvimento de novos produtos.

Como alguns exemplos de aplicação, podem-se citar: a indústria alimentícia para a descoloração do açúcar; desacidificação de sucos de fruta; a produção de água ultrapura para a indústria de semicondutores eletrônicos e farmacêutica; purificação de condensados e o tratamento de efluentes líquidos.

A explicação do processo feita por Cunha (1996) baseia-se no conceito de que, inicialmente, a corrente de alimentação passa por vasos de pressão contendo resina catiônica (R – H), onde ocorre a troca de cátions (M^{+n}) presentes no líquido pelos íons hidrônios (H^+) da resina: (a.). A corrente de saída desses vasos é denominada de "água descationizada" e possui caráter ácido em função dos íons hidrônios liberados pela resina. Em seguida, ocorre a troca de ânions (N^{-m}) por íons hidroxilas (OH^-), através de vasos de pressão contendo resina aniônica (R – OH): (b.). Os ânions ficam retidos nessa resina e os íons hidroxilas produzidos na troca iônica neutralizam os íons hidrônios provenientes das resinas catiônicas, formando mais moléculas de água: (c.). Devido à boa afinidade química entre os ânions carbonatos e bicarbonatos e os íons hidrônios, grandes quantidades de CO_2 podem ser produzidas, quando águas contendo estes ânions são descationizadas: (d.). Como o CO_2 reage com a água formando os ânions HCO_3^- e CO_3^{-2}, estes devem ser removidos, através de aeração, antes dos leitos aniônicos, de forma a reduzir o volume necessário para essas resinas. As reações envolvidas no processo são descritas a seguir:

a) $n\ R-H + M^{+n} \rightarrow R_n - M + n\ H^+$

b) $m\ R-OH + N^{+m} \rightarrow R_m - N + m$

c) $H^+ + OH^- \rightarrow H_2O$

d) $CO_3^{-2} + 2\ H^+ \rightarrow H_2O + CO_2$

$HCO_3^2 + H^+ \rightarrow H_2O + CO_2$

Em processos de clarificação mais exigentes, a água ainda passa por vasos de pressão denominados "leitos mistos". A finalidade é remover os íons que não foram removidos nos leitos anteriores. Existem processos que não exigem a desmineralização rigorosa da água, por exemplo, o sistema de geração de vapor por baixa pressão.

Existem quatro tipos básicos de resina: catiônica fracamente ácida e fortemente ácida e aniônica fracamente básica e fortemente básica. Em termos gerais, a seletividade das resinas é função das suas propriedades físico-químicas, tais como o tamanho de partícula, grau de ligações cruzadas, capacidade e tipos de grupos funcionais, dos íons a serem trocados.

Existem várias possibilidades de configuração de projeto para sistemas de TI, relacionadas com a combinação de resinas a serem utilizadas, seja por tipo catiônica, aniônica e leito misto. A qualidade da água desejada é o fator determinante na escolha do tipo de sistema mais adequado.

Os trocadores iônicos podem ser classificados:

→ de acordo com sua natureza (sintéticos/naturais): podem ser orgânicos e inorgânicos;

→ de acordo com a sua estrutura (sintéticos/naturais): tipo gel; resinas macroporosas; e resinas isoporosas;

→ de acordo com seu grupo funcional: resinas catódicas (de ácido forte ou de ácido fraco); resinas aniônicas (de base forte ou fraca); e resinas quelantes.

As resinas orgânicas naturais e as inorgânicas, detalhadas por Gonzales (2010), podem ser:

a) **As orgânicas naturais:**

→ **Quitina:** polímero linear de elevado peso molecular que existe nas paredes celulares de alguns fungos e na crosta de crustáceos.

→ **Chitosan:** polímero natural derivado da quitina, obtido pela sua hidrólise. É utilizado como um polímero quelante de metais.

→ **Ácido algínico:** um componente da estrutura das algas marrons. É um polímero forte (dá suporte) e flexível, podendo ou não ser solúvel em água.

→ **Celulose:** a celulose natural tem propriedade de troca iônica, devido aos grupos carboxilas que tem na sua estrutura.

b) **As Inorgânicas:**

→ **Naturais:** aluminossilicatos (zeolitas); argilas minerais; e feldspatos.

→ **Sintéticas:** óxidos metálicos hidratados (óxido de titânio hidratado); sais insolúveis de metais polivalentes (fosfato de titânio) ou sais insolúveis de heteropoliácidos (molibdofosfato amônico); e zeólitas sintéticas.

A estrutura da rede polimérica pode ser **tipo gel** (conhecidas como resinas microporosas) e **macroporosas** (conhecidas também como macroreticulares ou poros fixos).

Mierzwa (2005) descreve o grupo funcional como sendo:

→ **Resina catiônica fortemente ácida (CFA).** Estes tipos de resina são adequados para o tratamento de águas para uso industrial, quando é necessária a remoção de dureza (cálcio e magnésio) e desmineralização. As resinas CFA apresentam uma estrutura química formada pelo estireno e divinilbenzeno. Seus principais grupos funcionais são os radicais sulfônicos (R-SO3-H+). Elas são apropriadas para trabalhar em meio ácido ou básico.

→ **Resina catiônica fracamente ácida (CFA).** Estes tipos de resina são adequadas para o tratamento de águas para uso industrial, quando é necessária a remoção de elevada dureza, devida exclusivamente ao bicarbonato e carbonato de cálcio e valores de pH variando de neutro a alcalino (Alves, 1990 *apud* Hespanhol e Mierzwa, 2005). As resinas CFA, apresentam como principal grupo funcional o carboxilato (R-COOH) e, por isso, não atuam na remoção de cátions oriundos de sais derivados de ácidos fortes.

→ **Resina aniônica fortemente básica (AFB).** São muito utilizadas para o tratamento de águas e efluentes que possuem sílica. Seu grupo químico funcional é uma amina quaternária [R-N(CH3)3+]. Este grupo funcional é tão básico que é facilmente ionizado, sendo capaz de trocar íons numa faixa de pH variando de 1 a 13. Estas resinas podem ser condicionadas na forma de OH- ou Cl-, os quais são liberados após o tratamento da água. Existem dois tipos de resinas AFB, na realidade são subgrupos, denominados resina AFB tipo I e resina AFB tipo II, onde a tipo I apresenta uma basicidade maior do que a tipo II, sendo mais vantajosa na remoção da sílica (Clifford, 1990 *apud* Mierzwa e Hespanhol, 2005).

→ **Resina aniônica fracamente básica (AFB).** São muito utilizadas para o tratamento de águas e efluentes que precisam remover primeiramente os ânions de ácido forte, como o cloreto, sulfato e nitrato, e não removem sílica e bicarbonatos.

O principal aspecto a ser avaliado na escolha das resinas e para o dimensionamento do sistema de operação está relacionado à seletividade das resinas e à facilidade ou afinidade pela troca de íons. A seletividade deve ser baseada na ordem de preferência das resinas pelos íons dissolvidos no efluente e que precisam ser eliminados. Todas essas informações são adquiridas com os fabricantes de resinas.

Segundo Morgado (1999), na fabricação das resinas, são adicionados, via reação química, grupos ácidos ou básicos. Dessa forma, podem-se obter resinas que trocam cátions e outras que trocam ânions, com propriedades físicas e químicas adequadas (resistência à abrasão, capacidade de troca etc.).

Podem-se destacar como parâmetros característicos dos trocadores (Gonzales, 2010):

→ **Capacidade de troca iônica** como sendo a quantidade de íons que uma resina pode trocar em determinadas condições experimentais. É expresso em equivalente/litro de resina ou grama de resina;

→ **Capacidade específica teórica** como sendo o número máximo de sítios ativos da resina por grama. Este valor pode ser maior que a capacidade de troca.

→ **Seletividade** como sendo a propriedade da resina de mostrar maior afinidade por um íon que por outro; a resina preferirá os íons com os que forme um enlace mais forte.

O sistema de troca iônica possui aplicações no tratamento de águas, em resíduos nucleares; em vários setores industriais (alimentícia e farmacêutica); na agricultura e na metalúrgica.

Podem-se destacar como sendo vantagens do processo de troca iônica:

→ Permite a obtenção de um efluente tratado com qualidade superior à obtida por outro processo.

→ Frequentemente remove seletivamente as espécies indesejáveis.

→ Processo e equipamentos amplamente testados.

→ Existem no mercado sistemas automáticos e manuais.

→ Pode ser utilizado para tratamento de grandes e pequenos volumes de efluentes.

Por outro lado, podem-se destacar as desvantagens da aplicação deste processo como sendo:

→ Os produtos químicos envolvidos no processo de regeneração podem ser perigosos.

→ Existem limitações com relação à concentração do efluente a ser tratado.

→ Exige paradas para regeneração.

→ Geração de efluentes com uma concentração de contaminantes e outros compostos relativamente elevada.

→ As resinas podem ser degradadas ou ter sua capacidade reduzida, devido à presença de substâncias orgânicas, microrganismos, partículas em suspensão, substâncias oxidantes etc.

- Pequenas variações nas características da corrente de alimentação afetam de forma negativa o processo.

Dentro das aplicações da troca iônica, podem-se destacar:

- na indústria alimentícia, para a descoloração do açúcar;
- desacidificação de sucos de fruta;
- na produção de água ultrapura para a indústria de semicondutores eletrônicos e farmacêutica;
- purificação de condensados e no tratamento de efluentes líquidos, entre outros.

A Figura 6.19 exemplifica: a) funcionamento dos trocadores iônicos; b) a matriz polimétrica da resina catiônica; c) a difusão; d) a cinética extração; e) a cinética regeneração; f) exemplo de uma coluna industrial de troca iônica.

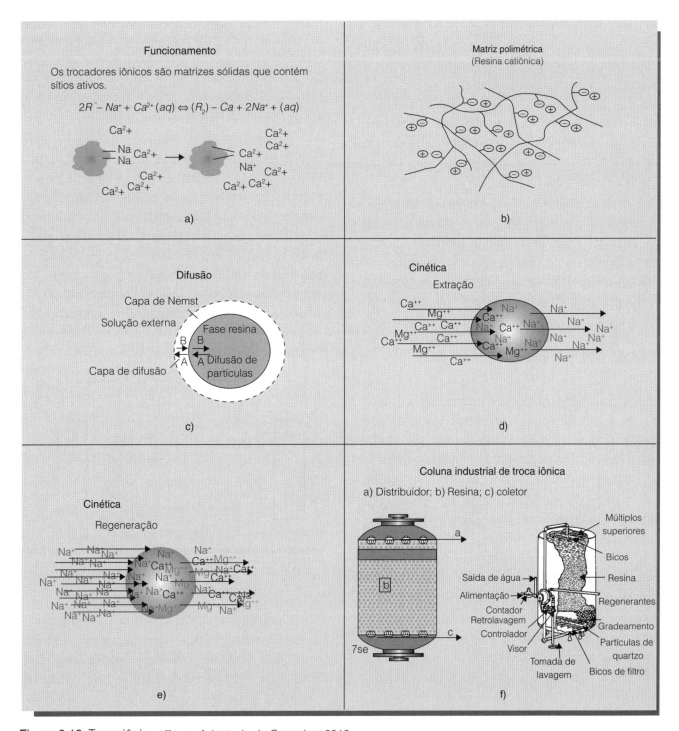

Figura 6.19 Troca iônica. *Fonte:* Adaptada de Gonzales, 2010

6.4.1.3 Eletrodiálise

De forma semelhante ao processo de osmose reversa, o processo de eletrodiálise purifica e concentra uma determinada solução, por meio de um fluxo preferencial através de uma membrana semipermeável.

Contudo, a transferência de massa através da membrana que separa as soluções é devida a uma diferença de potencial elétrico, aplicado entre as membranas, e, ainda, são as espécies iônicas, presentes nas soluções, que permeiam através da membrana.

É importante observar que o processo de eletrodiálise, em função de utilizar uma diferença de potencial elétrico, aplicado entre um conjunto de membranas íon-seletivas, só é adequado para promover a separação de compostos iônicos, não sendo indicado para efluentes que contenham, como contaminantes, compostos moleculares e substâncias em suspensão.

A eletrodiálise (ED) é um processo onde a separação de íons ocorre por efeito de um campo elétrico, utilizando membranas íon-seletivas permeáveis a determinados íons e impermeáveis a outros. As membranas utilizadas na eletrodiálise permitem a separação de cátions e ânions presentes em uma solução aquosa, tornando possível a concentração ou remoção de eletrólitos sem a necessidade do uso de reagentes químicos.

Por ser uma técnica de separação por membranas capaz de transformar uma solução concentrada em eletrólitos em duas outras soluções, uma mais concentrada e uma mais diluída que a original, a eletrodiálise apresenta o seu uso em franca expansão no tratamento de efluentes industriais.

A eletrodiálise é um processo de deionização de águas e efluentes líquidos, através de membranas especiais, quando submetidos a um campo elétrico. A força motriz que proporciona o fenômeno da eletrodiálise é a diferença de potencial entre eletrodos, obtida com a passagem de corrente elétrica pelo sistema. Os cátions (M^{+n}) migram para o eletrodo negativo (cátodo) e os ânions (N^{-m}) para o eletrodo positivo (ânodo).

Nesse processo, somente os sólidos dissolvidos movem-se através das membranas e não o solvente, permitindo transformar uma solução eletrolítica em duas outras soluções, uma mais concentrada e uma mais diluída que a original. A razão e a direção do transporte para cada íon dependem da sua mobilidade e da sua carga, da concentração relativa, do campo elétrico aplicado e da condutividade da solução. A separação dos íons está relacionada às características das membranas íon-seletivas utilizadas, em especial a sua permesseletividade (Roczanski, 2006).

A eletrodiálise é um processo que envolve dois mecanismos físicos: a diálise e a eletrólise. Na diálise, o fator crítico é o gradiente de concentração das soluções em ambos os lados da membrana. Para a eletrólise, o fator crítico é a taxa de migração dos íons em um campo elétrico. Com a introdução da membrana de troca iônica, permite-se a separação de cátions e ânions.

As membranas são resinas catiônicas e aniônicas e de troca iônica, manufaturadas em forma de lâminas, que ficam dispostas alternadamente entre os eletrodos para limitar a migração dos íons (as aniônicas são permeáveis aos cátions, e as catiônicas são somente permeáveis aos ânions). Dessa forma, os ânions não podem atravessar as membranas aniônicas (MA), nem os cátions, as membranas catiônicas (MC) (Figura 6.20). O resultado é que, em determinados compartimentos, o líquido encontra-se em alto grau de deionização e bastante salino em outros (Allison, 1995).

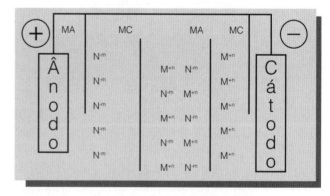

Figura 6.20 Sistema de eletrodiálise reversa. *Fonte:* Allison, 1995

A corrente elétrica aplicada continuamente em um sistema de eletrodiálise provoca o deslocamento das partículas coloidais eletricamente carregadas para os eletrodos. Quando estas partículas atingem a superfície das membranas, a atração eletrostática com os sítios de troca iônica destas membranas tende a retê-las, provocando incrustação no local. A inversão periódica de polaridade propicia a remoção de grande parte do material coloidal depositado.

Atualmente, na Eletrodiálise e na Eletrodiálise Reversa são usadas: membrana acrílica aniônica e membrana acrílica catiônica, que possuem alta eficiência, substancial resistência o oxidantes e excepcional resistência às incrustações orgânicas. Estas propriedades tornaram a tecnologia de Eletrodiálise Reversa técnica e economicamente viável. Sua eficiência para a remoção de sais varia de 50 a 94%, em função da qualidade desejada do produto. A recuperação de água varia, também, de 50 a 94%, dependendo da qualidade da carga a ser tratada. Suas membranas são duas a três vezes mais espessas do que as membranas da Osmose Reversa e da Eletrodiálise. Isso permite o uso de espaçadores para tornar o caminho do fluxo tortuoso, provocando um aumento de velocidade, ajudando a prevenir o depósito de coloides. A polaridade reversa e o uso de espaçadores aumentam a capacidade do processo de Eletrodiálise Reversa para suportar altos níveis de material coloidal incrustante na carga do sistema. Por não eliminar completamente o depósito na superfície da membrana, é necessário realizar a limpeza química ou manual para recuperar a eficiência original do tratamento (Allison, 1995).

Segundo Roczanski (2006), a eletrodiálise representa um dos mais importantes métodos de separação por membranas para dessalinização de água salobra e água do mar, concentração de soluções diluídas, separação de eletrólitos de não eletrólitos, produção de água ultrapura, produção de ácidos e bases dos seus sais e tratamento de efluentes industriais. Inúmeros sistemas já estão em operação no mundo inteiro, ou seja, é uma tecnologia aprovada. Pode-se aplicar a eletrodiálise na desmineralização de ácidos orgânicos e açúcares, separação de proteínas e aminoácidos, concentração de ácidos minerais, preparação de soluções isotônicas e estabilização do vinho.

As **membranas íon-seletivas** são capazes de permitir ou impedir a permeação de uma substância dependendo da carga que esta substância, possui. As membranas íon-seletivas são polímeros com ligações cruzadas que apresentam poros de tamanho muito pequeno (de nível molecular), de tal modo que não permitam um fluxo significativo de água. No interior dos poros encontram-se grupos funcionais positivos ou negativos ligados quimicamente à matriz polimérica. Estes grupos fazem com que as paredes internas dos poros da membrana apresentem cargas elétricas, de modo que ocorra uma interação eletrostática entre essas cargas fixas e os íons que estão na solução. Dependendo do íon ligado à membrana, esta pode ser seletiva a ânions (aniônicas), que contém grupos funcionais carregados positivamente como NH_3^+, RNH_2^+, R_2NH^+, R_3N^+, R_3P^+ e R_2S^+, ou seletiva a cátions (catiônicas), que contém grupos funcionais carregados negativamente, como AsO_3^{-2}, COO^-, PO_3^{-2}, SO_3^-, HPO_2^- e SeO_3^-.(Noble e Stern (1995) *apud* Roczanski (2006).

Em uma **membrana catiônica**, os ânions fixos estão em equilíbrio elétrico com os cátions móveis (contraíons) nos interstícios do polímero. Em contrapartida, os ânions móveis (coíons) são excluídos da matriz polimérica devido à sua carga elétrica, que é igual a dos íons fixos. Devido à exclusão dos coíons, a membrana catiônica permite a passagem apenas de cátions. A membrana aniônica, ao contrário, exclui os cátions e é permeável somente aos ânions. A Figura 6.21 mostra: a) Estrutura esquemática genérica de uma membrana íon-seletiva catiônica; b) Estrutura da membrana catiônica Nafion® 450; c) Estrutura da membrana aniônica Selemion® AMV.

As propriedades das membranas íon-seletivas dependem basicamente da matriz polimérica e do tipo e da concentração das cargas fixas. A matriz polimérica determina as estabilidades químicas, térmicas e mecânicas da membrana; o tipo e a concentração das cargas fixas determinam a permesseletividade e a resistência elétrica, mas podem também afetar significantemente as propriedades mecânicas da membrana.

As propriedades mais desejadas para as membranas íon-seletivas são:

➥ **Alta permesseletividade:** Uma membrana de troca iônica deve ser altamente permeável aos contraíons e impermeável aos coíons.

➥ **Boa estabilidade mecânica e dimensional:** A membrana deve ser suficientemente resistente para suportar as pressões, devido ao

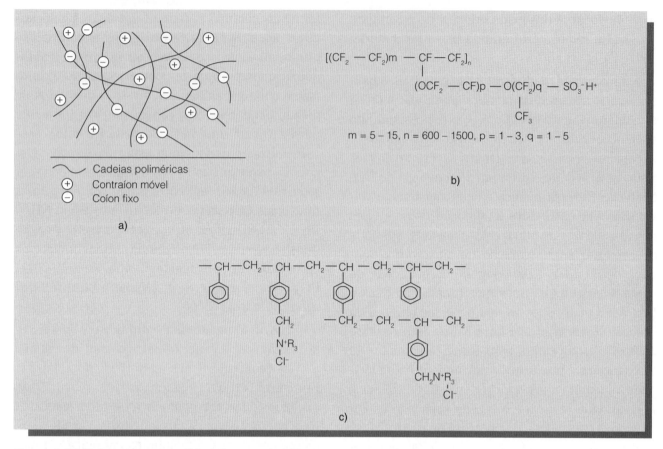

Figura 6.21 Estrutura esquemática de uma membrana. *Fonte:* Roczanski, 2006

bombeamento das soluções. Além disso, deve apresentar um baixo grau de inchamento na transição de soluções iônicas diluídas para concentradas.

↪ **Baixa resistência elétrica**: Uma vez que a diferença de potencial elétrico é a responsável pelo transporte de íons através das membranas íon-seletivas na técnica de eletrodiálise, haverá um menor consumo de energia se o sistema apresentar uma baixa resistência elétrica.

↪ **Alta estabilidade química**: As membranas devem ser suficientemente inertes para que possam ser utilizadas em condições agressivas, sem sofrerem alterações químicas ou decomposição que levem à perda das demais propriedades.

↪ **Fabricação de membranas**: com a capacidade de selecionar não somente o tipo de íon (cátions ou ânions), mas também a sua valência.

↪ **É possível efetuar modificações químicas na superfície da membrana**: tornando-a permeável preferencialmente a íons monovalentes, possibilitando, dessa forma, a separação de espécies iônicas mono e bivalentes (Roczanski, 2006).

As principais características da eletrodiálise podem ser destacadas:

↪ A solução concentrada pode alcançar uma concentração de 20% ou mais, em peso, se as condições necessárias forem satisfeitas.

↪ A concentração da solução diluída pode ser reduzida abaixo de 100-200 mg/L, mas deve ser alta o suficiente para permitir uma condutividade elétrica apropriada.

↪ A relação entre as concentrações das soluções concentrada e diluída pode chegar a 100.

↪ Constituir um processo contínuo.

↪ Implica em baixo consumo energético, pois a técnica não necessita de mudança de fase ou temperatura.

↪ A natureza compacta das instalações dos módulos onde ficam localizadas as membranas não significa uma limitação quanto ao espaço necessário para a instalação do sistema de eletrodiálise.

↪ Possui um mínimo de partes móveis, o que diminui os custos com manutenção e a inexistência da necessidade de adição de produtos químicos.

As limitações deste processo se deve ao fato de que o emprego da eletrodiálise deve atender a algumas condições:

→ Devem ser usadas soluções aquosas, porém, contaminação com pequenas quantidades de solventes orgânicos são toleráveis.

→ Deve haver cuidado com a precipitação e acúmulo de hidróxidos ou sais insolúveis.

→ O pH das soluções próximo ao neutro assegura maior duração do uso das membranas.

→ Oxidantes fortes devem ser evitados, uma vez que podem danificar as membranas ou diminuir a sua vida útil.

→ A quantidade de sólidos suspensos deve, preferencialmente, ser menor que 1 ppm, e o tamanho das partículas não deve exceder 5 μm.

→ Eletrólitos orgânicos de alto peso molecular devem ser controlados, pois podem causar *fouling* nas membranas.

→ A temperatura deve ser menor que 60 °C.

O desenvolvimento de novas membranas, mais resistentes a soluções agressivas e com propriedades melhoradas, tem possibilitado a aplicação da eletrodiálise, mesmo em situações que não satisfaçam totalmente a estes critérios, porém alguns aspectos técnicos próprios da eletrodiálise são responsáveis pela limitação de rendimento e utilização da técnica, como, transferência osmótica de água, *fouling*, *scaling*, polarização por concentração e corrente limite (Marder, 2002).

O *fouling* ocorre normalmente nas membranas aniônicas uma vez que a maioria dos materiais orgânicos está carregada negativamente. Para evitar o *fouling*, pode-se empregar uma pré-filtração, lavagem com ácidos, operação com eletrodo reverso e o uso de membranas especiais *anti-fouling*.

O *scaling* indica a precipitação de eletrólitos sólidos sobre ou dentro da superfície da membrana, devido a um excesso local no produto de solubilidade, resultando numa diminuição na área efetiva da membrana. Se o *scaling* ocorre dentro da membrana, o material pode ser destruído. Este problema pode ser resultado de operações acima da corrente limite, as quais causam dissociação da água e, consequentemente, mudanças no pH. Uma vez que a solubilidade é função do pH, o *scaling* pode ocorrer (Marder, 2002).

A Figura 6.22 mostra uma montagem esquemática do sistema de eletrodiálise para ensaios na célula de cinco compartimentos.

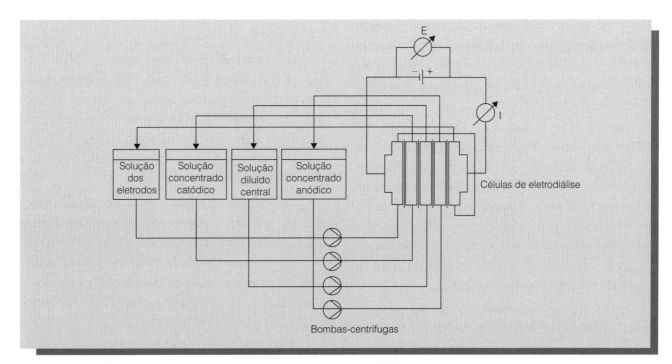

Figura 6.22 Montagem esquemática do sistema de eletrodiálise para ensaios na célula de cinco compartimentos. *Fonte:* Roczanski, 2006

6.4.1.4 Evaporação

É uma técnica utilizada para a separação de sólidos dissolvidos de uma corrente líquida através da evaporação do solvente e concentração dos sólidos na fase líquida, reduzindo bastante o volume da solução inicial. A evaporação é obtida através de transferência de calor de um meio aquecido, normalmente vapor-d'água, para a corrente de alimentação do evaporador. Dependendo do efluente a ser tratado, o evaporador recupera de 95 a 99% da água, com uma pureza superior a 10 ppm de sólidos totais dissolvidos. A DBO normalmente fica abaixo dos limites de detecção dos métodos analíticos e a DQO abaixo de 30 ppm (Mustafá, 1998).

É também bastante utilizada para a recuperação de efluentes líquidos que contêm alta concentração de sólidos.

Este sistema não requer pré-tratamento do efluente como as demais técnicas, porém possui como principais desvantagens o alto investimento inicial, o alto consumo de energia e necessidade de tratamentos adicionais.

6.4.2 Processos de remoção de sólidos suspensos

A velocidade de sedimentação de sólidos suspensos da água varia de acordo com o tamanho e densidade das partículas. Quando se trata de pequenas partículas finamente divididas, como bactérias e coloides, é praticamente impossível removê-las exclusivamente por efeito da gravidade, sem o auxílio de outros processos.

As principais tecnologias para a remoção de sólidos suspensos: Macrofiltração, Filtração Tangencial com Membranas (Microfiltração, Ultrafiltração e Nanofiltração) e Clarificação. A escolha da tecnologia mais adequada está ligada, inicialmente, ao tamanho das partículas a serem removidas, aos custos de investimentos operacionais e de manutenção, à concentração de outros contaminantes e à qualidade desejada do produto final.

Os sólidos em suspensão são aqueles que possuem tamanho de partículas superiores a 1 μm. Já os sólidos que se apresentam com tamanhos inferiores a 1 μm são definidos como "em solução" ou "em estado coloidal".

Sólidos Suspensos Voláteis (mg/L) = Sólidos Suspensos Totais – Sólidos Suspensos Fixos

As águas servidas podem ser reutilizadas no mesmo processo, ou mesmo em um novo processo, adequando-se sua qualidade para a nova aplicação, podendo ou não sofrer um novo tratamento. Este é o princípio da tecnologia de reúso de efluentes, detalhada no Capítulo 7 deste livro.

Inicialmente pode-se dizer que a água produzida a partir de efluentes de estações de tratamento, ou esgoto bruto, pode atender a três mercados distintos:

- **Água de reúso não potável**: distribuída para os consumidores através de uma rede de distribuição independente, destinada à usos que não demandam água com qualidade potável, como, por exemplo, lavagem de carros, rega de jardins, descarga de vasos sanitários, uso industrial ou comercial etc.

- **Reúso potável indireto**: em que a água tratada é utilizada para recompor reservatórios no lençol freático ou na superfície (muito utilizado o sistema de membranas).

- **Reúso potável direto**: nos casos em que a escassez de água é eminente e a melhor opção é o tratamento avançado, de forma a potabilizar a água.

A separação por membranas (MBR) se baseia no princípio de que uma mistura pode ser parcialmente fracionada passando através de uma membrana, que tende a reter os componentes maiores, permitindo a passagem de componentes menores através de sua estrutura (Piveli, 2007).

Os processos de tratamento por membranas, são considerados tratamentos avançados, nos quais se aplicam membranas (naturais ou sintéticas) para remoção dos sólidos presentes. Apresentam diversas aplicações, geralmente como pós-tratamento de efluentes industriais aplicados ao reúso.

A utilização de membranas tem por objetivo principal realizar a separação de substâncias de diferentes propriedades (tamanho, forma, difusibilidade etc). No sistema de membranas filtrantes, ocorre a retenção física dos solutos presentes no líquido, favorecendo, também, mecanismos de adsorção de materiais na superfície e no interior dos poros da membrana, bem como na torta que se forma na superfície das mesmas e que atua como membrana secundária na remoção de contaminantes presentes.

Como se têm várias propriedades (formas de apresentação) das substâncias que pretende-se remover do meio líquido, os processos de membrana também variam, como tecnologia, material empregado e a força motriz necessária para cada processo.

A Figura 6.23 apresenta um esquema de definição do processo por membranas, segundo Metcalf & Eddy (2003).

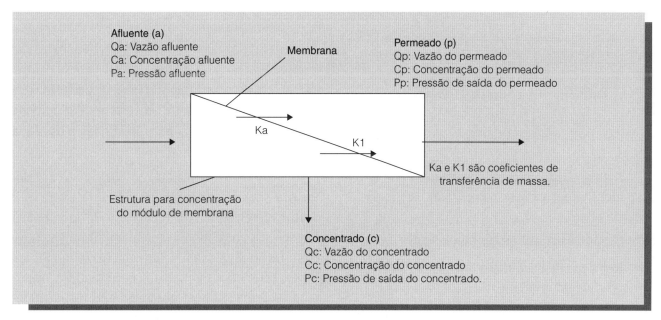

Figura 6.23 Esquema de definição do processo por membranas. *Fonte:* Metcalf & Eddy, 2003

No processo de filtração por membranas, a vazão do efluente se separa em duas linhas distintas, denominadas permeado e concentrado, onde permeado se refere à parcela que passa através da membrana, enquanto o concentrado é a que fica enriquecida com solutos, ou sólidos retidos pela membrana. Nesse processo, o solvente (água) é forçado à atravessar a membrana (barreira semipermeável) pela aplicação de uma força motriz, pressão positiva ou negativa, como, por exemplo, a pressão hidrostática, normalmente utilizada para remoção de material particulado e coloidal presente no meio líquido (Vidal, 2006). O Quadro 6.7 demonstra os principais processos com membranas e a força motriz necessária.

Metcalf & Eddy (2003) salientam a importância do tratamento avançado, destacando os principais fatores que justificam este tipo de tratamento:

→ Necessidade de remoção de matéria orgânica e sólidos suspensos residuais de um tratamento secundário, com intuito de atender padrões de emissões restritos e aplicações para o reúso.

→ Remoção de SST residuais, promovendo uma desinfecção mais efetiva.

→ Remoção de nutrientes (principalmente N e P), para amenizar problemas de eutrofização de corpos d'água.

→ Necessidade de remoção de substâncias inorgânicas, como, por exemplo, os metais pesados e algumas substâncias orgânicas específicas, de forma a atender a restritivos padrões de emissão e adequação de efluentes para reúso industrial (refrigeração, caldeiras de alta e baixa pressão etc) e reúso potável direto, como por exemplo, a recarga de aquíferos.

Quadro 6.7 Principais processos com membranas e a força motriz necessária à separação com suas características

Processo	Força motriz	Concentrado	Permeado
Osmose	Potencial químico	Solutos	Água
Osmose Reversa (OR)	Diferença de Pressão	Todos os solutos	Água
Ultrafiltração (UF)	Diferença de Pressão	Molécula de alto peso molecular	Moléculas de baixa massa molar e sais dissolvidos
Microfiltração (MF)	Diferença de Pressão	Partículas	Solutos dissolvidos
Nanofiltração (NF)	Diferença de pressão	Moléculas de baixa massa molar e íons bivalentes	Íons monovalentes
Pervaporação (PV)	Diferença de Pressão (vácuo)	Varia com a membrana	Varia com a membrana
Diálise	Diferença de concentração	Pequenas moléculas	Água
Eletrodiálise (ED)	Diferença de potencial elétrico	Solutos iônicos	Solutos iônicos

Fonte: Adaptado de Santos, 2006 e Cirra, 2006

Algumas das vantagens mais importantes no tratamento com membranas podem ser destacadas como:

→ Grande e estável produção de água.

→ Remoção de bactérias, com ou sem adição de coadjuvantes químicos.

→ A adição de coagulantes químicos pode ser evitada em alguns casos, produzindo, assim, lodo sem substâncias químicas.

→ Sistemas de tratamentos de águas compactos.

→ Água ultrapura para propósitos industriais.

→ Pode ser economicamente viável para pequenos sistemas de abastecimento de águas.

→ Em certos casos, o tratamento de lodo pode ser relativamente mínimo.

Já as restrições para a implementação de tecnologia de membranas incluem:

→ Incertezas quanto a sua produtividade (problemas de colmatação) e qualidade do produto (recuperação de materiais).

→ Sua viabilidade econômica que, atualmente, devido a grande aplicação no mercado, tem alcançado preços mais competitivos.

→ Nem todas as membranas podem sofrer processos de limpeza; dependendo do material e do dano, será necessária a troca de membrana.

Segundo Viana (2004), o MBR pode ser definido como um processo híbrido que combina o reator biológico com a tecnologia da membrana. Nesses sistemas, módulos de microfiltração ou ultrafiltração funcionam como uma barreira (Figura 6.24), retendo a biomassa e permitindo a passagem de água tratada, possibilitando tornar independente o tempo de retenção da biomassa com o tempo de detenção hidráulica.

Viero (2006) diz que as unidades com MBR permitem a produção de um efluente livre de microrganismos e, por substituírem os tanques de sedimentação, ocupam áreas muito menores, operando com concentrações de sólidos de 3 a 6 vezes maiores.

Na filtração convencional, remove-se material particulado e em estado coloidal. No processo por membranas, as partículas removidas podem incluir também materiais dissolvidos. As partículas em suspensão são estruturas tridimencionais, sendo a maioria irregulares, polidispersas (em vários tamanhos) e com diferentes propriedades físico-químicas.

É importante se conhecer o tamanho das partículas que se pretende remover, para que se determine o tipo de filtro a ser utilizado. Um filtro de areia, por exemplo, é para partículas de 5 a 25 micra e acima, não vai retirar bactérias e vírus com tamanho entre 0,1 e 10 micra. A Figura 6.25

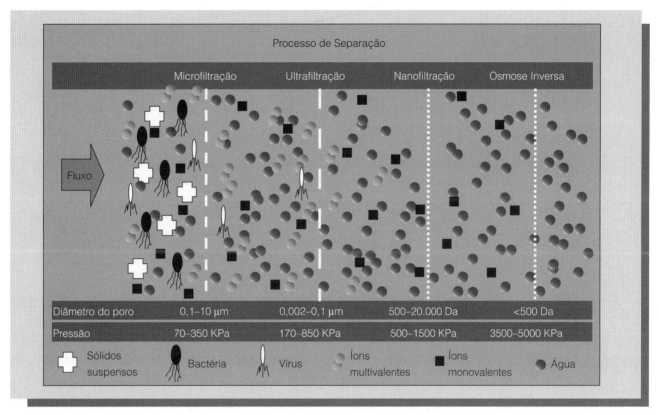

Figura 6.24 Processos típicos de separação por membranas. *Fonte:* Pivelli, 2007

exemplifica a medida de 1 mícron. A Figura 6.26 mostra uma escala onde verifica-se a capacidade de remoção de cada processo de filtração, de acordo com o tamanho das partículas. A Figura 6.27 demonstra a capacidade de filtração por processos aplicados. A Figura 6.28 exemplifica as características dos processos de separação por membranas. A Tabela 6.4 classifica o tamanho das partículas em micra.

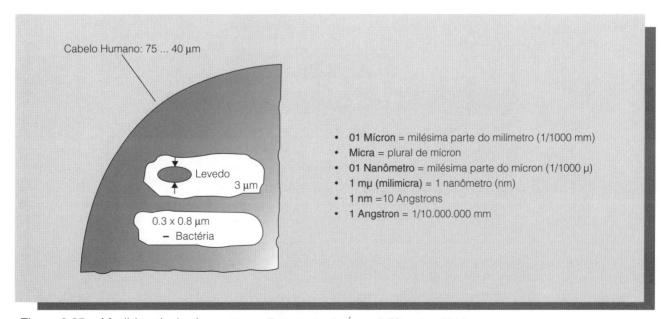

Figura 6.25 Medidas de 1 mícron. *Fonte:* Tratamento de Água & Efluentes, 2010

88 Reúso da água

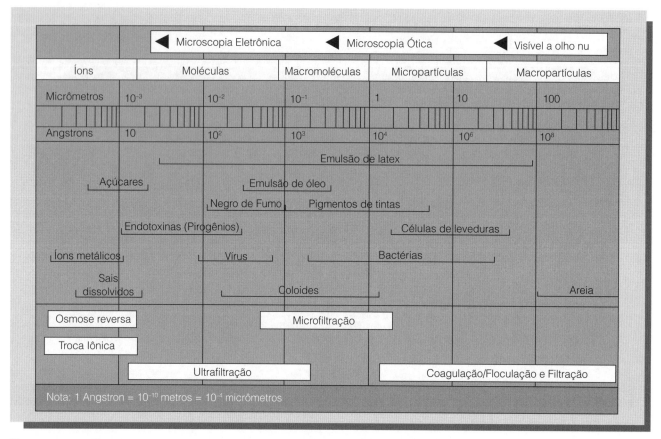

Figura 6.26 Escala de remoção de partículas. *Fonte:* Cirra, 2006

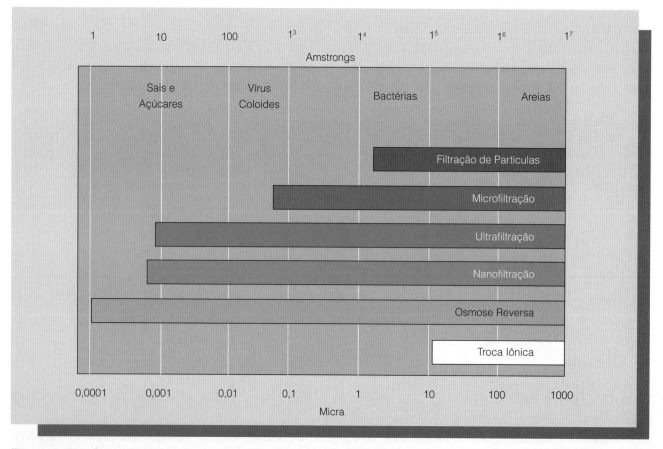

Figura 6.27 Capacidade de filtração por processos aplicados. *Fonte:* Tratamento de Água & Efluentes, 2010

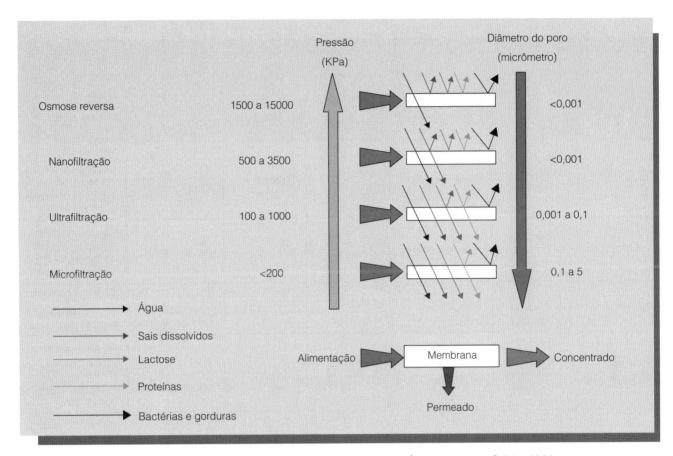

Figura 6.28   Características dos processos de separação por membranas. *Fonte:* Scielo, 2008

Tabela 6.4	Tamanho das partículas em mícron
Partícula	Tamanho (micra) μ*
Açúcar	0,001
Clorofila	0,005 – 0,01
Asbestos	0,05 – 1
Negro de fumo	0,01 – 0,3
Vírus	0,1
Bactérias	0,2 – 10
Pó fino	0,4 – 100
Talco	0,5 – 55
Argila	Menor que 2,5
Silte	2 – 19
Carvão pulverizado	4 – 500
Glóbulo vermelho	5
Algas unicelulares	10,0
Cabelo	30 – 175
Partículas visíveis	Maior que 55
Areia de praia	Maior que 95

(Continua)

(Continuação)

Tabela 6.4	Tamanho das partículas em mícron
Partícula	Tamanho (micra) μ*
Pó de cimento	3 – 100
Areia fina	19 – 225
Areia grossa	Maior que 225
Carvão ativado granular	Maior que 225

* Micra (μ), plural de mícron, classifica tamanho de partículas.

Fonte: Tratamento de Água & Efluentes, 2010

Tipos de membranas

De acordo com Crespi (2008), a seleção da membrana é muito importante para a vazão desejada. Podem ser classificadas:

→ pelo tipo de material usado na fabricação das membranas;
→ pela natureza da força motriz;
→ pelo tamanho dos poros;
→ pelo tipo de módulo: placa, tubular ou fibra oca;
→ pelo mecanismo de separação.

Metcalf & Edy (2003) demonstram as características gerais desses processos no Quadro 6.8.

Quadro 6.8 Características gerais dos processos por membranas

Tipo de processos	Força motriz	Mecanismo típico de separação	Estrutura de operação (tam. dos poros)	Faixa típica de operação (µm)	Características do permeado	Tipos de elementos removidos
Microfiltração	Diferença de pressão hidrostática e vácuo	Peneiramento	Macroporos (>50nm)	0,08-2,0	Água + sólidos dissolvidos	SST, turbidez, cistos e oocistos de protozoários, algumas bactérias e alguns vírus
Ultrafiltração	Diferença de pressão hidrostática	Peneiramento	Mesoporos (2-50nm)	0,005-0,2	Água + moléculas pequenas	Macromoléculas, coloides, algumas bactérias, alguns vírus e proteínas
Nanofiltração	Diferença de pressão hidrostática	Peneiramento + difusão + exclusão	Microporos (<2nm)	0,001-0,01	Água + moléculas pequenas, íons	Moléculas pequenas, dureza e vírus
Osmose Reversa	Diferença de pressão hidrostática	Difusão + exclusão	Densa (<2nm)	0,0001-0,001	Água + moléculas pequenas, íons	Muitas moléculas pequenas, cor, dureza, sulfatos, nitratos, sódio e outros íons
Diálise	Diferença de concentração	Difusão	Mesoporos (2-50nm)	–	Água + moléculas pequenas, íons	Macromoléculas, coloides, bactérias, alguns vírus e proteínas
Eletrodiálise	Diferença de potencial elétrico	Troca iônica com membrana seletiva	Microporos (<2nm)	–	Água + íons	Sais ionizados

Fonte: Adaptado de Metcalf & Eddy (2003).

Com todas estas características de remoção, as membranas podem ser confeccionadas por diversos materiais, orgânicos ou não.

A princípio, qualquer material que permita a síntese de filmes com porosidade controlada pode ser utilizado na fabricação de membranas, podendo apresentar diversas texturas em função da aplicação a que se destina:

↪ **Textura física: densas ou porosas.**

  ↪ Uma membrana densa se caracteriza pela ausência de porosidade. Ela é fabricada à base de polímero de alta densidade e se apresenta sob a forma de camadas finas de material cerâmico ou metálico.

  ↪ Uma membrana porosa deve possuir boa resistência mecânica, porém espessura fina, que permita vazão de permeação elevada (Lapolli, 1998).

↪ **Textura de origem: natural ou artificial.**

As membranas sintéticas são produzidas a partir de duas classes distintas de material: os **polímeros orgânicos** e as membranas de material **inorgânico**.

↪ **Polímeros orgânicos:** são uma classe de materiais extremamente versáteis, obtidos por síntese ou por extração de produtos naturais. Possuem apreciáveis forças intermoleculares que garantem coesão, facilidade de formar filmes autossuportáveis e boas propriedades mecânicas. Exemplo: membranas animais, como a bexiga de porco.

↪ **Inorgânicas:** a mais comum é de material cerâmico que pode suportar temperaturas elevadas (acima de 150 °C) e meios quimicamente agressivos.

Vários tipos de vidros e grafite também são usados para fabricar membranas microporosas. O vidro é basicamente sílica amorfa, enquanto o grafite é uma forma cristalina do carbono.

As membranas inorgânicas podem ser à base de cerâmica, metais, vidros ou zeólitos, sendo restritas aos processos de MF e UF, possuindo um custo superior às poliméricas. Para tratamento de águas, a mais indicada é a hidrofílica, pois apresenta menor potencial para a formação de depósitos de contaminantes na membrana.

Outras membranas inorgânicas muito utilizadas são:

→ Alumina, sílica, óxido de silício ou de alumínio, zircônio e titânio. Sua importância maior é que permitem a fabricação de estruturas microporosas bem variadas, com um bom controle de distribuição de tamanho de poros, caracterizadas por resistências térmicas e químicas elevadas e baixa plasticidade.

→ As compostas por metais apresentam alta condutividade e resistência mecânica.

→ As membranas inorgânicas apresentam maior vida útil e permitem limpezas mais eficientes em relação às orgânicas.

O Quadro 6.9 faz uma comparação das propriedades das membranas inorgânicas e orgânicas.

Quadro 6.9 Comparação das propriedades das membranas inorgânicas e orgânicas

Propriedade	Membrana inorgânica	Membrana orgânica
Aplicação	MF,UF *	MF, UF, NF, OR *
Resistência térmica	Cerâmicas < 250 °C Carvão/grafite < 180 °C Aço < 400 °C	Acetato de Celulose < 40 °C Polisulfona < 90 °C Aramida < 45 °C Poliacrolinitrila < 60 °C Polipropileno < 70 °C
Faixa de pH	0 – 14	Maioria dos polímeros: 2-12 Acetato de celulose: 4,5 < pH < 6,5
Resistência mecânica	Boa	Média a ruim, necessitam de suporte.
Tolerância a materiais oxidantes	Boa	Depende do polímero, tempo de contato e concentração do oxidante (a maioria dos polímeros não resiste à ação de oxidantes).
Compactação	Não	Sim
Vida útil	10 anos	5 anos

*MF = microfiltração; UF + ultrafiltração; NF = nanofiltração; OR = osmose reversa

De acordo com a construção das membranas (orgânica ou inorgânica) e sua simetria/espessura, elas podem ser classificadas da seguinte forma:

→ **Membranas isotrópicas ou simétricas** (1ª geração): Possuem poros regulares, quase cilíndricos, que atravessavam toda a espessura da membrana. Pouco utilizada nas indústrias devido às suas limitações (perdas de carga consideráveis; sensibilidade aos ataques de microrganismos; e fraco fluxo de permeado).

→ **Membranas assimétricas ou anisotrópicas** (2ª geração): Possuem um gradiente de porosidade interno onde uma fina película fica situada sobre uma superfície mais grossa. Geralmente constituídas de um único tipo de polímero. Apresentam boas propriedades mecânicas e um melhor fluxo de permeado; resistentes aos ataques químicos e bacterianos; porém não suportam altas temperaturas e valores extremos de pH.

→ **Membranas compostas** (3ª geração): A membrana filtrante é depositada na forma de um filme fino sobre a estrutura de suporte, que geralmente é uma membrana assimétrica. São as mais utilizadas, pois geram redução do custo operacional; possuem melhor desempenho, como boa resistência aos agentes químicos (1<pH<14), aos solventes, aos oxidantes, a fortes pressões e altas temperaturas.

A Figura 6.29 apresenta a representação esquemática da morfologia das membranas, e a Figura 6.30 mostra uma seção transversal de uma membrana assimétrica de polietersulfona sulfonada.

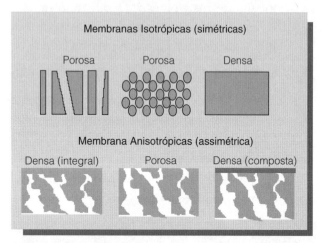

Figura 6.29 Representação da seção transversal das diferentes morfologias de membranas sintéticas. *Fonte:* Habert *et al.*, 2003

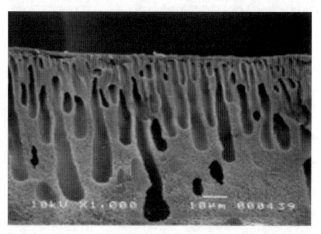

Figura 6.30 Seção transversal de uma membrana assimétrica de polietersulfona sulfonada. *Fonte:* Choi *et al.*, 2002

As membranas podem se apresentar nas formas tubulares ou planas. As tubulares podem ser do tipo fibra oca, capilar ou tubular, dependendo do diâmetro desejado. Segundo Santos (2006), as membranas inorgânicas de cerâmica normalmente são tubulares. As poliméricas podem ser confeccionadas de qualquer tipo ou forma.

A sequência de Figuras "6.31 a 6.37" ilustra alguns tipos de membranas: A Figura 6.31 mostra o corte de uma membrana de película fina composta e uma de cerâmica tubular. A Figura 6.32 mostra uma membrana com filme plástico. A Figura 6.33 mostra um filtro com membrana de polipropileno (PP).

A Figura 6.34 ilustra membranas de celulose. As membranas de nitrato de celulose (Figura 6.34a) possuem poros de 8 μm, 5 μm, e 3 μm. Resiste a soluções aquosas com pH de 4 a 8; resiste à hidrocarbonos e alguns solventes. As membranas de Acetato de celulose (Figura 6.34b) possibilitam um alto fluxo de filtração com estabilidade térmica; são membranas com 0,2 μm; trabalham com soluções aquosas na presença de nutrientes.

Segundo a PAM Membranas (2010), as membranas de fibras ocas ou capilares são produzidas a partir de polímeros de engenharia, com elevada resistência mecânica, térmica e química. Elas podem ser preparadas com uma grande variedade de diâmetros, de acordo com cada aplicação. A Figura 6.35 mostra detalhes da membrana e o exemplo de um módulo de um sistema de filtração, de alimentação axial.

As membranas cerâmicas possuem efetiva homogeneidade de poros, são altamente resistentes a condições de pH, temperatura e ataques de produtos químicos. Graças ao diâmetro dos poros, podem filtrar fluidos com concentrações elevadas de sólidos em suspensão. Sua qualificação compete com membranas orgânicas. A Figura 6.36 mostra alguns cortes de membranas cerâmicas.

A membrana de aço inox é um modelo robusto, especialmente efetivo em aplicações que exigem condições agressivas de processamento ou fluxos de alimentação com quantidade elevada de partículas sólidas ou com alta viscosidade (Figura 6.37).

Quando utilizam-se técnicas avançadas de remoção dos sais de cloreto, o efluente deve apresentar qualidade semelhante a de água pura e com baixa concentração de matéria orgânica, sais dissolvidos totais, turbidez, metais, entre outros. O contato direto da matéria orgânica com a membrana pode gerar biofilmes na superfície da membrana, reduzindo a eficiência de remoção do íon e alterando a qualidade da membrana. Para evitar sua colmatação é necessário que se use de pré-tratamento no efluente que chega às membranas. De maneira geral, as técnicas de pré-tratamento mais utilizadas são: sistema de coagulação, seguida de ultrafiltração ou POAs (processos oxidativos avançados – ver no Capítulo 6.4.3) ou carvão ativo. Essas técnicas, em conjunto, elevam os custos do projeto (Santos, 2006).

Capítulo 6 – *Tratamento de efluentes*

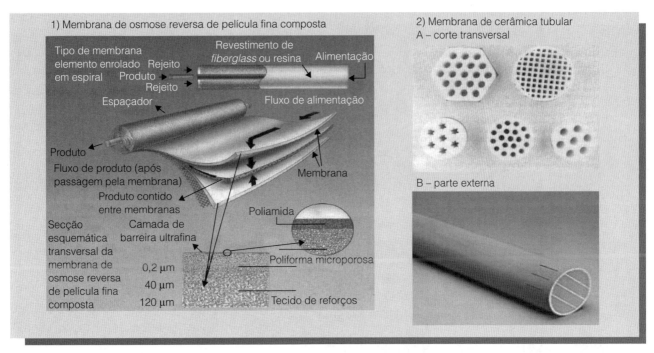

Figura 6.31   Tipos de membranas: 1) película fina composta; 2) cerâmica. *Fonte:* Cirra, 2006 *apud* Santos, 2006

Figura 6.32   Membrana filtrante. *Fonte:* Nona Analítica, 2010

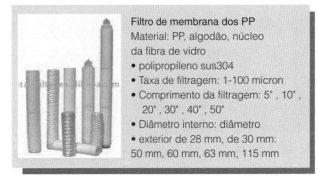

Figura 6.33   Membrana de polipropileno. *Fonte:* Alibaba, 2010

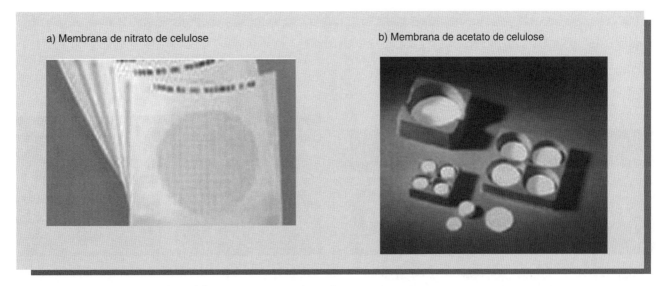

Figura 6.34   Membrana de celulose. *Fonte:* Vidrolab, 2010

94 Reúso da água

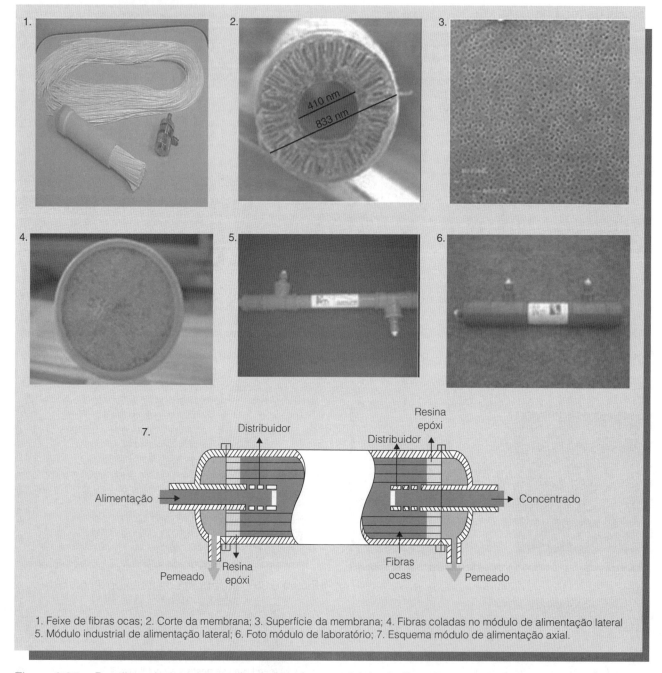

1. Feixe de fibras ocas; 2. Corte da membrana; 3. Superfície da membrana; 4. Fibras coladas no módulo de alimentação lateral
5. Módulo industrial de alimentação lateral; 6. Foto módulo de laboratório; 7. Esquema módulo de alimentação axial.

Figura 6.35 Detalhes da membrana e exemplo de um módulo de filtração. *Fonte:* PAM Membranas, 2010

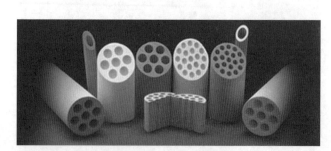

Figura 6.36 Membranas cerâmicas. *Fonte:* Likuid, 2010

Figura 6.37 Membrana de aço inox. *Fonte:* GEA, 2010

Módulos de membranas

O módulo é o elemento básico de um sistema de membrana que congrega todas as estruturas necessárias para viabilizar a operação da membrana como unidade de separação. O módulo contém os seguintes elementos:

- membranas;
- estruturas de suporte da pressão, do vácuo ou da corrente elétrica aplicados ao sistema;
- canais de alimentação e remoção do permeado e do concentrado.

Os módulos são projetados com os seguintes objetivos:

- limitar o acúmulo de material retido pela membrana através da otimização da circulação do fluido a ser tratado;
- maximizar a superfície da membrana por volume de módulo;
- evitar a contaminação do permeado com o material do concentrado.

O projeto dos módulos deve atender aos seguintes requisitos:

- simplicidade de manuseio;
- permitir a limpeza eficiente das membranas;
- baixo volume morto.

Os principais tipos de módulos comercializados no mercado são:

- módulos com placas;
- módulos tubulares;
- módulos espirais;
- módulos com fibras ocas; e
- módulos com discos rotatórios.

Os **módulos com placas** são os mais simples. Esse sistema predomina no mercado de eletrodiálise, mas também é utilizado em sistemas para tratamento de água e esgotos. O projeto destes módulos foi adaptado dos sistemas de filtros-prensa, utilizados para a desidratação de lodos de ETAs e ETEs. Camadas alternadas de membranas planas e placas de suporte são empilhadas na vertical ou horizontal (Figura 6.38). A densidade volumétrica desses módulos é relativamente pequena (100 a 400 m²/m³) se comparada com sistemas de fibras ocas ou espiral (Maestri, 2007).

Figura 6.38 Módulo de membrana com placas.
Fonte: Maestri, 2007

Os **módulos tubulares** são sistema que consiste de um tubo revestido internamente com a membrana; também são considerados simples (Figura 6.39). Esses tubos, individuais ou blocos de tubos, são empacotados no interior de cilindros de suporte. A grande desvantagem destes módulos tubulares é a baixa área de membrana por volume do módulo, compensada, em parte, pelas altas velocidades de transporte do líquido no interior dos tubos. Esse modo de operação aumenta muito o consumo de energia e não são utilizados em grande escala no tratamento de água (Maestri, 2007).

O **módulo espiral**, segundo Maestri (2007): "é o conjunto de tubos de pressão de PVC ou aço inoxidável e de elementos ou cartuchos de membranas espirais inseridos no interior do tubo. Cada elemento consiste de um pacote de membranas e espaçadores enrolados em volta de um tubo coletor de permeado central. Para formar o elemento, uma grande quantidade de pacotes de filtração são acondicionados lateralmente, sempre respeitando a estrutura lamelar do elemento, e enrolados em volta do tubo coletor central (Figura 6.40). São caracterizados por altas densidades volumétricas de membranas, da ordem de 700 a 1.000 m²/m³. É o módulo mais utilizado em aplicações que demandam pressões altas e intermediárias, ou seja, na nanofiltração e na osmose reversa".

O **módulo de fibra oca** pode ser de dois tipos, os utilizados na microfiltração e na ultrafiltração. As fibras são fixadas nas duas extremidades de um tubo por meio de uma resina que também serve

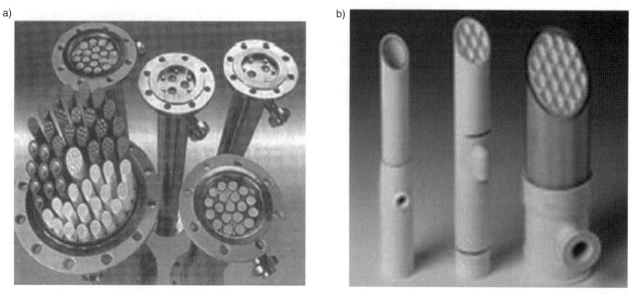

Figura 6.39 Módulo de membrana tubular: a) Schneider & Tsutiya, 2001; b) GEA Filtration, 2006.
Fonte: Maestri, 2007

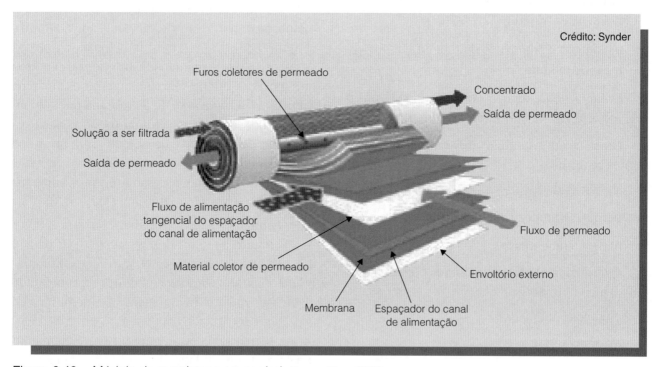

Figura 6.40 Módulo de membrana em espiral. *Fonte:* Dias, 2006

para vedação e separação dos compartimentos de água bruta e permeado (Figura 6.35). A área de membrana por volume de módulo é cerca de 1.000 m²/m³. Em sistemas de microfiltração e ultrafiltração, sobe para 10.000 m²/m³, em módulos para osmose reversa. O número de fibras por módulo varia de várias centenas a 22.500, dependendo do fabricante (Maestri, 2007).

O **módulo com discos giratórios**, segundo Maestri (2007), são sistemas utilizados principalmente para microfiltração e ultrafiltração de água ou como componentes de biorreatores de membranas experimentais. As membranas são fixadas em placas redondas montadas sobre um eixo giratório (Figura 6.41). O movimento giratório remove continuamente a camada de material retida na superfície das membranas. O alto consumo de energia e a dificuldade do aumento de escala restringe a aplicação desse sistema a unidades de pequeno porte.

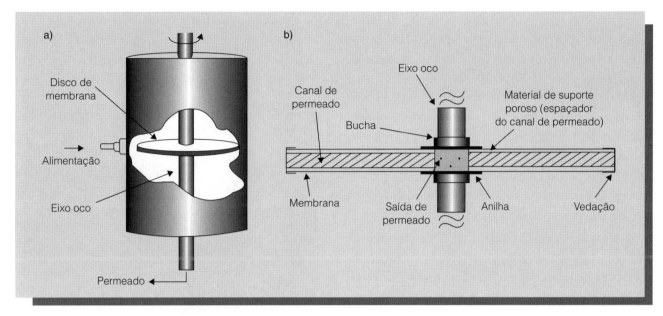

Figura 6.41   Módulo de membrana com discos rotatórios: a) módulo completo; b) detalhe da montagem do disco de membrana. *Fonte:* Maestri, 2007

Já foi esclarecido que a viabilidade dos processos por membranas é muito mais efetiva quando utiliza-se de pré-tratamentos no efluente (ou água), para depois encaminhá-lo a um tratamento avançado, no caso, as membranas.

Biorreatores por membranas – MBRs

A associação do tratamento biológico (biorreatores) com o físico (a separação física por membrana) é uma tecnologia que vem sendo bastante aplicada, são os chamados "Biorreatores por Membranas – MBRs".

O biorreator tem a função de transformar a matéria orgânica e mineral em matéria biológica (biomassa), enquanto que a membrana deve separar as fases líquida e sólida. A filtração é efetuada impondo-se uma circulação frontal ou tangencial da suspensão através da membrana (Lapolli, 1998).

São vários os aspectos que influenciam no desempenho do MBR, tais como a concentração de sólidos, o tempo de detenção hidráulico, a temperatura do líquido, a taxa de fluxo, o custo de materiais, e energia para o funcionamento do sistema.

De acordo com Giorgi (2008), em regiões frias, especialmente no inverno, deve-se tomar cuidado ou levar em consideração na elaboração do projeto a diminuição da temperatura, pois sendo muito baixa ocorre redução da biomassa ativa e da atividade microbiana, além da capacidade hidráulica da membrana.

Conforme trabalho realizado por Souza (2008), para tratamento de efluentes originados em uma indústria de papel, a temperatura da água varia de 30 °C a 50 °C. A 55 °C a floculação torna-se deficiente devido a ausência de bactérias filamentosas, mas não prejudica a eficiência na retenção de sólidos suspensos pelo MBR. Porém a temperatura ideal para manter condições ótimas seria em torno de 45 °C.

Quanto à configuração básica das membranas, elas podem ser montadas internamente ou externamente ao biorreator. No reator com módulo externo, os módulos de membrana são instalados fora do tanque. O conteúdo do reator é bombeado para os módulos, normalmente tubulares, gerando altas tensões de cisalhamento necessárias para a obtenção de alto fluxo de permeado (Viero, 2006).

Os MBRs com módulo de membrana externo apresentam uma maior flexibilidade operacional e permitem a aplicação de maiores fluxos em relação ao módulo submerso, exigem um consumo de energia superior aos módulos submersos devido à necessidade de elevadas velocidades tangenciais de lodo no módulo.

Já os MBRs com módulos de membrana submerso no biorreator, o permeado, são retirados do módulo de duas formas: por sucção ou por gravidade.

Por sucção, em circuito de recirculação externo ao reator, permite desacoplar à operação do sistema de membranas do reator. Isto traz vantagens, como proporcionar maior facilidade operacional da limpeza química e a possibilidade de combinar um reator anóxico com zonas aeróbias no compartimento de membranas, para a remoção de nitrogênio. A outra forma é a instalação da membrana no mesmo reator, sem recirculação; dessa forma, variações operacionais e processo de limpeza química ficam mais dificultados (Maestri, 2007).

Segundo Viana (2004), "[...] na configuração com módulo submerso, se a concentração de sólidos suspensos for muito alta, a aeração pode não ser suficiente para promover a turbulência necessária para minimizar a deposição de partículas sobre a membrana, sendo então recomendável realizá-la próxima aos módulos das membranas e no restante do tanque."

Assim como os métodos de tratamentos de esgoto já citados anteriormente variam a sua eficiência de acordo com vários fatores externos (catacterística do efluente, oscilações de clima, temperatura, pH etc.), os MBRs também estão susceptíveis à estes fatores, somados a outros fatores que podem vir a influenciar o seu desempenho em função das membranas, tais como: aeração, concentração de sólidos, Pressão Transmembrana (*PTM*), e o processo de colmatação em MBRs.

A Figura 6.42 detalha um módulo com membranas cerâmicas. A Figura 6.43 mostra a aeração de um módulo de membrana de fibra oca, onde observa-se que a maior concentração de bolhas menores fica ao centro do módulo, e as maiores, na periferia das membranas. A Figura 6.44 mostra um Rack de membrana da Mencor ®. A Figura 6.45 mostra uma representação de um sistema com membranas submersas.

Figura 6.43   Aeração de um módulo de membranas.
Fonte: Furtado, 2008

Figura 6.44   Rack de membrana da Mencor ®.
Fonte: Lautenschlader, 2006

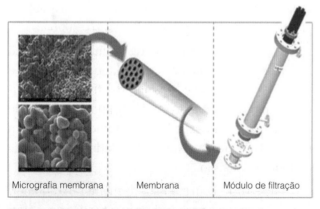

Figura 6.42   Módulo de filtração com membrana cerâmica. *Fonte:* Likuid, 2010

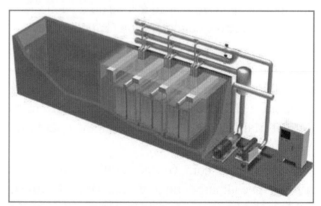

Figura 6.45   Representação de um sistema com membranas submersas.
Fonte: Cirra, 2006

Colmatação ou *fouling*

Com a atividade, o fluxo de filtração da membrana pode ser comprometido. Nesta condição se usa o termo *fouling*, que é usado para descrever o potencial de disposição e acumulação de constituintes na membrana provindos da água de alimentação. Segundo Oenning (2006), o *fouling* em membranas pode ocorrer devido a três situações:

- deposição e acúmulo de constituintes na superfície da membrana provindos da água de alimentação;
- a formação de precipitado químico devido à composição química da água de alimentação; e
- dano na membrana devido à presença de substâncias químicas que possam reagir com a membrana ou agentes biológicos que possam colonizar a superfície da membrana.

O *biofouling* difere do acúmulo de material na superfície da membrana, formando o biofilme microbiano, onde ocorre a multiplicação dos microrganismos envoltos por um gel. A Figura 6.46 apresenta o processo de formação do biofilme na superfície das membranas.

Maestri (2007) destaca diversas consequências negativas que o *biofouling* associa ao processo de filtração em MBRs:

- Aumento da intensidade da concentração-polarização, pelo acúmulo de sais rejeitados pela membrana na matriz dos biofilmes.
- Sítios de cristalização no interior de biofilmes podem induzir a precipitação de sais minerais de baixa solubilidade.
- Biofilme pode bloquear os canais de alimentação e do concentrado.
- Bactérias do biofilme podem degradar alguns materiais da membrana.
- Biofilme no canal do permeado pode contaminar o permeado.
- Redução do fluxo de operação.
- Interrupção da operação para limpeza química da membrana.
- Aumento dos custos operacionais pelo aumento do consumo de energia e com a compra de produtos químicos.
- Redução da vida útil da membrana.

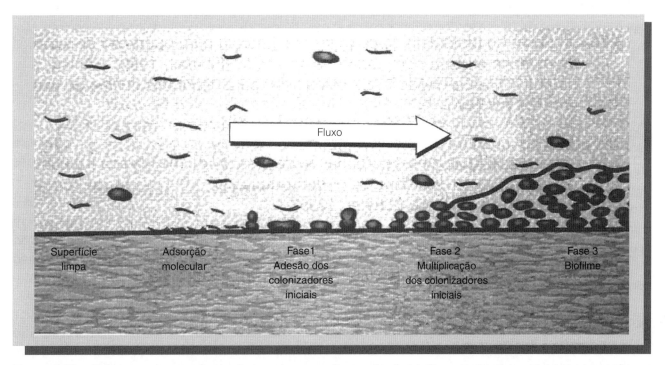

Figura 6.46 Esquema da sequência de eventos para formação do biofilme. *Fonte:* Schneider & Tsutiya, 2001 *apud* Maestri, 2007

Quando o *fouling* é provocado devido ao acúmulo de sólidos na membrana (Figura 6.47), as causas podem ser:

→ estreitamento dos poros;

→ entupimentos dos poros; e

→ formação de gel ou camada de rejeito causada pela polarização da concentração de sólidos.

Para melhor viabilizar a vida útil da membrana, é necessário que seja feito o controle do *fouling*, que pode ocorrer de três formas:

→ fazendo o pré-tratamento da água de alimentação;

→ fazendo retrolavagem da membrana; e

→ fazendo a limpeza química da membrana.

O pré-tratamento é usado para redução de SST e bactérias, enquanto a retrolavagem serve para eliminar o acúmulo de material na superfície da mesma. Já o tratamento químico é usado para remover constituintes que não são removidos pela retrolavagem (Metcalf & Eddy, 2003).

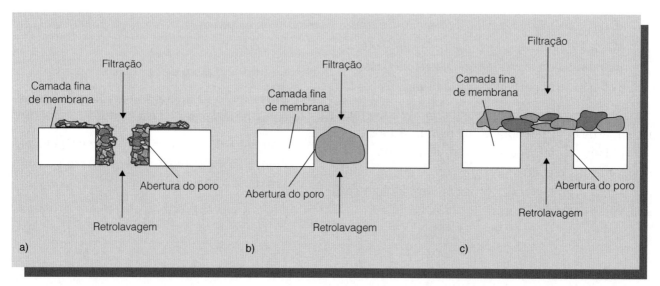

Figura 6.47 Tipos de *fouling* em membranas causado por acúmulo de sólidos: a) estreitamento do poro; b) entupimento do poro, e c) formação de gel ou camada de rejeito causada pela polarização de sólido. *Fonte:* Oenning, 2006

Cada vez mais as membranas vêm sendo reconhecidas como grandes solução nos processos de tratamentos avançados. Sua crescente aplicação no mercado tem sido responsável pela maior competitividade nos preços, tornando cada vez mais viável a sua utilização. Isso vem promovendo o aparecimento de membranas novas e mais baratas e, portanto, mais competitivas.

As aplicações típicas para o uso da MF, UF, NF e OR no tratamento de efluentes são descritas no Quadro 6.10. A Tabela 6.5 demonstra as faixas típicas de operação em termos de pressão e taxa de fluxo e os tipos de membranas usadas.

A maior dificuldade no uso das membranas é o gerenciamento da disposição de concentrados produzidos pelo processo.

Enquanto pequenas instalações industriais podem dispor seus concentrados misturando com vazões de outros efluentes, este procedimento não é propriado para grandes indústrias. O concentrado provindo de processos como nanofiltração e osmose reversa podem conter dureza, metais pesados, orgânicos com alto peso molecular, microrganismos e muitas vezes ácido sulfídrico. O pH normalmente é alto devido à concentração de alcalinidade, a qual aumenta a probabilidade de precipitação de metais em poços de descarte (Oenning, 2006).

Quadro 6.10 Aplicações típicas das tecnologias de membrana

Aplicação	Descrição
Microfiltração e ultrafiltração	
Tratamento biológico aeróbio	A membrana é usada para separar o efluente tratado da biomassa em suspensão de processos de lodos ativados. A unidade de SPM pode ser imersa dentro do bioreator de lodos ativados ou pode ficar fora. Estes processos são conhecidos como processo biorreator-membrana.
Tratamento biológico anaeróbio	A membrana é usada para separar o efluente tratado da biomassa em suspensão em um reator anaeróbio.
Tratamento biológico de aeração por membranas	Membranas tipo placa plana, tubular e ocas são usadas para transferir oxigênio puro para a biomassa fixa do lado de fora da membrana. Estes processos são conhecidos como processo de aeração por membrana em biorreator.
Tratamento biológico de extração por membranas	Membranas são usadas para extrair moléculas orgânicas degradáveis de constituintes inorgânicos como ácidos, bases e sais de efluente de tratamento biológico. Estes processos são conhecidos como processo de extração por membrana em biorreator.
Pré-tratamento para desinfecção	Usado para remover residual de sólidos suspensos de efluente secundário decantado ou de efluentes provindos de filtração superficial ou profunda, com o objetivo de atingir desinfecção efetiva utilizando cloro ou radiação UV (aplicação em reúso).
Pré-tratamento para nanofiltração e osmose reversa	Microfiltros são usados para remover o residual coloidal e os sólidos suspensos como pré-tratamento de um processo mais restritivo.
Nanofiltração	
Reúso de Efluente	Usado pra tratar efluente pré-filtrado (normalmente com microfiltração), para aplicações de reúso potável indireto como a injeção do efluente em águas subterrâneas. É apropriada a desinfecção do efluente quando se usa nanofiltração.
Abrandamento de Efluente	Usado para reduzir a concentração de íons multivalentes, que contribuem para a dureza de específicas aplicações de reúso.
Osmose reversa	
Reúso de Efluente	Usado para tratar efluente pré-filtrado (normalmente com microfiltração) para aplicações de reúso potável indireto como a injeção do efluente em águas subterrâneas. É apropriada a desinfecção do efluente quando se usa osmose reversa.
Dispersão do Efluente	O processo de osmose reversa demonstra capacidade de remover grandes amostras de compostos seletos, tais como NDMA – *N*-nitrosodimethylamne.
Tratamento em dois estágios para uso em caldeiras	Usando osmose reversa em dois estágios é possível produzir água adequada para uso em caldeiras de alta pressão.

Fonte: Metcalf & Eddy, 2003 *apud* Oenning, 2006

Tabela 6.5 Características típicas das tecnologias de separação por membranas usadas para tratamento de efluentes

Tecnologia de membrana	Faixa típica de operação, µm	Pressão de operação, kPa	Taxa de fluxo, L/m2.d	Particularidades da membrana - Tipo	Particularidades da membrana - Configuração
Microfiltração	0,08 – 2,0	7 – 100 (usual: 100)	405 – 1600	Polipropileno, acrilonitrile, *nylon* e politetrafluoretileno	Enrolada em espiral, fibra oca e placa plana
Ultrafiltração	0,005 – 0,2	70 – 700 (usual: 525)	405 – 815	Acetato de celulose e poliamida aromática	Enrolada em espiral, fibra oca e placa plana
Nanofiltração	0,001 – 0,01	500 – 1000 (usual: 875)	200 – 815	Acetato de celulose e poliamida aromática	Enrolada em espiral e fibra oca
Osmose Rerversa	0,0001 – 0,001	850 – 7000 (usual: 2800)	320 – 490	Acetato de celulose e poliamida aromática	Enrolada em espiral, fibra oca e composto de filme fino

Fonte: Oenning, 2006

Os principais métodos usados atualmente para disposição de concentrados são apresentados no Quadro 6.11.

Quadro 6.11 Opções para disposição de concentrado de água salgada provindo de processos de separação por membranas

Opção de disposição	Descrição
Descarga no oceano	Esta disposição é uma opção de escolha de indústrias localizadas na costa dos EUA. Normalmente, uma linha subterrânea é usada para promover as descargas de concentrado. Descarga combinada com água de resfriamento de usinas de energia tem sido usada na Flórida. Em localidades do interior se fazem necessários caminhões, ferrovias ou tubulações para transportar o concentrado.
Descarga nas águas superficiais	Descarga do concentrado em águas superficiais é o método mais comum de disposição do concentrado proveniente de água salgada
Aplicação no solo	A aplicação no solo tem sido usada para alguns tipos de concentrado com baixa concentração de sais.
Descarga no sistema de coleta de esgotos	Esta opção é adequada apenas para pequenas descargas, as quais não aumentem significativamente os SDT (Ex.: menor que 20 mg/L).
Injeção em poços artesianos	Depende se a água subsuperficial do aquífero é salobra ou se ela não for apropriada para uso doméstico.
Lagoas de evaporação	São necessárias grandes áreas superficiais em locais fora das faixas tropicais e subtropicais.
Evaporação térmica controlada	Apesar do intenso uso de energia, a evaporação térmica pode ser a única opção disponível em muitas áreas.

Fonte: Oenning, 2006

6.4.2.1 Macrofiltração

A Macrofiltração só é eficiente para a remoção de partículas maiores do que 1 μm, enquanto as demais técnicas são capazes de remover até mesmo as menores partículas coloidais (0,001 a 1,0 μm).

A macrofiltração ocorre pela passagem da corrente de alimentação em uma direção perpendicular ao meio filtrante (areia, carvão, antracito etc.), sendo que todo o fluxo atravessa este meio filtrante criando uma única corrente de saída. Pode ser realizada sobre um único meio filtrante ou em meios múltiplos, que é o processo mais utilizado. Este tipo de filtro contém, pelo menos, quatro meios filtrantes diferentes.

O leito é formado por partículas maiores na camada superior e vai sendo reduzido progressivamente o tamanho até atingir o mínimo na camada inferior (Figura 6.48).

Os filtros podem ainda ser classificados como gravitacionais ou pressurizados, de acordo com sua pressão de operação. Para sistemas com alto potencial de incrustação, deve-se utilizar uma taxa de filtração inferior a 10 m³/h.m² ou projetar um segundo leito filtrante em série (Singh, 1997).

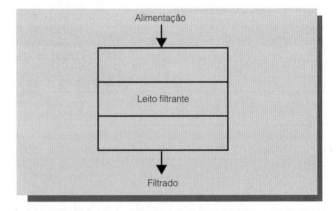

Figura 6.48 Sistema de macrofiltração

6.4.2.2 Filtração tangencial com membranas

A **filtração convencional** ocorre quando o fluxo do permeado opera no mesmo sentido do fluxo de circulação.

A **filtração tangencial** ocorre quando o fluxo do permeado circula em sentido perpendicular enquanto o fluxo de circulação do sistema permanece em sentido paralelo. Este fenômeno é possível devido a um sistema de pressão que é aplicado ao sistema, dividindo, assim, o fluxo no permeado e no recirculado.

Para a remoção de partículas com tamanho inferior a 1,0 μm são utilizados sistemas de separação por membranas com método de filtração tangencial, onde a corrente de alimentação é pressurizada e flui paralelamente à superfície de uma membrana. As partículas rejeitadas não se acumulam, sendo levadas pelo fluxo que constitui o concentrado. Portanto, o fluxo de alimentação é dividido em dois fluxos de saída: o líquido permeado (produto), através da superfície da membrana, e a corrente concentrada em sólidos suspensos. Figura 6.49.

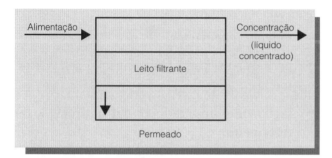

Figura 6.49 Filtro tangencial com membranas

As principais diferenças entre os processos de Microfiltração, Ultrafiltração e Nanofiltração estão apresentados na Tabela 6.6.

A Figura 6.50 mostra um sistema de membranas implantado no tratamento de um efluente industrial.

Figura 6.50 Sistema de membranas. *Fonte:* Ecopolo, 2002

Existem dois tipos de filtração por membranas: frontal ou tangencial (Figura 6.51). Na filtração frontal, a alimentação é forçada perpendicularmente em relação à membrana. Nessa configuração existe uma concentração elevada de partículas na região próxima a membrana, em função do tempo, o que gera uma queda do fluxo do permeado pelo aumento da resistência. Na filtração tangencial, a alimentação é feita paralelamente sobre a superfície da membrana e parte deste fluido é permeado no sentido transversal à membrana. Nessa configuração é menor a quantidade de partículas que se depositam sobre a membrana, o que proporciona uma filtração mais eficiente (Maestri, 2007).

Tabela 6.6 Processos de filtração tangencial com membranas

Parâmetros	Microfiltração	Ultrafiltração	Nanofiltração
Diâmetro de partículas removidas (μm)	500 a 20.000	10 a 2.000	1 a 50
Índice de densidade de sedimentos (SDI)	< 2	< 1	–
Remoção de sólidos suspensos	Excelente	Boa	Média
Redução de cor (%)	–	65	98
Redução de turbidez (%)	–	98	–
Remoção de orgânicos dissolvidos (%)	Não aplicável	57	93 a 98
Remoção de orgânicos voláteis	Não aplicável	Baixa	Média
Remoção de óleos e graxas (%)	> 97	> 97	> 97
Remoção de DQO (%)	–	72 a 90	–
Remoção de dureza (%)	–	5	67
Remoção de inorgânicos dissolvidos (%)	Não aplicável	2 a 9	20 a 80
Efeito da pressão osmótica	Nenhuma	Pequena	Significativa
Qualidade do produto	Excelente	Excelente	Boa
Pressão requerida (kgf/cm^2)	1 a 3	3 a 7	5 a 10

Fonte: Singh, 1997

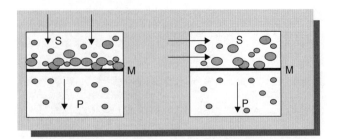

Figura 6.51 Representação esquemática da filtração frontal e tangencial. *Legenda:* Filtração Frontal (FF), Filtração Tangencial (FT), Membrana (M), Suspensão (S) e Permeado (P). *Fonte:* Maestri, 2007

6.4.2.3 Microfiltração – MF

Microfiltração é um processo de separação por membranas *cross-flow*, de baixa pressão de partículas coloidais e em suspensão na faixa entre 0.05 - 10 micra. Ela é utilizada para fermentação, clarificação de caldos e clarificação e recuperação de biomassa.

As membranas de microfiltração podem ser consideradas como filtros absolutos, com o diâmetro dos poros variando entre 0,1 mm a 3 mm, podendo ser fabricadas em polímeros, metais ou cerâmicas, sendo que o diferencial de pressão utilizado para promover a separação dos contaminantes está na faixa de 0,3 até 1,7 bar.

No processo de tratamento por microfiltração pode-se obter um concentrado que representa menos de 5% do volume alimentado ao sistema, com uma concentração de sais que pode chegar a 70% em sólidos.

O processo de **microfiltração** permite realizar a clarificação de bebidas sem a utilização de métodos químicos, mantendo a qualidade e o sabor do produto. A **filtração com membranas** retém microrganismos, sólidos suspensos e demais componentes responsáveis pela turbidez de sucos, vinhos e cervejas. Este processo elimina a necessidade de centrifugação, sedimentação, filtros-prensa e outras operações, e possui a vantagem adicional de ser compacto, eliminando a necessidade de sedimentadores e reduzindo o tamanho dos digestores.

O emprego da microfiltração no tratamento de águas tem crescido sensivelmente, devido à necessidade do aumento no padrão de qualidade da água; à crescente escassez de recursos hídricos; à ênfase crescente em reúso de água; e às grandes vantagens potenciais em relação ao tratamento convencional, tais como:

- produção de água com qualidade superior;
- adição de produtos químicos em quantidade bem reduzida;
- menor energia para operação e manutenção;
- proporciona plantas compactas e de simples implantação e operação.

Podem-se ainda destacar como algumas vantagens da microfiltração:

- módulos compactos;
- pode ser utilizado para remoção seletiva de metais;
- facilmente integrado a outro processo de tratamento;
- baixo consumo de energia;
- custo de investimento relativamente baixo,
- produção de água de alta qualidade;
- remove: protozoários, bactérias, vírus (maioria) e sólidos suspensos;
- avanços na tecnologia de membranas, promovendo um melhor custo-benefício na aquisição, operação e manutenção.

Já as desvantagens deste processo também podem ser destacadas como:

- os efluentes devem apresentar baixa carga de sólidos;
- muitas membranas estão sujeitas ao ataque químico;
- a corrente de concentrado pode apresentar problemas para disposição final;
- substâncias iônicas e gases dissolvidos não são afetados;
- formação de uma camada de solutos (e outras espécies que se pretende separar ou concentrar) que pode oferecer resistência ao fluxo permeado.

Uma aplicação especial de microfiltração é o processo de biorreator de membrana (BRM), que é comercializado por muitos fornecedores. Os

BRMs (já descritos no Capítulo 6.4.2 deste livro) combinam o tratamento biológico com a microfiltração, para reter biomassa no sistema (em vez de usar uma fase final de sedimentação). A Figura 6.52 esquematiza um tratamento de um biorreator por membrana.

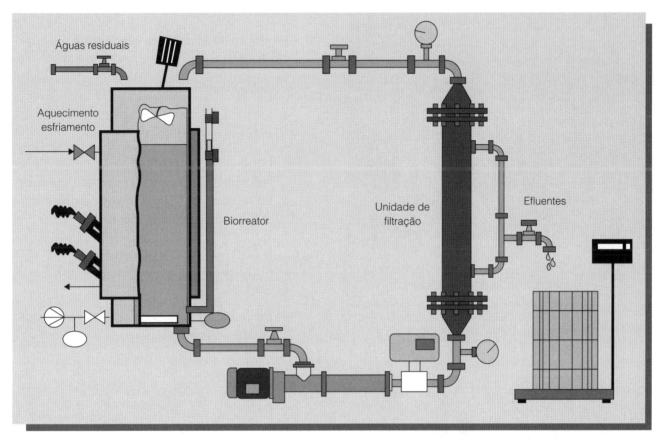

Figura 6.52 Apresentação esquemática de um biorreator por membrana – BRM – *Fonte:* Pam Membranas, 2010

O **biorreator com membrana** é um conceito que vem sendo muito utilizado no tratamento de efluentes. Consiste na utilização de membranas de **microfiltração** imersas em tanques digestores. Esta configuração permite reter completamente os microrganismos que constituem o **lodo ativado**, aumentando a eficiência de tratamento e possibilitando a saída de um efluente descontaminado. A Figura 6.53 mostra um esquema de um biorreator submerso.

A Figura 6.54 mostra a eficiência de clarificação no processo de esterilização. A Figura 6.55 apresenta exemplos de sistema de microfiltração. A Figura 6.56 é uma foto de um sistema de ultrafiltração para separação de água e óleo.

As membranas de microfiltração e ultrafiltração possuem muitas outras aplicações tais como:

→ concentração e purificação de proteínas e enzimas;

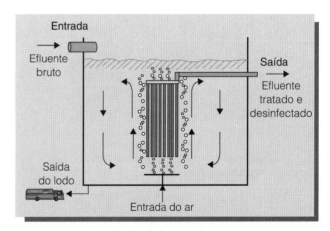

Figura 6.53 Tratamento de efluentes com biorreator submerso. *Fonte:* Pam Menbranas, 2010

→ filtração de caldos fermentados;

→ pasteurização do leite e outras bebidas lácteas;

→ recuperação de corantes;

→ recuperação de metais;

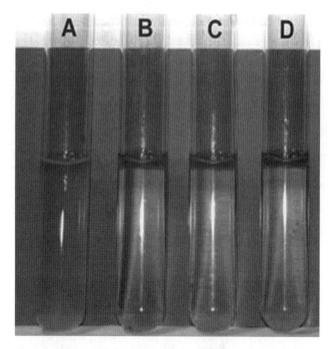

Figura 6.54 Eficiência de esterilização: aspecto turvo significa crescimento de microrganismos. Tubo A: água sem filtração; Tubos B, C, D: filtrados pela membrana. *Fonte:* Pam Membranas, 2010

- clarificação de vinhos, cervejas, sucos de frutas, sidra e vinagre;
- esterilização;
- concentração de tintas;
- produção de água estéril para hospitais e aplicações farmacêuticas.
- Biotecnologia e Farmácia:
  - purificação bacteriológica de meios de cultura;
  - purificação bacteriológica de meios injetáveis (injeção e soros) – como garantia bacteriológica, antes do envase final do produto ou antes do uso, como no caso de soros.
- Purificação de Ar:
  - purificação de ar de processo em biotecnologia;
  - melhoria da qualidade do ar em sistemas de ar-condicionado;

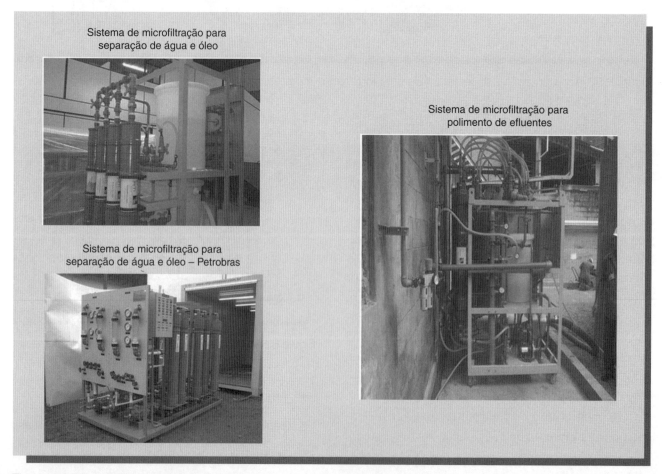

Figura 6.55 Exemplos de sistemas de filtração. *Fonte:* Pam Membranas, 2010

→ fornecimento de ar isento de bactérias para centros cirúrgicos e UTIs.

→ Pré-Tratamento de Processos de Nanofiltração e Osmose Inversa – protegem as membranas de nanofiltração e de osmose inversa, eliminando todo material em suspensão e aumentando a vida útil das membranas.

Figura 6.56 Equipamento de ultrafiltração para separação de água e óleo. *Fonte:* Cirra, 2006

6.4.2.4 Ultrafiltração – UF

As membranas de micro e ultrafiltração são operadas em condições similares, mas diferem no tamanho da abertura do poro. Uma completa rejeição de vírus pode ser obtida com a ultrafiltração. Quando a ultrafiltração é utilizada como pré-tratamento para osmose, menores pressões são observadas nas membranas de osmose e os intervalos de limpeza são maiores do que quando se utiliza microfiltração. Uma propriedade importante das membranas é o seu fluxo, o qual é definido como o volume de permeado (ou massa) que passa por meio de uma dada unidade de área da membrana. Comumente, o fluxo em ultrafiltração tratando efluente encontra-se entre 50 a 200l/m².h, dependendo da pressão aplicada sobre a membrana (Lautenschlager, 2006).

Ultrafiltração é um processo de fracionamento seletivo utilizando pressões acima de 145 psi (10 bar). É largamente utilizada em fracionamento de leite e soro de leite e no fracionamento proteico. Ela concentra sólidos suspensos e solutos de peso molecular maior do que 1.000. O permeado possui solutos orgânicos e sais de baixo peso molecular (GEA Filtration, 2010).

No processo de ultrafiltração, as membranas apresentam um diâmetro de poro significativamente menor que 0,1 mm e permeabilidade menor, e a pressão de operação necessária para que se obtenha um fluxo aceitável de permeado é maior que o processo de microfiltração, devendo-se trabalhar com valores na faixa de 0,7 a 6,9 bar.

Com o diâmetro de poro nessa ordem de grandeza, o processo de ultrafiltração se mostra adequado para a remoção de coloides e compostos orgânicos com alto peso molecular (PM), como a matéria orgânica natural (MON). Purifica soluções contendo matéria biológica e rejeita solutos.

O tamanho de partículas de proteínas é comumente caracterizado em termos de seu peso molecular e, por isso, torna-se usual sua utilização para verificar a capacidade da membrana de UF em reter proteínas com pesos moleculares conhecidos. O termo peso molecular de corte é utilizado para classificar as membranas de UF e define a proteína que será quase que totalmente retida pela membrana, classificando-se em função da porcentagem de remoção dos tipos de macromoléculas preestabelecidas. Sendo assim, a diferença básica entre MF e UF é que o poro de uma membrana de MF é dito de diâmetro absoluto, que está baseado em seu largo diâmetro em comparação com outros tipos de membrana; enquanto membranas de UF tem seus poros determinados em função de seu diâmetro nominal, baseando-se no PM de um soluto teste, cuja rejeição é de 90% ou mais (Silva, 2009).

No caso de membranas de NF e OR, os conceitos são diferentes, a separação ocorre não somente por barreira física, mas por potencial elétrico e por conceito de difusão, respectivamente.

Da mesma forma que a microfiltração, no processo de ultrafiltração também serão geradas duas correntes distintas, observando-se que o permeado terá uma melhor qualidade. Muitas das vantagens e desvantagens apresentadas para o processo de microfiltração também são válidas.

6.4.2.5 Nanofiltração – NF

As membranas da NF tem poros menores que as da UF, normalmente em torno de 1 nm, o que corresponde a compostos dissolvidos de peso molecular em torno de 300 G.mol-1. Essas membranas são adequadas para a remoção de compostos orgânicos menores, como, por exemplo, micropoluentes orgânicos e cor de algas subterrâneas e superficiais; degradação de produtos provenientes de ETEs; possuem cargas superficial com grupos ionizáveis, tais como grupos carboxílico ou ácido sulfônico que resultam em cargas superficiais na presença da solução de alimentação. O equilíbrio entre a carga da membrana e a da solução é caracterizado por um potencial elétrico que retém espécies iônicas. Este mecanismo permite a remoção de íons com tamanho de poro menor que do que o poro da membrana (Silva, 2009).

Comparando com a OR, são conhecidas como membranas densas sem poros predefinidos, com baixa permeabilidade, e a rejeição não é resultado da filtração mas, sim, do mecanismo de difusão de solução.

A Nanofiltração é utilizada quando a OR e a UF não são as melhores escolhas para separação. A NF pode atuar nas aplicações de separação, tais como: desmineralização, remoção de cores e desalinização. Em concentração de solutos orgânicos, sólidos em suspensão e íons polivalentes, o permeado contém íons monovalentes e soluções orgânicas de baixo peso molecular, tais como álcool (GEA Filtration, 2010).

→ Os sistemas de NF são capazes de remover compostos orgânicos com uma massa molecular variando entre 250 e 1000 g/mol e alguns sais, geralmente bivalentes, operando com uma pressão superior à utilizada no processo de UF.

→ Estes sistemas funcionam de forma adequada como abrandadores, sem apresentar os problemas de poluição associados aos processos convencionais, apresentando como vantagem adicional a possibilidade de remoção de compostos orgânicos.

Os sistemas de OR e NF são projetados de maneira que o concentrado do primeiro estágio alimenta o segundo estágio e assim sucessivamente. É possível através dessa composição aumentar a recuperação de água permeada. A Figura 6.57 ilustra um diagrama do conceito e um exemplo com os vasos dispostos, conforme ilustrado no diagrama operacional.

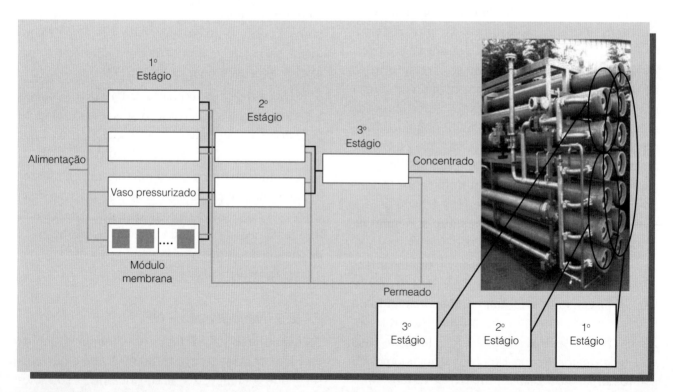

Figura 6.57 Esquema de uma configuração de nanofiltração. *Fonte:* Lautenschlager, 2006

6.4.2.6 Clarificação

A Ultrafiltração e a Clarificação são tecnologias concorrentes, já que conseguem remover sólidos suspensos na mesma faixa de tamanho.

A Clarificação é uma tecnologia utilizada para remover partículas coloidais, que conferem cor e turbidez à água. Este processo ocorre por meio da adição de produtos químicos para a oxidação da matéria orgânica, a desestabilização (coagulação) e o crescimento (floculação) das partículas coloidais, de forma a facilitar a sua separação posterior em tanque de sedimentação. Portanto, a clarificação é o conjunto de processos de oxidação, coagulação, floculação e sedimentação (Cetesb, 1978).

A presença de MO dissolvida pode prejudicar a eficiência do processo de coagulação e, consequentemente, a clarificação da água. A remoção destes compostos é realizada, normalmente, por meio de reação de oxidação com cloro ou ozônio. A coagulação é obtida através da adição de produtos químicos, normalmente sais de alumínio ou de ferro, em tanques de mistura rápida, favorecendo a reação com a água e formando uma série de íons hidratados. Esses coágulos, formados de íons complexos com cargas elétricas positivas, são adsorvidos pelas partículas coloidais em suspensão que, normalmente, possuem cargas elétricas negativas, formando "flocos", ou seja, promovendo a floculação destas partículas.

No processo de sedimentação, o tempo de detenção deve ser o suficiente para que as partículas floculadas se sedimentem e a água clarificada produzida permaneça dentro dos padrões específicos com relação à cor e a turbidez. As eficiências mínimas do processo de clarificação para remoção de cor e turbidez são de 90% e 80%, respectivamente.

6.4.3 Processos de remoção de compostos orgânicos

A remoção de compostos orgânicos de efluentes líquidos pode ser realizada através de oxidação, adsorção com carvão ativado, processos biológicos, destilação e extração. O processo de oxidação da matéria orgânica por processos biológicos já foi comentado no item 6.3.

A adsorção com carvão ativado é uma tecnologia bastante utilizada em sistemas de purificação de efluentes líquidos, devido à sua grande simplicidade e eficiência.

A ozonização é um dos processos mais utilizados atualmente, pois além de possuir alta eficiência de remoção de compostos orgânicos, com reduzida formação de subprodutos, é uma excelente técnica para eliminar microrganismos. A oxidação com oxigênio, com peróxido de hidrogênio e a catalítica são outros processos também utilizados, porém em menor escala.

6.4.3.1 Ozonização

A camada de ozônio é uma região da alta atmosfera que protege a terra filtrando os raios ultravioletas (UV) provenientes do sol e que são nocivos aos seres vivos de nosso planeta. O ozônio é um gás (O_3) que está presente em pequenas concentrações em toda a atmosfera, formando-se e destruindo-se através de processos não catalíticos.

Segundo Baird (2002), o ozônio está sendo constantemente formado na atmosfera, cuja velocidade depende da quantidade da luz UV e das concentrações dos átomos e das moléculas de O_2 a uma dada altitude:

$$O + O_2 \rightarrow O_3 + calor$$

Oxigênio atômico   Oxigênio diatômico   Ozônio

O ozônio é um alótropo triatômico do oxigênio (O_3) com coloração que varia de incolor a azul, a depender de sua concentração. É um gás instável nas condições normais de pressão e temperatura, que ocorre na natureza. Ele é um agente oxidante extremamente forte, seu poder de oxidação é 52% maior do que o do cloro e só é excedido pelo flúor. Em solução aquosa, é relativamente instável; seu tempo de vida médio é cerca de 165 minutos em água destilada a 20 °C, porém sua solubilidade é treze vezes maior do que a do oxigênio. A alta reatividade do ozônio faz com que ele seja adequado para o tratamento de água e efluentes líquidos e várias outras aplicações industriais, variando sua dosagem e tempo de contato (Martins, 1992).

Entre as principais vantagens da utilização do ozônio em relação a outros oxidantes que contêm cloro está sua maior eficiência na eliminação de vírus e bactérias e, principalmente, a não formação de compostos organoclorados, como os trihalometanos, que são mutagênicos e carcinogênicos.

O ozônio pode ser utilizado em diversas sínteses orgânicas, no branqueamento de celulose e em outras aplicações, além da clarificação das águas.

No tratamento de efluentes líquidos com ozônio, deve-se atentar para a temperatura máxima de operação, pois a taxa de decomposição de ozônio se torna elevada acima de 55 °C. Outro fator importante é o abaixamento do pH devido à geração de CO_2 durante a oxidação dos compostos orgânicos presentes nesses efluentes. O Quadro 6.12 apresenta as eficiências de remoção de diversos poluentes, através da oxidação com ozônio.

O ozônio é uma forma molecular do oxigênio, pouco estável e de odor característico. Possui potencial de oxidação igual a 2,08, perdendo apenas para o radical hidroxila que tem potencial de oxidação igual a 2,80 e o flúor com 3,06. A Tabela 6.7 apresenta a comparação do potencial de oxidação do ozônio com o de outros agentes oxidantes disponíveis. No entanto, muitos compostos orgânicos, como os organoclorados, reagem lentamente com o ozônio molecular. Contudo, em determinadas condições, o ozônio leva à formação de radicais hidroxilas (•OH), cujo potencial de oxidação é ainda mais elevado (E0 = 2,80V). Os processos que implicam na formação do radical hidroxila são denominados Processos Oxidativos Avançados (POAs) (Souza, 2009).

Como ocorre com o oxigênio, a solubilidade do ozônio depende da temperatura, da pressão parcial do ozônio na fase gasosa e em função do pH. Em comparação com o oxigênio, o ozônio em água é 13 vezes mais solúvel, e a solubilidade é progressivamente maior à medida que a água tem menor temperatura. A decomposição do ozônio é mais rápida mediante altas temperaturas da água. A maior vantagem é que o ozônio pode ser aplicado em estado gasoso e, portanto, não aumenta o volume da água residual e do lodo, além de o ozônio não ser afetado pela presença de amônia, da maneira como o cloro é.

Quadro 6.12 Eficiência de oxidação do ozônio

Parâmetros	Remoção (%)
Bactérias	> 99,9
Cor	56 – 65
DBO	30 – 50
Detergentes	60 – 80
DQO	40 – 60
Fenóis	> 99,9
Organismos patogênicos	99,9
Trihalometanos	10 – 98
Turbidez	60 – 67
Vírus	> 99,9
Zinco	> 46

Fonte: Mustafá, 1998

Tabela 6.7 Potencial de oxidação de vários agentes oxidantes

Agente oxidante	Potencial de oxidação (volts)	Poder relativo de oxidação[1]
Flúor	3,06	2,25
Radical Hidroxila	2,80	2,05
Oxigênio (atômico)	2,42	1,78
Ozônio	2,08	1,52
Peróxido de Hidrogênio	1,78	1,30
Permanganato de Potássio	1,70	1,25
Hipoclorito	1,49	1,10
Cloro	1,36	1,00
Dióxido de Cloro	1,27	0,93
Oxigênio (molecular)	1,23	0,90

[1] Baseado no cloro como referência (=1,00)

Fonte: Metcalf & Eddy (2003) *apud* Oenning, 2006

A alta toxicidade do ozônio ao ser humano torna extremamente perigosa sua aspiração direta. Entretanto, a ingestão indireta, através de água ozonizada, não representa perigo significativo ao ser humano, pois a meia-vida do ozônio dissolvido na água é relativamente curta.

Sem ativação e desde que o pH seja adequado, o ozônio pode estimular a formação de radicais. Para intensificar esta ação, pode-se combinar o ozônio com os processos oxidativos avançados (POAs). Alguns materiais que inicialmente eram resistentes à degradação podem ser transformados em componentes que podem ser tratados biologicamente com a aplicação dos POAs. Estes processos têm-se mostrado bastante eficazes no processo de descontaminação ambiental (Oenning, 2006).

O ozônio possui alguns inconvenientes, como ser quimicamente instável e se decompor em oxigênio muito rapidamente após sua geração. Por isso precisa ser gerado no local de uso.

Uma das desvantagens da ozonização é o curto tempo de meia-vida, tipicamente de 20 minutos. Este tempo pode ser reduzido ainda mais se a estabilidade for afetada pela presença de sais, pH e temperatura. Em condições alcalinas, a decomposição do ozônio é acelerada, e o monitoramento do pH do efluente é necessário.

Os residuais de ozônio podem ser severamente tóxicos à vida marinha, no entanto, devido ao ozônio dissipar-se rapidamente, seus residuais não são encontrados no efluente no momento do seu despejo no corpo receptor.

Pesquisas têm relatado que a ozonização pode produzir compostos mutagênicos tóxicos ou cancerígenos. Estes compostos são, no entanto, usualmente instáveis, e estão presentes apenas por questão de minutos na água ozonizada. O ozônio destrói certas substâncias orgânicas nocivas, tais como ácidos húmicos (precursores da formação de trihalometanos) e malation. O tratamento com ozônio também reduz a probabilidade de formação de trihalometanos. Se substâncias tóxicas secundárias são formadas durante a ozonização, isso depende da dose de ozônio, do tempo de contato e da natureza dos compostos precursores.

As reações do ozônio podem ou não ocorrer simultaneamente, dependendo das condições da reação e da composição química das substâncias dissolvidas na água. Os seguintes mecanismos de reação podem ocorrer (Souza, 2009):

- reação direta com compostos dissolvidos;
- decomposição em oxidantes secundários altamente reativos (2 •OH, •OH);
- formação de oxidantes secundários adicionais, a partir da reação do ozônio com outros solutos;
- subsequentes reações destes oxidantes secundários com solutos.

A purificação de água com ozônio para degradar compostos orgânicos tem sido amplamente desenvolvida devido a alguns motivos, como segue:

- Reatividade do ozônio é bastante forte para degradar de forma eficaz os compostos orgânicos.
- O ozônio pode ser facilmente gerado pelo uso de luz ultravioleta ou descarga elétrica.
- O ozônio pode ser facilmente convertido em O_2.
- A reação com ozônio pode ser combinada com outro método, para obter uma maior purificação da água.

Reage com uma numerosa classe de compostos orgânicos, devido, principalmente, ao seu elevado potencial de oxidação (E_0 = 2,08 V), superior ao de compostos reconhecidamente oxidantes, como H_2O_2 e o próprio cloro. No entanto, muitos compostos orgânicos, como os organoclorados, reagem lentamente com o ozônio molecular. Contudo, em determinadas condições, o ozônio leva à formação de radicais hidroxilas (•OH), cujo potencial de oxidação é ainda mais elevado (E^0 = 2,80V). Os processos que implicam na formação do radical hidroxila são denominados Processos Oxidativos Avançados (POAs). Ozônio e os processos oxidativos avançados (POAs), tais como O_3/UV, O_3/H_2O_2 O_3/ TiO_2, têm servido como alternativa para o tratamento de efluentes, mostrando-se bastante eficazes no processo de descontaminação ambiental (Souza, 2009).

O ozônio utilizado no tratamento de efluentes industriais reduz a DQO e destrói alguns compostos químicos, como fenóis e cianetos. É considerado eficiente na remoção de cor por oxidar matéria orgânica dissolvida e formas coloidais presentes nos corantes, restabelecendo a coloração natural do efluente. É eficiente na degradação de uma grande variedade de contaminantes. Podem-se destacar suas principais aplicações como sendo:

→ tratamento de água potável;

→ água de resfriamento;

→ efluentes industriais, com alto teor de orgânicos (indústria química e petroquímica, alimentícia, farmacêutica, celulose e papel, têxtil etc.);

→ redução de cor, odor, NOx;

→ água mineral (enxágue de desinfecção de reatores, tanques e garrafas);

→ processos de lavagem e desinfecção de frutas, verduras e carnes;

→ tratamento de lixívia e chorume;

→ uso em lavanderias industriais;

→ processos de branqueamento;

→ tratamento de efluentes domésticos e industriais;

→ limpeza de piscinas;

→ inativação de bactérias;

→ desinfecção de sistemas de lavagens de garrafas;

→ remoção de ferro e manganês do nível de traço;

→ degradação de microcontaminantes presentes em água potável;

→ degradação de efluentes agrícolas e de efluentes combinados urbanos e industriais;

→ degradação de contaminantes na fase líquida pós-tratamento de efluentes industriais orgânicos e/ou mistos;

→ eliminação de limo e depósitos em tubos, trocadores de calor e conexões;

→ processos de síntese;

→ oxidação de gases;

→ desinfecção de água fresca, água de processo e água de resfriamento;

→ descoloração, desodorização e desintoxicação de efluentes e melhoria de sua biodegradabilidade.

Como consequência dos efeitos das aplicações do ozônio pode-se ter a redução de DQO, DBO, COT, sabor, odor e trihalometanos (THMs). Dentro das aplicações citadas, a oxidação por ozônio tem vários efeitos:

→ oxidação da matéria orgânica, produzindo ozonidas e CO_2;

→ alvejamento e melhoria da cor;

→ redução de teores de ferro e manganês;

→ ação sobre ácidos húmicos, formando produtos biodegradáveis;

→ desintegração de fenóis;

→ remoção de certas substâncias orgânicas não biodegradáveis.

6.4.3.2 Carvão ativado

O carvão ativado é um material poroso, de origem natural, que possui grande área superficial interna (500 a 1.500 m^2/g) desenvolvida durante a ativação por técnicas de oxidação controlada. Todos os materiais que possuem alto percentual de carbono fixo podem ser ativados. O principal objetivo da ativação é a criação de uma estrutura interna altamente porosa necessária para a absorção. O processo de ativação é essencialmente uma oxidação controlada, conduzida em fornos especiais, onde a matéria-prima é submetida a uma carbonização em que a unidade e materiais voláteis são removidos através da elevação da temperatura (Morikawa, 1990).

Suas aplicações industriais baseiam-se no fenômeno da adsorção, tanto em fase líquida quanto em fase gasosa (tamanho e distribuição de poros e área superficial), e do adsorbado (concentração e tamanho molecular). A eficiência da adsorção é função da compatibilidade do tamanho das moléculas a serem adsorvidas e o tamanho dos poros, daí a importância da seleção apropriada do carvão a ser utilizado.

Uma das grandes aplicações do carvão ativado é o tratamento das águas potáveis e industriais e de efluentes líquidos. Os carvões pulverizados e granulados são empregados para a eliminação da cor, turbidez, odor, sabor, pesticidas e outros poluentes. São utilizados também para a decloração de águas com alto teor de cloro.

O Tabela 6.8 apresenta as eficiências de remoção de alguns compostos orgânicos, organoclorados e cloro pelos processos de adsorção com carvão ativado.

Tabela 6.8	Eficiência de adsorção do carvão ativado
Compostos	Adsorção (%)
Carbono orgânico total	72 a 82
Cloro	98
Clorofórmio	98,1
2-Cloronaftaleno	> 83
Hexaclorobutadieno	99,9
Hexaclorociclopentadieno	99,9
Hexacloroetano	99,8
Naftaleno	> 99,4
Tetracloreto de carbono	97,3
Tetracloroeteno	> 99,7
Tolueno	> 99,9

Fonte: Mustafá, 1998

O carvão ativado pode derivar de qualquer matéria-prima de origem carbonácea, podendo ser vegetal, mineral ou animal. Pode ser preparado em diferentes tamanhos e com diferentes capacidades de adsorção.

O Carvão Ativado em Pó (CAP) possui diâmetro típico de 0,074 mm (peneira 200), e o Carvão Ativado Granulado (CAG), diâmetro maior que 0,10 mm (peneira ≥140). As características dos carvões em pó e granulado são resumidas na Tabela 6.9 (Metcalf & Eddy, 2003).

Seu processo de produção consiste em duas etapas, sendo primeiramente a carbonização e posteriormente a ativação. A carbonização consiste em queimar a matéria-prima, sem oxigênio, podendo ser em fornos comuns ou mais modernos, como os rotativos. O processo de ativação pode ser físico, químico ou a combinação dos dois processos. A ativação consiste na oxidação do carvão obtido da primeira fase através de agentes oxidantes que, na presença do carbono do carvão, liberam CO e CO_2, desenvolvendo a estrutura de poros. Esta grande área interna é dividida entre os macroporos (25 >ηm), mesoporos (> 1ηm e < 25 ηm) e os microporos (< 1 ηm) (Metcalf & Eddy, 2003 *apud* Oenning, 2006).

Além de extrair cor, sabor, odores desagradáveis, matéria orgânica, compostos tóxicos e servir

Tabela 6.9	Característica do carvão em pó e granulado			
Parâmetro	Unidade	Tipo de carvão ativado[1]		
		CAP	CAG	
Área superficial total	m²/g	700-1300	800-1800	
Densidade de massa	kg/m³	400-500	360-740	
Densidade da partícula, molhada em água	kg/L	1,0-1,5	1,3-1,4	
Variação do tamanho da partícula	mm (ηm)	0,1-2,36	(5-50)	
Tamanho efetivo	mm	-0,6-0,9	–	
Coeficiente de uniformidade	CU	≤1,9	–	
Raio médio dos poros	Å	16-30	20-40	
Número de iodo	–	600-1100	800-1200	
Número de abrasão	Mínimo	75-85	70-80	
Cinzas	%	≤8	≤6	
Umidade quando embalado	%	2-8	3-10	

[1] Alguns valores específicos vão depender da matéria-prima usada na produção do carvão ativado.

Fonte: Metcalf & Eddy (2003).

de suporte para a biomassa (da água), o carvão ativado também pode ser usado no tratamento do ar e na adsorção de gases, no qual atua como filtro, adsorvendo contaminantes nocivos ao ar e adsorvendo gases através da condensação capilar, respectivamente. Também é aplicado em processos para melhoria da qualidade de produtos de vários segmentos industriais como o farmacêutico, químico, de alimentos e bebidas.

A **adsorção** ocorre com materiais do tipo sólido-sólido, gás-sólido, gás-líquido, líquido-líquido ou líquido-sólido.

No caso do carvão (sólido), depende de sua área superficial. Portanto, o uso do carvão no tratamento de água envolve a interface líquido-sólido.

Metcalf & Eddy (2003) descrevem o processo de adsorção, ilustrado na Figura 6.58, em quatro passos:

1. transporte pela massa líquida;
2. transporte por difusão no filme líquido;
3. transporte através do poro; e
4. adsorção.

Sendo que o transporte pela massa líquida envolve o movimento da matéria orgânica por essa grande massa até o limite do filme líquido fixo que envolve o adsorvente. O transporte é por difusão e a adsorção envolve a fixação do material a ser adsorvido. A adsorção pode ocorrer na superfície externa do adsorvente e em seus macroporos, mesoporos, microporos e submicroporos, apesar de a área dos macro e mesoporos serem muito pequenas, comparadas com as áreas dos micro e submicroporos. A adsorção ocorre em ambos os processos, físico e químico de acúmulo de substâncias, em uma interface entre as fases líquida e sólida.

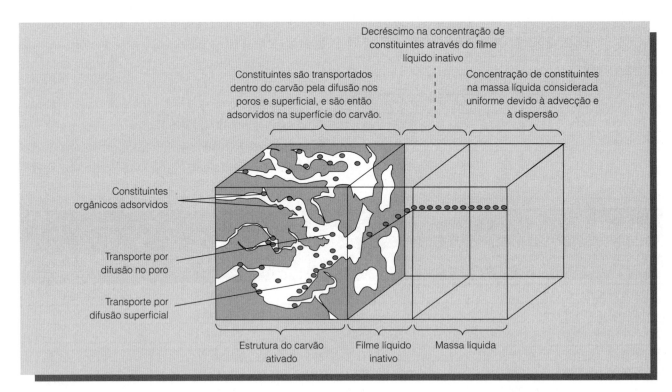

Figura 6.58 Esboço da definição de adsorção de constituintes orgânicos em carvão ativado. *Fonte:* Oenning, 2006

A adsorção física resulta da condensação molecular nos capilares do sólido. A adsorção química resulta da formação de uma camada monomolecular do contaminante adsorvido na superfície sólida do adsorvente.

Os fatores que afetam a adsorção incluem (Oenning, 2006):

→ as características físicas e químicas do adsorvente (área superficial, tamanho do poro, composição química etc.);

- as características físicas e químicas do material a ser adsorvido (tamanho molecular, polaridade molecular, composição química etc.);

- a concentração do material a ser adsorvido em meio líquido (solução);

- as características da fase líquida (pH, temperatura); e

- tempo de residência do sistema.

O custo-benefício da aplicação do carvão ativado está ligado à sua condição de regeneração e reativação, depois que sua capacidade de adsorção tenha se exaurido. O objetivo deste processo é a remoção do material adsorvido da estrutura porosa do carvão, ou seja, manutenção no sistema.

Sendo assim, pode-se dizer que a regeneração do carvão é o processo de recuperação do poder de adsorção gasto do carvão, sem reativação, podendo ser por (Metcalf & Eddy, 2003):

- oxidação química do material adsorvido;

- processo térmico;

- vapor para retirada de material adsorvido de dentro do carvão;

- solventes; e

- processos de conversão biológica.

Normalmente, uma parte da capacidade de adsorção do carvão, que fica em torno de 4 a 10%, é perdida durante o processo de regeneração. Essa porcentagem vai depender dos compostos adsorvidos e o método de regeneração usado.

A adsorção em carvão ativado é usada principalmente para remover compostos orgânicos de difícil tratamento, bem como quantias de compostos inorgânicos, tais como nitrogênio, sulfetos e metais pesados. A remoção de odor de efluentes é outra importante aplicação, essencialmente quando se trata de reúso. Ambos, carvão ativado em pó (CAP) e granulado (CAG), são usados e mostram ter uma baixa afinidade de adsorção para espécies orgânicas polares de baixo peso molecular.

Em termos de eficiência, tanto o CAP quanto o CAG são semelhantes. A diferença é que a aplicação do carvão em pó é limitada, cabendo apenas em situações atípicas, como problemas de odores ou remoção de contaminantes não característicos da instalação, ao passo que o CAG é aplicado, principalmente, em colunas estacionárias, através das quais o efluente flui (Mierzwa, 2005).

O tratamento com CAG (carvão ativado granulado) envolve a passagem do líquido a ser tratado através de um leito de carvão ativado que fica confinado em um reator. Diversos tipos de reatores são usados no tratamento avançado de efluente. Os sistemas típicos podem ser bombeados ou por gravidade, de fluxo descendente ou ascendente e ainda podem ser de unidades com leito fixo, contendo duas ou três colunas em série ou leito expandido de fluxo ascendente-contracorrente (Metcalf & Eddy, 2003 *apud* Oenning, 2006).

O uso de carvão ativado em pó (CAP) é uma forma alternativa ao uso do carvão ativado granulado. O CAP tem sido aplicado diretamente em vários tipos de efluentes de processos de tratamento biológico e no processo de fluxo de tratamentos físico-químicos. No caso de plantas de tratamento biológico, o CAP é adicionado ao efluente na bacia de contato. Após certo tempo de contato, o carvão está disponível para assentar no fundo do tanque, e a água tratada é então removida. Devido ao carvão ser muito fino, pode ser necessária a adição de um coagulante, como um polieletrólito, para ajudar na remoção das partículas de carvão, ou ainda filtração através de filtros rápidos de areia. A aplicação de CAP diretamente no tanque de aeração de lodos ativados permite uma efetiva remoção de compostos orgânicos persistentes. Nos processos de tratamento físico-químicos, o CAP é aplicado em conjunto com produtos químicos usados para precipitação de constituintes específicos (Metcalf & Eddy, 2003).

6.4.3.3 Stripping

Genericamente, pode-se dizer que o *stripping* consiste em passar a água com uma porcentagem pequena de um produto químico de menor peso molecular, por um leito de recheio inerte dentro de uma coluna, tubo capilar ou tanque preparado para este fim. Utiliza-se este processo quando a separação por outros métodos não é mais eficaz, como, por exemplo, o *stripping* de amônia de lixiviado, em aterro sanitário.

Pode-se aplicar esse processo em tratamento de águas subterrâneas através da injeção do ar, conhecido como embalado de torre de aeração. Tem sido considerado um dos mais confiáveis processos e de melhor tecnologia no tratamento da água para remoção de concentrações (baixa à moderada) de compostos orgânicos voláteis dissolvidos na água. Esta técnica é muito usada nos processos petroquímicos de separação de produtos e nos lixiviados.

Dentre os subprodutos advindos do processo de bioestabilização da matéria orgânica putrescível, o biogás e o lixiviado merecem atenção especial frente aos impactos que poderão gerar ao meio ambiente. O chorume é o líquido gerado pela massa de resíduos sólidos urbanos aterrados, que percola removendo materiais dissolvidos ou suspensos, contaminando o solo. Ainda conceitua-se lixiviado como sendo a mistura de compostos orgânicos e inorgânicos, nas suas formas dissolvidas e coloidais, formada durante a decomposição dos resíduos sólidos urbanos. Uma alternativa que pode ser utilizada para resolver esse problema é a aplicação do processo de *stripping* de amônia (Leite, 2010).

A tecnologia de *air strippers* consiste em particionar os compostos orgânicos voláteis, presentes em águas subterrâneas contaminadas, por meio do aumento da área de contato da água contaminada com o ar. Os métodos de aeração incluem *packed towers*, aeração por difusão, aeração por bandejas e por jateamento.

Uma das técnicas mais utilizadas para o tratamento do lixiviado é o *stripping* de amônia, que reduz significativamente a carga nitrogenada no lixiviado por meio da remoção da amônia por arraste de ar, para que, em seguida, seja possível viabilizar o tratamento biológico. A concentração de nitrogênio amoniacal presente no lixiviado engloba o nitrogênio na forma de gás (NH_3) e o nitrogênio na forma ionizada (NH_4+), o íon amônio. O equilíbrio estabelecido entre a forma ionizada e a forma não ionizada, depende do pH (Queiroz, 2008).

O princípio do *air stripper* é a transferência de massa dos contaminantes voláteis da água para o ar. Em projetos de remediação de águas subterrâneas, este processo é tipicamente realizado através de colunas de *stripping* ou de tanques de aeração. O modelo padrão de *air stripper* de coluna inclui um jato no topo da coluna para a distribuição da água contaminada sobre o material de enchimento (*packer*). Um ventilador força um fluxo de ar no sentido contrário ao escoamento da água, e a água descontaminada é armazenada num tanque na base da coluna (Figura 6.59). Equipamentos auxiliares podem ser adicionados ao *air stripper* padrão, incluindo: aquecedores de ar, para aumentar a eficiência da remoção de gases; sensores de nível no tanque de armazenamento de água, para automatização do sistema; de dispositivos de segurança, tais como medidores diferenciais de pressão; sensores de nível crítico, para o tanque d'água; componentes a prova de explosão; controladores de emissão de gases e sistemas de tratamento de gases, tais como unidade de carvão granulado ativado, oxidadores catalíticos ou catalisadores térmicos. *Air strippers* de torres com *packers* podem ser instalados tanto em bases fixas de concreto como em bases móveis tipo palete ou trailer (Negrão, 2010).

Já os tanques de aeração retiram os compostos voláteis por meio da introdução de bolhas de ar no tanque onde a água contaminada é armazenada. Um sistema de ventiladores e *manifolds* de distribuição das bolhas de ar é projetado para garantir um ótimo contato água-ar, de maneira que não seja necessário nenhum material de preenchimento (*packers*). As chicanas e as unidades múltiplas garantem um tempo de residência adequado, para que o fracionamento ocorra. Os tanques de aeração são tipicamente oferecidos em unidades de operação contínua. Uma das vantagens do tanque de aeração é a altura reduzida da unidade (menos de 2 m de altura), em comparação com os *strippers* de torre (5 a 12 metros de altura). Os *strippers* de coluna convencionais normalmente limitam as possibilidades de alterações da configuração do sistema quanto à adição ou remoção de câmaras ou bandejas. A emissão de gases dos tanques de aeração pode ser tratada pelas mesmas tecnologias disponíveis para os *strippers* de coluna (Negrão, 2010).

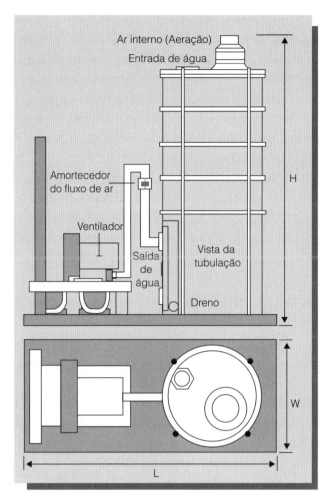

Figura 6.59 Coluna. *Fonte:* Adaptada de Negrão, 2010

A habilidade de poder modificar as configurações dos sistemas de *air strippers* aumenta significantemente a eficiência de remoção dos gases. Uma das mais recentes inovações são os chamados *Low Profile Air Strippers* (tamanho reduzido). Essas unidades acomodam várias bandejas numa única câmara de tamanho reduzido, de maneira a maximizar a área de contato ar-água, além de reduzir o espaço ocupado pelo *stripper*. Devido ao seu tamanho reduzido, essas unidades tem sido utilizadas amplamente em projetos de remediação de águas subterrâneas (Figura 6.60).

Os *air strippers* podem ser operados de maneira contínua, ou de maneira intermitente, na qual a unidade é alimentada em ciclos através de um tanque de armazenamento. A operação intermitente proporciona uma performance mais consistente do *air stripper* do que a operação contínua, além de consumir menos energia. Esta melhor performance deve-se ao fato de que a mistura da água no tanque de armazenamento elimina qualquer inconsistência na introdução da água na unidade.

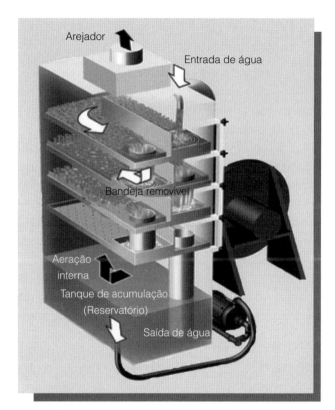

Figura 6.60 Tanque de aeração. *Fonte:* Adaptada de Negrão, 2010

O tempo necessário de operação de um sistema de remediação com *air strippers* depende da captura de toda a pluma presente na água subterrânea, o que pode chegar a dezenas de anos.

Os seguintes fatores podem limitar a aplicabilidade e eficiência do processo:

↪ Potencial para existência de compostos orgânicos (ex: ferro acima de 5 ppm, dureza acima de 800 ppm) ou incrustações de matérias biológicas no equipamento, exigindo pré-tratamento ou limpeza periódica do sistema.

↪ Eficiente somente para água contaminada por compostos orgânicos voláteis (VOC) ou semivoláteis (SVOC) com constantes de Henry maiores que 0.01.

↪ Deve-se considerar a quantidade e tipo de material de preenchimento (*packer*) que deve ser usado na torre.

↪ Custos com energia para operar o sistema são tipicamente elevados.

↪ Compostos de baixa volatilidade à temperatura ambiente podem exigir preaquecimento da água subterrânea.

→ Emissão de gases pode exigir tratamento, dependendo das taxas de emissão.

Em torres convencionais de 4,5 a 6 m de altura, operando com compostos indicados para fracionamento por *air stripping*, as taxas de remoção podem chegar à ordem de 99%. A eficiência de remoção pode ser melhorada com a adição de mais unidades de *stripping* em série com a primeira, aquecendo-se a água contaminada, ou mudando-se a configuração do material de enchimento. Unidades térmicas para tratar as emissões de gases de um *air stripper* podem ser utilizadas como uma fonte de calor. A performance dos tanques de aeração pode ser aumentada com a adição de mais câmaras ou bandejas, ou ainda através do aumento da vazão de ar, dependendo do tamanho do tanque.

O maior problema verificado nos *air strippers* de torre (*packed towers*) é a incrustação do material de enchimento, o que causa a redução na vazão do ar. A incrustação é causada pela oxidação de minerais contidos na água subterrânea, tais como ferro, magnésio, precipitação de cálcio, ou pelo crescimento de materiais biológicos no material de enchimento.

6.4.4 Processos de desinfecção

A desinfecção é o processo em que se usa um agente químico ou físico, com o objetivo principal de eliminar microrganismos patogênicos presentes na água, incluindo bactérias, protozoários e vírus, além de algas. Estes agentes provocam a destruição da estrutura celular, interferem no metabolismo, inativam enzimas, interferem na biossíntese e no crescimento celular, bloqueando a síntese de proteínas, ácidos nucleicos e coenzimas (Borges e Guimarães, 2000 *apud* Oliveira 2003).

A desinfecção das águas residuárias tratadas é necessária para se obter um controle epidemiológico, uma vez que essas águas abrigam comunidades biológicas, sendo alguns desses microrganismos responsáveis por problemas de saúde pública.

O Quadro 6.13 mostra algumas das doenças causadas por bactérias, vírus ou protozoários que podem ser transmitidas pela água.

Sem dúvida, o cloro é o desinfetante mais comumente utilizado no tratamento de água potável, assim como na desinfecção das águas residuárias. No caso de efluentes com a presença acentuada de substâncias orgânicas, pode vir a formar subprodutos potencialmente tóxicos, por exemplo, a formação de trihalometanos (THMs).

Segundo Nuvolari (2003), estão sendo discutidos outros métodos alternativos de desinfecção baseados em outras substâncias químicas ou efei-

Quadro 6.13 Exemplos de doenças que podem ser transmitidas pela água

Agente causador	Doença	Habitat
Salmonella typhosa	Febre tifoide	Fezes e urina do portador ou do doente
Shigella flexneri Sh. dysenteriase	Disenteria bacilar	Líquidos intestinais de portadores e pessoas infectadas
Vibrio comma V. cholerae	Cólera	Líquidos intestinais e vômitos de pessoas infectadas
Leptospira Icterohemorrhagiae	Leptospirose	Urina e fezes de rato, suíno, cão, gato, camundongo, raposa, ovelha
Enteropathogenic E.Coli	Gastroenterite	Fezes do portador
Enterovírus: Polivírus e Echovirus	Paralisia muscular; meningite; doenças respiratórias; diarreia; hepatite, entre outras.	Doenças causadas por enterovírus humanos e que podem ser transmitidas pela água
Ascaris lumbricoides (lombriga); cryptosporidium muris e parvum; Entamoeba histolytica; Giardia lambia; Taenia saginata	Ascaridíase; criptosporidiose; amebíase; giardiase; teníase	Doenças causadas por parasitas e que podem ser transmitidas pela água

Fonte: Adaptado de Nuvolari, 2003

tos físicos, como, por exemplo, o ozônio, o ácido peracético, H_2O_2, compostos de bromo, UV etc. A maioria dos desinfetantes químicos são fortes oxidantes e/ou geram subprodutos.

O Quadro 6.14 mostra a comparação entre alguns agentes desinfetantes.

O princípio dos Processos Oxidativos Avançados (POA) consiste na geração de radicais livres hidroxila (OH), agentes altamente oxidantes, gerados em reações fotocatalisadas ou quimicamente catalisadas, capazes de mineralizar poluentes orgânicos a formas não tóxicas, como CO_2 e H_2O (Suri et al., 1993).

Quadro 6.14 Agentes desinfetantes com suas formas de aplicação e características

Agente desinfetante	Aplicação	Características
Cloro	Quando aplicado para desinfecção, é usado numa das três formas: gás; hipoclorito de sódio ou hipoclorito de cálcio.	→ Inativação eficaz de uma grande variedade de patogênicos comumente encontrados nas águas → Deixa um residual na água e é facilmente medido e controlado → É econômico → Pode gerar subprodutos tóxicos
Ozônio	Gás instável, incolor e com forte odor. Por possuir alto potencial de oxidação, é considerado um poderoso bactericida e virucida, exigindo um tempo de contato pequeno. Sua taxa de decomposição é uma função complexa de temperatura, pH, concentração de solutos orgânicos e componentes inorgânicos.	→ Por ser um gás instável, deve ser gerado no local → Altamente corrosivo e tóxico → Capaz de oxidar muitas combinações orgânicas e inorgânicas presentes nas águas → Pouco solúvel em água (12 x menos que o cloro) → Decompõe-se espontaneamente → Na presença de muitos compostos químicos comuns às águas residuárias, sua decomposição forma radicais livres de hidroxila
Dióxido de Cloro (ClO_2)	O dióxido de cloro é uma combinação neutra de cloro no estado de oxidação +IV, Poderoso desinfetante por oxidação, porém não clora. Possui molécula volátil e altamente energética, sendo um radical livre quando diluído em soluções aquosas.	→ Em altas concentrações age violentamente como agente redutor → É estável em solução diluída em recipientes fechados → Alta solubilidade na água (10 x mais que o cloro) → Produto extremamente volátil → Alguns estudos comparativos mostram que o ClO_2 é um desinfetante mais efetivo que o cloro e menos efetivo que o ozônio → Na presença de muitos compostos químicos comuns às águas residuárias, sua decomposição forma radicais livres de hidroxila
Permanganato de potássio ($KMnO_4$)	Usados principalmente para controlar gostos e odores, remover cor, controle de crescimento biológico em estações de tratamento, e remover ferro e manganês.	→ Pode ser útil no controle de THM e outros subprodutos da desinfecção → Embora apresente grande potencial oxidante, é considerado um desinfetante pobre → Altamente reativo sob as condições encontradas nos processos de tratamento de água → Oxida uma larga variedade de substâncias orgânicas e inorgânicas → Não é desejável manter um residual, pois causa coloração rosa na água
Radiação ultravioleta (UV)	A radiação ultravioleta provoca a inativação de microrganismos através da adsorção da luz, causando uma reação fotoquímica, alterando componentes moleculares essenciais, resultando em danos ou morte.	→ Com dosagens suficientes de UV, qualquer grau de desinfecção pode ser conseguido → É comum ser aplicado junto com o ozônio, de forma a aumentar a eficiência e controlar doses → A irradiação UV rapidamente se dissipa na água → A produção de UV exige eletricidade para as lâmpadas → Compostos orgânicos e inorgânicos dissolvidos podem diminuir sua eficiência de desinfecção

Fonte: Adaptado de Nuvolari, 2003

A grande vantagem dos POAs é que durante o tratamento os poluentes são destruídos e não apenas transferidos de uma fase para outra, como ocorre em alguns tratamentos convencionais. Isso os coloca como uma alternativa promissora para o tratamento de efluentes.

Os Processos Oxidativos Avançados (POA), têm servido de alternativas para tratamento de compostos orgânicos recalcitrantes. Os POAs são baseados na geração do radical hidroxila (OH), que tem alto poder oxidante e pode promover a degradação de vários compostos poluentes em poucos minutos.

Os POAs apresentam uma série de vantagens, podendo-se citar (Tambosi, 2008):

- Mineralizam o poluente e não somente transferem-no de fase.
- São muito usados para a degradação de compostos refratários, transformando-os em compostos biodegradáveis.
- Podem ser usados combinados com outros processos (pré e pós-tratamento);
- Têm forte poder oxidante, com rápida cinética de reação.
- São capazes de mineralizar os contaminantes e não formar subprodutos, se quantidades adequadas de oxidante forem utilizadas.
- Geralmente melhoram as propriedades organolépticas da água tratada.
- Em muitos casos, consomem menos energia, acarretando menor custo.
- Possibilitam tratamento *in situ*.

Vários processos de produção do radical hidroxila têm sido estudados, geralmente utilizando ozônio, peróxido de hidrogênio, fotocatálise e o Reagente de Fenton.

Também a natureza do líquido submetido à desinfecção deve ser avaliada criteriosamente. Por exemplo, os materiais orgânicos presentes reagem com a maioria dos agentes oxidantes e reduzem a sua eficiência. Há muitos fatores que influenciam na eficiência da desinfecção, destacando-se as características físicas, químicas e biológicas da água a ser desinfetada, o tipo e dosagem do desinfetante e o tempo de contato. Portanto, para cada tipo de efluente, há um agente que melhor se adapta para o seu tratamento. O Quadro 6.15 mostra como e quando cada uma das principais alternativas de desinfecção poderão ser usadas. Alguns fatores são importantes e devem ser levados em consideração na escolha do tipo de desinfetante a ser usado. No Quadro 6.16 pode-se observar alguns fatores que afetam a sua ação. E o Quadro 6.17 faz algumas comparações entre diferentes processos de desinfecção, permitindo uma avaliação técnica e econômica de cada processo (Oliveira, 2003).

6.4.4.1 Ozônio – O_3

O ozônio é um gás incolor de odor pungente e com alto poder oxidante (E0 = 2,10 V). Ele é a forma triatômica do oxigênio e, em fase aquosa, ele se decompõe rapidamente a oxigênio e espécies radicalares. O ozônio tem sido estudado há muitos anos e tem tido ampla utilização, pois é eficiente na degradação de uma grande variedade de poluentes, como os micropoluentes presentes em fontes de água potável. Dependendo da qualidade do meio em que se encontra, o tempo de meia-vida do ozônio varia de alguns segundos até horas. A estabilidade do ozônio no meio depende de diversos fatores, dentre eles, o pH merece especial atenção, uma vez que os íons hidroxila iniciam o processo de decomposição do ozônio, como mostrado nas equações (Tambosi, 2008).

Pode ser usado: como pré-tratamento, oxidação e desinfecção para água potável; na degradação de poluentes na fase líquida, como na remoção de odores em fase gasosa; degradação de compostos farmacêuticos; entre outros.

O ozônio, por ser um oxidante enérgico, é muito utilizado em processos de degradação de compostos orgânicos, entre eles os organoclorados. Ele pode reagir via dois mecanismos: reação direta (eletrofílica ou por cicloadição) e reação indireta, através do radical livre hidroxila (•OH) formado pela decomposição do ozônio:

$$O_3 + OH^- \rightarrow O_2^- + HO_2^-$$
$$O_3 + HO_2^- \rightarrow 2O_2 + \bullet OH$$

Quadro 6.15 Aplicabilidade das principais alternativas de desinfecção

Parâmetro	Cloração com Cl$_2$	Cloração e Descloração	Dióxido de Cloro	Ozônio	Ultravioleta
Tamanho da estação	Todos os tamanhos	Todos os tamanhos	Pequeno a médio	Médio a grande	Pequeno a médio
Nível de tratamento	Todos os níveis	Todos os níveis	Secundário	Secundário	Secundário
Confiabilidade dos equipamentos	Boa	Razoável a boa	Razoável a boa	Razoável a boa	Razoável a boa
Controle do processo	Bem desenvolvido	Razoável a bem desenvolvido	Razoável a bem desenvolvido	Razoável a bem desenvolvido	Razoável a bem desenvolvido
Complexidade relativa da tecnologia	Simples a moderada	Moderada	Moderada	Complexa	Simples a moderada
Preocupação com segurança	Alta	Alta	Alta	Alta	Moderada
Efeito bactericida	Bom	Bom	Bom	Bom	Bom
Efeito virucida	Ruim	Ruim	Bom	Bom	Bom
Toxicidade para os peixes	Tóxico	Não tóxico	Tóxico	Não esperada	Não tóxico
Subprodutos prejudiciais	Sim	Sim	Sim	Não esperados	Não
Persistência do residual	Longa	Não	Moderada	Não	Não
Tempo de contato	Longo	Longo	Moderado a longo	Moderado	Curto
Contribuição para oxigênio dissolvido	Não	Não	Não	Sim	Não
Reação com amônia	Sim	Sim	Não	Sim (com pH elevado)	Não
Remoção de cor	Moderada	Moderada	Sim	Sim	Não
Aumento de sólidos dissolvidos	Sim	Sim	Sim	Não	Não
Dependência do pH	Sim	Sim	Não	Pequena (pH elevado)	Não
Sensível a operação e manutenção	Mínima	Moderada	Moderada	Elevada	Moderada
Corrosivo	Sim	Sim	Sim	Sim	Não

Fonte: Oliveira, 2003

Quadro 6.16 Fatores que afetam a ação dos desinfetantes

Fator	Ação
Mistura inicial	É um passo crítico para a desinfecção com produtos químicos. O desinfetante deve ser disperso em toda massa líquida. Se a mistura alicada for prolongada, o desinfetante pode reagir com compostos presentes no efluente, os quais podem reduzir a eficiência.
Tempo de contato	Tempo durante o qual os organismos no fluido são expostos diretamente ao agente químico ou intensidade (UV).
Concentração e tipo de agente químico ou intensidade e natureza do agente físico	Dose = Concentração x tempo de contato com o agente químico Dose = intensidade x tempo de exposição
Temperatura	Afeta a reatividade e a constante de ionização do agente químico.
Número de organismos	Importantes no desenvolvimento da cinética de desinfecção. Organismos livres nadantes são menos importantes que microrganismos protegidos em partículas ou bactérias aglomeradas.
Tipo de organismo	Diferentes organismos têm resistência variável a diferentes agentes desinfetantes.
Tipo de organismo	Influencia significante na eficiência do agente desinfetante. Compostos na água podem reagir com desinfetantes químicos ou absorver energia. (UV)

Fonte: Oliveira, 2003

Quadro 6.17 Comparação de características técnico-econômicas de algumas tecnologias de desinfecção

Características /critério	Cloração / descloração	Ultravioleta	Ozônio	Microfiltração	Ultrafiltração
Segurança	+	+++	++	+++	+++
Remoção de bactérias	++	++	++	+++	+++
Remoção de vírus	+	+	++	+	+++
Residual tóxico	+++	-	+	-	-
Custos operacionais	+	+	++	+++	+++
Custos de investimento	++	++	+++	+++	+++
– nenhum, + baixo, ++ médio, +++ alto.					

Fonte: Oliveira, 2003

A reação indireta é muito mais eficiente porque o potencial de oxidação do radical hidroxila ($E° = +3,06$ V) é mais elevado que o do ozônio molecular ($E° = +2,07$ V), promovendo uma oxidação mais enérgica. As reações com ozônio molecular tendem a ser seletivas (ataque a centros nucleofílicos), enquanto os radicais hidroxila, como a maioria das reações radicalares, não reagem seletivamente. Dessa forma, o emprego do ozônio por via indireta é muito mais versátil (Freire, 2010).

Na presença de radiação ultravioleta (UV), o ozônio também pode formar o radical hidroxila:

$$O_3 + H_2O \xrightarrow{h\nu} H_2O_2 + O_2$$
$$H_2O_2 \xrightarrow{h\nu} 2 \bullet OH$$

Segundo Freire (2010), existem várias formas de se adquirir o radical hidroxila:

→ Pode ser obtido a partir de uma mistura de ozônio e peróxido de hidrogênio, na ausência (O_3/H_2O_2) ou presença de radiação ultravioleta ($O_3/H_2O_2/UV$), ou simplesmente utilizando-se um meio fortemente alcalino (O_3/pH elevado).

→ Utilizando-se peróxido de hidrogênio e radiação UV, também verifica-se a geração de radicais hidroxila e a decomposição de vários poluentes orgânicos. A equação geral abaixo, exemplifica a formação do radical hidroxila.

$$H_2O_2 + h\nu \rightarrow 2 \bullet OH$$

→ Outra maneira de produzir radicais hidroxilas é a partir de uma mistura de peróxido de hidrogênio e sais ferrosos. Usualmente, esta mistura é conhecida por "Reagente de Fenton", por ter sido Fenton quem observou esta reação pela primeira vez. Este processo tem vantagens significativas sobre outros métodos de oxidação como H_2O_2/UV, O_3/UV e H_2O_2/Fe^{2+}, principalmente quando empregado em valores baixos de pH. No entanto, a necessidade de um processo adicional para separar precipitados coloidais de hidróxido férrico e a necessidade de operar em baixos valores de pH, limitam bastante a sua aplicabilidade.

$$Fe^{2+} + H_2O_2 \rightarrow Fe^{3+} + \bullet OH + OH^-$$

A decomposição do ozônio pode ser acelerada pelo aumento do pH ou pela adição de peróxido de hidrogênio. Dessa maneira, a oxidação de compostos orgânicos e inorgânicos durante a ozonização pode ocorrer via ozônio molecular (reação direta – predominante em meio ácido) ou radical hidroxila (reação indireta – predominante em meio alcalino), embora, na prática, haja contribuição dos dois mecanismos. A reação direta (ataque eletrofílico pelo ozônio molecular) é atribuída a compostos que contêm ligações do tipo C=C, grupos funcionais específicos (OH, CH_3, OCH_3) e átomos que apresentam densidade de carga negativa (N, P, O e S). A reação indireta é não seletiva, sendo capaz de promover um ataque a compostos orgânicos 106-109 vezes mais rápido que conhecidos agentes oxidantes, como o H_2O_2 e o próprio O_3 (Tambosi, 2008).

6.4.4.2 Cloro

Devido ao baixo custo e também pela praticidade de aplicação, o cloro tornou-se o principal desinfetante utilizado, tanto em águas de abastecimento quanto de esgotos sanitários. Quando se começou a utilizar o cloro, a necessidade básica era impedir a transmissão de doenças de veiculação hídrica. Atualmente, a preocupação não se restringe ao risco de contaminação por patogênicos mas também à possibilidade de ocorrência de subprodutos da desinfecção que podem ser prejudiciais à saúde humana. A utilização do cloro na desinfecção de efluentes, embora bastante difundida, pode gerar subprodutos tóxicos e cancerígenos, como os trihalometanos, ácidos haloacéticos e compostos halogênicos orgânicos dissolvidos. O residual de cloro, mesmo em baixa concentração, tem efeito tóxico à vida aquática (Oliveira, 2003).

O cloro na forma de gás de hipoclorito de sódio ou hipoclorito de cálcio é o desinfetante mais disseminado no Brasil e na maioria dos países. Quando aplicado à água, possibilita a manutenção de um residual, que é importante para garantir a qualidade da água desde a saída da ETA até a chegada ao consumidor. Para o esgoto o residual deixa de ser interessante, pois é tóxico à biota do corpo receptor ou aos organismos quando reusado para piscicultura. Se aplicado em irrigação pode não afetar o solo e os vegetais.

Uma cloração efetiva pode ser alcançada associando-se as características do reator de contato com estratégias de controle do processo. Tipicamente, utiliza-se na desinfecção de efluentes domésticos tratados uma dosagem de cloro de 5-20 mg/L e um tempo de contato de 30-60 minutos. Altas doses são necessárias para efluentes de baixa qualidade (Lazarova *et al.*, 1999).

Os principais compostos à base de cloro utilizados na desinfecção são: o cloro, na sua forma gasosa, o hipoclorito, e o dióxido de cloro. Os mecanismos fundamentais de atuação do cloro e os problemas advindos de sua utilização na desinfecção de esgotos podem estar relacionados, em muitos casos, às propriedades físicas do agente desinfetante e às reações químicas com outros constituintes que eventualmente estejam presentes nos esgotos.

O cloro molecular (Cl_2) é um gás de densidade maior que o ar à temperatura e à pressão ambientes. Quando comprimido a pressões superiores a sua pressão de vapor, o cloro se condensa em um líquido, com a consequente liberação de calor e redução de volume em cerca de 450 vezes. Essa é a razão pela qual o transporte comercial de cloro é usualmente feito em cilindros pressurizados, que possibilitam uma substancial redução do volume. No entanto, quando se necessita fazer a aplicação do cloro na forma gasosa, muitas vezes torna-se necessário suprir energia térmica para vaporizar o cloro líquido comprimido. Algumas das principais características físicas do cloro estão na Tabela 6.10 (Oliveira, 2003).

Dentre as várias vantagens da cloração da água e esgoto, podem-se citar:

- remoção da cor;
- remoção de odor;
- efetivo biocida;
- método de desinfecção fácil e barato;
- método mais utilizado e mais conhecido;
- relativamente segura a utilização na forma de hipoclorito de cálcio e sódio.

Dentre as desvantagens, destacam-se:

- potencialidade de formação de subprodutos;
- baixa inativação de esporos, cistos, alguns vírus, utilizando-se as dosagens recomendadas para remoção de coliformes fecais;
- se necessária, a descloração pode aumentar os custos entre 20 e 30%;
- o cloro gasoso é perigoso e corrosivo;
- o hipoclorito de sódio degrada com o tempo e com exposição à luz;
- a cloração é menos efetiva com pH elevado.

O cloro tem a possibilidade de geração de subprodutos. Durante a cloração com cloro livre,

Tabela 6.10 Propriedades físicas do cloro		
Propriedade	Cloro líquido	Cloro gasoso
Afinidade pela água	Pequena	Pequena
Ponto de ebulição (a 1 atm)	–34,05 °C	–
Cor	Âmbar claro	Amarelo acinzentado
Corrosividade	Extremamente corrosivo ao aço, na presença de pequena quantidade de umidade	Extremamente corrosivo ao aço, na presença de pequena quantidade de umidade.
Densidade	1422 Kg/m³ (a 16 °C)	3,2 Kg/m³ (a 1,1 °C e 1atm)
Limites de explosão (no ar)	Não explosivo	Não explosivo
Inflamabilidade	Não inflamável	Não inflamável
Odor	Penetrante e irritante	Penetrante e irritante
Solubilidade	–	Abaixo de 9,6 °C
Gravidade específica (em relação à água a 4 °C)	1,468	–
Viscosidade	0,0385 centipoise (a 0 °C)	167,9 micropoise (a 100 °C)

Fonte: Oliveira, 2003

o cloro molecular, em meio aquoso, forma o ácido hipocloroso, HOCl. Uma parte desse ácido formado se dissocia para formar o ânion hipoclorito (OCl-) e o íon hidrogênio (H+). Portanto, a extensão desta reação depende do pH do meio. Se o ânion brometo estiver presente durante o processo de desinfecção é oxidado a ácido hipobromoso (HBrO). Os ácidos hipocloroso e hipobromoso reagem com material orgânico, de ocorrência natural (MON) em água, para formar subprodutos, dentre os quais os trihalometanos (THMs). As quatro principais espécies de trihalometanos formadas são: clorofórmio ($CHCl_3$), bromodiclorometano ($CHBrCl_2$), dibromoclorometano ($CHBr_2Cl$) e o tribromometano ($CHBr_3$). A soma da concentração desses compostos é denominada TTHM – trihalometanos totais. (Borges e Guimarães, 2000).

6.4.4.3 Dióxido de cloro (ClO$_2$)

O dióxido de cloro (ClO$_2$) tem sido utilizado na pré-oxidação e desinfecção da água para consumo humano, em alternativa ao cloro (Cl$_2$).

Na maioria dos países ainda predomina a utilização da cloração como método de desinfecção. No entanto, devido à problemática dos subprodutos clorados, vem-se buscando uma solução com outros oxidantes, como, por exemplo, o ozono ou o dióxido de cloro na fase de pré-oxidação, de forma a diminuir o tipo e quantidade de subprodutos clorados formados.

O ClO$_2$, à temperatura ambiente, é um gás verde-amarelado e se parece com o cloro na aparência e no odor. No estado gasoso, é altamente instável e pode tornar-se explosivo se sua concentração no ar for superior a 10% em volume. Os principais compostos de cloro usados em plantas de tratamento de efluentes são o cloro elementar (Cl$_2$), o hipoclorito de sódio (NaOCl), o hipoclorito de cálcio [Ca(OCl)$_2$], e o ClO$_2$. Apesar do cloro estar ligado à desinfecção do efluente, o dióxido de cloro também está sendo usado como oxidante em tratamentos avançados. No passado, o ClO$_2$ não possuía muita aplicação em tratamento de efluentes devido ao seu alto custo (Oenning, 2006).

O dióxido de cloro pode ser usado como agente oxidante e também como agente desinfectante, porém sua aplicação tem levantado algumas dúvidas relacionadas com o fato de, durante a sua produção e após o contato com a água, dar origem a subprodutos, nomeadamente, cloritos e cloratos, os quais podem ser nocivos para a saúde humana.

A ação do dióxido de cloro como agente desinfectante é particularmente eficaz na erradicação da *Giardia* e de um elevado número de vírus. Este reagente tem sido reconhecido como o mais eficaz na inativação de bactérias e do *Cryptosporidium*, num intervalo grande de valores de pH, quando comparado com os valores obtidos com o cloro gasoso. No entanto, as doses de dióxido de cloro necessárias para a ação virucida podem ser de alguma forma condicionadas devido à formação excessiva do íon clorito. Nas águas superficiais, a capacidade do dióxido de cloro para inativar a maioria dos vírus presentes neste tipo de águas é comparável à do cloro (Simões, 2004).

O dióxido de cloro também permite controlar a formação dos compostos responsáveis pelo sabor e odor na água, tal como os clorofenóis, e oxida de forma eficaz os respectivos compostos precursores. É também particularmente eficaz na eliminação do ferro e do manganês que se encontram dissolvidos na água, sobretudo em águas subterrâneas.

Ao contrário do cloro gasoso, o dióxido de cloro não reage com a matéria orgânica presente na água, nem com diversos compostos orgânicos e não origina subprodutos clorados, como os trihalometanos (THM). Por essa razão, o dióxido de cloro pode ser uma boa alternativa ao cloro gasoso quando se pretende diminuir o nível de trihalometanos numa água para consumo humano. Outra vantagem do dióxido de cloro é não oxidar o íon brometo a bromato ou a ácido hipobromoso, compostos que podem reagir com a matéria orgânica originando subprodutos bromados.

Regra geral, são atribuídas ao dióxido de cloro as seguintes vantagens (Almeida, 2010):

→ O dióxido de cloro é mais eficaz que o cloro e que as cloraminas na inativação dos vírus e dos protozoários, como o *Cryptosporidium* e a *Giardia*.

→ O dióxido de cloro oxida o ferro, o manganês e os sulfuretos.

→ O dióxido de cloro pode facilitar o processo de clarificação.

→ O sabor e cheiro resultantes da degradação das algas, da matéria vegetal e dos compostos fenólicos são controlados através da utilização do dióxido de cloro.

→ Sob condições controladas de produção (*i.e.*, sem excesso de cloro), não se formam os subprodutos da desinfecção halogenados (por exemplo, trihalometanos).

→ A produção do dióxido de cloro é fácil.

→ As propriedades biocidas não são influenciadas pelo pH da água.

→ O dióxido de cloro garante uma ação desinfectante residual.

Por outro lado, são atribuídas as seguintes desvantagens:

→ O dióxido de cloro forma subprodutos da desinfecção específicos, nomeadamente, cloritos e cloratos.

→ A eficiência do gerador do dióxido de cloro e a dificuldade na sua otimização podem conduzir a um excesso de cloro, o qual pode ser aplicado à água e formar subprodutos de desinfecção halogenados.

→ Os custos associados com a formação, a amostragem e os testes de monitorização do clorito e clorato são elevados.

→ O dióxido de cloro não pode ser comprimido ou armazenado comercialmente como um gás, porque é explosivo sob pressão. Dessa forma, ele nunca é expedido ou comercializado na forma gasosa, devendo ser gerado *in loco*.

→ O custo da sua produção é elevado, quer em termos de instalação, quer de pessoal e manutenção.

→ O dióxido de cloro é fotossensível.

→ Em alguns sistemas pode dar origem à formação de cheiros desagradáveis.

Segundo Oenning (2006), os impactos do dióxido de cloro são minimizados no meio ambiente em consequência de:

→ O dióxido de cloro ser um composto muito reativo e se degradar rapidamente no ambiente.

→ No ar, a luz solar degrada rapidamente o dióxido de cloro a cloro gasoso e oxigênio.

→ Na água, o dióxido de cloro rapidamente forma clorito.

→ O clorito na água pode passar para a água subterrânea, ainda que reações com o solo e sedimentos possam reduzir a quantidade de clorito que alcança as águas subterrâneas.

→ Nem o dióxido de cloro nem o clorito se acumulam na cadeia alimentar.

O conhecimento das propriedades e reações do dióxido de cloro, assim como os avanços nas tecnologias de produção e purificação do dióxido de cloro, têm aumentado a eficiência de sua produção, minimizando o tipo e número de subprodutos formados.

A fase do tratamento em que se deve aplicar o dióxido de cloro depende da qualidade da água bruta, do tipo de tratamento utilizado na estação de tratamento e de outros objetivos relacionados com a aplicação do dióxido de cloro. Nas estações de tratamento convencionais, recomenda-se a sua utilização próximo do fim do tratamento ou a seguir às bacias de sedimentação. Se a água bruta estiver com turbidez baixa, inferior a 10 UNT (Unidades Nefelométricas de Turvação), ele pode ser adicionado no início do tratamento da água. Esta utilização permite o controle do crescimento das algas durante a floculação e nas bacias de sedimentação expostas à luz. Tal aplicação terá maior sucesso se for efetuada durante os períodos de menor luminosidade, não só porque o crescimento das algas será menor mas também porque o dióxido de cloro será mais estável (Almeida, 2010).

Podem-se destacar, entre outras, algumas ações de sua aplicação:

→ As doses típicas de dióxido de cloro usadas na desinfecção da água de consumo humano variam entre 0,07 e 2 mg/L. Nas estações de tratamento que usam o dióxido de cloro, a concentração média de íon clorito e clorato variam entre 0,24 e 0,20 mg/L, respectivamente, embora o valor de referência seja de 1,0 mg/L.

→ Reage com as formas solúveis do ferro e do manganês, para formar compostos insolúveis (precipitados) que podem ser removidos através de sedimentação ou filtração.

→ O dióxido de cloro é um oxidante forte e um desinfetante. Os mecanismos de desinfecção atuam sobre uma grande variedade de microrganismos.

Segundo Oenning (2006), o ClO_2 tem sido aplicado nos seguintes setores e com as seguintes finalidades:

→ Tratamento de água de rede pública, indústria de alimentos e bebidas.

→ Tratamento de água potável e água industrial.

→ Indústria de bebidas:

→ limpeza de garrafas;

→ rinsagem das embalagens;

→ plantas CIP (*cleaning in place*);

→ tratamento de água em pasteurizadores, refrigeradores e autoclaves;

→ limpeza de engarrafadora;

→ Indústria leiteira:

→ tratamento do vapor;

→ Indústria alimentícia:

→ tratamento de água em que as frutas e verduras serão lavadas;

→ tratamento de água utilizada para a preparação de pescados;

→ frutos do mar ou frangos;

→ Indústria papeleira:

→ eliminando as bactérias existentes na água de recirculação;

→ Tratamento de efluentes:

→ desinfecção;

→ eliminação ou redução de ferro, manganês, cianetos, cor, sabor e odor;

→ redução ou eliminação de trihalometanos (THMs), fenóis, MIB, geosmina, ácidos haloacéticos (HAAs);

→ oxidação da matéria orgânica.

6.4.4.4 Cloraminas

O potencial desinfetante das combinações cloro-amoníaco ou cloraminas foi identificado no início de 1900. O seu uso foi considerado depois de se observar que a desinfecção por cloro acontecia em duas fases distintas.

Durante a fase inicial, a demanda é rápida, causando o desaparecimento do cloro disponível livre. Porém, quando amoníaco está presente, a inativação bactericida pode continuar, embora o cloro livre residual tenha se dissipado. A fase de desinfecção subsequente acontece pela ação das cloraminas inorgânicas. Logo foi verificado que as cloraminas são mais estáveis que o cloro livre e consequentemente declaradas como sendo efetivas para se controlar o ressurgimento bacteriano.

Como resultado, as cloraminas foram regularmente usadas entre os anos 1930 e 1940 para desinfecção. Porém, devido a uma escassez de amoníaco durante a Segunda Guerra Mundial, a popularidade da cloroamoniação declinou.

As cloraminas são formadas a partir da reação de cloro (ácido hipocloroso) e amônia (amoníaco). Além da desinfecção, as cloraminas têm sido usadas para controlar gosto e odores desde 1918 (Hazen e Sawyer, 1992).

A mistura resultante pode conter monocloraminas (NH_2Cl), dicloraminas ($NHCl_2$) ou tricloreto de nitrogênio (NCl_3). Quando o cloro é disperso na água, acontece uma rápida hidrólise, de acordo com a reação representada pela equação abaixo:

$$Cl_2 + H_2O \rightarrow HClO + H^+ + Cl^-$$

A constante de equilíbrio (Keq) para esta reação a 25 °C é 3,94 x104 M-1. O ácido hipocloroso (HClO) é um ácido fraco que dissocia conforme a equação a seguir:

$$HClO \rightarrow OCL^- + H^+ \quad pKa=7,6$$

As proporções relativas de HClO e OCl- são dependentes do pH. Em soluções aquosas com valores do pH mais baixo, a concentração do HClO não dissociada, é mais elevada e reage rapidamente com amoníaco, para formar cloraminas inorgânicas em uma série de reações (White, 1992).

Os mecanismos pelos quais as cloraminas inativam os microrganismos foram menos estudados quando comparados ao cloro. Um estudo de inativação de *E.coli* pelas cloraminas concluiu que a monocloramina reage prontamente com quatro tipos de aminoácidos: cisteína, istina, metionina e triptophan (Jacangelo *et al.*, 1987). O mecanismo de inativação pelas cloraminas está, portanto, relacionado à inibição de proteínas, mediante processos, tais como o de respiração.

As cloraminas são desinfetantes relativamente fracos para inativação de vírus e protozoários. Como consequência, é extremamente difícil de encontrar os critérios de CT (concentração x tempo) para desinfecção primária de Giárdia e vírus, usando cloraminas, porque são necessários tempos de contato muito longos. Porém, em virtude da habilidade das cloraminas, essa forma de desinfecção parece ser viável para fornecer um residual estável.

Vantagens

→ Forma de desinfecção viável por fornecer um redidual estável.

→ Controla gosto e odores.

→ Reduz formação de THMs.

Desvantagens

→ Devido a sua propriedade relativamente fraca de desinfetante, raramente são usados como desinfetante primário, para inativação de vírus e protozoários patogênicos, a não ser que os tempos de contato sejam longos.

→ Desconhecimento de eventuais subprodutos formados.

6.4.4.5 Permanganato de potássio – ($KMnO_4$)

O permanganato de potássio ($KMnO_4$) é um sal, composto químico de função inorgânica, formado pelos íons **potássio** (K^+) e permanganato (MnO_4^-). Pode ser aplicado na forma líquida ou em pó, havendo preferência pela sua aplicação na forma líquida.

É altamente reativo sob as condições encontradas nos processos de tratamento de águas. Oxida uma larga variedade de substâncias inorgânicas e orgânicas. O $KMnO_4$ (Mn 7+) é reduzido a MnO_2 (Mn 4+), dióxido de manganês, que precipita (Hazen e Sawyer, 1992). Todas as reações são exotérmicas.

É um reagente extensamente usado como oxidante, nos processos de tratamento de água. Embora não seja considerado um desinfetante primário, $KMnO_4$ tem um papel na estratégia de desinfecção, servindo como alternativa a pré-cloração ou outro oxidante, quando a oxidação química é desejada para controlar gosto e odores, remover cor, controlar crescimento biológico em estações de tratamento (controle de algas) e remover ferro e manganês.

Uma solução de $KMnO_4$ concentrado (tipicamente 1 a 4%) é gerada *in loco* para aplicações necessárias. Tanto sólido como em **solução aquosa,** apresenta uma coloração rosa ou purpúrea bastante intensa, que, na proporção de, em média, 1,5 g por l litro de água, fica vermelho forte. O $KMnO_4$ tem um peso específico de aproximadamente 1600 kg/m³ e sua solubilidade na água é 6,4 g/mL a 20 °C.

Tem sido largamente utilizado no tratamento de águas de abastecimento em substituição ao cloro livre, como agente pré-oxidante, tendo por objetivos principais a oxidação de ferro e manganês, controle de biofilmes e crescimento microbiológico em estruturas de captação e adutoras de água bruta, remoção de cor, controle de gosto e odor em águas de abastecimento e minimização da formação de THMs.

A atuação do permanganato na inativação de patogênicos ocorre na oxidação direta das células ou destruição de enzimas específicas (Webber e Posselt, 1972). Do mesmo modo, o íon $KMnO_4$ ataca uma grande variedade de microrganismos, como bactérias, fungos, vírus e algas. A eficiência da inativação bactericida depende da concentração da solução de permanganato, tempo de contato, temperatura, valor do pH e presença de outros materiais oxidáveis.

Considerando sua eficiência, podem-se destacar algumas de suas aplicações:

- Agente oxidante em muitas reações químicas em **laboratório** e na indústria (pode ser usado como **reagente** na síntese de muitos compostos químicos). Em química analítica, uma solução aquosa padrão é usada com frequência como titulante oxidante em titulações redox devido a sua intensa coloração violeta.

- Desinfetante em desodorantes e usado para tratar algumas enfermidades parasitárias dos pés.

- Usado como antídoto em casos de envenenamento por fósforo.

- Na África, muitos o utilizam para desinfetar vegetal, com a finalidade de neutralizar qualquer bactéria presente.

- Soluções diluídas (0,25%) são utilizadas como enxaguantes bucais e, na concentração de 1 %, como desinfetante para as mãos.

- Pode ser utilizado até como clarificador para reduzir a carga orgânica de aquários que foram alimentados em excesso.

- É considerado o complemento perfeito para tratamentos à base de sal, como forma de atuar em doenças de peixes. Íons de permanganato matam parasitas oxidando suas barreiras celulares. Já o dióxido de manganês forma complexos de proteína que atacam o sistema respiratório dos parasitas. O grande cuidado é na dosagem, pois se não for correta, pode prejudicar as brânquias dos peixes.

- Reativo para determinar o número Kappa da polpa de celulose.

- Em serviços de laboratório especializado em fotografia digital e analógica utilizado em banhos enfranquecedores, limpeza de cuvetas, branqueador em certos processos e na inversão de negativos.

- Nova alternativa na atividade bactericida em água superficial para irrigação de campos agrícolas no México, onde 42% da água de uso agrícola é de fontes superficiais. Os compostos elaborados à base de cloro são a alternativa química mais empregada para desinfetar a água superficial; entretanto, algumas desvantagens do cloro motivam a busca de novas alternativas de desinfecção. A estabilidade na água turva e a sua capacidade oxidante fazem do permanganato de potássio uma alternativa de desinfecção. Atualmente, o empregado na desinfecção da água superficial, sem sustentação científica, porém, em resultados de laboratório, demonstraram a sua efetividade contra ambas bactérias. Foram obtidas porcentagens de redução de 99.9999% e 99.99% para *Escherichia* coli e *Bacillus subtillis*, respectivamente. Portanto, o $KMnO_4$ pode ser considerado como uma alternativa para a desinfecção de água superficial.

O Quadro 6.18 faz um comparativo das vantagens e das desvantagens da utilização do $KMnO_4$.

Quadro 6.18 Vantagens e desvantagens na utilização do ($KMnO_4$)

Vantagens	Desvantagens
→ A grande vantagem do emprego do permanganato de potássio, como agente pré-oxidante em substituição ao cloro, é, sem dúvida, com respeito à formação de subprodutos da desinfecção, uma vez que, removido parte dos compostos orgânicos naturais presentes na água bruta pelo mecanismo de coagulação e não tendo a presença de cloro livre, menor será a probabilidade de formação de THMs, o que se constitui em uma poderosa ferramenta operacional no controle da qualidade da água tratada. → Facilidade de manuseio e transporte. → Agente oxidante eficaz na oxidação de ferro e manganês. → Aplicação versátil. → Não apresenta formação de subprodutos. → Quando usado nas dosagens corretas é muito menos tóxico do que outros tipos de tratamento.	→ Por ser um oxidante forte, o $KMnO_4$ deve ser cuidadosamente manipulado durante o preparo da solução de alimentação.Nenhum subproduto é gerado ao se fazer a solução, porém seus cristais podem causar sérios danos aos olhos, além de serem irritante para a pele e narinas, e pode ser fatal se ingerido. Como tal, os procedimentos de manipulação incluem o uso de óculos e máscara de proteção. → Por causa de sua propensão em deixar a água cor-de-rosa, não é desejável manter um residual de $KMnO_4$ (quando dosado em excesso, pode conferir cor púrpura à água). → Custo elevado. → Desinfetante pobre. → Disponibilidade restrita. → O permanganato mancha a pele e a roupa (ao reduzir-se para MnO_2), sendo necessário, portanto, manuseá-lo com cuidado. As manchas na roupa podem ser retiradas lavando com ácido acético. As manchas na pele desaparecem nas primeiras 24 horas. → A ingestão de 10 a 20 gramas geralmente é fatal.

Segundo a Casa Química (2010), podem-se resumir as características do permanganato de potássio da seguinte forma:

→ **Identificação de perigos**

  → Oxidante forte. O contato com outros materiais pode causar incêndio; causa queimaduras na região de contato direto; é tóxico se ingerido ou inalado; risco moderado à saúde; nenhuma inflamabilidade.

→ **Composição e informações sobre os ingredientes:**

  → CAS: 7722-64-7;

  → Peso Molecular : 158.03;

  → Fórmula: $KMnO_4$;

→ **Propriedades físico químicas**

  → aparência: cristais roxo-bronze;

  → cheiro: sem cheiro;

  → solubilidade: 7 g em 100 g de água;

  → densidade: 2.7;

  → % Voláteis pór volume a 21 °C : 0;

  → ponto de fusão: 240 °C;

  → densidade de vapor (Ar=1): 5.40.

→ **Estabilidade e reatividade**

  → Estabilidade: estável sob as condições normais de uso e estocagem.

  → Produtos de decomposição: fumaça tóxica pode se formar quando aquecido atingindo a decomposição.

  → Polimerização de risco: não ocorre.

  → Incompatibilidades: metais em pó, álcool, arsenitos, brometos, iodetos, ácido sulfúrico, compostos orgânicos, enxofre, carvão ativado, hidretos, peróxido de hidrogênio concentrado, hipofosfitos, hiposulfitos, sulfitos, peróxidos e oxalatos.

→ Evitar: calor, chamas, fontes de ignição e incompatíveis.

→ **Informações toxicológicas**

→ Investigado como mutagênico. Dose oral em rato LD50: 1090 mg/kg. Não consta como carcinogênico.

→ **Informações ecológicas**

→ Toxicidade ambiental: essa substância pode ser tóxica para a vida aquática.

6.4.4.6 Radiação ultravioleta – UV

A radiação UV é um componente invisível da radiação solar. No espectro eletromagnético, situa-se entre a luz visível e os raios X; encontra-se na faixa de comprimento de onda de 100 a 400 nm; o seu efeito germicida encontra-se na faixa de 200 a 300 nm, com maior eficiência no comprimento de onda de 265 nm.

A fonte primária de radiação ultravioleta é o sol, mas também pode ser emitida por lâmpadas incandescentes e fluorescentes, solda elétrica, maçarico de plasma e equipamentos a laser. A absorção da radiação de comprimento de onda UV menor pelo ozônio da atmosfera protege a vida na terra. Mesmo assim, os raios ultravioletas que atingem a superfície da terra têm energia suficiente para inativar os microrganismos menos resistentes.

As lâmpadas de baixa pressão de vapor de mercúrio são mais utilizadas como fonte de emissão de radiação UV, pois emitem a maior parte da radiação com comprimento de onda de 254 nm, muito próximo do comprimento ideal (265 nm). As lâmpadas de média pressão de vapor de mercúrio possuem alta potência, são utilizadas principalmente quando se trata de grandes vazões. Este tipo de lâmpada emite radiação de todo o espectro germicida. As suas vantagens são: seu custo relativo, simplicidade de implantação e operação, baixo tempo de contato e não produz residual tóxico. Essa técnica tem-se tornado uma eficiente alternativa de desinfecção frente ao cloro, pois apresenta comparável e frequentemente melhor eficiência na remoção de vírus e bactéria. Na desinfecção de efluentes tem-se a vantagem de não deixar residual e não tem a potencialidade de gerar subprodutos prejudiciais à saúde. Como desvantagens, apresentam-se a possibilidade de reativação dos microrganismos, se expostos a doses subletais; e alguns fatores podem interferir na eficiência da desinfecção, tais como: matéria dissolvida e em suspensão, que podem reduzir a intensidade da radiação, tornando o processo oneroso (Oliveira, 2003).

A radiação UV pertence ao espectro eletromagnético e está situada na faixa de 40 a 400 nm de comprimento de onda, entre os raios X e a luz visível, que pode ser dividida em (Tambosi, 2008):

→ UV vácuo – 40 a 200 nm;

→ UV C – 200 a 280 nm;

→ UV B – 280 a 315 nm;

→ UV A – 315 a 400 nm;

O processo é baseado no fornecimento de energia, na forma de radiação UV, a qual é absorvida por moléculas de compostos recalcitrantes que passam para estados mais excitados e têm tempo suficiente para promover as reações.

O espectro eletromagnético é dividido em regiões em função do comprimento de onda e frequência da radiação. A Figura 6.61 exemplifica esse processo (Oliveira, 2003).

A radiação UV é usada para a desinfecção de água, sendo pouco estudada para a degradação de compostos orgânicos presentes em efluentes. Também pode ser usada como um modo complementar da degradação dos compostos orgânicos com sistemas oxidativos avançados. Alguns autores citam a fotólise direta de compostos orgânicos usando somente radiação UV. Em geral, somente radiação UV não é suficiente para alcançar a degradação de compostos orgânicos (Tambosi, 2008).

A degradação de compostos farmacêuticos por radiação UV tem sido reportada na literatura. Nakajima *et al.* (2005) estudaram a ação fotodinâmica de cetoprofeno, determinando a geração

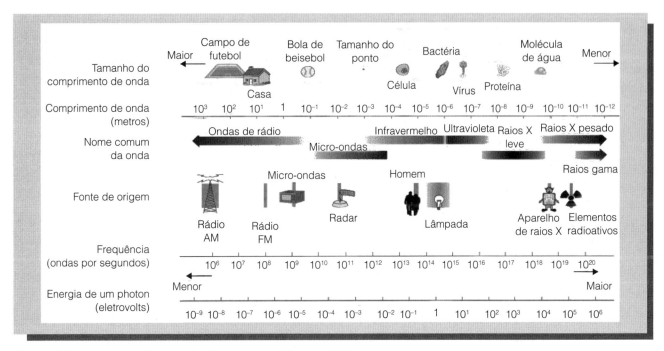

Figura 6.61 Espectro eletromagnético. *Fonte:* Oliveira, 2003

de radicais livres e espécies ativas de oxigênio por fotoirradiação, a identificação de 3 produtos diferentes de degradação, bem como a estimativa de mecanismos de fotodecomposição do composto.

A utilização de radiação ultravioleta na desinfecção de efluentes no Brasil começou a ser estudada no final da década de 1970, mas com maior interesse apenas há alguns anos. Na Universidade Federal de Santa Catarina, mais especificamente no Departamento de Engenharia Sanitária e Ambiental, a desinfecção de efluentes vem-se tornando uma importante linha de pesquisa. Os trabalhos voltados à melhoria da qualidade microbiológica dos efluentes foram iniciados com microfiltração por membranas pelo Prof. Flávio Rubens Lapolli, seguido por estudos com dióxido de cloro em efluentes domésticos tratados por lagoas de estabilização. Posteriormente, no ano de 2001, projetos financiados pelo PROSAB (Programa de Saneamento Básico) passaram a abranger a desinfecção por ozônio, dióxido de cloro e ultravioleta, resultando na publicação de diversos trabalhos e na formação de mestres em engenharia ambiental (Oliveira, 2003).

Oliveira (2003) destaca que a radiação pode ser dividida em 2 tipos: radiação ionizante e não ionizante. A diferença entre os dois tipos é baseada no nível de energia de cada radiação.

A radiação não ionizante possui energia suficiente para causar excitação dos elétrons dos átomos, ou das moléculas, mas insuficiente para causar a formação de íons (ionização), ou seja, a energia torna-se disponível em quantidade suficiente para excitar átomos e moléculas, mas não é suficiente para remover elétrons de seus orbitais.

A radiação ionização promove a remoção de elétrons de um átomo, formando íons positivos ou negativos. Possui uma quantidade de energia muito superior à da energia da radiação não ionizante.

As unidades de desinfecção de efluentes com radiação ultravioleta podem fundamentar-se em três concepções construtivas:

↪ lâmpadas imersas no líquido;

↪ lâmpadas instaladas externamente a tubos transparentes à radiação ultravioleta;

↪ lâmpadas instaladas sobre o efluente.

Uma das grandes vantagens da UV na desinfecção é que, se realizada adequadamente, não formará nenhum subproduto. Podem-se destacar algumas vantagens ao se utilizar este sistema de desinfecção:

↪ Não agride o meio ambiente: não ocasiona problemas com manuseio ou estocagem de produtos químicos.

↪ Baixo investimento inicial, bem como reduzidos gastos, quando comparados com tecnologias semelhantes como ozônio, cloro etc.

→ Processo de tratamento imediato, não necessitando tanques de estocagem ou longos períodos de retenção.

→ É extremamente econômico.

→ Não há adição de produtos químicos na água, não havendo o risco de formação de trihalometanos.

→ Não altera sabor ou odor da água.

→ Operação automática sem atenção especial ou medições constantes.

→ Simplicidade e facilidade de manutenção, limpeza periódica e troca anual das lâmpadas.

→ Compatível com qualquer outro processo para tratamento de água (Osmose Reversa, Filtração, Troca Iônica etc.).

Podem-se destacar algumas aplicações:

→ na piscicultura;

→ em sistemas industriais (bebidas, processamento de alimentos etc);

→ tratamento de água potável;

→ piscina;

→ tratamento como lâmpadas germicidas.

6.4.4.7 Fotocatálise heterogênia

A fotocatálise é de extrema importância dentro do contexto das novas alternativas para a degradação de poluentes. Trata-se de um processo fotoquímico em que uma espécie semicondutora é irradiada para a promoção de um elétron da banda de valência (BV) para a banda de condução (BC). A região entre as duas bandas é denominada *bandgap* (Figura 6.62). Com o elétron promovido para a BC e com a lacuna (h^+) gerada na BV, criam-se sítios redutores e oxidantes capazes de catalisar reações químicas que podem ser utilizadas no tratamento de efluentes industriais. A degradação dá-se por meio da oxidação da matéria orgânica, que pode ser conduzida até CO_2 e H_2O (Freire, 2010).

O dióxido de titânio (TiO_2) é o semicondutor mais utilizado em processos fotocatalíticos, principalmente devido a várias características favoráveis, dentre as quais destacam-se: possibilidade de ativação por luz solar (que reduz os custos do processo), insolubilidade em água, estabilidade química numa ampla faixa de pH, possibilidade de imobilização em sólidos, fotoestabilidade, baixo custo e não é tóxico.

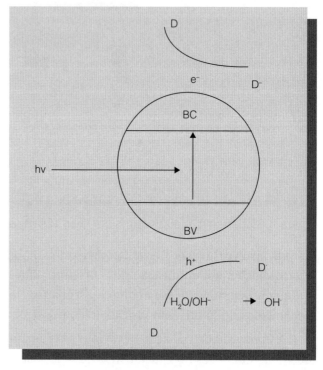

Figura 6.62 Princípios eletrônicos de um processo fotoquímico BV: banda de valência; BC: banda de condução; e⁻: elétron; h⁺: lacuna; hv: radiação (UV); D: substrato orgânico; D⁻: espécie reduzida; D: espécie oxidada

Por essas razões, o TiO_2 tornou-se um dos semicondutores mais utilizados na fotodegradação de compostos orgânicos. Entretanto, muitos outros semicondutores, como CdS, ZnO, WO_3, ZnS e Fe_2O_3, podem agir como sensibilizadores de processos de oxidação e redução mediados pela luz. A seguir, exemplificam-se alguns processos de oxidação, segundo Freire (2010).

O processo de oxidação por via direta dá-se quando a lacuna fotogerada na banda de valência do semicondutor reage diretamente com o composto orgânico.

$$R_{1(ads)} + h^+_{BV} \rightarrow R_{1(ads)}^+$$

Já o processo de oxidação indireto ocorre quando a lacuna fotogerada na banda de valência reage com a molécula de H_2O adsorvida na superfície do semicondutor, produzindo o radical hidroxila, que vai oxidar a matéria orgânica.

OH⁻ + R₁ ® R₂

O processo fotocatalítico, quando utilizado em tratamento de compostos organoclorados, tem demonstrado eficiência para degradar inúmeras substâncias recalcitrantes ao tratamento biológico. Em função disso, nas últimas duas décadas, foi publicado uma infinidade de artigos demonstrando a aplicação dessa técnica, assim como de várias combinações dos diferentes processos oxidativos avançados.

Dentre os POAs, destaca-se a fotocatálise heterogênea, processo que envolve reações redox induzidas pela radiação, na superfície, de semicondutores minerais (catalisadores), como, por exemplo, TiO_2, CdS, ZnO, WO_3, ZnS, BiO_3 e Fe_2O_3 (Ferreira e Daniel, 2010).

As vantagens em se utilizar reações heterogêneas são: amplo espectro de compostos orgânicos que podem ser mineralizados; possibilidade da não utilização de receptores adicionais de elétrons, tais como H_2O_2; possibilidade de reúso do fotocatalisador; e possibilidade de uso da radiação solar como fonte de luz para ativar o catalisador (Suri et al., 1993).

Vários estudos sobre a utilização da fotoxidação catalítica com TiO_2 foram realizados nas últimas décadas, com as seguintes aplicações, entre outras (Ferreira e Daniel, 2010):

- Para tratamento de efluentes industriais e domésticos, de chorume e, mais recentemente, de emissões gasosas.
- Para tratamento de esgoto sanitário.
- Na desinfecção de esgoto sanitário e água de abastecimento, operações importantes para o controle de doenças de veiculação hídrica, com a grande vantagem de não gerar subprodutos carcinogênicos, tais como trialometanos, como pode ocorrer na cloração.
- Para desinfecção de água.
- Para eliminação de bactérias coliformes e vírus (poliovirus 1) em efluentes secundários de esgoto sanitário, usando luz solar ou luz artificial. Os resultados da pesquisa indicaram que o método é eficiente para a inativação desses microrganismos, todavia não tão prático quanto a cloração ou a ozonização, devido ao longo tempo de contato necessário (acima de 150 minutos, comparados com menos de 60 minutos na cloração).
- Na desinfecção de efluentes secundários de estação de tratamento de esgoto sanitário com lodo ativado. Segundo os pesquisadores, a desinfecção causada pelas reações de fotoxidação depende da intensidade de luz, da concentração do TiO_2, da concentração de oxigênio dissolvido, do pH e da temperatura.

Apesar de os ótimos resultados alcançados provarem em que esta tecnologia aponta para bons resultados no tratamento ambiental, a implementação desses processos em escala industrial apresenta alguns problemas:

- O uso da luz ultravioleta encareceria muito o tratamento.
- Construir estações de tratamento que utilizem luz solar continua sendo um desafio, assim como a busca de novos catalisadores que absorvam maior porcentagem de luz solar.
- A imobilização do semicondutor sem perdas na atividade fotocatalítica ainda é muito estudada, pois em suspensões ocorrem importantes perdas de penetração de luz e há necessidade de uma etapa de separação das finas partículas do catalisador.

6.4.4.8 Ultrassom

O processo de oxidação por meio de ultrassom também é uma técnica utilizada para a degradação de várias espécies orgânicas poluentes em efluente que provoca a clivagem da molécula de água com formação de radicais hidroxila.

Segundo Freire (2010), estudos observaram a eficiência do método para a decomposição de 2-clorofenol, pois 99% do composto havia degradado, mas a remoção de carbono orgânico total foi apenas de 63% em 360 minutos de tratamento, e os compostos intermediários formados a partir do

2-clorofenol também não foram completamente mineralizados pelo processo. A dificuldade técnica de implementação, a baixa eficiência na remoção de carga orgânica e os longos tempos de tratamento, tornam esse processo pouco atraente.

O tratamento com raios gama, emitidos por cobalto radiativo, tem sido testado para a destruição de compostos organoclorados presentes em sólidos e em efluentes. O processo de degradação dos poluentes pode ocorrer por dois caminhos: por degradação direta (efeito provocado pela radiação gama) ou por degradação indireta, por meio de radicais hidroxilas criados pela decomposição da água.

As pesquisas mostram que esse processo produz uma alta eficiência de degradação de compostos organoclorados, apesar de não esclarecerem se ele é capaz de levar à mineralização dos compostos. Mesmo que isso seja possível, o método radiológico produz lixo radiativo, que é um dos grandes problemas para o uso generalizado da energia atômica. Pelo menos no momento, esse método de tratamento parece pouco apropriado para ser empregado em processos de despoluição (Freire, 2010).

6.4.4.9 Peróxido de hidrogênio

O peróxido de hidrogênio é um dos oxidantes mais versáteis que existe, superior ao cloro, dióxido de cloro e permanganato de potássio. Quando utilizado em conjunto com agentes catalíticos (compostos de ferro, luz UV, semicondutores etc.), pode ser convertido em radicais hidroxil (_OH) com reatividade inferior apenas ao flúor. A Tabela 6.11 mostra o potencial de oxidação dos mais importantes agentes oxidantes utilizados. A degradação de fármacos por POAs tem sido reportada na literatura (Tambosi, 2008).

O processo que combina peróxido de hidrogênio com irradiação ultravioleta é um dos POAs mais antigos e tem sido usado com êxito na remoção de contaminantes presentes em águas e efluentes. O processo combinado entre H_2O_2/UV é muito mais eficiente do que o uso de cada um deles separadamente, devido à maior produção de radicais hidroxil.

Segundo Tambosi (2008), o mecanismo mais comumente aceito para a fotólise de peróxido com luz UV é a quebra da molécula em radicais •OH com um rendimento de dois radicais •OH para cada molécula de H_2O_2.

$$H_2O_2 \xrightarrow{hv} 2\_OH$$

Tabela 6.11 Potencial de oxidação para vários oxidantes

Agente oxidante	Potencial de oxidação (eV)
Flúor	3,00
Radical Hidroxil (_OH)	2,80
Ozônio	2,10
Peróxido de Hidrogênio	1,80
Permanganato de potássio	1,70
Dióxido de Cloro	1,50
Cloro	1,40

Fonte: (US Peroxide, 2008 *apud* Tambosi, 2008)

A fotólise de H_2O_2 realiza-se quase sempre utilizando lâmpadas de vapor de mercúrio de baixa ou média pressão. Geralmente usam-se lâmpadas de 254 nm, mas, como a absorção de H_2O_2 é máxima a 220 nm, seria mais conveniente o uso de lâmpadas de Xe/Hg, mais caras, mas que emitem na faixa 210-240 nm.

A estabilidade do H_2O_2 varia em função do pH e da temperatura. Em altas temperaturas e em meio alcalino, há o favorecimento da sua decomposição. Em excesso de peróxido de hidrogênio e com altas concentrações de _OH, acontecem reações competitivas que produzem um efeito inibitório para a degradação.

Peróxido de hidrogênio também pode reagir com radicais •OH, atuando tanto como um iniciador como também um sequestrador.

6.4.5 DESTILAÇÃO

No processo de destilação, a água muda em seu estado físico para vapor e depois é condensada novamente. Este processo promove a separação dos sais presentes da água (sais + vapor-d'água).

A condensação produz água totalmente destilada, que não é própria para o consumo humano, sendo necessário reequilibrar a salinidade da água por meio da adição de uma mistura de sais que normalmente estão presentes na água potável.

Os processos térmicos mais utilizados são:

- a destilação por irradiação solar direta;
- a destilação *flash* multietapa – DFM;
- a destilação por efeito múltiplo – DEM; e
- a destilação por compressão de vapor – DCV.

Este assunto está melhor detalhado no Capítulo 14 deste livro.

6.5 DISPOSIÇÃO FINAL DO EFLUENTE LÍQUIDO

Após o tratamento do esgoto, deve-se fazer a disposição final do efluente líquido. A sua qualidade vai variar de acordo com a eficiência do processo aplicado no tratamento do esgoto bruto. Poderá ser lançado no corpo d'água receptor (corpo receptor) ou, eventualmente, aplicado no solo. Tais opções vão depender da qualidade final do efluente e da classe do corpo receptor.

Quando a opção for o lançamento do efluente no solo, devem-se considerar: a natureza e utilização do solo; profundidade do lençol freático; grau de permeabilidade do solo; utilização e localização da fonte de água utilizada para consumo humano; qualidade final do efluente; volume e taxa de remoção das águas de superfície.

6.5.1 Disposição em corpos d'água superficiais ou no solo

Geralmente, o esgoto tratado, ou o efluente líquido do tratamento de esgoto, é lançado no corpo d'água receptor mais próximo, podendo influir na qualidade dessa água, em face da diluição e dos mecanismos de autodepuração.

Ao receber o lançamento de esgoto, mesmo tratado, o corpo d'água receptor geralmente sofre uma deterioração da sua qualidade. No entanto, por meio de mecanismos puramente naturais, a qualidade do mesmo, após algum tempo, volta a melhorar, retomando o equilíbrio ao meio aquático. Esse processo pode necessitar de dezenas de quilômetros, dependendo das características do corpo receptor.

Dessa forma, considerando-se que os corpos d'água podem se recuperar da poluição, ou autodepurar-se, o efluente pode ser lançado sem tratamento em um curso d'água, desde que a descarga poluidora não ultrapasse cerca de quarenta avos de sua vazão sem maiores consequências (Informa G7416, 2002).

Como uma forma de conter esse processo de agressão ao meio ambiente, o Conselho Nacional do Meio Ambiente (Conama) publicou a Resolução Conama n. 357/2005, que estabelece padrões de qualidade das águas a serem respeitados de acordo com a qualidade natural de cada corpo hídrico, favorecendo, ou não, as condições de lançamentos, desde que estejam dentro de padrões de qualidade nela estabelecidos.

A resolução Conama n. 357/2005 estabelece uma classificação para as águas doces, salobras e salinas do território nacional, bem como determina os padrões de lançamento, especificando limites associados aos níveis de qualidade, de forma a assegurar: os seus usos; o controle de poluição; as exigências de níveis de qualidade das águas antes ou, caso ocorra, depois do lançamento; as necessidades da comunidade; a saúde e o bem-estar humano; o equilíbrio ecológico e o controle de impactos ambientais, sociais e econômicos dos corpos hídricos. Ver resumo no Quadro 6.19.

O correto é tomar as medidas necessárias para a melhoria contínua da qualidade dos efluentes finais das estações de tratamento de esgoto, visando propiciar uma condição de depuração melhor, adequada ao gerenciamento da bacia hidrográfica. Uma forma de evitar os lançamentos em corpos hídricos é o reúso, que surge como uma opção bastante viável e ambientalmente correta.

De acordo com essa Resolução, a qualidade do efluente lançado em um corpo receptor precisa manter sua qualidade compatível com os parâmetros nela estabelecidos.

6.5.2 Reúso

Nas últimas décadas, através de uma maior conscientização ecológica e pela tendência de aumento do valor econômico da água, o "reúso de águas servidas" surge como uma grande fonte alternativa para suprir a escassez mundial deste produto, aliada à necessidade de melhor se administrarem os grandes volumes de efluentes advindos das diversas estações de tratamento de esgotos. As tecnologias

Quadro 6.19 Classificação das águas segundo seus usos preponderantes

Águas doces

Classes	Destinação
Classe especial (art. 4°, I)	a) Ao abastecimento para consumo humano, com desinfecção; b) À preservação do equilíbrio natural das comunidades aquáticas; c) À preservação dos ambientes aquáticos em unidades de conservação de proteção integral.
Classe 1 (art. 4°, II)	a) Ao abastecimento para consumo humano, após tratamento simplificado; b) À proteção das comunidades aquáticas; c) À recreação de contato primário, tais como natação, esqui aquático e mergulho, conforme Resolução Conama n. 274/00; d) À irrigação de hortaliças que são consumidas cruas e de frutas que se desenvolvam rentes ao solo e que sejam ingeridas cruas sem remoção de película; e) À proteção das comunidades aquáticas em terras indígenas.
Classe 2 (art. 4°, III)	a) Ao abastecimento para consumo humano, após tratamento convencional; b) À proteção das comunidades aquáticas; c) À recreação de contato primário, tais como natação, esqui aquático e mergulho, conforme Resolução Conama n. 274/00; d) À irrigação de hortaliças, plantas frutíferas e de parques, jardins, campos de esporte e lazer, com os quais o público possa vir a ter contato direto; e e) À aquicultura e à atividade de pesca.
Classe 3 (art. 4°, IV)	a) Ao abastecimento para consumo humano, após tratamento convencional ou avançado; b) À irrigação de culturas arbóreas, cerealíferas e forrageiras; c) À pesca amadora; d) À recreação de contato secundário; e e) À dessedentação de animais.
Classe 4 (art. 4°, V)	a) À navegação; b) À harmonia paisagística.

Águas salinas

Classe especial (art. 5°, I)	a) À preservação dos ambientes aquáticos em unidades de conservação de proteção integral; b) À preservação do equilíbrio natural das comunidades aquáticas.
Classe 1 (art. 5°, II)	a) À recreação de contato primário, conforme Resolução Conama n. 274/00; b) À proteção das comunidades aquáticas; c) À aquicultura e à atividade de pesca.
Classe 2 (art. 5°, III)	a) À pesca amadora; e b) À recreação de contato secundário.
Classe 3 (art. 5°, IV)	a) À navegação; e b) À harmonia paisagística.

Águas salobras

Classe especial (art. 6°. I)	a) À preservação dos ambientes aquáticos em unidades de conservação de proteção integral; b) À preservação do equilíbrio natural das comunidades aquáticas.
Classe 1 (art. 6°. II)	a) À recreação de contato primário, conforme Resolução Conama n. 274/00; b) À proteção das comunidades aquáticas; c) À aquicultura e à atividade de pesca; d) Ao abastecimento para consumo humano após tratamento convencional ou avançado e e) À irrigação de hortaliças que são consumidas cruas e de frutas que se desenvolvam rentes ao solo e que sejam ingeridas cruas sem remoção de película, e à irrigação de parques, jardins, campos de esporte e lazer, com os quais o público possa vir a ter contato direto.
Classe 2 (art. 6°. III)	a) À pesca amadora; b) À recreação de contato secundário.
Classe 3 (art. 6°. IV)	a) À navegação; b) À harmonia paisagística.

Fonte: Resolução Conama n. 357/05

envolvidas no reúso destacam-se como uma nova aplicação ou direcional para os efluentes das estações de tratamento que podem ser aplicados em atividades diversas, evitando impactos ambientais. O reúso também objetiva a já conhecida "substituição de fontes", em que se procura preservar as águas de mananciais para aplicações mais nobres. Busca-se, enfim, cada vez mais, alternativas de uso de água de qualidade inferior para fins direcionados. Este assunto, pauta principal deste livro, será melhor abordado a partir do Capítulo 7.

6.6 TRATAMENTO E DISPOSIÇÃO DA FASE SÓLIDA

O resíduo sólido proveniente dos tratamentos das águas residuárias é normalmente chamado de "lodo". Consiste em um material heterogêneo, bastante rico em matéria orgânica (MO), que mesmo após ter sido submetido a processos mecânicos de desaguamento, ainda possui um alto teor de umidade (de 60 a 85%). Possui ainda concentrações relativamente elevadas de nitrogênio, outros minerais e substâncias químicas, podendo incluir elementos potencialmente tóxicos, em especial metais pesados. Essa composição depende do tipo de tratamento empregado na purificação do esgoto e das características das fontes geradoras do mesmo.

A composição química típica do lodo não tratado, do lodo digerido e do lodo ativado é apresentada na Tabela 6.12.

O tratamento do lodo tem por objetivo, basicamente, a redução do volume e do teor de matéria orgânica (estabilização), considerando a disposição final do resíduo. O lodo, quando não prevista a sua utilização, pode ser descartado em aterros sanitários com o lixo urbano, ou ainda passar por incineradores, que apesar de reduzirem bastante o volume, ainda precisam de um destino final para as cinzas resultantes. A opção de fazer a disposição do lodo no mar já está proibida na maioria dos países.

Tabela 6.12 Composição típica de lodo não tratado, digerido e ativado

Item	Lodo não tratado Faixa	Lodo não tratado Valor típico	Lodo digerido Faixa	Lodo digerido Valor típico	Lodo ativado Faixa
Mat. seca total (%)[b]	2,0 – 8,0	5,0	6,0 – 12,0	10,0	0,8 – 1,2
Proteína (%MS)	20,0 – 30,0	25,0	15,0 – 20,0	18,0	32,0 – 41,0
Nitrogênio (N%MS)	1,5 – 4,0	2,5	1,6 – 6,0	3,0	2,4 – 5,0
Fósforo (P_2O_5%MS)	0,8 – 2,8	1,6	1,5 – 4,0	2,5	2,8 – 11,0
Potássio (K_2O%MS)	0,0 – 1,0	0,4	0,0 – 3,0	1,0	0,5 – 0,7
Celulose (%MS)	8,0 – 15,0	10,0	8,0 – 15,0	10,0	–
pH	5,0 – 8,0	6,0	6,5 – 7,5	7,0	6,5 – 8,0

MS = Matéria Seca

Fonte: Adaptada de Metcalf & Eddy, 1991

Dependendo de sua qualidade final, do volume e da viabilidade técnica e econômica para se aplicar processos de tratamentos sólidos, pode-se optar por outros tipos de disposição final para esse lodo. As técnicas de utilização são bastante variadas, podendo-se destacar: aplicação em melhoria de solos agrícolas ou áreas degradadas; uso em áreas de reflorestamento; fabricação de tijolos; produção de fertilizantes orgânicos, óleo combustível, entre outras.

6.6.1 Espessamento do lodo

A operação de espessamento tem por objetivo aumentar o teor de sólidos e, consequentemente, reduzir o volume do lodo. Isso se torna necessário pois o lodo retirado dos decantadores apresenta ainda um percentual muito alto de água (cerca de 96 a 99%). A redução do volume é necessária para minimizar as dimensões das unidades de tratamento posteriores, em especial dos digestores de lodo. O espessamento do lodo pode ser feito em unidades que funcionam por gravidade ou por flotação.

O lodo primário possui características de fácil sedimentação. Assim, seu espessamento pode ser feito em unidades gravitacionais. Normalmente, após o espessamento, o teor de sólidos passa de 1 a 4% para cerca de 5 a 10%. Também os lodos secundários, advindos do sistema de lodos ativados convencionais de pequenas estações, podem ser misturados com o lodo primário e passar pelo mesmo processo, de forma a reduzir seu volume, inicialmente com teores de sólidos totais variando entre 0,5 e 1,5% para teores da ordem de 4 a 6%. Para os lodos secundários de grandes instalações, obtêm-se melhores resultados em unidades de flotação, considerando-se que ele não sedimenta tão facilmente quanto o lodo primário.

O espessamento do lodo por gravidade tem por princípio de funcionamento a sedimentação por zona, sendo que o sistema é similar aos decantadores convencionais. O lodo adensado é retirado do fundo do tanque. O espessamento do lodo por flotação é promovido pela introdução de ar na solução, através de uma câmara de alta pressão. Quando a solução é despressurizada, o ar dissolvido forma microbolhas que se dirigem para cima, arrastando consigo os flocos de lodo que são removidos na superfície (Sabesp, 2005).

6.6.2 Estabilização do lodo

Antes da disposição final do lodo (primários ou secundários) advindo dos processos convencionais, há necessidade ainda de um tratamento para a mineralização da matéria orgânica presente, ou seja, sua estabilização. Como já foi citado, a degradação da matéria orgânica ocorre através de processos biológicos. De forma a utilizar um processo mais barato, a estabilização do lodo é feita por meio de reação anaeróbia, que geralmente não gasta nenhuma ou gasta muito menos energia (apenas para os misturadores, se for o caso) do que o processo aeróbio. Esse tratamento é conhecido como digestão anaeróbia.

Para que ocorra a estabilização do lodo, o mesmo é encaminhado para o biodigestor. Essa unidade consiste em uma câmara fechada que funciona como um reator biológico, apresentando um ambiente que favorece a digestão anaeróbia do lodo, ocorrendo a mineralização da matéria orgânica ali presente. Como resultado da decomposição anaeróbia ocorre a geração de gases como o metano (60 a 70%), o gás carbônico (30 a 40%) e outros, de odores desagradáveis. Esses gases, quando não utilizados como opção de obtenção de energia, são queimados no topo dos biodigestores (Sabesp, 2005).

Os digestores anaeróbios são classificados de acordo com sua concepção e operação, A Figura 6.63 mostra o funcionamento de um digestor anaeróbio simples (taxa convencional).

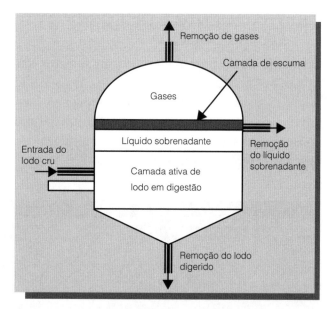

Figura 6.63 Esquema dos digestores anaeróbios de lodo tipo taxa convencional. *Fonte:* Nuvolari, 2003

Segundo a Sabesp (2005), em resumo, a digestão do lodo é realizada com as seguintes finalidades:

↪ destruir ou reduzir os microrganismos patogênicos;

↪ estabilizar total ou parcialmente as substâncias instáveis e matéria orgânica presentes no lodo fresco;

↪ reduzir o volume do lodo através dos fenômenos de liquefação, gaseificação e adensamento;

↪ dotar o lodo de características favoráveis à redução de umidade;

↪ permitir a sua utilização, quando estabilizado convenientemente, como fonte de húmus ou condicionador de solo para fins agrícolas.

6.6.3 Condicionamento químico

O condicionamento químico resulta na coagulação de sólidos e liberação da água adsorvida. O condicionamento é usado antes dos sistemas de desaguamento mecânico, tais como filtração, centrifugação etc. Os produtos químicos usados incluem cloreto férrico, cal, sulfato de alumínio e polímeros orgânicos (Sabesp, 2005).

6.6.4 Desaguamento do lodo

Para melhor administrar o volume do lodo excedente dos tratamentos de efluentes, após seu processo de digestão, usa-se fazer o desaguamento do lodo. O desaguamento do lodo é feito com a finalidade de diminuir o volume de transporte e sua disposição final. Após o desaguamento, o lodo passa a ser chamado de "torta". Como opção, existe a possibilidade de passar por equipamentos "peletizadores", que desidratam a torta sob temperaturas da ordem de 250 °C e a transformam em um produto de granulometria controlada, livre de patogênicos.

O desaguamento pode ser feito de diversas formas. Aqui serão descritas as seguintes técnicas:

→ leitos de secagem;

→ lagoas de lodo;

→ equipamentos mecânicos;

→ secadores térmicos.

6.6.4.1 Leitos de secagem

Unidades de tratamento utilizadas normalmente em pequenas comunidades, geralmente em formato de tanques retangulares projetados e construídos de modo a receber o lodo dos digestores ou dos reatores de aeração prolongada. Nos leitos de secagem, a redução da umidade é conseguida através da drenagem e evaporação da água liberada durante o período de desaguamento. Podem ser construídos ao ar livre ou cobertos (Figura 6.64).

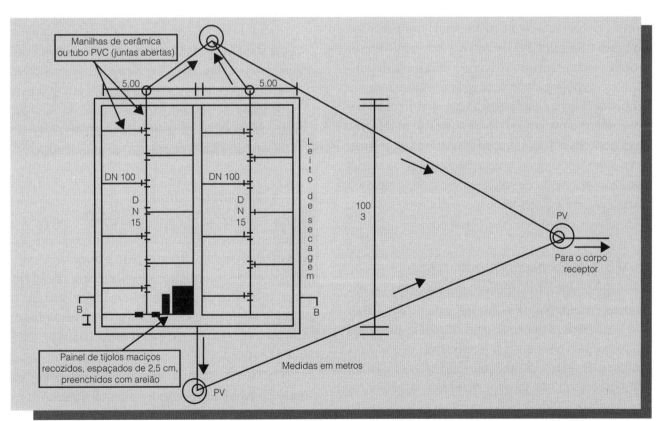

Figura 6.64 Planta de um leito de secagem. *Fonte:* Funasa, 2002

Trata-se de um processo natural de perda de umidade que se desenvolve devido aos seguintes fenômenos:

→ liberação dos gases dissolvidos ao serem transferidos do digestor (pressão elevada) e submetidos à pressão atmosférica nos leitos de secagem;

- liquefação devida à diferença de peso específico aparente do lodo digerido e da água;
- evaporação natural da água devida ao contato com a atmosfera;
- evaporação devida ao poder calorífico do lodo.

Em condições normais de secagem, o lodo poderá ser removido do leito de secagem depois de um período, que varia de 20 a 40 dias. Nesse material, a umidade atinge ainda valores de 60 a 70% (Funasa, 2002).

6.6.4.2 Lagoas de lodo

A exemplo dos leitos de secagem, a lagoa de lodo é também um método econômico de secagem de lodos, sendo basicamente constituída de tanques construídos em terra e preenchidos com lodo, com pequena profundidade da lâmina líquida (0,70 a 1,40 m), onde o sobrenadante retorna ao tratamento e o restante do lodo líquido sofre o processo natural de evaporação. É um processo similar ao do leito de secagem e também requer estabilização prévia do lodo. Sua eficiência depende das condições climáticas e da profundidade da lâmina do lodo aplicado, sendo que geralmente são necessários de três a seis meses para se obter uma torta com 20 a 40% de sólidos. As lagoas de lodo favorecem um tipo de utilização do lodo, qual seja a sua incorporação de solos agrícolas, por meio do transporte com caminhão-pipa e distribuição com dispositivos específicos para este fim.

6.6.4.3 Equipamentos mecânicos

O desaguamento do lodo em grandes estações geralmente é feito por meio de equipamentos mecânicos. Nesse caso, é necessário utilizarem-se produtos químicos para promover a aglutinação dos sólidos (sulfatos de ferro e de alumínio, cal, cloreto férrico, polímeros etc.), de forma a melhorar a eficiência da separação sólido-líquido. Os equipamentos mais utilizados são a centrífuga (que apresenta um custo mais elevado de aquisição) e os filtros-prensa, que podem ser de placas ou de esteiras.

- As **centrífugas** são equipamentos que se utilizam da força centrífuga para acelerar a separação sólido-líquido do lodo. O lodo é bombeado para o interior da centrífuga, que em sua rotação lança os sólidos contra a parede interna do recipiente. O sólido é removido na parte dianteira do equipamento e o líquido sai pela parte traseira e retorna ao tratamento. Tais equipamentos são compactos e completamente fechados, mas a manutenção é mais complexa.

- O **filtro-prensa de placas** é um equipamento formado por vários conjuntos de placas duplas, envolvidas por tecido filtrante, que, quando pressionadas umas às outras, permitem que a água passe através do tecido filtrante, retornando ao tratamento, e que os sólidos fiquem retidos, formando a torta desaguada, com teor de sólidos da ordem de 40%.

- O **filtro-prensa de esteiras** é um equipamento que emprega esteiras ou cintas especiais filtrantes simples ou duplas, posicionadas sobre diversos eixos, que giram continuamente desidratando o lodo. Ao passar pela esteira, a água vai sendo removida pelo caminho e a torta desaguada é descarregada. O lodo desaguado em filtros-prensa de esteiras, usados em algumas estações de tratamento de esgoto da Sabesp, atinge uma porcentagem de sólidos secos da ordem de 15 a 20% (FEC/Unicamp, 2002).

6.6.4.4 Secadores térmicos

A secagem térmica do lodo é um processo de redução mais drástico da umidade, conseguido por meio de evaporação de água para a atmosfera com a aplicação de energia térmica, podendo-se obter teores de sólidos da ordem de 90 a 95%. Com isso, o volume final do lodo é reduzido significativamente. É um processo caro e de manutenção mais problemática (Sabesp, 2005).

A ETE São Miguel, operada pela Sabesp, na cidade de São Paulo, possui um equipamento "peletizador", que faz a secagem térmica do sólido retido na própria estação, com projeto de gerenciar também as tortas advindas de outras estações da Região Metropolitana de São Paulo, transformando-as em "peletes", grãos de pequena granulometria. Possui como grande vantagem, além da relativa inertização do lodo, uma significativa redução de volume, facilitando o transporte, para reutilização ou disposição final. Os dados básicos de projeto da ETE de São Miguel, na cidade de São Paulo, são apresentados no Quadro 6.20 (Sabesp, 2005).

Quadro 6.20 Dados de projeto da ETE São Miguel – São Paulo

Dados de projeto	Desempenho
População equivalente de projeto	720.000 hab.
Vazão média de projeto*	1,50 m^3/s (vazão atual 0,50 m^3/s)
Tipo de planta	O processo de tratamento é de lodo ativado por alimentação escalonada e em nível secundário, com grau de eficiência de 90% de remoção de carga orgânica medida em DBO.
Unidades da fase sólida	Adensadores por gravidade; digestores; desidratação mecânica; secagem térmica; silos de lodo seco.
Desaguamento mecânico*	Retira a água do lodo proveniente dos digestores, elevando o seu teor de sólidos até o mínimo de 33%. Emprega equipamentos do tipo filtros-prensa com diafragma. Os lodos digeridos, antes de serem enviados aos filtros-prensa, são condicionados com polímeros e, se necessário, com cloreto férrico.
Secagem térmica*	Nessa central de secagem térmica também são secos os lodos desidratados provenientes das ETEs Parque Novo Mundo e Suzano. São utilizados como combustíveis o gás natural, fornecido pela Comgás, e parte do biogás produzido nos digestores da ETE.
Silos de lodo seco*	O produto final da unidade da secagem térmica é um lodo peletizado, com teor de sólidos de cerca de 90% e com granulometria de 3 e 4 mm. Dependendo de sua qualidade, esse produto pode ser utilizado como condicionador de solo ou como base para fabricação de fertilizante organomineral. No caso de não apresentar qualidade, será enviado para disposição final em aterro sanitário.

* Encontra-se em fase de implantação.

Fonte: Sabesp, 2005

6.7 DISPOSIÇÃO FINAL DOS RESÍDUOS

A disposição final dos resíduos dos sistemas de tratamento de água e esgoto representa um grande problema de âmbito mundial, por razões técnicas e econômicas. A disposição desses resíduos é uma operação complexa, que geralmente ultrapassa os limites da estação e exige a interface com outras áreas do conhecimento. Sua gestão normalmente representa de 20 a 60% dos custos operacionais de uma ETE.

Devido ao grande volume de lodo produzido nas estações de tratamento de esgoto, seu destino final tornou-se uma preocupação ambiental mundial. Todas as alternativas possuem vantagens, desvantagens e riscos potenciais.

O valor de produção final de lodo de uma ETE apresenta grande variação de pesos e volumes. Os oriundos de processos aeróbios de lodos ativados são considerados bastante altos, sendo que os europeus adotam um valor de produção *per capita* da ordem de 82 gramas de sólidos secos por dia.

No Brasil, onde este número é considerado muito elevado, faz-se uma estimativa bem mais baixa, considerando uma produção *per capita* da ordem de 36 gramas de sólidos secos por dia, na Região Metropolitana de São Paulo. Mesmo assim, se considerada a população da RMSP, em torno de 18 milhões (em 2006), o que resultaria em cerca de 650 toneladas de sólidos, em bases secas.

A utilização dos resíduos sólidos do saneamento básico como matéria-prima alternativa representa uma ótima solução ambiental. É economicamente adequada para a disposição final desses resíduos, contribuindo ainda para a sustentabilidade dos sistemas de água e esgoto.

Diversas técnicas podem ser aplicadas na utilização dos lodos gerados em ETEs como matéria-prima. Dentre eles: adubos orgânicos; compostos orgânicos minerais; recuperação de áreas degradadas; melhoria de solos agrícolas; compostos orgânicos; fertilizantes organominerais; agregados leves para concretos; tijolos de cerâmica vermelha; e até produção de óleo combustível (patente francesa).

6.7.1 Aplicação em áreas degradadas

O lodo pode ser utilizado para recuperar áreas degradadas, cujos solos sofreram profundas alterações físicas e/ou químicas, apresentando condições impróprias ao desenvolvimento de vegetação (mineração, barragens, áreas de empréstimo, o acostamento de rodovias etc.), sendo que a aplicação de lodo nessas áreas pode propiciar a recuperação do solo local, tornando-o apto ao desenvolvimento de nova vegetação. Normalmente, é aplicado uma única vez (Funasa, 2002).

6.7.2 Aplicação na agricultura e em florestas

Devido à sua sustentabilidade, é uma realidade em diversos países e, no Brasil, é considerada uma das mais promissoras utilizações do lodo. Tem a mesma finalidade que a aplicação de lodos em florestas, ou seja, fornecimento de MO e nutrientes para as culturas. O cuidado maior está ligado às características específicas de cada cultura e, consequentemente, com os riscos que cada aplicação apresenta.

Para a aplicação do lodo no solo, deve-se considerar, além das características físico-químicas do lodo, o tipo de solo, tipo de cultura, teor de nutrientes do solo e do lodo, metais presentes no solo e no lodo, outros contaminantes químicos e biológicos presentes no lodo (Tabela 6.13).

Com os devidos cuidados, mesmo não substituindo a adubação convencional, essas técnicas podem apresentar vantagens, tais como atuar como fonte de nutrientes para as culturas, aumentar o teor de MO no solo, diminuir o teor de alumínio trocável, melhorar a estrutura do solo, entre outras. Deve-se tomar outros cuidados em relação à proximidade de residências; declividade e profundidade do solo; lençol freático; textura, estrutura e acidez do solo, proximidade de corpos d'água etc. (Funasa, 2002).

Tabela 6.13 Estudos de adubação com lodo de esgoto, culturas e dosagem de aplicação

Cultura	Aplicação	Fonte
Arroz	640 microgramas de Cd/gr.solo	Santos, 1979
Café	2 t/ha	Boaretto, 1996
Cana	40 t/ha	Silva, 1995
Cana-planta	4 a 8 t/ha	Silva, 1995
Cebola	5,6 a 7,5 t/ha	Boaretto, 1996
Eucaliptos	20 t/ha	Harrison et al., 1996
Feijão da seca	3–6–9 t/ha	Boaretto, 1996
Feijão das águas	3–6 t/ha	Boaretto, 1996
Milheto	160 t/ha	Da Ros et al., 1993
Milho	63 t/ha	Defelipo et al., 1991
Pinus	15 t/918 m^2	Ouanouki & Igoud, 1993
Quiabo	20 t/ha	Paulraj & Ramulu, 1994
Repolho	170 microgramas. Cd./gr.Solo	Santos, 1979
Soja	9 t/ha	Bettiol, 1982
Sorgo	112,5 g/vaso	Defelipo et al., 1991
Tomate	20 t/ha	Paulraj & Ramulu, 1994

Fonte: Adaptada de Esalq, 2002

6.7.3 Incineração

A incineração tem um alto custo de instalação e de operação, o que limita sua aplicação às grandes ETEs. Consiste em um processo térmico que, dependendo da temperatura, da pressão e do tempo de condicionamento térmico, promove a diminuição do volume de lodo pela eliminação da água e pela volatilização da matéria orgânica, restando as cinzas do processo, que devem ser adequadamente dispostas ou utilizadas como matéria-prima em tijolos, concreto etc.

Além das cinzas, que podem ser consideradas relativamente inertes, este processo também tem como desvantagens a emissão de gases e material particulado, podendo causar impactos ambientais, tais como contaminação de rios e aquíferos, além de poluição sonora e do ar, efeitos estes que podem ser minimizados com aplicação de tecnologias adequadas, mas que resultam em maiores custos. Por outro lado, promove a redução significativa dos volumes a serem dispostos e/ou aproveitados, a redução de componentes orgânicos tóxicos e a recuperação de energia (Esalq, 2002).

6.7.4 Condicionamento térmico

O condicionamento térmico, além de substituir produtos químicos aplicados no condicionamento do lodo, pode ser feito com o lodo fresco, dispensando o digestor (Metcalf e Eddy, 1991).

O condicionamento térmico é um processo de tratamento do lodo fresco, que consiste em aquecê-lo durante curtos períodos de tempo (geralmente 30 minutos), sob pressão. Esse tratamento apresenta como resultados: a coagulação dos sólidos, a ruptura da estrutura gelatinosa e uma redução da afinidade das fases sólidas e líquidas do lodo. Como consequência, o lodo é esterilizado, praticamente desodorizado, desidratando-se facilmente, por meio de processos mecânicos, sem necessidade de produtos químicos. Os dois processos mais utilizados: o sistema Porteus e o sistema Zimpro (Metcalf e Eddy, 1977). Segundo esses autores, no sistema Porteus, o lodo é preaquecido pela passagem em permutadores de calor, antes de penetrar no reator. No reator, é injetado vapor para elevar a temperatura, que deve permanecer numa faixa de 143 °C a 200 °C, sob pressões de 10,5 a 14 kgf/cm^2 (1,03 a 1,37 MPa). Após um tempo de detenção de 30 minutos no reator, o lodo passa novamente através do permutador, onde troca calor com o lodo que está entrando. Finalmente é conduzido ao decantador. Pode-se, então, por meio de processos mecanizados de desidratação instalados após um sistema desse tipo, obter uma torta com teores de sólidos da ordem de 40 a 50%.

No sistema Zimpro, o lodo é tratado de forma semelhante, com uma única diferença: injeta-se ar no reator juntamente com o vapor. As temperaturas estariam na faixa de 150 °C a 205 °C e as pressões, variando na faixa de 10,5 a 21 kgf/cm^2 (1,03 a 2,06 MPa).

Em termos de destinação final do lodo, a grande vantagem do tratamento térmico é a completa esterilização do resíduo.

6.7.5 Disposição no mar

O lançamento do lodo em alto-mar era feito não só com o lodo no estado líquido como também com a torta (lodo desaguado). O objetivo era promover a diluição e proporcionar uma nova adaptação ao meio ambiente (degradação), com a ajuda das correntezas marinhas. Era um processo muito usado em cidades litorâneas; porém deve-se ressaltar que a Comunidade Europeia e os EUA proibiram o lançamento de lodo de esgoto no mar.

6.7.6 Disposição em aterros sanitários

O descarte do lodo produzido nas estações de tratamento de esgoto, mesmo nos países mais avançados, ainda é geralmente feito em aterros sanitários públicos, juntamente com os resíduos sólidos urbanos. Esta alternativa não é sustentável a longo prazo, uma vez que colabora para diminuir a vida útil dos aterros sanitários.

Quando o lodo possui qualidade que permite sua utilização, deve-se dar preferência a esta opção, do contrário, quando possui sua qualidade comprometida, ele deverá ser tratado antes de seu condicionamento em aterros, de forma a gerenciar o seu volume, comprometendo em menor grau a ocupação da área do aterro (Cepea, 2002).

6.8 ESCOLHA DO TIPO DE TRATAMENTO

Para a escolha do tipo de tratamento a ser adotado para as fases líquida e sólida, é necessário que se faça uma análise criteriosa dos aspectos técnicos e econômicos, considerando as vazões e a qualidade requerida de cada efluente.

Existem fatores de importância a serem considerados ao se selecionar e avaliar operações e processos unitários que venham a atuar diretamente na eficiência do processo e viabilidade do projeto. Segundo Metcalf e Eddy (1991), destacam-se: aplicabilidade do processo; vazão aplicável (esperada); variação de vazão aceitável (tolerada); características do efluente; constituintes inibidores ou refratários; aspectos climáticos; cinética do processo e hidráulica do reator; desempenho; subprodutos do tratamento; limitações no tratamento do lodo; limitações ambientais; requisitos de produtos químicos; requisitos energéticos; requisitos de outros recursos; requisitos de pessoal; requisitos de operação e manutenção; processos auxiliares requeridos; contabilidade; compatibilidade; e disponibilidade de área.

Von Sperling (1996) apresenta uma análise comparativa dos principais sistemas de tratamento de esgotos, com as principais vantagens e desvantagens de cada um, e que são apresentadas no Quadro 6.21.

Quadro 6.21 Comparação dos principais sistemas de tratamento de esgotos

Sistemas de lagoa de estabilização

Sistema	Vantagens	Desvantagens
Lagoa facultativa	→ Satisfatória eficiência na remoção de DBO → Eficiência na remoção de patogênicos → Construção, operação e manutenção simples → Reduzidos custos de operação e manutenção → Ausência de equipamentos mecânicos → Requisitos energéticos praticamente nulos → Satisfatória resistência a variações de carga → Remoção de lodo necessário apenas após períodos superiores a 20 anos	→ Elevados requisitos de área → Dificuldade de satisfazer padrões de lançamento bem restritos → A simplicidade operacional pode trazer o descaso na manutenção (crescimento de vegetação). → Possível necessidade de remoção de algas do efluente para o cumprimento de padrões rigorosos → Performance variável com as condições climáticas (temperatura e insolação) → Possibilidade de proliferação de insetos
Sistema de lagoa anaeróbia – lagoa facultativa	→ Idem lagoas facultativas → Requisitos de áreas inferiores aos das lagoas facultativas únicas	→ Idem lagoas facultativas → Possibilidade de maus odores na lagoa anaeróbia → Eventual necessidade de elevatórias de recirculação dos efluentes, para controle de maus odores → Necessidade de um afastamento razoável das residências circunvizinhas
Lagoa aerada facultativa	→ Construção, operação e manutenção relativamente simples → Requisitos de áreas inferiores aos das lagoas facultativas e anaeróbio-facultativas → Maior independência das condições climáticas que os sistemas das lagoas facultativas e anaeróbio-facultativas → Eficiência na remoção da DBO ligeiramente superior à das lagoas facultativas → Satisfatória resistência a variações de carga → Reduzidas possibilidades de maus odores	→ Introdução de equipamentos → Ligeiro aumento do nível de sofisticação → Requisitos de área ainda elevados → Requisitos de energia relativamente elevados
Sistema de lagoa aerada de mistura completa seguida de lagoa de sedimentação	→ Idem lagoas aeradas facultativas → Menores requisitos de área de todos os sistemas de lagoas	→ Idem lagoas aeradas facultativas (exceção requisitos de área) → Preenchimento rápido da lagoa de sedimentação com o lodo → Necessidade de remoção contínua ou periódica (2 a 5 anos) do lodo

(Continua)

(Continuação)

Quadro 6.21 Comparação dos principais sistemas de tratamento de esgotos

Lodos ativados

Sistema	Vantagens	Desvantagens
Lodos ativados convencionais	→ Elevada eficiência na remoção de DBO → Nitrificação usualmente obtida → Possibilidade de remoção biológica de N e possivelmente de P → Baixos requisitos de área → Processo confiável, desde que supervisionado → Reduzidas possibilidades de maus odores, insetos e vermes → Flexibilidade operacional	→ Elevados custos de implantação e operação → Elevado consumo de energia → Necessidade de operação sofisticada → Elevado índice de mecanização → Relativamente sensível a descargas tóxicas → Necessidade de tratamento completo do lodo para sua disposição final → Possíveis problemas ambientais com ruídos e aerossóis
Aeração prolongada	→ Idem lodos ativados convencionais → Sistema com maior eficiência na remoção da DBO → Nitrificação consistente → Mais simples conceitualmente que os lodos ativados convencionais → Estabilização do lodo no próprio reator → Elevada resistência a variações de carga e cargas tóxicas → Satisfatória independência das condições climáticas	→ Elevados custos de operação e implantação → Sistema com maior consumo de energia → Elevado índice de mecanização (embora inferior a dos lodos ativados convencionais) → Necessidade de remoção da umidade do lodo para sua disposição final (embora mais simples que lodos ativados convencionais)
Sistemas de fluxo intermitente (batelada)	→ Elevada eficiência na remoção de DBO → Satisfatória remoção de N e possivelmente P → Baixos requisitos de área → Mais simples conceitualmente que os demais sistemas de lodos ativados → Menos equipamentos que os demais sistemas de lodos ativados → Flexibilidade operacional (através da variação dos ciclos) → Decantador secundário e elevatória de recirculação não são necessários.	→ Elevados custos de implantação e operação → Maior potência instalada que os demais sistemas de lodos ativados → Não há necessidade do tratamento do lodo (são geralmente considerados como sendo de aeração prolongada) → Também necessita de disposição do lodo. → Usualmente mais competitivos economicamente para populações menores

Sistemas aeróbios com biofilmes

Sistema	Vantagens	Desvantagens
Filtro biológico de baixa carga	→ Elevada eficiência na remoção de DBO → Nitrificação frequente → Requisitos de área relativamente baixos → Mais simples conceitualmente que lodos ativados → Índice de mecanização relativamente baixo → Equipamentos mecânicos simples → Estabilização do lodo no próprio filtro	→ Menor flexibilidade operacional que lodos ativados → Elevados custos de implantação → Requisitos de área mais elevados que os filtros biológicos de alta carga → Relativa dependência de temperatura do ar → Relativamente sensível a cargas tóxicas → Necessidade de remoção da unidade do lodo e da sua disposição final (embora mais simples que os filtros biológicos de alta carga) → Possíveis problemas com proliferação de moscas → Elevada perda de carga
Filtro biológico de alta carga	→ Boa eficiência na remoção de DBO (embora ligeiramente inferior aos filtros de baixa carga) → Mais simples conceitualmente que lodos ativados → Maior flexibilidade operacional que filtros de baixa carga → Melhor resistência a variações de carga que filtros de baixa carga → Reduzidas possibilidades de maus odores	→ Operação ligeiramente mais sofisticada do que os filtros de baixa carga → Elevados custos de implantação → Relativa dependência da temperatura do ar → Necessidade de tratamento completo do lodo e da sua disposição final → Elevada perda de carga

(Continua)

(Continuação)

Quadro 6.21 Comparação dos principais sistemas de tratamento de esgotos

Sistemas aeróbios com biofilmes

Sistema	Vantagens	Desvantagens
Biodisco	→ Elevada eficiência na remoção de DBO → Nitrificação frequente → Requisitos de área bem baixos → Mais simples conceitualmente que lodos ativados → Equipamentos mecânicos simples → Reduzidas possibilidades de maus odores → Reduzida perda de carga	→ Elevados custos de implantação → Adequado principalmente para pequenas populações (para não necessitar de número excessivo de discos) → Cobertura dos discos usualmente necessária (proteção contra chuvas, ventos e vandalismo) → Relativa dependência da temperatura do ar → Necessidade de tratamento completo do lodo (eventualmente sem digestão, caso os discos sejam instalados após tanques Imhoff) e da sua disposição final

Sistemas anaeróbios

Sistema	Vantagens	Desvantagens
Reator anaeróbio de fluxo ascendente e manta de lodo (UASB)	→ Satisfatória eficiência na remoção de DBO → Baixos requisitos de área → Baixos custos de operação e implantação → Reduzido consumo de energia → Não necessita de meio suporte → Construção, operação e manutenção simples → Baixíssima produção de lodo → Estabilização do lodo no próprio reator → Boa desidratabilidade do lodo → Necessidade apenas da secagem e disposição do lodo → Rápido reinício após período de paralisação	→ Dificuldade em satisfazer padrões de lançamento bem restritivos → Possibilidade de efluentes com aspecto desagradável → Remoção de N e P insatisfatória → Possibilidade de maus odores (embora possam ser controlados) → Como todo processo anaeróbio é altamente dependente da temperatura do ar → A partida do processo é geralmente lenta → Relativamente sensível a variações de carga → Usualmente necessita pós-tratamento
Fossa séptica – filtro anaeróbio	→ Idem reator anaeróbio de fluxo ascendente (exceção – necessidade de meio suporte) → Boa adaptação a diferentes tipos e concentrações de esgotos → Boa resistência a variações de carga	→ Dificuldade em satisfazer padrões de lançamento bem restritivos → Possibilidade de efluentes com aspecto desagradável → Remoção de N e P insatisfatória → Possibilidade de maus odores (embora possam ser controlados) → Riscos de entupimento

Disposição no solo

Sistema	Descrição
Infiltração lenta	O esgoto é aplicado no solo, fornecendo água e nutrientes necessários para o crescimento de plantas. Parte do líquido é evaporada, parte percola no solo, e a maior parte é absorvida pelas plantas. As taxas de aplicação nos terrenos são bem baixas. O líquido pode ser aplicado por aspersão, ou por alagamento da crista de vala.
Infiltração rápida	O esgoto é disposto em bacias rasas. O líquido passa pelo fundo poroso e percola pelo solo. A perda por evaporação é menor, face às maiores taxas de aplicação. A aplicação é intermitente, proporcionando um período de descanso para o solo. Os tipos mais comuns são: percolação para a água subterrânea, recuperação por drenagem superficial e recuperação por poços freáticos.
Infiltração subsuperficial	O esgoto pré-decantado é aplicado abaixo do nível do solo. Os locais de infiltração são preenchidos com um meio poroso, no qual ocorre o tratamento. Os tipos mais comuns são as valas de infiltração e os sumidouros.
Escoamento superficial	O esgoto é distribuído na parte superior de terrenos com uma certa declividade, através da qual escoa, até ser coletado por valas na parte inferior. A aplicação é intermitente. Os tipos de aplicações são: aspersores de alta pressão, aspersores de baixa pressão e tubulações ou canais de distribuição com aberturas intervaladas.

Fonte: Sabesp, 2005

As características do esgoto industrial são normalmente diferentes das do esgoto doméstico pois sua constituição será resultado do tipo de indústria, podendo apresentar quantidade elevada de metais, produtos químicos e orgânicos em geral acima dos limites normais do esgoto doméstico e/ou comercial.

Dependendo das características de cada efluente, podem ser utilizados tratamentos físico-químicos e também tratamento biológico, equiparando o efluente à qualidade dos efluentes da rede urbana (carga orgânica) para ser nela lançada, ou adequando sua qualidade para ser lançado diretamente no corpo receptor.

O Quadro 6.22 compara algumas opções de lagoas de estabilização e o sistema digestor anaeróbio de fluxo ascendente para o tratamento de esgotos de pequenas comunidades.

Quadro 6.22 Comparação qualitativa entre tratamento por lagoas de aeração e digestor anaeróbio de fluxo ascendente

Características	Lagoa facultativa unicelular	Lagoa anaeróbia + lagoa facultativa	Reator anaeróbio de fluxo ascendente
Área necessária para a implantação	Grande	Muito grande	Pequena
Custo investimento por habitante *	Pequeno	Pequeno	Pequeno
Custo de operação e manutenção	Muito pequeno	Muito pequeno	Pequeno
Confiabilidade	Muito grande	Muito grande	Grande
Necessidade de mão de obra para a operação	Eventual, não especializada	Eventual, não especializada	Constante, não especializada
Requerimento de energia para a operação	Não requer	Não requer	Não requer
Produção de lodo a ser disposto	Não	Não	Sim
Potencial de reaproveitamento de subprodutos	–	–	Sim (biogás)
Remoção de matéria orgânica	Muito grande	Muito grande	Grande
Remoção de nutrientes	Pode remover algum	Pode remover algum	Não remove

* = Não inclui o custo do terreno

Fonte: FEC/Unicamp, 2002

Como se pode perceber, existem diversas opções para se fazer o tratamento do esgoto, seja o esgoto sanitário coletado nas cidades, sejam efluentes industriais. A escolha da opção mais adequada deve ser feita a partir da análise de cada caso particular.

O aumento do número de instalações industriais e a paralela escassez de recursos hídricos, assim como a crescente preocupação com as questões ambientais e a elaboração e publicação de normas restritivas com relação aos padrões e controle da qualidade ambiental promovem a necessidade de uma reformulação no modelo de gerenciamento de água e efluentes. Sendo assim, para que se atendam às diretrizes de maximização do uso de recursos hídricos e a minimização dos impactos referente a geração e liberação de efluentes, é imprescindível a aplicação de um programa de gerenciamento de águas e efluentes nas indústrias que considere os aspectos legais institucionais, técnicos e econômicos, de forma a promover a utilização de técnicas avançadas de tratamento e a reutilização. Dessa forma, este programa de gerenciamento deve contemplar as seguintes etapas (Hespanhol, 1999):

➥ avaliação da quantidade e da qualidade de água a ser consumida pela indústria;

- conhecimento das normas ambientais referentes à captação de água e controle de afluentes;
- análise dos processos desenvolvidos pela instalação, com a identificação dos pontos de consumo de água e geração de efluentes;
- otimização dos processos onde ocorram elevados consumos de água ou geração de efluentes;
- definição das tecnologias a serem adotadas para a produção de água para consumo, na quantidade e qualidade necessárias;
- verificação da possibilidade de reutilização de água em cascata, sem a necessidade de tratamento prévio;
- caracterização das correntes de efluentes remanescentes, verificando-se a possibilidade de reutilização dentro do processo, ou recuperação de algum composto, componente ou subproduto de interesse;
- definição de procedimentos para a coleta de efluentes ainda existentes, buscando-se o agrupamento das correntes com características similares, segregando-se aquelas com alta concentração de contaminantes e pequenos volumes das correntes mais diluídas;
- identificação de tecnologias de tratamento adequadas para as correntes de efluente identificadas;
- definição de um sistema de tratamento de efluentes, considerando-se as tecnologias de tratamento mais adequadas;
- identificação de oportunidades para a reutilização de efluentes tratados;
- estabelecer critérios e procedimentos para controle e monitoração dos efluentes a serem liberados para o meio ambiente, com o objetivos de garantir que sejam atendidos todos os quesitos estabelecidos nas normas ambientais vigentes;
- promover uma avaliação contínua de todos os procedimentos utilizados no programa de gerenciamento, visando a sua atualização e identificação e correção de falhas, para que o mesmo possa ser aperfeiçoado.

A Figura 6.65 mostra uma representação na forma de diagrama, das principais etapas de um programa para gerenciamento de águas e efluentes.

Grande parte dos processos industriais são altamente poluentes, produzindo rejeitos gasosos, líquidos e sólidos nocivos ao meio ambiente, contribuindo significativamente com a contaminação dos corpos d'água, principalmente pela ausência de sistemas de tratamento de seus efluentes. Podem-se destacar as atividades das refinarias de petróleo, indústrias químicas, têxteis e papeleiras.

Segundo Freire 2010, a evolução dos processos industriais faz surgir inúmeros produtos de caráter essencial à sociedade que possuem características tóxicas, fazendo com que a atividade industrial (junto com a agrícola e urbana) seja responsabilizada pelo fenômeno de contaminação ambiental em grande escala, principalmente graças a dois fatores de extrema importância:

a) o acúmulo de matérias-primas e insumos que envolve sérios riscos de contaminação por transporte e disposição inadequada; e
b) ineficiência dos processos de conversão, o que necessariamente implica a geração de resíduos.

Os compostos organoclorados têm sido considerados como grandes responsáveis pelos problemas de contaminação ambiental, principalmente porque estes compostos são, em geral, altamente tóxicos, de difícil degradação natural, tendendo a se bioacumular no meio ambiente. Com características impactantes, destaca-se também a presença de compostos semivoláteis (ex. hexaclorobenzeno), DDT e os seus metabólitos, bifenilos policlorados, espécies persistentes em amostras de ar, água e sedimentos (Freire, 2010).

A indústria de papel e celulose é uma das que mais contribui para o processo de contaminação do meio ambiente por compostos organoclorados nos processos de branqueamento da polpa (Figura 6.66), muitos dos quais são considerados altamente tóxicos, como dioxinas, clorofenóis, clorocatecóis e cloroguaiacóis. Atualmente, vem se buscando uma forma sustentável para este sistema, porém o seu impacto ambiental continua sendo bastante preocupante.

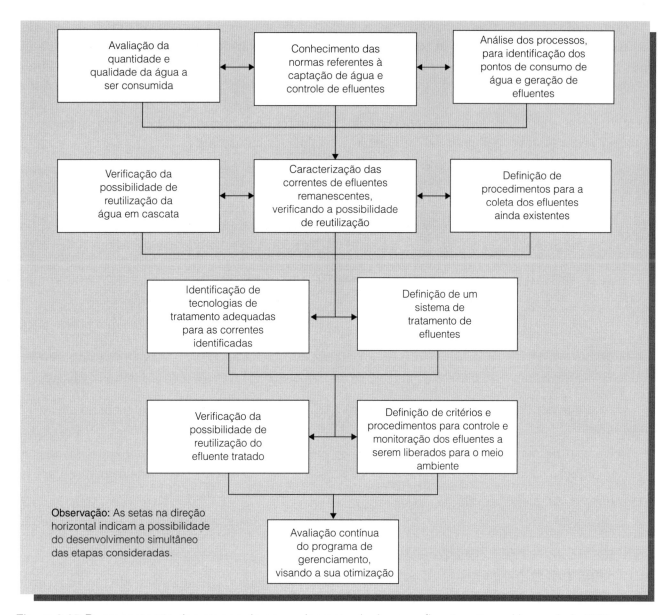

Figura 6.65 Representação das etapas de gerenciamento de água e efluentes. *Fonte:* Hespanhol, 1999

Figura 6.66 Exemplos de compostos organoclorados presentes nos efluentes das indústrias papeleiras

Como cada indústria possui um processo exclusivo, de variável complexidade e produção de efluentes, cada estudo de viabilidade de tratamento deve ser realizado de maneira isolada, buscando-se alternativas que permitam não somente a remoção das substâncias contaminantes mas também a sua completa mineralização. A Figura 6.67 esquematiza, de uma maneira geral, os principais métodos de tratamento de efluentes industriais utilizados para a eliminação de organoclorados e efluentes. Em função deste panorama, muitos estudos têm sido realizados buscando desenvolver tecnologias capazes de minimizar o volume e a toxicidade dos efluentes industriais.

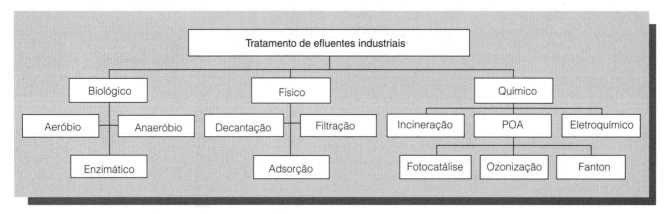

Figura 6.67 Organograma das classes de tratamento de efluentes (POA = Processos Oxidativos Avançados)

Os **tratamentos físicos** são caracterizados por processos de:

- separação de fases: sedimentação, decantação, filtração, centrifugação e flotação;
- transição de fases: destilação, evaporação, cristalização;
- transferência de fases: adsorção, *air stripping*, extração por solventes;
- separação molecular: hiperfiltração, ultrafiltração, osmose reversa, diálise.

De maneira geral, os procedimentos citados permitem uma depuração dos efluentes, entretanto, as substâncias contaminantes são apenas transferidas para uma nova fase (lodo). A utilização dos métodos físicos como etapas de pré-tratamento ou polimento do processo final possui extrema importância em um tratamento efetivo (ex.: membranas).

Os **processos biológicos** são os mais frequentemente utilizados, pois permitem o tratamento de grandes volumes de efluente, transformando compostos orgânicos tóxicos em CO_2 e H_2O (ou CH_4 e CO_2), com custos relativamente baixos, removendo a matéria orgânica presente nos rejeitos industriais (DBO, DQO ou COT).

Os métodos biológicos costumam ser bastante utilizados no tratamento de efluentes industriais. Entretanto, esses métodos apresentam alguns inconvenientes como:

- Uma grande área territorial é necessária para sua implementação, principalmente para os métodos aeróbios.

- Dificuldade no controle da população de microrganismos, que requer um rigoroso acompanhamento das condições ótimas de pH, temperatura e nutrientes. Alterações no meio fazem o microrganismo alterar também seu metabolismo, ou ainda, a aclimatação de um consórcio microbiano a determinados compostos pode promover diferentes possibilidades de transformação.

- Necessidade de um tempo relativamente longo para que os efluentes atinjam padrões exigidos. Além de que discretas diferenças na estrutura dos compostos, ou na composição dos efluentes, são bastante significativas para o bom funcionamento de um sistema biológico determinado. Devido a isso, um consórcio de microrganismos pode não reconhecer certa substância e não degradá-la, ou, ainda, pode levá-la a produtos mais tóxicos.

Os **tratamentos químicos** vêm apresentando uma enorme aplicabilidade em sistemas ambientais, como purificação de ar, desinfecção e purificação de água e efluentes industriais. Os métodos químicos, principalmente os processos oxidativos avançados, apresentam-se como uma das tecnologias mais promissoras, entretanto, ainda demandam muitos estudos para melhor viabilizar esta técnica.

Pesquisas têm apontado para o emprego de processos combinados, fazendo uso das vantagens de diferentes métodos. Os tratamentos químicos podem ser utilizados para aumentar a biodegradabilidade de compostos recalcitrantes, diminuindo o tempo de tratamento dos tradicionais processos biológicos. Observa-se que um pré-tratamento com ozônio em um efluente de indústria química incrementa a biodegradabilidade e possibilita a total mineralização de compostos cloro e nitroaromáticos.

O **tratamento eletroquímico** tem oferecido opções viáveis para remediar problemas ambientais, particularmente de efluentes aquosos. Esta tecnologia é capaz de oxidar ou reduzir íons metálicos, cianetos, compostos organoclorados, hidrocarbonetos aromáticos e alifáticos. Nesse processo, o elétron é o principal reagente, evitando o uso de outros compostos químicos que podem ser tóxicos.

Algumas espécies com forte poder oxidante, como O_3 e H_2O_2, têm sido detectadas nos processos eletroquímicos, ou deliberadamente produzidas. Têm-se verificado que ânodos de Ti modificado com PbO_2 favorecem a produção de altas concentrações de ozônio e que cátodos de carbono e de platina são muito eficientes para produzir peróxido de hidrogênio.

É importante salientar também que nos trabalhos destinados a desenvolver procedimentos de remediação de efluentes, é necessário contar com um rigoroso esquema de avaliação dos processos escolhidos. O desaparecimento de espécies químicas consideradas poluentes nem sempre é um critério seguro, outras espécies também muito tóxicas podem ser geradas durante o tratamento. Várias pesquisas têm observado uma rápida transformação de compostos tóxicos, mas com o aparecimento de substâncias com poder de mutagenicidade muito maior que os compostos originais (Freire, 2010).

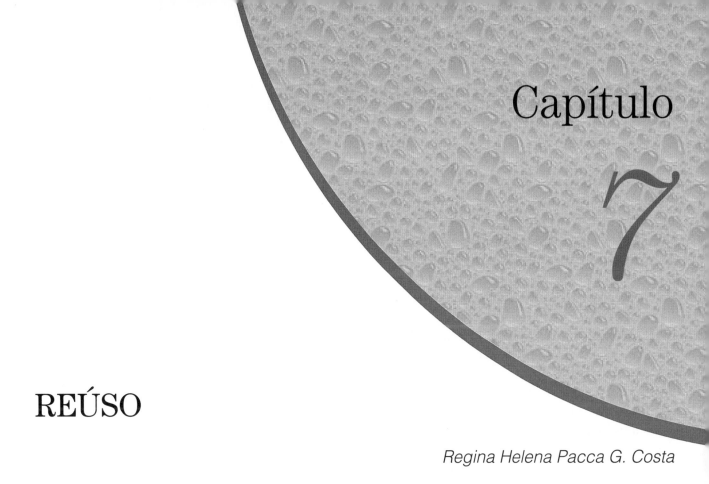

Capítulo 7

REÚSO

Regina Helena Pacca G. Costa

7.1 UMA TECNOLOGIA SUSTENTÁVEL

Toda e qualquer técnica aplicada estará sempre condicionada à relação custo-benefício. A tecnologia ambiental ultrapassa este conceito e ratifica a vivência sustentável como o único caminho de continuidade do desenvolvimento humano, ou seja, de uma forma ou de outra o próprio meio ambiente manifestará, e já está manifestando, uma renovada condição de subsistência de qualquer atividade. A conscientização ocorre em escalas múltiplas e a realização ainda é tímida e limitada a contextos políticos, culturais, sociais, geográficos e econômicos.

A técnica do reúso da água não foge à regra. Embora ela seja, cada vez mais, reconhecida como uma das opções mais inteligentes para a racionalização dos recursos hídricos, depende da aceitação popular, aprovação mercadológica e vontade política para se efetivar como tecnologia sistemática.

Todavia, a expansão do reúso é uma realidade. Em suas várias formas de aplicação, revela-se uma técnica segura e confiável, atraindo investimentos que tendem a ser cada vez menores e que, por isso mesmo, incentivam uma prática cada vez mais acessível.

O Brasil caminha lentamente na direção da sustentabilidade já adotada mundialmente, principalmente no que se refere ao uso inteligente da água, ao controle ambiental e consequentes vantagens socioeconômicas. Neste quadro, é requisito básico a coerência dos paradigmas burocráticos, agilidade da política institucional e integração nas organizações públicas e privadas, em empenho conjunto ao setor educacional, numa ampla ação que vai se refletir na conduta de cada indivíduo e consequente adequação mercadológica.

Pode-se entender o reúso como o aproveitamento do efluente após uma extensão de seu tratamento, com ou sem investimentos adicionais. Nem todo o volume de esgoto gerado precisa ser tratado para ser reutilizado, porém existem casos em que estes efluentes exigem um processo bastante específico de purificação. Essas especificações devem sempre respeitar o princípio de adequação da qualidade da água à sua utilização, devendo-se sempre observar uma série de providências e cuidados, bem como atender as instruções da Norma ABNT 13969/97.

No Brasil, a Lei n. 9.433, de 8 de janeiro de 1997, em seu Capítulo II, Artigo 20, Inciso 1, determina, entre os objetivos da Política Nacional de Recursos Hídricos, "assegurar à atual e às futuras gerações a necessária disponibilidade de água, em padrões de qualidade adequados aos respectivos usos". Os Planos Diretores de Recursos Hídricos de bacias hidrográficas – em levantamento realizado sobre as diversas bacias hidrográficas brasileiras – apontam os problemas de saneamento básico, coleta e tratamento de esgoto e fazem propostas para a implementação de saneamento básico. Entretanto, ainda não existe um incentivo para atividades de reúso de água, utilizando efluentes pós-tratados. Isso se deve, talvez, ao relativo desconhecimento dessa tecnologia e por motivos de ordem sociocultural (Salati, 1999).

Mesmo assim, considerando que já existem atividades de reúso de água com fins agrícolas em certas regiões do Brasil, as quais são exercidas de maneira informal e sem as salvaguardas ambientais e de saúde pública adequadas, torna-se necessário institucionalizar, regulamentar e promover o setor por meio da criação de estruturas de gestão, preparação de legislação, disseminação de informação, e do desenvolvimento de tecnologias compatíveis com as nossas condições técnicas, culturais e socioeconômicas.

É nesse sentido que a Superintendência de Cobrança e Conservação (SCC) da Agência Nacional de Águas inova ao pretender iniciar processos de gestão, a fim de fomentar e difundir as tecnologias de reúso e ao investigar formas de se estabelecerem bases políticas, legais e institucionais para o reúso de água neste país (DBT, 2005).

7.2 O REÚSO COMO OPÇÃO INTELIGENTE

Se o critério de qualidade da água está diretamente relacionado à sua finalidade (consumo doméstico, industrial, agropecuário, recreação, transporte e outros), para a água de reúso adota-se o mesmo princípio.

O crescimento populacional, associado aos processos de degradação da qualidade da água, vem acarretando sérios problemas de escassez, quantitativa ou qualitativa, e conflitos de uso até mesmo em regiões com excelentes recursos hídricos, que tendem a exigir, cada vez mais, enormes esforços para reduzir o *deficit* crônico de abastecimento de água e o esgotamento sanitário adequado. Isso despertou uma preocupação mundial, e consequentemente o valor econômico da água adquiriu uma importância crescente como fator competitivo do mercado internacional nas duas últimas décadas, daí ter surgido o termo *água capital ecológico*.

Sendo o Brasil um país tropical úmido, possuidor da maior descarga de água doce distribuída numa rede hidrográfica, superficial e subterrânea, a abundância desta água doce é um importantíssimo suporte ao desenvolvimento de um dos maiores potenciais de biodiversidade da Terra e produção de biomassa, natural ou cultivada.

Dessa maneira, as características potenciais de água doce brasileiras devem ser vistas como um capital ecológico de inestimável importância e como um fator competitivo fundamental ao desenvolvimento socioeconômico sustentado. Com este quadro, as alternativas de uso integrado e conservação das águas, tanto em termos quantitativos como qualitativos, como de manutenção dos ecossistemas naturais, são, regra geral, as mais promissoras (Uniágua, 2001).

A estatística mostra que um ponto variante ao consumo de água doce se refere ao nível de desenvolvimento atingido pela população de cada país ou a importância das atividades de irrigação. Uma análise feita em 50 países mostra que há uma tendência de redução das taxas de consumo a partir de um certo nível de riqueza, pois conclui-se que, uma vez atingido um certo nível de desenvolvimento, buscam-se alternativas de otimização e eficiência que resultam em queda do consumo de água.

Efetivamente, o que falta no Brasil não é água, mas determinado padrão cultural que agregue ética e melhor desempenho dos governos, da sociedade organizada, das ações públicas e privadas, promotoras do desenvolvimento econômico em geral, e da água doce em particular. É necessário:

- que os poderes públicos federal e estaduais realizem os investimentos necessários para um eficiente gerenciamento, controle e fiscalização das condições de uso e proteção;
- que as empresas de saneamento básico forneçam, com eficiência, a água de qualidade garantida, coletando e tratando o esgoto, recolhendo e dispondo de forma adequada o lixo doméstico, e atuando de forma harmônica com os setores responsáveis pelo ordenamento e controle das condições de uso e ocupação do território, tanto urbano como rural;
- que a sociedade, por sua vez, reveja sua atitude de descaso em relação ao abuso e desperdício, como se a água fosse um recurso ilimitado e de propriedade particular e individual.

Em maio de 1993, foram registrados violentos distúrbios provocados pela falta de água em Delhi (Índia), interpretados como um exemplo do que poderá ocorrer nas metrópoles em um futuro próximo, se medidas urgentes não forem tomadas. O Banco Mundial (1994), reconhecendo a gravidade da crise da água, adotou procedimentos para contribuir com a melhoria do gerenciamento dos recursos hídricos em nível global (Uniágua, 2001):

- incorporação das questões relacionadas com a política e o gerenciamento dos recursos hídricos nas conversações periódicas que mantém com cada país e na formulação da estratégia de ajuda aos países com *deficit* de abastecimento;
- formulação de leis e regulamentação para definição de preços, organizações monopolistas, proteção ambiental e outros aspectos do gerenciamento dos recursos hídricos;
- apoio a medidas para uso mais eficiente da água;
- apoio aos esforços governamentais para descentralizar a administração da água e incentivo à participação do setor privado, das corporações públicas financeiramente autônomas e das associações comunitárias no abastecimento de água aos usuários;
- participação dos usuários da água no planejamento, projeto, construção, gerenciamento e arrecadação das taxas dos projetos financiados pelo banco;
- prioridade à proteção, melhoria e recuperação da qualidade da água e à redução da poluição das águas através de políticas como o princípio do "poluidor-pagador";
- controle dos investimentos envolvendo reassentamento para que sejam evitados ou minimizados, porém, quando necessários, que sejam restaurados ou aprimorados os meios de vida anteriores;
- programas de treinamento para introduzir reformas nos sistemas de gerenciamento de água.

Em um futuro próximo, serão imprescindíveis novos projetos, elaborados e administrados na perspectiva da sustentabilidade econômica, social e ambiental, para atender a demanda de água, buscando novas fontes que propiciem seu uso mais eficiente. Neste contexto, apresentam-se algumas tecnologias para disponibilizar água com o desenvolvimento sustentável: a transposição de bacias; a autodepuração de rios; gestão do suprimento e demanda; e técnicas de purificação de águas em grandes quantidades, em que se destaca a necessidade da aplicação da tecnologia do reúso de água para finalidades específicas (Salati *et al.*, 1999).

7.3 NECESSIDADE DE REÚSO

Sendo o reúso de água considerado uma opção inteligente no mercado mundial, a necessidade de aplicação desta tecnologia, como já foi dito, está no próprio conceito de sustentabilidade dos recursos ambientais.

As técnicas de tratamento de efluentes já existem e podem ser aplicadas de acordo com a necessidade, o custo e objetivo que se deseja alcançar. A eficiência do projeto está diretamente ligada às condições de sua viabilidade técnica e econômica.

Nas regiões áridas e semiáridas, a água é um fator limitante para o desenvolvimento urbano, industrial e agrícola, sendo necessária a busca de novas fontes de recursos, para complementar a pequena oferta hídrica ainda disponível. Muitas regiões com recursos hídricos abundantes, mas insuficientes para atender as demandas excessivamente elevadas, também experimentam conflitos de usos e sofrem restrições de consumo, que afetam o desenvolvimento econômico e a qualidade da vida (Mancuso, 2003).

Além da escassez, o reúso da água para fins não potáveis compensa a dificuldade de atendimento da demanda da água e substitui mananciais próximos e de qualidade adequada. Com a política do reúso, importantes volumes de água potável são poupados, usando-se a água de qualidade inferior, geralmente efluentes secundários pós-tratados, para atendimento de finalidades que podem prescindir da potabilidade (Abes, 1997).

O conceito de "substituição de fontes" mostra-se, então, como a alternativa mais plausível para satisfazer as demandas menos restritivas, reservando a água de melhor qualidade para usos mais nobres, como o abastecimento doméstico. Em 1985, o Conselho Econômico e Social das Nações Unidas estabeleceu uma política de gestão para áreas carentes de recursos hídricos com base neste conceito: "A não ser que exista grande disponibilidade, nenhuma água de boa qualidade deve ser utilizada para usos que toleram águas de qualidade inferior." (Uniágua, 2001).

A água com qualidades inferiores, tais como esgoto de origem doméstica, água de drenagem agrícola e água salobra, deve, sempre que possível, ser considerada como fonte alternativa para usos menos restritivos. O uso de tecnologias apropriadas para o desenvolvimento dessas fontes se constitui hoje, em conjunção com a melhoria da eficiência do uso e o controle da demanda, no estratagema para a solução do problema da falta mundial de água (Abes, 1997).

A demanda crescente da água tem feito do reúso planejado um tema atual e de grande importância. Entretanto, deve-se considerá-lo mais abrangente que o uso racional ou eficiente da água. O reúso compreende também o controle de perdas e desperdícios e a minimização da produção de efluentes e do consumo de água.

O esgoto tratado tem papel fundamental no planejamento e na gestão sustentável dos recursos hídricos como substituto da água destinada a fins agrícolas e de irrigação, por exemplo. Ao resguardar as fontes de água de boa qualidade para abastecimento público e outras prioridades, o uso de esgoto contribui para a conservação dos recursos e acrescenta a vantagem econômica.

7.4 APLICAÇÕES DO REÚSO

Em seu ciclo hidrológico, a água se renova através de sistemas naturais como um recurso limpo e seguro. Entretanto, quando poluída, pode ser tratada e readquirir seus benefícios diversos. A qualidade da água utilizada e seu objetivo específico de reúso estabelecem os níveis de tratamento recomendados, os critérios de segurança a serem adotados e os custos de operação e manutenção associados. A Figura 7.1 apresenta um esquema dos tipos básicos

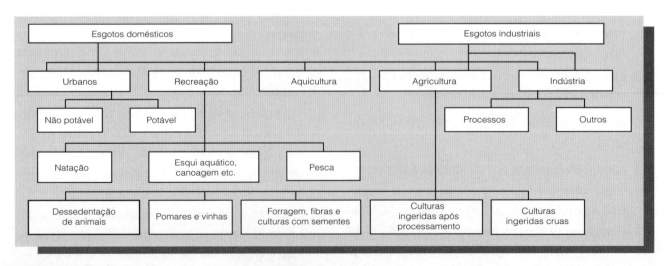

Figura 7.1 Tipos de reúso. *Fonte:* Hespanhol, 1999

de uso potencial do esgoto tratado que podem ser implementados tanto em áreas urbanas como em áreas rurais (Hespanhol, 1999).

A tecnologia do reúso pode ser entendida como uma forma de reaproveitamento da água servida que abrange desde a simples recirculação de água de enxágue da máquina de lavar roupas, com ou sem tratamento aos vasos sanitários, até uma remoção em alto nível de poluentes para lavagens de carros, regas de jardins ou outras aplicações mais específicas, podendo se estender para além do limite do sistema local e suprir a demanda industrial ou outra demanda da área próxima.

Deve-se lembrar que o tratamento do efluente deverá atender à legislação (Resolução do Conama n. 357/2005) que define a qualidade de águas em função do uso a que está sujeita.

A Enge (2005) juntamente com a BTD (2005) descrevem resumidamente as aplicações do reúso previstas na NBR (NBR 13969/97).

No caso de utilização como fonte de água para canais e lagos para fins paisagísticos, dependendo das condições locais, pode ocorrer um crescimento intenso das plantas aquáticas, devido à abundância de nutrientes no esgoto tratado. Nesse caso, deve-se dar preferência à alternativa de tratamentos que removam eficientemente o fósforo do esgoto (ver item 5.6.1 da NBR 13969/97).

O reúso local de esgoto deve ser planejado de forma segura e funcional visando minimizar o custo de implantação e de operação. Para tanto, devem ser definidos:

a) Usos previstos para o esgoto tratado (item 5.6.2, NBR 13969/97):

    Devem ser considerados todos os usos que o usuário precisar, tais como lavagens de pisos, calçadas, irrigação de jardins e pomares, manutenção das águas nos canais e lagos dos jardins, nas descargas dos banheiros etc. Não deve ser permitido o uso, mesmo desinfetado, para irrigação das hortaliças e frutas de ramas rastejantes (por exemplo, melão e melancia). Admite-se seu reúso para plantações de milho, arroz, trigo, café e outras arvores frutíferas, via escoamento no solo, tomando-se o cuidado de interromper a irrigação pelo menos 10 dias antes da colheita.

b) Volume de esgoto a ser reutilizado (item 5.6.3, NBR 13969/97):

    Os usos definidos para todas as áreas devem ser quantificados para obtenção do volume total final a ser reusado. Para tanto, devem ser estimados os volumes para cada tipo de reúso, considerando as condições locais (clima, frequência de lavagem e de irrigação, volume de água para descarga dos vasos sanitários, sazonalidade de reúso etc.).

c) Grau de tratamento necessário (item 5.6.4, NBR 13969/97):

    O grau de tratamento para uso múltiplo de esgoto tratado é definido, regra geral, pelo uso mais restringente quanto à qualidade de esgoto tratado. No entanto, conforme o volume estimado para cada um dos usos, podem-se prever graus progressivos de tratamento desde que haja previsão de sistemas distintos de reservação e de distribuição. Por exemplo, se o volume destinado para uso com menor exigência for expressivo, não haveria necessidade de se submeter todo o volume de esgoto a ser reutilizado ao grau máximo de tratamento, mas apenas uma parte, reduzindo-se o custo de implantação e operação. Nos casos simples de reúso menos exigente (por exemplo, descarga de vasos sanitários), pode-se prever o uso da água de enxágue das máquinas de lavar, apenas desinfetando esta água e recirculando no vaso, em vez de enviá-las para o sistema de esgoto para posterior tratamento.

    Em termos gerais, podem ser definidas as seguintes classificações e respectivos valores de parâmetros para esgoto, conforme o reúso:

    Classe 1: lavagem de carros e outros usos que requerem o contato direto do usuário com a água, com possível aspiração de aerossóis pelo operador incluindo chafarizes:

    ↳ turbidez – inferior a 5;

    ↳ coliforme fecal – inferior a 200 NMP/100 mL;

    ↳ sólidos dissolvidos totais inferiores a 200 mg/L;

    ↳ pH entre 6.0 e 8.0;

    ↳ cloro residual entre 0,5 mg/L e 1,5 mg/L.

    Nesse nível, serão geralmente necessários tratamentos aeróbios (filtro aeróbio submerso ou LAB) seguidos por filtração convencional (areia e carvão ativado) ou membrana filtrante e, finalmente, cloração.

Classe 2: lavagem de pisos, calçadas e irrigação dos jardins, manutenção dos lagos e canais para fins paisagísticos, exceto chafarizes:

- turbidez – inferior a 5;
- coliforme fecal – inferior a 500 NMP/100 mL;
- cloro residual superior a 0,5 mg/L.

Nesse nível, é satisfatório um tratamento biológico aeróbio (filtro aeróbio submerso ou LAB) seguido de filtração de areia, ou membrana filtrante e desinfecção.

Classe 3: reúso nas descargas dos vasos sanitários:

- turbidez – inferior a 10;
- coliforme fecal – inferior a 500 NMP/100 mL.

Normalmente, as águas de enxágue das máquinas de lavar roupas satisfazem a este padrão, sendo necessária apenas uma cloração. Para casos gerais, um tratamento aeróbio seguido de filtração e desinfecção satisfaz este padrão.

Classe 4: reúso nos pomares, cereais, forragens, pastagens para gados e outros cultivos através de escoamento superficial ou por sistema de irrigação pontual.

- coliforme fecal – inferior a 5.000 NMP/100 mL;
- oxigênio dissolvido acima de 2,0 mg/L.

As aplicações devem ser interrompidas pelo menos 10 dias antes da colheita.

d) **Sistema de reservação e de distribuição (item 5.6.5, NBR 13969/97)**

O reúso se baseia em sistemas de reservação e de distribuição específicos e cada um desses sistemas deve ser identificado de modo claro e inconfundível para não recair em uso errôneo ou mistura com o sistema de água potável ou outros fins.

Devem ser observados os seguintes aspectos referentes ao sistema:

- todo o sistema de reservação deve ser dimensionado para atender pelo menos 2 (duas) horas de uso de água no pico da demanda diária, exceto para uso na irrigação da área agrícola ou pastoril;

- todo o sistema de reservação e de distribuição do esgoto a ser reutilizado deve ser claramente identificado, através de placas de advertência nos locais estratégicos e nas torneiras, além do emprego de cores nas tubulações e nos tanques de reservação distintas das de água potável;

- quando houver usos múltiplos de reúso com qualidades distintas, deve-se optar pela reservação distinta das águas, com clara identificação das classes de qualidades nos reservatórios e nos sistemas de distribuição;

- no caso de reúso direto das águas da máquina de lavar roupas para uso na descarga dos vasos sanitários, deve-se prever a reservação do volume total da água de enxágue; e

- o sistema de reservação para aplicação nas culturas cujas demandas pela água não são constantes durante o seu ciclo deve prever uma preservação ou área alternativa destinada ao uso da água sobressalente na fase de menor demanda.

e) **Manual de operação e treinamento dos responsáveis (item 5.6.6, NBR 13969/97)**

Todos os gerenciadores dos sistemas de reúso, principalmente aqueles que envolvem condomínios residenciais ou comerciais com grande número de pessoas envolvidas na manutenção de infraestruturas básicas, devem indicar o responsável pela manutenção e operação do sistema de reúso de esgoto. Para tanto, o responsável pelo planejamento e projeto deve fornecer manuais do sistema de reúso, contendo figuras e especificações técnicas quanto ao sistema de tratamento, reservação e distribuição, procedimentos para operação correta, além de treinamento adequado aos operadores.

f) **Amostragem para análise do desempenho e do monitoramento (item 5.6.7, NBR 13969/97)**

Todos os processos de tratamento e disposição final de esgoto devem ser submetidos à avaliação periódica de desempenho, tanto para determinar o grau de poluição causado pelo sistema de tratamento implantado como para avaliação do sistema em si, para efeito de garantia do bom funcionamento do processo. Esta avaliação deve ser mais frequente e minuciosa nas áreas consideradas sensíveis, do ponto de vista de proteção de mananciais.

A análise por amostragem do afluente e do efluente do sistema local de tratamento deve ser feita com frequência trimestral. Na fase inicial da operação, no entanto, o acompanhamento deve ser, pelo menos, quinzenal até entrar em regime efetivo.

A amostragem composta proporcional à vazão deve ser executada com campanha horária cobrindo pelo menos 12 (doze) horas consecutivas. Quando não houver condições para a determinação correta da vazão, esta deve ser estimada conforme as observações baseadas nos usos de água. Para o monitoramento dos sistemas de infiltração no solo (vala de infiltração, sumidouro, canteiro de infiltração e de evapotranspiração), devem ser coletadas amostragens a partir dos poços ou cavas escavadas em volta dessas unidades, em profundidades distintas, por meio de amostras compostas não proporcionais. Os parâmetros a serem analisados são relativos:

→ aos lançamentos nos corpos receptores superficiais e nas galerias de águas pluviais, aqueles definidos na legislação municipal, estadual e federal;

→ a disposição no subsolo, nitrato, pH, coliformes fecais e vírus.

Todas as amostras coletadas devem ser imediatamente preservadas e analisadas de acordo com os procedimentos descritos no "Standard Methods for Examination of Water Wastewater" na sua última edição.

7.4.1 Tipos de reúso

Para melhor entender as diversas formas de reúso, deve-se lembrar que a disposição final do efluente líquido de uma estação de tratamento de esgoto, na maioria das vezes, é feita em corpos d'água. Quando é reutilizada esta água, consideram-se algumas de suas aplicações como reúso, mesmo de forma direta ou indireta, decorrentes de ações planejadas ou não (Uniágua, 2005):

→ **Reúso indireto não planejado da água:** é quando o esgoto, após ser tratado ou não, é lançado em um corpo hídrico (lago, reservatório ou aquífero subterrâneo) onde ocorre a sua diluição, e após um tempo de detenção, este mesmo corpo hídrico é utilizado como manancial, sendo efetuada a captação, seguida de tratamento adequado e posterior distribuição da água. Ao longo do seu curso até o ponto de captação do novo usuário, a água está sujeita às ações naturais do ciclo hidrológico (diluição, autodepuração). Dessa forma, pode-se dizer que o reúso indireto não planejado ocorre quando a água utilizada em alguma atividade humana é descarregada no meio ambiente e novamente utilizada a jusante, em sua forma diluída, de maneira não intencional e não controlada.

→ **Reúso indireto planejado da água:** ocorre quando o efluente tratado é descarregado de forma planejada nos corpos de águas superficiais ou subterrâneos, para serem utilizadas a jusante, de maneira controlada, no atendimento a algum benefício. É necessário que o corpo receptor intermediário seja um corpo hídrico não poluído, para, através de diluição adequada, reduzir a carga poluidora a níveis aceitáveis.

O reúso indireto planejado da água pressupõe que exista também um controle sobre as eventuais novas descargas de efluentes no percurso, garantindo assim que o efluente tratado esteja sujeito apenas a misturas de outros efluentes que também atendam ao requisito de qualidade do reúso objetivado.

→ **Reúso direto planejado das águas:** ocorre quando os efluentes, depois de tratados, são encaminhados diretamente de seu ponto de descarga até o local do reúso, não sendo descarregados no meio ambiente. É o caso de maior ocorrência, com destino à indústria ou à irrigação.

Quando para uso potável, o efluente se dirige a uma estação de tratamento de água para posterior distribuição. Não é recomendado pela OMS.

- **Reciclagem de água:** é o reúso interno da água, antes de sofrer qualquer tipo de tratamento ou ir para o descarte. A reciclagem funciona como fonte suplementar de abastecimento do uso original e é um caso particular do reúso direto planejado.

A "Ambiente Brasil" (2005) destaca as seguintes aplicações das águas recicladas:

- **Irrigação paisagística:** parques, cemitérios, campos de golfe, faixas de domínio de autoestradas, campi universitários, cinturões verdes, gramados residenciais.

- **Irrigação de campos para cultivos:** plantio de forrageiras, plantas fibrosas e de grãos, plantas alimentícias, viveiros de plantas ornamentais, proteção contra geadas.

- **Usos industriais:** refrigeração, alimentação de caldeiras, água de processamento.

- **Recarga de aquíferos:** recarga de aquíferos potáveis, controle de cunho salino, controle de recalques de subsolo.

- **Usos urbanos não potáveis:** irrigação paisagística, combate ao fogo, descarga de vasos sanitários, sistemas de ar-condicionado, lavagem de veículos, lavagem de ruas e pontos de ônibus etc.

- **Finalidades ambientais:** aumento de vazão em cursos de água, aplicação em pântanos, terras alagadas, indústrias de pesca.

- **Usos diversos:** aquicultura, construções, controle de poeira, dessedentação de animais.

Como existem várias aplicabilidades para a água de reúso, quando se pensa em volume do esgoto a ser utilizado deve-se definir vazões por área aplicada.

Para tanto, devem ser estimados os volumes para cada tipo de reúso, considerando as condições locais (clima, frequência de lavagem e de irrigação, volume de água para descarga dos vasos sanitários, sazonalidade de reúso etc.).

A falta de legistação ou norma específica para o reúso, em suas várias formas, vem dificultando sua aplicação.

O grau de tratamento para uso múltiplo de esgoto tratado geralmente é definido pelo uso mais restringente quanto à qualidade de esgoto tratado.

No entanto, conforme o volume estimado, podem-se prever graus progressivos de tratamento, desde que haja previsão de sistemas distintos de reservação e de distribuição.

Efluentes de microfiltração ou ultrafiltração são isentos de partículas, coliformes e vírus, mas não removem os nutrientes orgânicos e inorgânicos. O permeado, portanto, será colonizado rapidamente por bactérias heterotróficas, cuja população deve ser controlada por sanificação complementar com cloro ou luz ultravioleta. A presença de contaminantes orgânicos e inorgânicos nesses efluentes limita o emprego desse tipo de água de reúso, em aplicações industriais ou comerciais, que tolerem contaminantes químicos. A qualidade da água de reúso produzida por microfiltração ou ultrafiltração pode ser melhorada sensivelmente com o uso de floculantes antes da etapa de filtração (Maestri, 2007).

Pela sua própria viabilidade técnico-econômica e pela falta de legislação, a filosofia do reúso é mais presente em usos não potáveis. A tecnologia das MBRs favorece efluentes (permeado) que além de atingir os padrões de lançamentos estabelecidos pelas legislações (hidrologia), apresentam qualidade indicada para o reúso em vários níveis de eficiência na qualidade final da água tratada. Isso justifica o emprego cada vez maior das MBRs nos tratamentos avançados.

No Brasil, a NBR 13969/97 e o Manual de Conservação e Reúso de Água em Edificações – ANA/Fiesp & SindusCon/SP 2005 estabelecem padrões de qualidade do esgoto tratado (de origem essencialmente doméstica ou com características similares) para que possa ser reutilizado para uso não potável (Quadro 7.1).

Quadro 7.1 Classificação e parâmetros para o reúso no Brasil

NBR 13969/97	
Usos	**Parâmetros**
Classe 1	
Lavagem de carros e outros usos que requerem o contato direto do usuário com a água, com possível aspiração de aerossóis pelo operador, incluindo chafarizes.	Turbidez: < 5 NTU Coliformes fecais: < 200 NMP/100 mL Sólidos Dissolvidos Totais: < 200 mg/L Cloro residual: 0,5 – 1,5 mg/L pH: 6 – 8
Nesse nível, serão geralmente necessários tratamentos aeróbios seguidos por filtração convencional e cloração.	
Classe 2	
Lavagem de pisos, calçadas e irrigação de jardins, manutenção de lagos e canais para fins paisagísticos, exceto chafarizes.	Turbidez: < 5 NTU Coliformes fecais: < 500 NMP/100 mL Cloro residual: > 0,5 mg/L
Nesse nível, é satisfatório um tratamento biológico aeróbio (filtro aeróbio submerso ou LAB) seguido de filtração de areia e desinfecção.	
Classe 3	
Reúso nas descargas dos vasos sanitários.	Turbidez: < 10 NTU Coliformes fecais: < 500 NMP/100 mL Sólidos Dissolvidos Totais: < 200 mg/L Cloro residual
Normalmente, as águas de enxágue das máquinas de lavar roupas satisfazem a este padrão, sendo necessária apenas uma cloração. Para casos gerais, um tratamento aeróbio seguido de filtração e desinfecção satisfaz a este padrão.	
Classe 4	
Reúso em pomares, cereais, forragens, pastagens para gados e outros cultivos através de escoamento superficial ou por sistema de irrigação pontual.	Coliformes fecais: < 5.000 NMP/100 mL Oxigênio dissolvido: > 2 mg/L
As aplicações devem ser interrompidas pelo menos 10 dias antes da colheita.	

Fonte: Adaptado de NBR 13969/97

7.4.2 SISTEMA DE RESERVAÇÃO E DE DISTRIBUIÇÃO PARA ÁGUA DE REÚSO

O reúso tem como base a necessidade de um sistema de reservação e de distribuição específicos, sendo que todos eles devem ser identificados de modo claro e inconfundível para impedir o uso errôneo ou mistura com o sistema de água potável ou outros fins.

Devem ser observados os seguintes aspectos referentes ao sistema:

→ Todo o sistema de reservação deve ser dimensionado para atender pelo menos a demanda diária.

→ Todo o sistema de reservação e de distribuição do esgoto a ser reutilizado deve ser claramente identificado por meio de placas de advertência nos locais estratégicos e nas torneiras, além do emprego de cores nas tubulações e nos tanques de reservação distintas das de água potável.

→ Quando houver usos múltiplos de reúso com qualidades distintas, deve-se optar pela reservação distinta das águas, com clara identificação das classes de qualidades nos reservatórios e nos sistemas de distribuição.

→ Manual de operação e treinamento dos responsáveis. Todos os gerenciadores dos sistemas de reúso, principalmente aqueles que envolvem condomínios residenciais ou comerciais com grande número de pessoas envolvidas na manutenção de infraestruturas básicas, devem indicar o responsável pela manutenção e operação do sistema de reúso de esgoto.

→ Amostragem para análise do desempenho e do monitoramento. Todos os processos de tratamento e disposição final de esgoto devem ser submetidos a avaliação periódica do desempenho, tanto para determinar o grau de poluição causado pelo sistema de tratamento implantado como para avaliação do sistema em si, para efeito de garantia de um bom funcionamento do processo.

7.5 REÚSO URBANO PARA FINS POTÁVEIS

O esgoto de origem essencialmente doméstica, ou com características similares, facilita a viabilização do seu reúso para fins urbanos. Por motivos de segurança à saúde pública, esse esgoto deve ser reutilizado para os chamados "fins menos nobres", ou seja, que não exigem qualidade de água potável, tais como irrigação dos jardins, lavagem de pisos e dos veículos automotivos, na descarga dos vasos sanitários, na manutenção paisagística dos lagos e canais com água, na irrigação dos campos agrícolas, pastagens etc.

O reúso urbano para fins potáveis (serviço de abastecimento público de água) ocorre em localidades onde há escassez crônica da água e esta tecnologia se apresenta como a única solução adequada. Quando isso acontece, os cuidados com a qualidade do esgoto devem ser redobrados (inclusive pela própria população). Para que isso ocorra, além de ser necessário que o efluente tenha características estritamente orgânicas e de ser exigido que seu tratamento se efetue em nível terciário, é preciso que, na sequência, seu efluente siga para o tratamento complementar de potabilização dessa água. Este assunto será melhor abordado nos capítulos seguintes.

No setor urbano, o potencial de reúso é bastante diversificado, porém demanda água com qualidade elevada, exigindo sistemas de tratamento e de controle avançados, podendo levar a custos incompatíveis com os benefícios correspondentes. De uma maneira geral, o esgoto tratado pode, no contexto urbano, ser utilizado para fins potáveis e não potáveis (Ivanildo Hespanhol, 1999).

7.5.1 Reúsos urbanos para fins potáveis

Dificilmente, encontra-se um esgoto com qualidades estritamente orgânicas. Esta condição está diretamente ligada ao controle das aplicações das leis, não só pelos órgãos competentes, como pela própria população.

Não se pode padronizar a qualidade do esgoto gerenciado pelas estações de tratamentos de esgoto urbano. O esgoto a ser tratado em cada ETE refletirá a característica socioeconômica de seu lugar de origem. Em polos industriais, a qualidade do esgoto produzido irá variar na mesma proporção que variam os processos industriais e seus consequentes lançamentos de resíduos. Já em uma zona residencial, a tendência é coletar esgoto estritamente orgânico.

A qualidade do esgoto, contudo, classificará o tipo de reúso a ser implantado, as possíveis alternativas e os riscos a serem considerados, tornando sua aplicação indicada ou não, perante seu custo-benefício e, principalmente, perante sua adequação à saúde pública dos consumidores.

Na implementação, inevitável, do reúso urbano para fins potáveis, devem ser obedecidos os seguintes critérios básicos (Hespanhol, 1999):

→ Utilizar apenas sistemas de reúso indireto

A Organização Mundial da Saúde não recomenda o reúso direto, visualizando-o como a conexão direta dos efluentes de uma estação de tratamento e, em seguida, ao sistema de distribuição.

→ Utilizar exclusivamente esgotos domésticos

Devido à impossibilidade de identificar adequadamente a enorme quantidade de compostos de alto risco, particularmente micropoluentes orgânicos, presentes em efluentes líquidos industriais, mananciais que recebem ou receberam durante períodos prolongados esses efluentes são, inicialmente, desqualificados para a prática de reúso para fins potáveis.

O reúso para fins potáveis só pode ser praticado tendo como matéria-prima básica esgotos exclusivamente domésticos.

Segundo Mancuso e Santos (2003), destacam-se as seguintes possibilidades para o reúso potável direto:

→ Descarga do efluente tratado nos mananciais de superfície, com captação da mistura – efluente tratado e água natural – a jusante e diretamente no manancial.

→ As águas dos mananciais de superfície que receberam descargas de efluentes tratados à montante são captadas indiretamente por meio de sua infiltração pelas margens do corpo de água a jusante por meio de poços.

→ Recarga de aquífero subterrâneo pela infiltração direta de efluentes tratados ou de águas de mananciais superficiais que tenham recebido descargas de efluente a montante. As águas do aquífero subterrâneo são captadas a jusante através de poços. A recarga artificial do aquífero pode ser feita pelos processos de infiltração-percolação ou injeção direta.

Nos Estados Unidos, não se usa o reúso potável direto, porém o reúso potável indireto é implementado em diversos sistemas de fornecimento de água potável por meio da recarga de aquíferos subterrâneos. Segundo Oenning (2006), diversas instalações têm sido construídas para avaliar o potencial dos sistemas de reúso potável direto e indireto. Podem-se destacar alguns exemplos dessas instalações:

→ Departamento de água de Denver – Projeto de demonstração de reúso potável direto de água, 1979-1990;

→ Planta experimental de tratamento de água Potomac estuário, 1980-1983;

→ Distrito municipal de saneamento de Los Angeles – Projeto municipal de recarga de aquífero, 1992-atualmente;

→ Distrito municipal de água de Orange, Califórnia – Usina de Água 21, 1972-atualmente;

→ Planta de recuperação de água Fred Hervey, El Paso, Texas – Recarga de Aquífero, 1985-atualmente;

→ Cidade de San Diego – Projeto recuperação total de recursos, 1984-1999.

→ Cidade de Tampa, Flórida – Projeto recuperação de recursos da água, 1993.

Quanto aos critérios a serem adotados para o reúso potável indireto, a Usepa (2004), Agência de Proteção Ambiental americana, em seu guia de reúso de água, sugere diretrizes para o reúso de água em países e localidades que não possuem legislação formada, que devem ser consideradas como uma orientação. O Quadro 7.2 descreve esses critérios e diretrizes, apresentando os tipos de reúso, o tratamento mínimo que o efluente deve possuir, a qualidade que a água de reúso deve possuir, o tipo de monitoramento e sua periodicidade, a distância mínima que a prática do reúso deve ter de fontes de água potável e alguns comentários importantes à prática do mesmo.

Na República da Namíbia – Zimbabwe, por exemplo, que vem tratando esgoto exclusivamente doméstico para fins potáveis, o esgoto industrial é coletado em rede separada e tratado independentemente. Além disso, um controle intensivo é efetuado pela municipalidade, para evitar a descarga, mesmo acidental, de efluentes industriais ou de compostos químicos de qualquer espécie, no sistema de coleta de esgoto doméstico.

→ Empregar barreiras múltiplas nos sistemas de tratamento

Os elevados riscos associados à utilização de esgoto exigem cuidados extremos para assegurar proteção efetiva e permanente dos consumidores.

Os sistemas de tratamento a serem implementados devem ser unidades de tratamento suplementares, além daquelas teoricamente necessárias. É recomendável, quando possível, reter o esgoto já tratado em aquíferos subterrâneos, por períodos prolongados, antes de se encaminhar a água para abastecimento público.

→ Adquirir aceitação popular e assumir responsabilidades sobre o empreendimento

Os programas de reúso para fins potáveis devem ser, desde a fase de planejamento, temas de divulgação e discussão com todos os setores da população atingida. Deve haver aprovação popular da proposta e, por outro lado, responsabilidades (técnica, financeira e moral) das entidades encarregadas pelo planejamento, implementação e gestão do sistema de reúso.

Quadro 7.2 — Critérios e diretizes da Usepa para reúso potável indireto

Tipo de reúso	Tratamento	Qualidade da água recuperada[1]	Monitoramento da água recuperada	Distância mínima de proteção[2]	Comentários
Reúso Potável Indireto Recarga de águas subterrâneas por infiltração/ percolação em aquíferos potáveis.	→ Secundário; → Desinfecção; → Podem também ser necessários filtração e tratamento avançado de efluentes[3].	→ Secundária; → Desinfetada; → Chegar aos padrões de água potável depois de percolado através da zona não saturada.	Inclusive, mas não limitados aos que seguem → pH – diário; → Coliformes – diário; → Cl_2 residual – contínuo; → Padrões para água potável – trimestral; → Outros[9] – dependem dos constituintes; → DBO – semanal; → Turbidez – contínua.	→ 150 metros de poços de extração Pode variar dependendo do tratamento feito e das condições de especificação local.	→ A espessura de solo sobre as águas subterrâneas (Ex.: espessura da zona não saturada (vadose zone) deve ser de pelo menos 2 metros no ponto mais alto do aquífero subterrâneo.) → A água recuperada deve ficar retida nas águas subterrâneas por, pelo menos, 6 meses antes da retirada. → Níveis de tratamento recomendados no campo dependem de valores. tais como tipo de solo, taxa de percolação, espessura da zona não saturada (*vadose zone*), qualidade da água nativa e diluição. → O monitoramento dos poços é necessário para detectar a influência da operação de recarga nas águas subterrâneas. → A água recuperada não deve conter níveis mensuráveis de patógenos viáveis depois da percolação através da zona não saturada.
Reúso Potável Indireto Recarga de águas subterrâneas por injeção em aquíferos potáveis.	→ Secundário; → Filtração; → Desinfecção; → Tratamento avançado de efluentes[3].	Inclusive, mas não limitados aos que seguem: → pH = 6,5-8,5; → ≤ 2 NTU [5]; → Coliformes fecais não detectáveis em 100 mL[6,7]; → 1 mg/L Cl_2 residual (mínimo) [4]; → ≤ 3 mg/L de COT; → ≤ 0,2 mg/L TOX; → Chegar aos padrões de água potável.	Inclusive, mas não limitados aos que seguem: → pH – diário; → Turbidez – contínua; → Coliformes totais–diário; → Cl_2 residual – contínuo → Padrões para água potável – trimestral; → Outros[9] – dependem dos constituintes.	→ 600 metros de poços de extração Pode variar dependendo das condições de especificação local.	→ A água recuperada deve ficar retida nas águas subterrâneas por, pelo menos, 9 meses antes da retirada. → O monitoramento dos poços é necessário para detectar a influência da operação de recarga nas águas subterrâneas. → Os limites de qualidade recomendados devem ser alcançados no ponto de injeção. → A água recuperada não deve conter níveis mensuráveis de patógenos viáveis. → Um alto residual de cloro e/ou longo tempo de contato devem ser necessários para assegurar que vírus e parasitas estejam inativos ou destruídos.

(Continua)

(Continuação)

Quadro 7.2 — Critérios e diretizes da Usepa para reúso potável indireto

Tipo de reúso	Tratamento	Qualidade da água recuperada[1]	Monitoramento da água recuperada	Distância mínima de proteção[2]	Comentários
Reúso Potável Indireto Acréscimo/aumento de fontes superficiais.	→ Secundário; → Filtração; → Desinfecção; → Tratamento avançado de efluentes[3].	Inclusive, mas não limitados aos que seguem: → pH = 6,5-8,5; → ≤ 2 NTU [5]; → Coliformes fecais não detectáveis em 100 mL[6,7]; → 1 mg/l Cl$_2$ residual (mínimo)[4]; → ≤ 3 mg/L de COT; → Chegar aos padrões de água potável.	Inclusive, mas não limitados aos que seguem: → pH – diário; → Turbidez – contínua; → Coliformes totais – diário → Cl$_2$ residual – contínuo; → Padrões para água potável – trimestral; → Outros[9] – dependem dos constituintes.	→ Especificado no local;	→ Níveis de tratamento recomendados no campo dependem de valores, tais como a qualidade da água receptora, o tempo e distância do ponto de retirada, diluição e subsequente tratamento prévio de distribuição para usos potáveis. → A água recuperada não deve conter níveis mensuráveis de patógenos viáveis. → Um alto residual de cloro e/ou longo tempo de contato devem ser necessários para assegurar que vírus e parasitas estejam inativos ou destruídos.

[1] Salvo notações diferentes, a aplicação dos limites de qualidade recomendados para água recuperada é no ponto de descarte das instalações de tratamento.
[2] Distâncias mínimas de proteção são recomendadas para proteger as fontes de água potável de contaminações e para proteger pessoas de riscos à saúde devido à exposição à água recuperada.
[3] Processos de tratamento avançado de efluentes incluem clarificação química, adsorção com carvão ativado, osmose reversa e outros processos com membranas, *air stripping*, ultrafiltração e troca iônica.
[4] Tempo mínimo de contato: 30 minutos.
[5] Valor médio de 24h, não excedendo 5 NTU em nenhum instante. Se SST for usado no lugar da turbidez, não deve exceder 5 mg/L.
[6] Baseado numa média de 7 dias (técnicas usadas: fermentação em tubos ou filtro membranas).
[7] O número de coliformes fecais não deve exceder 14/100 mL em nenhuma amostra.
[8] O número de coliformes fecais não deve exceder 800/100 mL em nenhuma amostra. Algumas lagoas de estabilização podem estar aptas a atingir estes limites de coliformes sem desinfecção.
[9] O monitoramento deve incluir compostos orgânicos e inorgânicos ou classes de compostos que são conhecidos ou suspeitos de serem tóxicos, carcinogênicos, teratogênicos, ou mutagênicos e que não estejam incluídos nos parâmetros de água potável.

Fonte: Adaptado de Usepa 625/R-04/108 (2004) *apud* Oenning, 2006

7.5.2 Reúsos urbanos para fins não potáveis

O reúso urbano para fins não potáveis envolve riscos menores e deve ser considerado como a primeira opção de aplicação urbana. De acordo com seu emprego, devem ser tomados cuidados especiais que garantam o controle da saúde pública, principalmente quando a prática envolve o contato direto com o usuário: irrigação de gramados, de parques e jardins, lavagens de ruas, reserva de proteção contra incêndios, sistemas decorativos, descargas sanitárias e lavagens de trens e ônibus públicos (Hespanhol, 1999).

"Diversos países da Europa, assim como os países industrializados da Ásia localizados em regiões de escassez de água, exercem, extensivamente, a prática de reúso urbano não potável. Entre esses, o Japão vem utilizando efluentes secundários para diversas finalidades. Em Fukuoka, uma cidade com aproximadamente 1,2 milhões de habitantes, situada no sudoeste do Japão, diversos setores operam com rede dupla de distribuição de água, uma das quais com esgotos domésticos tratados em nível terciário (lodos ativados, desinfecção com cloro em primeiro estágio, filtração, ozonização, desinfecção com cloro em segundo estágio), para uso em descarga de toaletes em edifícios residenciais. Esse efluente tratado é também utilizado para outros fins, incluindo irrigação de árvores em áreas urbanas, lavagem de gases, e alguns usos industriais, tais como resfriamento e desodorização. Diversas outras cidades do Japão, entre as quais Oita, Aomori e Tóquio, estão fazendo uso de esgotos tratados ou de outras águas de baixa qualidade, para fins urbanos não potáveis, proporcionando uma economia significativa dos escassos recursos hídricos localmente disponíveis." (Hespanhol, 1999).

Algumas atividades têm maior potencial para o reúso não potável, por envolverem riscos menores, e devem ser consideradas como a primeira opção de reúso na área urbana, respeitando os cuidados a serem tomados quando envolver contato humano direto. São elas (Mancuso, 2003):

→ irrigação de parques e jardins, centros esportivos, campos de futebol, quadras esportivas, gramados, árvores e arbustos etc.;
→ irrigação de áreas ajardinadas públicas, residenciais e industriais;
→ reserva de proteção contra incêndios;
→ sistemas decorativos aquáticos;
→ descarga sanitária em banheiros públicos e em edifícios comerciais e industriais;
→ lavagens de trens e ônibus;
→ controle de poeiras em obras de engenharia e na construção civil.

Segundo a Usepa (2004), o reúso urbano não potável é subdivido em duas categorias: as de áreas com acesso controlado e as de não controlado.

O reúso urbano com acesso não controlado (irrigação de parques, *playgrounds*, pátios de escolas, descarga em aparelhos sanitários, ar-condicionado, prevenção contra incêndios, construção civil, limpeza de ruas, fontes ornamentais, lagos e espelhos de água com função estética etc.) envolve o uso de água de reúso diretamente nos locais onde o público tem contato. Por isso, essa água necessita de um alto grau de tratamento. Em todos os estados americanos que possuem regulamentação, especificam-se, no mínimo, tratamento secundário e desinfecção para água com esta finalidade.

Quando o acesso é controlado em áreas onde exista a aplicação de água de reúso (irrigação de campos de golfe, cemitérios e rodovias intermediárias) esta pode ter um grau inferior de tratamento comparado com a água aplicada em áreas de acesso não controlado.

Quanto aos critérios para reúsos urbanos não potáveis, a Usepa (2004) também sugere, em seu guia de reúso de água, diretrizes para países e localidades que não possuem legislação formada. O Quadro 7.3 apresenta esses critérios e diretrizes para a prática do reúso de água na área urbana.

Quadro 7.3 Critérios e diretizes da Usepa para água de reúso urbano não potável

Tipo de reúso	Tratamento	Qualidade da água recuperada[1]	Monitoramento da água recuperada	Distância mínima de proteção[2]	Comentários
Reúso Urbano Todos os tipos de áreas paisagísticas para irrigação (ex.: campos de golfe, parques, cemitérios). Também lavagem de veículos, descarga sanitária, sistemas de proteção contra incêndio, ar-condicionado e outros usos com acesso ou exposição similar a água.	→ Secundário; → Filtração; → Desinfecção	→ pH= 6-9; → ≤ 10 mg/L DBO; → ≤ 2 NTU [4]; → Coliformes fecais não detectáveis em 100 ml[5,6]; → 1 mg/L Cl$_2$ Residual (mínimo)[3].	→ pH – semanal; → DBO – semanal; → Turbidez – contínua; → Coliformes – diário; → Cl$_2$ residual – contínuo.	→ 15 metros de fontes fornecedoras de água potável	→ Em locais de irrigação com acesso controlado onde o projeto e as medidas operacionais reduzem significativamente o potencial do contato público com água recuperada, um nível mais baixo do tratamento (ex.: tratamento secundário e desinfecção atingindo ≤ 14 coliformes fecais em 100 mL) pode ser apropriado. → A adição de coagulante e/ou polímero antes da filtração pode ser necessária para chegar às recomendações de qualidade da água. → Cloro residual de 0.5 mg/L no sistema da distribuição é recomendado para reduzir odores, limo e o crescimento bacteriano. → A água recuperada não deve conter níveis mensuráveis de patógenos viáveis.

(Continua)

(Continuação)

Quadro 7.3	Critérios e diretizes da Usepa para água de reúso urbano não potável					
Tipo de reúso	Tratamento	Qualidade da água recuperada[1]	Monitoramento da água recuperada	Distância mínima de proteção[2]	Comentários
Construção Civil Compactação de solo, controle de poeira, lavagem de agregados e confecção de concreto.	➥ Secundário; ➥ Desinfecção.	➥ ≤ 30 mg/L DBO; ➥ ≤ 30 mg/L SST; ➥ ≤ 200 coliformes fecais em 100 mL[5, 7]; ➥ 1 mg/L Cl_2 residual (mínimo)[3].	➥ DBO – semanal; ➥ SST – diário; ➥ Coliformes – diário; ➥ Cl_2 residual – contínuo.		➥ O contato do trabalhador com a água deve ser minimizado. ➥ Um alto nível de desinfecção (ex.: ≤ 14 coliformes fecais em 100 mL) deve ser alcançado quando o trabalho possuir provável contato frequente com água recuperada.
Reservatórios e/ou lagos para paisagismo Reservatórios e lagos de função estética onde o contato público com a água não é permitido.	➥ Secundário; ➥ Desinfecção.	➥ ≤ 30 mg/L DBO; ➥ ≤ 30 mg/L SST; ➥ ≤ 200 Coliformes fecais em 100 mL[5, 7]; ➥ 1 mg/L Cl_2 residual (mínimo)[3].	➥ pH – semanal; ➥ SST – diário; ➥ Coliformes – diário; ➥ Cl_2 residual – contínuo.	➥ Mínimo de 150 metros de distância de fontes de água potável se o fundo não for impermeável.	➥ A remoção de nutrientes pode ser necessária para evitar o crescimento de algas nos reservatórios/lagos. ➥ A descloração pode ser necessária para proteger espécies aquáticas da fauna e flora.

[1] Salvo notações diferentes, a aplicação dos limites de qualidade recomendados para água recuperada é no ponto de descarte das instalações de tratamento.
[2] Distâncias mínimas de proteção são recomendadas para proteger as fontes de água potável de contaminações e para proteger pessoas de riscos à saúde devido à exposição à água recuperada.
[3] Tempo mínimo de contato: 30 minutos.
[4] Valor médio de 24h, não excedendo 5 NTU em nenhum instante. Se SST for usado no lugar da turbidez, não deve exceder 5 mg/L.
[5] Baseado numa média de 7 dias (técnicas usadas: fermentação em tubos ou filtro membranas).
[6] O número de coliformes fecais não deve exceder 14/100 mL em nenhuma amostra.
[7] O número de coliformes fecais não deve exceder 800/100 mL em nenhuma amostra. Algumas lagoas de estabilização podem estar aptas a atingir estes limites de coliformes sem desinfecção.

Fonte: Adaptado de Usepa 625/R-04/108 (2004) *apud* Oenning, 2006

7.6 REÚSO AGRÍCOLA

Face à grande vazão utilizada na área agrícola (chegando até 80% em alguns países), especial atenção deve ser atribuída ao reúso como fonte alternativa para a agricultura. A aplicação do efluente do tratamento de esgoto no solo é uma forma efetiva de controle da poluição e uma alternativa viável para aumentar a disponibilidade hídrica em regiões áridas e semiáridas. Os maiores benefícios dessa forma de reúso são associados aos aspectos econômicos, ambientais e de saúde pública (Hespanhol, 1999).

A água, o tipo de solo e o clima da região são os responsáveis pela viabilização do desenvolvimento agrícola. A água é a matéria-prima imprescindível na agricultura, pois na sua ausência não ocorre o metabolismo vegetal. A quantidade necessária para o plantio varia de acordo com cada tipo de cultura a ser desenvolvida, mas seu uso sempre será imprescindível. A irrigação consiste nas diversas técnicas que podem ser aplicadas de fornecimento de água necessário para cada tipo de cultura.

A aplicação da técnica do reúso para fins agrícolas bem projetada traz grandes vantagens, tanto técnicas e econômicas como ambientais. Dentre as vantagens podem-se destacar:

➥ racionalização do uso da água bruta;
➥ controle da poluição e de impactos ambientais;
➥ reciclagem de efluentes;
➥ economia de fertilizantes;
➥ conservação do solo e o aumento de área cultivada;

- aproveitamento do efluente líquido das ETEs, evitando a descarga de esgoto em corpos d'água;
- preservação dos recursos subterrâneos;
- aumento da produção agrícola;
- aumento da área cultivada;
- recuperação e preservação do solo;
- funcionalidade em regiões onde há carência de água ou onde os cursos d'água são intermitentes.

A aplicação do reúso na agricultura deve ser adequadamente administrada e tecnicamente planejada, com o intuito de otimizar seus resultados e minimizar seus riscos, com cuidados, não só no tipo de efluente utilizado, como na técnica de irrigação aplicada, seus mecanismos, condição de segurança à saúde dos trabalhadores, assim como no controle de impactos e viabilidade técnica. Entre os riscos do reúso não planejado, podem-se destacar:

- comprometimento da saúde pública;
- contaminação de solo;
- contaminação de lençol freático;
- acúmulo de nitratos, compostos tóxicos, orgânicos e inorgânicos;
- a presença de microrganismos patogênicos pode resultar em problemas sanitários pela contaminação de culturas, água, solo e ar;
- acúmulo de contaminantes químicos no solo;
- aumento significativo de salinidade, em camadas insaturadas;

Dada a importância do rigor no planejamento, para garantir o sucesso do reúso na agricultura é importante atentar para alguns cuidados, entre eles:

- usar tipos de cultura adequadas ao local;
- efetuar o rodízio de culturas, quando necessário;
- controlar a presença de substâncias orgânicas, inorgânicas e nitratos, em concentrações adequadas;
- manter técnicas de irrigação projetada para cada caso;
- aplicar um sistema adequado de drenagem;
- combinar a produtividade da cultura com sua qualidade final;
- usar técnicas integradas para controle de vetores; e
- respeitar das normas de controle da saúde pública;

A produção de alimentos está cada vez mais dependente da agricultura irrigada e, com o crescimento da população, é prevista a escassez dos recursos hídricos face à disponibilidade de solos aráveis.

Um sistema de irrigação mal planejado, além de ser responsável pela maior demanda dos recursos hídricos, pode provocar problemas no solo, tais como sua degradação e salinização. A melhoria da eficiência dos sistemas de irrigação juntamente com a tecnologia do reúso conduz à preservação ambiental no rumo do desenvolvimento sustentável. O aumento da produção agrícola e a expansão da terra cultivada dependem do ideal sustentável da tecnologia de substituição de fontes para o fornecimento hídrico.

Com a demanda de água da atualidade, é patente que os usuários para fins domésticos e industriais irão competir cada vez mais com a agricultura irrigada. Como pôde ser verificado na Figura 2.1 (ver Capítulo 2), o setor agrícola é considerado o de maior demanda de água doce.

Em algumas regiões do Brasil, a demanda da água já supera as disponibilidades, recomendando-se, dessa forma, a técnica do reúso. Na Tabela 7.1, apresentam-se as demandas de água para irrigação, por região e por estado, no Brasil. Já na amplitude mundial, o uso agrícola da água também ocupa uma posição de destaque, apresentando uma grande evolução nos últimos 100 anos, conforme mostra a Tabela 7.2 (Telles, 2003).

Já Ivanildo Hespanhol (1999) alega que "com poucas exceções, tais como áreas significativas do Nordeste brasileiro, que vêm sendo recuperadas para uso agrícola, a terra arável, em nível mundial, se aproxima muito rapidamente de seus limites de expansão. A Índia, já explorou praticamente 100% de seus recursos de solo arável, enquanto Bangladesh dispõe de apenas 3% para expansão lateral. O Paquistão, as Filipinas e a Tailândia ainda têm um potencial de expansão de aproximadamente 20%. A taxa global de expansão de terra arável

Tabela 7.1 Demandas de água para irrigação, por região e por estado, no Brasil

Região	Estado	Vazão demandada m³/s	% sobre o total
Região Sul		259.70	32,84
	Paraná	11,50	1,145
	Rio Grande do Sul	222,07	28,08
	Santa Catarina	26,14	3,30
Região Sudeste		244,13	30,87
	Espírito Santo	10,00	1,26
	Minas Gerais	79,05	9,99
	Rio de Janeiro	21,89	2,77
	São Paulo	133,20	16,84
Região Nordeste		189,86	24,00
	Alagoas	3,41	0,43
	Bahia	63,98	8,09
	Ceará	39,06	4,94
	Maranhão	15,20	1,92
	Paraíba	0,34	0,04
	Pernambuco	43,10	5,45
	Piauí	9,22	1,17
	Rio Grande do Norte	7,35	0,93
	Sergipe	8,21	1,04
Região Centro-Oeste		68,44	8,65
	Distrito Federal	3,77	0,48
	Goiás	40,47	5,12
	Mato Grosso	3,08	0,39
	Mato Grosso do Sul	21,13	2,67
Região Norte		28,78	3,64
	Acre	0,18	0,02
	Amapá	0,03	0,00
	Amazonas	0,36	0,05
	Pará	1,90	0,24
	Rondônia	0,04	0,00
	Roraima	1,52	0,19
	Tocantins	24,75	3,13
Brasil		790,91	100,00

Fonte: Telles, 2003

Tabela 7.2 Evolução do consumo de água em âmbito mundial (km³/ano)

Tipo de uso	1900	1920	1940	1960	1980	2000*	2020**
Doméstico	–	–	–	30	250	500	850
Industrial	30	45	100	350	750	1.350	1.900
Agrícola	500	705	1.000	1.580	2.400	3.600	4.300
Total	530	750	1.100	1.960	3.400	5.450	7.050

Obs. (–) sem dados (*) estimativa (**) previsão.

Fonte: Telles, 2003

diminui de 0,4%, durante a década 1970-1979, para 0,2%, durante o período 1980-1987. Nos países em vias de desenvolvimento e em estágio de industrialização acelerada, a taxa de crescimento também caiu de 0,7% para 0,4%. Durante as duas últimas décadas, o uso de esgoto para irrigação de culturas aumentou significativamente, devido aos seguintes fatores:

→ dificuldade crescente de identificar fontes alternativas de águas para a irrigação;

→ custo elevado de fertilizantes;

→ a segurança de que os riscos de saúde pública e impactos sobre o solo são mínimos, se as precauções adequadas são efetivamente tomadas;

→ os custos elevados dos sistemas de tratamento, necessários para a descarga de efluentes em corpos receptores;

→ a aceitação sociocultural da prática do reúso agrícola;

→ o reconhecimento pelos órgãos gestores de recursos hídricos, do valor intrínseco dessa prática."

No Brasil, a prática do uso de esgoto, principalmente para a irrigação de hortaliças e de algumas culturas forrageiras, é, de certa forma, difundida. Entretanto, constitui-se em um procedimento não institucionalizado e tem-se desenvolvido até agora sem nenhuma forma de planejamento ou controle. Na maioria das vezes, é totalmente irresponsável por parte do usuário, que utiliza águas altamente poluídas de córregos e rios adjacentes para irrigação de hortaliças e outros vegetais, ignorando que esteja exercendo uma prática danosa à saúde dos consumidores e provocando impactos ambientais (BDT, 2005).

Não é toda cultura agrícola que exige irrigação com água de alta qualidade como a potável, por exemplo, podendo em muitos casos, ser aplicada água com padrões de qualidade menos exigentes. O reúso para fins agrícolas se enquadra perfeitamente nesta aplicação, podendo inclusive funcionar como recuperador de efluentes líquidos tratados. Dependendo do tipo de cultura, não há risco de contaminações bacteriológicas, externas e internamente aos alimentos, resultando em produtos com ótima qualidade final (Oliveira, 2001).

Um exemplo notável de recuperação econômica, associada à disponibilidade de esgoto para irrigação, é o caso do Vale de Mesquital, no México, onde a renda agrícola aumentou de quase "0" no início do século, quando o esgoto da cidade foi posto à disposição da região, até aproximadamente 4 milhões de dólares americanos por hectare, em 1990. Também a prática de aquicultura fertilizada com esgoto ou excretas representa uma fonte de receita substancial em diversos países, entre os quais Bangladesh, Índia, Indonésia e Peru. O sistema de lagoas, operando há muitas décadas em Calcutá, é o maior sistema existente atualmente, utilizando apenas esgoto, como fonte alimentar para a produção de peixes (dados de 1987). Dados de 1987 indicam uma área total de lagoas com aproximadamente 3 mil hectares, e uma produção anual entre 4 a 9 t./ha, que supre o mercado local (Hespanhol, 1999).

A Tabela 7.3 mostra os resultados experimentais efetuados em Nagpur, Índia, pelo Instituto Nacional de Pesquisa de Engenharia Ambiental (Neeri), que investigou os efeitos da irrigação com esgoto sobre as culturas produzidas e o aumento da produtividade agrícola devido ao reúso adequadamente administrado.

Tabela 7.3 Aumento da produtividade agrícola (t./hab.xano) pela utilização da irrigação com esgotos domésticos

Irrigação efetuada com	Trigo 8 anos*	Feijão 5 anos*	Arroz 7 anos*	Batata 4 anos*	Algodão 3 anos*
Esgoto bruto	3,34	0,90	2,97	23,11	2,56
Efluente primário	3,45	0,87	2,94	20,78	2,30
Efluente de lagoa de estabilização	3,45	0,78	2,98	22,31	2,41
Água + NPT	2,70	0,72	2,03	17,16	1,70

* Número de anos para cálculo de produtividade média.

Fonte: Hespanhol, 1999

Para o reúso de efluentes na irrigação, é necessário que se conheçam os parâmetros físicos e químicos do efluente, parâmetros microbiológicos e parasitológicos, dados de eficiência do tratamento a ser adotado, tipo de irrigação proposta e condições de projeto.

Ao mesmo tempo em que a presença de nutrientes no esgoto favorece sua aplicação na agricultura, para que se obtenha o melhor desempenho no desenvolvimento da cultura irrigada, precisa-se ter o controle das concentrações e da presença de outras substâncias, como os sais e os sólidos dissolvidos, as substâncias inorgânicas, os agentes tóxicos, os macronutrientes, o nitrogênio, o fósforo, entre outros.

Os nutrientes, potencialmente disponíveis na água de reúso, mais importantes para as culturas agrícolas são o nitrogênio, o fósforo e, ocasionalmente, o potássio, zinco, boro e enxofre. Dentre esses, é o nitrogênio o responsável pela parte inicial e intermediária do processo germinativo da planta, porém, seu excesso pode provocar um grande e indesejável desenvolvimento do vegetal, retardando ou evitando o amadurecimento ou ainda prejudicando a qualidade da produção.

Mantendo-se os devidos cuidados e o controle de qualidade, o esgoto possui nutrientes suficientes para atender às necessidades de diversas culturas. Esta característica aliada a um tratamento eficiente possibilita seu aproveitamento na agricultura. Os padrões exigidos estão resumidos na Tabela 7.4. Já o Quadro 7.4 mostra os critérios epidemiológicos recomendados pela Organização Mundial da Saúde (OMS).

Conclui-se que, sendo a agricultura o setor de maior demanda de água e que, assim como no abastecimento urbano, o seu desenvolvimento está diretamente ligado ao crescimento populacional, o suprimento de água é primordial à sustentabilidade da economia agrícola, sendo um fator limitante à produção de alimentos, justificando, assim, a utilização de fontes alternativas de água para a irrigação.

Tabela 7.4 Caracterização resumida de efluentes com vistas à utilização agrícola

Parâmetro	Unidade	Esgoto bruto[1]	Efluente primário[2]	Efluente secundário (Filtro biológico)[2]	Efluente secundário[3]	Efluente de lagoa de estabilização[2]
Condutividade elétrica	(ds/m)	–	1,3	1,4	0,7 – 0,9	1,5
Alcalinidade	(mg/L CaCo$_3$)	100 – 170	421,0	303,5	–	372,0
(pH)	–	7,0	6,80	6,6	7,0 – 7,2	8,2
SST	(mg/L)	200 – 400	90,0	32,0	–	36,2
SDT	(mg/L)	500 – 700	660	646	–	1.140
DBO	(mg/L)	250 – 300	195	82,0	–	44,2
DQO	(mg/L)	500 – 700	400	212	–	92,6
N-total	(mg/L)	35 – 70	47,4	34,9	–	30,2
P-total	(mg/L)	5 – 25	10,9	14,0	13 – 19	14,6
K	(mg/L)	–	31,4	32,7	–	36,8
Na	(mg/L)	–	119,6	128,9	–	142,5
Ca	(mg/L)	–	54,6	55,6	–	74,0
Mg	(mg/L)	–	34,5	34,9	–	32,2
Cl	(mg/L)	20 – 50	155,0	155,0	2,0 – 3,3	166,9
B	(mg/L)	–	1,1	1,2	–	1,5

Obs.   [1] Valores típicos; [2] Valores referentes a um estudo de caso; [3] Compilação de diversos efluentes utilizados para irrigação.

Fonte: Telles, 2002

Quadro 7.4 Recomendações da OMS sobre a qualidade microbiológica de águas que recebem esgoto sanitário, quando empregadas na agricultura [1]

Categoria	Tipo de irrigação e cultura	Grupos de risco	Nematoides intestinais [2]	Coliformes fecais [3]	Processo de tratamento
A	Culturas para serem consumidas cruas, campos de esporte, parques e jardins [4]	Consumidores, agricultores, público em geral	≤1	≤1000 [4]	Lagoas de estabilização em série ou tratamento equivalente em termos de remoção de patogênicos
B	Cereais, plantas têxteis, forrageiras, pastagens, árvores [5]	Agricultores	≤1	Sem recomendação	Lagoas de estabilização com 8-10 dias de tempo de detenção ou remoção equivalente de helmintos e coliformes fecais
C	Irrigação localizada de plantas da categoria B na ausência de riscos para os agricultores		Não aplicável	Não aplicável	Pré-tratamento de acordo com o método de irrigação, no mínimo sedimentação primária

[1] Em casos específicos, as presentes recomendações devem ser adaptadas a fatores locais de ordem ambiental, sociocultural e epidemiológica.
[2] Ascaris, Trichuris, Necator e Ancylostoma: média aritmética do número de ovos por litro.
[3] Média geométrica do número de CF – coliformes fecais, por 100 mL durante o período de irrigação.
[4] Para parques e jardins onde o acesso de público é permitido: 2,00 CF/100 mL.
[5] No caso de árvores frutíferas, a irrigação deve terminar duas semanas antes da colheita e nenhum fruto deve ser apanhado do chão. Irrigação por aspersão não deve ser empregada.

Fonte: Rebouças, 2002

7.6.1 Estratégias de planejamento para reúso na agricultura

O Brasil precisa de uma legislação que o posicione, urgente e devidamente, diante do reúso de água. Os governos estaduais e federais devem iniciar imediatamente processos de gestão para estabelecer bases políticas, legais e institucionais para o reúso, abrangendo aspectos associados diretamente ao uso de efluentes e também aos planos estaduais ou nacionais de recursos hídricos. O planejamento de programas e projetos de reúso requer uma análise sistemática dos fatores básicos intervenientes. O Quadro 7.5 apresenta uma matriz sistemática, para apoiar a caracterização de condições básicas e a identificação de possibilidades e limitações, orientando a fase de planejamento dos projetos de reúso (Biswas, 1988).

A decisão de colocar efluentes tratados à disposição dos fazendeiros, para irrigação irrestrita, elimina as possibilidades de definir os locais adequados, escolher as técnicas de irrigação apropriadas, estabelecer as culturas permitidas e de controlar os riscos sobre a saúde e os impactos ambientais (Oliveira, 2001).

A maior segurança contra as adversidades do reúso é conseguida por meio da monitoração da seleção e restrição de culturas em áreas fechadas ao acesso público. O sucesso de planos de reúso depende da maneira e profundidade com que as ações e atitudes seguintes forem efetivamente implementadas (Hespanhol, 1999):

→ critérios de avaliação das alternativas de reúso propostas;

→ escolha de estratégias de uso único ou uso múltiplo do esgoto;

→ provisões gerenciais e organizacionais estabelecidas para administrar o esgoto e para selecionar e implementar o plano de reúso;

→ considerações relevantes à saúde pública e aos riscos correspondentes;

→ nível de apreciação da possibilidade de estabelecimento de um recurso florestal, através de irrigação com o esgoto disponível.

Quadro 7.5 — Matriz para análise de projetos e de irrigação com esgoto

Natureza do problema
Quais os volumes de esgoto produzidos e qual é a distribuição sazonal?
Onde o esgoto será produzido?
Quais são as características do esgoto que serão produzidas?
Quais são as alternativas de disposição possíveis?

Viabilidade legal
Que usos se podem fazer do esgoto, de acordo com a legislação existente, se disponível?
Se não existem legislações estaduais ou federais, que uso se pode fazer do esgoto dentro das diretrizes da Organização Mundial da Saúde (OMS) e da Organização para Alimentos e Agricultura (FAO)?
Quais são os direitos dos usuários dos recursos hídricos e como esses poderiam ser afetados pelo reúso?

Viabilidade técnica
A qualidade dos esgotos tratados disponíveis é adequada para irrigação restrita ou irrestrita?
Quanto de terra está disponível ou é necessária para os projetos de irrigação?
Quais são as características do solo nessa terra?
Quais são as práticas de uso da terra? Elas podem ser modificadas?
Que tipos de culturas podem ser consideradas?
A demanda de água pelas culturas é compatível com a variação sazonal dos esgotos disponíveis?
Que técnicas de irrigação serão utilizadas?
Se a recarga de aquíferos é uma das possibilidades para o uso do esgoto, as características hidrogeológicas são adequadas?
Qual seria o impacto dessa recarga na qualidade das águas subterrâneas?
Existem problemas adicionais de saúde ou de ambiente que necessitam ser considerados?

Viabilidade política e social
Quais foram, no passado, as reações políticas a problemas de saúde e ambientais que, eventualmente, ocorreram em possível conexão com uso de esgoto?
Qual é a percepção pública da prática do uso de esgoto?
Qual é a atitude dos grupos de influência em áreas onde esgoto tem possibilidade de ser utilizado?
Quais são os benefícios potenciais do reúso para a comunidade?
Quais são os riscos potenciais?

Viabilidade econômica
Quais são os custos de capital envolvidos?
Quais são os custos de operação e manutenção?
Qual é o valor da taxa de retorno?
Quais são os custos de implantação dos sistemas de agricultura irrigada com esgoto, isto é, custos de transporte de água para a área de plantio, instalação de equipamentos de irrigação, infraestrutura etc.?
Quais são os benefícios do sistema de irrigação com esgoto?
Qual é a relação custo-benefício do projeto de irrigação com esgoto?

Viabilidade operacional
São os recursos humanos e a capacidade operacional locais adequados para as atividade de operação e manutenção dos sistemas de tratamento, irrigação, recarga de aquíferos, operação agrícola e controle de aspectos de saúde e ambiente?
Caso contrário, quais são os programas de treinamento que devem ser implementados?

Fonte: Hespanhol, 1999

O uso de esgoto, principalmente para a irrigação agrícola, está associado a dois aspectos legais:

→ Determinação de um status legal para o esgoto e delineação de um regime legal para sua utilização. Essa nova condição deve levar ao desenvolvimento de uma nova legislação (ou à complementação da legislação existente, estabelecendo normas, padrões e códigos de prática) associada ao reúso, à criação de uma nova instituição ou delegação de poderes a uma instituição existente, à atribuição de competências às agências locais e nacionais associadas ao setor e às bases para o inter-relacionamento e cooperação mútua entre elas.

→ Garantia dos direitos dos usuários, principalmente com relação ao acesso e apropriação do esgoto, incluindo a regulamentação pública de seus usos. A legislação deve incluir também a posse da terra, sem a qual os direitos sobre o uso do esgoto não teriam nenhum valor.

A delineação de um regime legal para o uso de esgoto deve considerar os aspectos:

- definição do que é esgoto;
- responsável pela produção do esgoto;
- licenciamento para uso de esgoto;
- proteção de outros usuários, que possam ser adversamente afetados pela diminuição de vazões de retorno aos mananciais que utilizam;
- restrições, visando à proteção do meio ambiente e da saúde pública, com relação ao uso planejado para o esgoto, condições de tratamento e qualidade final do esgoto tratado, e condições para a localização de estações de tratamento de esgoto;
- alocação de custos e estabelecimento de tarifas para o esgoto;
- disposição de lodos gerados nos sistemas de tratamento de esgoto;
- delegação de poderes a uma instituição, ou criação de uma nova instituição, ou elaboração de arranjos institucionais para a administração da legislação sobre reúso;
- a interface entre o regime legal estabelecido para reúso e o regime legal para a gestão de recursos hídricos, principalmente a legislação sobre água e controle da poluição ambiental e a legislação relativa ao abastecimento de água e coleta de esgoto, incluindo as instituições responsáveis.

7.6.2 Métodos de irrigação

Para cada cultura é indicado um método de irrigação adequado. A classificação destes métodos se baseia na forma como a água é colocada à disposição do vegetal e se divide em quatro categorias: por superfície, por aspersão, localizada e subterrânea (Telles, 2003).

a) Irrigação por superfície

Também conhecida como irrigação superficial, ocorre quando a condução da água no sistema de distribuição é feita diretamente sobre a superfície do solo, possibilitando a infiltração e podendo a água permanecer acumulada com ou sem movimento.

Este tipo de irrigação se adapta à maioria das culturas, aos diferentes tipos de solo (menos os arenosos), porém, necessita de topografia favorável. Dentro desta categoria, existem três técnicas que podem ser aplicadas:

- **Irrigação superficial por sulcos:** conduz a água em pequenos sulcos abertos no solo paralelos à linha de plantas, durante o tempo necessário para umedecer o solo compreendido na zona das raízes. Este método umedece de 30 a 80% da superfície total, diminuindo, assim, as perdas por evaporação.

- **Irrigação superficial por inundação:** este método cobre o terreno a ser irrigado com uma lâmina d'água. Adapta-se bem a uma topografia plana e uniforme e em solos com infiltração moderada e reduzida. O terreno é dividido em tabuleiros por pequenos diques (taipas), onde se desenvolverá o cultivo. É o método mais usado no mundo, sendo que, com o manejo intermitente, pode ser usado na maioria das culturas. A que melhor se adapta é o arroz. O método de inundação pode ser permanente (onde a água é mantida sobre o terreno durante todo o ciclo da cultura, sendo escoada apenas na maturação e colheita) ou temporária (onde a lâmina de água se infiltra no terreno e nova adição de água somente ocorrerá no turno da próxima irrigação).

- **Irrigação superficial por faixas:** consiste na implantação de faixas no terreno com certa declividade longitudinal e com pouca ou nenhuma declividade transversal. Possuem diques paralelos que são irrigados com água que se movimenta do canal de alimentação para o dreno.

b) Irrigação por aspersão

A terra é irrigada por meio de um dispositivo (aspersor) cujo orifício lança a água, de forma fracionada e com pressão adequada, para cima e para os lados, distribuindo pequenas gotas uniformemente sobre uma área circular do terreno.

É muito utilizada em irrigação de jardins.

Existe uma variedade enorme de equipamentos por aspersores, desde tubulações perfuradas até complexos sistemas automáticos. São divididos em dois grupos: aspersão convencional (fixo, semifixo e móvel) e aspersão mecanizada (autotropelido, montagem direta e pivô central).

→ **Aspersão convencional:** o sistema convencional móvel ou portátil é constituído pelo conjunto motor-bomba, por uma linha ou tubulação principal (mestra) e por uma linha secundária (ramal) que dispõe de tubos de subida e um aspersor. O sistema fixo possui seus componentes permanentes numa mesma gleba e posição. Nesse caso, as linhas podem ser enterradas. Já o sistema semifixo permite que parte dos componentes seja deslocada, geralmente com a linha de irrigação (ramal) portátil.

→ **Aspersão mecanizada:** é dotada de equipamentos mecânicos que favorecem mudanças de posições tanto dos aspersores quanto das tubulações. São três os tipos mais utilizados: sistema autopropelido, sistema de pivô central e sistema de montagem direta.

O sistema autopropelido (com cabo de tração, e carretel enrolador, ou não) possui um conjunto motor-bomba que mantém a água sob pressão em uma tubulação flexível que cruza o centro da área a ser irrigada. Essa mangueira é conectada a hidrantes e estendida. Um cabo de aço, colocado no sentido oposto da área a ser irrigada e fixado no final da mesma, vai sendo enrolado fazendo com que o equipamento caminhe automática e continuamente, irrigando uma faixa através de um aspersor de grande alcance (canhão) que distribui a água em círculo. Mudando-se a posição do equipamento, inicia-se a irrigação de uma outra faixa.

O sistema de pivô central utiliza sempre um manancial, do qual capta a água através de um conjunto motor-bomba. A água é conduzida por uma tubulação de recalque até a base do pivô, que se localiza no centro de um grande círculo. A tubulação de distribuição, que sai da cabeça do pivô central e alcança todo o raio da área a ser coberta, é mantida normalmente cerca de 2,70 m acima do solo por torres, equipadas com rodas pneumáticas, distanciadas entre si por até 40 metros. Aspersores pendurados na tubulação são responsáveis pela distribuição da água no solo. Este sistema opera em círculo, numa velocidade constante. É indicado para irrigação de grandes áreas; com equipamentos adicionais, pode permitir a aplicação de fertilizantes e defensivos solúveis.

O sistema de montagem direta é semelhante ao sistema autopropelido, só que elimina a mangueira, utilizando canais em nível que recebem água de uma tubulação adutora.

c) Irrigação localizada

Este tipo de irrigação tem por princípio não molhar áreas sem cultura e/ou áreas não necessárias, mantendo a aplicação da água apenas na parte do solo ocupada pelo sistema radicular das plantas, controlando o gasto indevido da água. Além disso, propicia menores riscos à saúde, tanto do irrigante quanto do consumidor. Consiste em uma extensa rede de tubulações que funciona em baixa pressão, conduzindo a água até o "pé da planta", ou à região a ser umedecida. Possui um dispositivo de filtragem e permite a passagem de pequena vazão em orifícios (emissores) de diâmetro reduzido, localizados imediatamente acima, junto ou imediatamente abaixo da superfície do solo, sempre direcionado ao pé da planta, de forma a irrigar apenas a região das raízes. O emissor distribui uniformemente a água, dissipando a pressão de acordo com cada tipo de irrigação localizada.

As principais culturas que utilizam esse tipo de irrigação são: abacate, abacaxi, acerola, ameixa, ata, banana, cacau, café, cana-de-açúcar, caqui, coco, crisântemo, ervilha, figo, flores, goiaba, graviola, horticultura, laranja, limão, maçã, mamão, maracujá, melão, morango, murcote, nectarina, olericultura, pera, pêssego, pimenta-do-reino, tomate e uva.

Os principais tipos de irrigação localizada em uso no Brasil são: gotejamento e microaspersão.

→ **Irrigação localizada por gotejamento**: este processo é considerado muito econômico, pois leva a água até o pé da planta, de forma pontual através de gotejadores, que atuam com vazões reduzidas na faixa de 1 a 10 litros por hora por gotejador. É um sistema que permite alta eficiência na distribuição de água (90 a 95%), economizando água e energia. É indicado para culturas de alto retorno econômico, e sua aplicação vem crescendo rapidamente.

→ **Irrigação localizada por microaspersão**: a água é localmente aspergida pelos microaspersores, em pequenos círculos (setores), junto ao pé da planta. Consiste em uma rede fixa e extensa de tubos até os microaspersores. Operam com pressão baixa e com velocidade da água controlada, para não propiciar a sedimentação de partículas coloidais nas paredes dos tubos. Este sistema permite o emprego de filtros simples (telas metálicas) para evitar entupimentos na rede.

→ **Irrigação localizada por tubos perfurados**: neste sistema não existem emissores, e sim orifícios ou poros perfurados com muita precisão. Este processo possui grande variação de vazão entre os orifícios. Seu funcionamento é semelhante aos demais processos de irrigação localizada, e, apesar de não possuir a mesma eficiência, resulta num custo bem mais acessível.

d) **Irrigação subterrânea**

A irrigação subterrânea consiste na introdução da água no interior do solo através de dois processos: elevação do nível do lençol freático e aplicação de água no interior do solo.

→ **Irrigação subterrânea por elevação do nível do lençol freático**: consiste na elevação do lençol de forma a propiciar a umidade adequada ao sistema radicular das plantas. A profundidade do lençol deve ser mantida em uma condição tal que determine boa combinação entre umidade e ar, na zona radicular. Este método funciona como um processo inverso à drenagem. Possuem drenos com fluxo de água controlado para provocar a elevação do nível do lençol. É um sistema muito utilizado em projetos de drenagem de várzeas na cultura de arroz.

→ **Irrigação subterrânea com aplicação de água no interior do solo**: a indução da água no interior do solo é feita através de tubos perfurados, manilhas porosas ou dispositivos permeáveis, instalados à pequena profundidade. O problema mais grave que pode ocorrer é o entupimento pelas raízes.

Em cada método de irrigação, é sempre necessário avaliar as possíveis variações na qualidade da água, assim como os seus diferentes riscos à saúde pública e a eficiência esperada. O Quadro 7.6 relaciona esses fatores e serve como base para o levantamento dos benefícios e custos associados a cada método de irrigação.

Quando se analisa a qualidade da água a ser aplicada à agricultura, é relevante:

→ relação da água com os efeitos no solo e o desenvolvimento das culturas, tais como salinidade, teores de infiltração, toxicidade, assim como outros problemas observados no cultivo, conforme a cultura e o elemento presente na água de irrigação;

→ efeitos sobre a saúde e controle da exposição humana;

→ efeitos sobre os equipamentos;

→ recomendações e critérios legais;

→ cuidados com relação aos riscos à saúde dos manipuladores da cultura, consumidores e população vivendo nas proximidades dos campos irrigados.

A partir da determinação detalhada das características da água residuária, do solo e da cultura, deve-se efetuar o estudo de escolha do método de irrigação que melhor se enquadre nas condições de cada caso, como mostra o Quadro 7.7. Já o Quadro 7.8 apresenta os bons exemplos de agricultura irrigada com água advinda de corpos d'água que recebem esgoto sanitário.

Capítulo 7 – *Reúso* 177

Quadro 7.6 Fatores que afetam a escolha do processo de irrigação e as medidas protetoras requeridas quando se utiliza esgoto

Método de irrigação	Fatores que afetam a escolha	Medidas protetoras necessárias
Inundação	Menores custos. É necessário nivelamento preciso do terreno.	Proteção completa para operários agrícolas, consumidores e manipuladores de culturas
Sulcos	Custo baixo. Nivelamento pode ser necessário.	Proteção para operários agrícolas. Possivelmente necessária para consumidores e manipuladores de culturas.
Aspersores	Eficiência média do uso da água. Não há necessidade de nivelamento.	Algumas culturas da Categoria B, principalmente árvores frutíferas são excluídas. Distância mínima de 100 metros de casas e estradas
Subsuperficial ou localizada	Custos elevados. Elevada eficiência do uso da água. Alta produtividade agrícola	Filtração para evitar entupimento de orifícios (exceto no caso de irrigação por *bubblers*)

Fonte: Hespanhol, 1999

Quadro 7.7 Orientações quanto aos riscos e consequências sobre a utilização de águas que recebem esgoto sanitário conforme os métodos de irrigação e suas características

Método	Características	Riscos/consequências
Inundação	Água estacionada no tabuleiro enquanto infiltra	Mau cheiro e aspecto. Atração e desenvolvimento de moscas e vetores
	Muito contato do irrigante com a água	Risco de contaminação do irrigante
Sulcos	Água caminha lentamente nos sulcos enquanto infiltra.	Mau cheiro e aspecto. Atração e desenvolvimento de moscas e vetores
	Contato do irrigante com a água de irrigação	Risco de contaminação do irrigante
Aspersão (todos)	Água é lançada ao ar caindo em pequenas gotas sobre as plantas.	Risco de contaminação do ar, das partes superiores das plantas e dos frutos. Quanto mais forte o vento e maior o alcance e altura do jato, maiores serão os efeitos.
	Presença de materiais metálicos e de componentes móveis	Possibilidade de corrosão das partes metálicas e de obstrução na movimentação dos emissores
Microaspersão	A água é aspergida em pequenos círculos junto ao pé das plantas.	Risco da contaminação do irrigante, das plantas e frutos é mínimo.
	O sistema geralmente envolve filtração da água e orifícios com pequenos diâmetros dos emissores.	Pode haver entupimento dos orifícios, devido a sólidos em suspensão e algas exigindo maiores cuidados na manutenção dos filtros *.
Gotejamento	A água é colocada, em gotas, junto ao pé das plantas	Praticamente não há risco da contaminação do irrigante, das plantas e frutos.
	O sistema envolve filtragem da água e orifícios com pequenos diâmetros dos emissores.	Prováveis problemas com os filtros e com entupimentos dos emissores prejudicando a distribuição da água (*)
Subterrânea: elevação do nível do lençol freático	A água caminha lentamente nos canais para elevação do nível d'água.	Mau cheiro e aspecto. Atração e desenvolvimento de moscas e vetores
	Contato do irrigante com a água de irrigação	Contaminação do irrigante
Subterrânea: aplicação da água no interior do solo	A água é "injetada" no solo através de tubulações enterradas porosas ou perfuradas.	Praticamente, não há riscos de contaminação do irrigante, das plantas e frutos. Problemas com fechamento dos poros e furos.

* Medidas preventivas e corretivas contra entupimentos incluem filtros de areia, de tela com autolavagem, cloração e descargas periódicas para lavagem das linhas laterais.

Fonte: Telles, 2003

Quadro 7.8 Áreas irrigadas com efluentes de estações de tratamento; culturas desenvolvidas e parâmetros de qualidade da água

Locais	Área irrigada hectares	Principais culturas	CEa DS/m	pH	Ca meq/L	Mg meq/L	Na meq/L	K meq/L	Cl meq/L	Observação
Fresno Califórnia – EUA	275 públicos e 1.350 particulares	Milho, feijão algodão, cevada, alfafa, videira e sorgo	1,55	*	7,0	2,0	8,5	*	2,2	Fora do período de irrigação, toda a água percola para abastecer o aquífero subterrâneo e posterior uso na irrigação.
Braunschweig Rep. Federal da Alemanha	300 por aspersão	Batata, cereais de inverno, aveia trigo e beterraba	1,11	7,1	4,0	2,8	3,4	0,8	3,6	Não apresentam problemas. Chuvas e excesso de irrigação controlam a salinidade.
Bakersfield, Califórnia – EUA	2.250	Milho, cevada, alfafa, sorgo e pastos	0,88	7,0	2,3	0,4	4,7	0,7	3,0	Em áreas com alta salinidade, os agricultores cultivam arroz inundado.
Distrito Regional de Toulumne, Califórnia – EUA	500	Pastos e outras culturas forrageiras	0,35	*	1,2	0,9	1,2	0,0	1,2	As águas não apresentam problemas de qualidade e a concentração de oligoelementos é inferior aos níveis requeridos.
Santa Rosa, Califórnia – EUA	1.600	Milho para silos, capim, aveia e outras para alimento de inverno	0,31 / 0,70	* / *	1,3 / 2,0	1,3 / 1,6	0,4 / 3,9	0,0 / 0,3	0,1 / 3,3	Segundo os agricultores, a água fornece dois terços dos nutrientes de que as culturas necessitam.
Calistoga, Califórnia – EUA	* por aspersão	Campo de golfe	*	*	*	*	*	*	*	Águas com excesso de boro. Cortes rentes da grama evitaram problemas ao gramado.

Obs. * Dados não disponíveis

Fonte: Ayers; Wescot, 1991

7.6.3 Alguns exemplos de aplicações de reúso na agricultura

Suetônio Mota (2000), em seus estudos do reúso na irrigação, obteve alguns resultados em experiências realizadas no estado do Ceará. Desses trabalhos, segue um resumo dos resultados obtidos dos diversos estudos de casos apresentados.

Em todos os estudos de casos apresentados, foram levantados os parâmetros necessários à comparação e análise dos resultados. Entre eles podem-se destacar: tipo de solo; clima da região; tipo de tratamento aplicado ao esgoto; parâmetros físicos e químicos do efluente; parâmetros microbiológicos e parasitológicos; dados de eficiência; tipo de irrigação proposta e condições de projeto.

a) Irrigação com esgoto doméstico

↪ Remoção de nitrogênio. Os principais mecanismos de remoção do nitrogênio aplicado ao solo são: pela vegetação (35 a 60%) e por meio do processo de desnitrificação (15 a 25%).

↪ Remoção de fósforo da ordem de 90 a 99%.

↪ Aplicação de esgoto tratado provoca aumento da fertilidade do solo.

↪ Ocorre uma maior sobrevivência de bactérias entéricas e vírus em solos ácidos, com maior conteúdo de matéria orgânica, ou que tenham maior umidade. O tempo de sobrevivência é menor para as altas temperaturas ou quando expostos a maior incidência da luz solar.

↪ De um modo geral, as bactérias sobrevivem menos tempo na vegetação do que no solo. É comum estimar-se sua presença na vegetação por um período de 30 a 40 dias.

↪ As superfícies de frutas e legumes podem ser contaminadas diretamente durante a irrigação ou por meio do contato com o solo. Os microrganismos podem penetrar através de partes machucadas ou partidas dos vegetais.

↪ As bactérias sobrevivem por mais tempo em vegetação densa do que na rarefeita, assim como mais na folhagem do que na superfície lisa.

↪ Com exceção de algumas espécies, as plantas são excelentes barreiras biológicas à transferência de metais pesados do solo para os vegetais e frutos.

↪ A irrigação por aspersão resulta na produção de aerossóis, os quais podem conter microrganismos patogênicos.

b) Irrigação com efluentes de lagoas de estabilização: é necessário o preparo do solo para o plantio, favorecendo a germinação da semente.

Cultura do sorgo

↪ germinação rápida, uniforme e praticamente integral;

↪ produção quantitativa e qualitativa acima dos padrões da cultura irrigada com água bruta;

↪ elevação de plantas por parcela útil;

↪ precocidade no início de floração;

↪ aumento considerável de matéria verde;

↪ produtividade superior na formação de cacho;

↪ teor de proteína bruta superior.

Cultura do algodão

↪ superioridade genética do algodão irrigado com o efluente;

↪ presença orgânica favorece floração e frutificação;

↪ aumento de produção;

↪ aumento de fibra, do peso médio do capulho, das sementes e do comprimento médio da fibra;

↪ cores verde-escuras predominantes;

↪ melhor crescimento;

↪ melhor quantidade de folhas e frutos.

Cultura do capim

↪ não houve efeito significativo para a cultura irrigada pelo reúso.

↪ não houve diferenciação na produção de matéria seca.

↪ não houve diferença significativa quanto ao teor de proteína.

↪ as plantas também não apresentaram diferença com respeito às alturas médias.

↪ maior produção de biomassa no campo irrigado.

→ Não foi constatada presença de bactérias do grupo coliformes, nas folhas e caule.

c) Irrigação em culturas ingeridas cruas

→ A média geométrica de coliformes fecais no efluente ficou bem abaixo do valor exigido para irrigação irrestrita (qualquer tipo de cultura, até as ingeridas cruas).

→ Pesquisa realizada em clima quente, com período de isolação considerável.

→ Área de plantio preparada com limpeza manual.

→ Análise primordial foi a persistência de microrganismos indicadores e patógenos em hortaliças: pimentão, cenoura e coentro.

→ A utilização de esgoto tratado aumenta a fertilidade do campo irrigado, além de suas condições físicas.

→ Devem ser tomados os devidos cuidados contra contaminações acima dos padrões aceitáveis nas culturas irrigadas, no solo, no ar e em mananciais próximos.

→ Aplicar efluentes que advenham de tratamentos eficientes do ponto de vista bacteriológico, com alta taxa de remoção de parasitas.

→ A irrigação por aspersão é a mais problemática em relação à contaminação, devido à formação de aerossóis.

→ As culturas apresentaram uma contaminação da ordem de 78, 1.036 e 2.281 de coliformes fecais/100 g de produto, respectivamente pimentão, cenoura e coentro.

→ Experiências mostraram que o nível de contaminação do efluente se estendeu ao solo, e este se manteve contaminado no período de pesquisa.

→ Por falta de pesquisas similares, obtiveram-se resultados restritos.

→ A cultura que melhor se adaptou ao sistema de irrigação foi o pimentão, que manteve baixos níveis de contaminação, talvez devido aos frutos não estarem em contato direto com o solo.

→ Conclui-se que devem ser feitas novas pesquisas semelhantes com outras metodologias, de forma a melhorar os resultados.

7.7 REÚSO INDUSTRIAL

O setor industrial é, em grande parte, responsável pela emissão de poluentes e de outros impactos ambientais. O rápido crescimento econômico associado à falta de tecnologia sustentável, bem como a exploração de recursos naturais descontrolada, fizeram com que este assunto adquirisse interesse público e, por consequência, desencadeou iniciativas políticas e econômicas.

Os crescentes problemas de desastres ambientais decorrentes de processos industriais obrigaram os órgãos fiscalizadores a orientar as indústrias no sentido de adotarem técnicas sustentáveis.

O controle da poluição em seus vários campos de extração, transformação, produção e beneficiamento das indústrias em geral provoca novos posicionamentos industriais, tanto por razões produtivas quanto aqueles impostos por normas e leis.

A confrontante relação entre proteção ao meio ambiente e os agentes poluidores de origem industrial centraliza os seguintes aspectos (Braile, 1993):

→ controle ambiental seguro, sem prejuízos dos investimentos econômicos;

→ informação técnica referente aos melhores meios de que se dispõe para controlar a poluição;

→ emprego de técnicas de combate à poluição ambiental e de pessoal especializado na aplicação das mesmas;

→ seleção e adaptação das soluções estrangeiras ao conjunto de técnicas desenvolvidas no país.

A técnica de reúso no setor industrial já é aplicada, mas ainda associada a iniciativas isoladas, a maioria delas, dentro do setor privado.

Na indústria, de modo geral, a água pode ser aplicada tanto como matéria-prima (compondo, com outras substâncias, o produto final) ou como meio de transporte, como agente de limpeza, em sistema de refrigeração, como fonte de vapor e como produção de energia, entre outras aplicações.

Atualmente, três fatores comandam as pesquisas para a redução tanto do consumo de água bruta como da descarga de efluentes aquosos pela indústria:

→ proteção ambiental;

→ o custo crescente dos tratamentos; e

→ a crescente indisponibilidade de água.

A pressão da opinião pública, a legislação e a fiscalização, cada vez mais rigorosas, e o aumento do custo da água exigem a otimização do seu uso. A nova tendência tem sido a reutilização dos fluxos já utilizados e ainda aproveitáveis que, anteriormente, seguiam direto para o tratamento dos efluentes líquidos.

Segundo Ecopolo (2003), os custos elevados da água industrial no Brasil, particularmente nas regiões metropolitanas, têm estimulado as indústrias a implantarem sistemas de reúso de água que viabilizem a maximização da eficiência no uso dos recursos hídricos. Essa atividade tende a se ampliar ante as novas legislações associadas aos instrumentos de outorga e cobrança pela utilização dos recursos hídricos, tanto na captação da água como no despejo de efluentes, conforme previsto na lei Federal n. 9.433. Pode-se citar como principais benefícios da aplicação do reúso do setor industrial:

→ maximização da eficiência na utilização dos recursos hídricos;

→ benefícios referentes à imagem ambiental da empresa – adoção de postura proativa com o meio ambiente;

→ garantia na qualidade da água tratada;

→ viabilização de um sistema "fechado", com descarte mínimo de efluentes;

→ credenciamento da empresa para futuros processos de certificação ambiental ISO 14000;

→ independência do sistema público e de suas instabilidades (garantia no abastecimento).

Devido à enorme diversidade de casos e características dos processos industriais, recomenda-se, para cada caso, a elaboração de um diagnóstico hídrico, efetuado por consultoria especializada. É possível utilizar diversos tipos de águas servidas, tratadas ou mesmo *in natura*, para outros processos, em série, com grande economia de água, sendo que, para tanto, é necessário que se tenham os devidos cuidados em suas aplicações, como, por exemplo, não fazer uso industrial de água carregada de sólidos para geradores de vapor (caldeiras), que podem resultar em depósitos e incrustações, causando perda de energia e prováveis acidentes, aliados à elaboração dos custos de manutenção (Uniágua, 2005).

A aplicação do reúso em processos industriais deve considerar, além da obrigatória atenção à qualidade da água em questão, também os efeitos potenciais à saúde dos usuários nas instalações da indústria. Além disso, são de grande importância os aspectos antieconômicos, tais como corrosão, incrustações e deposição de materiais sólidos nas tubulações, tanques e outros equipamentos e os efeitos danosos aos processos produtivos, como alterações da solubilidade de reagentes nas etapas de processamento e alterações das características físicas e químicas dos produtos finais.

O reúso de efluentes industriais inclui uma grande variedade de aplicações, tais como resfriamento, sistemas de produção de água quente ou vapor, alimentação de caldeiras, águas de processo, sanitários, lavagem de tanques, de peças, lavagem de gases de chaminés etc. Na construção civil, é possível "reusar" a água para preparação e cura de concreto e compactação do solo. Em função da grande variedade de processos existentes e dos requisitos específicos de quantidade e qualidade para a água, o reúso deve ser estudado caso a caso.

A escolha do processo de tratamento a ser aplicado vai variar de projeto para projeto. Por exemplo, em casos específicos, em que se requer uma alta qualidade da água de reúso, pode ser empregada a filtração por membranas. A escolha da porosidade da membrana é feita com base na especificação da água que se quer obter. O uso de membranas tem se tornado mais comum com a popularização dos seus sistemas e a redução dos custos em função do desenvolvimento da tecnologia e dos materiais. Há casos de grandes instalações convencionais serem substituídas por sistemas compactos, equipados com unidades de membranas. Em suma, o reúso de água no âmbito industrial requer a avaliação da qualidade de água necessária em cada processo e a compatibilidade da água de reúso com cada necessidade específica.

Para se obter uma água de reúso a partir de um efluente doméstico ou industrial, são necessários processos de tratamento específicos para cada composição de efluente. Algumas características são mostradas na Figura 7.2.

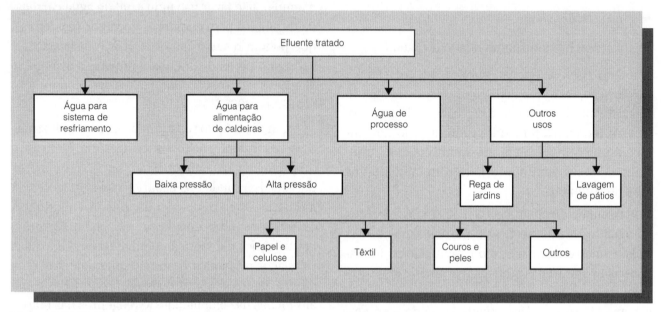

Figura 7.2 Reúso de água na indústria. *Fonte:* Informativo CQR, 2005

O reúso em processos industriais, como, por exemplo, em sistemas de resfriamento semiabertos, são relativamente simples, devendo produzir efluentes capazes de evitar corrosão ou formação de depósitos, crescimento de microrganismos e formação excessiva de escuma. Em outras aplicações, tais como água para produção de vapor, para lavagem de gases de chaminés e para processos industriais específicos como manufatura de papel e papelão, indústria têxtil, de material plástico e de produtos químicos, petroquímicas, curtumes, construção civil, exige determinada qualidade do efluente final, podendo envolver sistemas de tratamentos avançados e demandar, consequentemente, níveis de investimento elevados.

Dependendo das características dos efluentes e dejetos líquidos e da eficiência de remoção dos poluentes que se deseja obter, é definido o nível de tratamento a ser atingido no processo de reúso: preliminar, primário, secundário e terciário ou avançado.

A qualidade da água para uso em processos industriais deve manter a qualidade de projeto do produto, desde a fonte até a matéria-prima, na fase de extração, na fase de transformação, embalagem, transporte, armazenamento e distribuição. Conclui-se, então, que o produto é o responsável pela qualidade da água e esta qualidade poderá variar em função de cada processo industrial, ou fase de um processo, permitindo que se trabalhe com água de diferentes teores em diferentes etapas de produção de um único produto (Batalha, 1998).

O reúso para fins industriais propicia o controle de qualidade da água, de acordo com sua finalidade, e mantém o processo produtivo regularmente abastecido ao reaproveitar o efluente produzido pela própria indústria, ou mesmo um efluente terceirizado. Esta prática, além de economicamente vantajosa, acompanha a tendência mundial de preservação das reservas de água bruta, como medida preventiva contra o caos absoluto que a escassez provocaria.

Portanto, uma indústria que substitui o descarte do esgoto por um tratamento no qual é transformado em água não potável e é assim reutilizado dentro da própria indústria executa o que se chama "reciclagem da água".

Na cidade de Guarulhos, no estado de São Paulo, existem indústrias que captam água do rio

Tietê e de seus córregos. Neste caso, evidencia-se o reúso da água, uma vez que o rio Tietê é praticamente um "esgoto a céu aberto" e a sua água é tratada e transformada em água não potável. A água não potável é límpida, porém contém grande número de bactérias coliformes, às vezes metais pesados, além de outras substâncias orgânicas e inorgânicas. Para o aproveitamento industrial, não apresenta empecilhos, pois será usada em resfriamento de máquinas e caldeiras ou em procedimentos tais que não requerem potabilidade.

A "Regeneração para a Reciclagem" é a operação que regenera a água removendo contaminantes, de forma a permitir a sua reciclagem. Neste caso, a água pode ser reaproveitada no mesmo processo em que já foi utilizada. Em razão de suas diferentes propriedades, a água tem uma diversificada gama de usos na indústria, tais como (Silva, 1999):

→ matéria-prima e reagente: obtenção de hidrogênio, de ácido sulfúrico, de ácido nítrico, de soda e inúmeras reações de hidratação;

→ solvente: de sólidos, líquidos e gases;

→ em lavagens de gases e sólidos: para retenção de materiais contidos em misturas nesses estados;

→ veículo de suspensão de materiais: por exemplo, nas operações de flotação;

→ em operações envolvendo transmissão de calor;

→ agente de resfriamento de massas;

→ agente de aquecimento: vapor-d'água ou água quente;

→ fonte de energia, por meio de geração de vapor-d'água.

Uma vez viabilizada a prática do reúso nas indústrias, nota-se maior facilidade de aplicação nas seguintes áreas:

→ torres de resfriamento (com e sem recirculação);

→ caldeiras;

→ construção civil, preparação e cura de concreto, e para compactação do solo;

→ irrigação de áreas verdes de instalações industriais, lavagens de pisos e alguns tipos de peças, principalmente na indústria mecânica;

→ processos industriais.

Apesar de o esgoto apresentar uma pequena desvantagem em relação à água natural, pelo fato de possuir temperatura um pouco mais elevada, a oscilação desta temperatura é muito menor no esgoto doméstico do que na água natural.

As empresas prestadoras de serviços de saneamento público já vêm se preocupando em direcionar o efluente das estações de tratamento de esgoto para o mercado, ou seja, em proporcionar sua venda para indústrias interessadas em usar água de reúso em seu processo, como uma alternativa de água menos dispendiosa. Na Região Metropolitana de São Paulo, existe um grande potencial de negociação, para fins industriais. A Estação de Tratamento de Esgoto (ETE) de Barueri tem capacidade de comercializar efluentes tratados em uma área industrial de relevante porte, distribuída entre Barueri, Carapicuíba, Osasco e o setor industrial, ao longo do rio Cotia, nas imediações da Rodovia Raposo Tavares. Da mesma maneira, a estação de Suzano é capaz de fornecer efluentes para as indústrias concentradas nas regiões de Poá, Suzano e, eventualmente, de Itaquaquecetuba e Mogi das Cruzes (Silva, 1999).

Mierzwa (2005) classifica o reúso industrial sugerindo apenas as modalidades macroexterna e macrointerna, incorporando o reúso interno ou reciclagem dentro da modalidade macrointerna.

Quando a empresa reusa o seu próprio efluente (tratado ou não) dentro de sua própria instalação, é considerado macrointerno.

O **reúso macroexterno** é definido como o reúso de efluentes proveniente de estações de tratamentos administradas por concessionárias municipais, estaduais ou ainda de outras indústrias.

O **reúso macrointerno** pode ser conduzido das seguintes formas:

→ Reúso em cascata: ocorre quando o efluente de um processo é diretamente usado no processo subsequente, sendo necessário, portanto, que a qualidade do mesmo seja compatível com o novo uso.

→ **Reúso de efluente tratado**: trata-se do reúso do efluente em que ele foi gerado, mas após a sua passagem por um sistema de tratamento, de modo a adequar a qualidade do efluente à qualidade demandada pelo processo.

Como a implantação do reúso está sempre ligada à questão de custo-benefício, é necessário estar sempre prestando atenção na qualidade da água utilizada para evitar (ou gerenciar) problemas de manutenção. Podem-se destacar (Oenning, 2006):

Incrustações: as incrustações estão relacionadas à formação de depósitos salinos devido a precipitações de sais quando estes atingem concentrações tais que ultrapassam o limite da solubilidade. As incrustações derivadas do cálcio (carbonato de cálcio, sulfato de cálcio e fosfato de cálcio) são a principal causa dos problemas de incrustações em torres de resfriamento. O magnésio em forma de carbonato e fosfato também pode acarretar problemas.

Corrosão metálica: a corrosão metálica pode ocorrer quando é criado um potencial elétrico entre superfícies metálicas diferentes. A célula de corrosão consiste em um ânodo, onde ocorre a oxidação do metal, e um cátodo, onde acontece a redução de outro metal. A qualidade da água afeta grandemente a corrosão metálica, pois contaminantes, como sólidos dissolvidos totais – SDT, aumentam a condutividade elétrica da solução, acelerando as reações de corrosão. Devido ao alto potencial de oxidação, também promovem corrosão o oxigênio dissolvido e certos metais como manganês, ferro e alumínio.

Crescimento biológico: o ambiente morno e úmido existente dentro das torres de resfriamento proporciona um ambiente ideal para promover o crescimento biológico. Nutrientes orgânicos, como o nitrogênio e o fósforo, favorecem o crescimento de microrganismos que podem se depositar em superfícies de trocadores de calor, inibindo sua eficiência e o fluxo de água. Outro problema é que certas espécies podem criar subprodutos corrosivos durante sua fase de crescimento. O controle do crescimento biológico pode ser feito por meio da adição de biocidas, ácido para o controle do pH e inibidores de incrustações e materiais biológicos.

Formação de *fouling*: O *fouling* refere-se ao processo de acúmulo e crescimento de depósitos orgânicos ou inorgânicos em diversos tipos de sistemas com recirculação. Esses depósitos são crescimentos biológicos, de sólidos suspensos, lodo, produtos de corrosão e elementos inorgânicos que inibem a transferência de calor em trocadores de calor. O controle do *fouling* é alcançado através da adição de dispersantes químicos. A coagulação química e os processos de filtração requeridos para remoção de fósforo são efetivos na redução da concentração de contaminantes que contribuem para a concentração de *fouling*.

7.7.1 Natureza dos despejos industriais

Pela variedade e amplitude de processos industriais, é impraticável, ou mesmo leviana, a padronização da qualidade desses efluentes. Considera-se cada indústria um caso distinto a ser analisado.

Atualmente, os poluentes industriais mais preocupantes são os orgânicos, especialmente os sintéticos e os metais pesados (Cetesb, 1993). As análises a serem feitas podem ser classificadas conforme demonstra o Quadro 7.9.

Entre as diversas substâncias que podem ser encontradas na água, algumas possuem seus teores limitados por padrões de qualidade, administrativos ou operacionais. Os cuidados devem ser tomados por necessidade de ordem estética ou por inconveniência na utilização da água, tais como salinidade excessiva, corrosividade, dureza excessiva ou predisposição ao desenvolvimento de organismos microbianos indesejáveis. Destacam-se como os mais comuns (Braile, 1993):

→ **Arsênio**: possui efeito acumulativo; sua concentração fora das normas pode resultar em intoxicação e morte, induz dermatose e efeito carcinogênico.

→ **Bário**: considerado estimulante muscular, especialmente do coração. Causa bloqueio nervoso e vasoconstrição, com o aumento da pressão sanguínea, podendo ser fatal.

Quadro 7.9 Natureza dos despejos industriais

Características físicas
Conteúdo de sólidos totais, compostos de material flutuante, material coloidal em solução; temperatura, cor, odor e turbidez

Classificação	Forma/efeito	Variações

Sólidos totais: toda a matéria que permanece como resíduo após evaporação à temperatura de 103 °C a 105 °C	Quanto à apresentação
	↪ Sólidos em suspensão
	↪ Sólidos filtráveis
		Quanto à classificação:
		↪ Suas dimensões
		  ↪ Dissolvidos: $10^{-3} - 10^{-5}$ µm
		  ↪ Coloidais: $1 - 10^{-3}$ µm
		  ↪ Suspensão ou não filtráveis: 100–1 µm
		↪ Sua volatilidade (600 °C)
		  ↪ Voláteis (orgânicos)
		  ↪ Fixos (inorgânicos)

Temperatura	↪ Efeito na vida aquática ↪ Solubilidade do oxigênio ↪ Consumo de oxigênio ↪ Estimulação de atividades biológicas ↪ Sua variação pode causar mortalidade de vida aquática ou florescimento de fungos e plantas indesejáveis (aumento de temperatura).	↪ A água a 0 °C contém uma concentração de 14 mg/L de O_2. ↪ A água a 20 °C contém uma concentração de 9 mg/L de O_2. ↪ A água a 35 °C contém uma concentração menor que 7 mg/L de O_2.
Cor	Provocado por corantes orgânicos e inorgânicos	–
Odor	Provocados por gases produzidos pela decomposição da MO	Os odores também podem ser produzidos por contaminantes (ferro, mercaptana, substâncias tanantes etc.).
Turbidez	Parâmetro indicativo com relação à presença de material coloidal	–

Características químicas
Normalmente constituídos de uma combinação de carbono, hidrogênio e oxigênio, e, em alguns casos, nitrogênio. Como fator negativo, possuem fracas possibilidades de serem decompostas biologicamente.

Medição de matéria orgânica	↪ DBO: Demanda Bioquímica de Oxigênio ↪ DQO: Demanda Química de Oxigênio	
Medição de matéria inorgânica Metais pesados	↪ pH	↪ A concentração hidrogeniônica é um parâmetro importante por estar ligado à facilidade, ou não, da aplicação do tratamento biológico.

	↪ Compostos tóxicos
	  ↪ Certos cátions são importantes no tratamento de efluentes (métodos biológicos)
	  ↪ Metais como cobre, chumbo, cromo, arsênico etc., tóxicos quando em concentrações variáveis
	  ↪ Alguns ânions como cianetos e cromatos
		Os cátions e metais prejudicam o tratamento biológico
		
		Os ânions tóxicos devem ser retirados do efluente, antes de serem lançados ou reutilizados

	↪ Metais pesados Manganês, chumbo, cromo, cádmio, zinco, ferro, e mercúrio	Presença constante em efluentes industriais. Sua presença prejudica os usos benéficos da água.
	↪ Oxigênio dissolvido A quantidade de oxigênio presente na água é regulada por alguns fatores: a solubilidade do gás; a pressão parcial do gás na atmosfera, a temperatura, salinidade, sólidos em suspensão etc.	Responsável pela respiração das formas de vida aeróbias
	↪ Gás sulfídrico Formado pela decomposição da MO contendo enxofre, ou pela redução de sulfitos a sulfatos	Além do gás sulfídrico, podem-se formar, pela decomposição anaeróbia, outros gases como indol, escatol e mercaptanas, que causam odores mais ofensivos que o gás sulfídrico.
	↪ Metano Altamente combustível e explosivo em atmosfera de baixa ventilação	Principal produto da decomposição anaeróbia da MO.

(Continua)

(Continuação)

Quadro 7.9 Natureza dos despejos industriais

Métodos de tratamento

→ Métodos físicos:
Remoção de sólidos flutuantes, em suspensão, areias, óleos e gorduras, utilizando processos convencionais (grades, peneiras, caixa de areia, tanques de remoção de óleos e graxas, decantadores, filtros de areia etc.).
Algumas das fases de tratamento podem ser aproveitadas para adotar a recuperação de material retido: a flotação é empregada em alguns despejos industriais, como, por exemplo, para a recuperação de óleos emulsionados, fibras de papel, lanolina de águas residuárias de lanifícios etc.

→ Métodos químicos e físico-químicos
Remoção de material coloidal, cor e turbidez, odor, ácidos, álcalis, metais pesados e óleos. Os agentes químicos também são utilizados para neutralizar ácidos e álcalis.
Se o despejo industrial contiver substâncias ácidas e alcalinas, deve-se considerar a mistura destes despejos com vistas à neutralização.

→ Métodos biológicos
Os diversos tipos de processos biológicos, aeróbio e/ou anaeróbio, são aplicados segundo indicação de projeto.

Fonte: Adaptado de Braile; Cavalcanti, 1993

→ **Cádmio:** possui elevado potencial tóxico, é irritante gastrintestinal, poderoso emético e causa intoxicação aguda e crônica.

→ **Cianetos:** os alcalinos simples formam íons, quando dissolvidos na água, que são muito tóxicos. Dependendo da concentração e da associação com outras substâncias, podem ser letais (exemplo: HCN – ácido cianídrico). O organismo humano aceita pequenas quantidades de substâncias que contêm cianeto, que normalmente é eliminado pelo fígado.

→ **Chumbo:** possui efeito cumulativo e pode causar intoxicação crônica (ex.: saturnismo). Apresenta ação corrosiva sobre metais.

→ **Cromo hexavalente:** não se acumula no organismo humano, porém sua alta concentração é tóxica. Muito utilizado em processos industriais, causando poluição tóxica nos seus efluentes.

→ **Fenóis:** provocam mau cheiro e sabor desagradável. Interferem nos testes de DBO e, dependendo da sua concentração, podem ser tóxicos aos peixes e também podem matar os microrganismos que atuam no tratamento por lodos ativados e nos filtros biológicos.

→ **Ferro:** o ferro ou sais ferrosos são causadores de cor (preta ou marrom), prejudicando a água para usos em alguns processos industriais, como, por exemplo, fábrica de papel, tecidos, conservas etc.

→ **Mercúrio:** possui efeito cumulativo e é considerado extremamente tóxico. Dependendo da concentração, pode causar envenenamento e até morte. Causa o rompimento dos cromossomos, age como inibidor do mecanismo mitótico e destrói as células cerebrais, causando distúrbios no sistema nervoso central.

→ **Nitratos:** produto final da mineralização da MO nitrogenada, por via aeróbia. Sua alta concentração é considerada poluente à água e ao solo e também pode causar danos à saúde humana. Em especial, causa metemoglobinemia em crianças.

→ **Pesticidas:** contaminam as águas superficiais, subterrâneas e o solo. Possuem alta toxicidade aos peixes e aos humanos, dependendo da natureza do produto e de sua concentração.

→ **Selênio:** sua presença no solo compromete a criação de animais. É tóxico e pode causar envenenamento crônico, agudo ou fatal. Aumenta a ocorrência de cárie dentária e possui efeito carcinogênico.

→ **Sulfetos:** o gás sulfídrico (H_2S) é tóxico, corrosivo e causa sérios problemas de odor e sabor; é letal aos peixes na concentração de 1 a 6 mg/L; é responsável pela diminuição do oxigênio dissolvido nos corpos d'água. Nas ETAs, impedem a floculação; e nas indústrias têxteis, provocam manchas na fiação e nos tecidos.

O Quadro 7.10 enumera alguns dos principais poluentes encontrados nos despejos industriais e algumas de suas fontes.

Quadro 7.10 Principais poluentes de despejos industriais

Poluentes	Origem dos poluentes
Acetaldeído	Plásticos, borracha sintética, corante
Ácido acético	Vinícolas, indústrias têxteis, destilação de madeira, indústrias químicas
Acetileno	Sínteses orgânicas
Acrolonitrila	Plásticos, borracha sintética, pesticida
Amônia	Manufatura de gás e carvão, operação de limpeza com "água amônia"
Acetato de amônia	Tintura em indústria têxtil e preservação da carne
Cloreto de amônia	Tintura, lavagem do curtimento
Dicromato de amônia	Mordentes, litografia, fotogravação
Fluoreto de amônia	Tintura em indústria têxtil e preservação de madeira
Nitrato de amônia	Fertilizantes, explosivos, indústrias químicas
Sulfato de amônia	Fertilizantes
Anilina	Tinturas, vernizes, borrachas
Bário (acetato)	Mordente em tinturaria
Bário (cloreto)	Manufatura de tintas, operações de curtimento
Bário (fluoreto)	Tratamento de metais
Benzeno	Indústria química, na síntese de compostos orgânicos, tinturaria e outras operações têxteis
Butil (acetato)	Plástico, couro artificial e vernizes
Carbono (dissulfeto)	Manufatura de gases e indústrias químicas
Carbono (tetracloreto)	Indústrias químicas
Cromo (hexavalente)	Decapagem de metais, galvanização, curtumes, tintas, explosivos, papéis, águas de refrigeração, mordente, tinturaria em indústrias têxteis, fotografia, cerâmica
Cobalto	Tecnologia nuclear, pigmentos
Cobre (cloreto)	Galvanoplastia do alumínio, tintas indeléveis
Cobre (nitrato)	Tinturas têxteis, impressões fotográficas, inseticidas
Cobre (sulfato)	Curtimento, tintura, galvanoplastia, pigmentos
Diclorobenzeno	Solventes para ceras, inseticidas
Dietilamina	Indústria petroquímica, fabricação de resina, indústria farmacêutica, tintas
Etilamina	Refinação de óleo, síntese orgânica de fabricação de borracha sintética
Sulfato ferroso	Fábrica de conservas, curtumes, têxteis, minas, decapagem de metais
Formaldeído	Curtumes, penicilinas, plantas e resinas
Furfural	Refino de petróleo, manufatura de vernizes, inseticidas, fungicidas e germicidas
Chumbo (acetato)	Impressoras, tinturarias e fabricação de outros sais de chumbo
Chumbo (cloreto)	Fósforo, explosivos, mordente
Chumbo (sulfato)	Pigmentos, baterias, litografia
Mercaptana	Alcatrão de carvão e celulose *kraft*
Mercúrio (cloreto)	Fabricação de monômetros
Mercúrio (nitrato)	Explosivos
Composto orgânico-mercúrio	Descarga de "água branca" em fábricas de papel
Metilamina	Curtimento e síntese orgânica
Níquel (cloreto)	Galvanoplastia e tinta invisível
Níquel (sulfato amoniacal)	Banhos em galvanoplastia
Níquel (nitrato)	Galvanização
Piridina	Piche de carvão e fabricação de gás
Sódio (bissulfato)	Têxteis, papel e indústrias fermentativas
Sódio (cloreto)	Indústria cloro-álcali
Sódio (carbonato)	Indústria química e de papel

(Continua)

(Continuação)

Quadro 7.10 Principais poluentes de despejos industriais

Poluentes	Origem dos poluentes
Sódio (cianeto)	Banhos eletrolíticos
Sódio (fluoreto)	Pesticidas
Sódio (hidróxido)	Celulose e papel, petroquímicas, óleos minerais e vegetais, destilação de carvão
Sódio (sulfato)	Fabricação de papel
Sódio (sulfeto)	Curtume, celulose kraft
Sulfúrico (ácido)	Produção de fertilizantes, outros ácidos explosivos, purificação de óleos, decapagem de metais, secagem de cloro
Ureia	Produção de resinas e plásticos, sínteses orgânicas
Zinco	Galvanoplastia
Zinco (cloreto)	Fábrica de papel, tinturas

Fonte: Braile; Cavalcanti, 1993

Decidir a melhor forma de tratamento dos efluentes industriais, para reúso ou não, depende do levantamento de informações seguras, obtidas por amostragens. Por meio de resultados reveladores e precisos, sobrevém a elaboração do projeto específico, sendo, para tanto, importante o conhecimento das técnicas laboratoriais e das análises sanitárias, com correta interpretação e comparação de resultados.

De acordo com o nível do tratamento aplicado, obtém-se o grau de eficiência na remoção de substâncias e na conversão de características. O Quadro 7.11 mostra uma relação de procedimentos e seus respectivos alcances.

Quadro 7.11 Remoções dos níveis de tratamentos nos efluentes

Tratamentos normalmente usados		Óleos/ graxas	Sólidos sedimentáveis (SP)	Sólidos em suspensão (SS)	Metais pesados	MO biodegradável (DBO)	MO não biodegradável (DQO-DBO)	Nutrientes fosfatos/ nitratos	Sais minerais dissolvidos (SFD)
Primário	Decantação simples	*	*	*					
	Flotação	*	*	*					
Secundário	Coagulação/ precipitação química			*	*	*	*		
	Tratam. biol. convenc. (filt. biol. ou lodos ativ.)			*		*			
Terciário ou avançado	Flotação pós tratamento secundário			*			*		
	Precipitação química pós tratam. séc.						*	* (fosfatos)	
	Oxidação química						*		
	Filtros em leito de carvão ativ.						*	*	*
	Troca iônica							*	*

* Tratamento mais comumente empregado

Obs. O quadro é sumário e assim deve ser entendido. Assim, nada impede que se use precipitação química para remover sólidos sedimentáveis. Por outro lado, eventualmente, uma decantação simples pode remover matéria orgânica não biodegradável se esta estiver em suspensão grosseira.

Fonte: Braile; Cavalcanti, 1993

7.7.2 Segmentos industriais e suas particularidades quanto ao uso de água

Considerando que o uso da água para as várias aplicações industriais resulta em efluentes de qualidades diversas, conclui-se que o tratamento da água servida deve ser feito visando ao atendimento das especificações de cada uso em particular, em função da impureza e das características peculiares da água.

A revista Gerenciamento Ambiental (2005) compilou as possibilidades do reúso de efluentes, no processo industrial de diferentes segmentos, proporcionando uma visão comparativa da variedade de efluentes:

→ A reciclagem contínua da água em sistema fechado, em qualquer indústria, pode resultar na acumulação de sais dissolvidos. Porém, o grau máximo de reúso deve ser particularmente estabelecido antes de se tornar inconveniente.

→ Há muitas técnicas de conservação da água já provadas e que são eficazes mesmo em indústrias diferentes.

→ As cervejarias, por contenção, podem "reusar" a terceira água de lavagem de equipamentos na primeira lavagem do turno seguinte, reaproveitar a água de resfriamento para fins de limpeza e, ainda, valer-se da contracorrente em operações de pasteurização e envasamento.

→ Os sistemas de membrana (osmose reversa e eletrodiálise reversa) têm obtido sucesso no tratamento da água de descarga de caldeiras e na redução do nível total de contaminação do resíduo descartado, em comparação com os sistemas de troca iônica, que produzem volumes elevados de efluentes a partir dos leitos de troca de cátions e ânions.

→ O tratamento por membrana (que produz água de qualidade elevada), quando aplicado à água de descarga da torre de resfriamento, reduz o volume de água consumida e, por consequência, reduz o volume de efluentes descartados. A descarga pode, também, ser reduzida com o uso de abrandadores e filtragem em conjunto com o controle efetivo de depósitos e técnicas de inibição de corrosão.

→ A demanda de água na galvanoplastia e projetos de acabamento pode ser reduzida em mais de 75% provendo-se um enxágue adicional dos tanques com o fluxo, em contracorrente, da água de lavagem. A economia pode ainda ser maior, através da instalação de um sistema de tratamento de água baseado na técnica de troca de íons que é capaz de recuperar, da água de lavagem, valiosos metais como cromo ou níquel.

→ Em muitos casos, o efluente tratado, que é normalmente descarregado para o esgoto, pode passar por um tratamento adicional e recuperado para uso em áreas operacionais, como torres de resfriamento, caldeiras ou como água de lavagem. O tratamento adicional pode envolver o uso de técnicas de membrana como osmose reversa ou ultrafiltração, ou até uma filtração clássica para remover sólidos suspensos. Às vezes, raios ultravioletas ou cloração são usados para desinfecção, como é o caso do esgoto sanitário tratado quando é reciclado.

→ Exemplos de métodos de conservação de água atualmente disponíveis podem ser multiplicados. Uma avaliação crítica do reúso da água deveria ser empreendida antes do desenvolvimento das necessidades de tratamento de efluentes. Isto é particularmente aplicável quando água e sistemas de administração de efluentes são projetados para novos locais ou novas linhas de produção. Segregação de fluxos incompatíveis deve ser considerada antes que o critério do processo de tratamento seja desenvolvido. Em alguns antigos projetos, isso pode ser economicamente inviável ou, em alguns casos, impossível.

→ A segregação se torna uma necessidade quando a combinação dos fluxos de efluentes resultar em perigo potencial à segurança. Por exemplo, em um projeto de galvanoplastia, uma mistura de água de lavagem ácida com fluxos contendo cianetos pode produzir gás hidróxido de cianeto, que é tóxico.

→ Não é incomum que somente uma porção de fluxo de efluente contenha a maior parte de carga de sólidos suspensos. Nesse caso, apenas uma parte do fluxo precisa ser tratada para remoção desses sólidos e fazê-lo em separado é mais econômico e permite o uso mais efetivo de técnicas de recuperação de água.

→ Frequentemente, água de resfriamento ou outros fluxos de baixa contaminação podem ser segregados e reciclados para o processo produtivo, como água de lavagem de equipamentos ou, em alguns casos, como água de processo.

→ Em cada caso, as considerações sobre o reúso de água ou efluentes devem ser baseadas numa revisão das atuais práticas de gerenciamento de água, incluindo avaliação de fluxos, análises químicas e balanço de massa de água e efluentes. Isto se aplica, também, ao sistema de tratamento de efluentes existente. O próximo passo se refere à revisão do uso de água na área de produção e avaliação de possibilidades de racionalização/redução do consumo de água. Diferentes métodos para o reúso máximo de água de processo e de resfriamento (quando aplicável), assim como efluente tratado das estações de tratamento existentes, são avaliados, incluindo análise econômica.

→ A análise econômica é realizada com base nos custos de investimentos, operação e manutenção dos equipamentos selecionados para a implementação, em comparação com a redução dos custos resultantes do menor consumo de água, diminuição do volume de efluente descartado e diminuição do volume dos subprodutos decorrentes do sistema de tratamento de efluentes, como lamas (diminuição do custo de disposição final). Baseado nesta análise, decide-se estender as modificações e a seleção de tratamento adicional e o sistema novo é projetado e instalado.

7.7.2.1 Conservas de produtos agrícolas

A indústria de conservas obteve grande expansão nas últimas décadas e conquistou um mercado expressivo. Cada produto manipulado produz despejos com características próprias, em função da matéria-prima utilizada (frutas, legumes e verduras). Sendo impossível a padronização, tem-se uma formação generalizada desses despejos industriais, na qual se destacam os seguintes componentes:

→ valores de DBO podem atingir 60.000 mg/L;

→ despejos podem ser fortemente ácidos ou alcalinos;

→ efluentes de qualidades variáveis de acordo com o funcionamento e classificação das indústrias, processos industriais, qualidades das frutas e vegetais e datas de colheitas;

→ presença de água derivada da produção de vapor, para a esterilização e resfriamento do tampão de secagem;

→ presença de despejos resultantes da lavagem de matéria-prima, branqueamento, derrames, limpeza dos equipamentos e do solo;

→ presença de despejos sólidos variados;

→ presença de despejos de produtos especiais ou advindos de métodos não usuais na fabricação de conservas.

Comparando os processos de conservas da ervilha, do tomate, da beterraba vermelha, do milho, de alguns vegetais e frutas, verificam-se os valores médios de análise dos despejos de cada caso, como mostra a Tabela 7.5.

O tratamento e o destino final desses despejos também variam de acordo com o funcionamento de cada indústria e a técnica aplicada ao seu gerenciamento.

Geralmente, os resíduos peneirados são enterrados, queimados, lançados sobre a terra ou usados como alimento. No tratamento por lagoas, elas devem possuir, no mínimo, 1,50 m de profundidade, devendo armazenar 125% do volume dos despejos do período da colheita. Os despejos são eliminados das lagoas, por evaporação, infiltração e por lançamento nas águas receptoras em épocas próprias.

Capítulo 7 – *Reúso* 191

Tabela 7.5 Comparação dos valores médios de análises dos despejos de alguns segmentos da indústria de conservas

Produto	Processo	Despejos/espécie	SS (mg/L)	DBO (mg/L)	pH	Água (L/cx n. 2)
Ervilha	Amontoados por período considerável, sua fermentação produz um licor muito concentrado, cujo volume aumenta durante os períodos chuvosos, tendo seus despejos também variados com as estações. [2]	Lavador de ervilhas	2.800	3.500	5,0	100[1]
		Alvejador	21.000	11.000	6,8	
		Lavagem do chão	1.200	175	7,2	
		Despejo médio	1.750	1.400	7,0	
		Videira – sucos	75.000	50.000	3,0	
Tomate	Geralmente equipados com peneiras para remoção de cascas, pelos e sementes, que são empregados como fertilizantes ou na alimentação de porcos. Possuem características de resíduos muito variáveis. [3]	Tomates inteiros[3]				
		Máximo	220	850	7,0	–
		Mínimo	170	410	6,6	–
		Médio	190	570	6,0	–
		Tomates amassados				
		Máximo	1.168	3.880	8,4	–
		Mínimo	667	2.160	4,0	–
		Médio	950	2.916	6,0	30
		Produtos de tomates				
		Máximo	–	1.336	8,4	–
		Mínimo	–	373	4,8	–
		Médio	500	1.000	6,0	230
Beterraba vermelha	Primeiramente, são lavadas para remover sujeiras e outras matérias estranhas, utilizando-se grande volume de água. Os despejos do cozinhador a vapor e do descascador contêm grande quantidade de pele e alta coloração.	Estudos de Michigan				
		Máximo	2.188	5.480	7,5	–
		Mínimo	1.400	2.180	7,0	–
		Médio	1.800	3.800	7,4	–
		Estudos de Wisconsin				
		Máximo	1.700	4.040	7,3	140
		Mínimo	740	1.580	6,4	100
		Médio	1.120	2.600	7,0	110
Milho	Podem ser estocados em sabugos ou em grãos. Seu beneficiamento tem alto resíduo sólido.	Estudos de Wisconsin				
		Máximo	1.164	3.480	7,9	
		Mínimo	140	740	5,9	
		Médio	688	1.770	7,1	[4]
		Estudos de Ohio				
		Máximo	704	2.040	6,5	
		Mínimo	160	420	5,1	
		Médio	346	1.040	6,0	
Diversos vegetais	Variados	Feijão-verde	160	400	7,0	–
		Feijão-mulatinho	–	240	7,6	60
		Espinafre	–	280	7,0	580
		Cenoura	–	1.110	7,1	1.830
		Abóbora	80	6.000	7,0	3.500
		Batata	–	220	7,3	990
		Conserva de salmoura	–	3.000	4,0	200
		Licor da armaz. Ervilha	–	35.000	4,1	–
		Licor da armaz. Milho	–	27.000	4,5	–
		Licor da armaz. Feijão	–	25.000	5,2	–
Algumas frutas	Variados	Pêssego	600	1.350	7,6	10.000
		Pera	–	–	–	10.000
		Damasco	260	380	7,6	10.000
		Cereja	20	750	6,2	–
		Uvas	1.650	720	4,6	–

[1] O gasto médio de água por caixa n. 2 é de 100 litros.
[2] A DBO média é de 1.400 mg/L; e a população equivalente é de 18 por caixa.
[3] Os dados dos tomates inteiros foram obtidos pelo estudo em Wisconsin; os de tomates amassados, pelo estudo em Michigan.
[4] Dados não descriminados.

Fonte: Adaptada a partir de Braile, 1993

Para a redução dos despejos das fábricas, do material retido nas peneiras e das substâncias sólidas removidas da matéria-prima no processamento das conservas, todas as indústrias usam como regra o lançamento de resíduos, de modo tal que não entrem em contato com a água.

De modo geral, os métodos de tratamento de efluentes deste segmento são variados, mas devem-se fazer as seguintes considerações:

→ Incluem peneiramento, sedimentação com ou sem coagulantes, filtração biológica e lagoas e terrenos para irrigação por aspersão.

→ O peneiramento é parte essencial do equipamento de toda indústria de conservas, podendo favorecer uma taxa de remoção efetiva das matérias grosseiras em suspensão.

→ A irrigação por aspersão depende da existência de terrenos apropriados ou de sua adaptação ao reúso.

→ O sistema de lagoas é usado em muitas fábricas, para a acumulação de despejos durante o período de fabricação, permitindo sua descarga lenta nos cursos d´água.

→ A sedimentação primária remove mais sólidos que as peneiras finas, usadas quando a clarificação sem remoção de cor for satisfatória; quando isto for necessário, deve-se acelerar a sedimentação pela precipitação química (cal ou sulfato). Cada processo exigirá uma remoção de lodo diferenciada, pois, se o lodo for putrescível, esta deverá ser contínua ou em intervalos frequentes.

→ Antes de se descartar o efluente, é necessário que o mesmo passe por um tratamento para a redução de sua carga orgânica.

→ O efluente do tanque de precipitação primária ou tanque de precipitação química é inadequado para o lançamento sem alta diluição. O grau de diluição exigido pode ser reduzido pelo emprego de filtros biológicos, seguidos pela filtração em leitos de areia, pois produz grande volume de lodo.

→ O processo de lodos ativados não é muito empregado neste segmento, devido à ocorrência de variações súbitas em suas características.

→ O tratamento químico pode ser feito por métodos de fluxo contínuo ou por bateladas. O lodo retirado deve seguir para leitos de secagem.

→ Como tratamento biológico podem-se aplicar: (1) filtração biológica (possibilita um grau de tratamento melhor que o da precipitação química); (2) filtro de recirculação, consistindo em um poço de bomba e caixa de vertedouro; bomba; distribuidor rotativo; filtro; e tanque de sedimentação final; (3) lançamento no solo, pela infiltropercolação; através de aplicação direta sobre terrenos; ou pela irrigação.

7.7.2.2 Têxtil

O processo têxtil inclui as seguintes etapas:

→ preparação e fiação (sem despejos industriais);

→ tingimento (cozimento dos fios bobinados em solução de soda e detergente, seguido de lavagem e do tingimento propriamente dito);

→ engomação em fécula fervida ou polímeros;

→ tecelagem (a seco);

→ chamuscagem (queima de penugens);

→ desengomação (detergente e enzimas);

→ cozimento (em vapor, soda cáustica e aditivos químicos);

→ alvejamento;

→ secagem (em que a água é totalmente reciclada);

→ estamparia (corantes, soda e goma);

→ tinturaria (etapa bastante poluidora);

→ lavagem (alta carga poluidora); e

→ vaporização e acabamento (liberação de diversos produtos, tais como ureia, fenóis, amidos e outros).

Avalia-se que a indústria têxtil consome 15% de toda a água industrial do mundo, perfazendo a ordem de 30 milhões de m³ ao ano. É utilizada em todas as etapas de produção de tecidos, principalmente nas fases de tinturaria (em que é consumida metade de toda a água deste setor), no pré-tratamento (41%), limpeza e acabamento.

Entre os contaminantes presentes, as gomas naturais (amido), o PVA e os poliacrílicos (CMC) são facilmente eliminados na fase da degradação biológica com lodos ativados e decantação. Entretanto, é possível reciclar quase que a totalidade (até 95%) das gomas através da ultrafiltração, que as separa das águas e dos sais.

7.7.2.3 Frigorífica

O principal uso da água se faz nas etapas de lavagem, dentro do processo:

- abate dos animais (após sua seleção);
- lavagem (vômito e sangria em bovinos; ou depilagem em suínos); e
- esfola (retirada dos mocotós, do couro e vísceras).

Os resíduos dos matadouros e frigoríficos tornam-se, na grande maioria dos casos, subprodutos economicamente aproveitáveis:

- O couro é vendido para curtumes ou salgado em via úmida ou seca. Esta etapa gera resíduos sólidos vendidos para a fabricação de farinhas e rações, enquanto a salmoura é reaproveitada.
- O sangue é aproveitado para a fabricação de farinhas, albumina ou corantes. Como é processado a seco, causa poucos problemas em relação aos despejos d'água.
- Gotejamento de sangue no piso requer mais um tipo de lavagem.
- Partículas de carcaça de tamanho pequeno são secas com vapor e encaminhadas para a fabricação de farinhas e graxas.
- Ossos duros ou longos são cozidos para a separação das gorduras e carnes aderidas e então secos, sendo descartadas as águas utilizadas.
- Chifres e cascos passam por fervura em água para separação dos sabugos, sendo vendidos ou transformados em farinha.

O grau de recuperação dos subprodutos nos grandes frigoríficos é grande. Quanto aos pequenos produtores, às vezes não têm produção em escala suficiente para conseguir retorno econômico, o que os torna problemáticos quanto à questão ambiental, já que são grandes geradores de rejeitos.

Os materiais são recuperáveis economicamente, como o esterco; conteúdos gástricos e intestinais, resíduos gordurosos de operações e do tratamento de água são destinados à formação de adubos compostos e podem ser dissolvidos em água e aspergidos em lavoura, de forma controlada.

O consumo de água por cabeça varia tradicionalmente:

- 2.500 litros por bovino;
- 1.200 litros por suíno;
- 25 litros por ave.

No caso de frango, as indústrias brasileiras já trabalham com metas de 14 litros de água por frango.

O tratamento dos rejeitos aquosos dos frigoríficos é tarefa complexa, variando muito conforme a unidade industrial. São caracterizados por elevados níveis de DBO (800 a 32.000 mg/L), sólidos suspensos (até 15 g/L de sedimentáveis) e graxos. Essas altas taxas e a grande formação de lodo obrigam à utilização de processos anaeróbios, ou mistos (anaeróbios com aerados).

7.7.2.4 Curtumes

No Brasil, esta atividade ainda é considerada obsoleta, com rebanhos que ainda enfrentam problemas de doenças, parasitas, tratamento deficiente dos animais, fatores que acarretam baixa qualidade do couro produzido. Além do gado, o País produz couro de mamíferos silvestres, répteis e aves (como do avestruz).

A indústria de calçados, a maior consumidora de nosso couro, também enfrenta os mesmos problemas de defasagem tecnológica, com um número excessivo de operações e mão de obra, perdendo espaço para a concorrência dos produtores estrangeiros, de custo muito menor.

A preparação do couro inicia-se logo após o abate, usando ou não um pré-tratamento da pele, dependendo do tempo entre o abate e o processamento. Quando não possuem pré-tratamento, as peles são denominadas "peles verdes". E seu peso oscila de 35 a 38 kg por unidade. Quando as peles precisam ser estocadas, elas passam por um pré-tratamento de forma a conservá-las, impedindo o desenvolvimento de microrganismos que possam promover sua putrefação. Esta conservação é feita por meio de banhos de salmoura antes do empilhamento, dando condições de armazená-las até o seu processamento. A salmoura provoca a desidratação do couro, eliminando parte das proteínas solúveis, ficando seu peso entre 20 e 25 kg por unidade (Cetesb, 1989).

São três as etapas básicas do processo de curtimento: ribeira, curtimento e acabamento.

O processo de fabricação dos couros já se inicia, após a esfola:

→ Lavagem do lado carnal das peles.

→ Armazenamento de peles.

→ Ribeira: preparo das peles para curtimento.

→ Salga seca (com empilhamento das peças alternadamente com camadas de sal), para auxiliar na desidratação.

→ Remolho: (para umectar os couros). No caso dos couros verdes, apenas lava-se a peça para retirar o sangue, enquanto os couros salgados, os seco-salgados e os secos passam por vários banhos ou descansam em molho.

→ Caleiro: retirada de pelos e epiderme com banho de 17 horas em sulfato de dimetilamina (menos poluente) ou sulfeto de sódio e cal diluídos em água.

→ A remoção do sebo e tecido adiposo é feita na descarnagem, ou seja, passagem em equipamento de cilindros e facas, não fazendo uso de água, tampouco na divisão do couro em camadas de pele.

→ Purga: limpeza e preparação da pele inchada para o curtimento. Consiste em lavagem em água limpa corrente por até uma hora, seguida de lavagem em solução de sais de amônia e enzimas em água, sob agitação em tamborões rotativos, durante até 5 horas.

→ Piquelagem: etapa prévia ao curtimento. Consiste em uma acidificação da pele com ácidos (sulfúrico, clorídrico, láctico ou outros ácidos orgânicos) e cloreto de sódio em tamborões ou tanques.

→ Curtimento: tem a finalidade de impedir a putrefação das fibras de couro. Utilizam-se banhos em solução aquosa e estiramento em molduras ou cabides, seguidos de lavagens.

→ Acabamento: são as diversas operações alternativas de pesagem, lavagem, tingimento com corantes sintéticos ou naturais, secagem e lixamento.

O volume de água consumido varia de 30 a 100 litros por quilograma de pele tratada. Assim sendo, a água residuária da indústria de curtumes constitui-se de cal e sulfetos livres, cromo, matéria orgânica diluída ou em suspensão, elevados teores de sólidos dissolvidos totais, DQO e pH. Para reduzir esta carga poluidora, uma das medidas tomadas pelo próprio mercado é a exigência de que os matadouros já entreguem as peles limpas, o que apenas acarreta mera transferência de responsabilidade pelo tratamento e gerenciamento dos resíduos sólidos.

Outros poluentes importantes são as substâncias tóxicas, os sabões (geram espuma), os coloides (formam depósitos putrescíveis), o ácido titânico (forma o tanato férrico e que escurece as águas), os sólidos em suspensão, a salinidade e o pH elevado, em quantidades que variam de curtume para curtume.

Uma das formas mais incentivadas de tratamento é a recuperação de produtos, largamente utilizada no caso do sebo, rico em ácidos graxos para a indústria, glicerina, fibras e proteínas, e os pelos para a fabricação de pincéis e escovas, feltros e chapéus e, ainda, as pelancas usadas para a fabricação de cola ou fertilizantes.

7.7.2.5 Celulose e papel

São produtos processados muitas vezes por uma mesma unidade industrial, sendo que o papel é obtido em uma etapa posterior à celulose.

→ Como matéria-prima, a madeira é descascada, cortada em "toros" posteriormente partidos em lascas ou cavacos.

- Os cavacos são reduzidos a polpa por meio de vários processos alternativos (sulfato – processo *kraft*, sulfito, soda ou mecânico).
- Lavagem dos toros e dos cavacos.
- Fabricação da pasta mecânica, lavando as fibras retiradas dos toros por esmeril (a água fica contaminada com lignina, que adere originalmente às fibras, e com a celulose; no caso do processo *kraft* este problema fica reduzido pela queima, na caldeira, do licor negro saído dos cozedores).
- Lavagem da massa cozida (no filtro a vácuo).
- As fibras são alvejadas em maior ou menor grau, conforme a finalidade do produto final (maior volume de despejos).
- Evaporadores e máquinas de papel e celulose.
- Montagem de folhas de papel pela passagem em cilindros rotativos aquecidos, de grande porte e grande velocidade.

Os principais resíduos desta indústria são os restos de madeira, os licores da digestão pelos processos químicos e os resíduos do alvejamento final das fibras.

A maior carga poluidora é o licor negro sulfítico (rico em açúcar de madeira). As principais fontes são as descargas dos cozedores, dos condensados, dos chuveiros lavadores de gás, da preparação dos ácidos, das perdas de reagentes e das caldeiras de recuperação.

A fabricação de papel e celulose só não possui uma demanda hídrica excessiva porque é um dos processos industriais que mais efetua a reutilização da água, superando 300% do consumo efetivo em vários dos seus procedimentos, como na obtenção da celulose, peneiração, lavagem, concentração, alvejamento e na máquina de papel. Destacam-se a recuperação do licor, os filtros a vácuo e as operações de múltiplos estágios.

O tratamento de esgoto deste processo é baseado na separação dos efluentes por nível de concentração de sólidos, para depois se aplicar o peneiramento, sedimentação, filtração e posterior tratamento biológico.

7.7.2.6 Açúcar e álcool

A indústria do açúcar e sua extensão alcooleira também se destacam pelo grande volume de água utilizada no processo, além da necessidade de amplas plantações próximas às indústrias.

- Lavagem da cana: para eliminação de terras e cinzas (gasta aproximadamente 5 m³ de água por tonelada de cana).
- Moendas: para extrair o caldo (o bagaço é seco e consumido nas caldeiras, de forma a gerar vapor que move as moendas e gera energia elétrica).
- Embebição: a água é reabsorvida após a prensagem (em efeito "esponja") para diluir os açúcares e demais substâncias.
- Clarificação em meio alcalino por leite de cal e enxofre para rebaixar o pH.
- Aquecimento, decantação e filtração.
- Retirada da água por evaporação e cozimento, formando uma massa com sacarose em alta concentração e já se cristalizando (grande quantidade de água é utilizada nesta fase do processo).
- Turbinas: onde são separados o açúcar e o mel (que é recozido em parte e segue para a fabricação do álcool).
- Secagem do produto, refinamento e armazenamento.

Quanto ao álcool, este é obtido em paralelo com o açúcar, a partir do mel retirado, ou pelo caldo de cana fermentado e centrifugado para a recuperação das leveduras, seguindo para uma série de colunas de destilação.

Outra fonte de água residual são as lavagens de pisos e equipamentos, durante a operação normal ou em paradas.

O efluente final é tratado em lagoas de estabilização.

A reutilização da água pode ocorrer em várias fases desse processo (na lavagem da cana, na embebição, alimentação de caldeiras, nos filtros e centrífugas, nos evaporadores, entre outras), necessitando de tratamentos característicos como decantadores, tanques de oxidação, lagoa de estabilização e separadores de arraste.

7.7.2.7 Cervejaria

No segmento de bebidas, a produção de cerveja é uma das maiores consumidoras de água, como matéria-prima de constituição do próprio produto e para a lavagem dos equipamentos e recipientes. Grande quantidade é liberada nestas lavagens, nas dornas e nas centrífugas de separação das leveduras.

Na fábrica de malte, também é liberado um fluxo volumoso:

→ cozimento do malte e do lúpulo (formação do mosto);

→ fermentação do mosto;

→ decantação do mosto;

→ dornas de fermentação do mosto, onde sofre a "baixa" ou a "alta" fermentação (respectivamente, abaixo ou acima de 10 °C). A fermentação do mosto ocorre proximamente a 0 °C, após a separação parcial da levedura;

→ enriquecimento da levedura com gás carbônico;

→ maturação, filtração, engarrafamento;

→ pasteurização para maior durabilidade (não é realizada no caso do chope).

Após a separação da fase sólida dos despejos, a água sofre tratamento biológico, por vezes precedido de tratamento químico para decantação química. A Tabela 7.6 compara o consumo de água nos diversos segmentos de produto.

Tabela 7.6 Faixas de consumo de água para diversos setores produtivos

Segmento	Consumo (L de água/un.) Mínimo	Consumo (L de água/un.) Máximo	Unidade	Produção anual	Unidade
Papel e celulose	33	216	Kg	6.475.000	t
Leite pasteurizado	2	4	L [1]	–	L
Queijos	3	5	L [1]	–	L
Manteiga	3	3	L [1]	–	L
Cerveja	4,5	12	L	9.000.000.000	L
Refrigerantes	1,8	2,5	L	12.000.000.000	L
Couro	400	800	Couro [2]	–	couro [2]
Álcool	1.000	12.000	t de cana	13.000.000.000	m³
Têxtil [3]	80	170	kg	300.000.000	kg [4]
Frigorífico [5]	14	25	ave	1.460.000.000	ave
Siderurgia [6]	4.500	81.000	t	–	–

[1] Litros de leite processado; [2] Couro inteiro; [3] Algodão; [4] Quilos de fibra; [5] Frangos; [6] Aço

Fonte: Sabesp, 2001

7.8 RECARGA DE AQUÍFEROS

O Brasil possui um grande volume de água doce em reservatórios subterrâneos, sendo que uma boa parte deles se localiza em zonas de fácil acesso e, quando exige tecnologias de perfuração, são de custo acessível. Esta facilidade estimula a desenfreada exploração dos mananciais como se fossem particulares (comercial, industrial, condomínios e até mesmo em residências). A água dos lençóis está sendo extraída em volumes cada vez mais crescentes, fazendo com que cresça, na mesma proporção, a preocupação com a recarga destes aquíferos.

Os reservatórios hídricos naturais, encontrados em diversas profundidades, se formam através do ciclo hidrológico, em condições ambientais favoráveis (solo, topografia, clima etc.) e tendo como principal fator de recarga natural as mesmas condições hidrogeológicas de sua formação, em locais conhecidos como "zona" ou "área de recarga".

A provável contaminação desses reservatórios ocorre quando a qualidade da água de recarga direta, ou seja, a água de precipitação ou de escoamento que promove a infiltração no solo está comprometida a ponto de contagiar o solo e o lençol freático.

Para os locais onde a captação de água excede a condição de recarga natural dos lençóis, foram desenvolvidas tecnologias de compensação para estes aquíferos, aumentando a disponibilidade de água através de soluções localizadas de recarga artificial, com a utilização de efluentes de estações de tratamentos.

Para desenvolver um projeto de recarga artificial funcional, confiável e sustentável, é necessário que a qualidade do efluente a ser lançado ao solo esteja de acordo com os padrões adequados. Com esta finalidade, um tratamento adicional dos efluentes controla a contaminação da água e do solo, evita a penetração (intrusão) de água salina em aquíferos costeiros, evita o rebaixamento superficial do solo estrutural dos aquíferos (subsidência do solo) e pode ainda aumentar a disponibilidade da água para uso imediato ou futuro.

Por outro lado, as próprias características do efluente a ser lançado, quando adequadamente empregado à recarga de aquíferos, favorecem a biodegradação da matéria orgânica presente, e sua infiltração e percolação no solo equivale a um tratamento auxiliar, podendo atingir níveis de qualidade equivalentes ao tratamento avançado, dependendo das condições hidrogeológicas locais.

Dois métodos de recarga artificial de aquíferos podem ser assim descritos (Hespanhol, em Mancuso, 2003):

a) Poços de injeção

Este processo requer a construção de poços projetados especificamente para esta finalidade, estendendo-se desde a superfície e através da camada insaturada até o aquífero. Resultam em custos significativamente elevados, tanto para a construção do poço como para a aplicação do tratamento necessário à proteção da qualidade de água do aquífero.

b) Infiltração superficial utilizando bacias ou canais de infiltração

Sua aplicação depende das condições hidrogeológicas locais. Empregam-se bacias ou canais de infiltração, que vão proporcionar níveis de tratamento significativos, devido ao movimento dos efluentes através do solo, da camada insaturada e no próprio aquífero. Este é o sistema designado Tratamento Solo Aquífero (TSA), que vem sendo empregado com sucesso em diversas partes do mundo (Região do Dan em Israel, Chipre, Estados Unidos nos estados de Arizona, Califórnia, Nevada etc.)

A Figura 7.3 esquematiza os métodos de recarga artificial de aquíferos citados.

O Quadro 7.12 mostra os resultados obtidos no sistema TSA de Phoenix, Arizona, cuja bacia de infiltração foi construída no leito do Salt River. Dados do sistema TSA para reúso agrícola, que opera na Região do Dan, comprovam a elevada eficiência na remoção de compostos e íons específicos, prejudiciais às culturas irrigadas com a água bombeada do aquífero, alimentado artificialmente com esgoto tratado.

Os sistemas TSA têm, em média, custos 40% inferiores aos de sistemas de tratamento convencionais equivalentes que operam na superfície, e proporcionam níveis de tratamento elevados em termos de remoção de compostos orgânicos (DBO, DQO, CODT), organismos patogênicos (coliformes fecais, criptosporídeos, giárdia e vírus) e compostos inorgânicos (nitrogênio e metais pesados) (Mancuso, 2003).

Algumas condições hidrogeológicas são favoráveis à recarga artificial com esgoto doméstico tratado através do sistema TSA, entre elas estão (Mancuso, 2003):

→ solos permeáveis, com taxas de infiltração razoáveis;

→ camada insaturada com espessura suficiente para estocar o volume de recarga necessário;

→ ausência de camadas impermeáveis, que causem excessiva acumulação dos volumes infiltrados antes de atingir o aquífero;

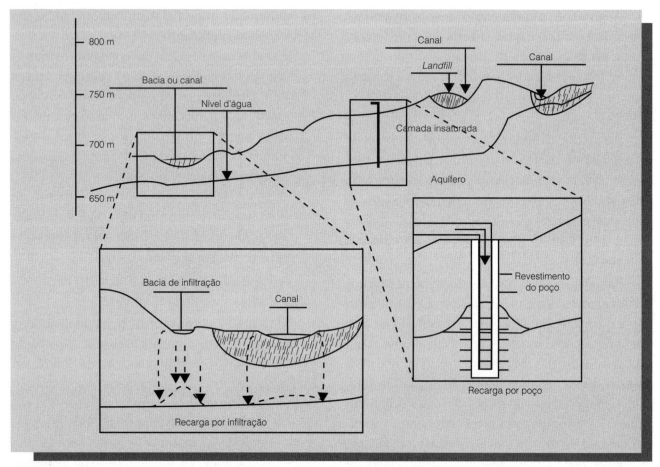

Figura 7.3   Métodos de recarga artificial de aquíferos. *Fonte:* Mancuso, 2003

Quadro 7.12 Qualidade da água no TSA de Phoenix, Arizona		
Variáveis	Efluente secundário (mg/L)	Amostras do aquífero (mg/L)
Sólidos dissolvidos totais	750	790
Sólidos suspensos	11	1
Amônia	16	0,1
Nitrato	0,5	5,3
Nitrogênio orgânico	1,5	0,1
Fosfato	5,5	0,4
Fluoreto	1,2	0,7
Boro	0,6	0,6
DBO	12	+ 1
TOC	12	1,9
Zinco	0,19	0,03
Cobre	0,12	0,016
Cádmio	0,008	0,007
Chumbo	0,082	0,066
Coliformes fecais/100 ml (a)	3500	0,3
Vírus, ufp/100 ml (b)	2118	+ 1

a) Efluente após cloração; b) efluente sem cloração

Fonte: Mancuso, 2003

↪ distribuição granulométrica na camada insaturada superior que suporte a prática do sistema TSA;

↪ coeficientes de transmissividade que não causem retenção excessiva de água no aquífero;

↪ aquífero não confinado.

De forma a dar suporte ao projeto de recarga, são aplicados alguns parâmetros locais, resumindo-se basicamente em:

↪ tipos de solos;

↪ perfil litológico da camada insaturada e do aquífero;

↪ níveis de água, gradiente regional, locação e volumes estimados da recarga natural;

↪ características de poços e bombeamentos existentes;

↪ parâmetros do aquífero (transmissividade e vazão específica);

↪ características de qualidade da água do aquífero: poluição, existente ou potencial, oriunda de aterros ou qualquer outra fonte e fatores contaminantes do solo que possam ser lixiviados durante a recarga.

A Usepa 625/R-04/108 apresenta uma tabela sugestiva (Quadro 7.13) para os critérios e diretrizes no uso de água recuperada em recarga de aquíferos. Apesar de comentar o tipo de tratamento, a tabela deixa a especificação de qualidade, monitoramento e distância de proteção a cargo de cada local onde será feito a recarga. A recarga de aquíferos subterrâneos pode também ser considerada como reúso potável indireto (Oenning, 2006).

Quadro 7.13 Critérios e diretizes da Usepa para recarga de aquíferos

Tipo de reúso	Tratamento	Qualidade da água recuperada [1]	Monitoramento da água recuperada	Distância mínima de proteção [2]	Comentários
Recarga de Aquíferos Por espalhamento ou injeção dentro de aquíferos não usados como fonte pública de água potável.	↪ Especificado no local e dependendo do uso; ↪ No mínimo primário se for por espalhamento; ↪ No mínimo secundário se for por injeção.	Especificado no local e dependendo do uso.	Dependendo do tratamento e uso.	Especificado no local.	↪ As instalações devem ser projetadas para assegurar que a água recuperada não atinja aquíferos que sejam fontes de água potável. ↪ Para projetos por espalhamento, tratamento secundário pode ser necessário para prevenir entupimentos. ↪ Para projetos por injeção, filtração e desinfecção podem ser necessários para prevenir entupimentos.

[1] Salvo notações diferentes, a aplicação dos limites de qualidade recomendados para água recuperada é no ponto de descarte das instalações de tratamento.
[2] Distâncias mínimas de proteção são recomendadas para proteger as fontes de água potável de contaminações e para proteger pessoas de riscos a saúde, devido à exposição à água recuperada.

Fonte: Adaptado de Usepa 625/R-04/108 (2004) por Oenning, 2006

7.9 OUTROS TIPOS DE REÚSO

7.9.1 Aproveitamento da água de chuva

Importante etapa do ciclo hidrológico, as precipitações pluviométricas dão continuidade ao processo de reposição hídrica na terra. Suas intensidades variam de acordo com as condições climáticas, pressão, temperatura, topografia e geografia, criando enorme diversidade de presenças e volumes precipitados peculiares a cada localidade analisada. As condições pluviométricas também sofrem variações de acordo com o período do ano, a poluição e outras características locais.

"As características da água derivam dos ambientes naturais e antrópicos onde se origina, percola ou fica estocada." (Ver Capítulo 3).

Desta forma, a qualidade da água de chuva depende da qualidade do ar no local de sua precipitação. Nas metrópoles, ou em locais com grandes aglomerados industriais, a água de chuva tende a incorporar em sua massa os mais diversos tipos de impurezas que o ambiente possa proporcionar. Procede dizer que "a chuva lava o ar".

A qualidade da água de chuva encerra (Uniágua, 2005):

- Localização geográfica do ponto de amostragem.
- Condições meteorológicas (tais como intensidade, duração e tipo de chuva, regime de ventos e estação do ano).
- Qualidade do ar no local da precipitação.
- Presença ou não de vegetação.
- Presença ou não de carga poluidora.
- Próxima ao oceano, a água de chuva apresenta elementos como sódio, potássio, magnésio, cloro e cálcio, em concentrações proporcionais às encontradas na água do mar.
- Distante da costa, os elementos presentes são de origem terrestre: partículas de solo que podem conter sílica, alumínio e ferro, por exemplo, e elementos, cuja emissão é de origem biológica, como o nitrogênio, fósforo e enxofre.
- Em áreas como centros urbanos e polos industriais, passam a ser encontradas alterações nas concentrações naturais da água de chuva, devido a poluentes do ar, como o dióxido de enxofre (SO_2), óxidos de nitrogênio (NOx), ou ainda chumbo, zinco e outros.
- A reação de certos gases na atmosfera, como dióxido de carbono (CO_2), dióxido de enxofre (SO_2) e óxidos de nitrogênio (NOx), com a chuva forma ácidos que diminuem o pH desta água, constituindo o que se convencionou chamar de "chuva ácida".
- Em Porto Alegre (RS), foi relatada a ocorrência de chuva com pH inferior a 4,0. No Estado de São Paulo, já se registrou pH menor que 4,5. A água destilada possui pH próximo de 5,6, constatando-se, portanto, que o pH da chuva é sempre ácido, pois, mesmo em regiões inalteradas, encontram-se índices em torno de 5,0. Em regiões poluídas, é possível chegar a valores como 3,5, configurando-se o fenômeno da "chuva ácida".

Estes dados confirmam que, ao "lavar" o ar, a chuva sofre alterações em sua qualidade, o que também ocorre na continuidade do seu curso natural (ciclo hidrológico). Sendo assim, observa-se que a qualidade desta água é passiva de variações, adquirindo ou transmitindo impureza conforme as vicissitudes do seu caminho. Destacam-se algumas situações, nas quais a variação da qualidade pode ocorrer:

- ao escoar pelas várias superfícies em que mantém contato (telhados, lajes, superfícies impermeabilizadas ou não, solo, árvores, corpos d'água e outras);
- ao infiltrar-se no solo;
- ao acumular-se nas baixadas;
- ao ser diluída nos corpos d'água;
- ao ser captada em sistemas de drenagem.

Devido a estas variantes, quando a precipitação ocorre em locais poluídos, a qualidade desta água é equiparada, pela legislação brasileira, à qualidade do esgoto, exigindo, dessa forma, os mesmo cuidados.

Geralmente, a água flui dos telhados e dos pisos, para as bocas de lobo, carreando todo tipo de impureza (dissolvidas, suspensas, ou simplesmente arrastadas mecanicamente), para as baixadas ou, quando existe um sistema de drenagem implantado, para um córrego que deságua em rio, causando um impacto que, embora possa ser controlado, caracteriza o que se convencionou chamar de poluição difusa.

Ao longo do seu percurso, a água pode sofrer um processo natural de diluição e autodepuração, dependendo da concentração dos poluentes nela encontrados, porém, em tempo variável e indefinido para a sua recuperação.

Em pesquisa da Universidade da Malásia, evidenciou-se que, ao iniciar a chuva, somente os primeiros volumes de água carreiam ácidos, microrganismos e outros poluentes atmosféricos, e, normalmente, com pouco tempo de precipitação, a chuva já adquire características de água destilada, que pode ser coletada em reservatórios fechados (Uniágua, 2005).

O reaproveitamento da água de chuva também exige técnicas adequadas que visam garantir sua aplicação, sem comprometimento da saúde do usuário, direta ou indiretamente.

As superfícies de captação da água de chuva são os telhados, projetados para este fim, ou não. Através das calhas, de condutores verticais e coletores horizontais, direciona-se a água ao reservatório intermediário, conhecido como reservatório de autolimpeza, que proporciona a sedimentação das partículas mais pesadas e de onde o efluente segue para o reservatório de acumulação de água de chuva. Este, por sua vez, poderá ser projetado no nível do solo ou subterrâneo. Também é possível encaminhar a água para microbacias.

Se a intenção for, exclusivamente, a captação da água de chuva, este "telhado" poderá ser feito através de superfície impermeabilizada, localizada no nível do piso, facilitando o acesso.

Para garantir a melhor qualidade da água de chuva coletada, deve-se descartar a primeira água, ou seja, aguardar o espaço de tempo necessário para que a chuva inicialmente precipitada "limpe" a área de coleta, armazenando os volumes seguintes após a lavagem dessa superfície.

Conforme sua finalidade, a água de chuva pode necessitar de um tratamento, que vai variar desde a sedimentação simples, filtração e cloração, até tratamentos em níveis mais avançados que, como sempre, serão determinados pelo custo-benefício desse reaproveitamento.

A água de chuva é especialmente indicada para reutilização em ambiente rural com recursos hídricos escassos (chácaras, condomínios e indústrias), mas nem sempre é propícia aos pequenos consumidores de locais favorecidos pelo serviço de abastecimento público, que fornece água potável a custo executável. Já as indústrias, para as quais a água é bem mais cara, usualmente recorrem a este sistema por ser viável e muito funcional. No semiárido nordestino esta prática é comumente realizada.

O aproveitamento da água pluvial tem importante destaque para usos não potáveis nas áreas urbanas, tais como rega de jardins públicos, lavagem de passeios, descarga de vasos sanitários, além das aplicações industriais. No entanto, quando a potabilidade é requisitada, esse recurso deve ser bem avaliado. No Brasil, por exemplo, as vantagens hidrológicas naturais não justificam sua utilização para fins potáveis, excetuando casos extremos de algumas partes do país onde não há outra opção (Uniágua, 2005).

O reaproveitamento da água servida de residências (*grey water*) e a captação de água de chuva já são muito aplicados na Califórnia. É prevista, para o século XXI, a falta de água para 1/3 da população mundial (Hespanhol, 2005).

De acordo com o Ministério do Meio Ambiente, 72% das internações hospitalares no Brasil são decorrentes de problemas relacionados à água.

Makoto Murase, presidente da Conferência Internacional sobre Aproveitamento de Água de Chuva, afirma: "Estima-se que, pelo meio do século XXI, 60% da população estará concentrada nas áreas urbanas, principalmente na Ásia, África e América Latina, e aparecerão os problemas de secas e enchentes. Uma nova cultura sobre a água de chuva deverá ser desenvolvida, para uma vida mais harmoniosa."

→ No Brasil, nas regiões sudeste e sul, a urbanização chega a 60% (em alguns casos está acima dos 90%), nas regiões norte e nordeste, ainda oscila perto dos 50%. Por suas características climáticas, com predomínio dos climas equatorial e tropical, o Brasil recebe um significativo volume de chuva por ano, que varia de 3.000 mm na Amazônia a 1.300 mm no centro do país. No sertão nordestino, este índice varia entre 250 e 600 mm por ano, o que é considerado baixo pelo Instituto Acqua.

→ O Serviço de Proteção Ambiental Norte-Americano (Usepa) está exigindo para os Estados Unidos, desde 1996, nas cidades com população acima de 100 mil habitantes, projetos de qualidade da água pluvial lançada nos cursos d'água.

→ Países industrializados, como o Japão e a Alemanha, estão seriamente empenhados no aproveitamento de água de chuva para fins não potáveis. Outros países, como os Estados Unidos, Austrália e Cingapura, também estão desenvolvendo pesquisas na área do aproveitamento de água de chuva.

→ No Japão, na cidade de Kitakyushu, em 1995, foi erguido um edifício de 14 pavimentos prevendo a utilização de água de chuva. Para isso, havia um reservatório subterrâneo com capacidade para 1 milhão de litros. Neste prédio, a água servida dos lavatórios, chuveiros, máquinas de lavar roupa (exceto bacias sanitárias e pias de cozinha) é também reaproveitada e adicionada à água de chuva. Todas as bacias sanitárias possuem alimentação com água não potável de chuva e servida. Estão em construção no Japão mais de 30 prédios com estas características e que também utilizam energia solar para aquecimento central. São os chamados "Prédios do Futuro", que irão conviver mais amigavelmente com o meio ambiente. Nos Estados Unidos, estes prédios são chamados *green building* (prédios verdes).

→ Gibraltar tem 10% de seu consumo suprido pela água de chuva captada nas encostas impermeabilizadas das montanhas.

→ Na República de Cingapura, a água de chuva é usada pelas indústrias na descarga de bacias sanitárias e na irrigação de jardins. Há 56 indústrias que utilizam 867.000 m³ de água por mês em seus processos, somente empregando água de chuva. Da água do mar, as indústrias retiram 11,1 milhões de metros cúbicos por dia, somente para uso como água de resfriamento.

O crescimento mundial é estimado em 43 milhões de pessoas/ano, determinando um acréscimo de 1 bilhão de pessoas em 23 anos. O maior percentual desse crescimento se dá nos países "em desenvolvimento", que geralmente possuem infraestrutura urbana deficiente, sujeitos à degradação ambiental e a problemas de saúde pública.

Também é preocupante a progressiva defasagem entre o crescimento populacional das cidades e a necessária infraestrutura urbana para seu atendimento (Nuvolari, 2003).

Na Tabela 7.7, pode-se constatar a crescente concentração da população brasileira nas áreas urbanas, de 75,6% (1991) em comparação à média mundial de 40%.

Tabela 7.7	Distribuição total das populações urbana e rural no Brasil	
Ano	População urbana (% do total)	População rural (% do total)
1940	31,6	68,4
1950	36,8	63,2
1960	46,5	53,5
1970	56,1	43,9
1980	68,4	31,6
1991	75,6	24,4

Fonte: Nuvolari, 2003

A Tabela 7.8 demonstra que alguns estados brasileiros se encontram acima da média, apresentando uma população urbana maior que a rural.

A Tabela 7.9 fornece dados do IBGE (atualizados em 2006), demonstrando o crescimento anual da população do Brasil, desde o ano de 1950 até o ano 2000.

Sabe-se que a chamada chuva ácida é aquela cujo pH é menor que 5,6. A chuva da cidade de São Paulo possui, em média, pH menor que 4,5. No aproveitamento dessa água, através dos telhados, agravam-se os riscos de contaminação com as fezes de passarinhos, pombas e outros animais, bem como poeiras, folhas de árvores e os próprios materiais de confecção e revestimento dos telhados, fibrocimento e tintas. As fezes contribuem com bactérias e parasitas gastrointestinais. O chumbo e o arsênico também podem se apresentar entre os contaminantes. Por este motivo, é aconselhável que a água de lavagem dos telhados, ou a primeira água, seja descartada (40 litros para cada 100 m² de área de telhado). No mais, em geral, a água de chuva é mole, sendo apropriada para processos industriais, além da irrigação e utilização em piscinas (Manual Global de Ecologia, 1993).

Tabela 7.8 População urbana e rural dos estados brasileiros

Estado	População urbana (n. de habitantes)	População rural (n. de habitantes)	População total (n. de habitantes)	População urbana (% do total)
Acre	258.520	159.198	417.718	61,9
Alagoas	1.482.033	1.032.067	2.514.100	57,0
Amapá	234.131	55.266	289.397	80,9
Amazonas	1.502.754	600.489	2.103.243	71,3
Bahia	7.016.770	4.851.221	11.867.991	59,1
Ceará	4.162.007	2.204.640	6.366.647	65,4
Distrito Federal	1.515.889	85.205	1.601.094	94,7
Espírito Santo	1.924.588	676.030	2.600.618	74,0
Goiás	3.247.676	771.227	4.018.903	80,8
Maranhão	1.972.421	2.957.832	4.930.253	40,0
Mato Grosso	1.485.110	542.121	2.027.231	73,3
Mato Grosso do Sul	1.414.447	365.926	1.780.373	79,4
Minas Gerais	11.786.893	3.956.259	15.743.152	74,9
Pará	2.596.388	2.353.672	4.950.060	52,4
Paraíba	2.052.066	1.149.048	3.201.114	64,1
Paraná	6.197.953	2.250.760	8.448.713	73,4
Pernambuco	5.051.654	2.076.201	7.127.855	70,9
Piauí	1.367.184	1.214.953	2.582.137	52,9
Rio de Janeiro	12.199.641	608.065	12.807.706	95,2
Rio Grande do Norte	1.669.267	746.300	2.415.567	69,1
Rio Grande do Sul	6.996.542	2.142.128	9.138.670	76,6
Rondônia	659.327	473.365	1.132.692	58,2
Roraima	140.818	76.765	217.583	64,7
Santa Catarina	3.208.537	1.333.457	4.541.994	70,6
São Paulo	29.314.861	2.274.064	31.588.925	92,8
Sergipe	1.002.877	4.828.999	1.491.876	58,9
Tocantins	530.636	389.227	919.863	57,7
Brasil total	110.990.990	35.834.485	146.825.475	75,6

Fonte: IBGE, Censo de 1991 *apud* IBGE, 1992

Reservatórios

A água de chuva deve ser armazenada em uma cisterna, que é um reservatório subterrâneo e coberto, construído em diversas opções de materiais, tais como concreto armado, blocos de concreto, aço, plástico, poliéster e outros (Figura 7.4).

As cisternas devem ter acesso para manutenção, bem como possuir extravasor, dispositivo para limpeza do fundo (descarga de fundo, com declive para escoamento), dispositivo de entrada alternativa (para água do serviço público ou de outra fonte) e entrada de água de chuva. Deve ser instalada uma bomba flutuante que encaminhará a água de chuva ao reservatório especial de água não potável destinada às descargas nas bacias sanitárias, irrigação ou uso industrial (Figura 7.5).

Os microrganismos, porventura incorporados à água, poderão se desenvolver no reservatório, colocando em risco o uso da água de chuva para fins potáveis, podendo causar diarreias e implicações deletérias à saúde. Para a ideal manutenção e controle das prováveis contaminações advindas da água reservada ou mesmo do lodo depositado no fundo, alguns cuidados especiais deverão ser tomados:

→ evitar a entrada de luz do sol no reservatório, para evitar o desenvolvimento de algas;

Tabela 7.9 Taxa média geométrica de crescimento anual da população residente, segundo as Grandes Regiões e Unidades da Federação – 1950/2000

Unidades da Federação e Grandes Regiões	Taxa média geométrica de crescimento anual da população residente (%)				
	1950/1960	1960/1970	1970/1980	1980/1991	1991/2000
Acre	3,20	3,13	3,42	3,01	3,29
Alagoas	1,38	2,36	2,24	2,18	1,31
Amapá	6,14	5,37	4,36	4,67	5,77
Amazonas	3,33	3,03	4,12	3,57	3,31
Bahia	2,01	2,38	2,35	2,09	1,09
Ceará	2,96	2,84	1,95	1,70	1,75
Distrito Federal	–	14,39	8,15	2,84	2,82
Espírito Santo	3,51	2,11	2,38	2,31	1,98
Fernando de Noronha	8,12	1,12	0,30	–	–
Goiás	4,62	4,38	2,76	2,33	2,49
Maranhão	4,50	1,94	2,93	1,93	1,54
Mato Grosso	4,29	6,12	6,64	5,38	2,40
Mato Grosso do Sul	6,23	5,59	3,21	2,41	1,75
Minas Gerais	2,33	1,49	1,54	1,49	1,44
Pará	3,11	3,55	4,62	3,46	2,54
Paraíba	1,52	1,76	1,52	1,32	0,82
Paraná	7,16	4,97	0,97	0,93	1,40
Pernambuco	1,86	2,34	1,76	1,36	1,19
Piauí	1,69	3,07	2,44	1,73	1,09
Rio de Janeiro	3,46	3,13	2,30	1,15	1,32
Rio Grande do Norte	1,65	3,07	2,05	2,22	1,58
Rio Grande do Sul	2,54	2,19	1,55	1,48	1,23
Rondônia	6,39	4,76	16,03	7,89	2,24
Roraima	4,65	3,75	6,83	9,63	4,58
Santa Catarina	3,04	3,20	2,26	2,06	1,87
São Paulo	3,39	3,33	3,49	2,13	1,80
Sergipe	1,54	1,82	2,38	2,47	2,03
Tocantins	–	–	–	2,01	2,61
Brasil	2,99	2,89	2,48	1,93	1,64
Norte	3,34	3,47	5,02	3,85	2,86
Nordeste	2,08	2,40	2,16	1,83	1,31
Sudeste	3,06	2,67	2,64	1,77	1,62
Sul	4,07	3,45	1,44	1,38	1,43
Centro-Oeste	5,36	5,60	4,05	3,01	2,39

Fonte: IBGE, Censo Demográfico 1950/2000, 2006

↪ a tampa de inspeção deverá ser hermeticamente fechada;

↪ a saída do extravasor, ou ladrão, deve ser gradeada para evitar a entrada de animais pequenos;

↪ pelo menos uma vez ao ano, deve ser feita uma limpeza no reservatório, removendo a lama existente, através da descarga de fundo;

↪ havendo suspeita de que a água da cisterna esteja contaminada, deve-se adicionar hipoclorito de sódio a 10% ou água sanitária.

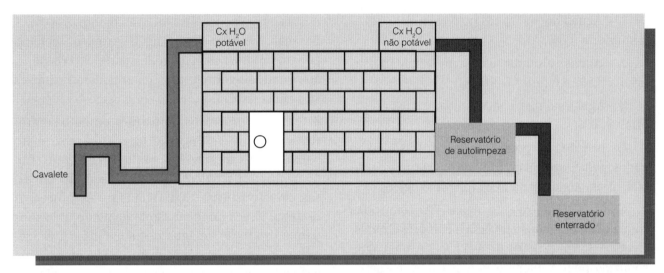

Figura 7.4 Esquema ilustrativo de instalação de aproveitamento de água de chuva. *Fonte:* Elaborado pelo autor

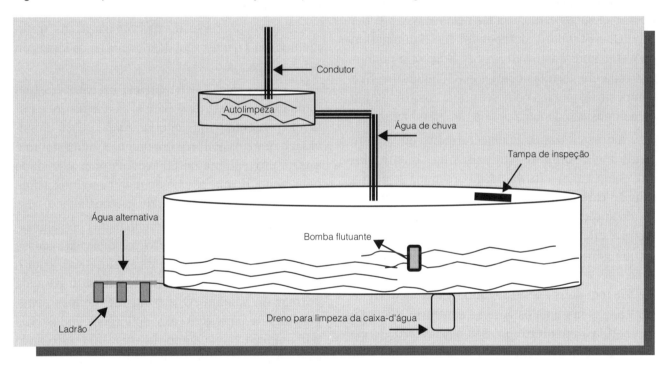

Figura 7.5 Esquema ilustrativo de um reservatório de água: exemplo de chuva. *Fonte:* Elaborado pelo autor

7.9.2 Dessalinização da água

Em muitas regiões do Brasil, principalmente no nordeste do país, a água obtida através da perfuração de poços, artesianos ou não, normalmente é salobra, particularmente na proximidade do mar. No contexto mundial, muitos lugares à beira-mar, em especial as ilhas, possuem pouca água potável, precisando optar pela dessalinização como tecnologia para a fonte de água potável.

Devido a falta de recursos hídricos que atinge a toda a população mundial, a tecnologia de dessalinização vem sendo cada vez mais utilizada, não só em processos industriais, como para aplicações no setor urbano e agropecuário. Isto vem promovendo sua maior viabilidade tanto técnica como economicamente, tendendo a ser uma tecnologia extremamente difundida a nível mundial.

De acordo com a Sabesp (2010), "Uma das alternativas para as regiões que sofrem com a escassez de água doce é tratar a água salobra e a água do mar, para torná-las potáveis, ou seja, apropriada ao consumo humano, é necessário fazer a **dessalinização**."

Segundo a classificação das águas (Resolução Conama n. 357, de 17/03/2005), são adotadas as seguintes definições quanto às águas doces, salobras e salinas (entre outras):

1 – **Águas doces**: águas com salinidade igual ou inferior a 0,5%;

2 – **Águas salobras**: água com salinidade superior a 0,5% a inferior à 30%; e

3 – **Águas salinas**: com salinidade igual ou superior a 30%;

Os padrões de potabilidade, no Brasil, estão fixados pela Portaria n. 518, de 25 de março de 2004, assim como os padrões microbiológicos.

Como parâmetros de águas dessalinizadas produzidas por osmose reversa e comercializadas, Olivetti e Souza (2009) cita a H2Ocean, uma água produzida pela Aquamare Beneficiadora e Distribuidora de água Ltda. de acordo com os padrões microbiológicos estabelecidos pela AWWA – APHA – WPCI – Standard Methods for the Examination of Water and Wastewater – 21ª Edição, e comercializada em garrafas contendo 310 mililitros. Sua composição química pode ser usada como exemplo da composição da água obtida por esse processo.

A dessalinização é uma alternativa que já vem sendo muito utilizada em países do Oriente Médio, como Israel e Kuwait. Embora ainda seja uma solução cara, seu custo já está bastante reduzido. Há duas técnicas para dessalinizar a água. A primeira é a destilação, na qual se reproduz o processo que gera a chuva: provoca-se a evaporação da água que, ao entrar em contato com uma superfície fria, condensa-se. A segunda, mais moderna e barata, é como uma osmose ao contrário: a água é submetida a uma forte pressão e passa através de membranas que retêm o sal. Outras alternativas, já empregadas, são a reciclagem e reutilização da água para fins menos nobres, tais como o resfriamento de máquinas ou a produção de vapor, a coleta de água em neblina, com o auxílio de redes de náilon ou mesmo o uso de poços para aproveitar a água da chuva. Há polêmica sobre a possibilidade de descongelamento das calotas polares, que encerram boa parte da água doce do planeta (Ramalho, 2005).

A dessalinização é uma boa solução para os locais onde a carência de água potável é crônica. Em muitas regiões, particularmente nas proximidades do mar, a água apresenta-se salobra, isto é, levemente salgada. Seu consumo contínuo é nocivo ou mesmo, impossível. Para retirar o sal dissolvido nesta água, é necessário um tratamento próprio. A filtração, o carvão ativo, a luz UV e outras técnicas podem produzir uma água de aparência cristalina, até isenta de germes, mas nada poderá retirar os sais nela dissolvidos, a não ser a osmose reversa.

Certos processos industriais ou de laboratórios exigem o emprego de água com teor muito baixo de sais dissolvidos, praticamente zero. Em pequena escala, a destilação fornece água com essas características. Modernamente, os processos de troca iônica também são largamente utilizados para a produção de água desmineralizada. Entretanto, a osmose reversa vem sendo empregada cada vez mais para a produção de água desmineralizada e ultrapura.

Para o processo de dessalinização os tratamentos mais usuais são: destilação, troca iônica ou osmose reversa.

A água salgada encontrada na natureza tem inúmeros sais nela dissolvidos. Já a água doce potável apresenta pequena quantidade de sal dissolvido, o que possibilita o consumo. A dita salobra é a água proveniente de poços com uma salinidade bem menor do que a água do mar, mas ainda acima do limite de potabilidade e de uso doméstico.

Alguns dispositivos, denominados dessalinizadores, funcionam segundo o princípio da osmose reversa e membranas osmóticas sintéticas, com o objetivo de produzir água potável a partir da água do mar ou salobra. O uso de membranas semipermeáveis sintéticas das aplicações industriais tem ampliado seu campo de atuação, e este novo alcance vem resultando em contínuas reduções de custo, não só pela produção (de materiais e equipamentos) em maior escala, como também pelo crescente conhecimento tecnológico adquirido.

As condições de trabalho de um dessalinizador são bastante severas, pois aliam um elemento altamente corrosivo (íon cloreto) a altas pressões (400 a 1200 psi). O investimento ainda é relativamente elevado, mas, comparado aos custos normais de abastecimento canalizado, há retorno em 4 ou 6 anos. A diferença entre os vários dessalinizadores disponíveis no mercado é a qualidade dos materiais neles empregados, a tecnologia de produção, o grau de automação incorporado, a experiência do fabricante e a disponibilidade de assistência e serviços técnicos (Uniágua, 2005).

A dessalinização da água é empregada em três situações: 1) em localidades situadas no litoral ou em ilhas áridas, para transformar água do mar em água potável; 2) em localidades onde a água obtida de poços profundos é salobra e, portanto, imprópria para o consumo humano; e 3) em navios, submarinos, plataformas de petróleo e outros equipamentos que necessitem de água potável para seu consumo. E as tecnologias empregadas estão basicamente divididos em duas categorias gerais: 1) os processos térmicos; e 2) os processos de membranas (Pereira Junior, 2005 *apud* Oliveira Souza, 2009).

Existem várias formas de se dessalinizar a água; entre elas, podem-se destacar:

↪ a destilação por irradiação solar direta;
↪ a destilação *flash* multietapa – DFM;
↪ a destilação por efeito múltiplo – DEM;
↪ a destilação por compressão de vapor – DCV;
↪ a eletrodiálise – ED; e
↪ a osmose reversa – OR.

Este assunto é melhor detalhado no Capítulo 14 deste livro.

Capítulo 8

ÁGUA:
UM BEM PÚBLICO DE VALOR ECONÔMICO

Regina Helena Pacca G. Costa

8.1 UMA PREOCUPAÇÃO MUNDIAL

A água é imprescindível à vida. A crescente demanda mundial e a crescente degradação tornam-na, hoje, um produto de inestimável valor econômico.

Todos os problemas relacionados à escassez de água no mundo confirmam a necessidade de maior controle em sua utilização, desenvolvendo, dessa forma, um mercado econômico paralelo. Contudo, a água pode ser hoje considerada como o produto mais valoroso do mundo, abrindo nova fronteira para os investidores privados.

Na Agenda 21, o reúso é recomendado aos países participantes da ECO. Destacando a implementação de políticas de gestão dirigidas para o uso e reciclagem de efluentes, integrando a proteção da saúde pública de grupos de risco, com práticas ambientais adequadas. O Capítulo 21 abrange a "Gestão ambientalmente adequada de resíduos líquidos e sólidos", Área Programática B – "Maximizando o reúso e a reciclagem ambientalmente adequados", objetivando vitalizar e ampliar os sistemas nacionais de reúso e reciclagem de resíduos, e tornar disponíveis informações, tecnologias e instrumentos de gestão apropriados para encorajar e tornar operacionais sistemas de reciclagem e uso de águas residuárias.

Também na Agenda 21 (Capítulo 14), associa-se o uso da água residual a áreas programáticas – "Promovendo a agricultura sustentada e o desenvolvimento rural", e no 18 – "Proteção da qualidade e das fontes de abastecimento – Aplicação de métodos adequados para o desenvolvimento, gestão e uso dos recursos hídricos", visando à disponibilidade de água "para a produção sustentada de alimentos e desenvolvimento rural sustentado" e "para a proteção dos recursos hídricos, qualidade da água e dos ecossistemas aquáticos". (Hespanhol, 1999).

Atualmente, no Brasil, nos locais onde existe um sistema de abastecimento de água implantado, a população recebe água com custo referente ao seu tratamento (potabilização) e sua distribuição. Ou seja, não é computado o valor monetário da própria água, uma vez que ela é considerada um bem público.

No dia 8 de janeiro de 1997, foi promulgada a Lei Federal n. 9.433/97, que institui a Política Nacional de Recursos Hídricos. A regulamentação desta lei pretende instituir a cobrança pelo líquido em si, até então gratuito, estabelecendo que a água seja um bem público dotado de valor econômico, o que consiste numa novidade legislativa.

Brevemente, os governos estaduais começarão a cobrar pela água captada em estado bruto, tanto de superfícies como de poços artesianos. A Política Nacional de Recursos Hídricos deverá criar, em cada bacia hidrográfica, um comitê com representantes federais, estaduais e dos municípios para administrar e fiscalizar a cobrança deste recurso.

A água retirada para tratamento, destinada ao uso residencial, comercial e industrial, será cobrada por metro cúbico, assim como a água retirada para irrigação. A água usada em mineração, e que polui muitos rios, também será cobrada por metro cúbico, estimando-se o volume não tratado e lançado ao rio. A água retirada de poços rasos não será cobrada.

As regras para a cobrança ficarão a cargo da Agência Nacional de Águas (ANA), criada através do Projeto de Lei n. 1.617/99, atrelada à Lei Federal n. 9.433/97, que institui a Política Nacional dos Recursos Hídricos.

É fundamental evitar o desperdício, não poluir e racionalizar o uso da água. O secretário de Recursos Hídricos do Ministério do Meio Ambiente mencionou dados para frisar o desperdício, comparando os 40% a 50% que as empresas de distribuição do Brasil perdem na rede de água com índices europeus e americanos, que não ultrapassam os 20%.

De acordo com publicação do jornal "Folha de São Paulo", de 24 de junho de 2001:

"A crise energética acelerou o projeto do governo federal e dos comitês que gerenciam as bacias hidrográficas no país de cobrar pelo uso das águas dos rios. A cobrança será, em média, de R$ 0,01 a R$ 0,02 por m^3 de água captada pelas concessionárias. A tarifa entrou em vigor em 2002"...

"... A cobrança será feita dos usuários diretos, das indústrias e agricultores. A cobrança é a saída para evitar o colapso no abastecimento, já que combate a cultura do desperdício"...

"... Além de cobrar pela água retirada, haverá também tarifação sobre os dejetos que são jogados nos rios. O objetivo é procurar reduzir a poluição."

Salati (1999) declara:

"O desenvolvimento futuro mundial terá sérios problemas com a escassez de água constituindo-se um desafio a administração das diversas demandas e suas importâncias. As análises globais preliminares confirmam que a escassez da água está afetando áreas cada vez mais extensas, particularmente a Ásia Ocidental e a África. Este fato repercute em segurança nacional, conflitos e migrações em larga escala, mostrando haver a necessidade de gestão integrada da água no nível das bacias hidrográficas e a determinação adequada e seu custo".

A escassez da água, que já foi motivo para muitas guerras no passado, pode, cada vez mais, agir como catalisador no conjunto de causas ligadas a qualquer conflito futuro.

Um documento elaborado pela Unesco e pela Organização Meteorológica Mundial, intitulado "A Água no Mundo: Há o Bastante?" (1997) conclui que:

"A diminuição dos recursos hídricos, associada a uma maior demanda por água potável, ameaça transformar essa matéria em uma explosiva questão geopolítica, já que aproximadamente 200 bacias hidrográficas se localizam em áreas de fronteiras de vários países".

Apesar de o reúso das águas servidas já constar como uma realidade na vida dos brasileiros, o Brasil ainda não possui uma posição oficial e legal dirigida a esta tecnologia. A falta de legislação competente, aliada à desinformação científica, alimenta o receio de aplicação desta alternativa. Sem reconhecê-la como uma ação viável, técnica e juridicamente, o mercado (industrial, agropecuário ou mesmo popular) não se sente seguro para enfrentar eventuais problemas que possam vir a acontecer.

O governo brasileiro deve iniciar, imediatamente, a gestão de bases políticas, legais e institucionais para reúso, tanto em relação aos aspectos associados diretamente ao uso de afluentes como aos planos, estaduais ou nacionais, de recursos hídricos. Linhas de responsabilidade e princípios de alocação de custo devem ser estabelecidos entre os diversos setores envolvidos, ou seja, companhias de coleta e tratamento de esgoto, beneficiários dos sistemas de reúso e o estado, ao qual compete o suprimento adequado de água, a proteção do ambiente e da saúde pública. Em adição, e para assegurar a sustentabilidade, deve ser dada atenção adequada aos aspectos organizacionais, educacionais e socioculturais do reúso (Hespanhol, 1999).

O Código de água, estabelecido pelo Decreto Federal n. 24.643, de 10 de julho de 1934, consubstancia a legislação básica brasileira de água. Considerado avançado pelos juristas, haja vista a época em que foi promulgado, necessita de atualização, principalmente para ser ajustado à Constituição Federal de 1988, à Lei n. 9.433, de 8 de janeiro de 1997, e de regulamentação para muitos de seus aspectos.

O referido Código assegura o uso gratuito de qualquer corrente ou nascente de água para as primeiras necessidades da vida e permite a todos usar as águas públicas, conformando-se com os regulamentos administrativos. Impede a derivação das águas públicas para aplicação na agricultura, indústria e higiene, sem a existência de concessão, no caso de utilidade pública, e de autorização nos outros casos, em qualquer hipótese, dá preferência à derivação para abastecimento das populações. O Código de águas estabelece que a concessão, ou a autorização, deve ser feita sem prejuízo da navegação, salvo nos casos de uso para as primeiras necessidades da vida ou previstos em leis especiais. Estabelece, também, que a ninguém é lícito conspurcar ou contaminar as águas que não consome, com prejuízos a terceiros. Ressalta ainda, que os trabalhos para a salubridade das águas serão realizados à custa dos infratores que, além da responsabilidade criminal, se houver, responderão pelas perdas e danos que causarem e por multas que lhes forem impostas pelos regulamentos administrativos. Também este dispositivo é visto como precursor do princípio usuário-pagador, no que diz respeito ao uso para assimilação de poluentes (Recursos Hídricos no Brasil, 1998).

Cada estado tem suas próprias leis de controle ambiental. Em São Paulo, quem regulamenta as emissões industriais é a Companhia de Tecnologia de Saneamento Ambiental (Cetesb). Nesse estado, os limites de emissão de qualquer fonte de poluição nas águas são definidos de acordo com a classificação anterior da água. No caso de constatação de alguma irregularidade industrial, o responsável pela emissão responde por um processo administrativo, que penaliza com multas, paralisação ou encerramento das atividades. Ainda por conta da Lei n. 9.605/98 (e seu Decreto 3.179/99), responde a um processo criminal, que pode resultar em prisão dos funcionários/proprietários responsáveis. Dessa forma, as indústrias paulistas precisam garantir (por meio da implantação de uma Estação de Tratamento de Efluentes) que seus efluentes estejam em concordância com as determinações da lei. A cobrança pelo uso da água, como se viu anteriormente, visa justamente evitar que os esgotos sejam lançados nos rios sem o devido tratamento. Quem o fizer, pagará por isso. É o conceito do poluidor-pagador. Vale lembrar que é menos dispendioso para o empresário tratar o esgoto do que custear o uso da água (Ambiental Brasil, 2005).

8.2 RESUMO DA LEI DAS ÁGUAS (LEI FEDERAL N. 9.433/97) (Ramos, 2000)

8.2.1 Da política nacional de recursos hídricos

Fundamentos

I – A água é um bem de domínio público.

II – A água é um recurso natural limitado, dotado de valor econômico.

III – Em situações de escassez, o uso prioritário dos recursos hídricos é o consumo humano e a dessedentação dos animais.

IV – A gestão de recursos hídricos deve sempre proporcionar o uso múltiplo das águas.

V – A bacia hidrográfica é a unidade territorial para implementação da Política Nacional de

Recursos Hídricos e atuação do Sistema Nacional de Gerenciamento de Recursos Hídricos.

VI – A gestão dos recursos hídricos deve ser descentralizada e contar com a participação do Poder Público, dos usuários e das comunidades.

Objetivos

I – Assegurar à atual e às futuras gerações a necessária disponibilidade de água, em padrões de qualidade adequados aos respectivos usos.

II – A utilização racional e integrada dos recursos hídricos, incluindo o transporte aquaviário, com vistas ao desenvolvimento sustentável.

III – A prevenção e a defesa contra eventos hidrológicos críticos, de origem natural ou decorrentes do uso inadequado dos recursos naturais.

Diretrizes Gerais de Ação

I – A gestão sistemática dos recursos hídricos, sem dissociação dos aspectos de quantidade e qualidade.

II – A adequação da gestão dos recursos hídricos às diversidades físicas, bióticas, demográficas, econômicas, sociais e culturais das diversas regiões do país.

III – A integração da gestão dos recursos hídricos com a gestão ambiental.

IV – A articulação do planejamento dos recursos hídricos com o dos setores usuários e com os planejamentos regional, estadual e nacional.

V – A articulação da gestão dos recursos hídricos com a do uso do solo.

VI – A integração da gestão das bacias hidrográficas com a dos sistemas estuarinos e zonas costeiras.

Instrumentos

I – Planos de Recursos Hídricos (serão elaborados por bacia hidrográfica, por estado e para o país):

- diagnóstico da situação atual dos recursos hídricos;
- análise de alternativas de crescimento demográfico, de evolução de atividades produtivas e de modificações dos padrões de ocupação do solo;
- balanço entre disponibilidade e demandas futuras dos recursos hídricos, em quantidade e qualidade, com identificação dos conflitos potenciais;
- metas de racionalização de uso, aumento da quantidade e melhoria da qualidade dos recursos hídricos disponíveis;
- medidas a serem tomadas, programas a serem desenvolvidos e projetos a serem implantados para o atendimento das metas previstas;
- prioridades para outorga de direitos de uso de recursos hídricos;
- diretrizes e critérios para a cobrança pelo uso dos recursos hídricos;
- propostas para a criação de áreas sujeitas à restrição de uso para a proteção dos recursos hídricos.

II – Enquadramento dos corpos de água em classes, segundo os usos preponderantes da água (de acordo com a legislação ambiental). Essa classificação tem como objetivos:

- assegurar às águas qualidade compatível com os usos mais exigentes a que forem destinadas.
- diminuir os custos de combate à poluição das águas, mediante áreas preventivas permanentes.

III – Outorga dos direitos de uso dos recursos hídricos. Estão sujeitos à outorga, que é efetivada pelo Poder Executivo Federal, por órgão competente do estado ou pelo Distrito Federal, os seguintes usos de recursos hídricos de domínio da União:

- derivação ou captação de parcela da água existente em um corpo de água para consumo final, inclusive abastecimento público e insumo de processo produtivo;
- extração de água de aquífero subterrâneo para consumo final ou insumo de processo produtivo;
- lançamento, em corpo de água, de esgotos e demais resíduos líquidos ou gasosos, tratados ou não, com o fim de sua diluição, transporte ou disposição final;

- aproveitamento dos potenciais hidrelétricos;
- outros usos que alterem o regime, a quantidade ou a qualidade da água existente em um corpo de água.

IV – Cobrança pelo uso dos recursos hídricos. Os valores arrecadados com a cobrança pelo uso de recursos hídricos serão aplicados prioritariamente na bacia hidrográfica em que foram gerados e serão utilizados no financiamento de estudos e obras previstos nos planos de recursos hídricos e no pagamento de despesas de implantação e custeio administrativo dos órgãos integrantes do Sistema Nacional de Gerenciamento dos Recursos Hídricos. Os objetivos da cobrança são:

- reconhecer a água como bem econômico e dar ao usuário uma indicação de seu real valor;
- incentivar a racionalização do uso de água;
- obter recursos financeiros para o financiamento dos programas contemplados nos planos de recursos hídricos.

V – Sistema Nacional de Informações sobre recursos hídricos. Os objetivos com o sistema de informações são:

- reunir, dar consistência e divulgar os dados e informações sobre a situação qualitativa e quantitativa dos recursos hídricos no Brasil;
- atualizar permanentemente as informações sobre disponibilidade e demanda de recursos hídricos em todo o território nacional;
- fornecer subsídios para a elaboração dos Planos de Recursos Hídricos.

8.2.2 Do sistema nacional de gerenciamento de recursos hídricos

Objetivos

I – Coordenar a gestão integrada das águas.

II – Arbitrar administrativamente os conflitos relacionados com os recursos hídricos.

III – Implementar a Política Nacional de Recursos Hídricos.

IV – Planejar, regular e controlar o uso, a preservação e a recuperação dos recursos hídricos.

V – Promover a cobrança pelo uso de recursos hídricos.

Órgãos Integrantes

I – Conselho Nacional de Recursos Hídricos.

II – Conselhos de Recursos Hídricos dos estados e do Distrito Federal.

III – Comitês de Bacias Hidrográficas.

IV – Órgãos dos poderes públicos federal, estaduais e municipais cujas competências se relacionem com a gestão de recursos hídricos.

V – Agências de Água.

Conselho Nacional de Recursos Hídricos

I – Promove a articulação do planejamento de recursos hídricos com os planejamentos nacional, regional, estaduais e dos setores usuários.

II – Arbitra, em última instância administrativa, os conflitos existentes entre conselhos estaduais de recursos hídricos.

III – Delibera sobre os projetos de aproveitamento de recursos hídricos, cujas repercussões extrapolem o âmbito dos estados em que serão implantados.

IV – Delibera sobre as questões que lhe tenham sido encaminhadas pelos conselhos estaduais de recursos hídricos ou pelos comitês de bacias hidrográficas.

V – Analisa propostas de alteração da legislação pertinente a recursos hídricos e à Política Nacional de Recursos Hídricos.

VI – Estabelece diretrizes complementares para implementação da Política Nacional de Recursos Hídricos, aplicação de seus instrumentos e atuação do Sistema Nacional de Gerenciamento de Recursos Hídricos.

VII – Aprova propostas de instituição dos Comitês de Bacia Hidrográfica e estabelece critérios gerais para a elaboração de seus regimentos.

VIII – Acompanha a execução do Plano Nacional de Recursos Hídricos e determina as providências necessárias ao cumprimento de suas metas.

IX – Estabelece critérios gerais para a outorga de direitos de uso de recursos hídricos e para a cobrança por seu uso.

Comitês de Bacias Hidrográficas

I – Promove o debate das questões relacionadas a recursos hídricos e articula a atuação das entidades intervenientes.

II – Arbitra, em primeira instância administrativa, os conflitos relacionados aos recursos hídricos.

III – Aprova o Plano de Recursos Hídricos da bacia.

IV – Acompanha a execução do plano e sugere as providências necessárias ao cumprimento de suas metas.

V – Propõe ao Conselho Nacional e aos estaduais as captações e lançamentos de pouca expressão, para efeito de isenção da obrigatoriedade de outorga de uso de recursos hídricos.

VI – Estabelece os mecanismos de cobrança pelo uso de recursos hídricos e sugere os valores a serem cobrados.

VII – Estabelece critérios e promove o rateio de custo das obras de uso múltiplo, de interesse comum ou coletivo.

Agências de Água

I – Mantém balanço atualizado da disponibilidade de recursos hídricos em sua área de atuação.

II – Mantém o cadastro de usuários de recursos hídricos.

III – Efetua, mediante delegação do outorgante, a cobrança pelo uso de recursos hídricos.

IV – Analisa e emite pareceres sobre os projetos e obras a serem financiadas com recursos gerados pelas cobranças pelo uso e encaminha-os à instituição financeira responsável pela administração desses recursos, acompanhando a administração financeira.

V – Gere o Sistema de Informações sobre Recursos Hídricos em sua área de atuação.

VI – Celebra convênios e contrata financiamentos e serviços para a execução de suas competências.

VII – Elabora a sua proposta orçamentária e a submete ao respectivo Comitê de Bacia Hidrográfica.

VIII – Promove os estudos necessários para a gestão dos recursos hídricos em sua área de atuação.

IX – Elabora o Plano de Recursos Hídricos para apreciação do respectivo Comitê de Bacia Hidrográfica.

Organizações Civis de Recursos Hídricos

I – Consórcios e associações intermunicipais de bacias hidrográficas.

II – Associações regionais, locais ou setoriais de usuários de recursos hídricos.

III – Organizações técnicas e de ensino e pesquisa com interesse na área de recursos hídricos.

IV – Organizações não governamentais com objetivos de defesa de interesses difusos e coletivos da sociedade.

Das Infrações e Penalidades
Constituem infrações:

I – O uso de recursos hídricos sem a outorga do direito de uso.

II – Uso ou implantação de empreendimentos que impliquem em alterações no regime do corpo de água.

III – Modificar as medições dos volumes de água utilizados.

IV – Dificultar a ação fiscalizadora das autoridades competentes.

Constituem penalidades:

I – Advertência por escrito, na qual serão estabelecidos prazos para correção de irregularidades.

II – Multa, simples ou diária, proporcional à gravidade da infração (de R$ 100,00 a R$ 10.000,00).

III – Embargo provisório para execução de serviços e obras necessárias ao cumprimento das condições de outorga ou de normas referentes ao uso, controle, conservação e proteção dos recursos hídricos.

IV – Embargo definitivo, com revogação da outorga de uso.

8.3 LEIS, DECRETOS E NORMAS

8.3.1 Normas

➡ ABNT. Aparelhos Hidráulicos Acionados Manualmente e com Ciclo de Fechamento Automático. Projeto de Norma 02:111.07-003/1995.

- AMERICAN SOCIETY OF MECHANICAL ENGINEERS. Dual Flush Devices for Water Closets. 1994. (A 112.19.10).

- AMERICAN WATER WORKS ASSOCIATION. Alternative Rates. 1992. (M 34).

- AMERICAN WATER WORKS ASSOCIATION. Water Audits and Leak Detection. 1990. (M 36).

- AMERICAN WATER WORKS ASSOCIATION. Water Meters. 1986. (MG).

- ASSOCIATION FRANÇAISE DE NORMALLISATION. Réducteurs de Pression D'eau – Spécifications Tecniques Générales. 1985. (NF P 43-006).

- ASSOCIATION FRANÇAISE DE NORMALLISATION. W.C. Pan for Water Volume Under 7l – Functional Checking. 1989. (NF D 12-202).

- BRITISH STANDARDS INSTITUTION. Design, Installation, Testing and Maintenance of Services Supplying Water for Domestic Use Within Buildings and Their Curtilages. London. 1987. (BSI – BS 6700).

- BRITISH STANDARDS INSTITUTION. W. C. Flushing Cisterns (Including Dual Flush Cisterns and flush pipes). London. 1987. (BSI – BS 1125).

- BRITISH STANDARDS INSTITUTION. W. C. Flushing Cisterns. London. 1990. (BSI-BS 7357).

- EUROPEAN STANDARD. Pedestal W.C. Pan with Close Coupled Cistern. Connecting Dimension. 1979. (EN 33).

- EUROPEAN STANDARD. Pedestal W.C. Pan with Independent Water Supply. Connecting Dimensions. 1979. (EN 37).

- STANDARDS ASSOCIATION OF AUSTRALIA. Water Closet Pan of 6/3 l Capacity. 1993. (AS 1172.1).

- STANDARDS ASSOCIATION OF AUSTRALIA. Water Closet Pan of 6/3 l Capacity. 1993. (AS 1172.2).

- STANDARDS ASSOCIATION OF AUSTRALIA. Water Efficient Shower Heads. 1993. (AS/NZS 3662).

- WATER ENVIRONMENT FEDERATION. Water Reuse. U.S. 1989. (MSM3PE).

- LEVANTAMENTO DE NORMAS, REGULAMENTOS E LEIS NORMAS ABNT. Aparelhos Hidráulicos Acionados Manualmente e com Ciclo de Fechamento Automático. Projeto de Norma 02:111.07-003/1995.

- AMERICAN SOCIETY OF MECHANICAL ENGINEERS. Dual Flush Devices for Water Closets. 1994. (A 112.19.10).

- AMERICAN WATER WORKS ASSOCIATION. Alternative Rates. 1992. (M 34).

- AMERICAN WATER WORKS ASSOCIATION. Water Audits and Leak Detection. 1990. (M 36).

- AMERICAN WATER WORKS ASSOCIATION. Water Meters. 1986. (MG).

- ASSOCIATION FRANÇAISE DE NORMALLISATION. Réducteurs de Pression D'eau – Spécifications Tecniques Générales. 1985. (NF P 43-006).

- ASSOCIATION FRANÇAISE DE NORMALLISATION. W.C. Pan for Water Volume Under 7l – Functional Checking. 1989. (NF D 12-202).

- BRITISH STANDARDS INSTITUTION. Design, Installation, Testing and Maintenance of Services Supplying Water for Domestic Use Within Buildings and Their Curtilages. London. 1987. (BSI – BS 6700).

- BRITISH STANDARDS INSTITUTION. W. C. Flushing Cisterns (Including Dual Flush Cisterns and flush pipes). London. 1987. (BSI – BS 1125).

- BRITISH STANDARDS INSTITUTION. W. C. Flushing Cisterns. London. 1990. (BSI-BS 7357).

- EUROPEAN STANDARD. Pedestal W.C. Pan with Close Coupled Cistern. Connecting Dimension. 1979. (EN 33).

- EUROPEAN STANDARD. Pedestal W.C. Pan with Independent Water Supply. Connecting Dimensions. 1979. (EN 37).
- STANDARDS ASSOCIATION OF AUSTRALIA. Water Closet Pan of 6/3 l Capacity. 1993. (AS 1172.1).
- STANDARDS ASSOCIATION OF AUSTRALIA. Water Closet Pan of 6/3 l Capacity. 1993. (AS 1172.2).
- STANDARDS ASSOCIATION OF AUSTRALIA. Water Efficient Shower Heads. 1993. (AS/NZS 3662).
- WATER ENVIRONMENT FEDERATION. Water Reuse. U.S. 1989. (MSM3PE).
- NORMA OFICIAL MEXICANA Industria de la construccion – Muebles Sanitarios de Loza Vitrificada. Secretaria de Comercio y Fomento Industrial 1985 (NOM-C-328).

Regulamento
- The Regional urban Water Management plan for the Metropolitan Water District of Southern California. Los Angeles. October 1995.

8.3.2 Leis

8.3.2.1 Meio ambiente

8.3.2.1.1 Preservação dos mananciais (Estado de São Paulo)
- **Lei Estadual n. 9.866/97**: Política Estadual de Proteção aos Mananciais.
- **Lei Estadual n. 898/75**: Áreas de Proteção aos Mananciais na Região Metropolitana de São Paulo.
- **Lei Estadual n. 1.172/76**: Áreas de Proteção aos Mananciais na Região Metropolitana de São Paulo.
- **Decreto Estadual n. 9.714/77**: Regulamenta Leis n. 898/75 e n. 1.172/76 (área de Proteção aos Mananciais).
- **Decreto Estadual n. 43.022/98**: Plano Emergencial Recuperação de Mananciais na Região Metropolitana de São Paulo.

8.3.2.1.2 Código florestal
- **Lei Federal n. 4.771**: Código Florestal.

8.3.2.1.3 Poluição
- **Lei Estadual n. 997/76**: Controle de Poluição Ambiental.

8.3.2.1.4 Crimes ambientais
- **Lei Federal n. 7.347**: Lei de Crimes Ambientais.
- **Lei Federal n. 9.605**: Lei de Crimes Ambientais.

8.3.2.1.5 Educação ambiental
- **Lei Federal n. 9.795**: Política Nacional de Educação Ambiental.
- **Decreto Estadual n. 42.798/98**: Núcleos Regionais de Educação Ambiental.

8.3.2.2 Águas

8.3.2.2.1 Código das águas
- **Lei Federal n. 9.984**: Cria a Agência Nacional da Água.
- **Decreto Federal n. 24.643**: Código das águas.

8.3.2.2.2 Recursos hídricos
- **Lei Federal n. 9.433/97**: Institui a Política Nacional de Recursos Hídricos.
- **Lei Estadual n. 6.134/88**: Preservação das Águas Subterrâneas.
- **Lei Estadual n. 7.633/91**: Estabelece a Política de Recursos Hídricos.
- **Resolução CONAMA – 357/2005**: Classificação dos Corpos D'água.

8.3.2.2.3 Qualidade das águas
- **Portaria MS – 518/2004**: Normas e Padrões de Potabilidade da Água.
- **Portaria MS – 1.469/2000**: Normas e Padrões de Potabilidade da Água.
- **Portaria MS – 36GM/90**: Normas e Padrões de Potabilidade da Água.

- Resolução SS 293/96: Qualidade da Água.
- Resolução n. 357 de 17 de março de 2005: Normas e Padrões de Qualidade das Águas.
- Lei n. 6.050/74: Fluoretação da Água.
- Portaria CVS 21/91: Qualidade da Água para Irrigação.
- Portaria CVS 22/91: Qualidade da Água para Produção de Gelo.
- Resolução SS 250/95: Fluoretação da Água.
- Resolução SS 50/95: Potabilidade da Água.
- Resolução SS 48/99: Padrão para Comercialização.
- Resolução Conjunta SS/SMA1/97: Teor Mínimo de Cloro.
- Decreto Estadual n. 10.330/77: Fluoretação da Água.

8.3.2.3 Saneamento

- Lei Estadual n. 7.750/92: Dispõe sobre a Política de Saneamento.
- Resolução Conama – 005/88: Licenciamento para Obras de Saneamento.
- Resolução Conama – 006/86: Publicação de Pedidos de Licenciamento.
- Resolução SMA 019/96: Licenciamento Ambiental (Esgoto).

8.3.2.4 Uso racional da água

- Decreto n. 45.805: publicado em 15 de maio de 2001, o decreto institui o Programa Estadual de Uso Racional da Água Potável, que determina uma redução de 20% no consumo de água nas edificações e unidades públicas.
- Resolução SRHSO 31: publicada no mesmo dia que o Decreto 45.805, a Resolução SRHSO 31, da Secretaria de Recursos Hídricos, Saneamento e Obras do Estado de São Paulo, determina a adoção de medidas e ações tecnológicas, visando o atendimento da meta estabelecida para o Uso Racional da Água.
- Leis Constituição do Estado de São Paulo. Título VI, da Ordem Econômica; Capítulo IV, do Meio Ambiente, dos Recursos Naturais e do Saneamento; Seção II, dos Recursos Hídricos; art. 205, parág. I; art. 209, parág. V.
- Lei n. 7.633 de 30 de dezembro de 1991, São Paulo. Revista da Sabesp. São Paulo (166): XVI-XX. 1992.

  Estabelece normas de orientação à política Estadual de Recursos Hídricos, bem como ao Sistema Integrado de Gerenciamento de Recursos hídricos.

- Energy Policy Act of 1992. H. R. 776. Signed into Law by President Bush. U.S.A. October, 24th 1992.
- RIBEIRO, Devanir. Projeto de Lei Municipal n. 94. Dispõe sobre a vazão máxima de equipamentos sanitários das edificações com o objetivo de reduzir o consumo de água através da adoção de equipamentos eficientes.
- Ministério do Planejamento e Orçamento (MPO). Minuta de Anteprojeto de Lei, Secretaria de Política Urbana Sepurb Brasília, 1996.
- Legislación de Aguas Continentales. Ministério de Obras Públicas, Transportes y Medio Ambiente. Secretaría General Técnica/Espanha.
- Legislação Mexicana: publicada em 25 de janeiro de 1990 no Diário Oficial Federal entrando em Vigor a partir de Março do mesmo ano. Distingue claramente as características específicas de cada serviço que a empresa de saneamento oferece através do sistema hidráulico e estabelece os direitos e obrigações que devem adquirir os usuários. Regulamentação para o uso da água e lançamento de esgoto. Regulamentação de lançamentos e uso de águas residuárias. Regulamentação para utilização de equipamentos eficientes e de campanhas educacionais.
- Lei n. 10.315 de 30 de abril de 1987 (Jânio Quadros) – Art. 37. é proibido lavar ou reparar veículos ou qualquer tipo de equipamento em vias e logradouros públicos.

8.4 REÚSO NA AGRICULTURA

Segundo Hespanhol (2005), a "ANA", dentro de sua função básica de promover o desenvolvimento do Sistema Nacional de Gerenciamento de Recursos Hídricos previsto no inciso XIX do art. 21 da Constituição e criado pela Lei n. 9.433 de 8 de janeiro de 1997, tem competência para administrar, entre uma gama significativa de atribuições (relacionadas no Art. 4º, Capítulo II, Lei n. 9.984 de 17 de junho de 2000), os aspectos relativos às secas prolongadas, especialmente no nosso Nordeste e à crescente poluição dos cursos de água, no território nacional.

Uma política de reúso adequadamente elaborada e implementada contribuiria substancialmente ao desenvolvimento de ambos os temas: a seca, dispondo de volumes adicionais para o atendimento da demanda em períodos de oferta reduzida, e a poluição, atenuada face à diversão de descargas poluidoras para usos benéficos específicos de cada região.

Atualmente, nenhuma forma de ordenação política, institucional, legal ou regulatória orienta as atividades de reúso praticadas no território nacional. Os projetos existentes são desvinculados de programas de controle de poluição e de usos integrados de recursos hídricos nas bacias hidrográficas onde estão sendo implementados, não empregam tecnologia adequada para os tipos específicos de reúso implementados e não incluem as salvaguardas necessárias para preservação ambiental e proteção da saúde pública dos grupos de risco envolvidos. Além disso, não são formulados com base em análises e avaliações econômico-financeiras e não possuem estruturas adequadas de recuperação de custos. Embora possa não ser atribuição específica da ANA promover e regulamentar as atividades de reúso de água no Brasil, a sua ação coordenadora no setor permitiria a elaboração e implementação de projetos sustentáveis de reúso, ajustados aos programas e objetivos de gerenciamento integrado nas bacias hidrográficas nas quais esteja atuando. Além disso, as atividades de reúso adequadamente coordenadas se constituiriam em elemento valioso para melhor utilização dos recursos hídricos disponíveis, controle da poluição e atenuação do problema de seca em regiões semiáridas.

Como não existe no Brasil experiência em reúso planejado e institucionalizado, é necessário implementar projetos-piloto. Essas unidades experimentais devem cobrir todos os aspectos das diversas modalidades de reúso, principalmente os relativos ao setor agrícola, e deverão fornecer subsídios para o desenvolvimento de padrões e códigos de prática, adaptados às condições e características nacionais. Uma vez concluída a fase experimental, as unidades-piloto serão transformadas em sistemas de demonstração, objetivando treinamento, pesquisa e o desenvolvimento do setor.

8.5 APROVEITAMENTO DE ÁGUA DE CHUVA

Não se tem conhecimento de normas específicas para aproveitamento de água de chuva no Brasil, mesmo já existindo diversas experiências práticas, em vários lugares do Brasil e do mundo.

Há Associações Internacionais de Águas de Chuvas, com congressos a cada 2 anos, desde o ano de 1982 (International Rainwater Catchment Association – IRCSA).

O Código Sanitário do Estado de São Paulo (Decreto n. 12.342, de 27 de setembro de 78) diz:

Artigo 12 – Não será permitida:

III – a interconexão de tubulações ligadas diretamente a sistemas públicos com tubulações que contenham águas provenientes de outras fontes de abastecimento.

Artigo 19 – É expressamente proibida a introdução direta ou indireta de águas pluviais ou resultantes de drenagem nos ramais prediais de esgotos.

O Artigo 12, item III, ressalta que o sistema não potável resultante das águas pluviais não deve ser misturado ao sistema de água potável.

O Artigo 19 determina, somente, que não se pode introduzir águas pluviais nas redes de esgotos. O aproveitamento de parte das águas pluviais em água não potável não impede o lançamento nos esgotos sanitários.

É importante salientar que o uso de águas pluviais para água não potável evita que seja desperdiçada uma água pura e tratada em limpeza de jardins, gramados, descargas de banheiros e outras aplicações industriais, que não necessitam de água potável.

Quando a água pluvial é usada em substituição à água potável, os esgotos resultantes são classificados como esgotos sanitários, podendo, portanto, ser lançados nas redes públicas.

8.6 RESOLUÇÃO CONAMA N. 357, DE 17 DE MARÇO DE 2005

Dispõe sobre a classificação dos corpos de água e diretrizes ambientais para o seu enquadramento, bem como estabelece as condições e padrões de lançamento de efluentes, e dá outras providências.

O CONSELHO NACIONAL DO MEIO AMBIENTE (CONAMA), no uso das competências que lhe são conferidas pelos arts. 6º, inciso II e 8º, inciso VII, da Lei n. 6.938, de 31 de agosto de 1981, regulamentada pelo Decreto n. 99.274, de 6 de junho de 1990 e suas alterações, tendo em vista o disposto em seu Regimento Interno, e

Considerando a vigência da Resolução Conama n. 274, de 29 de novembro de 2000, que dispõe sobre a balneabilidade;

Considerando o art. 9º, inciso I, da Lei n. 9.433, de 8 de janeiro de 1997, que instituiu a Política Nacional dos Recursos Hídricos, e demais normas aplicáveis à matéria;

Considerando que a água integra as preocupações do desenvolvimento sustentável, baseado nos princípios da função ecológica da propriedade, da prevenção, da precaução, do poluidor-pagador, do usuário-pagador e da integração, bem como no reconhecimento de valor intrínseco à natureza;

Considerando que a Constituição Federal e a Lei n. 6.938, de 31 de agosto de 1981, visam controlar o lançamento no meio ambiente de poluentes, proibindo o lançamento em níveis nocivos ou perigosos para os seres humanos e outras formas de vida;

Considerando que o enquadramento expressa metas finais a serem alcançadas, podendo ser fixadas metas progressivas intermediárias, obrigatórias, visando a sua efetivação;

Considerando os termos da Convenção de Estocolmo, que trata dos Poluentes Orgânicos Persistentes-POPs, ratificada pelo Decreto Legislativo n. 204, de 7 de maio de 2004;

Considerando ser a classificação das águas doces, salobras e salinas essencial à defesa de seus níveis de qualidade, avaliados por condições e padrões específicos, de modo a assegurar seus usos preponderantes;

Considerando que o enquadramento dos corpos de água deve estar baseado não necessariamente no seu estado atual, mas nos níveis de qualidade que deveriam possuir para atender às necessidades da comunidade;

Considerando que a saúde e o bem-estar humano, bem como o equilíbrio ecológico aquático, não devem ser afetados pela deterioração da qualidade das águas;

Considerando a necessidade de se criar instrumentos para avaliar a evolução da qualidade das águas, em relação às classes estabelecidas no enquadramento, de forma a facilitar a fixação e controle de metas visando atingir gradativamente os objetivos propostos;

Considerando a necessidade de se reformular a classificação existente, para melhor distribuir os usos das águas, melhor especificar as condições e padrões de qualidade requeridos, sem prejuízo de posterior aperfeiçoamento; e

Considerando que o controle da poluição está diretamente relacionado com a proteção da saúde, garantia do meio ambiente ecologicamente equilibrado e a melhoria da qualidade de vida, levando em conta os usos prioritários e classes de qualidade ambiental exigidos para um determinado corpo de água;

RESOLVE:

Art. 1º. Esta Resolução dispõe sobre a classificação e diretrizes ambientais para o enquadramento dos corpos de água superficiais, bem como estabelece as condições e padrões de lançamento de efluentes.

CAPÍTULO I
Das definições

Art. 2º. Para efeito desta Resolução são adotadas as seguintes definições:

I – Águas doces: águas com salinidade igual ou inferior a 0,5%.

II – Águas salobras: águas com salinidade superior a 0,5% e inferior a 30%.

III – Águas salinas: águas com salinidade igual ou superior a 30%.

IV – Ambiente lêntico: ambiente que se refere à água parada, com movimento lento ou estagnado.

V – Ambiente lótico: ambiente relativo a águas continentais moventes.

VI – Aquicultura: o cultivo ou a criação de organismos cujo ciclo de vida, em condições naturais, ocorre total ou parcialmente em meio aquático.

VII – Carga poluidora: quantidade de determinado poluente transportado ou lançado em um corpo de água receptor, expressa em unidade de massa por tempo.

VIII – Cianobactérias: microrganismos procarióticos autotróficos, também denominados como cianofíceas (algas azuis) capazes de ocorrer em qualquer manancial superficial, especialmente naqueles com elevados níveis de nutrientes (nitrogênio e fósforo), podendo produzir toxinas com efeitos adversos a saúde.

IX – Classe de qualidade: conjunto de condições e padrões de qualidade de água necessários ao atendimento dos usos preponderantes, atuais ou futuros.

X – Classificação: qualificação das águas doces, salobras e salinas em função dos usos preponderantes (sistema de classes de qualidade) atuais e futuros.

XI – Coliformes termotolerantes: bactérias gram-negativas, em forma de bacilos, oxidase-negativas, caracterizadas pela atividade da enzima galactosidase. Podem crescer em meios contendo agentes tensoativos e fermentar a lactose nas temperaturas de 44-45 °C, com produção de ácido, gás e aldeído. Além de estarem presentes em fezes humanas e de animais homeotérmicos, ocorrem em solos, plantas ou outras matrizes ambientais que não tenham sido contaminados por material fecal.

XII – Condição de qualidade: qualidade apresentada por um segmento de corpo d'água, num determinado momento, em termos dos usos possíveis com segurança adequada, frente às Classes de Qualidade.

XIII – Condições de lançamento: condições e padrões de emissão adotados para o controle de lançamentos de efluentes no corpo receptor.

XIV – Controle de qualidade da água: conjunto de medidas operacionais que visa avaliar a melhoria e a conservação da qualidade da água estabelecida para o corpo de água.

XV – Corpo receptor: corpo hídrico superficial que recebe o lançamento de um efluente.

XVI – Desinfecção: remoção ou inativação de organismos potencialmente patogênicos.

XVII – Efeito tóxico agudo: efeito deletério aos organismos vivos causado por agentes físicos ou químicos, usualmente letalidade ou alguma outra manifestação que a antecede, em um curto período de exposição.

XVIII – Efeito tóxico crônico: efeito deletério aos organismos vivos causado por agentes físicos ou químicos que afetam uma ou várias funções biológicas dos organismos, tais como a reprodução, o crescimento e o comportamento, em um período de exposição que pode abranger a totalidade de seu ciclo de vida ou parte dele.

XIX – Efetivação do enquadramento: alcance da meta final do enquadramento.

XX – Enquadramento: estabelecimento da meta ou objetivo de qualidade da água (classe) a ser, obrigatoriamente, alcançado ou mantido em um segmento de corpo de água, de acordo com os usos preponderantes pretendidos, ao longo do tempo.

XXI – Ensaios ecotoxicológicos: ensaios realizados para determinar o efeito deletério de agentes físicos ou químicos a diversos organismos aquáticos.

XXII – Ensaios toxicológicos: ensaios realizados para determinar o efeito deletério de agentes físicos ou químicos a diversos organismos visando avaliar o potencial de risco à saúde humana.

XXIII – Escherichia coli (E.Coli): bactéria pertencente à família Enterobacteriaceae caracterizada pela atividade da enzima – glicuronidase. Produz indol a partir do aminoácido triptofano. É a única espécie do grupo dos coliformes termotolerantes cujo *habitat* exclusivo é o intestino humano e de animais homeotérmicos, onde ocorre em densidades elevadas.

XXIV – Metas: é o desdobramento do objeto em realizações físicas e atividades de gestão, de acordo com unidades de medida e cronograma preestabelecidos, de caráter obrigatório.

XXV – Monitoramento: medição ou verificação de parâmetros de qualidade e quantidade de água, que pode ser contínua ou periódica, utilizada para acompanhamento da condição e controle da qualidade do corpo de água.

XXVI – Padrão: valor limite adotado como requisito normativo de um parâmetro de qualidade de água ou efluente.

XXVII – Parâmetro de qualidade da água: substâncias ou outros indicadores representativos da qualidade da água.

XXVIII – Pesca amadora: exploração de recursos pesqueiros com fins de lazer ou desporto.

XXIX – Programa para efetivação do enquadramento: conjunto de medidas ou ações progressivas e obrigatórias, necessárias ao atendimento das metas intermediárias e final de qualidade de água estabelecidas para o enquadramento do corpo hídrico.

XXX – Recreação de contato primário: contato direto e prolongado com a água (tais como natação, mergulho, esqui aquático) na qual a possibilidade do banhista ingerir água é elevada.

XXXI – Recreação de contato secundário: refere-se àquela associada a atividades em que o contato com a água é esporádico ou acidental e a possibilidade de ingerir água é pequena, como na pesca e na navegação (tais como iatismo).

XXXII – Tratamento avançado: técnicas de remoção e/ou inativação de constituintes refratários aos processos convencionais de tratamento, os quais podem conferir à água características, tais como: cor, odor, sabor, atividade tóxica ou patogênica.

XXXIII – Tratamento convencional: clarificação com utilização de coagulação e floculação, seguida de desinfecção e correção de pH.

XXXIV – Tratamento simplificado: clarificação por meio de filtração e desinfecção e correção de pH quando necessário.

XXXV – Tributário (ou curso de água afluente): corpo de água que flui para um rio maior ou para um lago ou reservatório.

XXXVI – Vazão de referência: vazão do corpo hídrico utilizada como base para o processo de gestão, tendo em vista o uso múltiplo das águas e a necessária articulação das instâncias do Sistema Nacional de Meio Ambiente (Sisnama) e do Sistema Nacional de Gerenciamento de Recursos Hídricos (SINGRH).

XXXVII – Virtualmente ausentes: que não é perceptível pela visão, olfato ou paladar.

XXXVIII – Zona de mistura: região do corpo receptor onde ocorre a diluição inicial de um efluente.

CAPÍTULO II
Da classificação dos corpos de água

Art. 3º. As águas doces, salobras e salinas do Território Nacional são classificadas, segundo a qualidade requerida para os seus usos preponderantes, em treze classes de qualidade.

Parágrafo único. As águas de melhor qualidade podem ser aproveitadas em uso menos exigente, desde que este não prejudique a qualidade da água, atendidos outros requisitos pertinentes.

Seção I
Das águas doces

Art. 4º. As águas doces são classificadas em:

I – Classe especial: águas destinadas:

a) Ao abastecimento para consumo humano, com desinfecção;

b) À preservação do equilíbrio natural das comunidades aquáticas; e

c) À preservação dos ambientes aquáticos em unidades de conservação de proteção integral.

II – Classe 1: águas que podem ser destinadas:

a) Ao abastecimento para consumo humano, após tratamento simplificado;

b) À proteção das comunidades aquáticas;

c) À recreação de contato primário, tais como natação, esqui aquático e mergulho, conforme Resolução Conama n. 274, de 2000;

d) À irrigação de hortaliças que são consumidas cruas e de frutas que se desenvolvam rentes ao solo e que sejam ingeridas cruas sem remoção de película; e

e) À proteção das comunidades aquáticas em Terras Indígenas.

III – Classe 2: águas que podem ser destinadas:

a) Ao abastecimento para consumo humano, após tratamento convencional;

b) À proteção das comunidades aquáticas;

c) À recreação de contato primário, tais como natação, esqui aquático e mergulho, conforme Resolução Conama n. 274, de 2000;

d) À irrigação de hortaliças, plantas frutíferas e de parques, jardins, campos de esporte e lazer, com os quais o público possa vir a ter contato direto; e

e) À aquicultura e à atividade de pesca.

IV – Classe 3: águas que podem ser destinadas:

a) Ao abastecimento para consumo humano, após tratamento convencional ou avançado;

b) À irrigação de culturas arbóreas, cerealíferas e forrageiras;

c) À pesca amadora;

d) À recreação de contato secundário; e

e) À dessedentação de animais.

V – Classe 4: águas que podem ser destinadas:

a) À navegação; e

b) À harmonia paisagística.

Seção II

Das águas salinas

Art. 5º. As águas salinas são assim classificadas:

I – Classe especial: águas destinadas:

a) À preservação dos ambientes aquáticos em unidades de conservação de proteção integral; e

b) À preservação do equilíbrio natural das comunidades aquáticas.

II – Classe 1: águas que podem ser destinadas:

a) À recreação de contato primário, conforme Resolução Conama n. 274, de 2000;

b) À proteção das comunidades aquáticas; e

c) À aquicultura e à atividade de pesca.

III – Classe 2: águas que podem ser destinadas:

a) À pesca amadora; e

b) À recreação de contato secundário.

IV – Classe 3: águas que podem ser destinadas:

a) À navegação; e

b) À harmonia paisagística.

Seção III

Das águas salobras

Art. 6º. As águas salobras são assim classificadas:

I – Classe especial: águas destinadas:

a) À preservação dos ambientes aquáticos em unidades de conservação de proteção integral; e,

b) À preservação do equilíbrio natural das comunidades aquáticas.

II – Classe 1: águas que podem ser destinadas:

a) À recreação de contato primário, conforme Resolução Conama n. 274, de 2000;

b) À proteção das comunidades aquáticas;

c) À aquicultura e à atividade de pesca;

d) Ao abastecimento para consumo humano após tratamento convencional ou avançado; e

e) À irrigação de hortaliças que são consumidas cruas e de frutas que se desenvolvam rentes ao solo e que sejam ingeridas cruas sem remoção de película, e à irrigação de parques, jardins, campos de esporte e lazer, com os quais o público possa vir a ter contato direto.

III – Classe 2: águas que podem ser destinadas:

a) À pesca amadora; e

b) À recreação de contato secundário.

IV – Classe 3: águas que podem ser destinadas:

a) À navegação; e

b) À harmonia paisagística.

CAPÍTULO III

Das condições e padrões de qualidade das águas

Seção I

Das disposições gerais

Art. 7º. Os padrões de qualidade das águas determinados nesta Resolução estabelecem limites individuais para cada substância em cada classe.

Parágrafo único. Eventuais interações entre substâncias, especificadas ou não nesta Resolução, não poderão conferir às águas características capazes de causar efeitos letais ou alteração de comportamento, reprodução ou fisiologia da vida, bem como de restringir os usos preponderantes previstos, ressalvado o disposto no § 3º do Art. 34, desta Resolução.

Art. 8º. O conjunto de parâmetros de qualidade de água selecionado para subsidiar a proposta de enquadramento deverá ser monitorado periodicamente pelo Poder Público.

§ 1º – Também deverão ser monitorados os parâmetros para os quais haja suspeita da sua presença ou não conformidade.

§ 2º – Os resultados do monitoramento deverão ser analisados estatisticamente e as incertezas de medição consideradas.

§ 3º – A qualidade dos ambientes aquáticos poderá ser avaliada por indicadores biológicos, quando apropriado, utilizando-se organismos e/ou comunidades aquáticas.

§ 4º – As possíveis interações entre as substâncias e a presença de contaminantes não listados nesta Resolução, passíveis de causar danos aos seres vivos, deverão ser investigadas utilizando-se ensaios ecotoxicológicos, toxicológicos, ou outros métodos cientificamente reconhecidos.

§ 5º – Na hipótese dos estudos referidos no parágrafo anterior tornarem-se necessários em decorrência da atuação de empreendedores identificados, as despesas da investigação correrão às suas expensas.

§ 6º – Para corpos de águas salobras continentais, onde a salinidade não se dê por influência direta marinha, os valores dos grupos químicos de nitrogênio e fósforo serão os estabelecidos nas classes correspondentes de água doce.

Art. 9º. A análise e avaliação dos valores dos parâmetros de qualidade de água de que trata esta Resolução serão realizadas pelo Poder Público, podendo ser utilizado laboratório próprio, conveniado ou contratado, que deverá adotar os procedimentos de controle de qualidade analítica necessários ao atendimento das condições exigíveis.

§ 1º – Os laboratórios dos órgãos competentes deverão estruturar-se para atenderem ao disposto nesta Resolução.

§ 2º – Nos casos onde a metodologia analítica disponível for insuficiente para quantificar as concentrações dessas substâncias nas águas, os sedimentos e/ou biota aquática poderão ser investigados quanto à presença eventual dessas substâncias.

Art. 10. Os valores máximos estabelecidos para os parâmetros relacionados em cada uma das classes de enquadramento deverão ser obedecidos nas condições de vazão de referência.

§ 1º – Os limites de Demanda Bioquímica de Oxigênio (DBO), estabelecidos para as águas doces de classes 2 e 3, poderão ser elevados, caso o estudo da capacidade de autodepuração do corpo receptor demonstre que as concentrações mínimas de Oxigênio Dissolvido (OD) previstas não serão desobedecidas, nas condições de vazão de referência, com exceção da zona de mistura.

§ 2º – Os valores máximos admissíveis dos parâmetros relativos às formas químicas de nitrogênio e fósforo, nas condições de vazão de referência, poderão ser alterados em decorrência de condições naturais, ou quando estudos ambientais específicos, que considerem também a poluição difusa, comprovem que esses novos limites não acarretarão prejuízos para os usos previstos no enquadramento do corpo de água.

§ 3º – Para águas doces de classes 1 e 2, quando o nitrogênio for fator limitante para eutrofização, nas condições estabelecidas pelo órgão ambiental competente, o valor de nitrogênio total (após oxidação) não deverá ultrapassar 1,27 mg/L para ambientes lênticos e 2,18 mg/L para ambientes lóticos, na vazão de referência.

§ 4º – O disposto nos §§ 2º e 3º não se aplica às baías de águas salinas ou salobras, ou outros corpos de água em que não seja aplicável a vazão de referência, para os quais deverão ser elaborados estudos específicos sobre a dispersão e assimilação de poluentes no meio hídrico.

Art. 11. O Poder Público poderá, a qualquer momento, acrescentar outras condições e padrões de qualidade, para um determinado corpo de água, ou torná-los mais restritivos, tendo em vista as condições locais, mediante fundamentação técnica.

Art. 12. O Poder Público poderá estabelecer restrições e medidas adicionais, de caráter excepcional e temporário, quando a vazão do corpo de água estiver abaixo da vazão de referência.

Art. 13. Nas águas de classe especial deverão ser mantidas as condições naturais do corpo de água.

Seção II
Das Águas Doces

Art. 14 – As águas doces de classe 1 observarão as seguintes condições e padrões:

I – condições de qualidade de água:

a) não verificação de efeito tóxico crônico a organismos, de acordo com os critérios estabelecidos pelo órgão ambiental competente, ou, na sua ausência, por instituições nacionais ou internacionais renomadas, comprovado pela realização de ensaio ecotoxicológico padronizado ou outro método cientificamente reconhecido.

b) materiais flutuantes, inclusive espumas não naturais: virtualmente ausentes;

c) óleos e graxas: virtualmente ausentes;

d) substâncias que comuniquem gosto ou odor: virtualmente ausentes;

e) corantes provenientes de fontes antrópicas: virtualmente ausentes;

f) resíduos sólidos objetáveis: virtualmente ausentes;

g) coliformes termotolerantes: para o uso de recreação de contato primário deverão ser obedecidos os padrões de qualidade de balneabilidade, previstos na Resolução Conama n. 274, de 2000. Para os demais usos, não deverá ser excedido um limite de 200 coliformes termotolerantes por 100 mililitros em 80% ou mais, de pelo menos 6 amostras, coletadas durante o período de um ano, com frequência bimestral. A E. Coli poderá ser determinada em substituição ao parâmetro coliformes termotolerantes de acordo com limites estabelecidos pelo órgão ambiental competente;

h) DBO 5 dias a 20 °C até 3 mg/L O_2;

i) OD, em qualquer amostra, não inferior a 6 mg/L O_2;

j) turbidez até 40 unidades nefelométrica de turbidez (UNT);

l) cor verdadeira: nível de cor natural do corpo de água em mg Pt/L; e

m) pH: 6,0 a 9,0.

II – Padrões de qualidade de água:

Tabela 8.1 Classe 1 – águas doces

Parâmetros	Valor máximo
Clorofila a	10 µg/L
Densidade de cianobactérias	20.000 cel/ml ou 2 mm³
Sólidos dissolvidos totais	500 mg/L
Parâmetros Inorgânicos	**Valor Máximo**
Alumínio dissolvido	0,1 mg/L Al
Antimônio	0,005 mg/L Sb
Arsênio total	0,01 mg/L As
Bário total	0,7 mg/L Ba
Berílio total	0,04 mg/L Be
Boro total	0,5 mg/L B
Cádmio total	0,001 mg/L Cd
Chumbo total	0,01 mg/L Pb
Cianeto livre	0,005 mg/L CN
Cloreto total	250 mg/L Cl
Cloro residual total (combinado + livre)	0,01 mg/L Cl
Cobalto total	0,05 mg/L Co
Cobre dissolvido	0,009 mg/L Cu
Cromo total	0,05 mg/L Cr
Ferro dissolvido	0,3 mg/L Fe
Fluoreto total	1,4 mg/L F

(Continua)

(Continuação)

Tabela 8.1 Classe 1 – águas doces

Padrões

Parâmetros	Valor máximo
Parâmetros Inorgânicos	**Valor Máximo**
Fósforo total (ambiente lêntico)	0,020 mg/L P
Fósforo total (ambiente intermediário, com tempo de residência entre 2 e 40 dias, e tributários diretos de ambiente lêntico)	0,025 mg/L P
Fósforo total (ambiente lótico e tributários de ambientes intermediários)	0,1 mg/L P
Lítio total	2,5 mg/L Li
Manganês total	0,1 mg/L Mn
Mercúrio total	0,0002 mg/L Hg
Níquel total	0,025 mg/L Ni
Nitrato	10,0 mg/L N
Nitrito	1,0 mg/L N
Nitrogênio amoniacal total	3,7 mg/L N, para pH < 7,5 2,0 mg/L N, para 7,5 < pH < 8,0 1,0 mg/L N, para 8,0 < pH < 8,5 0,5 mg/L N, para pH > 8,5
Prata total	0,01 mg/L Ag
Selênio total	0,01 mg/L Se
Sulfato total	250 mg/L SO_4
Sulfeto (H_2S não dissociado)	0,002 mg/L S
Urânio total	0,02 mg/L U
Vanádio total	0,1 mg/L V
Zinco total	0,18 mg/L Zn
Parâmetros Orgânicos	**Valor Máximo**
Acrilamida	0,5 µg/L
Alacloro	20 µg/L
Aldrin + Dieldrin	0,005 µg/L
Atrazina	2 µg/L
Benzeno	0,005 mg/L
Benzidina	0,001 µg/L
Benzo(a)antraceno	0,05 µg/L
Benzo(a)pireno	0,05 µg/L
Benzo(b)fluoranteno	0,05 µg/L
Benzo(k)fluoranteno	0,05 µg/L
Carbaril	0,02 µg/L
Clordano (cis + trans)	0,04 µg/L
2-Clorofenol	0,1 µg/L
Criseno	0,05 µg/L
2,4-D	4,0 µg/L
Demeton (Demeton-O + Demeton-S)	0,1 µg/L
Dibenzo(a,h)antraceno	0,05 µg/L
1,2-Dicloroetano	0,01 mg/L
1,1-Dicloroeteno	0,003 mg/L

(Continua)

(Continuação)

Tabela 8.1 Classe 1 – águas doces

Padrões	
Parâmetros	**Valor máximo**
Parâmetros Orgânicos	Valor Máximo
2,4-Diclorofenol	0,3 µg/L
Diclorometano	0,02 mg/L
DDT (p,p'-DDT + p,p'-DDE + p,p'-DDD)	0,002 µg/L
Dodecacloro pentaciclodecano	0,001 µg/L
Endossulfan (a + b + sulfato)	0,056 µg/L
Endrin	0,004 µg/L
Estireno	0,02 mg/L
Etilbenzeno	90,0 µg/L
Fenóis totais (substâncias que reagem com 4-aminoantipirina)	0,003 mg/L C_6H_5OH
Glifosato	65 µg/L
Gution	0,005 µg/L
Heptacloro epóxido + Heptacloro	0,01 µg/L
Hexaclorobenzeno	0,0065 µg/L
Indeno(1,2,3-cd)pireno	0,05 µg/L
Lindano (g-HCH)	0,02 µg/L
Malation	0,1 µg/L
Metolacloro	10 µg/L
Metoxicloro	0,03 µg/L
Paration	0,04 µg/L
PCBs – Bifenilas policloradas	0,001 µg/L
Pentaclorofenol	0,009 mg/L
Simazina	2,0 µg/L
Substâncias tensoativas que reagem com o azul de metileno	0,5 mg/L LAS
2,4,5-T	2,0 µg/L
Tetracloreto de carbono	0,002 mg/L
Tetracloroeteno	0,01 mg/L
Tolueno	2,0 µg/L
Toxafeno	0,01 µg/L
2,4,5-TP	10,0 µg/L
Tributilestanho	0,063 µg/L TBT
Triclorobenzeno (1,2,3-TCB + 1,2,4-TCB)	0,02 mg/L
Tricloroeteno	0,03 mg/L
2,4,6-Triclorofenol	0,01 mg/L
Trifluralina	0,2 µg/L
Xileno	300 µg/L

III – Nas águas doces onde ocorrer pesca ou cultivo de organismos, para fins de consumo intensivo, além dos padrões estabelecidos no inciso II deste artigo, aplicam-se os seguintes padrões em substituição ou adicionalmente:

Tabela 8.2   Classe 1 – águas doces

Padrões para corpos de água onde haja pesca ou cultivo de organismos para fins de consumo intensivo

Parâmetros inorgânicos	Valor máximo
Arsênio total	0,14 µg/L As
Parâmetros Orgânicos	**Valor Máximo**
Benzidina	0,0002 µg/L
Benzo(a)antraceno	0,018 µg/L
Benzo(a)pireno	0,018 µg/L
Benzo(b)fluoranteno	0,018 µg/L
Benzo(k)fluoranteno	0,018 µg/L
Criseno	0,018 µg/L
Dibenzo(a,h)antraceno	0,018 µg/L
3,3-Diclorobenzidina	0,028 µg/L
Heptacloro epóxido + Heptacloro	0,000039 µg/L
Hexaclorobenzeno	0,00029 µg/L
Indeno(1,2,3-cd)pireno	0,018 µg/L
PCBs – Bifenilas policloradas	0,000064 µg/L
Pentaclorofenol	3,0 µg/L
Tetracloreto de carbono	1,6 µg/L
Tetracloroeteno	3,3 µg/L
Toxafeno	0,00028 µg/L
2,4,6-triclorofenol	2,4 µg/L

Art. 15. Aplicam-se às águas doces de classe 2 as condições e padrões da classe 1 previstos no artigo anterior, à exceção do seguinte:

I – não será permitida a presença de corantes provenientes de fontes antrópicas que não sejam removíveis por processo de coagulação, sedimentação e filtração convencionais.

II – coliformes termotolerantes: para uso de recreação de contato primário deverá ser obedecida a Resolução Conama n. 274, de 2000. Para os demais usos, não deverá ser excedido um limite de 1.000 coliformes termotolerantes por 100 mililitros em 80% ou mais de pelo menos 6 (seis) amostras coletadas durante o período de um ano, com frequência bimestral. A E. coli poderá ser determinada em substituição ao parâmetro coliformes termotolerantes de acordo com limites estabelecidos pelo órgão ambiental competente.

III – cor verdadeira: até 75 mg Pt/L.

IV – turbidez: até 100 UNT.

V – DBO 5 dias a 20 °C até 5 mg/L O_2.

VI – OD, em qualquer amostra, não inferior a 5 mg/L O_2.

VII – clorofila a: até 30 µg/L.

VIII – densidade de cianobactérias: até 50.000 cel/ml ou 5 mm³/L.

IX – fósforo total:

a) até 0,030 mg/L, em ambientes lênticos; e

b) até 0,050 mg/L, em ambientes intermediários, com tempo de residência entre 2 e 40 dias, e tributários diretos de ambiente lêntico.

Art. 16. As águas doces de classe 3 observarão as seguintes condições e padrões:

I – condições de qualidade de água:

a) não verificação de efeito tóxico agudo a organismos, de acordo com os critérios estabelecidos pelo órgão ambiental competente, ou, na sua ausência, por instituições nacionais ou internacionais renomadas, comprovado pela realização de ensaio ecotoxicológico padronizado ou outro método cientificamente reconhecido;

b) materiais flutuantes, inclusive espumas não naturais: virtualmente ausentes;

c) óleos e graxas: virtualmente ausentes;

d) substâncias que comuniquem gosto ou odor: virtualmente ausentes;

e) não será permitida a presença de corantes provenientes de fontes antrópicas que não sejam removíveis por processo de coagulação, sedimentação e filtração convencionais;

f) resíduos sólidos objetáveis: virtualmente ausentes;

g) coliformes termotolerantes: para o uso de recreação de contato secundário não deverá ser excedido um limite de 2.500 coliformes termotolerantes por 100 mililitros em 80% ou mais de pelo menos 6 amostras, coletadas durante o período de um ano, com frequência bimestral. Para dessedentação de animais criados confinados não deverá ser excedido o limite de 1.000 coliformes termotolerantes por 100 mililitros em 80% ou mais de pelo menos 6 amostras, coletadas durante o período de um ano, com frequência bimestral. Para os demais usos, não deverá ser excedido um limite de 4.000 coliformes termotolerantes por 100 mililitros em 80% ou mais de pelo menos 6 amostras coletadas durante o período de um ano, com periodicidade bimestral. A E. Coli poderá ser determinada em substituição ao parâmetro coliformes termotolerantes de acordo com limites estabelecidos pelo órgão ambiental competente;

h) cianobactérias para dessedentação de animais: os valores de densidade de cianobactérias não deverão exceder 50.000 cel/mL, ou 5 mm^3/L;

i) DBO 5 dias a 20 °C até 10 mg/L O$_2$;

j) OD, em qualquer amostra, não inferior a 4 mg/L O$_2$;

l) turbidez até 100 UNT;

m) cor verdadeira: até 75 mg Pt/L; e

n) pH: 6,0 a 9,0.

II – Padrões de qualidade de água:

Tabela 8.3 Classe 3 – águas doces

Padrões	
Parâmetros	Valor máximo
Clorofila a	60 μg/L
Densidade de cianobactérias	100.000 cel/ml ou 10 mm^3/l
Sólidos dissolvidos totais	500 mg/L
Parâmetros Inorgânicos	Valor Máximo
Alumínio dissolvido	0,2 mg/L Al
Arsênio total	0,033 mg/L As
Bário total	1,0 mg/L Ba
Berílio total	0,1 mg/L Be
Boro total	0,75 mg/L B
Cádmio total	0,01 mg/L Cd
Chumbo total	0,033 mg/L Pb
Cianeto livre	0,022 mg/L CN
Cloreto total	250 mg/L Cl
Cobalto total	0,2 mg/L Co
Cobre dissolvido	0,013 mg/L Cu
Cromo total	0,05 mg/L Cr
Ferro dissolvido	5,0 mg/L Fe
Fluoreto total	1,4 mg/L F
Fósforo total (ambiente lêntico)	0,05 mg/L P
Fósforo total (ambiente intermediário, com tempo de residência entre 2 e 40 dias, e tributários diretos de ambiente lêntico)	0,075 mg/L P
Fósforo total (ambiente lótico e tributários de ambientes intermediários)	0,15 mg/L P
Lítio total	2,5 mg/L Li

(Continua)

(Continuação)

Tabela 8.3 Classe 3 – águas doces	
Padrões	
Parâmetros	Valor máximo
Parâmetros Inorgânicos	Valor Máximo
Manganês total	0,5 mg/L Mn
Mercúrio total	0,002 mg/L Hg
Níquel total	0,025 mg/L Ni
Nitrato	10,0 mg/L N
Nitrito	1,0 mg/L N
Nitrogênio amoniacal total	13,3 mg/L N, para pH > 7,5 5,6 mg/L N, para 7,5 < pH < 8,0 2,2 mg/L N, para 8,0 < pH < 8,5 1,0 mg/L N, para pH > 8,5
Prata total	0,05 mg/L Ag
Selênio total	0,05 mg/L Se
Sulfato total	250 mg/L SO_4
Sulfeto (como H_2S não dissociado)	0,3 mg/L S
Urânio total	0,02 mg/L U
Vanádio total	0,1 mg/L V
Zinco total	5 mg/L Zn
Parâmetros Orgânicos	Valor Máximo
Aldrin + Dieldrin	0,03 µg/L
Atrazina	2 µg/L
Benzeno	0,005 mg/L
Benzo(a)pireno	0,7 µg/L
Carbaril	70,0 µg/L
Clordano (cis + trans)	0,3 µg/L
2,4-D	30,0 µg/L
DDT (p,p'-DDT + p,p'-DDE + p,p'-DDD)	1,0 µg/L
Demeton (Demeton-O + Demeton-S)	14,0 µg/L
1,2-Dicloroetano	0,01 mg/L
1,1-Dicloroeteno	30 µg/L
Dodecacloro Pentaciclodecano	0,001 µg/L
Endossulfan (a + b + sulfato)	0,22 µg/L
Endrin	0,2 µg/L
Fenóis totais (substâncias que reagem com 4-aminoantipirina)	0,01 mg/L C_6H_5OH
Glifosato	280 µg/L
Gution	0,005 µg/L
Heptacloro epóxido + Heptacloro	0,03 µg/L
Lindano (g-HCH)	2,0 µg/L
Malation	100,0 µg/L
Metoxicloro	20,0 µg/L
Paration	35,0 µg/L
PCBs – Bifenilas policloradas	0,001 µg/L
Pentaclorofenol	0,009 mg/L
Substâncias tensoativas que reagem com o azul de metileno	0,5 mg/L LAS
2,4,5-T	2,0 µg/L

(Continua)

(Continuação)

Tabela 8.3 Classe 3 – águas doces

Padrões	
Parâmetros	Valor máximo
Parâmetros Orgânicos	Valor Máximo
Tetracloreto de carbono	0,003 mg/L
Tetracloroeteno	0,01 mg/L
Toxafeno	0,21 µg/L
2,4,5-TP	10,0 µg/L
Tributilestanho	2,0 µg/L TBT
Tricloroeteno	0,03 mg/L
2,4,6-Triclorofenol	0,01 mg/L

Art. 17. As águas doces de classe 4 observarão as seguintes condições e padrões:

I – materiais flutuantes, inclusive espumas não naturais: virtualmente ausentes.

II – odor e aspecto: não objetáveis.

III – óleos e graxas: toleram-se iridescências.

IV – substâncias facilmente sedimentáveis que contribuam para o assoreamento de canais de navegação: virtualmente ausentes.

V – fenóis totais (substâncias que reagem com 4 – aminoantipirina) até 1,0 mg/L de C_6H_5OH.

VI – OD, superior a 2,0 mg/L O_2 em qualquer amostra.

VII – pH: 6,0 a 9,0.

Seção III
Das Águas Salinas

Art. 18. As águas salinas de classe 1 observarão as seguintes condições e padrões:

I – condições de qualidade de água:

a) não verificação de efeito tóxico crônico a organismos, de acordo com os critérios estabelecidos pelo órgão ambiental competente, ou, na sua ausência, por instituições nacionais ou internacionais renomadas, comprovado pela realização de ensaio ecotoxicológico padronizado ou outro método cientificamente reconhecido;

b) materiais flutuantes: virtualmente ausentes;

c) óleos e graxas: virtualmente ausentes;

d) substâncias que produzem odor e turbidez: virtualmente ausentes;

e) corantes provenientes de fontes antrópicas: virtualmente ausentes;

f) resíduos sólidos objetáveis: virtualmente ausentes;

g) coliformes termotolerantes: para o uso de recreação de contato primário deverá ser obedecida a Resolução Conama n. 274, de 2000. Para o cultivo de moluscos bivalves destinados à alimentação humana, a média geométrica da densidade de coliformes termotolerantes, de um mínimo de 15 amostras coletadas no mesmo local, não deverá exceder 43 por 100 mililitros, e o percentil 90% não deverá ultrapassar 88 coliformes termotolerantes por 100 mililitros. Esses índices deverão ser mantidos em monitoramento anual com um mínimo de 5 amostras. Para os demais usos não deverá ser excedido um limite de 1.000 coliformes termotolerantes por 100 mililitros em 80% ou mais de pelo menos 6 amostras coletadas durante o período de um ano, com periodicidade bimestral. A E. Coli poderá ser determinada em substituição ao parâmetro coliformes termotolerantes de acordo com limites estabelecidos pelo órgão ambiental competente;

h) carbono orgânico total até 3 mg/L, como C;

i) OD, em qualquer amostra, não inferior a 6 mg/L O_2; e

j) pH: 6,5 a 8,5, não devendo haver uma mudança do pH natural maior do que 0,2 unidade.

II – Padrões de qualidade de água:

III – Nas águas salinas onde ocorrer pesca ou cultivo de organismos, para fins de consumo intensivo, além dos padrões estabelecidos no inciso II deste artigo, aplicam-se os seguintes padrões em substituição ou adicionalmente:

Tabela 8.4 Classe 1 – águas salinas

Padrões

Parâmetros inorgânicos	Valor máximo
Alumínio dissolvido	1,5 mg/L Al
Arsênio total	0,01 mg/L As
Bário total	1,0 mg/L Ba
Berílio total	5,3 µg/L Be
Boro total	5,0 mg/L B
Cádmio total	0,005 mg/L Cd
Chumbo total	0,01 mg/L Pb
Cianeto livre	0,001 mg/L CN
Cloro residual total (combinado + livre)	0,01 mg/L Cl
Cobre dissolvido	0,005 mg/L Cu
Cromo total	0,05 mg/L Cr
Ferro dissolvido	0,3 mg/L Fe
Fluoreto total	1,4 mg/L F
Fósforo Total	0,062 mg/L P
Manganês total	0,1 mg/L Mn
Mercúrio total	0,0002 mg/L Hg
Níquel total	0,025 mg/L Ni
Nitrato	0,40 mg/L N
Nitrito	0,07 mg/L N
Nitrogênio amoniacal total	0,40 mg/L N
Polifosfatos (determinado pela diferença entre fósforo ácido hidrolisável total e fósforo reativo total)	0,031 mg/L P
Prata total	0,005 mg/L Ag
Selênio total	0,01 mg/L Se
Sulfetos (H_2S não dissociado)	0,002 mg/L S
Tálio total	0,1 mg/L Tl
Urânio Total	0,5 mg/L U
Zinco total	0,09 mg/L Zn
Parâmetros Orgânicos	**Valor Máximo**
Aldrin + Dieldrin	0,0019 µg/L
Benzeno	700 µg/L
Carbaril	0,32 µg/L
Clordano (cis + trans)	0,004 µg/L
2,4-D	30,0 µg/L
DDT (p,p'-DDT+ p,p'-DDE + p,p'-DDD)	0,001 µg/L
Demeton (Demeton-O + Demeton-S)	0,1 µg/L
Dodecacloro pentaciclodecano	0,001 µg/L
Endossulfan (a + b + sulfato)	0,01 µg/L
Endrin	0,004 µg/L
Etilbenzeno	25 µg/L
Fenóis totais (substâncias que reagem com 4-aminoantipirina)	60 µg/L C_6H_5OH
Gution	0,01 µg/L
Heptacloro epóxido + Heptacloro	0,001 µg/L

(Continua)

(Continuação)

Tabela 8.4 Classe 1 – águas salinas

Padrões	
Parâmetros Orgânicos	Valor Máximo
Lindano (g-HCH)	0,004 µg/L
Malation	0,1 µg/L
Metoxicloro	0,03 µg/L
Monoclorobenzeno	25 µg/L
Pentaclorofenol	7,9 µg/L
PCBs – Bifenilas Policloradas	0,03 µg/L
Substâncias tensoativas que reagem com o azul de metileno	0,2 mg/L LAS
2,4,5-T	10,0 µg/L
Tolueno	215 µg/L
Toxafeno	0,0002 µg/L
2,4,5-TP	10,0 µg/L
Tributilestanho	0,01 µg/LTBT
Triclorobenzeno (1,2,3-TCB+1,2,4-TCB)	80 µg/L
Tricloroeteno	30,0 µg/L

Tabela 8.5 Classe 1 – águas salinas

Padrões para corpos de água onde haja pesca ou cultivo de organismos para fins de consumo intensivo	
Parâmetros inorgânicos	Valor máximo
Arsênio total	0,14 µg/L As
Parâmetros Orgânicos	Valor Máximo
Benzeno	51 µg/L
Benzidina	0,0002 µg/L
Benzo(a)antraceno	0,018 µg/L
Benzo(a)pireno	0,018 µg/L
Benzo(b)fluoranteno	0,018 µg/L
Benzo(k)fluoranteno	0,018 µg/L
2-Clorofenol	150 µg/L
2,4-Diclorofenol	290 µg/L
Criseno	0,018 µg/L
Dibenzo(a,h)antraceno	0,018 µg/L
1,2-Dicloroetano	37 µg/L
1,1-Dicloroeteno	3 µg/L
3,3-Diclorobenzidina	0,028 µg/L
Heptacloro epóxido + Heptacloro	0,000039 µg/L
Hexaclorobenzeno	0,00029 µg/L
Indeno(1,2,3-cd)pireno	0,018 µg/L
PCBs – Bifenilas Policloradas	0,000064 µg/L
Pentaclorofenol	3,0 µg/L
Tetracloroeteno	3,3 µg/L
2,4,6-Triclorofenol	2,4 µg/L

Art. 19. Aplicam-se às águas salinas de classe 2 as condições e padrões de qualidade da classe 1, previstos no artigo anterior, à exceção dos seguintes:

I – condições de qualidade de água:

a) não verificação de efeito tóxico agudo a organismos, de acordo com os critérios estabelecidos pelo órgão ambiental competente, ou, na sua ausência, por instituições nacionais ou internacionais renomadas, comprovado pela realização de ensaio ecotoxicológico padronizado ou outro método cientificamente reconhecido;

b) coliformes termotolerantes: não deverá ser excedido um limite de 2.500 por 100 mililitros em 80% ou mais de pelo menos 6 amostras coletadas durante o período de um ano, com frequência bimestral. A E. Coli poderá ser determinada em substituição ao parâmetro coliformes termotolerantes de acordo com limites estabelecidos pelo órgão ambiental competente;

c) carbono orgânico total: até 5,00 mg/L, como C; e

d) OD, em qualquer amostra, não inferior a 5,0 mg/L O_2.

II – Padrões de qualidade de água:

Art. 20. As águas salinas de classe 3 observarão as seguintes condições e padrões:

I – materiais flutuantes, inclusive espumas não naturais: virtualmente ausentes.

II – óleos e graxas: toleram-se iridescências.

III – substâncias que produzem odor e turbidez: virtualmente ausentes.

Tabela 8.6 Classe 2 – águas salinas

Padrões	
Parâmetros inorgânicos	Valor máximo
Arsênio total	0,069 mg/L As
Cádmio total	0,04 mg/L Cd
Chumbo total	0,21 mg/L Pb
Cianeto livre	0,001 mg/L CN
Cloro residual total (combinado + livre)	19 µg/L Cl
Cobre dissolvido	7,8 µg/L Cu
Cromo total	1,1 mg/L Cr
Fósforo total	0,093 mg/L P
Mercúrio total	1,8 µg/L Hg
Níquel	74 µg/L Ni
Nitrato	0,70 mg/L N
Nitrito	0,20 mg/L N
Nitrogênio amoniacal total	0,70 mg/L N
Polifosfatos (determinado pela diferença entre fósforo ácido hidrolisável total e fósforo reativo total)	0,0465 mg/L P
Selênio total	0,29 mg/L Se
Zinco total	0,12 mg/L Zn
Parâmetros Orgânicos	Valor Máximo
Aldrin + Dieldrin	0,03 µg/L
Clordano (cis + trans)	0,09 µg/L
DDT (p-p'DDT + p-p'DDE + pp'DDD)	0,13 µg/L
Endrin	0,037 µg/L
Heptacloro epóxido + Heptacloro	0,053 µg/L
Lindano (g-HCH)	0,16 µg/L
Pentaclorofenol	13,0 µg/L
Toxafeno	0,210 µg/L
Tributilestanho	0,37 µg/LTBT

IV – corantes provenientes de fontes antrópicas: virtualmente ausentes.

V – resíduos sólidos objetáveis: virtualmente ausentes.

VI – coliformes termotolerantes: não deverá ser excedido um limite de 4.000 coliformes termotolerantes por 100 mililitros em 80% ou mais de pelo menos 6 amostras coletadas durante o período de um ano, com frequência bimestral. A E. Coli poderá ser determinada em substituição ao parâmetro coliformes termotolerantes de acordo com limites estabelecidos pelo órgão ambiental competente.

VII – carbono orgânico total: até 10 mg/L, como C.

VIII – OD, em qualquer amostra, não inferior a 4 mg/ L O_2.

IX – pH: 6,5 a 8,5 não devendo haver uma mudança do pH natural maior do que 0,2 unidades.

Seção IV
Das Águas Salobras

Art. 21. As águas salobras de classe 1 observarão as seguintes condições e padrões:

I – condições de qualidade de água:

a) não verificação de efeito tóxico crônico a organismos, de acordo com os critérios estabelecidos pelo órgão ambiental competente, ou, na sua ausência, por instituições nacionais ou internacionais renomadas, comprovado pela realização de ensaio ecotoxicológico padronizado ou outro método cientificamente reconhecido;

b) carbono orgânico total: até 3 mg/L, como C;

c) OD, em qualquer amostra, não inferior a 5 mg/ L O_2;

d) pH: 6,5 a 8,5;

e) óleos e graxas: virtualmente ausentes;

f) materiais flutuantes: virtualmente ausentes;

g) substâncias que produzem cor, odor e turbidez: virtualmente ausentes;

h) resíduos sólidos objetáveis: virtualmente ausentes; e

i) coliformes termotolerantes: para o uso de recreação de contato primário deverá ser obedecida a Resolução Conama n. 274, de 2000. Para o cultivo de moluscos bivalves destinados à alimentação humana, a média geométrica da densidade de coliformes termotolerantes, de um mínimo de 15 amostras coletadas no mesmo local, não deverá exceder 43 por 100 mililitros, e o percentil 90% não deverá ultrapassar 88 coliformes termotolerantes por 100 mililitros. Esses índices deverão ser mantidos em monitoramento anual com um mínimo de 5 amostras. Para a irrigação de hortaliças que são consumidas cruas e de frutas que se desenvolvam rentes ao solo e que sejam ingeridas cruas sem remoção de película, bem como para a irrigação de parques, jardins, campos de esporte e lazer, com os quais o público possa vir a ter contato direto, não deverá ser excedido o valor de 200 coliformes termotolerantes por 100 mL. Para os demais usos não deverá ser excedido um limite de 1.000 coliformes termotolerantes por 100 mililitros em 80% ou mais de pelo menos 6 amostras coletadas durante o período de um ano, com frequência bimestral. A E. coli poderá ser determinada em substituição ao parâmetro coliformes termotolerantes de acordo com limites estabelecidos pelo órgão ambiental competente.

Tabela 8.7 Classe 1 – águas salobras

Padrões	
Parâmetros inorgânicos	Valor máximo
Alumínio dissolvido	0,1 mg/L Al
Arsênio total	0,01 mg/L As
Berílio total	5,3 µg/L Be
Boro	0,5 mg/L B
Cádmio total	0,005 mg/L Cd

(Continua)

(Continuação)

Tabela 8.7 Classe 1 – águas salobras

Padrões

Parâmetros inorgânicos	Valor máximo
Chumbo total	0,01 mg/L Pb
Cianeto livre	0,001 mg/L CN
Cloro residual total (combinado + livre)	0,01 mg/L Cl
Cobre dissolvido	0,005 mg/L Cu
Cromo total	0,05 mg/L Cr
Ferro dissolvido	0,3 mg/L Fe
Fluoreto total	1,4 mg/L F
Fósforo total	0,124 mg/L P
Manganês total	0,1 mg/L Mn
Mercúrio total	0,0002 mg/L Hg
Níquel total	0,025 mg/L Ni
Nitrato	0,40 mg/L N
Nitrito	0,07 mg/L N
Nitrogênio amoniacal total	0,40 mg/L N
Polifosfatos (determinado pela diferença entre fósforo ácido hidrolisável total e fósforo reativo total)	0,062 mg/L P
Prata total	0,005 mg/L Ag
Selênio total	0,01 mg/L Se
Sulfetos (como H_2S não dissociado)	0,002 mg/L S
Zinco total	0,09 mg/L Zn
Parâmetros Orgânicos	**Valor Máximo**
Aldrin + dieldrin	0,0019 µg/L
Benzeno	700 µg/L
Carbaril	0,32 µg/L
Clordano (cis + trans)	0,004 µg/L
2,4-D	10,0 µg/L
DDT (p,p'DDT+ p,p'DDE + p,p'DDD)	0,001 µg/L
Demeton (Demeton-O + Demeton-S)	0,1 µg/L
Dodecacloro pentaciclodecano	0,001 µg/L
Endrin	0,004 µg/L
Endossulfan (a + b + sulfato)	0,01 µg/L
Etilbenzeno	25,0 µg/L
Fenóis totais (substâncias que reagem com 4-aminoantipirina)	0,003 mg/L C_6H_5OH
Gution	0,01 µg/L
Heptacloro epóxido + Heptacloro	0,001 µg/L
Lindano (g-HCH)	0,004 µg/L
Malation	0,1 µg/L
Metoxicloro	0,03 µg/L
Monoclorobenzeno	25 µg/L
Paration	0,04 µg/L
Pentaclorofenol	7,9 µg/L
PCBs – Bifenilas Policloradas	0,03 µg/L

(Continua)

(Continuação)

Tabela 8.7 Classe 1 – águas salobras

Padrões

Parâmetros Orgânicos	Valor Máximo
Substâncias tensoativas que reagem com azul de metileno	0,2 LAS
2,4,5-T	10,0 µg/L
Tolueno	215 µg/L
Toxafeno	0,0002 µg/L
2,4,5-TP	10,0 µg/L
Tributilestanho	0,010 µg/LTBT
Triclorobenzeno (1,2,3-TCB + 1,2,4-TCB)	80,0 µg/L

Tabela 8.8 Classe 1 – águas salobras

Padrões para corpos de água onde haja pesca ou cultivo de organismos para fins de consumo intensivo

Parâmetros inorgânicos	Valor máximo
Arsênio total	0,14 µg/L As
Parâmetros Orgânicos	**Valor Máximo**
Benzeno	51 µg/L
Benzidina	0,0002 µg/L
Benzo(a)antraceno	0,018 µg/L
Benzo(a)pireno	0,018 µg/L
Benzo(b)fluoranteno	0,018 µg/L
Benzo(k)fluoranteno	0,018 µg/L
2-Clorofenol	150 µg/L
Criseno	0,018 µg/L
Dibenzo(a,h)antraceno	0,018 µg/L
2,4-Diclorofenol	290 µg/L
1,1-Dicloroeteno	3,0 µg/L
1,2-Dicloroetano	37,0 µg/L
3,3-Diclorobenzidina	0,028 µg/L
Heptacloro epóxido + Heptacloro	0,000039 µg/L
Hexaclorobenzeno	0,00029 µg/L
Indeno(1,2,3-cd)pireno	0,018 µg/L
Pentaclorofenol	3,0 µg/L
PCBs – Bifenilas Policloradas	0,000064 µg/L
Tetracloroeteno	3,3 µg/L
Tricloroeteno	30 µg/L
2,4,6-Triclorofenol	2,4 µg/L

II – Padrões de qualidade de água:

III – Nas águas salobras onde ocorrer pesca ou cultivo de organismos, para fins de consumo intensivo, além dos padrões estabelecidos no inciso II deste artigo, aplicam-se os seguintes padrões em substituição ou adicionalmente:

Tabela 8.9   Classe 2 – águas salobras

Padrões	
Parâmetros inorgânicos	**Valor máximo**
Arsênio total	0,069 mg/L As
Cádmio total	0,04 mg/L Cd
Chumbo total	0,210 mg/L Pb
Cromo total	1,1 mg/L Cr
Cianeto livre	0,001 mg/L CN
Cloro residual total (combinado + livre)	19,0 µg/L Cl
Cobre dissolvido	7,8 µg/L Cu
Fósforo total	0,186 mg/L P
Mercúrio total	1,8 µg/L Hg
Níquel total	74,0 µg/L Ni
Nitrato	0,70 mg/L N
Nitrito	0,20 mg/L N
Nitrogênio amoniacal total	0,70 mg/L N
Polifosfatos (determinado pela diferença entre fósforo ácido hidrolisável total e fósforo reativo total)	0,093 mg/L P
Selênio total	0,29 mg/L Se
Zinco total	0,12 mg/L Zn
Parâmetros Orgânicos	**Valor Máximo**
Aldrin + Dieldrin	0,03 µg/L
Clordano (cis + trans)	0,09 µg/L
DDT (p-p'DDT + p-p'DDE + pp'DDD)	0,13 µg/L
Endrin	0,037 µg/L
Heptacloro epóxido+ Heptacloro	0,053 µg/L
Lindano (g-HCH)	0,160 µg/L
Pentaclorofenol	13,0 µg/L
Toxafeno	0,210 µg/L
Tributilestanho	0,37 µg/LTBT

Art. 22. Aplicam-se às águas salobras de classe 2 as condições e padrões de qualidade da classe 1, previstos no artigo anterior, à exceção dos seguintes:

I – condições de qualidade de água:

a) não verificação de efeito tóxico agudo a organismos, de acordo com os critérios estabelecidos pelo órgão ambiental competente, ou, na sua ausência, por instituições nacionais ou internacionais renomadas, comprovado pela realização de ensaio ecotoxicológico padronizado ou outro método cientificamente reconhecido;

b) carbono orgânico total: até 5,00 mg/L, como C;

c) OD, em qualquer amostra, não inferior a 4 mg/L O_2; e

d) coliformes termotolerantes: não deverá ser excedido um limite de 2.500 por 100 mililitros em 80% ou mais de pelo menos 6 amostras coletadas durante o período de um ano, com frequência bimestral. A E. coli poderá ser determinada em substituição ao parâmetro coliformes termotolerantes de acordo com limites estabelecidos pelo órgão ambiental competente.

II – Padrões de qualidade de água:

Art. 23. As águas salobras de classe 3 observarão as seguintes condições e padrões:

I – pH: 5 a 9.

II – OD, em qualquer amostra, não inferior a 3 mg/L O_2.

III – óleos e graxas: toleram-se iridescências.

IV – materiais flutuantes: virtualmente ausentes.

V – substâncias que produzem cor, odor e turbidez: virtualmente ausentes.

VI – substâncias facilmente sedimentáveis que contribuam para o assoreamento de canais de navegação: virtualmente ausentes.

VII – coliformes termotolerantes: não deverá ser excedido um limite de 4.000 coliformes termotolerantes por 100 ml em 80% ou mais de pelo menos 6 amostras coletadas durante o período de um ano, com frequência bimestral. A E. Coli poderá ser determinada em substituição ao parâmetro coliformes termotolerantes de acordo com limites estabelecidos pelo órgão ambiental competente.

VIII – carbono orgânico total até 10,0 mg/L, como C.

CAPÍTULO IV
Das condições e padrões de lançamento de efluentes

Art. 24. Os efluentes de qualquer fonte poluidora somente poderão ser lançados, direta ou indiretamente, nos corpos de água, após o devido tratamento e desde que obedeçam às condições, padrões e exigências dispostos nesta Resolução e em outras normas aplicáveis.

Parágrafo único. O órgão ambiental competente poderá, a qualquer momento:

I – acrescentar outras condições e padrões, ou torná-los mais restritivos, tendo em vista as condições locais, mediante fundamentação técnica; e

II – exigir a melhor tecnologia disponível para o tratamento dos efluentes, compatível com as condições do respectivo curso de água superficial, mediante fundamentação técnica.

Art. 25. É vedado o lançamento e a autorização de lançamento de efluentes em desacordo com as condições e padrões estabelecidos nesta Resolução.

Parágrafo único. O órgão ambiental competente poderá, excepcionalmente, autorizar o lançamento de efluente acima das condições e padrões estabelecidos no art. 34, desta Resolução, desde que observados os seguintes requisitos:

I – comprovação de relevante interesse público, devidamente motivado.

II – atendimento ao enquadramento e às metas intermediárias e finais, progressivas e obrigatórias.

III – realização de Estudo de Impacto Ambiental – EIA, às expensas do empreendedor responsável pelo lançamento.

IV – estabelecimento de tratamento e exigências para este lançamento.

V – fixação de prazo máximo para o lançamento excepcional.

Art. 26. Os órgãos ambientais federal, estaduais e municipais, no âmbito de sua competência, deverão, por meio de norma específica ou no licenciamento da atividade ou empreendimento, estabelecer a carga poluidora máxima para o lançamento de substâncias passíveis de estarem presentes ou serem formadas nos processos produtivos, listadas ou não no art. 34, desta Resolução, de modo a não comprometer as metas progressivas obrigatórias, intermediárias e final, estabelecidas pelo enquadramento para o corpo de água.

§ 1º – No caso de empreendimento de significativo impacto, o órgão ambiental competente exigirá, nos processos de licenciamento ou de sua renovação, a apresentação de estudo de capacidade de suporte de carga do corpo de água receptor.

§ 2º – O estudo de capacidade de suporte deve considerar, no mínimo, a diferença entre os padrões estabelecidos pela classe e as concentrações existentes no trecho desde a montante, estimando a concentração após a zona de mistura.

§ 3º – Sob pena de nulidade da licença expedida, o empreendedor, no processo de licenciamento, informará ao órgão ambiental as substâncias, entre aquelas previstas nesta Resolução para padrões de qualidade de água, que poderão estar contidas no seu efluente.

§ 4º – O disposto no § 1º aplica-se também às substâncias não contempladas nesta Resolução, exceto se o empreendedor não tinha condições de saber de sua existência nos seus efluentes.

Art. 27. É vedado, nos efluentes, o lançamento dos Poluentes Orgânicos Persistentes (POPs) mencionados na Convenção de Estocolmo, ratificada pelo Decreto Legislativo n. 204, de 7 de maio de 2004.

Parágrafo único. Nos processos onde possa ocorrer a formação de dioxinas e furanos deverá ser utilizada a melhor tecnologia disponível para a sua redução, até a completa eliminação.

Art. 28. Os efluentes não poderão conferir ao corpo de água características em desacordo com as metas obrigatórias progressivas, intermediárias e final, do seu enquadramento.

§ 1º – As metas obrigatórias serão estabelecidas mediante parâmetros.

§ 2º – Para os parâmetros não incluídos nas metas obrigatórias, os padrões de qualidade a serem obedecidos são os que constam na classe, na qual o corpo receptor estiver enquadrado.

§ 3º – Na ausência de metas intermediárias progressivas obrigatórias, devem ser obedecidos os padrões de qualidade da classe em que o corpo receptor estiver enquadrado.

Art. 29. A disposição de efluentes no solo, mesmo tratados, não poderá causar poluição ou contaminação das águas.

Art. 30. No controle das condições de lançamento, é vedada, para fins de diluição antes do seu lançamento, a mistura de efluentes com águas de melhor qualidade, tais como as águas de abastecimento, do mar e de sistemas abertos de refrigeração sem recirculação.

Art. 31. Na hipótese de fonte de poluição geradora de diferentes efluentes ou lançamentos individualizados, os limites constantes desta Resolução aplicar-se-ão a cada um deles ou ao conjunto após a mistura, a critério do órgão ambiental competente.

Art. 32. Nas águas de classe especial é vedado o lançamento de efluentes ou disposição de resíduos domésticos, agropecuários, de aquicultura, industriais e de quaisquer outras fontes poluentes, mesmo que tratados.

§ 1º – Nas demais classes de água, o lançamento de efluentes deverá, simultaneamente:

I – atender às condições e padrões de lançamento de efluentes.

II – não ocasionar a ultrapassagem das condições e padrões de qualidade de água, estabelecidos para as respectivas classes, nas condições da vazão de referência.

III – atender a outras exigências aplicáveis.

§ 2º – No corpo de água em processo de recuperação, o lançamento de efluentes observará as metas progressivas obrigatórias, intermediárias e final.

Art. 33. Na zona de mistura de efluentes, o órgão ambiental competente poderá autorizar, levando em conta o tipo de substância, valores em desacordo com os estabelecidos para a respectiva classe de enquadramento, desde que não comprometam os usos previstos para o corpo de água.

Parágrafo único. A extensão e as concentrações de substâncias na zona de mistura deverão ser objeto de estudo, nos termos determinados pelo órgão ambiental competente, às expensas do empreendedor responsável pelo lançamento.

Art. 34. Os efluentes de qualquer fonte poluidora somente poderão ser lançados, direta ou indiretamente, nos corpos de água desde que obedeçam às condições e padrões previstos neste artigo, resguardadas outras exigências cabíveis:

§ 1º – O efluente não deverá causar ou possuir potencial para causar efeitos tóxicos aos organismos aquáticos no corpo receptor, de acordo com os critérios de toxicidade estabelecidos pelo órgão ambiental competente.

§ 2º – Os critérios de toxicidade previstos no § 1º devem se basear em resultados de ensaios ecotoxicológicos padronizados, utilizando organismos aquáticos, e realizados no efluente.

§ 3º – Nos corpos de água em que as condições e padrões de qualidade previstos nesta Resolução não incluam restrições de toxicidade a organismos aquáticos, não se aplicam os parágrafos anteriores.

§ 4º – Condições de lançamento de efluentes:

I – pH entre 5 a 9.

II – temperatura: inferior a 40 ºC, sendo que a variação de temperatura do corpo receptor não deverá exceder a 3 ºC na zona de mistura.

III – materiais sedimentáveis: até 1 ml/L em teste de 1 hora em cone Imhoff. Para o lançamento em lagos e lagoas, cuja velocidade de circulação seja praticamente nula, os materiais sedimentáveis deverão estar virtualmente ausentes.

IV – regime de lançamento com vazão máxima de até 1,5 vezes a vazão média do período de atividade diária do agente poluidor, exceto nos casos permitidos pela autoridade competente.

V – óleos e graxas: 1 – óleos minerais: até 20 mg/L; 2 – óleos vegetais e gorduras animais: até 50 mg/L.

VI – ausência de materiais flutuantes.

§ 5º – Padrões de lançamento de efluentes:

Tabela 8.10 Lançamento de efluentes

Padrões	
Parâmetros inorgânicos	**Valor máximo**
Arsênio total	0,5 mg/L As
Bário total	5,0 mg/L Ba
Boro total	5,0 mg/L B
Cádmio total	0,2 mg/L Cd
Chumbo total	0,5 mg/L Pb
Cianeto total	0,2 mg/L CN
Cobre dissolvido	1,0 mg/L Cu
Cromo total	0,5 mg/L Cr
Estanho total	4,0 mg/L Sn
Ferro dissolvido	15,0 mg/L Fe
Fluoreto total	10,0 mg/L F
Manganês dissolvido	1,0 mg/L Mn
Mercúrio total	0,01 mg/L Hg
Níquel total	2,0 mg/L Ni
Nitrogênio amoniacal total	20,0 mg/L N
Prata total	0,1 mg/L Ag
Selênio total	0,30 mg/L Se
Sulfeto	1,0 mg/L S
Zinco total	5,0 mg/L Zn
Parâmetros Orgânicos	**Valor Máximo**
Clorofórmio	1,0 mg/L
Dicloroeteno	1,0 mg/L
Fenóis totais (substâncias que reagem com 4-aminoantipirina)	0,5 mg/L C_6H_5OH
Tetracloreto de Carbono	1,0 mg/L
Tricloroeteno	1,0 mg/L

Art. 35. Sem prejuízo do disposto no inciso I, do § 1º do art. 24, desta Resolução, o órgão ambiental competente poderá, quando a vazão do corpo de água estiver abaixo da vazão de referência, estabelecer restrições e medidas adicionais, de caráter excepcional e temporário, aos lançamentos de efluentes que possam, dentre outras consequências:

I – acarretar efeitos tóxicos agudos em organismos aquáticos; ou

II – inviabilizar o abastecimento das populações.

Art. 36. Além dos requisitos previstos nesta Resolução e em outras normas aplicáveis, os efluentes provenientes de serviços de saúde e estabelecimentos nos quais haja despejos infectados com microrganismos patogênicos, só poderão ser lançados após tratamento especial.

Art. 37. Para o lançamento de efluentes tratados no leito seco de corpos de água intermitentes, o órgão ambiental competente definirá, ouvido o órgão gestor de recursos hídricos, condições especiais.

CAPÍTULO V

Diretrizes ambientais para o enquadramento

Art. 38. O enquadramento dos corpos de água dar-se-á de acordo com as normas e procedimentos definidos pelo Conselho Nacional de Recursos Hídricos (CNRH) e Conselhos Estaduais de Recursos Hídricos.

§ 1º – O enquadramento do corpo hídrico será definido pelos usos preponderantes mais restritivos da água, atuais ou pretendidos.

§ 2º – Nas bacias hidrográficas em que a condição de qualidade dos corpos de água esteja em desacordo com os usos preponderantes pretendidos, deverão ser estabelecidas metas obrigatórias, intermediárias e final, de melhoria da qualidade da água para efetivação dos respectivos enquadramentos, excetuados nos parâmetros que excedam aos limites, devido às condições naturais.

§ 3º – As ações de gestão referentes ao uso dos recursos hídricos, tais como a outorga e cobrança pelo uso da água, ou referentes à gestão ambiental, como o licenciamento, termos de ajustamento de conduta e o controle da poluição, deverão basear-se nas metas progressivas intermediárias e final aprovadas pelo órgão competente para a respectiva bacia hidrográfica ou corpo hídrico específico.

§ 4º – As metas progressivas obrigatórias, intermediárias e final, deverão ser atingidas em regime de vazão de referência, excetuados os casos de baías de águas salinas ou salobras, ou outros corpos hídricos onde não seja aplicável a vazão de referência, para os quais deverão ser elaborados estudos específicos sobre a dispersão e assimilação de poluentes no meio hídrico.

§ 5º – Em corpos de água intermitentes ou com regime de vazão que apresente diferença sazonal significativa, as metas progressivas obrigatórias poderão variar ao longo do ano.

§ 6º – Em corpos de água utilizados por populações para seu abastecimento, o enquadramento e o licenciamento ambiental de atividades a montante preservarão, obrigatoriamente, as condições de consumo.

CAPÍTULO VI
Disposições finais e transitórias

Art. 39. Cabe aos órgãos ambientais competentes, quando necessário, definir os valores dos poluentes considerados virtualmente ausentes.

Art. 40. No caso de abastecimento para consumo humano, sem prejuízo do disposto nesta Resolução, deverão ser observadas, as normas específicas sobre qualidade da água e padrões de potabilidade.

Art. 41. Os métodos de coleta e de análises de águas são os especificados em normas técnicas cientificamente reconhecidas.

Art. 42. Enquanto não aprovados os respectivos enquadramentos, as águas doces serão consideradas classe 2, as salinas e salobras classe 1, exceto se as condições de qualidade atuais forem melhores, o que determinará a aplicação da classe mais rigorosa correspondente.

Art. 43. Os empreendimentos e demais atividades poluidoras que, na data da publicação desta Resolução, tiverem Licença de Instalação ou de Operação, expedida e não impugnada, poderão a critério do órgão ambiental competente, ter prazo de até três anos, contados a partir de sua vigência, para se adequarem às condições e padrões novos ou mais rigorosos previstos nesta Resolução.

§ 1º – O empreendedor apresentará ao órgão ambiental competente o cronograma das medidas necessárias ao cumprimento do disposto no *caput* deste artigo.

§ 2º – O prazo previsto no caput deste artigo poderá, excepcional e tecnicamente motivado, ser prorrogado por até dois anos, por meio de Termo de Ajustamento de Conduta, ao qual se dará publicidade, enviando-se cópia ao Ministério Público.

§ 3º – As instalações de tratamento existentes deverão ser mantidas em operação com a capacidade, condições de funcionamento e demais características para as quais foram aprovadas, até que se cumpram as disposições desta Resolução.

§ 4º – O descarte contínuo de água de processo ou de produção em plataformas marítimas de petróleo será objeto de resolução específica, a ser publicada no prazo máximo de um ano, a contar da data de publicação desta Resolução, ressalvado o padrão de lançamento de óleos e graxas a ser o definido nos termos do art. 34, desta Resolução, até a edição de resolução específica.

Art. 44. O Conama, no prazo máximo de um ano, complementará, onde couber, condições e padrões de lançamento de efluentes previstos nesta Resolução.

Art. 45. O não cumprimento ao disposto nesta Resolução acarretará aos infratores as sanções previstas pela legislação vigente.

§ 1º – Os órgãos ambientais e gestores de recursos hídricos, no âmbito de suas respectivas competências, fiscalizarão o cumprimento desta Resolução, bem como quando pertinente, a aplicação das penalidades administrativas previstas nas legislações específicas, sem prejuízo do sancionamento penal e da responsabilidade civil objetiva do poluidor.

§ 2º – As exigências e deveres previstos nesta Resolução caracterizam obrigação de relevante interesse ambiental.

Art. 46. O responsável por fontes potencial ou efetivamente poluidoras das águas deve apresentar ao órgão ambiental competente, até o dia 31 de março de cada ano, declaração de carga poluidora, referente ao ano civil anterior, subscrita pelo administrador principal da empresa e pelo responsável técnico devidamente habilitado, acompanhada da respectiva Anotação de Responsabilidade Técnica.

§ 1º – A declaração referida no caput deste artigo conterá, entre outros dados, a caracterização qualitativa e quantitativa de seus efluentes, baseada em amostragem representativa dos mesmos, o estado de manutenção dos equipamentos e dispositivos de controle da poluição.

§ 2º – O órgão ambiental competente poderá estabelecer critérios e formas para apresentação da declaração mencionada no caput deste artigo, inclusive, dispensando-a se for o caso para empreendimentos de menor potencial poluidor.

Art. 47. Equiparam-se a perito, os responsáveis técnicos que elaborem estudos e pareceres apresentados aos órgãos ambientais.

Art. 48. O não cumprimento ao disposto nesta Resolução sujeitará os infratores, entre outras, às sanções previstas na Lei n. 9.605, de 12 de fevereiro de 1998 e respectiva regulamentação.

Art. 49. Esta Resolução entra em vigor na data de sua publicação.

Art. 50. Revoga-se a Resolução Conama n. 020, de 18 de junho de 1986.

8.7 DECRETO FEDERAL N. 5.440, DE 4 DE MAIO DE 2005: CONTROLE DE QUALIDADE DE ÁGUA PARA CONSUMO

Estabelece definições e procedimentos sobre o controle de qualidade da água de sistemas de abastecimento e institui mecanismos e instrumentos para divulgação de informação ao consumidor sobre a qualidade da água para consumo humano.

O PRESIDENTE DA REPÚBLICA, no uso da atribuição que lhe confere o art. 84, inciso IV, da Constituição, e tendo em vista o disposto nas Leis n. 8.078, de 11 de setembro de 1990, n. 8.080, de 19 de setembro de 1990, e n. 9.433, de 8 de janeiro de 1997,

DECRETA:

Art. 1º. Este Decreto estabelece definições e procedimentos sobre o controle de qualidade da água de sistemas de abastecimento público, assegurado pelas Leis n. 8.078, de 11 de setembro de 1990, n. 8.080, de 19 de setembro de 1990, e n. 9.433, de 8 de janeiro de 1997, e pelo Decreto n. 79.367, de 9 de março de 1977, e institui mecanismos e instrumentos para divulgação de informação ao consumidor sobre a qualidade da água para consumo humano, na forma do Anexo – "Regulamento Técnico sobre Mecanismos e Instrumentos para Divulgação de Informação ao Consumidor sobre a Qualidade da Água para Consumo Humano", de adoção obrigatória em todo o território nacional.

Art. 2º. A fiscalização do cumprimento do disposto no Anexo será exercida pelos órgãos competentes dos Ministérios da Saúde, da Justiça, das Cidades, do Meio Ambiente e autoridades estaduais, do Distrito Federal, dos Territórios e municipais, no âmbito de suas respectivas competências.

Parágrafo único. Os órgãos identificados no *caput* prestarão colaboração recíproca para a consecução dos objetivos definidos neste Decreto.

Art. 3º. Os órgãos e as entidades dos Estados, Municípios, Distrito Federal e Territórios e demais pessoas jurídicas, às quais este Decreto se aplica, deverão enviar as informações aos consumidores sobre a qualidade da água, nos seguintes prazos:

I – informações mensais na conta de água, em cumprimento às alíneas "a" e "b" do inciso I do art. 5º do Anexo, a partir do dia 5 de junho de 2005.

II – informações mensais na conta de água, em cumprimento às alíneas "c" e "d" do inciso I do art. 5º do Anexo, a partir do dia 15 de março de 2006.

III – relatório anual até quinze de março de cada ano, ressalvado o primeiro relatório, que terá como data limite o dia 1º de outubro de 2005.

Art. 4º. O não cumprimento do disposto neste Decreto e no respectivo Anexo implica infração às Leis n. 8.078, de 1990, e n. 6.437, de 20 de agosto de 1977.

Art. 5º. Fica aprovado, na forma do Anexo a este Decreto, o Regulamento Técnico sobre Mecanismos e Instrumentos para Divulgação de Informação ao Consumidor sobre a Qualidade da Água para Consumo Humano.

Art. 6º. Este Decreto entra em vigor na data de sua publicação.

Brasília, 4 de maio de 2005; 184º da Independência e 117º da República.

LUIZ INÁCIO LULA DA SILVA
Márcio Thomaz Bastos
Humberto Sérgio Costa Lima
Marina Silva
Olívio de Oliveira Dutra
Este texto não substitui o
publicado no *DOU* de 5 de maio de 2005

ANEXO

Regulamento técnico sobre mecanismos e instrumentos para divulgação de informação ao consumidor sobre a qualidade da água para consumo humano.

CAPÍTULO I

Das disposições gerais

Art. 1º. Este Anexo estabelece mecanismos e instrumentos de informação ao consumidor sobre a qualidade da água para consumo humano, conforme os padrões de potabilidade estabelecidos pelo Ministério da Saúde.

Art. 2º. Cabe aos responsáveis pelos sistemas e soluções alternativas coletivas de abastecimento de água cumprir o disposto neste Anexo.

Art. 3º. A informação prestada ao consumidor sobre a qualidade e características físicas, químicas e microbiológicas da água para consumo humano deverá atender ao seguinte:

I – ser verdadeira e comprovável.

II – ser precisa, clara, correta, ostensiva e de fácil compreensão, especialmente quanto aos aspectos que impliquem situações de perda da potabilidade, de risco à saúde ou aproveitamento condicional da água.

III – ter caráter educativo, promover o consumo sustentável da água e proporcionar o entendimento da relação entre a sua qualidade e a saúde da população.

CAPÍTULO II

Das definições

Art. 4º. Para os fins deste Anexo são adotadas as seguintes definições:

I – água potável: água para consumo humano cujos parâmetros microbiológicos, físicos, químicos e radioativos atendam ao padrão de potabilidade e que não ofereça riscos à saúde.

II – sistema de abastecimento de água para consumo humano: instalação composta por conjunto de obras civis, materiais e equipamentos, destinada à produção e à distribuição canalizada de água potável para populações, sob a responsabilidade do poder público, mesmo que administrada em regime de concessão ou permissão.

III – solução alternativa coletiva de abastecimento de água para consumo humano: toda modalidade de abastecimento coletivo de água distinta do sistema público de abastecimento de água, incluindo, dentre outras, fonte, poço comunitário, distribuição por veículo transportador, instalações condominiais horizontais e verticais.

IV – controle da qualidade da água para consumo humano: conjunto de atividades exercidas de forma contínua pelos responsáveis pela operação de sistema ou solução alternativa de abastecimento de água, destinadas a verificar se a água fornecida à população é potável, assegurando a manutenção desta condição.

V – vigilância da qualidade da água para consumo humano: conjunto de ações adotadas continuamente pela autoridade de saúde pública, para verificar se a água consumida pela população atende aos parâmetros estabelecidos pelo Ministério da Saúde, e avaliar os riscos que os sistemas e as soluções alternativas de abastecimento de água representam para a saúde humana.

VI – sistemas isolados: sistemas que abastecem isoladamente bairros, setores ou localidades.

VII – sistemas integrados: sistemas que abastecem diversos municípios simultaneamente ou quando mais de uma unidade produtora abastece um único município, bairro, setor ou localidade.

VIII – unidade de informação: área de abrangência do fornecimento de água pelo sistema de abastecimento.

IX – ligação predial: derivação da água da rede de distribuição que se liga às edificações ou pontos de consumo por meio de instalações assentadas na via pública até a edificação.

CAPÍTULO III
Das informações ao consumidor

Art. 5º. Na prestação de serviços de fornecimento de água é assegurado ao consumidor, dentre outros direitos:

I – receber nas contas mensais, no mínimo, as seguintes informações sobre a qualidade da água para consumo humano:

a) divulgação dos locais, formas de acesso e contatos por meio dos quais as informações estarão disponíveis;

b) orientação sobre os cuidados necessários em situações de risco à saúde;

c) resumo mensal dos resultados das análises referentes aos parâmetros básicos de qualidade da água; e

d) características e problemas do manancial que causem riscos à saúde e alerta sobre os possíveis danos a que estão sujeitos os consumidores, especialmente crianças, idosos e pacientes de hemodiálise, orientando sobre as precauções e medidas corretivas necessárias;

II – receber do prestador de serviço de distribuição de água relatório anual contendo, pelo menos, as seguintes informações:

a) transcrição dos arts. 6º, inciso III, e 31 da Lei n. 8.078, de 1990, e referência às obrigações dos responsáveis pela operação do sistema de abastecimento de água, estabelecidas em norma do Ministério da Saúde e demais legislações aplicáveis;

b) razão social ou denominação da empresa ou entidade responsável pelo abastecimento de água, endereço e telefone;

c) nome do responsável legal pela empresa ou entidade;

d) indicação do setor de atendimento ao consumidor;

e) órgão responsável pela vigilância da qualidade da água para consumo humano, endereço e telefone;

f) locais de divulgação dos dados e informações complementares sobre qualidade da água;

g) identificação dos mananciais de abastecimento, descrição das suas condições, informações dos mecanismos e níveis de proteção existentes, qualidade dos mananciais, fontes de contaminação, órgão responsável pelo seu monitoramento e, quando couber, identificação da sua respectiva bacia hidrográfica;

h) descrição simplificada dos processos de tratamento e distribuição da água e dos sistemas isolados e integrados, indicando o município e a unidade de informação abastecida;

i) resumo dos resultados das análises da qualidade da água distribuída para cada unidade de informação, discriminados mês a mês, mencionando por parâmetro analisado o valor máximo permitido, o número de amostras realizadas, o número de amostras anômalas detectadas, o número de amostras em conformidade com o plano de amostragem estabelecido em norma do Ministério da Saúde e as medidas adotadas face às anomalias verificadas; e

j) particularidades próprias da água do manancial ou do sistema de abastecimento, como presença de algas com potencial tóxico, ocorrência de flúor natural no aquífero subterrâneo, ocorrência sistemática de agrotóxicos no manancial, intermitência, dentre outras, e as ações corretivas e preventivas que estão sendo adotadas para a sua regularização.

Art. 6º. A conta mensal e o relatório anual deverão trazer esclarecimentos quanto ao significado dos parâmetros neles mencionados, em linguagem acessível ao consumidor, observado o disposto no art. 3º deste Anexo.

Art. 7º. A conta mensal e o relatório anual serão encaminhados a cada ligação predial.

Parágrafo único. No caso de condomínios verticais ou horizontais atendidos por uma mesma ligação predial, o fornecedor deverá orientar a administração, por escrito, a divulgar as informações a todos os condôminos.

Art. 8º. O relatório anual deverá contemplar todos os parâmetros analisados com frequência trimestral e semestral que estejam em desacordo com os padrões estabelecidos pelo Ministério da Saúde, seguido da expressão: "FORA DOS PADRÕES DE POTABILIDADE".

§ 1º O consumidor deverá ser informado caso não sejam realizadas as análises dos parâmetros referidos no *caput*.

§ 2º Fica assegurado ao consumidor o acesso aos resultados dos demais parâmetros de qualidade de água para consumo humano estabelecidos pelo Ministério da Saúde.

Art. 9º. Os prestadores de serviço de transporte de água para consumo humano, por carros-pipa, carroças, barcos, dentre outros, deverão entregar aos consumidores, no momento do fornecimento, no mínimo, as seguintes informações:

I – data, validade e número ou dado indicativo da autorização do órgão de saúde competente.

II – identificação, endereço e telefone do órgão de saúde competente.

III – nome e número de identidade do responsável pelo fornecimento.

IV – local e data de coleta da água.

V – tipo de tratamento e produtos utilizados.

§ 1º Cabe aos órgãos de saúde fornecer formulário padrão onde estarão contidas as informações referidas nos incisos I a V.

§ 2º Os prestadores de serviço a que se refere o *caput* deverão prover informações aos consumidores sobre cor, cloro residual livre, turbidez, pH e coliformes totais, registrados no fornecimento.

Art. 10. Nas demais formas de soluções alternativas coletivas, as informações referidas no art. 5º deste Anexo serão veiculadas, dentre outros meios, em relatórios anexos ao boleto de pagamento de condomínio, demonstrativos de despesas, boletins afixados em quadros de avisos ou ainda mediante divulgação na imprensa local.

Art. 11. Os responsáveis pelas soluções alternativas coletivas deverão manter registros atualizados sobre as características da água distribuída, sistematizados de forma compreensível aos consumidores e disponibilizados para pronto acesso e consulta pública.

CAPÍTULO IV
Dos canais de comunicação complementares

Art. 12. Os responsáveis pelos sistemas de abastecimento devem disponibilizar, em postos de atendimento, informações completas e atualizadas sobre as características da água distribuída, sistematizadas de forma compreensível aos consumidores.

Art. 13. A fim de garantir a efetiva informação ao consumidor, serão adotados outros canais de comunicação, tais como: informações eletrônicas, ligações telefônicas, boletins em jornal de circulação local, folhetos, cartazes ou outros meios disponíveis e de fácil acesso ao consumidor, sem prejuízo dos instrumentos estabelecidos no art. 5º deste Anexo.

Art. 14. Os responsáveis pelos sistemas de abastecimento e soluções alternativas coletivas deverão comunicar imediatamente à autoridade de saúde pública e informar, de maneira adequada, à população a detecção de qualquer anomalia operacional no sistema ou não conformidade na qualidade da água tratada, identificada como de risco à saúde, independentemente da adoção das medidas necessárias para a correção da irregularidade.

Parágrafo único. O alerta à população atingida deve contemplar o período em que a água estará imprópria para consumo e trazer informações sobre formas de aproveitamento condicional da água, logo que detectada a ocorrência do problema.

Art. 15. O responsável pelo sistema de abastecimento de água para consumo humano, ao realizar programas de manobras na rede de distribuição, que, excepcionalmente, possam submeter trechos a pressões inferiores à atmosférica, deverá comunicar essa ocorrência à autoridade de saúde pública e à população que for atingida, com antecedência mínima de setenta e duas horas, bem como informar as áreas afetadas e o período de duração da intervenção.

Parágrafo único. A população deverá ser orientada quanto aos cuidados específicos durante o período de intervenção e no retorno do fornecimento de água, de forma a prevenir riscos à saúde.

Art. 16. Os responsáveis pelos sistemas de abastecimento e soluções alternativas coletivas deverão manter mecanismos para recebimento de reclamações referentes à qualidade da água para consumo humano e para a adoção das providências pertinentes.

Parágrafo único. O consumidor deverá ser comunicado, formalmente, por meio de correspondência, no prazo máximo de trinta dias, a partir da sua reclamação, sobre as providências adotadas.

CAPÍTULO V
Das disposições finais

Art. 17. Compete aos órgãos de saúde responsáveis pela vigilância da qualidade da água para consumo humano:

I – manter registros atualizados sobre as características da água distribuída, sistematizados de forma compreensível à população e disponibilizados para pronto acesso e consulta pública.

II – dispor de mecanismos para receber reclamações referentes às características da água, para adoção das providências adequadas.

III – orientar a população sobre os procedimentos em caso de situações de risco à saúde.

IV – articular com os Conselhos Nacionais, Estaduais, do Distrito Federal, dos Territórios e Municipais de Saúde, Saneamento e Meio Ambiente, Recursos Hídricos, Comitês de Bacias Hidrográficas e demais entidades representativas da sociedade civil atuantes nestes setores, objetivando apoio na implementação deste Anexo.

§ 1º Os órgãos de saúde deverão assegurar à população o disposto no art. 14 deste Anexo, exigindo maior efetividade, quando necessário, e informar ao consumidor sobre a solução do problema identificado, se houver, no prazo máximo de trinta dias, após o registro da reclamação.

§ 2º No caso de situações de risco à saúde de que trata o inciso III e o § 1º deste artigo, os órgãos de saúde deverão manter entendimentos com o responsável pelo sistema de abastecimento ou por solução alternativa coletiva quanto às orientações que deverão ser prestadas à população por ambas as partes.

Art. 18. Caberão aos Ministérios da Saúde, da Justiça, das Cidades, do Meio Ambiente e às autoridades estaduais, municipais, do Distrito Federal e Territórios, o acompanhamento e a adoção das medidas necessárias para o cumprimento do disposto neste Anexo.

Segundo Mancuso e Santos (2003), a Política Nacional de Recursos Hídricos instituída pela Lei n. 9.433, de 08/01/97, fixa fundamentos, objetivos, diretrizes e instrumentos que orientaram o gerenciamento dos recursos hídricos. Porém o tema reúso de água é tratado especificamente pelo Conselho Nacional de Recursos Hídricos (CNRH) através da Resolução n. 54, de 28 de novembro de 2005.

A Agência Nacional de Águas (ANA, 2005), dentro de sua função básica de promover o desenvolvimento do Sistema Nacional de Gerenciamento de Recursos Hídricos previsto no inciso XIX do art. 21 da Constituição e criado pela Lei n. 9.433 de 8 de janeiro de 1997, tem competência para administrar, entre uma gama significativa de atribuições (relacionadas no Art. 4º, Capítulo II, Lei n. 9.984 de 17 de junho de 2000), os aspectos relativos à utilização de água de reúso. São varias as leis e decretos que estão relacionadas aos recursos hídricos e mais especificamente a Resolução Conama n. 20 que trata e qualifica a água segundo seu uso e reúso. Podem-se destacar algumas leis e decretos por autonomia da Federação, do Estado (SP) e do Município:

LEIS/ DECRETOS FEDERAIS

➡ **Lei n. 5.318, de 26/09/67:** Institui a Política Nacional de Saneamento e cria o Conselho Nacional de Saneamento.

➡ **Lei n. 5.357, de 07/12/67:** Estabelece penalidades para embarcações e territoriais Marítimas ou fluviais que lançaram detritos ou óleo em águas brasileiras Código Florestal.

➡ **Lei n. 6.938, de 31/08/81:** Dispõe a Política Nacional do Meio Ambiente.

➡ **Lei n. 7.661, de 16/05/88:** Institui o Plano Nacional de Gerenciamento Costeiro.

➡ **Lei n. 9.433, de 08/01/97:** Institui a Política Nacional de Recursos Hídricos.

➡ **Decreto n. 89.336, de 31/01/84:** Dispõe sobre as reservas Ecológicas e áreas de relevante Interesse Ecológico.

- Decreto n. 99.274, de 06/06/90: Regulamenta a Lei n. 6.938, sobre a Política Nacional do Meio Ambiente.
- Resolução Conama n. 04, de 18/09/85: Define Reservas Ecológicas.
- Resolução Conama n. 357, de 17/03/05: Classifica as águas segundo seus usos preponderantes.
- Resolução do CNRH n. 54, de 28/11/05: Dispõe sobre reúso de água.
- Decreto n. 50.877, de 29/06/61: Dispõe sobre o lançamento de resíduos tóxicos ou oleosos nas águas interiores ou litorâneas do país e dá outras providências
- Decreto n. 78.171, de 02/08/76: Dispõe sobre o controle e fiscalização sanitária das águas minerais destinadas ao consumo humano.

LEIS/ DECRETOS ESTADUAIS (SP)

- Lei n. 898, de 18/12/75: Disciplina o uso do solo para a proteção dos mananciais, cursos e reservatórios de água e demais recursos hídricos de interesse da Região Metropolitana da Grande São Paulo.
- Lei n. 997, de 31/05/76: Dispõe sobre controle da poluição do meio ambiente.
- Lei n. 1.172, de 17/11/76: Delimita as áreas de proteção relativas aos mananciais, cursos e reservatórios de água.
- Lei n. 6.134, de 02/06/88: Dispõe sobre a preservação dos depósitos naturais de águas subterrâneas no Estado de São Paulo.
- Lei n. 7.663, de 30/12/91: Estabelece a Política de Recursos Hídricos.
- Lei n. 7.750, de 31/03/92: Dispõe sobre a Política de Saneamento.
- Lei n. 9.509, de 20/03/97: Dispõe sobre a Política Estadual do Meio Ambiente.
- Lei n. 9.866, de 28/11/97: Diretrizes e normas para proteção e recuperação das Bacias hidrográficas dos mananciais de interesse Regional do Estado de São Paulo.
- Decreto n. 9.714, de 19/04/77: Aprova o Regulamento das Leis 898/75 e 1.172/76.
- Decreto n. 10.755, de 22/11/77: Dispõe sobre o enquadramento dos corpos de água receptores na classificação prevista no Decreto 8.468/76.

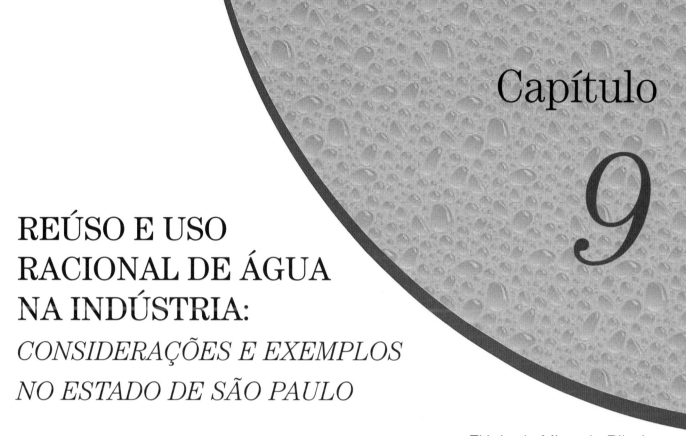

REÚSO E USO RACIONAL DE ÁGUA NA INDÚSTRIA:
CONSIDERAÇÕES E EXEMPLOS NO ESTADO DE SÃO PAULO

Flávio de Miranda Ribeiro
Lineu José Bassoi

9.1 INTRODUÇÃO

Seja por sua propriedade de solvente universal ou por sua capacidade de trocas térmicas, a água apresenta papel fundamental em praticamente todos os processos industriais, nas quais encontra uso em finalidades que variam desde a limpeza de pisos até a incorporação aos próprios produtos, passando pela refrigeração, aquecimento, higienização, entre outras aplicações.

Em função de critérios ambientais, econômicos, técnicos ou legais, diversas indústrias já adotam práticas de reúso da água há tempos. Dependendo do produto e dos processos envolvidos na produção; dos requisitos de dissolução, resfriamento, aquecimento e limpeza destes; de condições climáticas, geológicas e geográficas do local de instalação; do porte e nível tecnológico da planta; e de diversos fatores relacionados a custos e exigências administrativas, o consumo de água entre os diversos setores produtivos, e mesmo entre as empresas de um mesmo segmento, varia enormemente. Não obstante, há setores industriais sabidamente intensivos no consumo de água, ou seja, que consomem quantidades de água proporcionalmente elevadas se comparadas ao consumo doméstico. Embora todos os setores devam se empenhar no sentido de reduzir seu consumo direto de água, é nestes setores mais "hidrointensivos" que devem ser focados os principais esforços, de modo a reduzir a necessidade de água em primeiro lugar, adotando medidas de uso racional e, em seguida, promovendo o reúso dos efluentes, tratados ou não, como exemplificado mais adiante para alguns setores produtivos.

Longe de pretender exaurir o assunto e considerando os diversos aspectos técnicos já abordados neste livro, o presente capítulo traz considerações sobre o reúso e o uso racional da água na indústria de modo geral, incluindo exemplos do Estado de São Paulo.

9.2 USOS DE ÁGUA NA INDÚSTRIA E SEUS REQUISITOS

De acordo com a Fiesp (s/d), os principais usos da água na indústria são:

- consumo humano: sanitários, vestiários, refeitório, bebedouros, entre outros usos;
- matéria-prima: incorporação ao produto final, como no caso das bebidas, ou como insumo, como no caso da obtenção de hidrogênio por eletrólise;
- fluido auxiliar: veículo de substâncias, auxiliar em processos via úmida (como algumas moagens), preparo de soluções e operações de lavagem;
- geração de eletricidade: por transformação de energia potencial, cinética ou térmica (processos hidrelétricos ou termoelétricos);
- transporte de calor: como fluido para aquecimento ou resfriamento, incluindo o uso de vapor;
- outros usos: combate a incêndios, irrigação etc.

Já Silva e Simões (1999) citam, além destes, outros usos, como o tratamento de efluentes (lavadores de gases, por exemplo) e como veículo de suspensão de materiais (como na flotação).

Quanto às vazões proporcionais demandadas para cada uso, não existem ainda no Brasil estatísticas confiáveis da distribuição do consumo, mas conforme dados de Vann der Leeden, Troise e Todd (1990), *apud* Fiesp (s/d), em geral o uso para fins humanos é bastante reduzido na maior parte dos processos, dificilmente passando de 15%, enquanto os usos de resfriamento e de "processo" dividem a maior parte da vazão de água utilizada, sendo a divisão variável a cada caso. Para o setor de papel e celulose, por exemplo, os autores estimam um consumo de 18% no resfriamento, 80% no processo e 2% nos sanitários, enquanto para a fabricação de fertilizantes nitrogenados estima-se uma participação no consumo de água de 92% para resfriamento e apenas 8% para o processo.

De modo mais geral, segundo dados da Sabesp (s/d), a distribuição do consumo de água industrial pelos diferentes usos se dá pelas seguintes médias:

- resfriamento: 42%;
- usos gerais que aceitam recuperação: 16%;
- uso sanitário: 12%;
- caldeiras: 10%;
- lavagens gerais: 10%;
- usos gerais que não aceitam recuperação: 9%;
- lavagem de gases: <1%;
- incorporação ao produto: <1%.

É evidente que, como já abordado anteriormente em outros capítulos, para que se possa desenvolver ações de reúso de efluentes, é necessário atentar para os requisitos de qualidade da água para os processos de destino destes. Sobre este tema, do ponto de vista quantitativo, há que se analisar cada caso separadamente, mas de modo qualitativo a Fiesp (s/d) apresenta os seguintes comentários sobre requisitos de qualidade para cada uso:

- Consumo humano: deve atender aos padrões de potabilidade (Portaria n. 518, de 25 de março de 2004, do Ministério da Saúde).
- Matéria-prima: varia significativamente, dependendo do produto e do uso no processo (por exemplo, os requisitos de qualidade da água cervejeira é muito diferente dos requisitos para incorporação em um produto de limpeza industrial).
- Fluído auxiliar: novamente depende muito do tipo de processo (por exemplo, comparar a água de lavagem de reatores de uma indústria alimentícia com a água de enxágue de uma galvanoplastia).
- Geração de energia: neste caso, os requisitos dependem do tipo de geração, sendo o mais comum o uso em sistemas térmicos para geração de vapor, o que exige limites de sais que evitem as incrustações e corrosões, além de outros problemas nos equipamentos.
- Fluido de aquecimento e/ou resfriamento: no caso de geração de vapor, existem diversas restrições, mas para resfriamento sem contato com o produto, são poucos os requisitos.

Apenas a título de exemplo, para que se tenha ideia de como estes valores variam, a Tabela 9.1, a seguir, apresenta alguns requisitos de qualidade para usos industriais (Crook (1996); Nemerow e Dsgupta (1991), *apud* Fiesp (s/d)):

Tabela 9.1	Alguns requisitos de qualidade para usos industriais						
Uso		Dureza máx. (mg/L CaCO³)	pH	Sulfato máx. (mg/L)	SS máx. (mg/L)	Cálcio máx. (mg/L)
Água de resfriamento		650	6,9 a 9,0	200	100	50
Geração de vapor (pressão>50) bar		0,07	8,2 a 9,0	–	0,5	0,01
Água de processo	Ind. têxtil- engomagem	25	6,5 a 10,0	–	5,0	–
	Ind. têxtil- branqueamento	25	2,0 a 10,5	–	5,0	–
	Ind. papel-celulose – processo mec.	–	6 a 10	–	–	–
	Ind. papel-celulose – branqueado	100	6 a 10	–	10	20
	Ind. cloro álcali	140	6,0 a 8,5	–	10	40
	Ind. farmacêutica	0	7,5 a 8,5	0	2,0	0
	Ind. tintas	150	6,5	125	10	37
	Ind. madeiras e resinas	900	6,5 a 8,0	100	30	100
	Ind. fertilizantes	250	6,5 a 8,5	150	10	40
	Ind. petróleo	350	6,0 a 9,0	–	10	75
	Ind. vegetais enlatados	250	6,5 a 8,5	250	10	100
	Ind. cimento	–	6,5 a 8,5	250	500	–

Fonte: Fiesp (s/d)

No caso de circuitos fechados de água, principalmente em sistemas de resfriamento, de acordo com Mancuso e Santos (2003), para que se mantenha a qualidade dentro de limites aceitáveis, deve-se ter o cuidado de sempre separar uma parte da água para o chamado *blowdown*, que consiste na eliminação de uma fração do volume total com o objetivo de evitar a concentração de sais, com a respectiva reposição com água nova, o chamado *make-up*. O controle de qualidade pode ser feito com a medição da concentração de algum íon de controle, como cloreto, por exemplo, ou em casos mais simples, pela contagem do número de ciclos completos de reúso – que em sistemas de refrigeração costuma ser entre 5 e 10, segundo Keen e Puchoriu (1987), *apud* Mancuso e Santos (2003).

Essas ações revestem-se de importância principalmente em circuitos onde haja a tendência ao aumento da concentrações de sais, seja pela característica do processo e de seus efuentes, seja pelo elevado número de ciclos de reúso. Como citado por Silva e Simões (1999), ao se fechar o circuito de águas de uma planta, corre-se o risco do teor de sais prejudicar sistemas de troca térmica, dificultar ou aumentar os custos de manutenção, impedir usos que exijam teores de concentração ao nível de "traços" para algumas substâncias (como na indústria farmacêutica e de alimentos, por exemplo), reduzir a confiabilidade da planta (pela maior susceptibilidade de alterações de qualidade da água industrial) e até mesmo levar a empresa à ultrapassagem dos limites legais de descarte de efluentes.

Neste último aspecto, como muito bem lembrado pela Fiesp (s/d), deve-se ter muito cuidado quando se praticam ações de reúso ou de redução de consumo de água, pois uma vez que em geral a quantidade de contaminantes não se altera, sua concentração tende a aumentar com a redução da vazão, sendo este um limitante das condições de reúso e redução de consumo de água, a ser analisada à luz das possibilidades e custos do tratamento.

9.3 USO RACIONAL E REÚSO DE ÁGUA

Do ponto de vista conceitual, existem algumas diferenças entre o reúso propriamente dito e outras ações de redução de consumo – ao conjunto das quais costuma-se atribuir o termo "uso racional de água".

O uso racional de água pode ser definido como o conjunto de ações que tem por objetivo reduzir o consumo de água sem prejuízo ao desenvolvimento das atividades produtivas, aumentando a eficiência deste recurso pela redução de desperdícios e reúso dos efluentes tratados. Denominado também como "conservação da água", este conceito inclui diversas práticas, mas, sob a ótica da indústria, se concentra principalmente na redução de perdas e na identificação das possibilidades de reúso.

De modo geral, as ações de uso racional e reúso podem ser desenvolvidas independentemente, mas a adoção de um programa estruturado pode contribuir muito aos resultados obtidos, pela simples organização e sistematização das ações empreendidas. Um exemplo deste tipo de plano é apresentado pela Fiesp (s/d), sendo composto das seguintes etapas:

- avaliação técnica preliminar: levantamento das informações disponíveis sobre o consumo da empresa;
- avaliação da demanda de água: verifica como, onde e para que a empresa consome água;
- avaliação da oferta de água: verifica de quem e por quanto a empresa consome esta água;
- estudo de viabilidade técnico-econômica: verifica as possibilidades, os custos e os benefícios de cada alternativa de uso racional;
- detalhamento técnico: consiste no projeto detalhado das alternativas a serem implantadas;
- sistema de gestão: manutenção das medições, monitoramentos e avaliações das medidas realizadas.

Segundo os autores, um programa desta natureza possui diversos benefícios esperados, tais como a redução de custos com: aquisição e tratamento da água, tratamento de efluentes, compra de insumos, eletricidade e mão de obra; aumento da disponibilidade hídrica para outros fins, inclusive na própria empresa; redução do impacto com a cobrança pela água; cumprimento do papel socioambiental da empresa, entre outros.

A estrutura acima apresentada não é necessariamente a única alternativa disponível. Diversas instituições e empresas possuem metodologias diferenciadas para avaliar e atuar sobre seu consumo de água. O importante é conduzir sempre um bom diagnóstico inicial da situação, seguido de um levantamento e análise das alternativas; a implantação daquelas melhor avaliadas e por fim um plano de melhoria e continuidade. Do ponto de vista industrial, cabe ainda dizer que o reúso adquire especial interesse dentro da maioria dos processos, principalmente para aqueles que operam com grandes vazões de água mesmo em condições ótimas. Apenas como exemplo, vale citar alguns dados de consumo de água apresentados por Van Der Leeden; Troise e Todd (1990), *apud* Fiesp (s/d), para que se perceba a importância da água como insumo em uma enorme gama de produtos:

- pão (EUA): 2,1 a 4,2 m^3/t;
- espinafre em lata (EUA): ~49,4 m^3/t;
- tomates em lata (EUA): ~2,2 m^3/t;
- carne embalada (EUA): ~23 m^3/t;
- peixe (Canadá): ~30 -300 m^3/t;
- frango (EUA): 25 L/frango – Canadá: 6,0 a 43,0 m^3/t;
- queijo (EUA): 27,5 m^3/t;
- cerveja (EUA): 15,2 m^3/m^3;
- papel fino (Suécia): 900 a 1.000 m^3/t;
- gasolina (EUA): 7 a 10 m^3/m^3;
- polietileno (Alemanha): 231 m^3/t;
- tecelagem algodão (Suécia): 10 a 250 m^3/t.

Como já abordado, existem grandes possibilidades de reúso na indústria, devido à diversidade de usos e principalmente ao consumo elevado em operações que não exigem necessariamente uma alta qualidade de água, como as operações de resfriamento.

De acordo com Mancuso e Santos (2003), o reúso industrial pode se dar de duas formas: o reúso macroexterno (emprego de efluentes tratados por estações de tratamento de esgotos) e o macrointerno (uso do efluente tratado na própria empresa). Segundo os autores, as grandes áreas de uso de água nestas condições são as torres de resfriamento, caldeiras, lavagem de peças e equipamentos, irrigação de áreas externas e os próprios processos industriais.

O reúso macroexterno em sistemas de resfriamento tem como vantagem, de acordo com Mancuso e Santos (2003), a baixa qualidade exigida (próxima a outros usos não potáveis como a irrigação de áreas verdes ou a lavagem de pisos), sendo necessário apenas um tratamento simples que evite a proliferação de microrganismos, evite incrustações e corrosão e não forme espuma. No caso da torre ser construída em madeira é também importante que a água não promova sua deslignificação. Para outras funções, como lavagem de gases de chaminé e produção de vapor, há exigências maiores de qualidade, com etapas de tratamento diferenciadas.

No caso do reúso macrointerno, Mancuso e Santos (2003) afirmam que as indústrias em geral desenvolvem programas de uso racional, que incluem ações de reúso de efluentes na própria empresa, com prioridade ao reúso macrointerno específico, ou seja, retornar o efluente ao próprio processo que o gerou. Alguns exemplos são os processos de pintura automotiva, galvanoplastia, entre outros. Uma vez esgotadas as possibilidades desta modalidade de reúso, pode-se passar a considerar possibilidades como o reúso em outras etapas do processo produtivo, como lavagens de peças por exemplo e, por último, usos em atividades menos exigentes da planta, como pré-lavagem de equipamentos, lavagem de pisos e usos sanitários.

Essas duas modalidades de reúso macrointerno podem, segundo o apresentado pela Fiesp (s/d), serem conduzidas de duas formas:

➝ Reúso em cascata: ocorre quando o efluente de um processo é diretamente usado no processo subsequente, sendo necessário, portanto, que a qualidade do mesmo seja compatível com o novo uso.

➝ Reúso de efluente tratado: trata-se do reúso dentro da planta do efluente nela gerado, mas, após a passagem do mesmo por um sistema de tratamento, de modo a adequar a qualidade do efluente à qualidade demandada pelo processo.

No caso do reúso em cascata, deve-se ter o cuidado de monitorar os parâmetros críticos, de modo a impedir que a solução gere um novo problema, desta vez de qualidade do produto, por exemplo. Para tanto, a Fiesp (s/d) sugere que se tome um parâmetro de controle, como a condutividade por exemplo, que garanta a qualidade do efluente para o reúso. Outras opções seriam, por exemplo, segundo os autores: teor de sais dissolvidos, carga orgânica, pH, turbidez, entre outros. O uso de sistemas automatizados de monitoramento pode auxiliar bastante no controle destes parâmetros e, além disso, é importante que se proceda sempre ao acompanhamento do processo onde se conduz o reúso, garantindo que não ocorram problemas operacionais.

Ainda segundo a Fiesp (s/d), em alguns casos é interessante proceder-se à utilização apenas parcial do efluente, como, por exemplo, nas operações de limpeza de reatores, em que, num primeiro momento, o mesmo possui altas concentrações de contaminantes, sendo estas progressivamente reduzidas com o tempo. Assim, o efluente do início da operação seria enviado ao tratamento para descarte, e após a redução da concentração de algum parâmetro de controle (monitorado automaticamente), o efluente poderia ser encaminhado ao reúso. Outra alternativa é reutilizar os efluentes do processo diluídos em água da rede, de modo a atender mais facilmente os requisitos de qualidade existentes, prática para a qual também se recomenda o monitoramento e a automatização.

Uma outra sugestão para facilitar o processo de reúso (Fiesp, s/d) é sempre iniciar a avaliação das alternativas pelos processos de maior vazão, não apenas pelo potencial em termos quantitativos, mas também porque tendem a ser aqueles com o efluente mais diluído, e, portanto, com melhores características qualitativas. Em qualquer caso, recomenda-se cautela para que não haja prejuízo ao sistema produtivo, sendo recomendável que se preveja sempre a possibilidade de abastecimento de água da rede em caso de falhas.

No que diz respeito ao reúso de efluente tratado, deve-se ter atenção especial à concentração dos contaminates, pois esta tende a ser maior do que nos sistemas de reúso em cascata. Segundo a Fiesp (s/d), a viabilidade deste tipo de aplicação deve ser cuidadosamente estudada do ponto de vista econômico, uma vez que, para alguns usos, o tratamento necessário se torna demasiadamente caro, ou possui custos não mensuráveis que, exatamente por isso, não são percebidos e considerados na tomada de decisão, como o custo de projeto, mão de obra da operação, produtos químicos consumidos, entre outros.

9.4 USO RACIONAL DE ÁGUA EM ALGUNS SETORES PRODUTIVOS NO ESTADO DE SÃO PAULO

As estratégias expostas anteriormente consistem em modos de se promover o reúso e o uso racional da água. A seguir, com base na experiência adquirida pela Cetesb na realização de levantamentos junto a empresas de setores produtivos específicos no Estado de São Paulo, são resumidas a título de exemplo algumas ações práticas conduzidas pela indústria.

Cabe dizer que em cada caso apresenta-se uma breve descrição do setor e de seu processo produtivo, uma vez que quando falamos de reúso e uso racional é imprescindível que se conheçam as etapas do processo, de modo a poder identificar e analisar as alternativas de modificação necessárias para a implementação das ações propostas.

9.4.1 Sucos Cítricos

Apresentação do setor

O setor de sucos cítricos apresenta-se como estratégico no Estado de São Paulo. Segundo dados da Associação Brasileira dos Exportadores de Cítricos (Abecitrus), cerca de 80% da produção de frutas e 90% da capacidade de processamento deste produto no país encontram-se no Estado.

Dentre os diversos produtos e subprodutos obtidos industrialmente das frutas cítricas, especial interesse econômico recai sobre o suco de laranja concentrado e congelado, conhecido pela sigla em inglês *FCOJ (frozen concentrated orange juice)*, cuja produção brasileira representa mais de 50% do mercado mundial, sendo que o volume exportado pelo país na última safra foi de 1,4 milhões de toneladas (Abecitrus, 2005).

Processo produtivo

O processo produtivo dos sucos cítricos compreende, genericamente as seguintes etapas (Yamanaka, 2005):

a) **Recepção e armazenagem dos frutos:** os frutos são recebidos a granel e, após procedimentos de controle de parâmetros relacionados ao sabor, são selecionados, classificados e armazenados.

b) **Lavagem dos frutos, seleção e classificação:** ao receber a ordem de produção, os frutos são automaticamente carregados numa esteira transportadora, segundo um *mix* de sabor definido pelo cliente, chegando a uma mesa de lavagem dotada de esguichos na parte superior e escovas na base, podendo ou não haver uso de detergentes. Após a lavagem, operadores realizam a seleção de frutos manualmente.

c) **Extração de suco:** na indústria brasileira de sucos cítricos, ocorre a predominância de um tipo de máquinas extratoras denominado FMC, que recebem o fruto inteiro comprimindo-o entre dois copos metálicos. O copo inferior é dotado de um tubo que, ao ser introduzido no fruto, permite o escoamento do suco sem contato com a casca, que é lavada com água, gerando uma emulsão que originará o óleo essencial. Além dessas duas correntes, as extratoras ainda segregam o bagaço, fonte do farelo de polpa cítrica, e a polpa, que dará origem ao chamado *pulp-wash*, usado no acerto do sabor posteriormente.

d) **Ajuste do teor de polpa:** é a etapa em que se atende a especificações de cada cliente, com respeito ao teor de polpa (parcela sólida do suco), bem como a cor, utilizando, para tanto, centrífugas e filtros, além da adição e combinação de diferentes sucos.

e) **Pasteurização e concentração do suco:** para que se concentre o suco, utilizam-se evaporadores de coluna barométrica de múltiplo efeito, conhecidos como *TASTE*, onde a evaporação é obtida à baixa temperatura com uso de progressivos graus de vácuo. Antes destes, no entanto, realiza-se a pasteurização do suco, de modo a eliminar microrganismos presentes no líquido. No processo de evaporação, ocorre a perda de diversos compostos voláteis, sendo necessária a sua recuperação na forma de essências de alto valor comercial. Parte destes é reincorporada ao suco, num processo conhecido como blendagem, para conferir características de sabor, e parte é vendida para outros usos.

f) **Resfriamento e armazenamento:** saindo dos evaporadores, o suco já concentrado passa por uma etapa de flasheamento, à baixa pressão, promovendo a rápida evaporação e a redução da temperatura para cerca de 18 °C. Esta temperatura em seguida é reduzida até −7 °C em trocadores de calor, sendo então o suco armazenado para expedição.

g) **Obtenção de subprodutos:** como pode ser visto nas etapas anteriormente apresentadas, além do FCOJ, principal produto industrializado da laranja, as fábricas de sucos cítricos geram diversos outros subprodutos, sendo que na planta de suco encontram-se também instalados os equipamentos necessários à obtenção de óleo essencial, farelo de polpa, *pulp-wash* e D-Limoneno.

Para exemplificar, de modo genérico podemos dizer que para um total de 100 kg de laranja processada, temos (Yamanaka, 2005):

➜ 44,81 kg de suco (ou 8,5 kg de FCOJ);

➜ 49,24 kg de farelo de polpa cítrica;

➜ 2,67 kg de células de laranja;

➜ 1,79 kg de óleos essenciais;

➜ 0,92 kg de D-Limoneno;

➜ 0,57 kg de essências.

O óleo essencial é produzido a partir da emulsão obtida na extração do suco, pela lavagem da casca. Esta emulsão sofre três estágios de separação de fase, gerando como resultado a chamada água amarela, destinada à fabrica de ração; a água da centrifugação, que pode retornar às extratoras; e a cera, que vai para a fábrica de ração. Após esta separação, os óleos são vendidos à indústria alimentícia, farmacêutica, entre outras, para conferir sabor de laranja aos seus produtos.

O processo de obtenção do farelo de polpa, chamado também pelo simples nome de ração, por ter uso como ração de animais, consiste na secagem de um conjunto de rejeitos de fabricação, como cascas, sementes, polpa, entre outros. Após uma moagem inicial, adiciona-se cal e prensa-se a massa, extraindo o chamado licor de prensagem. Já com reduzida umidade, a massa é submetida a secadores rotativos, cada qual denominado como *WASTE*, até atingir cerca de 7 a 8% de umidade, após o que é pelotizada e resfriada para armazenamento. À estrutura destes equipamentos dá-se o nome de "fábrica de ração", e constitui uma importante parte da fábrica.

O *pulp-wash* é obtido pela lavagem do resíduo de células de laranja das peneiras rotativas com condensado do próprio *TASTE*, gerando um suco de menor qualidade mas que pode ser usado no *blend* de algumas formulações após concentração. A parte sólida segue para a fábrica de ração.

Já o D-limoneno é um líquido incolor e com leve odor de laranja, obtido a partir do licor de prensagem e do processo de evaporação do *WASTE*, encontrando diversas aplicações, desde solvente industrial até aromatizante de alimentos.

h) **Utilidades:** por tratar-se de uma indústria alimentícia, e considerando inclusive a grande capacidade de degradação da matéria-prima e dos produtos em curto espaço de tempo, existe no setor de sucos cítricos grande preocupação acerca de limpeza e sanitização de equipamentos e linhas, sendo usual o emprego de solução de hidróxido de sódio ou potássio aquecida a 70 °C, adicionalmente à água quente, aplicada em várias passadas. Devido à elevada complexidade de algumas instalações e ao alto nível tecnológico, é comum ao setor o uso de sistemas de CIP – *clean in place*, que não apenas tornam o trabalho mais eficiente como promovem o uso racional de água e produtos de limpeza.

Além do uso de água para operações de limpeza, em diversos casos necessita-se de calor para as operações da fábrica, sendo portanto significativo o papel da água na geração de vapor. Quanto ao resfriamento, em função dos grandes gradientes de temperatura, por vezes decide-se por usar fluidos como glicol ou mesmo amônia no lugar de água.

Uso racional de água

A produção de FCOJ, conforme apresentado anteriormente, passa por diversas etapas industriais que demandam água, como para lavagem das frutas, extração e emulsificação dos óleos da casca, produção de vácuo nos evaporadores de múltiplo efeito, lavagem e sanitização de equipamentos, produção de vapor e operações de resfriamento, entre outros usos.

Em vista dessa gama de produtos e subprodutos gerados pelo setor, verifica-se uma característica bastante interessante no que diz respeito ao balanço hídrico das plantas industriais: ao contrário de diversos ramos do setor alimentício, a indústria de sucos cítricos não incorpora água aos seus produtos, mas sim elimina água da matéria-prima para a obtenção destes. Na verdade, o teor de água da matéria-prima (frutos) é muito maior do que o teor de água de qualquer um dos produtos finais, evidenciando a "geração" de água no processo, nas diversas etapas de evaporação, concentração e secagem.

O potencial de "geração" de água do processo não é nada desprezível, sendo que uma planta, em média, capta do meio ambiente apenas 25% de sua demanda por água, sendo outros 25% provenientes da evaporação da massa no *WASTE*, e os demais 50% provenientes da evaporação do suco no *TASTE* (Yamanaka, 2005).

Em virtude destas características do processo, tradicionalmente o setor de sucos cítricos já promove ações de uso racional, e mais especificamente de reúso de água, algumas tão incorporadas que já foram citadas na própria descrição do processo, como o reaproveitamento de condensados e o retorno de alguns líquidos à fabrica de ração. A seguir, apresentam-se outros exemplos de ações desta natureza encontrados em indústrias do Estado de São Paulo (Yamanaka, 2005):

a) **Reúso de condensado:** os condensados do *TASTE* e do *WASTE* possuem ampla gama de aplicação no próprio processo, como já mencionado, podendo chegar a satisfazer cerca de 75% da necessidade de água de uma planta. Alguns usos comuns são:

- Reúso do condensado na lavagem de frutos: prática comumente adotada, sendo necessária apenas uma operação simples de desinfecção, evitando contaminação microbiológica dos frutos, o que pode ser realizado por UV, ozonização, cloração etc., sendo, no entanto, legalmente necessário que a água atenda aos padrões de potabilidade.

- Reúso do condensado na reposição de água na caldeira: de modo a repor a água perdida no circuito da caldeira, o uso do condensado encontra uma vantagem adicional – sua temperatura maior que a ambiente reduz a necessidade de gasto energético para aquecimento. O cuidado neste caso diz respeito aos teores de sais, principalmente o sódio, que podem causar incrustações, sendo recomendável monitorar a condutividade do condensado antes deste uso.

- Reúso do condensado na produção de *pulp-wash*: a vantagem desta alternativa é a recuperação de eventuais constituintes do condensado que ainda possam ser aproveitados, além da sua temperatura, que favorece a extração do suco das células da polpa que será lavada. Deve-se desinfetar o condensado e monitorar os teores de sódio, evitando sua saturação.

- Reúso do condensado para extração de óleo essencial: com as mesmas vantagens e cuidados do caso anterior, pode-se empregar o condensado no circuito de águas que percorre a casca dos frutos durante o processo de extração para obtenção da emulsão de óleo essencial.

- Reúso de condensado para limpeza de equipamentos: um uso também bastante importante do condensado é o preparo das soluções de limpeza dos equipamentos, em substituição à água potável. Em alguns casos, como o *TASTE* por exemplo, há necessidade de uso de águas de alta qualidade, mas pode-se recorrer ao uso do condensado numa primeira passada, antes do uso da solução de limpeza, restando à água mais pura e potável apenas as etapas posteriores.

- Reúso do condensado para limpeza de pisos: caso o condensado encontre-se em condições de qualidade que não permitam um outro uso mais nobre, principalmente no caso do condensado do *WASTE*, pode-se empregá-lo na limpeza da planta.

b) **Reúso de solução cáustica**: por tratar-se de uma fábrica de produto com caráter eminentemente ácido, a produção do FCOJ demanda, em diversas etapas, o uso de solução alcalina de limpeza. Estas soluções demandam água em seu preparo, sendo portanto interessante citar aqui o reúso destas soluções, reduzindo não apenas o consumo de água, mas também a demanda por produtos químicos. Alguns exemplos são:

- Reúso de solução cáustica saturada na fábrica de ração: após o uso da solução de limpeza nos equipamentos, o que é feito em duas passadas, usualmente esta é descartada na ETE, sendo que poderia ser utilizada na fábrica de ração, onde, devido ao pH baixo do bagaço de laranja, há necessidade de correção da alcalinidade. Uma empresa que promoveu esta alteração atingiu uma economia de 85% na compra de soda cáustica, além de eliminar a descarga de soda para a ETE, que era de 1 tonelada/dia, gerando altos custos de operação da estação.

- Reúso da solução gasta para equalização de pH na ETE: havendo possibilidade técnica, sempre se mostra favorável o acerto do pH dos efluentes da planta usando a equalização das próprias correntes residuais, sejam as alcalinas, das soluções de limpeza, seja das ácidas, do próprio processo produtivo.

- Recuperação da soda: uma outra alternativa consiste em recuperar a soda cáustica do efluente mediante sua concentração, usando, para tanto, sistemas comerciais já em uso pelos setores têxtil e de papel e celulose, por exemplo.

c) **Redução do consumo de água**: além das ações de reúso já citadas, existem outras medidas para redução do consumo de água na planta, como, por exemplo:

- Automatização do processo de lavagem dos equipamentos: o uso de sistemas automáticos de limpeza dos equipamentos, como alguns tipos de sistemas CIP, permite que a lavagem ocorra com maior eficiência, uniformizando o processo e resultando em menores consumos de água e solução alcalina, além de menores consumos de vapor para aquecimento destas.

- Uso de PIG para limpeza de tubulações: em função da alta viscosidade do FCOJ, conforme o suco vai sendo concentrado, podem ocorrer depósitos do produto ao longo das tubulações, sendo necessário removê-los nas operações de lavagem dos equipamentos, consumindo, para tanto, significativas quantidades de água e solução alcalina aquecidas. O uso de dispositivos conhecidos como PIGs reduz a necessidade desses gastos, por remover fisicamente esses depósitos. O PIG nada mais é do que uma peça, em geral confeccionada em borracha, de diâmetro muito próximo ao diâmetro interno da tubulação, que quando impulsionado pela mesma por ar comprimido atua como um êmbolo, empurrando o que estiver em seu trajeto.

- Cobertura das mesas de lavagem: o jateamento de água sobre os frutos durante o processo de lavagem dos mesmos promove a criação de uma névoa, facilmente arrastada por correntes de vento, o que não é incomum no local, considerando que, devido à proximidade destas dos depósitos de frutos, as mesas em geral encontram-se em áreas externas da fábrica. Cobrir estes equipamentos, ao menos parcialmente, permite a redução significativa das perdas de água no processo.

9.4.2 Curtumes

Apresentação do setor

Dono de um dos maiores rebanhos bovinos do mundo, o Brasil é o 5° maior produtor mundial de couros, sendo que, neste contexto, o Estado de São Paulo ocupa a segunda posição no país, com cerca de 7,6 milhões de couros produzidos por ano, atrás apenas do Rio Grande do Sul.

Processo produtivo

De modo a preservar suas características originais, e conferir outras adicionalmente, para que se possa ter uso pelo ser humano, a pele bovina é submetida a um conjunto de operações de tratamento, as quais se denominam, em geral, como curtimento, sendo os curtumes as instalações responsáveis pelo seu desenvolvimento. A maior parte desses processos vêm sendo realizada pela humanidade há tempos, sendo em muitos casos mantidas as mesmas operações por séculos. A maior das preocupações que o processo de curtimento pretende resolver diz respeito à degradação do couro, pois, por tratar-se de matéria orgânica, a pele tende à putrefação, e impedi-la é o objetivo primordial do curtimento.

A seguir, apresentam-se resumidamente as principais macroetapas deste processo de transformação da pele em couro, conforme apresentado por Pacheco (2005).

a) **Conservação e armazenamento das peles**: a extração das peles brutas é realizada no momento do abate do animal, em instalações diferenciadas dos curtumes, e, por vezes, distantes. Dessa forma, faz-se necessário que as peles sejam preservadas da putrefação até o início do processo de curtimento. No caso de o período entre o abate e o curtimento ser inferior a 6 a 12 horas (dependendo da temperatura), pode-se transportar e armazenar as peles sem tratamento – são as chamadas "peles verdes". No entanto, se o período for maior que este, é necessário realizar a chamada cura da pele, que consiste em empilhar as peles com camadas intermediárias de sal, com eventual mergulho destas em salmoura antes do empilhamento, ainda podendo permanecer armazenadas por meses.

b) **Ribeira**: consiste no preparo das peles para o curtimento e compreende diversas etapas realizadas em equipamentos chamados fulões, grandes cilindros rotativos onde as peles permanecem em banhos com soluções específicas. As etapas deste processo são:

- **Pré-remolho e remolho**: lavagem das peles com o objetivo de hidratar e remover sangue, sal, gorduras, terra etc. Utilizam-se sucessivos banhos com adição de produtos umectantes, bactericidas, detergentes e desinfetantes.

- **Depilação/caleiro**: na remoção das peles nos abatedouros remove-se não apenas a parcela superficial que dará origem ao couro em si, mas todo o conjunto que inclui pelos, epiderme, gordura subcutânea etc. O objetivo da calagem é iniciar o desprendimento dessas camadas indesejáveis de gordura e pelos, saponificar as gorduras e intumescer as fibras, para facilitar o curtimento. Para tanto, utilizam-se soluções com produtos como sulfeto de sódio, cal hidratada, enzimas, entre outros.

- **Descarne e recorte**: é a remoção preliminar das camadas inferiores da pele, compostas por tecido adiposo, músculo e sebo. Pode ser em parte feita antes do caleiro. Após este acerto, o recorte faz um ajuste nas extremidades da pele, removendo bordas indesejadas. Ao final, pode-se ainda dividir a pele em duas frações: a "flor", parte mais nobre, e a "raspa".

- **Descalcinação/desencalagem**: consiste no preparo da pele para o curtimento, por lavagens com água limpa, removendo os produtos das etapas anteriores. Em geral, utilizam-se ainda banhos de sulfato de amônio e soluções ácidas adicionalmente à água.

- **Purga**: adição de enzimas proteolíticas e sais de amônio, que, ao fermentarem, removem substâncias das pele, conferindo flexibilidade e maciez.

- **Píquel**: consiste na adição de solução ácida, de modo a alterar o pH das peles, evitando o inchaço destas e a precipitação dos sais de cromo usados no curtimento.

c) **Curtimento:** consiste em adicionar agentes químicos às peles de modo a torná-las resistentes à putrefação. Estas substâncias podem ser de origem vegetal (taninos), mineral (sais de cromo ou alumínio) ou sintética (formol, quinona etc.), sendo usual o emprego do cromo. A operação consiste em submeter as peles a banhos destas soluções por extensos intervalos de tempo.

O curtimento da pele para a produção da sola ocorre numa única etapa, utilizando-se como curtienta o tamino. O curtimento da pele para produção da raquete ocorre em duas etapas, a primeira tendo como curtienta o cromo e a segunda, chamada recurtimento, é realizada com o tamino.

d) **Acabamento:** dependendo do tipo de uso que se pretende dar ao couro pode haver diversas operações de acabamento, divididas nas seguintes etapas:

- **Acabamento molhado:** inclui operações de descanso e enxugamento do couro, reduzindo sua umidade por meio de pressão entre dois rolos. Em seguida, procede-se ao rebaixamento, que consiste na raspagem das camadas mais externas do couro para uniformização de sua espessura, além de outras operações que visam remover resíduos do curtimento; promover um segundo curtimento (quando necessário); alvejar e/ou tingir o couro; e engraxá-lo, etapa conduzida para evitar seu ressecamento.

- **Pré-acabamento:** pretende dar certas características físicas aos couros, incluindo operações de estiragem, secagem e impregnação de produtos químicos.

- **Acabamento final:** confere as propriedades finais de aparência do couro, dependendo do uso pretendido ao mesmo.

Uso racional de água

Como pode-se perceber na descrição do processo acima, na maior parte das operações a água desempenha um papel fundamental, por serem procedimentos realizados em banhos. Adicionalmente, na maior parte dos casos existem entre as etapas operações de lavagem dos couros, para remoção da parte mais grosseira das substâncias aderidas a este. Na verdade, estima-se o consumo de água em cada etapa do processo como sendo (Iultcs, 2002, *apud* Pacheco, 2005):

- Ribeira: de 7 a 25 m^3/t pele salgada;
- Curtimento: de 1 a 3 m^3/t pele salgada;
- Acabamento molhado: de 4 a 8 m^3/t pele salgada;
- Pré-acabamento e acabamento final: até 1 m^3/t pele salgada;
- Total: de 12 a 37 m^3/t pele salgada;

Os valores mencionados permitem verificar o elevado consumo de água do processo, principalmente na etapa de ribeira, o que faz jus ao seu próprio nome, derivado de quando estas operações eram conduzidas à margem dos rios, tamanho o consumo de água para sua consecução.

Apenas como exemplo, de acordo com informações prestadas pelo Senai/RS em Pacheco (2005), atualmente o setor no Brasil consome uma média de 630 litros de água para cada pele. Considerando um curtume de médio porte, que processa 3.000 peles/dia, este consumo seria de 1.890 m^3/dia, o que equivale a um município de cerca de 10.000 habitantes.

A maior parte deste consumo encontra-se no preparo dos diversos banhos das etapas, tanto do processo de ribeira como de curtimento e mesmo de acabamento. Como já comentado, em cada um desses processos a água desempenha papel fundamental, tanto na formulação do banho como nas sucessivas lavagens, o que significa que é neste ponto onde estão diversas possibilidades de uso mais racional de água, tanto na extensão de vida útil como na recuperação desses banhos. Apenas como exemplo, Pacheco (2005) identifica um caso de um curtume no Estado de São Paulo que, por ações de uso racional de água, conseguiu atingir um consumo médio de 320 litros/pele, praticamente metade da média apresentada anteriormente, de 630 litros/pele.

Cabe dizer ainda que, na maior parte destes casos, a redução de consumo de água está associada a outros benefícios ambientais e econômicos, como reduções no consumo de energia e de produtos químicos, além da menor necessidade de tratamento e descarte de efluentes.

A seguir, alguns exemplos de medidas genéricas levantadas por Pacheco (2005) para o processo produtivo como um todo:

a) **Reúso/reciclagem de banhos:** em diversas situações os banhos já usados podem ser reutilizados em novas operações, tanto diretamente (por exemplo, empregar a solução de um remolho no pré-remolho da batelada seguinte, ou o residual do curtimento no píquel) como após uma regeneração da solução. Na verdade, nesta segunda opção sugere-se que seja realizado um monitoramento dos parâmetros de interesse do banho, por exemplo, a concentração do produto químico necessário àquela etapa, fazendo, quando necessário, a sua complementação. Neste sentido, cabe citar dois casos em que esta medida já é bastante difundida no setor:

    → **Reúso do banho de depilação/caleiro:** dentro da alternativa de recuperar os banhos para uso nas bateladas seguintes, o caso dos banhos de caleiro/depilação adquire especial relevância, pelo alto teor residual de substâncias, o que proporciona reduções de consumo de água e produtos químicos da ordem de 40 a 50%, sendo possível recuperar até 80% do volume do banho (sendo os 20% remanescentes daqueles incorporados à pele). Dessa forma, deve-se proceder à complementação do volume de água e à reposição de parte dos produtos químicos, como sulfeto e hidróxido de cálcio. Há casos, por exemplo, de banhos de caleiro reciclados em um curtume do RS por dois anos, sem esgotamento total.

    A implementação desta solução consiste basicamente em instalar um sistema de peneiramento e decantação na saída do fulão, sendo sugerido que haja caixas de acumulação antes e depois do decantador, para homogeneizar os banhos de duas ou mais bateladas.

    Vale observar que a operação do calcino representa cerca de 60% da carga orgânica dos efluentes do curtume.

    → **Reúso do banho de curtimento:** consiste basicamente no mesmo processo citado anteriormente para o caleiro/depilação, aplicado ao curtimento. Neste caso, a implementação do reúso depende de que o píquel se encontre no mesmo banho que o curtimento ou não, sendo que em ambos os casos submete-se o efluente a um peneiramento, seguido de análise dos parâmetros de controle com reposição das substâncias químicas necessárias e uso na batelada seguinte, mas com a diferença de quais sejam os parâmetros de controle e, evidentemente, quais substâncias são repostas, esse banho é utilizado no curtimento de raspas.

b) **Reúso/reciclagem de águas de lavagem:** a primeira medida para reduzir o consumo de água nas operações de lavagem é substituir a alimentação contínua pela alimentação em bateladas, ou seja, padronizar um consumo de água necessário àquela operação e realizá-la sem nova adição, ao contrário de manter os registros abertos e com fluxo constante. Para controlar o "esgotamento" dos banhos, recomenda-se monitorar a condutividade dos mesmos, ou seu pH, de modo a determinar a quantidade de água e o tempo de operação de cada etapa. Outra medida interessante é promover a lavagem em "cascata", ou seja, usar a água resultante de uma lavagem numa primeira etapa de lavagem, mais "grosseira", na batelada seguinte.

c) **Reúso de efluente tratado:** em algumas etapas em que a qualidade da água é menos crítica, como na depilação/caleiro, pode-se utilizar efluente tratado por processos secundários para formulação dos banhos.

d) **Redução da necessidade de banhos e lavagens:** há diversas situações em que pode-se reduzir ou mesmo eliminar a necessidade de realizar um banho ou lavagem, como, por exemplo:

- Em muitos casos as etapas são conduzidas apenas porque há uma "tradição" em realizá-las, sem que nunca se tenha questionado sua real necessidade. Com o avanço dos produtos químicos utilizados, em diversos casos pode-se prescindir de etapas antes necessárias, sendo altamente recomendável verificar cada uma delas.

- Ainda que sejam necessárias algumas operações, podem ser realizadas com quantidade de água menor do que a usual, sendo interessante avaliar a possibilidade de realizar os chamados "banhos curtos", que consistem simplesmente em reduzir o volume dos banhos, o que não apenas reduz o consumo de água, mas também a geração de efluente. Em determinadas circunstâncias é conveniente analisar a troca de equipamentos, basicamente dos fulões, para outros de menor volume, ou por modelos mais novos de "múltiplos compartimentos", que permitem uma economia de cerca de 50% da água utilizada.

- Outra alternativa semelhante consiste em realizar dois ou mais banhos conjuntamente, ou seja, adicionar os produtos de mais de um banho na mesma água, realizando numa única operação o que antes era realizado em duas ou três.

- Medidas relacionadas a alterações no modo de conservar as peles podem reduzir a necessidade de lavagens na ribeira, como, por exemplo:

  - Processar a pele fresca, sem necessidade de adição de sal ou produtos químicos, ou, quando isso não for possível, reduzir a quantidade destes na conservação das peles.

  - Usar refrigeração simples ou com CO_2 líquido, ao invés de sal ou aditivos químicos para conservação das peles.

  - Bater o sal das peles antes de proceder à ribeira, eliminando mecanicamente o produto, e reduzindo assim a necessidade de lavagens.

Estas opções, no entanto, devem ser analisadas com cuidado, de modo a não promover nenhuma alteração que possa prejudicar a qualidade do produto.

Além destas alternativas, existem outras propostas em estudo pelo setor, como, por exemplo:

- eliminação do banho de píquel, realizando o curtimento em meio levemente ácido;

- reúso de efluente primário, sem necessidade de tratamento secundário;

- combinação de etapas do acabamento molhado, reduzindo o consumo de água;

- uso de técnicas de tratamento avançado (membranas, ultrafiltração, osmose reversa) para uso amplo dos efluentes tratados;

- reciclagem aberta de banhos de curtimento, fechando o circuito de maneira "permanente" e automática.

9.4.3 Cerveja e refrigerantes

Apresentação do setor

Em função não apenas do consumo *per capita*, mas também pelo elevado contingente populacional, o Brasil atualmente é o 5° maior produtor de cerveja no mundo, com uma média de 8,5 bilhões de litros/ano. As plantas em geral são de porte médio a grande, localizadas próximas aos centros consumidores, principalmente da região Sudeste.

No que diz respeito aos refrigerantes, tampouco ficamos para trás, sendo o 3° mercado mundial, com algo em torno de 1,5 milhões de litros/ano.

Processo produtivo

A produção de cerveja pode ser resumida como a fermentação, pasteurização e gaseificação de um mosto de cevada maltada. Este processo pode ser melhor apresentado pelas etapas a seguir, conforme apresentado por Ribeiro e Santos (2005):

a) **Obtenção do malte:** após a seleção e limpeza dos grãos, adiciona-se água, no processo conhecido como embebição da cevada, conduzido num tanque onde inicia-se o processo de germinação das sementes. Colocados em seguida em estufas, os grãos passam a brotar, até que, atingindo o ponto desejado, são secos e enviados a fornos onde, pelo aquecimento, interrompe-se a germinação, caramelizando os grãos que passam a ser denominados "malte". Este processo em geral é desenvolvido em instalações independentes chamadas maltarias, sendo pouco comuns no Brasil, que atualmente importa a maior parte do malte consumido.

b) **Preparo do mosto:** o mosto consiste numa solução de açúcares retirados do malte e que irão propiciar a fermentação. Para tanto, deve-se preparar o malte seguindo as seguintes operações:

- **Moagem do malte:** após o recebimento e um período de descanso, que pode variar de 15 a 30 dias, o malte é moído, de modo a romper sua casca e expor o amido de seu conteúdo.

- **Maceração:** embora o amido esteja exposto, diversas substâncias do grão não são hidrossolúveis, exigindo um preparo químico obtido pela maceração – nova moagem em uma caldeira própria, com água quente (65 °C), que ativa as enzimas responsáveis pela quebra das moléculas maiores. Desse modo, as proteínas se convertem em peptídeos e aminoácidos, e os amidos se tornam açúcares. Nesta etapa também são adicionados os chamados adjuntos, em geral outros cereais que têm por função servir como fonte adicional de açúcar. Exemplos são o milho, arroz e o trigo, e em geral são macerados em uma caldeira separada.

- **Filtração do mosto:** após o cozimento, que pode levar algumas horas, o mosto é resfriado até cerca de 70 °C em um trocador de calor, e depois é filtrado em um filtro-prensa, originando a torta composta do bagaço do malte e do adjunto.

- **Fervura do mosto:** para que se estabilize, o mosto filtrado é fervido por 60 a 90 minutos, inativando as enzimas, precipitando proteínas e promovendo a esterilização, indispensável para que haja uma boa fermentação. Adicionam-se também nesta fase outros eventuais ingredientes, como caramelo, lúpulo, extratos vegetais, entre outros agentes responsáveis pelo sabor e cor característicos de cada tipo de cerveja.

- **Clarificação:** embora já tenham sido submetidas ao filtro-prensa, partículas menores ainda permanecem na cerveja. Para evitar prejuízos à fermentação, efetua-se a clarificação em decantadores denominados como *wirlpool*, separando o mosto clarificado do resíduo chamado *trub grosso*.

- **Resfriamento:** antes de ir à fermentação, o mosto é resfriado ainda até cerca de 6 a 12 °C, dependendo do levedo a ser inoculado.

c) **Fermentação:** a fermentação do mosto de cerveja ocorre em duas etapas: na primeira, aeróbia, os levedos se multiplicam, e na segunda, anaeróbia, ocorre a fermentação em si. Este processo demora cerca de 6 a 9 dias, com as dornas de fermentação sendo constantemente resfriadas para manter a temperatura em torno de 5 °C, e gerando, ao final, não só o mosto fermentado como uma grande quantidade de CO_2, que é posteriormente utilizado para gaseificar a bebida, além de uma quantidade adicional de levedos.

d) **Processamento da cerveja:** embora o principal processo da fabricação da cerveja já tenha sido concluído, ainda restam cuidados a se tomar. Basicamente, antes do envase ocorrem ainda três etapas:

- **Maturação:** para decantar microrganismos e substâncias indesejáveis da cerveja e permitir sua estabilização após a fermentação, deixa-se a mesma descansar por um período de 6 a 10 dias, em dornas específicas refrigeradas, em torno de zero grau.

- **Filtração:** novamente a bebida é filtrada, desta vez utilizando terra diatomácea, proporcionando a limpidez típica da cerveja e gerando o chamado *trub fino*.

→ **Carbonatação:** após ser filtrada, a cerveja é enfim gaseificada com o gás carbônico gerado na fermentação, estando, assim, pronta para o envase.

e) **Envase:** embora aparentemente seja uma operação simples, envasar a cerveja envolve diversos cuidados, principalmente para evitar a contaminação do produto. De modo sucinto podemos dividir esta fase em três operações:

→ **Lavagem das garrafas:** as garrafas retornáveis são submetidas à lavagem em máquinas específicas, que trabalham com banhos de solução de soda e água quente, acrescidos de detergente.

→ **Envase:** realizado por enchedoras automáticas ocorre sem contato dos operadores, após o que se faz uma verificação automática de nível e defeitos.

→ **Pasteurização:** após o enchimento das garrafas (ou latas), procede-se à pasteurização destas, operação que confere estabilidade microbiológica à cerveja e diferencia este produto do chope.

No que diz respeito à fabricação de refrigerantes, o processo não guarda grande complexidade e, conforme Ribeiro e Santos (2005), consiste, em geral, das seguintes etapas:

a) **Preparo do xarope:** a base dos refrigerantes é o chamado xarope simples, ou calda base, uma solução aquosa de açúcar obtida pela simples dissolução deste em água aquecida, seguida de uma clarificação e resfriamento.

b) **Obtenção do xarope composto:** dependendo do refrigerante que se fabrica, alteram-se os aditivos incorporados ao xarope simples para obtenção do xarope composto, sendo estes em geral extratos vegetais (cola, guaraná, laranja etc.), corantes, caramelo, além de conservantes, estabilizantes, antioxidantes, e outras substâncias.

c) **Fabricação do refrigerante:** a produção do refrigerante a partir do xarope composto consiste simplesmente em promover sua diluição, gaseificação e envase. Assim como na produção de cervejas, tem especial importância no consumo de água a lavagem de garrafas retornáveis.

Uso racional de água

Um aspecto bastante importante do uso de água na indústria de cerveja e refrigerantes é que ambos os produtos são basicamente constituídos de água, o que demonstra que a demanda por água é, ao menos em parte, por água de excelente qualidade, para incorporação ao produto. A bem da verdade, até pouco tempo atrás, antes do advento de tecnologias avançadas de tratamento de águas, a localização de uma empresa deste setor se dava principalmente pela proximidade a fontes de água potável e de qualidade reconhecida.

Além desse aspecto essencial, a indústria de cervejas e refrigerantes apresenta diversos outros usos da água de grande importância no processo, em etapas que demandam grandes vazões, como, por exemplo, para a lavagem das garrafas, resfriamento, geração de vapor, entre outras.

O valor de consumo de água no setor varia demasiadamente, em função de parâmetros como nível tecnológico, tipo de envase utilizado na planta, produção apenas de cerveja ou refrigerante ou de ambos etc. Segundo Ribeiro e Santos (2005), pode-se ter uma variação de consumo de água entre 4 a 10 L água/L cerveja, sendo que no Estado de São Paulo em geral as médias se encontram entre 4 e 7 L água/L cerveja, havendo empresas trabalhando com valores ainda inferiores, em torno de 3,7 L água/L cerveja.

A distribuição deste consumo varia do mesmo modo, sendo apresentado por Ribeiro e Santos (2005) uma média de 44% do consumo para lavagem (incluindo as garrafas), 20% na preparação do mosto, 11% para os sistemas de resfriamento, e 25% para outros usos (geração de vapor, refeitório, sanitários). Como afirmado pelos próprios autores, estes números indicam as grandes possibilidades de reúso de água, uma vez que, em grande parte, estas aplicações podem ser objeto de sistemas de recirculação.

Quanto aos refrigerantes, a menor necessidade de resfriamento, aquecimento e a inexistência da pasteurização reduzem drasticamente o consumo em relação à indústria cervejeira, sendo valores citados por Ribeiro e Santos (2005) dentro da faixa entre 2,3 e 6,1 L água/L refrigerante.

As medidas de uso racional e reúso de água, conforme exposto por Ribeiro e Santos (2005), podem ser divididas por etapa do processo, como segue:

a) **Lavagem de garrafas:** uma vez que a lavagem das garrafas é realizada em máquinas automáticas, o consumo de água nesta operação depende diretamente da tecnologia empregada, embora possam ser conduzidas melhorias visando ao reúso. Apenas como exemplo, tem-se que uma lavadora antiga consome em torno de 1,8 a 2,4 L água/garrafa de 600 ml, índice que cai para cerca de 0,3 L água/garrafa, em equipamentos modernos. Essas diferenças se devem a diversos fatores construtivos, como, por exemplo, o uso de aspersores mais eficientes, mas também a fatores que podem, em diferentes graus, serem adaptados nas máquinas existentes, por exemplo:

- uso de válvulas automáticas de corte de fluxo de água em paradas da fábrica;
- uso de alta pressão com baixa vazão de água;
- reúso direto da água do efluente, realizando a lavagem em "cascata", ou contracorrente.

Esta última sugestão tem especial importância, pois como a lavagem é realizada em sucessivos tanques de imersão entre os aspersores, existe já uma configuração que torna possível direcionar o efluente da última lavagem para a penúltima, e assim sucessivamente até a primeira lavagem. Dessa forma, a água limpa é empregada apenas na última lavagem, reduzindo significativamente o consumo.

Outra proposta atualmente em voga é a realização de uma pré-lavagem, usando o efluente da lavadora de garrafas, que pode ainda ser empregado na lavagem de engradados, o que economiza até 30% do consumo de água nas lavagens.

b) **Pasteurização:** outra etapa bastante propensa ao reúso é a pasteurização, realizada em diversas empresas por circuito aberto, isto é, com água limpa e que após o processo é encaminhada à ETE, representando altos consumos de água. Uma vez que esta água está apenas quente, o tratamento para seu reúso em geral necessita apenas de uma etapa de refrigeração e adição de produtos auxiliares (antiespumante, algicida etc.), reduzindo em mais de 80% o consumo de água no processo.

Além do reúso no próprio processo, deve-se destacar a possibilidade de usar a água quente em outra operação, aproveitando, assim, sua temperatura. Deve-se ressaltar que este uso não deve contemplar a água de preparo do mosto, por não ser esta uma água com qualidade aceitável para esta finalidade. Pode-se, no entanto, usá-la para operações de limpeza preliminar de linhas e equipamentos ou de pisos.

c) **Limpeza dos equipamentos:** a primeira medida neste sentido passa por otimizar a produção, de modo a reduzir a necessidade de limpeza dos equipamentos. Em seguida, recomenda-se que se proceda à limpeza a seco, retirando com ar comprimido ou por ação manual os resíduos aderidos, evitando gastos desnecessários de água.

Com respeito ao reúso da água usada na limpeza dos equipamentos, em diversas empresas verifica-se o reúso direto das soluções de lavagem, evidentemente deixando para o final uma última passada com solução virgem. No caso de se optar por esta alternativa, recomenda-se novamente monitorar a qualidade da solução por algum parâmetro como o pH, por exemplo. Apenas como referência, tem-se que algumas empresas argumentam usar suas soluções de limpeza em cerca de 30 ciclos consecutivos antes do descarte.

d) **Envase:** assim como no setor de sucos cítricos, nas cervejarias utilizam-se colunas barométricas para obtenção de vácuo, empregado em larga escala nas enchedoras. Para tanto, é grande o consumo de água, que em parte é perdida na corrente de ar expelido, podendo haver perdas de até 50%. Parta evitar estas perdas, algumas empresas instalam tanques de recuperação de água na saída de ar dos multijatos, retornando-a em circuito fechado em seguida.

e) **Limpeza de pisos:** em relação à limpeza de pisos, a primeira recomendação diz respeito a utilizar equipamentos mais eficientes, como aqueles que atuam com alta pressão e baixa vazão. Adicionalmente, em diversos pontos do processo, como os já citados pasteurizadores, existem efluentes que podem ser usados para este fim.

f) **Geral:** algumas medidas que se aplicam a sistemas por toda a planta:

- Em geral, as cervejarias são fábricas antigas, com grandes possibilidades de redução de perdas com ações simples de manutenção de tubulações, válvulas etc.

- Alguns casos de descuido são responsáveis também pelo desperdício de água, sendo sugerido que se instalem restritores, *timers* e válvulas automáticas de fluxo, que atuem quando ocorrerem paradas de produção ou falhas de fornecimento de energia, evitando transbordamentos e gastos desnecessários.

- Diversas operações permitem a condensação de vapores, como o cozimento e a fervura do mosto, por exemplo, etapas onde entre 6 e 12% do volume total é perdido. Este vapor, se condensado, permite a recuperação do calor e o reúso da água, com diversas opções no processo, como a lavagem de equipamentos, pisos etc.

Além disso, têm-se algumas ações já praticadas por empresas no Estado de São Paulo, como:

- Usar parte do efluente tratado na ETE para uso de lavagem em áreas e equipamentos menos exigentes, como peneiras desaguadoras de lodo, por exemplo.

- Retorno do efluente de lavagem dos filtros da ETA, realizado por jato pulsante, ao próprio armazenamento de água antes do tratamento.

9.4.4 Pequenas galvanoplastias- Produção de bijuterias folheadas

Apresentação do setor

O setor de bijuterias folheadas é composto por uma série de pequenas empresas que realizam a fundição e galvanoplastia deste tipo de peças, compostas em geral de ligas metálicas de zinco e estanho, recobertas de níquel, prata e ouro.

Segundo dados das associações de classe, este mercado representa um faturamento anual de cerca de R$ 500 milhões, distribuídos em quase mil empresas (em sua grande maioria de micro ou pequeno porte). Embora isoladamente essas empresas não ofereçam grandes impactos ambientais, existe uma característica bastante peculiar do setor: a concentração de cerca de 40% da produção brasileira em apenas um município do interior paulista, a cidade de Limeira, que possui mais de 300 empresas do setor, sendo sua maioria de galvânicas.

Embora as informações aqui apresentadas tenham foco na produção de bijuterias, pode-se extrapolar a maior parte das sugestões para as galvanoplastias em geral, tendo apenas o cuidado de analisar eventuais particularidades de cada tipo de processo e porte das empresas.

Processo produtivo

A produção das peças em ligas metálicas consiste em um simples processo de fusão, com eventuais detalhes específicos para a moldagem, em função das reduzidas dimensões de algumas peças. De modo muito sucinto, pode-se resumir esta etapa nas seguintes operações (Santos e Yamanaka, 2005):

a) **Fusão da liga:** as ligas geralmente usadas para a produção de bijuterias podem ser de alta ou baixa fusão, em função dos detalhes da peça, e, respectivamente, consistem em latão e uma mistura de estanho e chumbo (respectivamente 70 e 30%). A fusão ocorre em fornos elétricos de pequenas dimensões, de onde se retiram cadinhos com o metal líquido.

b) **Moldagem das peças:** para as ligas de alta fusão, usadas em peças de detalhes mais minuciosos, utiliza-se a moldagem em cera perdida, a partir de uma matriz da peça. Para as ligas de baixa fusão, os moldes são em geral manufaturados em discos de borracha esculpida, montados sobre uma centrífuga, que auxilia na distribuição do metal.

c) **Rebarbação:** após a fundição, as peças são retiradas dos moldes, porém, antes do revestimento galvânico, faz-se necessário remover as rebarbas e realizar seu polimento. Estas operações são conduzidas em geral em campanas, tambores rotativos onde as peças são postas com água e pequenas peças de cerâmica ou polímero (denominadas *chips*), que promovem o desbaste do material por atrito, além de produtos como detergentes e polidores.

d) **Deposição metálica:** consiste no processo galvânico em si, realizado na própria empresa que faz a fundição ou não. Basicamente, o processo consiste em aplicar uma corrente elétrica a uma peça, polarizando-a, e imergi-la em um banho de sais metálicos (níquel, ouro ou prata em geral), onde, por efeito elétrico, ocorre a deposição do metal na superfície da peça, criando uma camada que confere à peça características de resistência mecânica, à corrosão, além de efeito estético.

Para o setor de bijuterias folheadas, as etapas mais comuns deste processo são:

→ **Desengraxe:** banho de limpeza das peças, podendo usar solventes, soluções alcalinas ou ácidas, além do tipo eletrolítico, em que se aplica uma corrente elétrica à peça junto com o desengraxante.

→ **Ativação:** uso de solução levemente ácida para remover eventuais camadas superficiais oxidadas, favorecendo a aderência das camadas metálicas.

→ **Banhos metálicos:** dependendo da peça a ser produzida ocorrem diversas etapas de banhos metálicos, compondo uma série de camadas sequenciais. Uma vez que os metais mais nobres (ouro e prata) possuem alto valor, usualmente se utilizam camadas anteriores de outros metais, como o cobre e o níquel, que ademais conferem outras características importantes à peça como o nivelamento de imperfeições na superfície e melhor adesão das camadas subsequentes. Para o preparo desses banhos são usados diversos tipos de sais, inclusive diversos cianetos, fato que desperta a preocupação tanto com o meio ambiente, no momento do descarte para troca dos banhos, como com a saúde ocupacional durante a operação, pela formação de vapores de cianeto.

Em geral, os banhos realizados são: cobre (alcalino e ácido), níquel e, em seguida, ouro, prata ou ródio, sendo que pode haver mais de um destes, dependendo da espessura da camada que se deseja constituir. Há que se considerar que entre cada banho realiza-se uma etapa de enxágue com água corrente, para que a solução de um banho não atinja o outro (fenômeno conhecido como *arraste*), o que reduz sua vida útil.

e) **Secagem:** ao final dos banhos, as peças são submetidas a uma centrífuga para secagem, podendo ou não ser dotada de ar quente. Secas, as peças são enviadas à montagem e expedição.

Uso racional de água

O consumo de água de uma galvanoplastia, seja ela grande ou pequena, é função tanto dos processos como do nível tecnológico destes, mas principalmente das práticas operacionais realizadas. Uma vez que quase todos os processos são realizados em "via úmida", utilizando-se de banhos e enxágues em grande quantidade, a vazão dos enxágues e o modo de evitar a contaminação e gerenciar a troca de banhos é fundamental no uso racional de água, e neste sentido é que são propostas as principais ações de reúso neste setor. Ademais, em função da baixa concentração de íons no efluente de enxágue, o uso de efluente tratado é bastante difundido.

Em função dessa característica do consumo de água, torna-se difícil saber quais são as etapas com consumo mais representativo, ou mesmo qual o consumo ou característica típica de efluentes, sendo necessária uma análise caso a caso. O que se pode dizer, sim, é que, em geral, as etapas de lavagem são as que mais comumente se apresentam como as principais consumidoras de água.

Na verdade, o consumo de água é um problema bastante significativo no setor, inclusive nas pequenas empresas de bijuterias. Consumos elevados representam não apenas gastos de aquisição da água, mas principalmente uma necessidade de tratar mais efluente, com maiores gastos de produtos de tratamento e geração de maiores quantidades de lodo, aumentando o custo de gestão de resíduos.

A seguir, apresentam-se algumas medidas propostas por Santos e Yamanaka (2005), especificamente para as indústrias de bijuterias, mas que, como já dito, podem ser adaptadas a outras galvanoplastias, desde que tomados os devidos cuidados.

a) Fundição

→ Reúso de água de rebarbação das campanas: ao se utilizar campanas para a rebarbação, adicionam-se diversas substâncias, que junto às partículas metálicas resultantes da abrasão das peças constituem um efluente, normalmente descartado sem o devido cuidado, submetendo inclusive as empresas à ação do órgão ambiental. No Estado de São Paulo, há relatos de empresas que reduziram em até 50% seu consumo de água na fundição apenas retornando este efluente, após uma simples decantação das partículas metálicas (processo simples, dado o peso das mesmas), para reúso numa primeira etapa de rebarbação grosseira.

b) Galvanoplastia: as alternativas de uso racional e reúso de água nas etapas galvânicas do processo são inúmeras, incluindo ações de diversos tipos, como, por exemplo:

→ **Aumento da vida útil dos banhos:** com o uso, os banhos vão alterando suas características, perdendo progressivamente suas capacidades, seja por diluição com arraste da água de enxágue, por perda de íons metálicos, por impurezas agregadas ou mesmo por transformações químicas. Algumas medidas que podem ser usadas para reduzir estes problemas são:

→ **Reduzir o arraste entre os banhos, ou entre os enxágues e os banhos:** certamente é a principal medida aplicável às galvanoplastias, não apenas pela sua eficiência em estender a vida útil dos banhos (com redução de gastos com água, efluentes e produtos químicos), mas também por ser, em geral, de baixíssimo custo. Na verdade, a taxa de arraste depende de vários fatores, como: geometria da peça, modo de operação etc, e nestes fatores é que residem as possibilidades de melhoria, como, por exemplo:

→ aumentar o tempo de escorrimento após a retirada das peças dos banhos;

→ uso de um tanque vazio para deixar as peças "escorrendo" por um tempo antes do próximo banho (denominado "tanque seco");

→ otimização do desenho das peças, de modo a aderir menor quantidade de água;

→ otimização das gancheiras (suporte onde as peças são montadas para a galvanoplastia), reduzindo os respingos;

→ montagem de placas defletoras entre os banhos, que façam escorrer eventuais respingos de volta ao tanque de origem;

- uso de sopradores de ar (*blow-off*) para remover a película de banho formada;
- repouso das peças em trilhos montados sobre os banhos, para aumentar o tempo de escorrimento.

Apenas como exemplo, uma empresa de bijuterias do Estado de São Paulo implementou um sistema de trilhos para as gancheiras sobre os banhos, obtendo os seguintes ganhos:

- para um tempo de escorrimento de 8 segundos, redução de 29% no volume arrastado, com redução de custo de R$ 4,61/kg peça produzida;
- para um tempo de escorrimento de 15 segundos, redução de 70,5% no volume arrastado, com redução de custo de R$ 11,04/kg peça produzida.

↪ Nas paradas de processo, filtrar os banhos (removendo impurezas e partículas suspensas) e reutilizá-los. Para ser mais eficaz, a filtração pode lançar mão de carvão ativado, que remove também aditivos orgânicos agregados.

↪ Remover metais "contaminantes", resultado de arraste entre os banhos, por meio de eletrólise seletiva (uso de baixas densidades de corrente e altas velocidades de deposição).

↪ Redução de vazão utilizada no enxágue: otimizar a operação com vistas a remover o filme do banho anterior com menor quantidade de água. Usualmente, utilizam-se jatos de água emitidos por chuveiros, muitos dos quais inadequados (alta vazão à baixa pressão). Algumas alternativas são:

- Uso de bicos aspersores com *spray* de água, criando uma névoa, ao invés do uso de jatos. Há sistemas deste tipo de diversas configurações, inclusive alguns de fabricação própria, constituídos de um tubo de pvc perfurado. No entanto, sistemas de aspersão projetados para este fim costumam ser mais eficientes, com maior cobertura e eficiência de aspersão.
- Uso dos chamados "chuveirinhos", que consistem em acionadores manuais dotados de gatilho, possuindo não apenas vazão muito menor (8 L/min) que os jatos usuais (20 L/min), mas oferecendo a possibilidade de acionamento apenas no momento necessário. Uma empresa de São Paulo que já utiliza esta tecnologia obteve economias de mais de 30% no consumo de água e 40% da geração de lodo, com investimentos da ordem de R$ 40,00 e retorno de R$ 1.200/ano.

↪ Reúso de banhos: dependendo da contaminação existente, pode-se proceder ao tratamento do banho (filtração por carvão ativado, por exemplo), seguido de uma complementação com sais metálicos até que se atinja a concentração necessária de íons, reutilizando o banho em seguida.

↪ Reúso de água de enxágue: pode-se, por exemplo, usar o efluente de um enxágue após um banho alcalino para um enxágue após um banho ácido, o que favorece a neutralização da solução aderida à peça. Embora interessante, demanda grandes cuidados de manuseio, não sendo usado portanto em larga escala.

↪ Uso de condutivímetros para determinar a saturação da água, quando em enxágue por imersão, determinando com precisão o momento de substituição da água e evitando assim trocas desnecessárias.

↪ Reciclagem de água de enxágue em "cascata" (ou contracorrente): usando o efluente de um enxágue para realizar um pré-enxágue, pode-se promover uma substancial redução de consumo, o que apresenta resultados ainda mais expressivos no caso de utilizar-se o enxágue estático (em tanques ao invés de jatos). Tem maiores aplicações em sistemas de grande porte, em que são comuns os enxágues em mais de uma etapa. Em casos de sistemas de enxágue estático, pode-se obter economias em torno de 45% no consumo de água.

c) **Reúso de efluente tratado:** em função não apenas do consumo de água, mas também da redução de custos com tratamento dos efluentes e gestão de resíduos, diversas empresas do setor de bijuterias têm optado pela instalação de sistemas de troca iônica para reúso do efluente dos enxágues. Considerando que estes contêm como contaminantes fundamentalmente íons metálicos advindos dos banhos, e em baixas concentrações, e que antes das colunas de troca são instalados filtros de carvão para remoção de eventuais substâncias orgânicas presentes, a solução parece bastante interessante. Muitas das empresas já declararam ter recuperado seu investimento em curto período de tempo, havendo relatos de reduções de cerca de 68% no consumo de água do processo, 84% na geração de lodo, gerando uma redução de custo de processo da ordem de 65%.

Cabe dizer que no setor de galvanoplastia, principalmente no segmento de bijuterias, existem grandes oportunidades também no que diz respeito à redução da toxicidade do efluente, conforme apresentado por Santos e Yamanaka (2005), seja por meio da redução, seja por meio da substituição das matérias-primas.

9.4.5 Produção de açúcar e álcool
Apresentação do setor

O setor de açúcar e álcool talvez consista no mais antigo setor industrial brasileiro. Com o plantio da cana tendo se iniciado em 1532 nas capitanias de São Vicente e Pernambuco, para produção de açúcar para a Europa, o país já presenciou diversos altos e baixos deste setor econômico, desde a intervenção de Getúlio Vargas, que obrigou a mistura de 5% de álcool à gasolina já em 1931, até o surgimento recente dos motores bicombustíveis.

Atualmente, de acordo com dados da safra de 2004/2005 (Unica, 2005), o Brasil corta 383 milhões de toneladas de cana/ano (230 milhões em SP), produz 26,5 milhões de toneladas de açúcar/ano (16,5 milhões em SP), e 14,8 milhões de m^3 de álcool/ano (8,8 milhões em SP). Dessa forma, percebe-se que a cana, principal atividade agrícola e uma das principais atividades econômicas do Estado de São Paulo (que concentra cerca de 60% do setor), possui uma importante participação na economia, que, se considerada juntamente com a geração de empregos e os índices de exportação, demonstra inequivocamente a relevância deste setor.

Processo produtivo

A produção tanto do açúcar como do álcool inclui as mesmas operações até cerca de metade do processo, quando há uma decisão, em geral baseada nos preços de ambos os produtos no mercado, de se orientar o fluxo de caldo extraído para uma das duas linhas de produção, que na maior parte dos casos estão na mesma planta, ainda que possa haver plantas apenas de álcool (destilarias) ou de açúcar (refinadoras).

Muito embora haja diversos detalhes operacionais e etapas específicas em diferentes plantas, de acordo com a Coopersucar (1999), o processo de produção de açúcar e álcool pode ser resumido nas seguintes operações:

a) **Extração do caldo de cana:** após a cana-de-açúcar ser cortada na lavoura e transportada para a usina, é necessário proceder a operações de preparo da cana antes da extração do caldo propriamente dita. Estas em geral são:

- **Alimentação e lavagem da cana:** a cana é descarregada pelos caminhões em mesas alimentadoras, de onde, por meio de esteiras, chegam às moendas. Nestas mesas, geralmente inclinadas, ocorre a lavagem da cana com água, removendo pedaços de terra, areia, folhas, entre outros materiais nela aderidos.

- **Preparo da cana:** em função da velocidade da mesa alimentadora, a cana já lavada chega até as esteiras, onde ocorre o chamado "nivelamento", que consiste em submeter os talos da cana a facas rotativas, que promovem seu corte, aumentando sua densidade e rompendo algumas células para a liberação do caldo. Em seguida, promove-se o "desfibrilamento", segunda etapa do preparo, onde, pela ação de um rotor com martelo oscilante, força-se a passagem da cana por orifícios de uma placa desfibriladora, deixando a cana pronta para a extração do caldo.

→ **Moagem:** já preparada, a cana é então distribuída ao longo da esteira pelo espalhador e ao longo de uma nova esteira, reduzindo a espessura da camada de cana. Por um dispositivo chamado calha Donnelly alimentam-se as moendas, equipamentos que extraem da cana o caldo, por meio da pressão de conjuntos de rolos conhecidos como "ternos" da moenda. Passando-se a cana por sucessivos ternos, o caldo vai sendo progressivamente extraído, obtendo-se ao final o caldo e o bagaço da cana. Uma importante observação sobre a extração é que utiliza-se a chamada "embebição", para aumentar a extração de sacarose do bagaço, operação que consiste em adicionar água ao bagaço (em geral entre os dois últimos ternos da moenda).

b) **Geração de energia:** o processo de produção de açúcar e álcool gera grandes quantidades de bagaço de cana[1] e, por outro lado, consome grandes quantidades de vapor, tanto para aquecimento (na concentração do caldo e destiladores, por exemplo) como para movimentação (nas moendas, por exemplo). De modo a solucionar os dois problemas, o setor sucroalcooleiro já utiliza há tempos o bagaço como combustível para a geração de energia elétrica e vapor, para aquecimento e movimentação no processo.

c) **Tratamento do caldo:** mesmo com a lavagem da cana, o caldo contém diversas impurezas que podem prejudicar os processos subsequentes. Para remoção destas, são desenvolvidas operações de:

→ **Tratamento primário:** remove impurezas insolúveis, como terra, areia, bagacilho, usando basicamente duas etapas de peneiramento: a primeira, denominada *cush-cush*, com aberturas da ordem de 0,5 a 2 mm, ocorre logo em seguida à moenda; e a segunda, com aberturas de 0,2 a 0,7 mm, que ocorre em seguida.

→ **Tratamento químico:** consiste em etapas realizadas para remover as impurezas menores, sejam solúveis, insolúveis ou coloidais, por meio de coagulação e floculação, seguidas de sedimentação. Para tanto, são realizadas operações de: sulfitação (reduz pH e promove a coagulação de coloides); calagem (eleva pH novamente, eliminando corantes do caldo, neutralizando ácidos orgânicos e formando sulfitos e fosfatos que arrastam substâncias indesejáveis na sedimentação); aquecimento (até cerca de 105 °C, para facilitar a coagulação e floculação); sedimentação (realizado no clarificador de bandejas com a adição de polímeros); e filtração do lodo do clarificador (com auxílio de bagacilho como auxiliar de filtração, para recuperação da sacarose contida no lodo).

d) **Produção de açúcar:** o açúcar constitui-se de grãos cristalizados de sacarose, cujo grau de "pureza" é variável entre os diversos tipos existentes, dados em função da continuidade ou não dos processos de refino. Para sua fabricação, a partir do caldo tratado são realizadas operações de concentração, cristalização e refino, gerando, ao final, o açúcar em suas diversas formas. Estas operações podem ser resumidas como segue:

→ **Evaporação (ou concentração):** consiste em submeter o caldo tratado a um evaporador de múltiplos estágios, onde o mesmo é progressivamente concentrado. De modo a não prejudicar o produto, o aquecimento é gradativo e realizado a vácuo, gerado pelos chamados multijatos (semelhantes aos da indústria de sucos cítricos), para que a perda de água ocorra a temperaturas abaixo

---

[1] Cerca de 250 kg/tonelada de cana, que, considerando uma usina de médio-grande porte, de cerca de 30 mil toneladas cana/dia, significa uma geração de resíduos de 7.500 toneladas bagaço/dia.

de 100 °C. Vale ressaltar que utiliza-se vapor das caldeiras apenas na última etapa, sendo o vapor evaporado em cada etapa utilizado para o aquecimento da etapa anterior. Ao final, o caldo concentrado recebe o nome de xarope.

→ **Cristalização:** a evaporação é normalmente conduzida até um ponto de Brix (medida do teor de sacarose) muito próximo da cristalização do açúcar. Essa mudança de estado é obtida em tanques separados, onde ocorre a precipitação de cristais de sacarose dissolvida, em virtude do aumento de sua concentração no caldo, e ocorre em duas etapas: na primeira, denominada cozimento, o xarope é aquecido sob efeito de vácuo em tachos denominados cozedores, originando uma mistura denominada massa cozida, composta de cristais de sacarose envoltos em um mel; a segunda, denominada resfriamento, consiste em reduzir a temperatura da massa cozida, promovendo uma cristalização adicional, que gera novos cristais e faz crescer os já existentes.

→ **Centrifugação:** a massa cozida resfriada é enviada a centrífugas compostas de cestos perfurados, onde, por ação da rotação, separa-se o mel dos cristais. Após a separação em si, adiciona-se água e vapor para lavar o açúcar na centrífuga. O mel removido retorna aos cozedores, até que seja esgotado, chamando-se, então, de melaço, que é enviado para complementar a fabricação de álcool.

→ **Secagem:** em virtude da lavagem, o açúcar que sai das centrífugas possui alto teor de umidade, sendo necessária sua secagem em tambores dotados de fluxo de ar quente. Após a secagem, o açúcar está pronto para o ensacamento, podendo, em seguida, passar por processos de refino mais elaborados, se necessário.

e) **Produção de álcool:** o etanol de cana-de-açúcar produzido no Brasil é obtido basicamente por um processo de fermentação, seguido por uma destilação para separação das fases. Basicamente as operações envolvidas são:

→ **Tratamento:** o tratamento para a produção de álcool varia ligeiramente do descrito no item "c". Primeiramente, não há sulfitação. Em segundo lugar, procede-se à pasteurização do caldo, para esterilizá-lo, impedindo a ação de microrganismos prejudiciais à fermentação.

→ **Fermentação:** antes de iniciar propriamente a fermentação, faz-se necessário adequar o caldo à condição de mosto, ou seja, ajustar seu Brix pela mistura de mel, melaço ou até água para criar as condições de ação bacteriana. Por outro lado, prepara-se o chamado pé-de-cuba, suspensão de fermento (levedo) diluído e acidificado para início do processo, o que é realizado pela centrifugação do vinho da batelada anterior, no caso do processo Melle-Boinot, o mais comum no Brasil. A fermentação propriamente dita ocorre em dornas agitadas e varia entre 4 e 12 horas, quando os açúcares são convertidos em álcool, com liberação de CO_2 e calor. O produto final, denominado vinho fermentado, tem teor alcoólico de 7 a 10%, e antes de ser enviado à destilação (para aumento deste teor), é resfriado e centrifugado, recuperando os levedos para a próxima batelada.

→ **Destilação:** além do álcool, o vinho fermentado contém água, glicerina, outros alcoóis, furfural, aldeídos, entre diversas outras substâncias que necessitam ser removidas. Para separar o álcool e aumentar sua concentração no produto final, procede-se à destilação, onde o mesmo é aquecido e seu vapor condensado em torres que separam as frações volatilizadas em função de seu ponto de ebulição. Em geral, utilizam-se sete colunas de destilação, separadas em operações conhecidas como destilação, retificação, desidratação e debenzolagem, que progressivamente removem a água e as impurezas, gerando, ao final, um produto com teor de etanol de 99,7% e um resíduo líquido de fundo da coluna de destilação denominado vinhaça, principal efluente da indústria sucroalcooleira.

Uso racional de água

O setor de açúcar e álcool está entre os maiores consumidores de água no Estado de São Paulo. Além de ser responsável por uma cultura extensa e que demanda quantidades consideráveis de água na irrigação, seu processamento industrial depende de água para diversas operações, como a lavagem de cana, a embebição, a lavagem de equipamentos, a geração de vapor, a produção de vácuo, o resfriamento do destilador, entre outros. De acordo com dados da década de 1990 (Cerh, 1990), o setor sucroalcooleiro captava cerca de 47,1 m³/s – o equivalente a 22,6 milhões de habitantes, mais de 50% do consumo doméstico de todo o Estado de São Paulo, ou, segundo dados da Fiesp (2001), 42,6% de toda a água consumida pela indústria paulista.

Para cada usina, e considerando as diferentes etapas do processo, segundo dados da Coopersucar (1995), considerando uma usina que processe 50% da cana para álcool e 50% para açúcar, temos os seguintes valores de consumo de água por processo (Tabela 9.2).

Se considerarmos este consumo todo como sendo água captada de reservas superficiais, tomando como base uma empresa média do setor (moendo, por exemplo, 20 mil tc/dia), temos um consumo de 420 mil m³/dia, o que equivale ao consumo de 2,3 milhões de habitantes, para prover água a apenas uma das diversas empresas do setor, o que evidencia a importância do reúso neste

Tabela 9.2 Consumo de água para a produção de açúcar

Setor	Operação	Consumo médio (m³/tc*)	% do total	
Alimentação	Lavagem da cana	5,30	25,4	25,4
Extração caldo	Embebição	0,25	1,2	1,9
	Resfriamento mancais	0,15	0,7	
Tratamento caldo	Preparo leite de cal	0,01	0,1	1,9
	Resfriamento sulfitação	0,05	0,2	
	Lavagem torta	0,04	0,2	
	Condensadores	0,30	1,4	
Concentração caldo	Multijatos – evaporadores	2,00	9,5	28,8
	Multijatos – cozedores	4,00	19,0	
	Diluição mel	0,03	0,1	
	Resfriamento cristalizadores	0,05	0,2	
	Lavagem açúcar	0,01	0	
Geração energia	Produção vapor	0,50	2,4	3,4
	Resfriamento turbogeradores	0,20	1,0	
Fermentação	Resfriamento caldo	1,00	4,8	19,1
	Preparo mosto	0,01	0	
	Pé-de-cuba	0,00	0	
	Resfriamento dornas	3,00	14,3	
Destilação	Resfriamento condensadores	4,00	19,0	19,0
Outros	Limpeza, lavagens	0,05	0,2	3,0
	Uso doméstico	0,03	0,1	
	TOTAL	21,00	100	100

* tc= tonelada de cana.

Fonte: Coopersucar, 1995

caso. Dados de uma outra usina, esta de grande porte, mostram um consumo de 12 mil m³/h, por 24h/dia, para o processamento de 900 tc/h (ou consumo de 13,3 m³/tc), o que significa um consumo de água, captada direto dos mananciais, de 288 milhões de m³/dia, o equivalente a um município de cerca de 1,5 milhões de habitantes (Fiesp, 2001).

Evidentemente, estas demandas não são todas supridas com água captada, sendo o setor usuário de diversas medidas de reúso, às quais nos referiremos a seguir. Apenas para constatação, tomou-se uma usina do Estado de São Paulo tida como de alto nível e que processa 12,7 mil tc/dia. Caso não realizasse ações de reúso, seu consumo seria de 24,7 m³/tc, mas ações de reúso levam a um retorno de 93% dos efluentes ao processo, levando ao consumo de 1,71 m³/tc. Isto equivale a reduzir o consumo do equivalente a um município de 1,7 milhões de hab. para o equivalente a um município de 120 mil hab.

As ações de uso racional e reúso de água no setor sucroalcooleiro incluem desde medidas simples e já correntes nas empresas como outras elaboradas e de maior rigor tecnológico, mas, em geral, as primeiras são as mais efetivas e de resultados mais promissores, principalmente, pois a maior parte dos efluentes dos processos pode ser facilmente adequada ao reúso com medidas simples, devido às suas características. Vejamos alguns exemplos separados por tipo de efluente a ser reutilizado.

a) Lavagem cana:

→ **Eliminar/reduzir lavagem**: aparentemente, a tendência atual das usinas mais modernas é eliminar a lavagem da cana, reduzindo, assim, cerca de 25% do consumo de água no processo. Esta medida exige, além de um controle rígido do teor de impurezas no recebimento da cana (e, portanto, uma adequada gestão do corte e carregamento na parte agrícola do processo), a instalação de equipamentos de tratamento do caldo mais eficientes e robustos, principalmente o decantador, equipamento onde as impurezas são retiradas do caldo. Algumas medidas importantes neste caso incluem métodos mais eficientes de colheita e a eliminação do despalhe com fogo (reduz a aderência de terra e areia). Outras operações que reduzem a necessidade de lavagem da cana são o carregamento por rastelo rotativo e a limpeza a seco, usando jatos de ar.

→ **Reúso da água de lavagem em circuito fechado**: é bastante usado em grande parte das usinas, sendo o fechamento do circuito realizado por um sistema simples de remoção de sólidos, composto, em geral, por um conjunto peneira-calagem-decantação (caixa de areia, decantador – bomba submersa decantador circular – raspagem) e retorno à lavagem da cana. Estes sistemas são tanto mais eficientes quanto melhor for o monitoramento da qualidade da água, evitando purgas desnecessárias, mas também garantindo a qualidade da lavagem. Ao se realizar a purga do sistema, que em uma usina do estado consultada ocorre a cada 24h, e com grande volume de água, uma alternativa é reutilizá-la na diluição da vinhaça ou na limpeza de pisos.

→ **Uso de mesas de lavagem mais eficientes**: uma mesa de lavagem tradicional, com inclinação de 13-16°, exige uma vazão de lavagem de 5 a 10 m³/tc, enquanto uma mesa de 45° de inclinação exige 3 a 5 m³/tc.

→ **Lavagem em mesa diferenciada do desfibrilamento**, reduzindo a aderência de bagacilho e, portanto, a necessidade de lavagem.

→ **Uso de água sob pressão**, o que permite uma vazão menor para a mesma qualidade de lavagem.

→ **Reúso da água na embebição**, que possui a vantagem de recuperar a sacarose exudada na lavagem, mas com o cuidado de não contaminar o caldo com o que foi removido na lavagem da cana, exigindo, portanto, tratamento prévio.

b) **Água dos multijatos e condensados do evaporador**: as águas dos multijatos e os condensados dos evaporadores arrastam em seus fluxos normais de processo gotículas de xarope ou mel, sendo este arraste tanto maior quanto for o vácuo criado no interior dos equipamentos. Embora existam medidas preventivas para reduzir este arraste, como anteparos ou mudanças de seção transversal, parte da sacarose ainda é perdida para estes efluentes. Apenas para citar um exemplo, de acordo com dados de uma usina específica apresentados por Monteiro (1977), as águas de um condensador de segundo efeito perdem cerca de 1,12 kg açúcar/dia, no terceiro efeito, mais 7,7 kg/dia e nos multijatos, 230 kg açúcar/dia. Essa perda, além de representar um desperdício de matéria-prima, pode trazer problemas para o reúso direto desses efluentes em circuito fechado, por favorecer a proliferação de microrganismos e a consequente redução de pH, com prejuízo aos equipamentos. Dessa forma, deve-se dar preferência a outras alternativas, embora essa não esteja descartada, desde que tomados os devidos cuidados, como, por exemplo, a realização de um resfriamento por aspersão, que, além de reduzir a temperatura, favorece a oxigenação, mas, no entanto, não permite a recuperação energética do calor remanescente dos condensados.

Dessa forma, e respeitados os limites máximos de carga orgânica na água para o reúso, podemos dizer que as possibilidades de uso racional da água dos multijatos e condensados dos evaporadores de uma usina são principalmente as seguintes:

→ Projeto adequado dos evaporadores: é uma primeira medida preventiva, uma vez que uma maior superfície de troca de calor exige um menor consumo água nos multijatos.

→ Automatização do processo de concentração e cozimento, reduzindo a demanda dos multijatos apenas ao necessário.

→ Reúso em processos em que possa ocorrer a recuperação da sacarose, principalmente das correntes com maior teor de açúcar, podendo ser na embebição da cana (em que o calor residual também favorece o processo); na lavagem do mel (reduzindo a viscosidade na centrifugação), nos filtros rotativos ou na diluição do xarope.

→ Reúso em circuito fechado, com cuidado quanto aos altos teores de açúcar, pois pode haver a proliferação de microrganismos.

→ Reúso em processos em que se possa promover a recuperação de calor, como, por exemplo, na reposição de água de caldeira (desde que após tratamento de abrandamento, por exemplo, com fosfato trisódico), ou para preaquecimento de correntes de processo no destilador.

→ Reúso em outros locais, como lavagem de cana, limpeza de equipamentos, lavagem de filtros, preparo de solução de calagem, diluição da vinhaça para uso agrícola etc.

c) Outros efluentes:

→ **Água de resfriamento de equipamentos (dornas, mancais, turbinada moenda, turbogeradores etc)**: reúso na lavagem de cana, nos multijatos ou na limpeza pisos, estando, em geral, apenas aquecida.

→ **Água de lavador gases**: reúso no próprio processo após tratamento físico-químico (flotação/decantação), na lavagem de pisos ou na diluição da vinhaça.

→ **Vinhaça**: tradicionalmente aplicada à agricultura, em função principalmente de seus teores de sais minerais, em especial o potássio, pode ainda ser reutilizada no processo, retornando-a à fermentação dentro de um limite de teor de sais, no qual as bactérias possam atuar, em geral permitindo até 50% de recirculação. Além disso, pode ser usada para diluir o mel, no lugar de água.

→ **Condensado das caldeiras**: o fechamento do circuito das caldeiras é medida das mais tradicionais em diversos setores. No caso das usinas de açúcar e álcool, deve-se ter o cuidado de reduzir a temperatura do condensado, entre 50 e 150 °C geralmente, de modo a permitir o bombeamento. Deve-se dizer que existem muitas alternativas de redução de pressão e temperatura, muitas das quais utilizando desta energia no processo ou para a geração de eletricidade, o que deve ser aproveitado.

→ **Água de lavagem das dornas de fermentação:** de composição semelhante à vinhaça, embora menos concentrada, pode ser incorporada para uso agrícola.

9.5 EXEMPLOS DE REÚSO INDUSTRIAL NO ESTADO DE SÃO PAULO

Em diversas empresas do Estado de São Paulo, as ações de reúso e uso racional de água já são realidade. Dentre estas, diversas indústrias têm apresentado publicamente ações que promovem reduções da vazão captada, resultando também em benefícios econômicos.

De modo a demonstrar a aplicabilidade das medidas de reúso propostas e comprovar sua eficácia, inclusive econômica, a Cetesb mantém um programa contínuo de identificação e publicação voluntária de Casos de Sucesso de indústrias do Estado de São Paulo, que consistem em histórias de empresas que implementaram medidas de produção mais limpa, dentre estas as de reúso e uso racional de água, com resultados ambientais e financeiros.

Para exemplificar numericamente os ganhos reais de algumas empresas no Estado, a seguir apresentamos brevemente alguns destes exemplos, sobre os quais pode-se obter maiores informações no próprio site da Cetesb (Cetesb, 2005).

9.5.1 3M do Brasil Ltda. – Fábrica Sumaré

Indústria química com grande leque de produtos, a 3M fabrica diversos tipos de adesivos, abrasivos, produtos plásticos, entre outros itens, totalizando uma média de 25.000 unidades, ou 36,5 mil t/ano de produtos. A fábrica de Sumaré desde 1999 possui um programa de reúso e uso racional de água, que inclui iniciativas de revisão de purgadores, eliminação de vazamentos de vapor, reúso de água no processo e a conscientização de funcionários. Como resultado global deste programa, em 2002 o consumo de água da fábrica foi reduzido em mais de 20%, passando de 33,8 m^3/h para 26,7m^3/h, muito embora tenha havido um aumento de 7,6% na produção, resultando em uma economia média de 5.100 m^3/mês.

Em relação ao reúso industrial, foi implementado um sistema em uma antiga estação de tratamento de efluentes desativada, exigindo um investimento da ordem de US$ 20 mil e um custo fixo de R$ 5 mil/mês. Essa estação recebe os efluentes da fábrica e os trata por processo físico-químico, permitindo seu reúso em diversas aplicações, como sistemas de refrigeração, limpeza de equipamentos, lavagem de pisos etc. Como resultado ambiental, ressalta-se a redução do consumo do processo em 97,6 mil m^3/ano, ou cerca de 11,0 m^3/h. Ressalte-se que este valor é maior que o total da captação reduzido com o programa, o que evidencia que parte da economia obtida com essa medida subsidiou, do ponto de vista de recursos hídricos, o consumo de água de outras partes da fábrica.

9.5.2 VCP Papel e Celulose – Unidade Jacareí

A produção de papel é sabidamente um processo que demanda grandes quantidades de água, no caso da VCP, no início do projeto em 1997, cerca de 68,3 m^3/t, com grande geração de efluentes (cerca de 61,2 m^3/t) com características potencialmente poluidoras, principalmente quanto a cargas orgânicas e compostos clorados. Responsável pela produção de cerca de 450 mil t/ano de celulose e 100 mil t/ano de papel, motivada pela visão de alinhamento ao mercado, às possibilidades de tecnologias mais limpas e às perspectivas de taxação dos recursos hídricos, em 1997 a VCP decidiu iniciar um programa denominado ECF, de melhoria de processos, e em 1999 outro denominado "fechamento de circuitos", este específico para o reúso de água.

No primeiro projeto, que incluiu grandes modificações de linhas e modernização de equipamentos, tais como a implementação do cozimento modificado, da deslignificação com oxigênio e do branqueamento com ozônio, foram investidos US$ 44 milhões. Em contraparte, o fechamento dos circuitos de água para reúso necessitou um investimento de apenas US$ 2 milhões, totalizando um gasto de US$ 46 milhões na implantação de tecnologias mais limpas em relação aos recursos hídricos.

Após a conclusão do projeto, em 2001, estas medidas reduziram o consumo de água em 34%, chegando a um indicador de 45 m³/t – uma redução que, considerando os valores de produção anual fornecidos (550 mil t/ano), representa uma economia de 12 milhões m³/ano. Adicionalmente, cabe dizer que houve uma redução de 45% na geração de efluente, e reduções de 43% da carga orgânica (DQO) e 69% do teor de compostos orgânicos halogenados (AOX).

Do ponto de vista econômico, a VCP afirma que apenas com a redução dos gastos com o tratamento da água que deixou de ser captada e dos efluentes que deixaram de ser descartados no período de 1998 a 2001, houve uma economia de US$ 3,8 milhões, o que significa uma redução de cerca de US$ 100 mil/mês.

9.5.3 Kodak Brasileira Com. Ind. Ltda.

Fabricante internacional de filmes fotográficos e outros itens correlatos, a Kodak possui em sua planta um monitoramento do consumo de água separado para cada unidade produtiva, o que a princípio já facilita qualquer ação de reúso ou uso racional de água.

No processo produtivo conduzido pela empresa, há diversas etapas de alto consumo, como, por exemplo, o preparo de emulsões, dispersões e soluções, tanto pelas próprias substâncias preparadas como pela lavagem dos tachos e reatores. Apenas para que se tenha uma ideia dos valores envolvidos, a etapa de maior consumo é a "sensibilização", com 317 m³/dia, seguido da etapa de "fotoquímicos", com 280 m³/dia, e do "corte e acabamento", com 165 m³/dia.

De modo a reduzir seu consumo de água, a empresa focou ações nas áreas de fotoquímicos e acabamento, uma vez que a sensibilização inclui processos mais complexos e susceptíveis. Basicamente na área de fotoquímicos, atuou-se otimizando o consumo de água pelo controle de sua qualidade para o reúso, implementado pela instalação de um condutivímetro conjugado a um *timer*, nos dois reatores principais, e planos de trabalho visando à redução das lavagens nos demais, incluindo ações de manutenção preditiva, regulagem da diferença de pressão entre as linhas principal e ramais, substituição de bicos de *spray*, entre outras. No acabamento, implementou-se o reúso de água fechando-se o circuito por meio de uma caixa subterrânea, onde a água é resfriada e retorna ao processo.

Como resultado, na área de fotoquímicos, registrou-se uma redução de consumo de água em 65% nos dois reatores principais, além de 23% em um dos reatores adicionais alterados. Para o acabamento, a redução de consumo de água foi de 98%. No total, as medidas adotadas representaram uma redução de 13% na captação da empresa, além de representar um sistema muito mais robusto e confiável que o anterior. Adicionalmente, registrou-se um significativo aumento na produtividade da empresa, com o tempo de lavagem de reatores reduzido de 76 h/mês.

Os investimentos para as ações, tanto na área de fotoquímicos como no acabamento, totalizaram R$ 41.800, e estudos que consideram inclusive o aumento de produtividade preveem um retorno de cerca de R$ 40 mil/ano.

9.5.4 BSH Continental Eletrodomésticos Ltda.

A BSH produz diversos tipos de eletrodomésticos da chamada "linha branca", como fogões, geladeiras e máquinas de lavar. Embora o processo de fabricação seja basicamente mecânico, existem etapas de tratamento superficial, incluindo galvanoplastia e pintura, o que gera um consumo de cerca de 5,5 mil m³/mês na planta.

De modo a reduzir seu consumo de água, em 1996 a empresa iniciou um programa de uso racional, composto prioritariamente por um sistema de reúso de efluente tratado. Este sistema, de vazão entre 9 e 10 m³/h, foi adaptado ao sistema de tratamento convencional, atuando como um tratamento terciário de filtragem. Para tanto, utiliza-se um elemento filtrante de areia isenta de ferro, que retém contaminantes e partículas suspensas, enviando em seguida o efluente para uma caixa de distribuição. Atualmente, os principais usos desse efluente tratado são a remoção de tinta em pó de peças danificadas, o processo de desengraxe antes da galvanoplastia e a lavagem de pisos, além de sanitários.

Os investimentos para implantação dessa medida somam cerca de R$ 4.300, e os resultados alcançados permitiram uma redução de 30% no consumo de água, que passou de 7,2 mil m³/mês para 5,0 mil m³/mês, gerando uma economia de R$ 135 mil/ano.

9.5.5 Elekeiroz S.A. – Unidade Anidro Maleico

A produção de ácido maleico exige limpezas do pré-destilador a cada cinco dias, para remoção de uma borra que se forma ao fundo e pode prejudicar o bom funcionamento do equipamento. O efluente deste processo, além de exigir tratamento com altos custos associados, possui grande quantidade do produto dissolvido, sendo, portanto, uma corrente de efluente de alto valor agregado ainda, o que motiva seu reúso como matéria-prima em outras unidades do processo.

Vislumbrando a oportunidade de recuperação do conteúdo dissolvido no efluente, e não apenas da água, a empresa investiu cerca de R$ 320 mil na adequação da unidade de ácido fumárico e das linhas de transporte para o efluente.

Esta adequação ampliou a produção de ácido fumárico em 15 kg/t anidro maleico, o que significa uma produção adicional de 135 t ácido fumárico/ano, apenas com o reúso do efluente, gerando uma receita de R$ 255 mil/ano adicional à redução de custo de tratamento da borra, de R$ 25 mil/ano. Do ponto de vista ambiental, além da eliminação completa do efluente de lavagem do pré-destilador, eliminou-se também o lodo gerado pelo tratamento da borra.

9.5.6 Pilkington Brasil Ltda.

A produção de vidros pela empresa consumia crescentes quantidades de água, sofrendo inclusive problemas de abastecimento por parte da concessionária. Embora a empresa tenha buscado perfurar poços para suprir a demanda de 350 m³/dia, esta alternativa não se mostrou viável, por conta da baixa quantidade e qualidade da água encontrada. A solução da empresa foi implementar, em 1997, um programa de reúso.

Inicialmente houve problemas com as exigências do processo, que não permite teores de sais elevados, sob risco de manchar as peças durante a têmpera. Adicionalmente, o custo operacional não poderia ser elevado e nem deveriam ser utilizados reagentes que impossibilitassem o retorno do lodo à estação de tratamento. Embora tenham-se testado tecnologias de ultrafiltração e centrifugação, não foi encontrada uma resposta satisfatória aos problemas.

A solução veio apenas em 1999, quando decidiu-se realizar mudanças radicais na empresa. Primeiramente, o processo produtivo foi totalmente revisto, sendo inclusive automatizado posteriormente, e os processos físico-químicos foram alterados. Já em 2001, implementou-se um sistema de captação de água da chuva, que após tratamento é enviada para uma estação de reúso de água (ERA), que foi projetada para recuperar para o reúso 100% da água industrial, com capacidade para uma vazão de 500 m³/dia. As linhas domésticas foram segregadas das industriais, e o excedente dos efluentes industriais tratados para reúso é utilizado em bacias sanitárias.

A ERA é composta basicamente por equalização, cloração, floculação, decantadores de lamelas de fluxo ascendente (em série), filtro de areia, filtro de cartucho, hidrômetro, sedimentação (em leitos), e cisterna e leito de secagem para os lodos. Em sua construção, foram gastos R$ 280 mil, além de R$ 80 mil na obra de segregação das linhas. Adicionalmente ao reúso de água, cabe destacar que o lodo gerado (cerca de 20 m³/mês, ou 8t/mês, base seca), contendo pó de vidro, é destinado à reciclagem.

9.5.7 Rohm and Haas Química Ltda.

Produzindo cerca de 60 mil t/ano de polímeros acrílicos, a empresa consome grandes volumes de água na limpeza dos reatores, realizada por jatos de água à alta pressão, de modo a remover todo o material aderido às paredes do equipamento. Em alguns casos em que procedimentos de limpeza mais agressivos eram necessários, empregava-se uma solução aquecida de soda cáustica, para remover completamente os resíduos da batelada anterior.

De modo a reduzir não só o consumo de água, mas a geração de efluente, a empresa decidiu adquirir um novo equipamento de limpeza dos reatores, com o que gastou US$ 50 mil. Este novo equipamento, mais eficiente, eliminou a necessidade de lavagem com soda, minimizou o tempo de lavagem e reduziu o consumo de água em 70% na operação, o que corresponde a cerca de 1,15 m^3/mês.

Economicamente, em função principalmente da redução de tempo de lavagem, estima-se um ganho de R$ 420 mil/ano.

9.5.8 MAHLE – METAL LEVE S.A.– Unidade trem de válvulas

A grande maioria das 80 mil t/ano de peças fabricadas na planta é obtida por processo de usinagem em tornos de comando numérico. Nessas operações são empregadas grandes quantidades de emulsões de óleo em água jateadas sobre a região do corte das peças, com o intuito de lubrificar e resfriar o processo, facilitando a operação e evitando danos à ferramenta, mas gerando vapor que após condensado era eliminado, numa vazão aproximada de 78 m^3/ano. Adicionalmente, os 14 tornos existentes na área de usinagem da empresa possuíam sistemas de ar-condicionado no painel de controle, cada qual gerando até 10 L/dia de condensado, o que representa cerca de 19,4 m^3/ano.

Os custos associados não só à captação da água mas também ao seu tratamento e à adequação do efluente a ser descartado levaram a empresa a buscar o reúso dos efluentes condensados. Para tanto, em 2003 instalou-se um sistema de drenagem e canalização desses efluentes em cada um dos tornos, sendo os mesmos enviados para a sala de preparo da emulsão de óleo solúvel, onde são 100% reutilizados. Além da construção da canaleta, não houve qualquer investimento, sendo que as ações resultaram em uma redução de consumo de água de 13,5%, o que representa 97 m^3/ano, gerando uma economia de cerca de R$23 mil/ano nos custos do tratamento do efluente.

9.5.9 TRW Automotive Ltda.

Entre as diversas etapas do processo produtivo das peças produzidas na empresa são necessárias operações de transporte entre as diferentes áreas da planta. Para tanto, lança-se mão de caixas plásticas reutilizáveis, onde as peças são acondicionadas, sendo as mesmas lavadas após o uso para remover partículas, óleo e outras impurezas presentes. Esta lavagem era realizada tradicionalmente com equipamento manual de jateamento, em local apropriado, mas consumindo 498 m^3/mês. Em função dos gastos principalmente com o tratamento dos efluentes, a empresa decidiu modificar o processo e adquiriu uma máquina específica de lavagem. Nesse equipamento, a caixa é lavada com solução de soda, água quente e depois é seca com jatos de ar. No equipamento, promove-se o reúso da água, que é trocada apenas a cada 15 dias, em média.

O uso dessa máquina reduziu drasticamente o consumo de água no processo, que passou a ser de 82 m^3/mês, representando para esta operação uma redução de 84%. Adicionalmente, o equipamento, que teve um custo de R$ 150 mil, aumentou a produtividade da operação de lavagem de caixas de 150 caixas/hora para 300 caixas/hora, além de facilitar o trabalho do ponto de vista ergonômico. A redução de custos com a medida foi da ordem de R$ 89 mil/ano.

9.5.10 Ambev – Filial Jaguariúna

Conforme já apresentado, a produção de bebidas como cervejas e refrigerantes consome elevadas vazões de água, seja na incorporação aos produtos, seja em limpeza de equipamentos, lavagem de pisos, pasteurização, aquecimento, resfriamento, entre outros usos. No caso desta planta especificamente, o consumo encontrava-se particularmente alto para o setor, em torno de 7,2 L água/L cerveja.

Para corrigir esta situação, a empresa iniciou um programa de uso racional, tendo como primeira iniciativa o monitoramento individualizado do consumo nas diversas áreas da produção. Em seguida, foram implementadas as seguintes medidas:

- redução do volume de água de limpeza dos equipamentos, com as condições de assepsia dos tanques asseguradas por indicadores como o pH;
- reúso das águas de descarte do pasteurizador, que passaram a ser segregadas e armazenadas em um tanque para posterior uso na limpeza dos pisos;
- eliminação de vazamentos por meio de inspeções programadas e manutenção nos dutos, uniões, cotovelos, registros e válvulas existentes nos diversos setores;
- recuperação e reúso da água de lavagens dos filtros (retrolavagem) da Estação de Tratamento de Água (ETA), por meio de bombas e dutos que conduzem a água recuperada para a entrada da ETA;
- reúso dos produtos de limpeza, em até 30 vezes, utilizando-se controle analítico da concentração da solução para assegurar a sua qualidade;
- conscientização dos funcionários, por meio de campanhas para uso racional da água;
- normatização e otimização do consumo de água dos banhos nos vestiários, com substituição de torneiras;
- eliminação de 60% das torneiras destinadas à irrigação dos jardins; e
- eliminação de vazamentos em tubulações subterrâneas.

Esta gama de ações como um todo exigiu um investimento da ordem de R$ 98 mil, e obtiveram um retorno de cerca de R$ 250 mil/ano, principalmente em relação à redução de custos do tratamento de efluentes. Os indicadores de consumo se alteraram significativamente, dos 7,2 para 5,89 L água/L cerveja, representando uma redução e consumo de 650 mil m^3/ano.

9.6 CONCLUSÃO

Conforme já explanado em outros capítulos, o reúso de água na indústria tem se mostrado não apenas uma necessidade, em função da escassez e das restrições legais e econômicas, mas também uma oportunidade de melhoria de eficiência, redução de custos e otimização de processos, com ganhos diversos para as empresas, como pode ser percebido nos relatos dos casos apresentados nesta parte do texto.

No Estado de São Paulo, tem-se evidenciado uma tendência ao reúso de água em diversos setores, não apenas os exemplificados aqui, mas também em outros como o têxtil, alimentício, metalúrgico e siderúrgico, papel e celulose, químico e petroquímico etc. As indústrias perceberam, afinal, que o custo do consumo de água inclui tanto externalidades, como a própria escassez em si, como custos diretos, como os gastos com a captação, tratamento e distribuição da água, e por outro lado com a coleta, transporte, tratamento e despejo dos efluentes e disposição do lodo.

Espera-se que cada vez mais indústrias percebam a importância das medidas de reúso e uso racional de água, contribuindo, assim, para que os problemas ambientais, não apenas de escassez, mas também de contaminação de água e solo, sejam minimizados, tornando a indústria progressivamente mais sustentável.

Capítulo 10

ESTUDOS DE VIABILIDADE
DO REÚSO DE ÁGUAS RESIDUÁRIAS PROVENIENTES DE UM PROCESSO DE GALVANOPLASTIA POR TRATAMENTO FÍSICO-QUÍMICO

Silvia Marta Castelo de Moura Carrara
Ruben Bresaola Jr.

10.1 INTRODUÇÃO

O crescimento urbano, verificado a partir da década de 1970, reverteu os clássicos valores de taxas de ocupação urbana e rural, até então registrados, acarretando significativo aumento do consumo de água do sistema de abastecimento público na maioria das cidades brasileiras. O desenvolvimento industrial registrado a partir da referida década também contribuiu para o aumento do consumo e, consequentemente, para a procura por mananciais de maior porte hídrico.

A preservação e a qualidade ambiental foram prejudicadas pelo desenvolvimento, pois os impactos sofridos pelo meio ambiente resultaram na poluição de mananciais importantes para o abastecimento, limitando o consumo de água e agravando a qualidade de vida nas bacias hidrográficas de alta densidade demográfica e industrial.

Considerando que o fim mais nobre da água é o destinado ao consumo humano, sendo por isso prioritário, outros usos das águas nessas bacias, tais como o uso em processos industriais e irrigação, podem ser prejudicados ou perderem a prioridade, surgindo, então, a necessidade do cuidado com a preservação da qualidade e da quantidade da água, se possível, buscando o seu múltiplo uso, reutilização ou reciclagem.

O reúso planejado das águas residuárias não é um conceito novo, pois é praticado há muitos anos em todo o mundo, o que reduz a demanda sobre os mananciais de água bruta, devido à substituição da fonte. A reciclagem das águas residuárias indica haver um retorno destas, após tratamento, ao início do processo de onde foram originadas. A aceitabilidade do reúso da água é dependente da sua qualidade e das características físicas, químicas e microbiológicas. De acordo com o uso, ou sua finalidade específica, podem ocorrer maiores ou menores restrições nos parâmetros qualitativos (Crook,1993).

O estado da Califórnia (EUA) detém longa tradição no reúso das águas, tendo desenvolvido suas primeiras regulamentações por volta de 1918, as quais têm sido modificadas e expandidas ao longo dos anos.

A irrigação de culturas é a principal forma de reúso da água em muitos países industrializados. Contudo, os problemas que tal procedimento pode trazer às plantações estão relacionados com a presença de sais na água, toxicidade específica dos íons nela contidos e efeitos diversos causados pela presença de nitrogênio, bicarbonato, pH e cloro residual, pois os sólidos em suspensão são responsáveis pelo desgaste de bombas e sistemas de tubulações de sistemas de irrigação. A Tabela 10.1 lista os tipos de reúso que têm sido praticados em países industrializados (Crook, 1993).

Tabela 10.1 Tipos de reúso da água

- **Irrigação Paisagística**: parques, cemitérios, campos de golfe, faixas de domínio de autoestradas, campos universitários, cinturões verdes, gramados residenciais.
- **Irrigação de Campos para Cultivos**: plantio de forrageiras e grãos, plantas alimentícias, viveiros, proteção contra geadas.
- **Usos Industriais**: refrigeração, alimentação de caldeiras, lavagem de gases, água de processos.
- **Recarga de Aquíferos**: recarga de aquíferos potáveis, controle de recalques de subsolos.
- **Usos Urbanos Não Potáveis**: irrigação paisagística, combate ao fogo, descarga de vasos sanitários, sistemas de ar-condicionado, lavagem de veículos, lavagem de ruas.
- **Represamentos**: ornamentais e recreacionais.
- **Finalidades Ambientais**: aumento da vazão de cursos de água, aplicação em áreas de pântanos, alagados, indústrias de pesca.
- **Usos Diversos**: aquicultura, fabricação de gelo, construções, controle de poeira.

Fonte: Crook, 1993

Segundo Shreve & Brink Jr. (1977), na década de 1970, 40% da população dos EUA consumia água que já havia sido utilizada pelo menos uma vez para fins domésticos e industriais.

As indústrias podem empregar grandes volumes de água das fontes originais e usá-las em diferentes processos, retornando a maior parte ao manancial primário, para ser reutilizada em qualquer outro processo. Dependendo da qualidade, as águas residuárias podem ser reutilizadas de diversas formas, tais como resfriamento, processamento, alimentação de caldeiras, lavagem e transporte de material.

Mierzwa & Hespanhol (2005) definem reúso como: "uso de efluentes tratados ou não para fins benéficos, tais como irrigação, uso industrial e fins urbanos não potáveis".

As indústrias de galvanoplastia utilizam grandes volumes de água em seus processos industriais. A possibilidade do reúso de uma parcela ou mesmo da totalidade dos efluentes promete uma economia significativa dentro do contexto global da empresa. Os processos de galvanoplastia consistem, geralmente, em um tratamento em superfícies de aço, ferro e alumínio. Realizam, assim, o acabamento das peças, com a finalidade de evitar a corrosão e incrementar sua resistência ao desgaste por atrito.

Este capítulo apresenta os resultados do trabalho de pesquisa realizado na Universidade Estadual de Campinas, desenvolvido com o intuito de estudar, quali e quantitativamente, os efluentes líquidos gerados no processo de galvanoplastia do zinco, níquel-cromo e fosfatização, buscando, assim, alcançar a melhor forma de tratamento desses efluentes, com o objetivo de se viabilizar seu reúso ou a reciclagem no processo.

A caracterização qualitativa criteriosa dos diferentes efluentes e suas fontes geradoras, bem como das condições de tratamento ideais são aspectos importantes para análise e discussão da possibilidade de reúso das águas no processo industrial.

10.2 OBJETIVOS

Estudos de tratabilidade das amostras compostas das águas residuárias do enxágue das peças do processo de galvanoplastia, por meio de coagulação, floculação e sedimentação, com a adição de coagulantes como sulfato de alumínio, cloreto férrico e, como auxiliar de floculação, o polímero aniônico, em diferentes dosagens; além da precipitação química, com hidróxido de cálcio e hidróxido de sódio, de modo a obter eficiente remoção dos contaminantes.

Verificar, de acordo com a qualidade da água necessária nos processos industriais, a possibilidade de reúso das águas residuárias tratadas, ou a sua reciclagem.

10.3 REVISÃO BIBLIOGRÁFICA

10.3.1 Considerações gerais

Galvanoplastia é a técnica, por via eletrolítica, de deposição de determinados íons metálicos na superfície de corpos metálicos ou não. As peças são submetidas a banhos químicos ou eletrolíticos, seguidos de enxágues com água para limpeza. Para cada tipo de acabamento, existe uma sequência de tratamento, que necessita de águas de lavagem, produzindo efluentes líquidos com características diversas (Nunes & Zugman, 1989).

Segundo Castelblanque & Salimbeni (2004), nos carros modernos, aproximadamente 3.000 itens são galvanizados, enquanto nos aviões comerciais de grande porte, este número cresce para algo em torno de 2 milhões.

Existem diferentes tecnologias que permitem maior ou menor eficiência no tratamento de águas residuárias, de tal modo que o reúso e a recuperação de produtos químicos podem reduzir o volume final dos despejos lançados pelas indústrias.

As tecnologias de membranas filtrantes, como micro, ultra, nanofiltração e osmose reversa, bem como a eletrodiálise, constituem alternativas interessantes para o controle específico da qualidade das águas residuárias industriais. Embora tais técnicas não tenham capacidade de eliminar, na sua totalidade, elementos poluentes presentes, estas podem ser utilizadas para separar, fracionar e concentrar os contaminantes. As tecnologias mais indicadas para tratamentos de efluentes líquidos de galvanoplastia são: a osmose reversa e a eletrodiálise. Para outros diferentes efluentes, tais processos conseguem remover grande parte das impurezas presentes, mesmo dissolvidas, porém, a um custo elevado. Este fator leva certas indústrias a se valerem de outras formas de tratamento, como, por exemplo, a precipitação química. Os efluentes que contêm sais de metais pesados podem ser tratados por processos físico-químicos de coagulação-floculação e sedimentação, técnica geralmente aplicada quando há precipitação dos compostos insolúveis e a consequente remoção dos metais pesados complexados (Cartwright, 1994).

10.3.2 Etapas básicas do processo de galvanoplastia

Um processo de galvanização, para que seja bem sucedido, depende, em grande parte, da preparação da superfície metálica das peças. De nada adianta uma imersão no banho de zinco em condições corretas, se não houver uma preparação adequada, garantindo uma superfície isenta de gorduras, sujeiras, óxidos etc. Caso contrário, surgirão problemas, tais como falta de aderência e zonas sem revestimento, prejudicando o poder protetor das camadas eletrodepositadas (Cabral & Mannheimer, 1979).

De um modo geral, as operações envolvidas no processo de galvanização incluem tratamentos preliminares como: desengraxe, decapagem e ação mecânica antes da eletrodeposição dos metais.

Existem normas que padronizam alguns dos processos para preparo das superfícies metálicas. Diversas associações tratam do assunto, como a SSPC (Steel Structures Painting Council), a ASTM (American Society for Testing and Materials), a SIS (Swedish Standards Institution) e a ABNT (Associação Brasileira de Normas Técnicas), entre outras.

10.3.3 Desengraxamento

A etapa do desengraxamento é de extrema importância, pois a presença de substâncias oleosas presentes na superfície das peças prejudica a ação dos ácidos da decapagem, que constitui a operação seguinte. Há vários métodos para limpeza e retirada dos compostos oleosos. Os desengraxantes de uso mais frequentes utilizam solventes orgânicos e soluções alcalinas, a quente, contendo hidróxido de sódio, carbonato de sódio, fosfato de sódio, metassilicato de sódio e sabão (Cabral & Mannheimer, 1979).

De acordo com Gentil (1987), este processo tem como objetivo remover os filmes e agregados de substâncias oleosas, que se encontram aderidos às superfícies metálicas e, para isto, quatro variáveis são fundamentais: a concentração da solução, o tempo, a temperatura e a ação mecânica.

A operação do desengraxe deve ser seguida de uma lavagem cuidadosa com água, para evitar a contaminação dos banhos seguintes.

10.3.4 Decapagem

Segundo Gentil (1987), uma superfície metálica destinada a receber um tratamento de acabamento necessita apresentar-se livre de carepas de laminação, óxidos e outros compostos, geralmente produtos de corrosão, senão características de aderência tornam-se comprometidas. A carepa é uma camada de cor preto-azulada, constituída de óxidos de ferro, de alta dureza. Para dissolução destas camadas, são utilizados banhos ácidos, para deixar a superfície do metal livre de todas as impurezas e em condições de sofrer os tratamentos posteriores.

As principais objeções a este tipo de tratamento residem na grande ativação superficial que as peças sofrem pela ação dos ácidos empregados, tendendo a mostrar sinais de corrosão ao ar, logo ao sair do banho da decapagem. O procedimento ácido não atua sobre certas ligas, como o cromo e o níquel.

Os principais ácidos inorgânicos utilizados são: ácido sulfúrico comercial, ácido clorídrico, ácido fosfórico, ácido nítrico e ácido fluorídrico.

De acordo com Cabral & Mannheimer (1979), dois fatores são importantes no controle desta etapa: a concentração do ácido e o tempo de decapagem.

10.3.5 Eletrodeposição de metais

A aplicação em escala comercial de peças eletrodepositadas com níquel começou em 1869, em Boston. No começo do século XX, a eletrodeposição do níquel alcançou rápida popularidade, sendo este revestimento reconhecido como símbolo de luxo e eficiência. Uma estrada de ferro americana chegou a ser designada de Nickel Plating Road, por ser uma estrada de ferro luxuosa e muito eficiente. Um dos marcos importantes da história da eletrodeposição do níquel foi a introdução dos banhos de deposição rápida por O. P. Watts, os quais continham sulfato de níquel, cloreto de níquel e ácido bórico, e passaram a ser conhecidos como banho tipo *Watts*. Esses banhos são mais concentrados do que aquele concebido inicialmente, apresentando a seguinte composição: sulfato de níquel (200 a 240 g/L), cloreto de níquel (40 a 60 g/L), ácido bórico (25 a 40 g/L) e pH entre 1,5 a 4,5 (Panossian, 1995).

Panossian (1996) mostra que o sulfato de níquel é utilizado como a principal fonte de íons de níquel nos banhos. O cloreto de níquel tem funções de facilitar a dissolução do ânodo, aumentar o coeficiente de difusão dos íons de níquel, melhorar a uniformidade macroscópica do revestimento (poder de penetração), ser fonte de íons de níquel, aumentar a condutividade do banho, aumentar a velocidade da deposição, aumentar a eficiência da corrente, diminuir o consumo de energia e incrementar o rendimento do processo. Ainda segundo a autora, o valor do pH é um dos parâmetros mais importantes em um banho de níquel. Nos processos modernos, o valor deste varia na faixa de 2,0 a 4,5, sendo considerados valores ideais os contidos entre 3,5 e 3,8. Durante a eletrodeposição, ocorre a formação do gás hidrogênio no cátodo. Esta reação traz duas consequências: formação de *pites*, devido à aderência de bolhas de hidrogênio no cátodo e o rápido aumento de pH na interface cátodo/banho. À medida que o pH aumenta, formam-se hidróxidos metálicos, principalmente de níquel e de ferro, que tendem a precipitar.

Devido à grande importância do valor do pH, utiliza-se o ácido bórico, que possui função de atuar como tampão, principalmente, na interface cátodo/banho, em que mais ocorre aumento de pH devido ao consumo de íons H^+ com formação de H_2.

Segundo Panossian (1997), a detecção da presença dos diferentes contaminantes nos banhos de níquel é de extrema importância, já que estes podem afetar a obtenção da qualidade dos depósitos. Geralmente, o controle restringe-se aos constituintes inorgânicos (cloreto e sulfato de níquel e ácido bórico), dando-se a estes parâmetros importância muito maior do que ao controle das impurezas. De acordo com a autora, isto é um erro, pois a influência destes constituintes e as condições de operação (exceção feita ao pH) causam alterações insignificantes, se comparadas às alterações causadas pela presença de quantidades mínimas de impurezas.

Não é recomendável, de um modo geral, o uso de águas com dureza elevada nos processos de eletrodeposição. A principal fonte de contaminação de íons de cálcio é a utilização de águas duras. Quando presentes, formam o sulfato de cálcio, pouco solúvel, que precipita, contaminando o banho químico com partículas sólidas. A melhor maneira de controlá-los é por meio da utilização de águas moles, deionizadas ou destiladas. A restrição ao uso de água com dureza elevada não se refere apenas ao banho de eletrodeposição, mas a todo processo de pré-tratamento, para não ocorrer contaminação por arraste (Panossian, 1997).

O nível de impurezas metálicas que não pode ser tolerado nos processos, ou seja, o nível acima do qual algum tipo de problema que pode ocorrer, depende do íon metálico específico e do tipo de banho. Os métodos e as condições de purificação também não são universais, mas específicos para cada tipo de contaminação. Os íons mais comumente encontrados como contaminantes de banhos de níquel são: alumínio, arsênio, cádmio, cálcio, chumbo, cobre, cobalto, cromo hexavalente, cromo trivalente, ferro, potássio, sódio e zinco. A Tabela 10.2 apresenta os limites toleráveis de impurezas metálicas presentes nas águas deste banho.

Tabela 10.2 Impurezas metálicas nas águas dos banhos de níquel do tipo *Watts* e os limites toleráveis

Íon metálico	Teor máximo (mg/L)
Alumínio	60
Arsênio	Não encontrado
Cádmio	50
Cálcio	11,6
Chumbo	5
Cobre	7
Cobalto	2.000
Cromo hexavalente	10
Cromo trivalente	20
Ferro bivalente	25
Zinco	20

Fonte: Adaptada de Panossian, 1995

O conhecimento do nível de contaminação tolerado pelos processos de galvanoplastia pode ser importante também para se determinar a qualidade da água requerida pelo processo.

De acordo com Peuser (1996), a eletrodeposição do níquel é um dos mais antigos processos da galvanoplastia. No início dos testes, as peças a serem niqueladas permaneciam muitas horas no banho de níquel e o resultado era sempre um depósito fosco. Somente um polimento mecânico posterior trazia o brilho às peças. Após dias ou semanas, o brilho sumia devido à oxidação, e as camadas se transformavam novamente em foscas. Somente na década de 20 do século passado a situação mudou com a descoberta do banho de cromo, o qual servia para a proteção do brilho das camadas de níquel. Uma fina camada de cromo de 0,1 a 0,3 µm já era suficiente para manter o brilho por anos e anos. Ainda de acordo com o autor, o banho de cromo demorou a ser implantado devido a uma diferença total em comparação aos outros processos. Enquanto os outros eram constituídos por banhos montados à base de sais metálicos, os de cromo eram compostos de ácido crômico e não de um sal. O banho de cromo sempre trabalhou com pequena margem de rendimento energético, no qual, somente 15% da energia elétrica era aproveitada para depósito do cromo, enquanto o restante (85%) proporcionava a formação indesejada de hidrogênio no cátodo. Já existem procedimentos com 26% de rendimento energético e, em casos especiais, podem ser atingidos valores próximos de 50%. Estes são baixos quando comparados com os obtidos nos banhos de cobre, níquel, zinco, os quais trabalham com rendimentos entre 70% e 100%. Outros dois problemas dos banhos de cromo são: a baixa penetração e o uso de ânodos de chumbo, pois os outros utilizam ânodos do próprio metal para a eletrodeposição. Devido a isso, o esta operação deve ser permanentemente reforçada com adição de ácido crômico, para manter o teor de cromo.

Peuser (1996) mostra que a tecnologia da época empregava, em substituição à cromeação, um banho com uma liga de estanho-níquel, com concentrações de 65% e 35%, respectivamente, e que proporciona acabamento semelhante e alta resistência à corrosão; oferece uma melhor penetração, permitindo a eletrodeposição desta liga em peças com superfícies geométricas complicadas. Como as camadas de Sn-Ni são resistentes à ação de íons de cloro, estas são indicadas para o revestimento de peças de piscinas, onde as obtidas em processos de cromeação sempre sofrem corrosão.

Na eletrodeposição do zinco, são utilizadas algumas substâncias, tais como o cloreto de potássio, cloreto de zinco e ácido bórico. O cloreto de potássio é adicionado para melhorar a condutibilidade elétrica da solução. Este é responsável pela corrosão anódica, que por sua vez libera o íon de zinco (Zn^{++}) para a solução. Como somente os íons liberados dos ânodos não são suficientes, é utilizado o cloreto de zinco para equilibrar a quantidade deste metal na solução.

10.3.6 Operação e manutenção das estações de tratamento

Segundo Hugenneyer Jr (1997), o tratamento das águas residuárias de uma empresa do setor de tratamentos superficiais representa 2% do seu faturamento, sem a disposição final dos resíduos sólidos, ou 5% com esta disposição final.

De tempos em tempos, certos banhos com soluções concentradas, tais como desengraxantes químicos, decapantes, passivadores, precisam ser substituídos. Geralmente, nesse momento toda a linha de produção do tratamento superficial de peças ou chapas precisa ser paralisada. As operações de troca podem ser assim resumidas: resfriamento da solução, pois a tubulação de descarga não suporta a temperatura de trabalho de alguns banhos; descarga do tanque por gravidade por meio de uma válvula existente no fundo; lavagem do tanque para remoção de impurezas, esvaziando por gravidade esta água. Em seguida, o tanque deve ser preenchido com água limpa e o composto químico e/ou matéria-prima ser adicionado na concentração necessária de trabalho. Deve ser dosada e realizado o controle analítico desta nova solução para verificação de sua correta preparação. Eventualmente, a solução deve ser aquecida até a temperatura de trabalho, para que se retorne à operação da linha.

Segundo Spier (1995), um dos principais problemas causadores de desequilíbrio no sistema de tratamento de efluentes líquidos de indústrias galvanoplásticas é o descarte descontrolado de desengraxantes, decapantes, ativadores, e de águas de lavagem das seções de tratamento de superfícies. As soluções concentradas descartadas devem ser dirigidas para tanques de estocagem, observando-se a segregação conforme as características das mesmas, ou seja, soluções contendo cianetos e soluções com cromo devem ter seus tanques próprios de estocagem. Soluções concentradas de ácidos e de alcalinos podem ser dirigidas ao mesmo tanque de estocagem, após a verificação se a sua mistura não resulta em reações exotérmicas, que podem danificar os tanques ou gerar vapores tóxicos. Ainda segundo o autor, o controle do valor do pH é o fator mais importante do sistema de tratamento de efluentes, pois influencia todas as operações unitárias; envolvidas. Por isso, o controle seguro e preciso do pH é vital para a operação deste sistema.

10.3.7 Reúso de águas em processos de galvanoplastia

A galvanoplastia faz parte do conjunto das categorias que geram e podem lançar ao meio ambiente altas cargas de poluentes perigosos. De acordo com Smith (1995), há quatro caminhos que podem minimizar o consumo de água nos processos industriais de um modo geral: mudanças no próprio processo industrial, reúso direto das águas residuárias, reúso após tratamento e, até mesmo, a reciclagem, como meta maior.

O volume de água deve ser minimizado, observando-se os seguintes passos: tratamento adequado dos banhos químicos, de modo a alcançar o mais longo período de utilização dos mesmos; o uso múltiplo das águas de lavagem através de processos de lavagem em cascata, ou a sua recirculação após tratamento por troca iônica (Bode, 1998).

Com relação às mudanças no processo de galvanoplastia, além das lavagens em cascata, devem ser instalados condutivímetros, que fornecem medidas indicativas da concentração de íons na água. A injeção de ar nos tanques de lavagem também ajuda na limpeza. Tais procedimentos são muito importantes para diminuição do consumo de água.

Marques (1996) apresentou o processo de reutilização de águas residuárias de uma empresa fabricante de fogões, máquinas de lavar e secadoras de roupa, fornos de micro-ondas e lavadoras de louças, entre outros equipamentos. Instalado para uma vazão máxima de 12 m^3/h, o projeto operava com uma vazão de 7 a 9 m^3/h.

Duas elevatórias conduziam os efluentes provenientes da linha da decapagem e da esmaltação à estação de tratamento. O efluente bruto era bombeado através das elevatórias para os tanques de tratamento ou para os reservatórios. O sistema funcionava por batelada, com um período médio de tratamento de duas horas. Antes de iniciar a operação, verificava-se a presença de cromo hexavalente e, se necessário, realizava-se a redução com bissulfito de sódio. Posteriormente, o pH era corrigido. A neutralização era feita com soda líquida e cal até atingir-se um valor de pH final igual a 9,0. A homogeneização do volume em tratamento era obtida com um sistema de insuflamento de ar. Posteriormente, era adicionado carvão ativado, hipoclorito de sódio e antiespumante. Iniciava-se, então, a fase da coagulação/floculação, com a adição de cloreto férrico e polieletrólitos em solução a 0,2%. Em seguida, o insuflamento de ar era desligado e o processo de sedimentação do lodo era realizado.

O líquido clarificado era drenado pelas tomadas laterais, seguindo para um sistema de filtração e reservação. Posteriormente, esta água era reutilizada em outros processos industriais e nas descargas dos sanitários. O reaproveitamento era de cerca de 50%, ou seja, eram tratados em média 8 m^3/h e reutilizados 4 m^3/h. A tecnologia de reaproveitamento da água foi desenvolvida pela própria empresa, que previu uma economia média de 3.500 $m^3/mês$. A parte líquida não aproveitada seguia para a rede de esgotos. O resíduo sólido, após passar por um processo de adensamento e secagem térmica, era destinado, finalmente, ao coprocessamento em fornos de cimento. Schoeman et al. (1992) desenvolveram uma pesquisa para avaliar a eficiência do tratamento, por osmose reversa, das águas dos enxágues das peças após os banhos de níquel, cádmio, cromo e efluentes misturados do processo de galvanoplastia. Os efluentes advêm de descargas de banhos alcalinos, banhos ácidos, soluções dos metais não aproveitadas e águas de lavagem. Segundo o autor, uma grande parte da água requerida no processo de galvanoplastia (aproximadamente 90%) é para lavagens. Os efluentes são submetidos a um pré-tratamento antes do processo de filtração por osmose reversa, que compreende um ajuste de pH, aeração e filtração.

Nos testes realizados com as águas de lavagem, após banho de niquelação das peças, os autores obtiveram uma recuperação média de água da ordem de 92%, com taxas de filtração de 650 $L/m^2.dia$, 550 $L/m^2.dia$ e 450 $L/m^2.dia$, a pressões respectivas de 4600 kPa, 4000 kPa e 3600 kPa. A concentração dos compostos de níquel nesse efluente foi reduzida de 2133 mg/L a 65 mg/L. Aproximadamente 92% e 91% das águas de lavagem dos banhos de cádmio e cromo, respectivamente, puderam ser recicladas para novos processos de lavagens. Os efluentes misturados do processo de galvanoplastia foram submetidos a uma taxa de filtração de 924 $L/m^2.dia$, tendo sido recuperados, aproximadamente, 96% do volume de água para reciclagem. Concentrações de compostos de cádmio e níquel foram diminuídas, respectivamente, de 10,1 e 20,8 mg/L para 0,4 e 6,0 mg/L.

Uma das grandes vantagens da aplicação da técnica da osmose reversa é que, além de fornecer água com qualidade suficiente de ser reciclada no processo, ela permite que metais de alto custo sejam recuperados. Schoeman et al. (1992) estimam que se possa recuperar 80 a 90% do cobre, 30 a 40% do zinco, 90 a 95% do níquel e 70 a 75% do cromo dos efluentes.

Outros estudos foram realizados com membranas filtrantes, para avaliar a viabilidade do reúso de águas de enxágue de processos de galvanoplastia utilizando membranas filtrantes. Dentre eles, podem ser citados os de Ahn et al. (1999), Quin et al. (2002) e Castelblanque & Salimbeni (2004).

AHN et al. (1999) afirmaram que a precipitação química tem sido tradicionalmente aplicada na Coreia para o tratamento de águas de lavagem de processos de galvanoplastia. Entretanto, esta técnica requer o uso de altas dosagens de produtos químicos, inviabiliza a possibilidade do reúso direto dos metais pesados, bem como torna a disposição do lodo gerado neste tipo de tratamento um problema. Desse modo, os pesquisadores investigaram a remoção de cátions e ânions de águas de enxágue do processo de galvanoplastia do níquel por nanofiltração. Foram observadas as taxas de remoção de acordo com as alterações de algumas variáveis como: pressão, velocidade de filtração, pH, tipos e concentrações de íons. De acordo com os resultados, à medida que a concentração de sais nas águas de enxágue aumentou, a taxa de remoção de sais de sulfato e cloreto com valência +1 diminuiu, enquanto a taxa de remoção dos sais de cloreto com valência +2 aumentou.

De acordo com Quin et al. (2002), em Cingapura, o tratamento das águas residuárias geradas em processos de galvanoplastia comumente utilizado é o de precipitação química. Os pesquisadores verificaram o tratamento dessas águas residuárias provenientes de banhos alcalinos, ácidos e de eletrodeposição do níquel pelo processo de osmose reversa. As porcentagens de remoção obtidas para níquel, nitrato e carbono orgânico total foram, respectivamente, 99,8%, 95% e 87%. No permeado, a condutividade medida foi inferior a 45 µS/cm, e as concentrações de níquel, nitrato e carbono orgânico total foram, respectivamente, 0,01, 2,1 e 3,0 mg/L. A água produzida por meio deste tratamento atende os requisitos para reutilização em águas de lavagem alcalina. Um pré-tratamento dessas águas em membranas de ultrafiltração pode diminuir o problema do entupimento nas membranas de osmose reversa e pode aumentar o fluxo em torno de 30 a 50%.

Marder et al. (2004) estudaram o tratamento de águas sintéticas contendo cádmio e cianeto, em laboratório, utilizando o processo de eletrodiálise. Os resultados dos estudos do tratamento com células de eletrodiálise em 5 compartimentos indicaram a possibilidade da obtenção de soluções com altas concentrações de cádmio e cianeto, que podem ser reutilizadas no banho de eletrodeposição do cádmio. A porcentagem de remoção dos mesmos depende da concentração destes íons nas águas residuárias.

10.4 MATERIAIS E MÉTODOS

O trabalho experimental realizado no laboratório de saneamento da Faculdade de Engenharia Civil da Universidade Estadual de Campinas e em uma indústria de freios, que utiliza processos de galvanoplastia, foi dividido em três etapas distintas. Na primeira, foram identificados os pontos de lançamentos de efluentes líquidos: os periódicos advindos das descargas das soluções concentradas e os contínuos gerados pelas descargas das águas de lavagens das peças. Também foram caracterizados os efluentes originários das águas de lavagens dos diferentes processos, para ser verificado a possibilidade de tratamento individual ou em conjunto, por meio de uma amostragem composta.

Em uma segunda etapa, foram determinados os valores de vazão de cada uma das fontes de enxágues, para que fosse conhecida a participação proporcional de cada uma na produção diária. Esta informação foi de extrema importância para a elaboração de uma amostragem composta dos efluentes, de modo a se obterem amostras próximas da real composição das águas residuárias lançadas nos diferentes enxágues.

Na terceira etapa, foram realizados ensaios de tratamento das amostras compostas dos enxágues. Estas foram submetidas ao tratamento físico-químico de coagulação, floculação e sedimentação, ou precipitação química. Foram utilizados coagulantes como: cloreto férrico, sulfato de alumínio e polímero aniônico como auxiliar de floculação. Nos ensaios de precipitação química, foram utilizados hidróxido de cálcio e hidróxido de sódio. Neste texto serão apresentados os resultados da terceira etapa do trabalho de pesquisa, realizado por Carrara (1997), que se refere ao tratamento das águas residuárias provenientes dos tanques de enxágue do processo de galvanoplastia, visando ao seu reúso.

10.4.1 Descrição do consumo de água nos processos

As águas de lavagem das peças tornaram-se foco principal para a realização dos estudos do tratamento dos efluentes de galvanoplastia, visto que usualmente mais de 90% do volume das águas oriundas do processo advêm destes enxágues, conforme afirmou Schoeman *et al.* (1992).

Para determinação destes volumes e suas respectivas vazões, foram rebaixados os níveis de água nesses tanques de entrada e medido o tempo necessário para seu enchimento. Com os valores das áreas de cada tanque e o tempo de enchimento, foram determinadas as vazões de entrada de água. Este procedimento foi realizado quatro vezes em cada um dos dezesseis tanques onde ocorria entrada de água para enxágue. Assim, foi possível a determinação de valores médios das vazões de entrada de água.

10.4.2 Coletas de amostras

Amostras compostas dos diferentes efluentes dos enxágues e na proporção de vazão conhecida na segunda etapa do trabalho foram obtidas em seis diferentes momentos, em um período de tempo igual a quatro meses.

Dezesseis tanques produtores de águas de lavagem contribuíram com suas parcelas para a composição da amostra composta. Foram realizadas coletas instantâneas em cada um dos tanques dos primeiros enxágues, ou seja, naqueles mais contaminados.

Foram coletadas, também, amostras das águas afluentes ao processo e determinados os valores de cor aparente, turbidez, condutividade, pH e metais, com o objetivo de se ter um padrão de referência para a qualidade da água requerida no processo.

10.4.3 Ensaios de coagulação-floculação: ensaios de precipitação química com hidróxido de cálcio e hidróxido de sódio

As amostras compostas dos diferentes tanques de enxágues foram tratadas em *jar-test*. Em cada ensaio efetuado, dois litros das amostras eram colocados em cada um dos seis reatores. Foram realizados quatro ensaios nesta etapa. O ajuste do valor do pH era realizado individualmente, em cada uma das seis amostras, com a adição de hidróxido de cálcio p.a.

O primeiro passo dado, em todos os ensaios, foi a redução do cromo hexavalente para trivalente. Para isto, era adicionado 0,85 mg/L de metabissulfito de sódio em pó na amostra bruta com pH menor que 3 e, agitava-se um gradiente de velocidade igual a 100 s^{-1}, durante 30 s. Essa dosagem adicionada foi determinada experimentalmente. Em seguida, foi realizada a floculação e a sedimentação. Amostras decantadas foram coletadas para análises após períodos de tempo de sedimentação de 60 e 90 minutos. Determinou-se, para cada uma delas, a cor aparente, a turbidez e a dureza.

O mesmo procedimento adotado foi seguido em relação aos ensaios de precipitação química com soda, ou seja, primeiramente foi feita a redução do cromo hexavalente, e depois o pH foi elevado. O sobrenadante foi coletado e foram determinados os valores de turbidez, cor aparente, pH, dureza, e sólidos sedimentáveis. Os valores de pH foram variados de 8 a 10, com diferentes dosagens de NaOH, para verificar influência na formação de compostos metálicos insolúveis, para posterior precipitação. Os períodos de sedimentação utilizados nos ensaios do hidróxido de sódio foram: 60 e 90 minutos.

Em alguns ensaios, para o melhor resultado de remoção de cor e turbidez, foi feita a análise de metais, pelo método da fluorescência de raios X. O elevado custo destas análises tornou inviável a determinação da concentração de metais de todas as amostras; por isso foram feitas seleções, de acordo com os dados de cor e turbidez remanescentes. Na Tabela 10.3 são apresentados os parâmetros de gradiente de velocidade (G) e períodos de tempo (T) na mistura rápida e floculação:

Tabela 10.3	Parâmetros de gradiente de velocidade (G) e tempo de detenção (T) na mistura rápida e floculação, para o ensaio de precipitação química com hidróxido de cálcio e hidróxido de sódio	
Parâmetros	G (s^{-1})	T
Mistura Rápida	100	15 s
Floculação	60	15 min

10.4.4 Ensaios de coagulação-floculação: uso de diferentes coagulantes

Nesta etapa do trabalho, optou-se pela elevação do pH das amostras com hidróxido de sódio p.a. O pH das amostras de água bruta foi elevado para valores de 8,0; 9,0 e 10,0.

Foram utilizados o sulfato de alumínio p.a, cloreto férrico p.a. e o polímero aniônico. As dosagens adicionadas nos ensaios com cloreto férrico e sulfato de alumínio variaram de acordo com o valor do pH, nas regiões ótimas de varredura, dos respectivos diagramas de coagulação. As dosagens de polímero aniônico foram determinadas experimentalmente.

Nesses ensaios foram verificados os parâmetros de cor aparente, turbidez, dureza, condutividade e, em alguns, a concentração dos sólidos sedimentáveis. Os parâmetros de G e T usados na mistura rápida foram os mesmos dos outros ensaios de precipitação química, com hidróxido de cálcio e hidróxido de sódio. A Tabela 10.4 apresenta os produtos químicos utilizados para realização dos ensaios de coagulação-floculação.

Tabela 10.4 Produtos químicos utilizados para realização dos ensaios *jar-test*, origem, marcas e concentrações

Produto	Marca	Concentração – m/m
Cloreto férrico {$FeCl_3.6H_2O$}	SYNTH	2%
Hidróxido de cálcio	MERCK	5%
Hidróxido de sódio	MERCK	20%
Metabissulfito de sódio	MERCK	–
Polímero aniônico 4684	NALCO	0,05%
Sulfato de alumínio {$Al_2(SO_4)_3.(14-18) H_2O$}	VETEC	2%

10.4.5 Determinação das variáveis

As análises de cor aparente realizadas nas amostras brutas e tratadas foram feitas pelo método de comparação visual com discos de vidro corados com a solução de platina de cobalto. Uma unidade de cor corresponde àquela produzida por 1 mg/L de platina, na forma de íon cloroplatinado, ou uH, unidade na escala Hazen. O aparelho utilizado foi o NA 1000 produzido pela Polilab.

A turbidez das amostras foi determinada pelo método nefelométrico, que se baseia na comparação da intensidade de luz espalhada por uma suspensão padrão de referência. Quanto maior a intensidade da luz espalhada, maior a turbidez da amostra. Esta é expressa em unidade de turbidez (uT). Foi utilizado o turbidímetro da Hach modelo 2100P.

O método empregado para determinação da dureza foi o titulométrico do Edta, que utiliza a titulação de substituição, para determinar íons metálicos como cálcio, que formam complexos mais estáveis com o Edta e o indicador negro de eriocromo. Os valores da dureza analisados foram expressos em termos de mg/L de $CaCO_3$.

A condutividade das amostras foi determinada com o auxílio de um condutivímetro da marca Metrohm, modelo 527. Para determinação dos valores de pH das amostras foi utilizado o potenciômetro da Analion, modelo IA 601.

A análise dos sólidos sedimentáveis exigiu a retirada de um litro do sobrenadante das amostras decantadas. O volume restante nos reatores, amostra decantada e lodo, foi agitado e despejado no cone Imhoff. O tempo de sedimentação foi fixado em 1 hora.

Todos estes ensaios foram determinados seguindo os procedimentos ditados pela APHA, AWWA, WPCF (1995), Standard Methods for the Examinations of Water and Wastewater.

O aparelho de coagulação-floculação utilizado consistiu de seis (6) reatores com dimensões (11,5 x 11,5x 21 cm), com espessura das paredes de acrílico iguais a 3 mm. adicionando-se soda e cloreto férrico. A foto da Figura 10.1 mostra o mesmo após a realização de um dos ensaios.

A concentração dos metais presentes nas amostras brutas e nas tratadas foi determinada pelo Método da Fluorescência de Raios X, no Centro de Energia Nuclear na Agricultura (Cena/USP), em Piracicaba. A preparação das amostras para realização deste método foi realizada no laboratório de

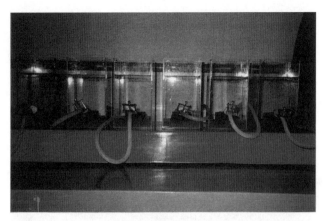

Figura 10.1 Foto das amostras de água bruta proveniente do enxágue das peças após o tratamento com cloreto férrico

saneamento da Faculdade de Engenharia Civil da Universidade Estadual de Campinas (Unicamp).

10.5 RESULTADOS E DISCUSSÃO

10.5.1 Ensaios de coagulação-floculação: ensaios de precipitação química com cal e soda

A Tabela 10.5 mostra os valores de pH, cor aparente, turbidez, dureza e condutividade. Nela são apresentadas também as concentrações de metais detectados nas amostras das coletas 1, 2, 4 e 6 e na água limpa, que entrava nos tanques de enxágue. É importante destacar que não foram determinadas as concentrações de metais das amostras das coletas 3 e 5, pois estas foram utilizadas para se verificar apenas dados de remoção de cor e turbidez e tempo de sedimentação, quando aplicados os coagulantes.

Tabela 10.5 Valores de pH, turbidez, cor aparente, dureza, condutividade e concentração de metais das amostras de água bruta compostas em seis diferentes coletas nos tanques de enxágue das peças galvanizadas e da água limpa que entrava neste processo de galvanoplastia

Amostras das coletas	pH	Turbidez (uT)	Cor (uH)	Dureza mg/L	Cond mS/cm	Metais detectados (ppb)						
						Cr	Fe	Co	Ni	Cu	Zn	Pb
1	2,5	39	300	300	1,9	1878	12331	8	19668	128	19749	47
2	2,7	43	240	230	*	2102	14056	65	20633	132	20225	35
3	3,1	100	400	300	1,7	*	*	*	*	*	*	*
4	2,9	73	300	350	2,2	1808	14916	7	6254	137	38229	50
5	2,9	50	200	200	1,7	*	*	*	*	*	*	*
6	2,5	38	200	220	2,6	568	15005	33	35198	104	30004	58
Água limpa	9,3	0,45	Nd	Nd	0,4	<6	15	17	<6	<6	<6	<6

* – Dados não determinados
Nd – Não detectado (inferior ao limite de detecção do método)

Os primeiros ensaios de tratabilidade das águas residuárias provenientes dos processos de galvanoplastia foram realizados com hidróxido de cálcio em valores de pH iguais a 8,0; 9,0 e 10,0. Na amostra bruta da primeira coleta, foram determinados os valores de pH, turbidez, cor aparente, condutividade e concentração de metais, cujos dados estão presentes na Tabela 10.6. As amostras tratadas tiveram os valores de turbidez, cor aparente, dureza e sólidos sedimentáveis do lodo medidos. A turbidez foi determinada após 60 e 90 minutos de tempo de sedimentação, enquanto os outros parâmetros foram medidos após 90 minutos de tempo de sedimentação. A Tabela 10.7 con-

Tabela 10.6 Valores de pH, turbidez, cor aparente, condutividade (Cond) e concentração dos metais detectados na amostra da primeira coleta, proveniente das águas de enxágue do processo de galvanoplastia

Amostra bruta da coleta	pH	Turbidez uT	Cor uH	Cond mS/cm	Metais detectados (ppb)						
					Cr	Fe	Co	Ni	Cu	Zn	Pb
1	2,5	39	300	1,9	1878	12331	8	19668	128	19749	47

têm os valores de pH, turbidez, cor aparente, sólidos sedimentáveis e dureza após os ensaios de precipitação química com hidróxido de cálcio na amostra da primeira coleta.

A Tabela 10.7 demonstra que ocorreu uma alta remoção de turbidez e cor para os três valores de pH testados; entretanto, a dureza remanescente foi elevada.

Os dados presentes na Tabela 10.8 revelam que, em pH igual a 10,0 e tempo de sedimentação igual a 90 minutos, houve uma maior remoção de metais do que em pH 8,0, acima de 98% para o ferro, níquel e zinco, sendo que as concentrações remanescentes dos outros metais estiveram abaixo do limite de detecção do aparelho, portanto, menores que 6 ppb. Em pH igual a

Tabela 10.7 Valores de pH, turbidez e as respectivas porcentagens de remoção (% rem), cor, condutividade (Cond), sólidos sedimentáveis (Ssed) e dureza determinados após os ensaios de precipitação química com hidróxido de cálcio, em períodos de tempo de sedimentação iguais a 60 e 90 minutos na amostra da primeira coleta

Amostra Tratada- pH	Ca(OH)$_2$ mg/L	Turbidez uT 60 min	% rem	Turbidez uT 90 min	% rem	Cor uH	Ssed ml/L	Dureza mg CaCO$_3$/L
1- pH=8,0	300	1,27	96,74	1,08	97,23	7,5	90	507
2- pH=9,0	338	1,23	96,85	0,64	98,36	5,0	120	514
3- pH=10,0	375	1,30	96,67	0,88	97,74	7,5	125	527

Tabela 10.8 Concentrações de metais (Conc.) contidas nas amostras tratadas e as respectivas porcentagens de remoção (% rem) após tempos de sedimentação (TS) de 60 e 90 minutos, da amostra da primeira coleta

Metais	Amostra tratada 1- pH=8,0					Amostra tratada 2- pH=9,0					Amostra tratada 3- pH=10,0			
	TS=60 min.		TS=90 min.		TS=60 min.		TS=90 min.		TS=60 min.		TS=90 min.	
	Conc. (ppb)	% rem.	Conc. (ppb)	% rem.	Conc. (ppb)	% rem.	Conc. (ppb)	% rem.	Conc. (ppb)	% rem.	Conc. (ppb)	% rem.
Fe	285	97,69	274	97,78	216	98,25	74	99,40	216	98,25	150	98,78
Ni	10755	45,32	6900	64,92	1392	92,92	720	96,34	355	98,20	289	98,53
Zn	1825	90,76	1356	93,13	410	97,92	161	99,18	360	98,18	269	98,64

9,0 houve uma alta remoção de Fe e Zn, tanto para tempo de sedimentação igual a 60 min. como 90 minutos. Entretanto, a remoção de níquel esteve aquém da remoção obtida para valor de pH igual a 10,0.

Em virtude das amostras decantadas apresentarem dureza muito alta, optou-se pela elevação do pH com hidróxido de sódio. Não é recomendado o uso de águas com dureza elevada nos processos de eletrodeposição, pois os íons de cálcio podem formar o sulfato de cálcio, pouco solúvel, que precipita e pode contaminar o banho químico com partículas sólidas. A restrição ao uso de águas duras não se refere apenas ao banho de eletrodeposição, mas a todo o processo de pré-tratamento, para não ocorrer contaminação por arraste (Panossian, 1997).

Assim sendo, foram realizados ensaios de precipitação química dos metais elevando-se o pH para 8,0; 9,0 e 10,0 com hidróxido de sódio. Dados das Tabela 10.9 e 10.10 mostram, respectivamente, as características da amostra bruta utilizada e das amostras tratadas, após clarificação. A Tabela 10.11 apresenta as concentrações de metais medidas para os ensaios de precipitação com hidróxido de sódio, em períodos de tempo de sedimentação iguais a 60 e 90 minutos. É importante ressaltar que os valores de cor aparente, dureza e sólidos sedimentáveis do lodo, foram determinados após 90 minutos de decantação das amostras de água.

A Tabela 10.10 mostra que no ensaio de precipitação com hidróxido de sódio aconteceu o mesmo que o ocorrido no ensaio com hidróxido de cálcio e também houve uma elevada remoção de

Capítulo 10 – *Estudos de viabilidade do reúso de águas residuárias provenientes...* 293

Tabela 10.9 Valores de pH, turbidez, cor aparente e concentração dos metais detectados na amostra da segunda coleta, proveniente das águas de enxágue do processo de galvanoplastia

Amostra bruta da coleta	pH	Turbidez (uT)	Cor (uH)	Metais detectados (ppb)						
				Cr	Fe	Co	Ni	Cu	Zn	Pb
2	2,7	43	240	2102	14056	65	20633	132	20225	35

Tabela 10.10 Valores de pH, turbidez, cor, sólidos sedimentáveis (Ssed) e dureza determinados após os ensaios de precipitação com hidróxido de sódio, em períodos de tempo de sedimentação iguais a 60 e 90 minutos na amostra da segunda coleta

Amostra Tratada-pH	Na(OH) mg/L	Turbidez uT 60 min.	%rem	Turbidez uT 90 min.	%rem	Cor uH	Ssed ml/L	Dureza mg CaCO$_3$/L
1- pH=8	276	1,99	95,37	1,46	96,60	10,0	60	Nd
2- pH=9	336	2,13	95,05	1,41	96,72	2,5	60	Nd
3-pH=10	384	1,49	96,53	0,89	97,93	10,0	65	Nd

*Nd - Não detectado (inferior ao limite de detecção do método)

Tabela 10.11 Concentrações de metais contidas nas amostras tratadas após períodos de tempo de sedimentação de 60 e 90 minutos na amostra da segunda coleta, proveniente das águas de enxágue do processo de galvanoplastia

Metais	Amostra tratada 1-pH=8,0				Amostra 2-pH=9,0				Amostra 3-pH= 10,0			
	TS=60 min.		TS=90 min.		TS=60 min.		TS=90 min.		TS=60 min.		TS=90 min.	
	Conc. (ppb)	% rem.	Conc. (ppb)	% rem.	Conc. (ppb)	% rem.	Conc. (ppb)	% rem.	Conc. (ppb)	% rem.	Conc. (ppb)	% rem.
Fe	1010	92,81	927	93,40	339	97,59	205	98,54	239	98,30	93	99,34
Ni	10403	49,48	10347	49,85	1029	95,01	689	96,66	231	98,88	54	99,74
Zn	4524	77,63	4441	78,04	542	97,32	301	98,51	288	98,58	88	99,56

turbidez considerados os tempos de sedimentação de 60 minutos e de 90 minutos. Houve ainda diminuição do volume de sólidos sedimentáveis do lodo quando se utilizou o hidróxido de sódio, bem como não foi detectada dureza na água.

Os dados presentes na Tabela 10.11 revelam que ocorreu uma remoção de metais acima de 99% para o ferro, níquel e zinco, na amostra tratada com hidróxido de sódio, em pH igual a 10,0 e tempo de sedimentação de 90 minutos, notando-se que, para os demais metais, a concentração esteve abaixo do limite de detecção do método analítico. É possível constatar que em pH igual a 8,0 os resultados não foram tão satisfatórios, quando comparados com as amostras tratadas em pH 9,0 e 10,0. Também pôde ser verificado que a amostra tratada em pH igual a 10,0, após 90 minutos de decantação, apresentou concentrações inferiores à tratada durante 60 minutos de sedimentação. Novamente, a remoção de níquel foi superior em pH 10,0.

A Tabela 10.12 contêm valores de pH, turbidez, cor aparente, condutividade e concentração dos metais detectados na amostra de água bruta da quarta coleta. A Tabela 10.13 apresenta os valores de pH, turbidez, cor, condutividade e sólidos sedimentáveis determinados após os ensaios de coagulação-floculação com hidróxido de sódio, cloreto férrico e polímero, em períodos de tempo de sedimentação iguais a 30 e 60 minutos na amostra da quarta coleta, proveniente das águas de enxágue do processo de galvanoplastia. Os valores

Tabela 10.12 Valores de pH, turbidez, cor aparente, condutividade (Cond) e concentração dos metais detectados na amostra da quarta coleta, proveniente das águas de enxágue do processo de galvanoplastia

Amostra bruta da coleta	pH	Turbidez uT	Cor uH	Cond mS/cm	Cr	Fe	Co	Ni	Cu	Zn	Pb
4	2,9	73	300	2,2	1878	14916	7	6254	137	38229	50

Metais detectados (ppb)

Tabela 10.13 Valores de pH, turbidez, cor, condutividade e sólidos sedimentáveis determinados após os ensaios de coagulação-floculação com hidróxido de sódio, cloreto férrico e polímero, em períodos de tempo de sedimentação de 30 e 60 minutos, na amostra da quarta coleta

Amostra Tratada- pH	NaOH mg/L	Coagulante	Dosagem mg/L	Turbidez 30 min-uT	Turbidez 60 min-uT	Cor uH	Cond mS/cm	Ssed ml/L
1- pH=10,0	368	FeCl$_3$	30	1,18	0,75	5,0	1,83	160
2- pH=10,0	–	NaOH	368	4,28	2,90	20,0	1,85	140
3- pH=10,0	368	Polímero	2,28	0,87	0,65	2,5	1,85	120

de cor, condutividade (Cond.) e sólidos sedimentáveis foram determinados após 60 minutos de decantação das amostras de água.

A Figura 10.2 apresenta, graficamente, a porcentagem de remoção dos metais, em função da variação do pH e do coagulante utilizado, para o tempo de sedimentação de 60 minutos, dos ensaios de coagulação-floculação apresentados na Tabela 10.13.

A eficiência obtida com relação à remoção de turbidez foi muito satisfatória para as amostras tratadas com cloreto férrico e polímero, apresentando porcentagens de remoção da ordem de 99%. As amostras tratadas pelo processo de precipitação química apenas com o ajuste de pH apresentaram baixas remoções de cor e turbidez, quando comparadas com os outros coagulantes, porém, outros ensaios mostraram que ocorreu grande eficiência de remoção de cor, turbidez e metais quando o tempo de sedimentação foi aumentado para 90 minutos.

A água limpa, que entrava nos tanques de enxágue, era proveniente de um poço profundo e apresentava pH igual a 9,3, turbidez igual a 0,45 uT e condutividade igual a 0,4 mS/cm. No processo estudado, foi verificado que os valores de condutividade requeridos no último enxágue, para uma eficiente lavagem das peças, variava em média entre 0,55 e 0,65 mS/cm. As amostras tratadas apresentaram, em média, valores de condutividade va-

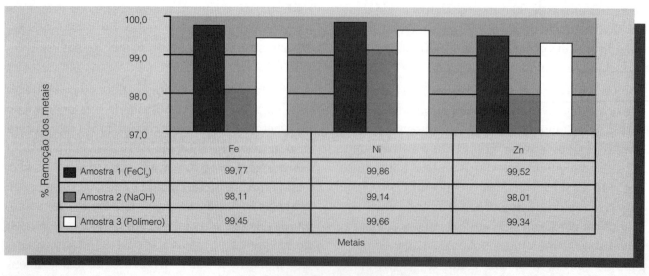

Figura 10.2 Porcentagem de remoção dos metais das amostras, em função do coagulante ou polímero

riando entre 1,8 e 2,0 mS/cm. Isso indica que estas águas apresentam elevada salinidade. O reúso das águas tratadas nessas condições, em sistemas de torres de refrigeração e caldeiras, *a priori*, deve ser evitado, pois podem levar a problemas de corrosão. Colunas de trocas iônicas, se adotadas, podem remover os íons presentes, que permanecerem após o tratamento físico-químico. Entretanto, se a água fosse tratada conforme amostra 1 da Tabela 10.13 e diluída a 50% com água limpa proveniente da rede de abastecimento de água, pode ser constatado que poderia haver reutilização na maioria dos tanques do primeiro enxágue, dos diferentes processos de galvanização da indústria. Os valores de condutividade presentes nas águas do primeiro enxágue, nas diferentes etapas desengraxamento, eletrodeposição, passivação e neutralização variaram de 0,55 a 6,3 mS/cm, com exceção da decapagem, que variou de 13,3 a 14,4 mS/cm. Como as amostras de águas tratadas apresentaram condutividade média variando entre 1,8 e 2,0 mS/cm, com a diluição a 50% obteve-se condutividade média de 1,1 mS/cm, tal prática torna viável o reúso dessas águas em vários tanques de primeiro enxágue.

A Tabela 10.14 apresenta a caracterização da água bruta da sexta coleta, enquanto a Tabela 10.15 mostra, respectivamente, as características das amostras tratadas para essa coleta. A Tabela 10.16 apresenta os ensaios de precipitação com cloreto férrico, polímero e somente NaOH em períodos de tempo de sedimentação de 30 e 60 minutos, ressaltando que os valores de cor aparente, dureza e sólidos sedimentáveis do lodo foram determinados após 60 minutos de decantação das amostras de água.

Tabela 10.14 Valores de pH, turbidez, cor aparente e concentração dos metais detectados na amostra da sexta coleta, proveniente das águas de enxágue do processo de galvanoplastia

Amostras brutas da coleta	pH	Turbidez (uT)	Cor (uH)	Dureza mg/L	Cond mS/cm	Cr	Fe	Co	Ni	Cu	Zn	Pb
6	2,5	38	200	220	2,6	568	15005	33	35198	104	30004	58

Metais detectados (ppb)

Tabela 10.15 Valores de pH, turbidez, cor, sólidos sedimentáveis (Ssed) e condutividade (Cond.) determinados após os ensaios de coagulação-floculação com cloreto férrico mais polímero e somente com polímero, em períodos de tempo de sedimentação iguais a 30 e 60 minutos, na amostra da sexta coleta

Amostra Tratada-pH	Na(OH) mg/L	Coagulante	Dosagem mg/L	Turbidez uT 30 min.	%rem	Turbidez uT 60 min.	%rem	Cor uH	Ssed ml/L	Cond. mS/cm
1- pH=9,0	380	FeCl$_3$/polímero	20/0,15	0,72	98,11	0,50	98,68	2,5	90	1,83
2- pH=9,0	380	Polímero	0,76	0,40	98,95	0,39	98,97	2,5	75	1,81

Tabela 10.16 Concentrações de metais contidas nas amostras tratadas da sexta coleta após tempo de sedimentação (TS) de 60 minutos

Metais	Amostra tratada 1- pH=9,0 TS=60 min. Conc. (ppb)	% rem.	Amostra tratada 2-pH=9,0 TS=60 min. Conc. (ppb)	% rem.
Fe	72	99,52	15	99,90
Ni	1002	97,15	182	99,48
Zn	121	99,60	15	99,95

Os resultados apresentados na Tabela 10.16 mostram que o tratamento apenas com polímero aniônico em pH 9,0 proporcionou uma excelente remoção de metais, superior a 99%, além de fornecer uma água com baixa cor aparente e turbidez, conforme pode ser observado na Tabela 10.15.

Um aspecto importante a ser destacado é que a utilização do polímero diminuiu o volume de lodo gerado. O lodo resultante do tratamento físico-químico de efluentes de galvanoplastia é um resíduo perigoso, que contém altas concentrações de metais pesados e cujo destino ainda é um problema a ser resolvido em muitas empresas que estocam este material. A disposição adequada desse lodo é fundamental para evitar maiores danos ao meio ambiente, por isso, estudos que envolvam a recuperação dos metais presentes no lodo e o seu reaproveitamento em outros materiais devem ser estimulados.

A Figura 10.3 apresenta os espectros de raios X dos filtrados da amostra bruta, antes do tratamento, e da amostra 1 da Tabela 10.13, após o tratamento. Os traços sob os elementos indicam a posição dos raios X Kalfa característicos. Segundo Simabuco & Nascimento F. (1993), a análise por fluorescência de raios X é uma técnica analítica

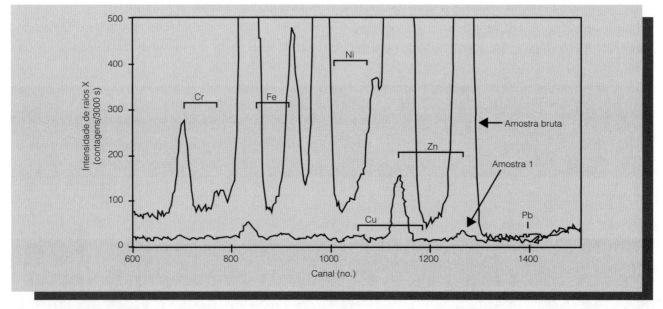

Figura 10.3 Espectros de raios X dos filtros da amostra bruta da quarta coleta e da amostra 1 (Tabela 10.13) tratada com cloreto férrico em pH 10,0, obtida com a fonte de Pu-238, em tempo de excitação/detecção de 3000 s.

nuclear, instrumental, multielementar e simultânea baseada na medida das intensidades de raios X característicos emitidos pelos elementos que constituem a amostra.

Devido à excitação, após a irradiação da amostra pela fonte de Pu-238, os elementos constituintes das amostras analisadas perdem, principalmente, os elétrons da camada K. Os elétrons da camada L saltam para a camada K, e como consequência, há emissão de raios X característicos, denominados de raios X Kalfa, cuja energia é proporcional ao número atômico do elemento emissor. Estes raios X emitidos pelos elementos podem interagir com um detector e produzir pulsos eletrônicos, cuja amplitude (altura) é diretamente proporcional à energia do raio X. Os pulsos apresentam energia entre 0 e 10 volts, e um instrumento eletrônico, chamado analisador de pulsos, classifica estes pulsos pela sua amplitude.

No total, foram realizados 23 ensaios de *jar test* em 125 reatores. Todos os resultados dos ensaios e uma discussão mais ampla sobre os ensaios de tratabilidade, bem como as possibilidades de reúso podem ser encontrados no trabalho de pesquisa realizado por Carrara (1997).

10.6 CONCLUSÕES

Para as condições do trabalho explicitadas e de acordo com os dados obtidos durante a realização da pesquisa, pôde-se concluir que:

a) Os melhores resultados obtidos para o tratamento das águas de enxágue do processo de galvanoplastia estudado foram: 30 mg/L de cloreto férrico, com pH 10, ou polímero aniônico em pH 9,0, em tempos de sedimentação igual a 60 minutos ou hidróxido de sódio em pH 10, com tempo de sedimentação igual a 90 minutos.

b) Pode ser conseguida remoção de metais Fe, Ni e Zn acima de 99% com o uso de hidróxido de sódio, em pH 10,0 e tempo de sedimentação de 90 minutos.

c) O uso do polímero aniônico como coagulante primário, em pH de coagulação igual a 9,0, removeu 99,90%, 99,48% e 99,95% de Fe, Ni e Zn, respectivamente, para o tempo de sedimentação de 60 minutos.

d) Não se recomenda a utilização de sulfato de alumínio como coagulante, quando pode ser usado cloreto férrico ou polímero aniônico para a mesma função.

e) O uso do polímero aniônico como coagulante ou auxiliar de floculação diminuiu o volume de lodo gerado.

f) A utilização do hidróxido de cálcio para ajuste de pH no ensaio de precipitação química promoveu remoção de metais semelhantes às conseguidas com o hidróxido de sódio; entretanto, a dureza final da água tratada foi muito elevada e a condutividade final foi similar. Por isso, recomenda-se a elevação do pH com NaOH, quando se visa ao reúso ou reciclagem destas águas.

g) Em termos de metais pesados, a qualidade dessas águas tratadas permite que sejam reutilizadas em descargas de banheiros e para lavagem de pisos.

h) Não é possível a reciclagem destas águas residuárias para segundo ou último enxágue, após tratamento físico-químico convencional de coagulação-floculação, devido à elevada condutividade das águas tratadas por este processo.

i) Os valores de condutividade medidos nas amostras tratadas indicaram que, após uma diluição a 50% com água limpa, seria possível reutilização da água tratada na maioria dos tanques do primeiro enxágue, considerando a condutividade utilizada no processo em estudo.

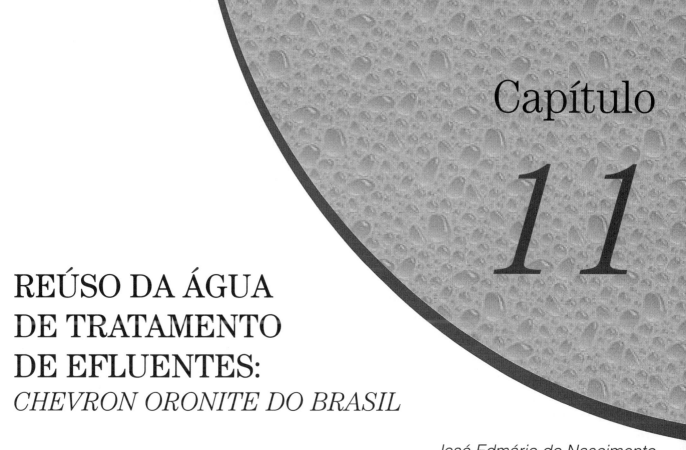

Capítulo 11

REÚSO DA ÁGUA DE TRATAMENTO DE EFLUENTES:
CHEVRON ORONITE DO BRASIL

José Edmário do Nascimento

11.1 HISTÓRICO

A empresa Chevron Oronite Brasil estabeleceu suas atividades no Brasil em 1953, tendo instalado sua primeira planta de processamento do asfalto, em 1955, na cidade de Cubatão, Estado de São Paulo, sob o nome de Asfaltos Califórnia. Em 1966, foi rebatizada como Chevron Asfaltos. A partir de 1981, passou a se chamar Chevron do Brasil Ltda., e, finalmente, de Chevron Oronite Brasil Ltda., em 2000. Em 1980, inaugurou sua planta de aditivos, no Polo Petroquímico de Capuava, situado na cidade de Mauá, Estado de São Paulo.

Atualmente, a Chevron Oronite Brasil produz e comercializa aditivos para óleos lubrificantes e combustíveis (gasolina e diesel) na América Latina, e é uma subsidiária da LLC de Chevron Oronite Companhia, cuja sede fica situada em Houston, Texas, EUA, e é uma subsidiária de Chevron Corporation.

Considerada como uma das quatro maiores companhias do mundo a fabricar aditivos para óleos lubrificantes e para combustíveis, é líder na tecnologia de motores movidos a gás, diesel, *railway*, marinho, natural, de dois-ciclos, de transmissão pesada, e na lubrificação dos motores de tratores. Pioneira em aditivos de combustível, tornou-se líder nessa tecnologia. Desde que foi criada, a Chevron Oronite Brasil tem expandido suas operações no Brasil, Argentina, Chile, Peru, Uruguai, Paraguai e Bolívia.

Sua produção mensal é de aproximadamente 3.000 toneladas, incluindo aditivos para motores e combustíveis. Atualmente, seu quadro de funcionários na unidade sediada no Brasil é constituído por 150 (cento e cinquenta) funcionários.

Possui na planta de Mauá, além do processo de produção, um laboratório de controle de qualidade e o seu próprio tratamento de efluentes. Todos os gases provenientes do processo de fabricação são tratados dentro da própria empresa, em sua estação de tratamento de gases.

A área destinada às instalações compreende 72.000 m², mas dentro deste espaço está compreendida grande área verde. Além das instalações destinadas à produção, também estão instalados: departamento de projetos, laboratório de análises, contabilidade, P.C.P., gerência, importação e exportação, TI. As instalações da fábrica estão divididas da seguinte forma: uma área destinada ao processo propriamente dito, área de mistura e embarque, tratamento de efluentes e tratamento de gases. Merecem destaque especial o tratamento de efluentes e o tratamento de gases, pois são os responsáveis por evitar a poluição ambiental causada pelos resíduos gerados durante o processo de fabricação. É importante destacar que a fábrica está localizada em região de perímetro urbano.

Na unidade fabril, são produzidos vários produtos, dentro da linha de aditivos empregados nos óleos lubrificantes. Para atingir os produtos finais, são utilizados vários processos de fabricação; dentre os principais destacam-se processos do tipo contínuo e por bateladas.

O processo contínuo, como o próprio nome sugere, é aquele em que o produto final é formado por misturas simultâneas de componentes, praticamente sem interferência, havendo apenas um monitoramento das variáveis controladas, o qual somente é finalizado depois de concluídas as reações químicas geradas no processo.

Já o processo por bateladas é aquele que se dá quando o produto final passa por diversas etapas não contínuas, ou seja, ações tomadas de tempos em tempos, por um agente, como a adição de componentes e alterações nas variáveis controladas, dependendo da etapa do processo, até a finalização do produto, sendo que durante todas essas etapas existe uma monitoração por meio de análises, realizadas em laboratório.

As unidades instaladas, necessárias para atender as necessidades da produção, é formada por fornos de aquecimento de fluido térmico, caldeiras para geração de vapor, movidas a óleo combustível e a gás natural (combustível menos poluente), reatores, colunas de destilação, tanques de armazenamento, vasos de condensação, trocadores de calor, compressores, secadores de ar, filtros etc.

Dentro do campo de atuação desta unidade de produção, foram ainda agregados novos produtos, através da compra de *know-how* de outras empresas, tais como os melhoradores de índice de viscosidade, e também incorporados os aditivos para diesel e gasolina, estes com tecnologia própria, mas sendo os aditivos para óleos lubrificantes os que resultam na maior variedade de produtos.

No início de suas operações no Brasil, a empresa tinha como seu cliente principal a Petrobras, mas atualmente o quadro mudou e seus maiores clientes são: Shell, Exxon, Petrobras, Ipiranga etc., mas atende também diversos países da América Latina, Ásia e Europa.

Para atender necessidades do mercado, teve que adequar suas instalações para que tivesse condições de competir com empresas que atuam no mesmo segmento, e, com isso, foram destinados recursos em diversas áreas, destacando-se os investimentos destinados à automação da planta, com a aquisição de dispositivos de última geração no controle do processo de fabricação. Equipamentos com tecnologia de ponta foram adquiridos para controle das misturas, denominados medidores mássicos, que têm a qualidade de medirem a quantidade de produtos com muita precisão, reduzindo muito o índice de erro na mistura dos produtos. Na intenção de reduzir o consumo de energia elétrica, foram adquiridos dispositivos (inversores de frequência e *soft-starters*) para todos os motores com grande capacidade e substituídas as antigas lâmpadas, por lâmpadas do tipo vapor de sódio.

Com a política constante de modernização da planta, a unidade passou de uma produção mensal de 1.500 toneladas/mês, na década de 1980, para uma produção atual acima de 3.000 toneladas/mês, com possibilidade de produção ainda superior.

11.1.1 Certificação de qualidade

A Certificação de qualidade, atendendo à Norma ISO 9002/1994, foi conquistada no ano de 1995, e hoje já está adequada à nova versão ISO 9000/2000. Durante o processo de certificação, foi criado ambiente específico para aferição dos instrumentos utilizados no processo, com padrões rastreados por órgãos competentes; também foram desenvolvidos métodos de monitoramento para acompanhamento no laboratório de validação dos produtos recebidos, assim como nos produtos finais.

11.1.2 Certificação ambiental

No ano de 2001, a empresa foi contemplada com a conquista da certificação na área de Meio Ambiente, atendendo à Norma ISO 14000 (Sistema de Gestão Ambiental).

11.1.3 Consumo de água

Embora a empresa não utilize água como matéria-prima, já que seus produtos são basicamente lubrificantes, ela está presente em seu processo produtivo como resíduo de reações e subprodutos. Ressalte-se que não seria possível fabricar estes produtos sem utilizar a água de forma indireta.

Em uma indústria petroquímica, a água tem vasto campo de aplicação, como suporte da produção e do seu controle. Existem vários equipamentos e setores que necessitam de água para o seu bom funcionamento: caldeiras, torres de resfriamento, áreas de apoio, laboratório, limpeza de equipamentos e de toda a fábrica. Neste tipo de instalação, geralmente as unidades que apresentam maior consumo de água são: a de geração de vapor, a torre de resfriamento e as operações de limpeza de equipamentos.

Além do consumo natural dos equipamentos citados, para o seu funcionamento, há a necessidade de purgas e drenagens para se garantir a vida útil de outros equipamentos envolvidos no complexo fabril. Como exemplo, pode-se citar o consumo de água na torre de resfriamento, cuja operação de purga consome 1,2 m³/h e só de perdas por evaporação mais 2,0 m³/h. Ressalte-se que este é um equipamento que trabalha 365 dias por ano, e tem uma reposição automática de água de 4,0 m³/h.

Na Tabela 11.1 são apresentados os principais consumidores de água dentro de uma instalação típica:

Tabela 11.1 Áreas e equipamentos que consomem água

Área/equipamento	Tipo de consumo
Caldeiras	Geração de vapor e purgas
Torre de resfriamento	Água resfriada para toda a fábrica e purgas
Vestiário	Higiene pessoal
Refeitório	Lavagem de louças e limpeza geral
Laboratório	Limpeza de vidrarias
Reatores	Limpeza de equipamentos

11.1.4 Origem da água utilizada na Chevron

A água utilizada na empresa é captada através de dois (2) poços artesianos que suprem a parte fabril.

Estes poços possuem monitoramento ambiental de acordo com parâmetros legais e licença de captação conhecido como Outorga.

A água que supre o refeitório vem da rede pública municipal. Deve-se ressaltar também a existência de um reservatório de água de incêndio, com capacidade para 1.000 m³, item de segurança de extrema importância em uma empresa que manuseia diariamente produtos à base de petróleo.

Para se ter uma ideia de quanto se consome de água dentro de uma empresa deste porte, podem-se citar alguns números referentes ao ano de 2006:

- **água captada dos poços artesianos:** média mensal de 6.300 m³;
- **água consumida da rede pública:** média mensal 150 m³.

11.2 UNIDADE DE TRATAMENTO DE EFLUENTES

O tratamento das águas geradas ou contaminadas no processo produtivo da empresa atende às legislações mais restritivas das especificações físico-químicas do artigo 18, Decreto n. 8.468 de 1976, da Legislação da Cetesb e da Legislação Federal, Resolução n. 357 do Conama, de 17 de março de 2005.

As águas geradas e contaminadas com produtos químicos e utilizadas na planta são coletadas e tratadas através de processos físico, químico e biológico, e, dessa forma, obtém-se a retirada do óleo e compostos orgânicos prejudiciais ao meio ambiente. Nenhum tipo de água gerada ou utilizada dentro da empresa deixa os seus limites sem receber o devido tratamento.

De acordo com a Resolução Conama n. 357 e Decreto 8.468, o Córrego Oratório, onde a Chevron lança o efluente, está classificado como classe 4.

O Córrego Oratório é monitorado de acordo com o Plano Anual de Monitoramento Ambiental, a fim de evitar mudanças no padrão da água do córrego, quando do lançamento do efluente tratado, de acordo com o artigo 7 do Conama 357 e artigo 13 do Decreto 8.468. No fluxograma abaixo, da Figura 11.1, apresenta-se o caminho percorrido pela água até que esta esteja adequada aos parâmetros legais.

11.2.1 Divisão de fluxo em dias de chuvas fortes

O divisor de fluxos tem a função de receber efluentes oleosos e águas pluviais. No caso de haver um excesso de águas pluviais que possa alterar

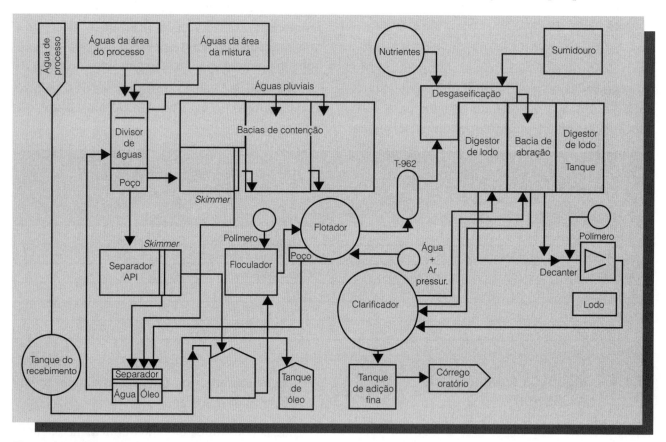

Figura 11.1 Fluxograma do processo físico

significativamente a vazão de chegada de águas na estação de tratamento de efluentes, este excesso será enviado por gravidade às bacias de emergência.

Em dias normais, as águas vão diretamente para o separador API, não havendo necessidade de passar pelas bacias de emergência, já que o volume de chegada pode ser controlado na entrada da estação. Em dias de chuvas fortes, o fluxo de chegada é direcionado para as bacias de emergência, de forma que o Separador API não opere com velocidade muito maior do que a normal e assim não causar distúrbios à estação.

11.2.2 Tratamento do excesso de águas pluviais

A estação de tratamento de efluentes está equipada com bacias de contenção, com capacidade total de 1.887 m^3, utilizada em situações de emergência, em geral para estocagem de grande volume de água durante o período das chuvas. Em caso de maior vazão em tempos chuvosos, recebem os efluentes a serem tratados, ou então, a serem reprocessados. Quando o efluente final não atende as especificações, o mesmo retorna para ser reprocessado, a fim de se atender requisitos legais.

Existe ainda uma bacia para recebimento das águas da área de tratamento de gases. Essa água tem como principal característica o pH básico, devido à utilização de hidróxido de sódio no tratamento de gases.

Quando necessária a operação das bacias do sistema de emergência, é comum a passagem para esses tanques de parte das águas de chuvas, aproveitando-se para fazer a necessária separação do óleo sobrenadante, via trasbordamento.

Após a separação do óleo das águas de chuva nas bacias de emergência, podem-se verificar as condições, conforme especificação para envio diretamente para o rio, conforme parâmetros legais. Em casos em que as águas não se enquadrem nos parâmetros especificados, o efluente é bombeado para receber o tratamento adequado.

11.2.3 Separador de água e óleo – padrão API

O separador de água e óleo, padrão API, é dotado de caixa de coleta destinada a retirar materiais sólidos que possam ser arrastados nos efluentes. Os efluentes do Separador API são bombeados, com controle de nível automático, ao tanque-pulmão. O óleo é coletado por *skimmers* (separadores físicos) e enviado ao tanque coletor de óleo.

Os *skimmers* do separador API devem permanecer abertos diariamente, não havendo necessidade de bloqueá-los, já que sua função é coletar o óleo da superfície do efluente, pois existe uma separação natural entre a água e o óleo por diferença de densidade.

Para que ocorra uma coleta de óleo na superfície com mais eficiência, pode-se também utilizar sopradores de ar comprimido direcionados para a camada superficial de óleo, promovendo, assim, uma maior velocidade do óleo na superfície da água.

11.2.4 Tanque-pulmão

Este tanque tem o objetivo de homogeneizar as cargas de efluentes recebidas, evitando grandes flutuações na concentração de contaminantes prejudiciais ao tratamento biológico e permitir ainda uma separação adicional de água e óleo. É dotado de sistema móvel de controle manual (2 *skimmers* – separadores físicos de superfície) para remoção de óleos e sobrenadantes, visando acompanhar o nível do tanque. O óleo flui por gravidade ao poço coletor de óleos. Os efluentes fluem por gravidade para o floculador.

Esse tanque, em estado normal de operação, é mantido com nível de 70% de sua capacidade, podendo ser alterado de acordo com a posição dos *skimmers,* para que se possa operar com margem de segurança. Os *skimmers* devem ser utilizados para retirar o óleo sobrenadante.

Na saída do tanque-pulmão, existe um medidor de vazão de campo, onde se controla automaticamente a saída de água a ser dosada em todo sistema de tratamento.

11.2.5 Operação da unidade de tratamento físico-química

11.2.5.1 Tanque floculador

No tanque floculador, são formados os flocos para posterior separação na unidade de flotação. Este tanque é dotado de agitador para proporcionar uma melhor mistura entre a água proveniente do tanque-pulmão e o polieletrólito. O polieletrólito tem a função de aglutinar em flocos os resíduos presentes na água (basicamente óleos e graxas), que são retirados no tanque flotador. A dosagem de polieletrólitos é contínua e proporcional ao fluxo de alimentação do sistema. Se a dosagem de polieletrólitos cessar por vários dias, corre-se o risco de ter o efluente final com excesso de óleos e graxas (concentrações acima dos limites estabelecidos). Se for dosado em excesso, poderá destruir as bactérias da bacia de aeração. O transbordo deste tanque ocorre naturalmente para o tanque flotador.

11.2.5.2 Flotador

No flotador, é feita a retirada dos flocos formados na unidade de floculação. A separação é induzida pela introdução de microbolhas no fundo do flotador, por intermédio de um difusor. Com a ação das bolhas de ar, os materiais em suspensão (óleo floculado) se elevam e acumulam na superfície do líquido, sendo coletados por lâminas giratórias, conduzidas ao vertedor e seguindo para o tanque separador de óleo.

Como rotina de inspeção, devem ser observados a efetiva formação das microbolhas e o funcionamento contínuo da pá raspadora. Se o sistema de microbolhas estiver muito acelerado ou muito lento, causará turbulência ou retardo excessivo, que fará os flocos passarem para a etapa seguinte do tratamento, sem a devida separação da camada de óleo na superfície do efluente.

A geração de microbolhas é feita por meio de um vaso, onde ocorre a pressurização da água com ar comprimido. Liberando-se a água pressurizada no difusor situado no fundo do flotador, as microbolhas promovem o arraste dos flocos para a superfície do tanque.

11.2.5.3 Bacia de equalização e pré-aeração

O efluente proveniente do flotador passa por uma coluna de bombeio (coluna de equalização) e é introduzido na bacia de equalização. Esta é dotada de aerador e *skimmers* coletores de óleos e sobrenadantes.

Neste tanque, faz-se a homogeneização do efluente e a introdução de oxigênio através de aerador, que é utilizado para uma pré-oxidação da matéria orgânica presente. O oxigênio vai ser consumido pelos microrganismos no processo de oxidação biológica. Os gases desprendidos deste tanque são exauridos e queimados em um incinerador. Nesta bacia, também ocorre a dosagem dos nutrientes, ácido fosfórico e ureia e a mistura com o esgoto doméstico proveniente de toda a área fabril, como banheiros, refeitórios, vestuários e demais dependências.

Em hipótese nenhuma deverá ter camada de óleo na superfície do tanque de pré-aeração. Caso aconteça, deve-se desligar o aerador e recolher os sobrenadantes através dos *skimmers*. O aerador nunca deve ser desligado, com exceção da situação acima explicitada e na falha do sistema de microbolhas.

O pH do tanque de pré-aeração deve estar entre 7-10, para uma correta operação. (Caso haja necessidade de correção do pH, é normalmente adicionado hidróxido de sódio usado para correção de pH abaixo do especificado.)

A dosagem do nutriente ocorre de forma contínua e automática, de acordo com a vazão do efluente na saída do tanque-pulmão. A aeração da bacia também deve ser contínua.

11.2.6 Unidades do tratamento biológico

11.2.6.1 Bacia de aeração

A bacia de aeração tem a finalidade de promover a eliminação dos compostos orgânicos presentes no efluente, como fenol, óleos e outros, que são oriundos do processo produtivo da empresa, além da degradação da matéria orgânica presente no esgoto doméstico, misturado ao efluente industrial, na bacia de equalização. Isso é feito através da ação biológica dos microrganismos presentes.

A bacia de aeração é dotada de dois aeradores de superfície, cada um com capacidade nominal de transferência de 1,5 a 2,0 kg O_2/kwh. A aeração é muito importante para que seja mantida a quota de oxigênio necessária para a sobrevivência dos microrganismos. Se ocorrer falta de oxigênio, há risco de mau odor e perda da bioatividade e, consequentemente, haverá ineficiência na remoção dos materiais orgânicos.

Os aeradores nunca devem ser desligados e não deve haver óleo no tanque de aeração. Devido à reprodução das bactérias no tanque de aeração, há a necessidade de se realizar um descarte do excesso de lodo gerado, a fim de manter os valores de SSV (sólidos suspensos voláteis) em aproximadamente 5.000 mg/L.

O descarte deste excesso é efetuado através da centrifugação de parte da vazão de circulação do fundo do tanque clarificador ou do tanque digestor de lodo.

Para que se garanta a eficácia do tratamento biológico, é necessário verificar a bioatividade na bacia de aeração, através da análise microscópica. Dessa análise, podem-se obter os seguintes resultados:

- bioatividade presente;
- bioatividade pouco presente;
- bioatividade ausente.

Na hipótese de bioatividade presente, mantêm-se as condições operacionais. Quando a bioatividade for considerada *pouco presente* deve-se analisar e eventualmente corrigir alguns parâmetros relacionados:

→ valores de pH;

→ dosagem de nutrientes;

→ presença de sulfetos no sistema;

→ DQO muito alta;

→ qualidade do lodo;

→ vazão de recirculação no fundo do clarificador não está acima do normal.

Quando a bioatividade for considerada *ausente*, deve-se colocar a bacia de aeração em série com o digestor de lodo, para inocular novas bactérias provenientes do digestor de lodo. Em seguida, deve-se abrir a alimentação do tanque de pré-aeração para o digestor de lodo e retornar do fundo do clarificador para a bacia de aeração e para o tanque digestor de lodo (fluxo dividido).

11.2.6.2 Digestor de lodo

É o tanque onde ocorre a continuação da oxidação da matéria orgânica, visando à redução desta massa. Possui aeradores de superfície que devem ser mantidos em operação contínua. Este tanque recebe o material flotado do topo do clarificador e o lodo do fundo do mesmo, e, mediante oxidação, ocorre a autodigestão, ou seja, as bactérias se alimentam entre si, reduzindo a carga orgânica do lodo e a quantidade de lodo a ser descartada, caso haja necessidade, o mesmo pode operar como bacia de aeração.

A retirada do excesso dos sólidos do sistema biológico ocorre através da centrifugação de parte da vazão de circulação de fundo do clarificador. Atualmente, são retiradas cerca de 30 t/mês de lodo da estação de tratamento de efluentes, que tem em sua composição aproximadamente 90% de água e 10% de lodo na base seca. Este é disposto em aterro industrial, de acordo com a política ambiental da empresa, para atender os parâmetros legais.

O volume de lodo a ser descartado do sistema ocorre e é normalmente calculado no tanque digestor de lodo, através das seguintes fórmulas:

→ F/M: fator de carga ao lodo do sistema de lodos ativados. Relaciona a quantidade de alimentos (F) aplicada no tanque de aeração com a quantidade de SSV (concentração de sólidos suspensos voláteis ou M) disponíveis para promover a oxidação.

$$F = \frac{Q \times DBO \times 24}{1000} (kg\ DBO/dia),$$

onde:

Q → vazão afluente ao tanque de aeração (m^3/hora);
DBO → concentração da demanda bioquímica de oxigênio afluente ao tanque de aeração (mg/Litro);
M → SSVtq aeração x V tq aeração/1000.

Onde:

M → massa de lodo (base seca) a ser descartada diariamente (kg);
SSVtq aeração → concentração de sólidos suspensos voláteis presentes no tanque de aeração (mg/Litro);
Vtq aeração → volume do tanque de aeração (m^3).

$$ml = DBO\ tq\ aeração\ F \times 0{,}90 \times 0{,}30$$

F → kg DBO/dia gerado no sistema;
0,90 → eficiência de redução do sistema;
0,30 → coeficiente de geração de lodo.

Volume de lodo a ser descartado, Vl, corresponde ao volume que deve ser bombeado do digestor de lodo ou da recirculação do clarificador, diariamente para a alimentação da centrífuga.

$$Vl = mL/\%\ sólidos \times 100$$

$$\%\ sólidos = \frac{SSVtg\ aeração : 10}{10.000}$$

Cálculo da idade do lodo, Il.

$$Il = \frac{(Vtq\ aeração \times SSV\ tq\ aeração) + (V\ dec \times SSV\ Fundo\ dec)}{Vl \times SSV\ Fundo\ dec}$$

O lodo retirado pela centrífuga é aquele que já foi oxidado. É enviado a uma caçamba para disposição final, conforme política de gerenciamento ambiental da empresa, elaborado quando da obtenção da certificação, segundo a ISO 14000.

11.2.6.3 Tanque clarificador final

O efluente da bacia de aeração é encaminhado, por gravidade, ao clarificador, onde as bactérias, que se aglomeraram formando flocos (na bacia de aeração), sedimentam e se acumulam no fundo do clarificador, de onde são novamente bombeadas para a bacia de aeração (recirculação de lodo).

Dependendo das condições do sistema biológico na bacia de aeração, as condições de sedimentação dos flocos podem variar, sendo notados os seguintes casos:

→ **Pouca floculação:** flocos de pequeno tamanho e bactérias dispersas, que não sedimentam e acabam diminuindo a eficiência de remoção dos sólidos no clarificador, pois estes saem juntamente com o efluente.

→ **Predominância de bactérias filamentosas ou de fungos (que ocorrem sob certas condições):** estes microrganismos tornam os flocos mais leves e de difícil sedimentação.

Para evitar tais problemas devem-se obedecer às seguintes instruções:

→ checar diariamente a vazão de recirculação de fundo do clarificador: operar com a vazão máxima de recirculação, a qual deve ser de 1,0 a 1,5 vezes a vazão do efluente tratado no sistema;

→ verificar superfície do clarificador, se houver flotação, retornar o topo para o digestor de lodo;

→ verificar aspecto da água de saída do clarificador – a turbidez pode indicar que um dos parâmetros mencionados anteriormente está fora do valor sugerido;

→ evitar que se acumule lodo no fundo do clarificador por mais de 24 horas, pois este lodo, sendo resultado da decantação de bactérias, ao ficar sem oxigenação sofrerá um processo de decomposição originando mau odor. Se por acaso isto acontecer, o lodo não deve ser recirculado para a bacia de aeração, e sim dirigido ao digestor de lodo.

11.2.7 Captação para reúso

A água clarificada flui para um tanque de aeração onde recebe a aeração final. Para ser lançada ao córrego, esta água deve obedecer a todos os regulamentos do Decreto-Lei n. 8.468/1976, em seu artigo 18, adotado pela Cetesb e o Conama 357.

Caso o efluente ultrapasse os valores especificados em qualquer um dos parâmetros, deve-se recircular o efluente líquido do tanque clarificador para as bacias de emergência, para que seja efetuado todo o tratamento do efluente, a fim de adequar a água aos parâmetros legais, conforme citado anteriormente.

A média de volume tratado diariamente na empresa é de 6 m³/h, sendo que este valor pode ser alterado de acordo com a estação do ano, já que no inverno o volume de água na fábrica é bem menor.

Nesse tanque de aeração final, depois de efetuadas as análises de rotina e constatado que o efluente final pode ser reutilizado para outro fim, a água é captada e estocada em um tanque de armazenamento, para futuro uso em preparação de solução de NaOH (20%), que a fábrica utiliza para neutralização de H_2S (gás sulfídrico) oriundo do seu processo de fabricação.

Hoje a fábrica reúsa cerca de 12 m³/dia de água do seu próprio tratamento, sendo que, à medida que a produção aumenta, este valor pode vir a aumentar, já que está relacionado diretamente com o aumento de produção. A empresa pretende aumentar este consumo, com a utilização desta água para fins de limpeza geral, mas ainda está em fase de estudo para a inicialização do projeto.

11.2.8 Análises laboratoriais

Devem-se definir locais estratégicos na ETE para retirada de amostras onde se tenha uma porção significativa do efluente a ser tratado e a eficiência do tratamento final.

Além das análises de DQO e DBO, sólidos totais fixos e voláteis, cujas amostras são coletadas nos locais e horários, conforme Tabelas 11.2 e 11.3, são feitas também as seguintes análises:

Tabela 11.2 Frequência de Análises

Local	Segunda a sexta-feira			Sábado, domingo e feriado		
Horário	23:30 – 7:30	7:30 – 15:30	15:30 : 23:30	23:30 – 7:30	7:30 – 15:30	15:30 : 23:30
Divisor de fluxo		pH				
Bacias de emergencia		DQO – 2ª e 4ª pH Fenol		pH Fenol		
Tanque de pré-aeração		DQO – 2ª e 4ª DBO – 5ª N–NH3 – 5ª P-PO4 – 2ª, 4ª Fenol		pH		
Bacias de aeração	pH Microscopia	pH Microscopia O. D. SSF/ SSV/ SST – 2ª, 4ª, 6ª	pH Microscopia	pH Microscopia	pH Microscopia	pH Microscopia
Decantador/ clarificador		pH SSF/ SSV/ SST 2ª, 4ª, 6ª				
Clarificador final	pH Fenol	pH Fenol DBO – 5ª Zinco – 2ª, 4ª Sulfeto – 2ª, 6ª P-PO4 – 2ª,4ª N–NH3 – 5ª Res. Sediment. O&G – 3ª, 5ª OD – 5ª	pH Fenol	pH Fenol	pH Fenol	pH Fenol
Lodo biológico Saída da centrífuga		Zn, – 6ª Fenol, – 6ª Água, – 6ª O&G, – 6ª				

Tabela 11.3 Especificações físico-químicas

Análises	DQO (mg/L)	DBO (mg/L)	Óleos/ graxas (mg/L)	Resíduo Sedimentável (ml/L)	SSV (mg/L)	pH	Fenol (mg/L)	Zn (mg/L)	Fósforo P (mg/L)	OD (mg/L)	Sulfeto (HS) (mg/L)	N–NH3 (mg/L)
Divisor de fluxo	5000 Típico	–	–	–	–	7 – 10	50 Típico	–	–	–	–	–
Tanque de pré-aeração	5000 Típico	3000 Típico	–	–	–	7 – 10	50 Típico	–	100 DBO : 1P	–	–	100 DBO : 5N

(Continua)

(Continuação)

Tabela 11.3 Especificações físico-químicas

Análises	DQO (mg/L)	DBO (mg/L)	Óleos/graxas (mg/L)	Resíduo Sedimentável (ml/L)	SSV (mg/L)	pH	Fenol (mg/L)	Zn (mg/L)	Fósforo P (mg/L)	OD (mg/L)	Sulfeto (HS) (mg/L)	N–NH3 (mg/L)
Bacia de aeração	–	–	–	–	6000 Típico	6,5 – 8,5	–	–	–	1,5 Típ.	–	–
Bacia de pré-aeração	–	–	–	–	6000 Típico	6,5 – 8,5	–	–	–	1,5 Típ.	–	–
Decantador/clarificador Fundo	–	–	–	–	> SSV da bacia de aeração	6 – 9	–	–	–	–	–	–
Clarificador final	–	80% RED mín. ou 60 mg/l máx.	20 mg/l (*)	< 1 ml/l	–	6 – 9 (*)	< 0,5 mg/l	< 5 mg/l	1,0 mg/l Típico	> 2,0 mg/l	< 1 mg/l (*)	20,0 mg/l máx.

Notas:

a) As especificações físico-químicas para lançamento do efluente ao rio estão de acordo com Decreto 8.468 – o artigo 18 da Legislação Cetesb e Resolução n. 357 do Conama (*). Estes parâmetros estão em negrito; quando não estiverem em negrito se referem apenas a controle operacional.

b) Caso ocorra um ou mais desvios dos parâmetros acima em relação à legislação aplicável nos tanques de clarificação ou clarificador final, o efluente deverá ser desviado de volta para as bacias de emergência e reamostrado. Manter desviado até correção do efluente. Se o efluente não for desviado do rio, será aberto um relatório de não conformidade, conforme política ambiental da empresa.

c) A temperatura e vazão do efluente são monitoradas no lançamento ao rio por equipamentos em linha, com registro virtual na sala controle de Utilidades Especiais de Temperatura, inferior a 40 °C.

11.3 SITUAÇÕES CRÍTICAS E AÇÕES NECESSÁRIAS PARA CORREÇÕES NA ETE

11.3.1 Aumento de DBO (ou DQO) no efluente clarificado

→ Possíveis causas:

a) aumento de concentração de produtos orgânicos, como fenol, glicol, alcoóis no tanque de pré-aeração/equalização;
b) variação brusca de pH;
c) nutriente insuficiente;
d) consumo de oxigênio nas bacias de aeração nulo;
e) insuficiência de oxigênio dissolvido nas bacias de aeração;
f) alta vazão no sistema para o rio.

→ Verificação:

a) checar DQO no Tanque de pré-aeração;
b) checar pH em todo o sistema. Checar concentração de fenol, sulfeto e óleos e graxa no tanque de pré-aeração e bacias de aeração;
c) checar o teor residual de fósforo e nitrogênio no efluente clarificado e dosagem no tanque de pré-aeração em função do DBO;
d) checar resultados de consumo de O_2, fenol, pH, nutrientes nas bacias de aeração;
e) checar OD nas bacias de aeração. Checar sulfetos nas bacias de aeração;
f) checar vazão do sistema.

→ Ações necessárias:

a) reduzir gradativamente a vazão do sistema;

b) reduzir vazão do sistema. Neutralizar o pH com soda (50%) ou ácido no tanque de pré-aeração o mais rápido possível;

c) se o teor de fósforo e nitrogênio estiver abaixo dos valores normais, aumentar a injeção de nutrientes no tanque de pré-aeração;

d) colocar as bacias de aeração em série por 4 horas, somente se o consumo de O_2 for igual a zero;

e) checar se os aeradores estão submersos corretamente;

f) reduzir a vazão do sistema ou operar o sistema em série.

11.3.2 Aumento de SST (Sólidos Suspensos Totais) no efluente clarificado

→ Possíveis causas:

a) depósito de lodo muito alto no clarificador;

b) excessiva carga de matéria orgânica no sistema;

c) sobrecarga hidráulica (choques de vazão no sistema);

d) elevado nível de SSV nas bacias de aeração.

→ Verificação:

a) checar altura do lodo no clarificador. Checar se o fundo do clarificador está sendo enviado para as bacias de aeração corretamente;

b) Checar DQO no tanque de pré-aeração;

c) Checar aparência do lodo, pH, oxigênio dissolvido nas bacias de aeração fósforo e nitrogênio residual no efluente clarificador.

→ Ações necessárias:

a) retornar o lodo para o digestor de lodo diariamente no tempo calculado e para a bacia de aeração como rotina, e verificar se a vazão de circulação está ok;

b) corrigir pH, oxigênio dissolvido e nutrientes. Reduzir vazão do sistema ou operar com as bacias em paralelo;

c) retornar o lodo preto do fundo e sobrenadantes para as bacias de aeração.

11.3.3 Odor nas bacias de aeração

→ Possíveis causas:

a) deficiência de oxigênio para microrganismos.

→ Verificação:

a) checar oxigênio dissolvido nas bacias de aeração;

b) checar SST (Sólidos Suspensos Totais) nas bacias de aeração.

→ Ações necessárias:

a) se oxigênio dissolvido estiver abaixo de 1,0 mg/L, aumentar cautelosamente o nível da bacia de aeração para submergir os aeradores e aumentar a taxa de oxigênio dissolvido nas bacias de aeração;

b) aumentar gradativamente o descarte do lodo, visando à redução de SST (Sólidos Suspensos Totais) nas bacias de aeração.

11.3.4 Crescimento de microrganismos filamentos

→ Possíveis causas:

a) baixo nível de oxigênio dissolvido nas bacias;

b) baixo pH nas bacias de aeração;

c) insuficiência de nutrientes.

→ Verificação:

a) checar teor de oxigênio dissolvido nas bacias de aeração (deve ser maior que 1,0 mg/L);

b) checar residual de nitrogênio e fósforo no efluente clarificado;

c) checar com proveta e cronômetro se a vazão de nutrientes está ok.

→ Ações necessárias

a) se o pH estiver abaixo de 6,5, corrigir com soda 50%;

b) se nitrogênio e fósforo estiverem abaixo das especificações, corrigir a dosagem de nutrientes;

c) se houver problemas de dosagem de nutrientes, efetuar as correções necessárias.

11.3.5 Lodo preto nas bacias de aeração ou clarificador

→ Possíveis causas:

a) o lodo preto indica ausência de oxigênio.

→ Verificação:

a) checar O_2 dissolvido nas bacias de aeração.

→ Ações necessárias:

a) se oxigênio dissolvido estiver abaixo de 1,0 mg/L, aumentar cautelosamente o nível da bacia de aeração para submergir os aeradores e aumentar a taxa de oxigênio dissolvido nas bacias de aeração.

11.3.6 Lodo flotado com bolhas aderidas no Clarificador

→ Possíveis causas:

a) decomposição do lodo no clarificador;

b) nitrificação: observa-se através do desprendimento de pequenas bolhas de gases na superfície da água.

→ Verificação:

a) checar vazão de circulação do sistema e se há problemas com a pá raspadora do fundo do clarificador;

b) checar residual de nitrogênio e fósforo no efluente clarificado.

→ Nota: Nitrificação ocorre quando, em meio anaeróbico, a amônia se decompõe, liberando nitrogênio na forma gasosa.

→ Ações necessárias:

a) corrigir a recirculação do sistema e atuar na pá raspadora do clarificador;

b) corrigir a dosagem de nutrientes de acordo com a carga orgânica de alimentação DBO.

11.3.7 Alto teor de Fenol no efluente

→ Possíveis causas:

a) sobrecarga de fenol no sistema e/ou vazamento na área do processo.

→ Verificação:

a) checar teor de fenol no tanque-pulmão e bacias de aeração na análise do dia anterior;

b) checar bioatividade nas bacias de aeração.

→ Ações necessárias:

a) reduzir gradativamente vazão do sistema para que haja consumo de fenol nas bacias de aeração.

11.3.8 Aumento de óleos no clarificador final

→ Possíveis causas:

a) operação anormal dos coletores de óleo;

b) alta vazão no sistema;

c) pá raspadora do flotador operando com problemas;

d) polieletrólito insuficiente.

→ Verificação:

a) checar se há entupimento dos *skimmers*; se no API não há uma lama excessiva depositada, reduzindo sensivelmente o tempo de residência;

b) checar a vazão (dosagem de nutrientes e polieletrólito);

c) checar o sistema de ar comprimido e a pá raspadora do flotador;

d) checar se o pH das bacias de aeração está dentro das especificações; caso contrário, corrigir com soda cáustica.

→ Ações necessárias:

a) coletar o óleo via *skimmer*;

b) reduzir, na medida do possível, o fluxo de saída para o rio;

c) aumentar dosagem de polieletrólito.

11.3.9 Aumento de nitrogênio e fósforo excessivo

→ Possíveis causas:

a) solução de nutrientes desbalanceada (nitrogênio e fósforo).

→ Verificação:

a) checar última preparação de solução de nutrientes.

→ Ações necessárias:

a) diluir ou concentrar com o elemento necessário.

11.3.10 Aumento de sulfetos (odor de H_2S pode ser uma indicação)

→ Possíveis causas:

a) condições anaeróbicas na bacia de aeração e/ou clarificador.

→ Verificação:

a) checar oxigênio dissolvido nas bacias de aeração e clarificador.

→ Ações necessárias:

a) se oxigênio dissolvido estiver abaixo de 1,0 mg/L, aumentar cautelosamente o nível da bacia de aeração para submergir os aeradores e aumentar a taxa de oxigênio dissolvido nas bacias de aeração.

11.3.11 PH fora de especificação

→ Possíveis causas:

a) lavagem na área de processo com algum produto muito ácido ou básico.

→ Verificação:

a) checar o pH de todo o sistema. Checar se houve vazamento ou lavagem nas áreas de processo.

→ Ações necessárias:

a) adicionar soda 50% ou ácido no ponto do sistema em que foram detectados valores de pH fora das especificações.

11.3.12 Aumento da turbidez ou SSV no efluente

→ Possíveis causas:

a) excesso de sólidos no sistema.

→ Verificação:

a) checar SST do sistema.

→ Ações necessárias:

a) aumentar o descarte de lodo através da operação da centrífuga.

11.4 QUANTIDADE DE AMOSTRAGENS

A coleta das seguintes amostras, para serem analisadas, devem ocorrer em pontos estratégicos, a fim de se obter um resultado significativo da real condição da estação de tratamento de efluentes. Coletar as seguintes amostras:

divisor de águas, canaleta: 1 vidro (500 ml);

tanque-pulmão: 1 vidro (500 ml);

tanque de pré-aeração: 2 vidros (500 ml);

clarificador (fundo): 1 vidro (500 ml);

clarificador final: 5 vidros (500 ml);

bacias de aeração: 1 vidro (500 ml);

Observações:

1 Estas amostras devem sempre ser retiradas utilizando-se o próprio vidro que será encaminhado ao laboratório.

2 Às quintas-feiras do mês, para análise de DBO, estas amostras deverão ser retiradas utilizando-se os próprios vidros que serão encaminhados ao laboratório.

→

Nota: Se clarificador final estiver fora de especificação, amostrar clarificador/decantador topo.

11.5 PONTOS DE AMOSTRAGEM DO SISTEMA

Observar as condições corretas de amostragem, para evitar interferências nos resultados analíticos.

11.5.1 Pontos de Coleta

- **Divisor de águas:** antes das dosagens de qualquer outro tanque (geralmente adota-se um ponto onde se tem a chegada do efluente a ser tratado).
- **Tanque-pulmão:** fundo do tanque, entrada do tanque floculador (após homogeneização das cargas).
- **Tanque de pré-aeração:** entrada das bacias de aeração, (após adição de nutrientes e dosagem do esgoto doméstico).
- **Clarificador (fundo):** retorno do lodo para as bacias de aeração (amostra de fundo do tanque clarificador).
- **Bacias de aeração:** pontos próximos aos aeradores e antes da drenagem para o tanque clarificador.
- **Clarificador (Topo):** superfície clarificada do efluente tratada antes da drenagem para o clarificador final.
- **Saída para o rio:** ponto onde o efluente tratado será lançado no rio.

11.5.1.1 Óleos e graxas

Óleos e graxas podem ocorrer parcialmente solubilizados, emulsificados por detergentes ou saponificados por alquilas, fazendo parte de despejos industriais poluidores, o que formará películas nas superfícies de coleções líquidas. No tratamento de esgotos e de águas residuárias, os óleos e graxas costumam ser resistentes à digestão anaeróbia, causando acúmulo de espuma nos digestores e, quando em quantidade elevada, tornam o lodo impróprio para ser usado como fertilizante. O método de análise usualmente empregado é o da extração por solvente.

-

Nota: Amostrar somente quando o clarificador final estiver fora de especificação.

11.5.1.2 Resíduos sedimentáveis em água

Este teste, realizado no efluente final, é uma medida do teor de material sedimentável que é despejado no rio. O método usualmente empregado para a medição dos sólidos sedimentáveis é o volumétrico do cone Imhoff, que define a quantidade de material em suspensão, que sedimenta por ação da força da gravidade, a partir de 1 litro de amostra que permanecer em repouso por uma hora no cone Imhoff.

11.5.1.3 Valores de pH

Os organismos presentes no tratamento biológico são exigentes em relação ao pH. Assim é que normalmente eles se inibem em pH menor que 6,5 e superior a 8,5.

11.5.1.4. Consumo de Oxigênio

Teste para determinar consumo de oxigênio em uma amostra de suspensão biológica, como é o caso do lodo ativado. Se os resultados indicarem que o oxigênio não está sendo consumido, então a atividade biológica parou e os microrganismos estão mortos. O resultado é dado em mg de Oxigênio consumido em 1g da amostra por hora.

11.5.1.5 Oxigênio dissolvido

Para se manter um bom tratamento de esgotos pelo processo de lodos ativados, a presença de oxigênio dissolvido nos tanques de aeração é de fundamental importância. Uma vez conhecida a faixa de operação do processo em quantidade de oxigênio dissolvido, uma queda desse parâmetro poderá trazer como consequência a morte dos microrganismos. É normal adotar-se uma faixa de 1,0 a 2,0 mg/L de oxigênio dissolvido para manter um nível de atividade satisfatório.

11.5.1.6 Fósforo (P – PO_4)

O fósforo é essencial ao crescimento dos microrganismos no tratamento das águas residuárias. Em efluentes industriais deficientes em fósforo, é necessário adicionar fosfato ao efluente a ser biologicamente tratado como nutriente para os microrganismos. Muitas vezes, dependendo da proporção de esgoto doméstico (que tem um certa percentagem de fósforo), se misturado ao industrial, pode-se evitar a necessidade de adição desse nutriente.

11.5.1.7 Nitrogênio amoniacal (N – NH₃)

Nos processos de tratamento biológico de águas residuárias, as determinações de nitrogênio amoniacal são feitas para verificar se a quantidade de nitrogênio presente é suficiente para o bom desenvolvimento dos microrganismos.

11.5.1.8 Zinco

O teste de zinco é específico para o efluente da empresa, uma vez que o mesmo está presente na preparação de seus produtos. A presença dos chamados metais pesados, assim como o zinco nas águas, é uma preocupação constante, dadas as suas propriedades tóxicas. O zinco é um elemento essencial para o crescimento dos microrganismos. Porém, em concentrações superiores a 5 mg/L, confere gosto à água e certa opalescência às águas alcalinas.

11.5.1.9 Sulfeto

O aparecimento de sulfeto no efluente tratado é devido à contaminação com águas do sistema de tratamento de H_2S. Em concentrações altas no tratamento biológico, pode causar morte das bactérias.

11.5.2 Qualidade final do processo

Com o tratamento de água, que é aplicado na estação de tratamento da Chevron Oronite do Brasil, o efluente final atende as especificações necessárias para o reúso na estação de tratamento de gases da própria indústria, e, dessa forma, fica mais do que comprovado que tratar água para reúso promove não só economia, como evita agressões ao meio ambiente, e tem como consequência um desenvolvimento sustentável.

11.6 CONCLUSÃO

A importância de se ter uma estação de tratamento de águas em uma unidade petroquímica é, sem dúvida, indispensável, pois no mundo atual a necessidade de se economizar água é uma das prioridades da humanidade. O seu uso de forma racional e otimizada, em todos os segmentos de mercado, é também uma forma de rentabilidade, e, devido a isso, muitas indústrias se proliferam e têm destaque no mercado atual. É necessário conhecimento técnico e específico para manusear e especificar efluentes dentro dos requisitos legais. As informações contidas neste capítulo demonstram a necessidade de se ter um profissional no mínimo de nível técnico, em qualquer estação de tratamento de efluentes, independentemente de sua magnitude.

A preocupação com o meio ambiente deve fazer parte, a todo o instante, da população, e principalmente dos técnicos que decidem sobre a utilização correta de produtos nocivos ao meio ambiente, ou ainda que medidas adotar para manter o controle de estações de tratamento antes do despejo em rios.

A indústria no Brasil está em constante evolução. Por isso, este é um mercado muito promissor para jovens que estão se formando na área química e ciências ambientais, já que não há necessidade de mercado de trabalho de pessoas que detenham conhecimento profundo sobre o assunto.

Com este capítulo, tem-se a intenção de colocar um pouco de luz sobre este assunto de uma maneira clara e objetiva, e que sirva de fonte de literatura e pesquisa para as pessoas que queiram saber um pouco mais sobre tratamento de efluentes em uma indústria de lubrificantes.

Capítulo 12

TRATAMENTO
DE ESGOTOS URBANOS PARA REÚSO – ETE JESUS NETTO

Pedro Norberto de Paula Filho

12.1 ETE JESUS NETTO
12.1.1 Descrição geral
12.1.1.1 Localização e implantação

A Estação Experimental de Tratamento de esgoto Dr. João Pedro de Jesus Netto está localizada na rua do Manifesto n. 1.255, no bairro do Ipiranga, Município de São Paulo, junto à margem esquerda do rio Tamanduateí. A ETE abrange uma área de 8.620 m², está inserida em zona densamente ocupada, abrigando residências unifamiliarcs, edifícios comerciais e estabelecimentos industriais.

Essa ETE foi inaugurada em 1934, para uma capacidade máxima de 50 L/s, com tratamento preliminar, primário e secundário. Atualmente, apresenta uma linha de tratamento bastante diferente daquela prevista no projeto original. As unidades (adensador, digestor e o TAC) foram desativadas para o tratamento de sólidos para priorizar e reaproveitá-los no sistema de reúso, pois, com exceção do lodo do RAFA, todo lodo gerado hoje está também sendo lançado no Ita-1.

Quando do início da operação da estação de tratamento de esgoto Jesus Netto, esta estava equipada para receber e tratar todo o esgoto do subdistrito do Ipiranga e após este tratamento o efluente era descartado no rio Tamanduateí. Após a construção do interceptor de esgoto, denominado Ita-1 (Interceptor tronco está localizado na Av. do Estado/Pres. Wilson, próximo da ETE Jesus Netto, tem uma extensão de 6.600 m e com Ø de 1,2/2,5 m e recebe uma contribuição média de 1.101,0 L/s da região alto do Ipiranga), que tem seu encaminhamento direcionado para a ETE Barueri, o efluente deixou de ser lançado diretamente no rio, e sim neste interceptor.

Durante muitos anos, a ETE Jesus Netto foi gerenciada dentro de uma filosofia de estação de tratamento escola, sendo, em muitos casos, vanguardista em termos de utilização de novas tecnologias de tratamento no Brasil. É possível encontrar na área dessa ETE vários processos de tratamento que operam em paralelo e em série, utilizando soluções e materiais muitas vezes inovadores. Ao longo dos anos, a linha original de tratamento existente foi sendo alterada de forma a possibilitar novos estudos, ensaios e conclusões sobre os processos e tecnologias de tratamento.

Essa ETE recebe esgoto bruto a uma vazão média de cerca de 100 L/s, sendo este uma mistura de efluentes de origem industrial e doméstica em proporção da ordem de 40% e 60%, respectivamente. Da vazão total afluente, cerca de 40 L/s são desviados, sem qualquer tratamento, para o interceptor Ita-1, que contribui para a ETE Barueri. Nos períodos chuvosos, devido à contribuição indevida de água pluvial na rede de esgoto, a vazão afluente pode atingir valores da ordem dos 120 L/s.

A ETE possui um sistema de segurança (*by-pass*) que desvia o afluente dentro da estação, antes da caixa de areia, em dias em que há falta de energia e/ou contribuição de águas pluviais através de um registro situado na entrada da ETE, pois sem energia a estação para, e um volume excessivo de afluente na estação poderia vir a desbalancear e comprometer o tratamento, pois a estação não tem capacidade de tratar um volume muito além do citado.

12.2 ETA DE REÚSO – JESUS NETTO

Há aproximadamente quatro anos, a ETE Jesus Netto vem operando no fornecimento de água de reúso, sendo a primeira ETE a formalizar contrato de fornecimento para indústria; por exemplo, a Coats Corrente.

Essa estação está situada na mesma área que abriga a ETE Jesus Netto, encontrando-se na parte central do complexo. Constitui-se de um tanque de desinfecção e reservatório de água de reúso que estão junto aos filtros biológicos, e já se encontram em operação quatro filtros para o polimento deste efluente.

Esta ETA de reúso fornece à Coats Corrente uma vazão média mensal de água de reúso da ordem de 54.500 m³/mês, através de uma tubulação de recalque. A vazão média tratada nesta ETA é de 45 L/s, onde 15 L/s vêm do sistema combinado RAFA/filtro biológico e 30 L/s do sistema de lodo ativado; a ETA está equipada com um medidor eletromagnético para controle de produção de efluente na estação.

12.2.1 Processo utilizado

A água de reúso é obtida a partir do efluente do decantador secundário. O tratamento é feito através de processo físico-químico e desinfecção. Na sequência do processo biológico, o esgoto tratado é submetido a tratamento físico-químico, constituído por coagulação, floculação e sedimentação, empregando-se policloreto de alumínio como coagulante.

No mesmo ponto de aplicação de policloreto, é feita a adição de hipoclorito de sódio (cloro) para desinfecção.

Para ampliar o mercado de água de reúso para novos clientes, a Sabesp investiu na aquisição de conjunto de filtros para complementar o tratamento.

12.2.2 Processo de tratamento

Diversos estudos e alterações no processo de tratamento vêm sendo realizados pela Sabesp para adequar as unidades dessa estação a uma estação de reúso industrial. A ETE Jesus Netto é pioneira na comercialização de água de reúso para fins industriais "em São Paulo", por meio da assinatura de contrato com a empresa Coats Corrente. A vazão média de água de reúso vendida à Coats Corrente é de 54.500 m³/mês de 2006 a 2009.

Após passar pelas unidades de tratamento preliminar (grade e caixa de areia), o esgoto é bombeado para um tanque de distribuição e segue por duas linhas de tratamento em nível secundário, que operam em paralelo e estão interligadas a um sistema de filtração. O sistema é composto das seguintes unidades:

a) Sistema de lodo ativado
  → decantação primária;
  → tanques de aeração;
  → decantação secundária;
  → adição de coagulante e desinfecção com hipoclorito de sódio;
  → tanque de desinfecção;
  → reservatório de água de reúso.

b) Sistema combinado reator anaeróbio - filtro biológico

- reator anaeróbio de fluxo ascendente;
- câmara de aeração;
- filtro biológico (com 2 unidades em série).
- adição de coagulante e desinfecção com hipoclorito de sódio;
- tanque de desinfecção;
- reservatório de água de reúso.

c) Filtração complementar

Através de uma linha que é interligada com os dois tanques de desinfecção e, em seguida, abastecerá o novo conjunto de filtração, constituído por quatro filtros de pressão com camada filtrante dupla areia/antracito e seis filtros de cartucho.

12.3 UNIDADES ADAPTADAS PARA PRODUÇÃO DA ÁGUA DE REÚSO

12.3.1 Tanque de tratamento físico-químico e de desinfecção

O efluente vem dos tanques de aeração, passa pelo decantador secundário e, em seguida, é enviado a um antigo tanque que operava como decantador primário e se encontrava fora de uso. Essa unidade opera hoje como tanque de tratamento físico-químico e de desinfecção da água de reúso, possuindo capacidade de 294 m^3 e área superficial de 19,00 m x 3,70 m, aproximadamente.

Na entrada do tanque de desinfecção, faz-se a dosagem de policloreto de alumínio (PAC) e hipoclorito de sódio. Para garantir uma eficiente homogeneização dos produtos, foi instalado um agitador tipo hélice (Figura 12.1), que mantém adequadas condições de mistura. Uma pequena formação de lodo pode ser observada no tanque de desinfecção, a qual é retirada do sistema através de uma tubulação localizada no fundo do mesmo.

Os produtos químicos são armazenados em tanques específicos, conforme Figura 12.2.

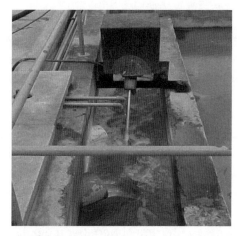

Figura 12.1 Misturador

Figura 12.2 Tanques de armazenamento dos produtos químicos

12.3.2 Reservatório de água de reúso

A água que deixa o tanque de tratamento é encaminhada através de duas bombas de recalque, com uma vazão de 100 m^3/h cada, ao reservatório de água de reúso, com 11,60 m x Ø10,00 m, com capacidade de 900 m^3 e área superficial de 78,54 m^2. Trata-se de um antigo digestor de lodo adaptado para reservatório.

Dois *boosters* de rotação variável, com capacidade de 28 L/s cada, que permitem o recalque através de uma rede específica de 150/200 mm de diâmetro, com uma extensão de 900 metros e com hidrômetro para controle de vazão na saída da elevatória, têm a finalidade de transportar o efluente da estação de tratamento até uma caixa de chegada localizada dentro das dependências da parceira Coats, que é captado e encaminhado para a linha de alimentação da empresa.

12.3.3 Sistema de filtração

Encontra-se instalado e em testes um conjunto de filtração complementar de água de reúso. Esse sistema terá capacidade para tratar 200 m³/h, sendo constituído por quatro filtros de pressão com camada dupla de areia e antracito, seguidos por quatro filtros do tipo cartucho, um para cada linha de filtro de pressão, com capacidade de reter partículas maiores que 10 micra.

O objetivo desta unidade é dar polimento à água de reúso, ou seja, consiste em um tratamento terciário. Este antes era obtido, por meio de tratamentos secundários biológicos, físico-químicos (policloreto de alumínio) e desinfecção (hipoclorito de sódio). A água de reúso gerada é prioritariamente fornecida à Coats Corrente e o volume excedente é distribuído por meio de caminhões-tanques ou caminhões-pipa para fins industriais, lavanderias e prefeituras (Figuras 12.3 e 12.4).

Com a entrada em funcionamento da linha de filtração, o antigo reservatório de água de reúso, com capacidade útil de 200 m³, é utilizado como tanque de desinfecção do sistema combinado RAFA/ filtros biológicos, de forma que cada linha de tratamento terá tanque de desinfecção independente. A alimentação do novo sistema de filtração será realizada a partir da saída dos tanques de desinfecção, onde as duas correntes líquidas se reunirão em uma caixa de mistura, seguindo para os filtros de areia e antracito e para os filtros de cartucho.

Após filtração, a água de reúso é encaminhada para reservação, no local onde funcionava o antigo tanque de digestor de lodos (nos anos de 2006 a 2009) que foi reformado para servir de reservatório de água de reúso. Esses novos reservatórios somam uma capacidade útil de 1450 m³; foram reformados para funcionarem como reservatórios de água de reúso. Com esse volume maior de reservação, a ETA de reúso Jesus Netto tem condições de atender a um mercado maior.

12.4 DISPONIBILIDADE DE ÁREA PARA AMPLIAÇÃO

Com as ampliações e melhorias que foram executadas para o fornecimento de água de reúso, a estação basicamente esgotou seu estoque de área.

12.5 CARACTERÍSTICA DA ÁGUA DE REÚSO FORNECIDA

Como já foi citado anteriormente, o afluente chegando na ETE percorre toda a estação passando por todos os processos de tratamento. O primeiro a ser tratado neste item é o sistema de lodo ativado, cujos resultados obtidos são apresentados na Tabela 12.3 (pontos 1, 3, 6 e 6B), que indica os pontos de análise periódica e monitoramento da eficiência do sistema.

O estado do esgoto pode ser caracterizado quantitativamente pelo DBO, que é a quantidade de oxigênio em miligramas necessária para oxidar a matéria orgânica contida em um litro de esgoto, com a intervenção de microrganismo em 5 dias 20 ºC mg/L (DBO_5).

Dentro da filosofia de viabilizar custos e otimizar o processo, foi se eliminando o ensaio de DBO que demandava tempo e inviabilizava os resultados. Havia a necessidade de resultados instantâneos para se tomar decisões e precauções no tratamento, para manter grau de eficiência adequado no efluente tratado.

No decorrer do tratamento, foi verificado que a eficiência de remoção da DBO não se alterava brus-

Figura 12.3 Fornecimento de água e reúso

Figura 12.4 Controle de fornecimento de água de reúso

camente, permanecendo praticamente estável. Então foi feita uma análise para verificar de quanto em quanto tempo isto ocorria. No final do ano 2000, foi realizada esta comparação em dois dias distintos, no início e no final do mês, com um intervalo de 15 dias, num período de 4 (quatro) meses; verificou-se, então, que não se alterava o resultado. Assim, decidiu-se não realizar mais este ensaio em caráter de análise instantânea, podendo, sim, haver o acompanhamento deste parâmetro sem que o mesmo seja decisivo no resultado final.

Durante os meses de setembro a dezembro/2000, foram feitas amostragens de efluente e verificou-se neste período que os valores da DBO se mostravam constantes, ou seja, da ordem de 97% a 98% de remoção, conforme resultados apresentados nas Tabelas 12.1 e 12.2, não havendo necessidade de repetir este ensaio e viabilizando, assim, os custos do ensaio. Foi determinado que não se faria mais este ensaio; em contrapartida, foi adotado um outro parâmetro no lugar da DBO e de suma importância para o tratamento do efluente, o

Tabela 12.1 Resultados obtidos no mês de setembro/2000

Dia	Vazão		DBO (mg.L⁻¹)	DBO (mg.L⁻¹)	DBO (mg.L⁻¹)	Remoção %	
	L/s	m³/dia	AFL.1	EFL.6	EFL.6A	L.A	F.BIO
5	25,2	2177,28	168,3	6,2	6,3	96	96
20	25,2	2177,28	180,3	5,5	–	97	

Fonte: Laboratório da Sabesp/MCEC

Tabela 12.2 Resultados obtidos no mês de dezembro/2000

Dia	Vazão		DBO (mg.L⁻¹)	DBO (mg.L⁻¹)	DBO (mg.L⁻¹)	Remoção %	
	L/s	m³/dia	AFL.1	EFL.6	EFL.6A	L.A	F.BIO
6	25,2	2177,28	171,9	2,9	6,7	98	96
20	25,2	2177,28	187,1	3	4,6	98	98

Fonte: Laboratório da Sabesp/MCEC

TOC, ou seja, índice de remoção do carbono orgânico total conforme é apresentado na Tabela 12.3.

Nas tabelas acima citadas são apresentados os pontos de coletas para verificação do parâmetro DBO, em que AFL.1 é ponto de coleta na entrada da estação de tratamento e o AFL.6 é o ponto de coleta na saída do decantador secundário da linha lodo ativado. Já o AFL.6A é o ponto de coleta da linha RAFA e filtro biológico após os filtros.

Na Tabela 12.3 são apresentados os parâmetros analisados durante o ano de 2002. Trata-se de uma média aritmética que foi obtida para possibilitar uma melhor visão e compreensão da eficiência de tratamento na estação.

Os pontos de coletas são localizados após cada unidade, conforme identificado a seguir:

↳ Sistema de lodo ativado:
  ↳ ponto 1: local de coleta na entrada da estação;
  ↳ ponto 3: local após a saída do decantador primário;
  ↳ ponto 6: local após a saída do decantador secundário;
  ↳ ponto 6B: local após tanque de desinfecção.

↳ Linha RAFA e filtro biológico:
  ↳ ponto 9: local após reator anaeróbio de fluxo ascendente;
  ↳ ponto 9A: local após câmara de aeração;
  ↳ ponto 9B: local depois da saída do filtro biológico 1;
  ↳ ponto 6A: local após filtro biológico 2.

Após remoção da areia na unidade denominada caixa de areia, o fluido é lançado numa caixa de distribuição e, em seguida, é bombeado, passando em um decantador primário. Coletando-se amostras na saída do decantador (ponto de coleta 3), pôde-se constatar em ensaios laboratoriais uma remoção da ordem de 3% a 36% para os diversos parâmetros deste efluente nesta etapa do tratamento, conforme Tabela 12.3.

Saindo do decantador primário o líquido vai para o tanque de aeração onde as bactérias aeróbias, que utilizam oxigênio dissolvido (OD) para suas funções vitais (alimentação, respiração e reprodução), promovem a oxidação da matéria orgânica. Neste processo são introduzidas cargas constantes de oxigênio para possibilitar o tratamento. Em seguida, o líquido vai para o decantador secundário e após este há uma coleta (ponto de coleta 6), neste processo obtêm-se remoções da ordem de 13% a 88% dos parâmetros em relação ao processo anterior, conforme Tabela 12.3. Ao entrar o líquido no decantador secundário, inicia-se um processo de sedimentação do lodo gerado pelo processo anterior, depositando-se no fundo do decantador secundário, de onde o mesmo é bombeado, retornando para o tanque de aeração, pois este possui bactérias ainda ativas que serão aproveitadas novamente no tratamento (lodo ativado). Após passar pelo decantador secundário, o efluente já se encontra clarificado. Daí, segue para o tanque de contato para ser oxigenado e por gravidade vai para o tanque de desinfecção. Ainda no tanque de contato é adicionado ao efluente barrilha, ou seja, (Na_2CO_3) a 10% para correção do pH. Saindo do tanque de contato, o efluente entra no tanque de desinfecção onde recebe o policloreto de alumínio e hipoclorito de sódio (cloro), que são misturados de forma a homogeneizar estes produtos. A ação do policloreto de alumínio faz com que os sólidos ainda em suspensão se agrupem, formando

Tabela 12.3 Resultados de análises da ETE Jesus Netto – coleta semanal – amostras coletadas

Análise (média)	Resultados obtidos (mg/L)							
	Ponto	Ponto	Ponto	Ponto	Ponto	Ponto	Ponto	Ponto
Ponto de coleta	1	3	6	6A	6B	9	9A	9B
Condutividade (média)	–	–	–	–	–	–	–	–
DBO_5	–	–	–	–	–	–	–	–
DQO total	377.72	292.01	39.25	31.76	37.83	114.04	68.43	60.62
DQO solúvel	-	183.27	22.64	0	-	-	-	-
Fósforo total	4.28	3.82	1.65	1.63	2.58	4.10	3.92	3.76
Fósforo (Orto)	17.34	17.88	6.14	6.08	8.49	20.82	15.68	13.66
Nitrogênio amoniacal	26.97	25.22	7.95	7.35	8.82	24.76	18.75	16.72
Óleo e graxas	52.23	27.06	4.60	3.52	3.33	10.43	5.51	4.56
pH	6.76	6.38	6.54	6.59	5.92	5.80	5.89	6.22
ST	385.80	194.21	236.20	142.31	246.41	187.85	234.74	195.28
STV	204.50	96.87	64.54	37.20	75.43	73.92	73.48	59.13
STF	181.30	97.34	171.66	105.11	170.98	113.93	160.71	136.14
SST	150.08	94.29	19.39	11.55	17.45	42.78	15.02	14.32
SSV	131.18	83.99	14.62	8.60	14.16	36.58	12.99	12.38
SSF	19.31	10.30	2.90	2.97	3.29	6.20	2.02	1.94
SD (média)	–	–	–	–	72.89	–	–	–
S^{2-}	–	–	–	–	–	–	–	–
SO_4^{2-}	24.89	24.64	25.06	22.33	17.87	15.01	18.64	18.96
TOC	64.35	58.28	8.74	6.94	7.21	14.96	9.46	8.69
Temp. da amostra (média)	25	25	25	25	25	25	25	25

Fonte: Laboratório da Sabesp/MCEC

flocos maiores e adquirindo maior densidade, e passam a se precipitar no fundo do tanque. O hipoclorito de sódio tem por finalidade a desinfecção do efluente. Na saída do tanque de desinfecção (ponto de coleta 6B) é aplicada mais uma dosagem de hipoclorito de sódio para se obter uma desinfecção mais eficiente do efluente. Neste ponto do processo, obtém-se uma remoção de cargas orgânicas dos parâmetros da ordem de 12% a 97% em relação à etapa anterior, conforme Tabela 12.3. Na segunda linha de tratamento após a saída da caixa de distribuição, o efluente é direcionado para o Sistema combinado Reator anaeróbio – Filtro biológico. Neste processo, o efluente entra no reator anaeróbio de fluxo ascendente (ponto de coleta 9), entrando em contato com as bactérias anaeróbias, "que na ausência de oxigênio dissolvido (OD), utilizam o oxigênio contido nas moléculas das matérias orgânicas existentes, rompendo, modificando e transformando esta matéria" (Branco e Rocha, 1984), gerando, consequentemente, o gás metano que é direcionado para ser queimado em local apropriado. O processo anaeróbio gera uma quantidade menor de lodo. A eficiência de remoção das cargas poluentes, ou seja, dos parâmetros analisados neste processo é cerca de 1,7% a 85%, conforme apresentado na Tabela 12.3. Após passar pelo RAFA, o efluente é direcionado para a câmara de aeração (ponto de coleta 9A).

Da câmara de aeração o efluente é direcionado para o filtro biológico 1, no qual, através de bombeamento é transportado para uma tubulação perfurada situada na parte superior do filtro. Essa tubulação sofre rotação, de forma a distribuir uniformemente o efluente sobre o leito filtrante. Este processo possibilita uma redução dos parâmetros da ordem de 4,6% a 93,5% em relação à etapa anterior, conforme Tabela 12.3. Ao sair do filtro biológico 1, o efluente passa pelo filtro biológico 2. Pode-se observar que no ponto de coleta 9B, ocorre uma redução dos parâmetros considerável da ordem de 0,3% a 87% de remoção, conforme Tabela 12.3. A partir do filtro biológico 2, o efluente é direcionado para o tanque de desinfecção para continuação do tratamento; já neste processo observa-se uma redução dos parâmetros analisados em cerca de 2,5% a 97% em relação à etapa anterior, conforme Tabela 12.3.

Após passar por todas estas unidades de tratamento, o efluente tem uma característica límpida e apropriada para fornecimento como água industrial, conforme Figuras 12.5 e 12.6.

Figura 12.5 Exposição do efluente após tratamento

Figura 12.6 Exposição do efluente tratado com a água potável

12.6 OBJETIVO PRINCIPAL DA ETE JESUS NETTO

Conforme a caracterização do efluente que até então foi detalhado, a Sabesp vê nesta oportunidade a possibilidade de investir em projetos de fornecimento deste novo produto. Estudos têm sido desenvolvidos para se determinar custo por metro cúbico dessa água de reúso para empresas da grande São Paulo. Para a Sabesp será um custo viável a implantação deste sistema, pois a mesma já recebe para dar destino final do esgoto da comunidade, e fornecerá o mesmo a um custo acessível às empresas. Nesse custo está envolvida a implantação de sistema de tratamento terciário para um melhor polimento desse efluente, para uso exclusivamente industrial. Atualmente, a ETE Jesus Netto trata, em média, de 90 m³/h a 100 m³/h de esgoto. Este projeto já está em andamento nesta estação desde novembro de 1998. Uma vazão média efetivamente medida foi considerada no período de 2006 a 2009, com uma média mensal de fornecimento de 54.500 m³. Devido a essas adaptações, a estação fugiu de sua concepção original, ou seja, o simples descarte do efluente tratado no rio Tamanduateí. A empresa Coats Corrente tem se mostrado satisfeita com a matéria-prima recebida, pois não tem nenhum custo adicional para o uso desta, ou seja, o efluente chega à Coats e já entra na produção. Na linha de tratamento composta por reator anaeróbio de fluxo ascendente e filtro biológico, o efluente era descartado anteriormente, a partir do filtro biológico, para o interceptor Ita-1. Com a ampliação, esse efluente será desviado para o tanque de desinfecção e se unirá ao efluente que vem do decantador secundário da linha do lodo ativado e os dois serão conduzidos a um tanque (tanque de mistura) que abastecerá um conjunto de filtros complementares da água de reúso, finalizando esta etapa de tratamento. Esse sistema tem capacidade para tratar 200 m³/h, sendo composto por quatro filtros de pressão com camada filtrante dupla areia/antracito e quatro filtros de cartucho com capacidade para reter partículas maiores que 10 micra.

O antigo reservatório de água de reúso, com capacidade de 200 m³, é utilizado como tanque de desinfecção do sistema combinado RAFA/filtros biológicos. Desse modo, cada linha de tratamento terá seu tanque de desinfecção independente. A alimentação do novo sistema de filtração é realizada a partir da saída dos tanques de desinfecção, onde as duas correntes líquidas se unirão e passarão por uma caixa de mistura e seguirão para a filtração complementar. Após filtração em filtros de areia e antracito e filtros de cartuchos, a água de reúso será encaminhada para o antigo digestor de lodo, que foi reformado para funcionar como reservatório de água de reúso. Este reservatório tem capacidade de armazenar um volume de 1.450 m³, o que permitirá ampliar o mercado de água de reúso para o atendimento de outras indústrias. Fazendo-se essa filtração complementar, pode-se obter um produto com melhores características e que pode ser comercializado por meio de caminhões-pipa junto às prefeituras, postos de gasolina etc. Com o fornecimento de 54.500 m³/mês de água de reúso para a Coats Corrente, outras empresas como a Lavanderia Garment e a Lavanderia Washday, que se encontram situadas nas proximidades da ETE, se interessaram por este novo produto e passaram a consumir em caráter experimental para verificação da qualidade do efluente que lhes foi fornecido através de caminhões-pipa. Ao comprovar a qualidade deste, a empresa juntamente com a Sabesp celebraram, em junho de 2003, um contrato de fornecimento de 1.000 m³/mês, onde se estabeleceu que as lavanderias arcariam com os custos de construção das redes de adução, e a Sabesp, com o fornecimento desse efluente a um custo aproximado de R$ 1,00/m³, incluindo água e esgoto. Essas lavanderias se enquadram na faixa de consumo de 50 m³/mês para fornecimento industrial de água potável, o que representava um consumo de água de qualidade superior à água de reúso a um custo de R$ 15,04/m³, ou seja, o custo da água de reúso para as lavanderias chegou a 6,65% do custo da água potável, o que dizer uma economia de 93,35%.

Atualmente, a ETE tem descartado o lodo no interceptor Ita-1, para que o mesmo seja encaminhado e tratado na ETE Barueri e o sobressalente é lançado no leito de secagem. Este está sendo descartado para o aterro sanitário, atualmente o aterro Bandeirantes.

Como se pode observar pelos resultados apresentados no item 12.5, foram obtidas remoções consideráveis das cargas poluidoras, ou seja, metais, matéria orgânica e sólidos suspensos. Essas remoções dão a eficiência dos dispositivos para cada tratamento, só que também se observa uma certa controvérsia nos resultados apresentados nas Tabelas.

Pode-se concluir que essas amostragens foram realizadas (recolhidas) dias após a ocorrência de manutenções nos sistemas, ocorrendo a adição de uma concentração pequena de poluentes em vez da retirada dos mesmos. Cabendo analisar se estas concentrações, mesmo que pequenas, não vão influenciar o sistema de filtração. Mesmo diante destes dados levantados nos relatórios feitos pelo laboratório da Sabesp (o MCEC), foi obtido uma remoção de cargas poluentes da ordem de 95 a 98%, um parâmetro bem aceitável. Nas Figuras 12.7 e 12.8 mostra-se o resultado médio de remoção das duas correntes de tratamento citadas.

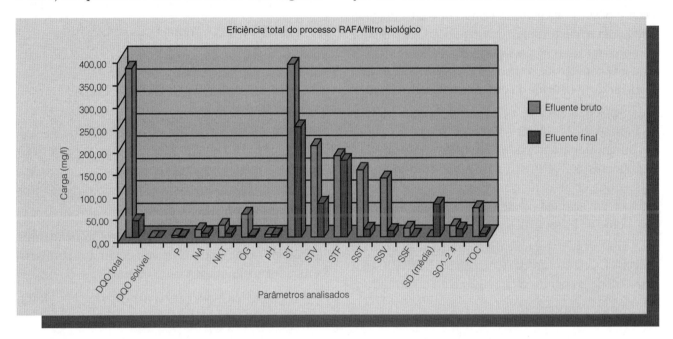

Figura 12.7 Dados referentes às tabelas de ensaios

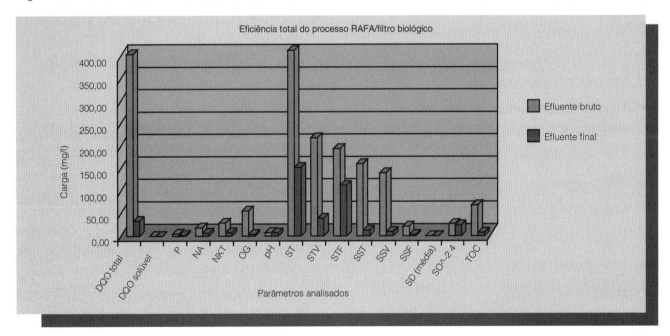

Figura 12.8 Dados referentes às tabelas de ensaios

Após várias tentativas de otimização no tratamento, a ETE Jesus Netto fez várias modificações nas unidades de tratamento, podendo ainda ter outras modificações conforme a necessidade desta estação. Por se tratar de uma unidade-escola, está-se adequando até obter uma característica melhor do efluente tratado.

Como o sistema de tratamento já estava instalado e dimensionado para atender a demanda do subdistrito do Ipiranga, não houve mudanças significativas para a implantação do sistema de reúso na ETE Jesus Netto. Diante da perspectiva de fornecer este novo produto, pode-se verificar que o custo seria pequeno com a implantação do tratamento terciário e que não representaria um custo inviável e nem investimentos adicionais expressivos, pois haverá certamente um retorno rápido deste pequeno investimento.

12.7 AMPLIAÇÃO DO MERCADO CONSUMIDOR

Diante dessa nova matéria-prima ser fornecida pela Sabesp a um custo mais baixo, o público consumidor (empresas) tem-se mostrado bem interessado por esta nova opção de recurso, uma vez que ambas irão usufruir os benefícios da utilização desta.

Após o início do fornecimento da água de reúso para as empresas próximas à ETE, novos clientes surgiram para firmarem novos contratos de fornecimento. No primeiro momento, somente será fornecida por meio de caminhões-pipa, até se estabelecer um sistema de adução nos locais de consumo, como o já desenvolvido pela Coats e Sabesp.

Hoje, com esta ampliação e com a adaptação de mais ETEs, tanto a Jesus Netto como a ETE ABC têm um total de 26 pontos de fornecimento do produto.

Novas empresas:

- V.A. Saneamento Ambiental Ltda;
- Prefeitura do Município de Barueri;
- Serviço Municipal de Saneamento Ambiental de Santo André;
- Semasa;
- Departamento de Água e Esgotos de São Caetano do Sul;
- Norte-Sul Hidrotecnologia e Comércio Ltda;
- DRC Perfuração Direcional Ltda;
- Loga – Logística Ambiental de São Paulo S/A;
- Usinas de Asfalto – PMSP;
- Líder Serviços Ltda;
- DAEE;
- Qualix Serviços Ambientais Ltda;
- Paulitec Construções Ltda;
- Unileste Engenharia S/A;
- Construfert Ambiental Ltda;
- Ouro Branco Transportes de Água Ltda;
- Subprefeitura Itaquera – PMSP;
- Delta Construções S.A;
- Brasil Rental Locações de Máquinas e Caminhões Ltda;
- Newsan Saneamento Ltda;
- GHF Comercial International Trading Ltda;
- EIEN Serviços Ambientais S/A;
- Propagação Engenharia Ltda;
- Era Técnica Engenharia, Construções e Serviços Ltda;
- Nova Cristal Distribuidora Ltda;
- Irmãos Porto Engenharia e Transportes Ltda;
- Royalplás Indústria e Comércio de Produtos Químicos Ltda.

Novas propostas e estudos de fornecimentos pela ETE Jesus Netto têm sido cogitados para próximos fornecimentos.

- Companhia Metropolitana de São Paulo – Metrô;
- Banco Itaú S/A.

Por se tratar de um produto não potável, tem o seu uso direcionado para atender a demanda do seu público consumidor.

Os usos potenciais para a água de reúso:

- água para refrigeração;
- sistema de incêndio;
- descarga dos vasos sanitários;
- processos industriais;
- água de lavagem (pisos, pátios, galerias de águas pluviais);
- fertirrigação (fertilizante para culturas não rasteiras);
- tanques para piscicultura;
- rega (jardins, campos de futebol, áreas verdes);
- regularização de vazão de cursos d'água;
- recarga do lençol freático.

12.8 CONCLUSÃO

Com este novo produto, a Sabesp já está se mobilizando para fornecer em grande escala uma nova matéria-prima para o mercado, a água de reúso, pouco conhecida ou, quando conhecida, discriminada pelo grande público consumidor, por falta de conhecimento. Conforme observado no desenvolvimento do trabalho, pode-se constatar que o fornecimento de água de reúso já é uma realidade dentro da Grande São Paulo, o que tem de se ampliar devido o baixo custo deste produto. É possível constatar alguns pontos de consumo da água de reúso na Grande São Paulo, como, por exemplo, em São Caetano, onde este produto tem sido de grande economia para a prefeitura da cidade, que usa a mesma para rega de jardins e canteiro e lavagem de ruas após as feiras, onde antes era utilizada água potável.

Em São Paulo, já se utiliza a água de reúso para lavagem de ruas após as feiras livres, como mostram as Figuras 12.9 e 12.10 a seguir.

Figura 12.9 Cena de lavagem de rua após feira

Figura 12.10 Caminhão locado pela prefeitura para a limpeza

Observa-se também que as empresas voltadas ao meio ambiente têm a conscientização como meta em seu sistema de trabalho e a preservação do meio em que está inserida. Diante dessa perspectiva de economia e tecnologias ambientais, têm nesta oportunidade condições de verificar que é mais viável para a empresa que recebe da Sabesp uma água potável a um custo alto, de poder receber uma água de reúso a um preço mais baixo. Essa oportunidade pode ser avaliada de forma a se ter um sistema de gestão empresarial deste recurso hídrico, que pode tornar viável o consumo deste. Diante dessa nova alternativa, as empresas que têm um consumo na faixa de 50m^3/mês e que se enquadram na característica de fornecimento industrial terão muito a lucrar, pois o custo de uma água de baixa qualidade é de R$ 1,10 m^3 entre água e esgoto, o que representa 7,31% da água potável, ou seja, esta terá uma economia de 92,69% e terão um produto adequado para o seu consumo.

A Sabesp investiu na ETE Jesus Netto cerca de R$ 800.000,00 para implantação do sistema de reúso, ou seja, o equivalente á R$ 0,76/m^3 de esgoto tratado mensalmente.

Por meio de balanços realizados na estação de tratamento Jesus Netto, pós-fornecimento, se constatou:

O investimento feito na ETE Jesus Netto foi baixo, possibilitando a implantação do sistema de reúso. Com essa implantação, se obteve um retorno rápido do investimento aplicado, conforme apresentado na Tabela 12.4. Conclui-se, então, que a implantação de sistemas de reúso nas ETEs é viável, gera lucros certos tanto para Sabesp como para as empresas, também é um fator determinante para contribuição com a preservação de nossos mananciais que poderão servir somente para produção de água potável.

Pode-se observar uma variação do fornecimento de água de reúso; isto se dá por conta da demanda das empresas consumidoras, pois devido ao baixo consumo interno, estas deixam de obter o produto, conforme apresentado nas Tabelas 12.5 e 12.6.

Diante dessa nova opção de uso desse efluente (água de reúso ou água industrial), podem-se fazer algumas indagações quanto à qualidade desse efluente e o uso a que se destina. A Sabesp, como já mencionado neste trabalho, vem procurando conhecer o seu público consumidor, o que a ajudará ao uso dessa matéria-prima e a principal característica final de seu produto para o atendimento dessas indústrias.

Tabela 12.4 Balanço médio do volume tratado/receitas efetivas entre 1999/2002

Descrição do item	M³/R$
→ Volume total tratado	2.055.689,00 m³
→ Volume médio mensal fornecido	42.826,85 m³
→ Valor médio cobrado (metro cúbico) água/esgoto	R$ 0,69
→ Valor médio mensal faturado	R$ 29.691,85
→ Valor total faturado	R$ 1.425.209,18

Tabela 12.5 Balanço médio do volume tratado/receitas efetivas em 2006

Descrição do item	M³/R$
→ Volume total tratado	2.009.547,00 m³
→ Volume médio mensal tratado fornecido	65.173,00 m³
→ Valor médio cobrado (metro cúbico) água/esgoto	R$ 3,08
→ Valor médio mensal faturado	R$ 200.720,00
→ Valor total faturado	R$ 2.408.635,00

Tabela 12.6 Balanço médio do volume tratado/receitas efetivas em 2009

Descrição do item	M³/R$
→ Volume total tratado	2.479.413,00 m³
→ Volume médio mensal tratado fornecido	54.500,00 m³
→ Valor médio cobrado (metro cúbico) água/esgoto	R$ 3,34
→ Valor médio mensal faturado	R$ 182.038,99
→ Valor total faturado	R$ 2.184.467,00

Caberá uma análise técnica e econômica da qualidade requerida pelas indústrias que viabilize este fornecimento, ou seja, terá que ater-se à qualidade que atenda a maior parte das empresas e que não acarrete prejuízo à empresa fornecedora desse efluente, no caso, a Sabesp.

Poderá ser atendida a qualidade mais restrita entre as indústrias e a mais economicamente viável na produção, ou seja, no tratamento.

Há uma forte tendência de implantação do sistema de reúso no Brasil, pois pode-se verificar que a poluição já toma conta de nossos rios e córregos e que também há uma escassez de água potável iminente. Portanto a solução é o uso sustentável deste recurso através de uma gestão hídrica sustentável.

Há alguns exemplos de utilização consciente do uso das águas servidas; por exemplo, no centro de São Paulo, a prefeitura já utiliza esta água para lavagem de pátios e rega de jardins.

A educação ambiental já está nos currículos dos países desenvolvidos e que já fazem a reciclagem dos efluentes, ou seja, já possuem um sistema de gestão; há uma conscientização geral que faz com que a população e as indústrias não mudem o padrão físico das águas residuárias, pois isso traria consequências sérias ao tratamento desta.

12.9 RECOMENDAÇÕES

As empresas que optarem por utilizar esta matéria-prima em suas instalações terão que investir na segurança do manuseio com esta, pois se tratando de um produto não potável e por haver uma concentração ainda que pequena em sua composição de poluentes e microrganismos, poderá haver contaminação com o seu consumo. A seguir, são apresentadas algumas orientações quanto a esses aspectos.

A segurança tem que ser levada a sério, pois para toda a área da indústria existem regras e obrigações para os empregados e para a empresa. Então terá que se investir na informação para segurança do empregado e para o sucesso da empresa.

Toda empresa que fizer uso da água de reúso terá que adequar o seu quadro de funcionários a uma política de segurança, pois a ingestão desta água poderá causar inúmeros problemas à saúde destes, pois essa água é de uso exclusivamente industrial, não podendo ser consumida.

A empresa terá que investir em divulgação, em palestras para orientação dos funcionários, com cartazes internos (comunicação visual) e sinalização dos pontos de reúso. Em alguns países, por exemplo, já se faz uso da cor magenta (rosa choque) para identificar a tubulação de água de reúso, válvulas triangulares para identificar a válvula de irrigação, caminhões-pipa identificados como de água de reúso, válvulas de incêndio, treinamentos do pessoal de manutenção etc.

Nas instalações hidráulicas, terão que ser identificadas as redes que atendam com água de reúso na cor magenta, por exemplo. Qualquer profissional da área identificará a água de reúso, evitando sua interligação com a água potável. Da mesma forma, o empregado com a mesma identificação da água de reúso evitará consumi-la.

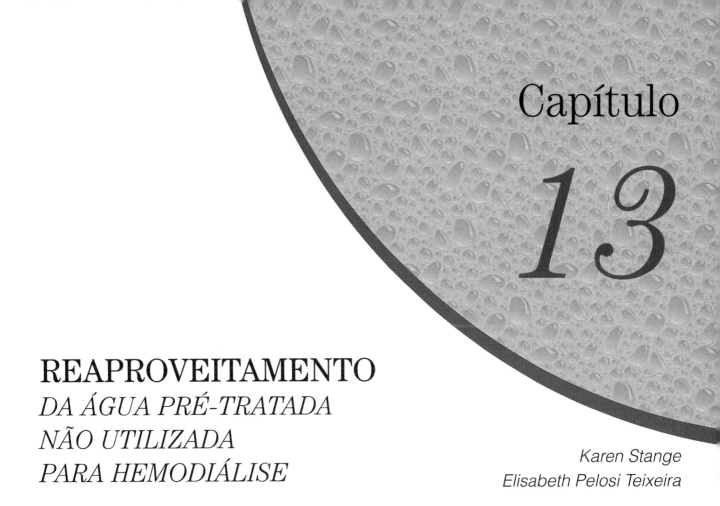

Capítulo 13

REAPROVEITAMENTO
DA ÁGUA PRÉ-TRATADA NÃO UTILIZADA PARA HEMODIÁLISE

Karen Stange
Elisabeth Pelosi Teixeira

13.1 RESUMO

Este capítulo busca encontrar formas de aproveitamento racional de uma água tratada e limpa, que hoje é encaminhada ao esgoto. Esta água é proveniente do sistema de tratamento de água para hemodiálise, constituído, via de regra, por pré-tratamento e Osmose Reversa (OR), e é denominada rejeito da OR. A água a ser tratada passa pelo pré-tratamento e, quando chega às membranas de OR, apenas uma parte dessa água é aproveitada para a realização da hemodiálise, sendo a outra parte desprezada para o esgoto. A etapa principal deste estudo é a análise das características físico-químicas e microbiológicas da água do rejeito da OR, que indica que ela pode ser reaproveitada para usos diversos dentro do hospital. Entretanto, oscilações na qualidade desta água são esperadas, visto que qualquer alteração do perfil físico-químico da água de entrada no hospital altera a composição do rejeito da osmose reversa. De acordo com os resultados obtidos neste estudo, foi possível verificar que o rejeito da OR possui características compatíveis para o reaproveitamento nas três hipóteses sugeridas neste estudo (lavanderia, caldeira e caixa-d'água central), mas há o inconveniente de possíveis oscilações nos parâmetros físico-químicos, que merecem ser corrigidos para a obtenção de uma água de melhor qualidade que prolongue a vida útil dos equipamentos. Qualquer uma das hipóteses levantadas é viável, e uma delas deve ser escolhida para o aproveitamento da água rejeitada no processo de OR, pois são cerca de 7 mil litros de água por dia, o que corresponde a aproximadamente 210 mil litros por mês, que são desperdiçados.

13.2 INTRODUÇÃO

A ameaça de escassez dos recursos hídricos tem colocado, nos últimos anos, a questão da água no centro das preocupações e disputas em todo o mundo. Afinal, mais de um bilhão de pessoas não têm acesso à água potável e, em 2025, se não forem tomadas medidas urgentes, a degradação ambiental e a cultura do desperdício vão comprometer a vida de 2/3 da população mundial (Época, 2003).

Contudo, junto com esses desafios, apresentam-se também oportunidades de trabalho conjunto e de busca de soluções concretas.

Buscando encontrar melhores formas de aproveitamento racional dos recursos hídricos, este trabalho viabiliza não somente a solução de um problema prático que ocorre no tratamento de água para hemodiálise, mas também contribui efetivamente para o reaproveitamento do recurso natural que tende, no futuro, a se tornar escasso.

A água no ambiente hospitalar é um insumo de altíssimo valor. A sua utilização exige níveis de qualidade variáveis, dependendo do uso que lhe será atribuído.

A qualidade e pureza da água é um dos fatores determinantes na segurança do processo de hemodiálise, pois entra em contato direto com o sangue do paciente.

O tratamento de água para hemodiálise é bastante eficiente, envolvendo alta tecnologia para adequar sua qualidade aos níveis exigidos pela legislação, sendo, via de regra, constituído por pré-tratamento e Osmose Reversa (OR) (Fluidtech, 2001a).

O pré-tratamento da água utiliza filtro de areia ou multimeios, que remove sólidos em suspensão, abrandador (troca iônica), que remove íons de cálcio e magnésio, substituindo-os por íons de sódio, e filtro de carvão ativado, que remove cloro e cloramina, além de outras substâncias orgânicas, oferecendo condições seguras para o posterior tratamento por OR, protegendo as membranas contra danos, estendendo sua vida útil e assegurando a mais alta eficiência do equipamento de OR (Fluidtech, 2001a).

A OR tem provado ser o mais seguro, mais confiável e mais econômico método de purificação de água para hemodiálise, mas exige uma série de cuidados com as membranas do equipamento. É um tipo de tratamento de água que se faz sob altas pressões e com uma membrana muito seletiva, fabricada com diferentes materiais e semipermeável, separando o fluxo de alimentação em dois outros fluxos de saída, o de água pura e o outro com impurezas, denominado rejeito (Fluidtech, 2001b).

Quando a água pré-tratada chega às membranas de OR, apenas uma parte dela é aproveitada para a realização da hemodiálise, sendo a outra parte desprezada para o esgoto.

A análise da qualidade dessa água indica que ela pode ser reaproveitada para usos diversos dentro do hospital.

13.3 METODOLOGIA

As hipóteses sugeridas para o reaproveitamento do rejeito da OR foram lavanderia, caldeira, ou, se as características físico-químicas não permitissem o uso dessa água nestes processos, ela poderia ser diluída em um volume maior de água, que é a caixa-d'água central do hospital.

O estudo foi realizado através de levantamento bibliográfico em literatura especializada, estudo das plantas físicas dos locais onde se desejava reaproveitar a água, de visitas feitas a esses locais, para analisar a qualidade e verificar a quantidade de água utilizada nos mesmos, de visitas feitas ao setor de Nefrologia do Conjunto Hospitalar de Sorocaba (CHS), para estudar o processo de tratamento de água para hemodiálise, consultorias em empresas de tratamento de água e, principalmente, do estudo das características físico-químicas e bacteriológicas da água do rejeito da OR.

13.4 RESULTADOS

A partir de análises realizadas durante o transcorrer deste estudo, foi possível verificar que a água do rejeito da OR possui características físico-químicas e microbiológicas compatíveis para reaproveitamento nas três hipóteses sugeridas, pois, segundo o laudo de duas amostras analisadas pelo Instituto Adolfo Lutz, esta água está nos padrões de potabilidade da água, apesar da falta de cloro, que fica retido no filtro de carvão ativado do pré-tratamento.

Entretanto, oscilações na qualidade desta água são esperadas, visto que qualquer alteração do perfil físico-químico da água de entrada no hospital altera a composição do rejeito da osmose reversa. Uma análise da água realizada 6 meses após o estudo inicial, a pedido do serviço terceirizado da lavanderia, demonstrou que três parâmetros estavam fora dos padrões: a cor aparente e as dosagens de ferro e de fluoreto.

Desconsiderando-se a possibilidade de contaminação por íons da própria rede de distribuição de água do hospital, que em alguns pontos ainda possui canos de ferro, a explicação mais plausível para estas oscilações fica por conta de sobrecarga nas membranas de osmose reversa, visto que o pré-tratamento da água deveria retirar a carga mais pesada de íons. Isso exige cuidados permanentes no processo de pré-tratamento, com o estabelecimento de um controle de qualidade eficiente de cada etapa, monitoramento através de parâmetros bem definidos e gerenciamento contínuo de quebras dos limites estabelecidos para este monitoramento.

Uma provável causa das alterações de alguns parâmetros, que se tornaram inadequados, pode ser a vida útil da membrana do equipamento de OR, pois a mesma, na ocasião desta última coleta e análise, encontrava-se em fase de troca e, por isso, o rejeito da OR pode estar mais concentrado de alguns íons.

De qualquer maneira, apesar das oscilações esperadas, a água rejeitada pelo processo de OR pode ser aproveitada tanto na lavanderia como na caldeira e até mesmo na rede de distribuição do hospital, não se aceitando, de forma nenhuma, seu desperdício como refugo do processo. As oscilações observadas em alguns parâmetros físico-químicos podem ser corrigidas por meio de diferentes tecnologias disponíveis, cabendo ao hospital decidir por qual delas optar. Serão discutidas adiante as medidas necessárias para estas eventuais correções.

Quanto à realização das obras de engenharia necessárias para o reaproveitamento da água rejeitada pela osmose reversa, a análise das plantas físicas do CHS sugere total possibilidade de realização e por um custo compatível com um hospital público, podendo ser escolhida qualquer uma das hipóteses levantadas neste trabalho.

13.5 DISCUSSÃO E CONCLUSÕES

De acordo com os resultados obtidos neste estudo, foi possível verificar que o rejeito da OR possui características compatíveis para o reaproveitamento nas três hipóteses sugeridas (lavanderia, caldeira e caixa-d'água central), mas há o inconveniente de possíveis oscilações nos parâmetros físico-químicos, que merecem serem corrigidos para a obtenção de uma água de melhor qualidade, que prolongue a vida útil dos equipamentos.

A primeira hipótese sugerida para o reaproveitamento do rejeito da OR foi a lavanderia, pois é um setor que consome grande volume de água. Para sua viabilização, seria necessário aumentar a extensão do cano até uma nova caixa-d'água com capacidade maior e com sensor que limite a entrada da água do abastecimento público até um certo nível da caixa-d'água, deixando o restante para o rejeito da OR. Com isso, os parâmetros que se mostrarem inadequados podem ser facilmente corrigidos por diluição.

A falta de cloro desta água não interferirá nos processos da lavanderia, pois a mesma utiliza produtos que o substituem.

Foi sugerida, como segunda hipótese para reaproveitamento da água, a caldeira, pois é um setor que também consome grande volume de água. Para sua viabilização, seria necessária a instalação de um novo reservatório de água com capacidade maior e com sensor que limite a entrada da água do abastecimento público até um certo nível do reservatório, deixando o restante para o rejeito da OR, diluindo, assim, qualquer parâmetro inadequado. O comprimento da extensão do cano, neste caso, é um pouco maior que aquela calculada para a lavanderia, e uma parte deve ser feita pelo subsolo.

Para o fornecimento de vapor de alta qualidade, a caldeira deveria contar com um tratamento de água por desmineralização, antes da entrada da água na caldeira, pois seu perfeito funcionamento é fundamental para o bom desempenho de todos os setores do hospital que se servem de seu serviço. A manutenção da qualidade do vapor controla a vida útil dos equipamentos que entram em contato com o vapor, como é o caso das autoclaves e do instrumental cirúrgico nelas esterilizados.

A utilização do rejeito da OR para abastecimento de água na caldeira, nesta situação, seria perfeitamente possível pois, mesmo contando que eventualmente haja uma oscilação na concentração dos íons presentes no rejeito, a desmineralizadora eliminaria este excesso, mantendo a qualidade da água e, consequentemente, do vapor gerado.

Há, ainda, que se considerar que, mesmo não havendo a instalação de uma desmineralizadora, existem tratamentos químicos disponíveis, amplamente empregados no tratamento da água nas caldeiras, que precipitam o excesso de íons, protegendo as paredes da caldeira da corrosão e garantindo a qualidade do vapor gerado.

Como terceira hipótese foi sugerido o reaproveitamento da água na caixa-d'água central do Hospital Leonor Mendes de Barros, onde, por processo de diluição, qualquer eventual excesso de íons se tornaria desprezível, não acarretando problemas para seu consumo.

O problema levantado em relação a esta hipótese foi o fato de o rejeito da OR ser isento de cloro, o que poderia levar a uma pequena diluição da concentração do cloro da caixa-d'água central. Para resolver este problema, basta instalar uma bomba dosadora de cloro na caixa-d'água central.

A viabilização desta hipótese é bastante simples, bastando aumentar a extensão do cano para a caixa-d'água central, sendo a hipótese mais econômica. No caso de a água exceder o limite de capacidade da mesma, instala-se um ladrão para a saída da água excedente.

Qualquer uma das hipóteses levantadas é viável, e uma delas deve ser escolhida para o aproveitamento da água rejeitada no processo de OR, pois são cerca de 7 mil litros de água por dia, o que corresponde a aproximadamente 210 mil litros por mês, que estão sendo desperdiçados. O custo deste desperdício chega a quase R$ 600,00/mês, na tarifa de água de julho de 2003.

Mas, além do custo financeiro, devemos levar em conta também o custo ambiental deste desperdício, lembrando que a água é um recurso natural que tende, no futuro, a se tornar escasso.

Aparentemente, a terceira hipótese (caixa-d'água central) parece ser a mais vantajosa, do ponto de vista econômico das obras civis a serem realizadas. Mas, levando-se em conta o volume utilizado pela mesma, quando comparado ao das outras hipóteses – lavanderia e caldeira, estas são mais vantajosas, pois há maior economia de água, o que é o objetivo deste trabalho.

Comparando-se estas duas hipóteses, pôde-se concluir que a reutilização na lavanderia é a mais vantajosa, pois esta possui melhor localização do que a caldeira e o custo das obras é reduzido.

Capítulo 14

DESSALINIZAÇÃO
DA ÁGUA DO MAR PARA CONSUMO HUMANO

Marcos Olivetti Souza

O planeta Terra possui cerca de três quartos da sua superfície recobertos por água, sendo que 97% desse volume é de água salgada e apenas 3% de água doce (Silva, Santos & Allebrandt, 2008). Somente 1% de toda água disponível é apropriada para consumo humano, ou seja, possui concentração reduzida de sais – e essa água não está distribuída de maneira equitativa à população mundial (Sabesp). Os outros 2% referentes à água doce estão nas geleiras polares, *icebergs* e neves (RBC, 2004).

Pina (2004) diz que "a problemática da água é mundial e atinge proporções sérias em determinadas zonas do planeta, em virtude das mudanças climáticas, pressões exercidas pelo crescimento vertiginoso da população, urbanização e industrialização". O consumo de água doce no mundo cresce a um ritmo superior ao do crescimento da população (Cravo & Cardoso, 1996 *apud* Soares, 2004), e, segundo reportagem do canal Discovery Channel, "em 2025, a demanda de água doce irá exceder seu fornecimento em mais de 50%", deixando um terço da população mundial sem acesso à água potável.

Mas o problema da falta de água potável não é futuro; nos dias de hoje ele já afeta as pessoas. Segundo Araia (2009) "O aumento da população humana e as demandas que ele origina fizeram o consumo de água subir cerca de seis vezes nas últimas cinco décadas. [...] A Organização das Nações Unidas (ONU) calcula que cerca de 1 bilhão de pessoas não têm acesso à água potável e pelo menos 2 bilhões não conseguem água adequada para beber, lavar-se e comer. [...] Atualmente, a falta d'água já não é particularidade de países pobres. Esta distribuição desigual da água da chuva para o planeta, combinada com o crescimento populacional mais alto em algumas das áreas mais secas, como China, Índia, Nigéria e Paquistão, acentua ainda mais este problema.

Os aumentos no consumo de água estão drenando os aquíferos subterrâneos no mundo todo, mais rapidamente do que estes podem ser reabastecidos (RBC, 2004).

Em muitas regiões do Brasil, principalmente no nordeste do país, a água obtida da perfuração de poços, artesianos ou não, é salobra, particularmente na proximidade do mar (Ramalho, 2008). Ao redor do mundo, muitos lugares à beira-mar, em especial as ilhas, possuem pouca água potável (Caetenews, 2007b). Esses fatos, associados ao de que a quantidade de água doce disponível nos leitos dos rios, lagos e pântanos é irrisória, fazem com que "a necessidade de produzir água potável a partir de água do mar ou de águas continentais salobras se torne cada vez mais evidente" (Silva, Santos & Allebrandt, 2008).

De acordo com a Sabesp, "Uma das alternativas para as regiões que sofrem com a escassez de água doce é tratar a água salobra e a água do mar. Para torná-las potáveis, ou seja, apropriada ao consumo humano, é necessário fazer a **dessalinização**."

O problema da água é tão fundamental como o da energia, embora dele se fale menos. É um problema que aflige não só os países áridos mas, também, os países muito industrializados e com grande densidade populacional, países que cada vez mais consomem mais água. Os números obrigam então a escolher: 2% de água doce, 98% de água salgada no conjunto do globo. A dessalinização passa a ser, portanto, uma necessidade (Audibert, 1978 *apud* Pina 2004)

A dessalinização da água salgada ou salobra, do mar, dos açudes e dos poços, se apresenta como uma das soluções para a humanidade adiar ou vencer a crise da água. De fato, alguns países árabes simplesmente "queimam" petróleo para a obtenção de água doce através da destilação, uma vez que o recurso mais escasso, para eles, é a água (Rios, 2003).

Dessalinização é o nome usado para designar qualquer processo empregado na desmineralização, parcial ou completa, de águas muito salinas. O objetivo do processo parcial é diminuir o teor de sais, tornando a água conveniente para ser bebida (Silva, Santos & Allebrandt, 2008). De acordo com Wasserman (2000), a água dessalinizada pode ser usada em sistemas de abastecimento doméstico, na indústria ou na irrigação.

14.1 HISTÓRICO DO CONSUMO DE ÁGUA DESSALINIZADA

Jorge Rios (2003) apresenta um resumo cronológico da experiência internacional e nacional da dessalinização da água:

➥ Em 1928 foi instalado em Curaçao uma estação dessalinizadora pelo processo da destilação artificial, com uma produção diária de 50 m³ de água potável.

➥ Nos Estados Unidos da América, as primeiras iniciativas para o aproveitamento da água do mar datam de 1952, quando o Congresso aprovou a Lei Pública n. 448, cuja finalidade seria criar meios que permitissem reduzir o custo da dessalinização da água do mar. O Congresso designou a Secretaria do Interior para fazer cumprir a lei, daí resultando a criação do Departamento de Águas Salgadas.

➥ O Chile foi um dos países pioneiros na utilização da destilação solar, construindo o seu primeiro destilador em 1961.

➥ Em 1964 entrou em funcionamento o alambique solar de Syni, ilha grega do Mar Egeu, considerado o maior da época, destinado a abastecer de água potável a sua população de 30.000 habitantes.

➥ A Grã-Bretanha, já em 1965, produzia 74% de água doce que se dessalinizava no mundo, num total aproximado de 190.000 m³ por dia.

➥ No Brasil, algumas experiências com destilação solar foram realizadas em 1970, sob os auspícios do ITA – Instituto Tecnológico da Aeronáutica, em São José dos Campos.

➥ Em 1971, as instalações de Curaçao foram ampliadas para produzir 20.000 m³ por dia.

➥ Em 1983, o LNEC – Laboratório Nacional de Engenharia Civil, em Lisboa – Portugal, iniciou algumas experiências com o processo de osmose reversa, visando, sobretudo, o abastecimento das ilhas dos Açores, Madeira e Porto Santo.

➥ Em 1987, a Petrobrás iniciou o seu programa de dessalinização de água do mar para atender às suas plataformas marítimas, usando o processo da osmose reversa, tendo esse processo sido usado pioneiramente, aqui no Brasil, em terras baianas, para dessalinizar água salobra nos povoados de Olho-D'Água das Moças, no município de Feira de Santana, e Malhador, no município de Ipiara.

→ Atualmente existem cerca de 7.500 usinas em operação no Golfo Pérsico, Espanha, Malta, Austrália e Caribe convertendo 4,8 bilhões de metros cúbicos de água salgada em água doce, por ano. O custo, ainda alto, está em torno de US$ 2,00 o metro cúbico.

→ As grandes usinas de dessalinização da água encontram-se no Kuwait, Curaçao, Aruba, Guermesey e Gibraltar, abastecendo-os totalmente com água doce retirada do mar.

Silva, Santos & Allebrandt (2008) afirmam "Um marco no desenvolvimento ocorreu nos anos 1940, durante a segunda guerra mundial, quando vários estabelecimentos militares, em regiões áridas, necessitaram de água para suprir suas tropas. Foram construídos vários destiladores de tamanhos bem mais reduzidos, com a finalidade de serem utilizados nas embarcações de salva-vidas. A potencialidade que a dessalinização oferecia ficou evidenciada e trabalhos foram perseguidos após a guerra em vários países".

O Estado do Ceará tem um programa oficial de dessalinização de água, cujo objetivo é dessalinizar a água salobra de poços profundos, utilizando o processo chamado osmose reversa (Pereira Junior, 2005).

Os Emirados Árabes Unidos utilizam água do mar há vinte anos (Miserez, 2003). De fato, "a maior planta de dessalinização do mundo é a Jebel Ali - Phase 2", nesse país. Nos Estados Unidos, a maior planta de dessalinização está em Tampa Bay, na Flórida, e começou produzindo 95.000 m^3 de água por dia em dezembro de 2007.

A capacidade mundial das usinas de dessalinização era de 18 milhões de metros cúbicos em 1993, e a perspectiva era de que, em 2004, devesse ultrapassar os 25 milhões (Miserez, 2003). Em 1999, mais de 11 mil estações já produziam mais de 20 milhões de metros cúbicos de água dessalinizada por dia (Cotruvo, 2004). Hoje, no mundo inteiro, há 13.800 plantas de dessalinização, as quais produzem mais de 45,5 milhões de metros cúbicos de água por dia, de acordo com a *International Desalination Association*.

14.2 COMPARAÇÃO ENTRE A ÁGUA DOCE E A DESSALINIZADA

Considera-se água doce como sendo a de rios, lagos, lençóis subterrâneos, entre outras fontes, mas não necessariamente potável.

De acordo com Wasserman (2000), Pina (2004), Soares (2004) e Caetenews (2007a), os tipos mais comuns de água são:

→ Água potável (doce): ideal para o consumo humano, irrigação e aquicultura; é fresca e sem impurezas. A Organização Mundial da Saúde considera potável a água cujo teor de sólidos totais dissolvidos – STD – não supere 500 mg/L.

→ Água destilada: desprovida de impurezas e não contém nenhum sal dissolvido. No entanto, é aceitável como salinidade média de 0,2%, quantidade de cálcio e magnésio de 34 ppm e cloretos de 30 ppm.

→ Água salgada (do mar): destinada à proteção das comunidades aquáticas, contém muitos sais dissolvidos, sendo a maior concentração a de cloreto de sódio. A água é considerada salgada quando o teor de STD é igual ou superior a 30.000 mg/L.

→ Água salobra: tipo de água mineral, com alguns sais minerais dissolvidos, sendo levemente salgada (impedindo a formação de espuma quando misturada com sabão) e podendo ser utilizada para criação de algumas espécies aquáticas e para recreação de contato secundário. O teor de STD deve estar entre 500 e 30.000 mg/L.

Os padrões de potabilidade, no Brasil, estão fixados pela Portaria n. 518, de 25 de março de 2004, e ilustrados na Tabela 14.1. Os padrões microbiológicos, definidos pela mesma Portaria, estão na Tabela 14.2.

Tabela 14.1 Padrão de aceitação para consumo humano

Parâmetro	Valor máximo permitido	Unidade
Alumínio	0,2	mg/L
Amônia (como NH_3)	1,5	mg/L
Cloreto	250	mg/L
Cloro residual livre	≤ 2	mg/L
Cor Aparente	15	uH[1]
Dureza	500	mg/L
Etilbenzeno	0,2	mg/L
Ferro	0,3	mg/L
Manganês	0,1	mg/L
Monoclorobenzeno	0,12	mg/L
Odor	Não objetável[2]	–
Gosto	Não objetável[2]	–
Sódio	200	mg/L
Sólidos Totais Dissolvidos	1.000	mg/L
Sulfato	250	mg/L
Sulfeto de Hidrogênio	0,05	mg/L
Surfactantes	0,5	mg/L
Tolueno	0,17	mg/L
Turbidez	5	UT[3]
Zinco	5	mg/L
Xileno	0,3	mg/L
Trihalometanos Total	0,1	mg/L
pH	6 a 9,5	–

[1] Unidade Hazen (mg Pt-Co/L)
[2] Critério de Referência
[3] Unidade de Turbidez

Fonte: Adaptada da Portaria n. 518, de 25 de março de 2004

Tabela 14.2 Padrão microbiológico de potabilidade da água para consumo humano

Parâmetro	Valor máximo permitido
E. coli ou coliformes termotolerantes	Ausência em 100 mL
Coliformes totais	Ausência em 100 mL (amostragem)
Bactérias heterotróficas	≤ 500 UFC[1]/mL (amostragem)

[1] Unidades Formadoras de Colônia

Fonte: Adaptada da Portaria n. 518, de 25 de março de 2004

A H2Ocean®[1] é uma água comercial obtida pela dessalinização da água do mar, através de osmose reversa. Sua composição química pode ser usada como exemplo da composição da água obtida por esse processo, e está ilustrada na Tabela 14.3.

---

[1] A H2Ocean é uma água dessalinizada por osmose reversa, produzida pela Aquamare Beneficiadora e Distribuidora de Água Ltda. de acordo com os padrões microbiológicos estabelecidos pela AWWA – APHA – WPCI – Standard Methods for the Examination of Water and Wastewater – 21ª Edição, e comercializada em garrafas contendo 310 mililitros.

Tabela 14.3 Composição química da H2Ocean®, água dessalinizada por osmose reversa

Parâmetro	Valor	Unidade
E. coli	Ausente em 100 mL	–
Coliformes totais	Ausente em 100 mL	–
Contagem total de aeróbios mesofílicos	2300	UFC/mL
Dureza total	5,27	mg/L
pH	7,3	–
Nitrogênio amoniacal	Negativo	–
Sólidos Totais Dissolvidos	65 ± 3,46	g/100g
Nitrato expresso em nitrito	< 5	mg/L
Nitrito	0	mg/L
Sódio	18,2 ± 0,2	mg/L
Alumínio	< 0,05	mg/L
Zinco	< 0,01	mg/L
Manganês	< 0,01	mg/L
Ferro	< 0,01	mg/L

Fonte: Adaptada de Aquamare, 2009

Ainda, a H2Ocean® possui 63 minerais dissolvidos, equilibrados e fracionados na medida exata para um complemento nutricional, enquanto as águas minerais comuns apresentam apenas 12. Isso é possível porque a osmose reversa permite o uso de membranas permeáveis à água e aos minerais desejados, e impermeáveis aos componentes que não o são (Aquamare).

Essa comparação mostra que, além da água dessalinizada ser potável, de acordo com os padrões de potabilidade brasileiros, ela pode conter elementos adicionais que auxiliem a saúde das pessoas. De fato, Cotruvo (2004) diz que a composição da água dessalinizada pode ser controlada, enquanto a da água natural varia muito e depende da geologia e do acaso.

14.3 PROCESSOS DE DESSALINIZAÇÃO

A dessalinização da água é empregada em três situações: (i) em localidades situadas no litoral ou em ilhas áridas, para transformar água do mar em água potável; (ii) em localidades onde a água obtida de poços profundos é salobra e, portanto, imprópria para o consumo humano; e (iii) em navios, submarinos, plataformas de petróleo e outros equipamentos que necessitem água potável para suas tripulações (Pereira Junior, 2005).

Os processos de dessalinização têm sido usados por muitas décadas, mas seu alto requerimento de energia e os altos custos impediram sua adoção em larga escala ao redor do mundo (ERI, 2009). Mas eles estão se difundindo: "Segundo o boletim inglês *Global Water Intelligence*, a capacidade de dessalinização terá mais que dobrado por volta de 2015" (Araia, 2009). O uso das fontes alternativas de energia, como a eólica e a solar, tem se apresentado como uma solução para viabilizar o processo (Silva, Santos & Allebrandt, 2008).

Esta tecnologia consiste em um processo complexo, pois os sais estão fortemente ligados às moléculas da água, sendo necessários processos físico-químicos capazes de romper essas forças de atração (Pereira Junior, 2005).

As tecnologias para dessalinização da água do mar e água salobra estão basicamente divididas em duas categorias gerais: os processos térmicos e os processos de membranas (Ramilo, Soler & Coppari, 2003).

Neste trabalho, os processos térmicos a serem explicados incluem a destilação por irradiação solar direta, a destilação *flash* multietapa – DFM, a destilação por efeito múltiplo – DEM, e a destilação por compressão de vapor – DCV; e os por membranas englobam a eletrodiálise – ED, e a osmose reversa – OR.

A Figura 14.1 mostra um esquema básico de funcionamento da maioria dos dessalinizadores (excluindo os por irradiação solar direta), que extraem a água do mar e a bombeiam em direção ao local onde a dessalinização de fato vai ocorrer, descartando de volta a solução salina mais concentrada.

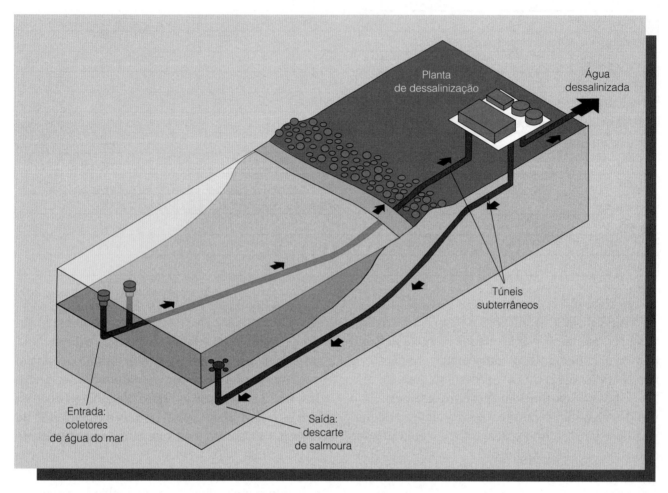

Figura 14.1 Esquema básico de funcionamento da maioria dos dessalinizadores. *Fonte:* Adaptada de Seawater Dasalination Feasibility Study, 2007, *apud* Melbourne Water, 2009

14.3.1 Processos térmicos

Por esses processos, a água passa a vapor e depois é condensada (Rios, 2003) Os sais não são carregados no processo de evaporação (Maluf, 2005), então forma-se, no final, água destilada (Pina, 2004).

A água totalmente destilada não é própria para o consumo humano (Maluf, 2005), pois o vapor condensado recolhido apresenta valores de sólidos totais dissolvidos muito baixos (Cotruvo, 2004; Ramalho, 2008), sendo, portanto, necessário reequilibrar a salinidade da água por meio da adição de uma mistura de sais que normalmente estão presentes na água potável (Pereira Junior, 2005).

14.3.1.1 Irradiação solar direta

A utilização da evaporação para dessalinização da água é um dos processos mais antigos e simples (Caetenews, 2007b). Esse processo separa a água e o sal pois esse não é carregado no processo de evaporação, sendo depositado no fundo do recipiente (Miserez, 2003).

De acordo com Cotruvo (2004), a quantidade de energia requerida para vaporizar a água é de 2256 quilojoules por quilograma a 100 °C, e a mesma quantidade deve ser removida do vapor para condensá-lo.

Soares (2004) diz que "a nível do mar, em dias limpos, pode ser recebida intensidade de radiação de 1000 W/m²". Pina (2004) explica que o *The World Radiation Center* reconhece o valor de 1367 W/m² como sendo o mais aproximado para a irradiação extraterrestre, sendo ele correspondente à energia recebida do sol por unidade de área perpendicular à direção do fluxo de radiação.

Esclarece ainda que "esta radiação, devido a interações com as partículas na atmosfera subdivide-se em duas parcelas: a radiação direta, que não sofreu desvio de sua trajetória, e a radiação difusa, que sofreu modificações de sua trajetória na atmosfera. Segundo Palz (1981), num dia de tempo claro, as proporções entre elas variam ao longo do dia, sendo a direta 10 vezes superior à difusa quando o sol se encontra próximo do zênite e aproximadamente igual quando o sol está próximo do horizonte".

A maioria dos países que sofrem com a falta de água potável e a salinidade das águas disponíveis estão localizados em áreas de intensa radiação solar (5,4 a 6,4 kWh/m²), tornando a dessalinização por irradiação solar direta ainda mais prática e sustentável (ERI, 2009).

Segundo relatório da Divisão de Recursos e Transportes da Secretaria das Nações Unidas "[...] a destilação solar deve ser considera como método possível para abastecimento de água nas seguintes circunstâncias: não dispor de recursos naturais de água doce e sim de água salgada; níveis de radiações elevados; necessidade de água potável da comunidade ou usuário inferior a 200.000 litros diários; localidades situadas em ilhas onde não se tem sempre disponíveis a energia elétrica barata" (Silva, Santos & Allebrandt, 2008).

Além disso, de acordo com Maluf (2005), o local de implementação deve apresentar baixo nível pluviométrico.

O tanque de destilação

Os destiladores convencionais geralmente são construídos em módulos pequenos, com o maior comprimento na direção leste-oeste, para maximizar o ganho solar, e não muito profundos (Maluf, 2005). São muitas suas configurações, mas basicamente todos os destiladores consistem em uma cobertura transparente que fecha um espaço situado sobre um tanque pouco profundo de água salgada. Esta cobertura está inclinada até as bordas ou até ao centro para que a água que se condensa na superfície interior escorra por gravidade até a canaleta adjacente à periferia interna do tanque (PINA, 2004).

Esse autor diz ainda que o material utilizado para cobertura geralmente é vidro plano, podendo ser também plástico laminado. O primeiro é preferido por produzir melhor efeito estufa e porque o vapor condensado forma uma película contínua de água, enquanto, no plástico, formam-se gotas, ocasionando perdas (Luiz, 1985, *apud* Pina, 2004). O efeito estufa é conseguido porque o vidro é "opaco para a radiação térmica emitida pela água", aprisionando a energia solar dentro da câmara (Maluf, 2005).

Os materiais empregados no revestimento do tanque (base) devem "ser impermeáveis e capazes de absorver a radiação solar. É preciso que esses revestimentos possam resistir a elevadas temperaturas sem deteriorar" (Soares, 2004). Eles incluem "fibra de vidro, concreto, plástico e material metálico. O importante é a coloração preta e isolamento térmico" (Pina, 2004). Ainda, "não devem ser tóxicos ou emitir vapores que possam transmitir à água um sabor desagradável" (Maluf, 2005).

Com o aquecimento pela irradiação solar, a água salgada evapora, os vapores se condensam na parte inferior do vidro, e a água destilada escorre para um sistema de recolhimento (Silva, Santos & Allebrandt, 2008).

O esquema de um tanque de dessalinização por irradiação solar direta pode ser visto na Figura 14.2.

As perdas do sistema são de vários tipos, podendo ser *perdas por convecção e radiação*, desde a água quente até a cobertura mais fria, a reflexão tanto da cobertura como da superfície da água salina, as perdas relacionadas à base e as bordas; e também as *perdas do condensado nas canaletas* (Pina, 2004).

A manutenção do destilador é simples, tendo tarefas como a substituição de vidros quebrados, a desobstrução das canaletas coletoras e a limpeza periódica do sal depositado no fundo do tanque (Silva, Santos & Allebrandt, 2008), além de não requerer mão de obra qualificada (Maluf, 2005).

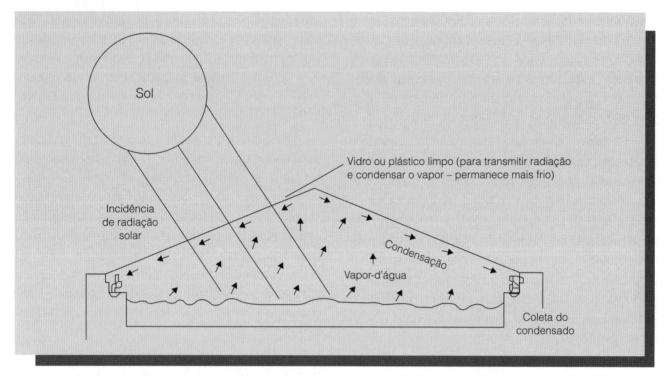

Figura 14.2 Esquema de funcionamento do dessalinizador por irradiação solar direta. *Fonte:* Buros, 1980, *apud* Soares, 2004

14.3.1.2 Destilação Flash Multietapa – DFM

Esse método baseia-se no princípio de que "a temperatura para evaporação da água depende da pressão existente à superfície desta água" (Pina, 2004), e ela irá evaporar rapidamente (*flash*) quando a pressão for bruscamente reduzida abaixo da pressão de vapor da água àquela temperatura (Cotruvo, 2004).

Antes de chegar à primeira câmara, chamada aquecedor de salmoura (PINA, 2004), a água do mar de alimentação, dentro de tubos, passa pelas câmaras do sistema, sendo preaquecida (Bright Hub, 2009).

No aquecedor de salmoura, a água é aquecida a cerca de 100 °C utilizando-se vapor de calefação, o qual acaba condensando e retornando para a caldeira. A água do mar aquecida é então introduzida na câmara chamada primeiro estágio, que apresenta pressão ambiente menor que a do aquecedor de salmoura, sendo ela correspondente à de saturação da água que nela entra, fazendo com que essa água imediatamente entre em ebulição, produzindo vapor. Este, por sua vez, é condensado sobre os tubos que atravessam essa câmara, os quais contêm água do mar de alimentação, com temperatura menor que a do vapor em questão (Ramilo, Soler & Coppari, 2003).

Via de regra, apenas uma pequena porcentagem dessa água é convertida em vapor. O sal e outras impurezas permanecem na salmoura no fundo da câmara (Bright Hub, 2009). O condensado coletado e a salmoura restante são levados ao próximo estágio, com pressão ambiente ainda menor, onde o processo de evaporação e condensação se repete. Essa passagem de uma câmara para outra com pressão ambiente menor que a anterior é repetida sucessivamente, obtendo-se água dessalinizada (destilada) como condensado da última etapa (Ramilo, Soler & Coppari, 2003; Pina, 2004). A salmoura restante no final pode ser retornada para o mar (Bright Hub, 2009).

As plantas de DFM podem ser do tipo "*once-through*" – de um passo – ou com recirculação de salmoura, a qual é mais utilizada normalmente (Ramilo, Soler & Coppari, 2003). Os esquemas desses dois tipos de dessalinizadores podem ser vistos na Figura 14. 3 e Figura 14.4, respectivamente.

A recuperação média de água dessalinizada é de 12 a 20% da água do mar de alimentação; normalmente, por esse método, produzem-se de quatro a cinquenta e sete mil metros cúbicos de água dessalinizada por dia. Para um *Gain Output Ratio* (GOR), relação entre a produção de água e o consumo de vapor, de 8:1, são necessários entre 16 e 28 estágios (Ramilo, Soler & Coppari, 2003), mas pode ter até 40. Como mostra Bright Hub (2009), a pressões menores, o ponto de ebulição da água é mais baixo, e por isso esse sistema requer menos energia que alguns outros.

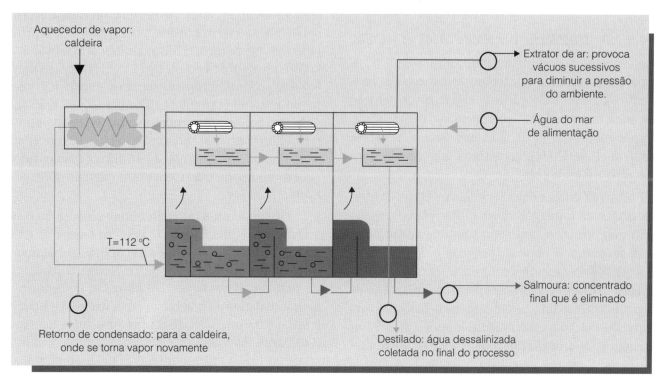

Figura 14.3 Esquema de funcionamento de um destilador *flash* multietapa tipo *once-through*. *Fonte:* Sidem b, 2009

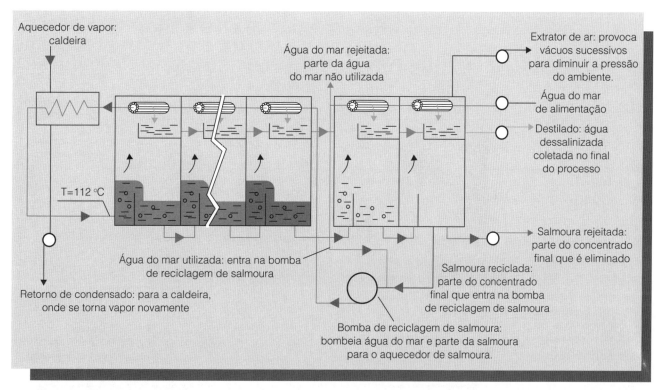

Figura 14.4 Esquema de funcionamento de um destilador *flash* multietapa tipo recirculação de salmoura. *Fonte:* Sidem b, 2009

Antes de entrar no sistema, a água de alimentação deve ser tratada com cloro, para controle biológico, e com alguma substância química que minimize incrustações (Ramilo, Soler & Coppari, 2003).

14.3.1.3 Destilação por Efeito Múltiplo – DEM

Assim como o método anterior, utiliza-se o princípio de redução de pressão nas câmaras subsequentes, permitindo que a água do mar de alimentação sofra várias ebulições, sem ser necessário o fornecimento de calor adicional após a primeira câmara (Pina, 2004), garantindo um elevado grau de pureza à água obtida.

A água do mar é preaquecida na etapa de condensação do vapor gerado no último estágio, então entra no primeiro, onde tem sua temperatura elevada ao ponto de ebulição pelo vapor de calefação, que entra na câmara no interior de tubos. Essa água é espalhada sobre a superfície desses tubos, formando uma fina película, a qual favorece sua rápida ebulição e consequente evaporação (os coeficientes de transferência de calor são assim melhorados); o vapor de calefação então condensa e retorna para a caldeira. O vapor obtido da ebulição da água do mar é coletado e enviado ao interior dos tubos evaporadores do próximo estágio, que opera a temperatura e pressão ambientes menores que as do anterior (Ramilo, Soler & Coppari, 2003).

Nem toda água do mar evapora na primeira câmara, e a salmoura restante também vai para o estágio seguinte, onde se espalha, formando a película fina na superfície dos tubos, repetindo o processo de evaporação (Silva, Santos & Allebrandt, 2008); o vapor de cada estágio se converte, assim, em água dessalinizada ao ser condensado no evaporador do nível seguinte (Moreira, Joyce & Pina, 1994). O processo se repete várias vezes até atingir o último estágio, no qual o vapor preaquece a água do mar de alimentação ao entrar em contato com o tubo onde ela se encontra (Ramilo, Soler & Coppari, 2003).

Usualmente, são encontradas plantas de 6 a 16 câmaras (Pina, 2004). O número menor de câmaras deve-se ao fato de a recuperação máxima de água dessalinizada ser entre 30 e 40% da água do mar de alimentação. De fato, são necessários menos estágios do que uma planta de DFM equivalente – para um GOR de 8:1, precisa-se de apenas 9 câmaras. As plantas de DEM geralmente produzem entre dois mil e vinte e dois mil e quinhentos metros cúbicos de água dessalinizada por dia (Ramilo, Soler & Coppari, 2003).

O esquema de um destilador que opera por DEM está ilustrado na Figura 14.5.

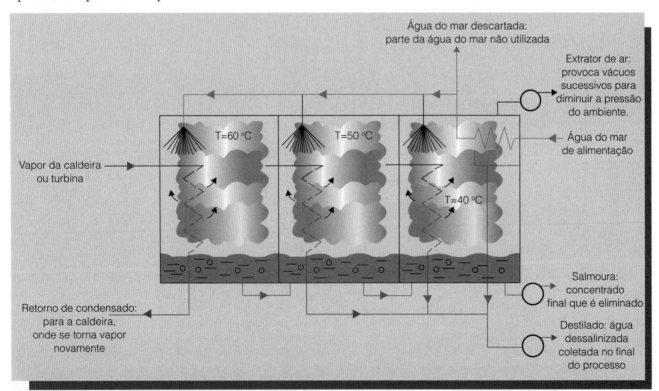

Figura 14.5 Esquema de funcionamento um destilador por efeito múltiplo. *Fonte:* Sidem a, 2009

A água de alimentação deve passar por um pré-tratamento da mesma maneira que no processo de DFM (Ramilo, Soler & Coppari, 2003).

14.3.1.4 Destilação por Compressão de Vapor – DCV

Esse método funciona basicamente da mesma maneira que a DEM. A diferença está no fato de que o calor necessário para levar a água do mar à ebulição é obtido do vapor removido do evaporador do último estágio, vapor esse que é reinjetado na primeira etapa após ser comprimido para elevar sua pressão e temperatura (Ramilo, Soler & Coppari, 2003). Ao fornecer o calor para ebulição da água de alimentação, o vapor condensa, formando água destilada (Pina, 2004). Assim, há uma recuperação parcial do calor latente e do trabalho de compressão (Moreira, Joyce & Pina, 1994).

O requerimento energético do sistema é para a operação do compressor, o qual pode ser mecânico ou um termocompressor. Existe a necessidade de vapor extra apenas para a reposição de perdas (*make-up*). A recuperação máxima de água dessalinizada da DCV é de 40 a 50% da água do mar de alimentação. Usualmente, são produzidos entre três mil e vinte e dois mil e quinhentos metros cúbicos de água dessalinizada por dia (Ramilo, Soler & Coppari, 2003).

O esquema de um destilador que opera por DEM está ilustrado na Figura 14.6.

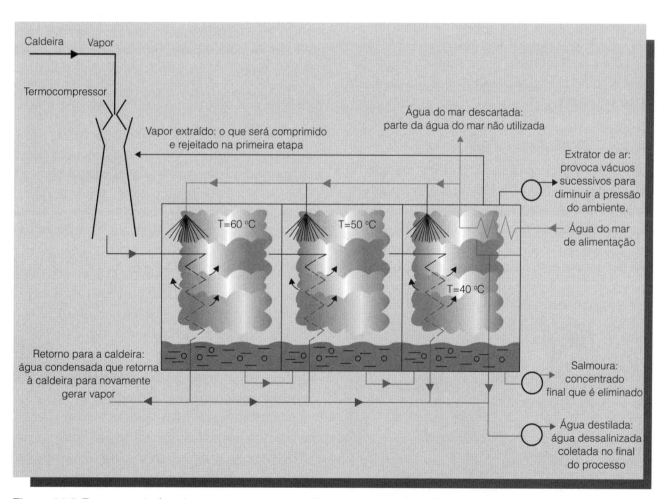

Figura 14.6 Esquema de funcionamento de um destilador por compressão de vapor. *Fonte:* Sidem a, 2009

14.3.2 Processos por membranas

Membranas são barreiras que separam duas fases, restringindo, total ou parcialmente, o transporte de uma ou várias espécies químicas nelas dissolvidas (Motta, 2009). As chamadas semipermeáveis são as membranas "que têm a capacidade de deixar passar somente um líquido (a água), ou solvente, mas não deixam passar sais nela dissolvidos" (Aquanet, 2010). A separação ocorre sem que haja mudança de fase da água, sendo, nesse sentido, processos energeticamente favoráveis (Motta, 2009).

As membranas comuns são materiais poliméricos como a celulose e a poliamida (Cotruvo, 2004). As empregadas em dessalinizadores são membranas sintéticas, as quais mimetizam as naturais (Silva, Santos & Allebrandt, 2008). Cada processo se baseia na "habilidade das membranas de diferenciarem e, seletivamente, separarem sais e água" (Pina, 2004).

Os processos de separação por membranas utilizam como força motriz o gradiente de potencial químico – osmose reversa – ou o gradiente de potencial elétrico – eletrodiálise.

Toda água de alimentação (salobra ou do mar) "deve ser pré-tratada, para eliminar matérias que poderiam adentrar e prejudicar as membranas ou obstruir os estreitos canais" (Silva, Santos & Allebrandt, 2008).

14.3.2.1 Eletrodiálise – ED

Essa técnica está apoiada no princípio de que "a maioria dos sais dissolvidos na água apresentam-se carregados positivamente ou negativamente, e que íons podem ser atraídos por eletrodos de cargas elétricas opostas" (Pina, 2004). O princípio de funcionamento está ilustrado na Figura 14.7.

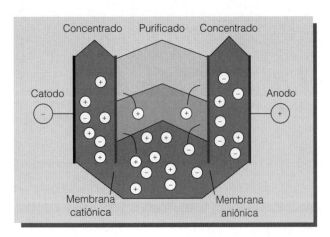

Figura 14.7 Princípio de funcionamento da eletrodiálise. *Fonte:* Silva, 2005.

As membranas utilizadas na eletrodiálise podem ser aniônicas ou catiônicas. Sua construção é feita através de um conjunto de membranas dispostas alternadamente, formando uma célula. Nas extremidades da célula são colocados os eletrodos que, ao serem ligados a um potencial elétrico, fazem deslocar seletivamente sais através das membranas, deixando atrás água doce como produto (Pina, 2004).

Sob um campo de corrente elétrica contínua, os cátions e ânions migram para os eletrodos correspondentes, de tal maneira que fluxos ricos e pobres em íons se formam intercaladamente nos espaços entre as membranas (Cotruvo, 2004). O esquema de funcionamento de um dessalinizador por eletrodiálise pode ser visto na Figura 14.8.

A qualidade da água dessalinizada recuperada pode ser controlada variando-se a voltagem aplicada e a quantidade de estágios em série (repetições de membranas intercaladas) utilizados (Reahl, 2006).

De maneira geral, são retidas as macromoléculas e os compostos não iônicos, e os íons são permeados. A eliminação máxima de salinidade é de 50%, portanto a ED não é indicada para águas cujo teor salino ultrapasse quatro gramas por litro (Silva, Santos & Allebrandt, 2008), sendo portanto usualmente empregada na dessalinização de águas salobras (Soares, 2004). Já Turek, Dydo & Wiltowski (2005) defendem que é possível aplicar a ED para a dessalinização da água do mar. Os referidos autores ainda mostram que a energia mínima requerida pela ED é de 5,26 kWh por metro cúbico de água, e a perda energética é maior que a da osmose reversa.

Existe, ainda, a eletrodiálise reversa (EDR), na qual a polaridade dos eletrodos é invertida de tempos em tempos, para que os íons se soltem das membranas antes que sejam aderidos a elas. A EDR permite que o sistema opere com uma concentração de sal na água de alimentação acima da saturação, além de uma recuperação de água dessalinizada mais alta – há redução de 60% dos STD a cada estágio, dependendo das condições da água de alimentação. Mais um ponto positivo da EDR é que não necessita o pré e pós-tratamento da água, tornando o sistema mais viável economicamente (Reahl, 2006).

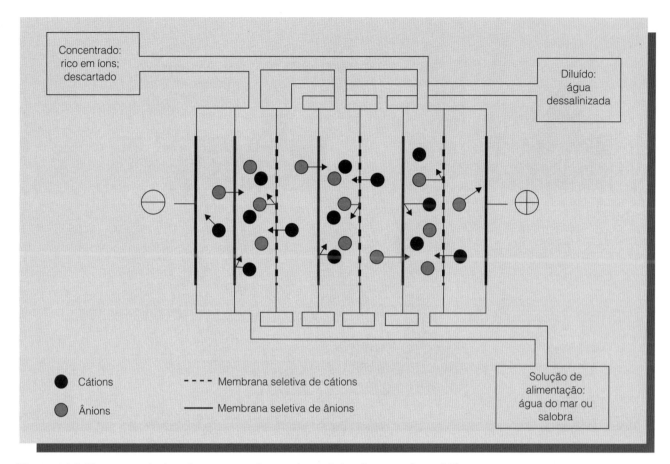

Figura 14.8 Esquema de funcionamento de um dessalinizador por eletrodiálise. *Fonte:* Bancor Ambiental, 2009

14.3.2.2 Osmose Reversa – OR

Esse método está baseado no princípio da pressão sobre uma membrana polimérica, através da qual a água consegue passar, fazendo com que os sais fiquem retidos (Rios, 2003).

Nesse processo, o fluxo de permeado (água) ocorre no sentido contrário ao fluxo osmótico normal, o que é conseguido aplicando-se, pelo lado da solução mais concentrada (água de alimentação), uma diferença de pressão entre as duas soluções superior à diferença de pressão osmótica (Figura 14.9). A consequência é o escoamento da água da solução mais concentrada (água de alimentação) para a solução pura (água dessalinizada) (Motta; Aquanet; Cotruvo, 2004).

Na OR, é retido pelas membranas o material solúvel ou em suspensão, incluindo sais, impurezas e microrganismos, como vírus, bactérias e fungos.

As plantas de OR podem produzir desde poucos até mais de cinquenta mil metros cúbicos de água dessalinizada por dia, retirando até 99% dos sais dissolvidos (Ramilo, Soler & Coppari, 2003).

As membranas de osmose reversa

As membranas utilizadas nos processos de OR são geralmente de poliamida ou acetato de celulose. As de poliamida permitem maior passagem de água e menor de sal, em comparação com as de acetato de celulose, mas são mais suscetíveis à degradação oxidativa por cloro livre (Ramilo, Soler & Coppari, 2003).

A escolha das membranas é feita considerando-se as características: estabilidade de pH, vida útil, força mecânica, capacidade de pressurização e seletividade pelos solutos (Cotruvo, 2004). Elas devem ser densas, ou seja, com poros extremamente pequenos, a fim de ser possível a retenção de solutos de baixo peso molecular, como sais inorgânicos e pequenas moléculas orgânicas (Motta, 2009). Segundo Dias (2006), as membranas de OR são as que apresentam os menores poros dentre as membranas existentes, e, por isso, são muito usadas para purificação da água.

Existem duas configurações primárias para as membranas de OR: fibra oca (hollow fiber) e arranjo em espiral (spiral wound). A primeira con-

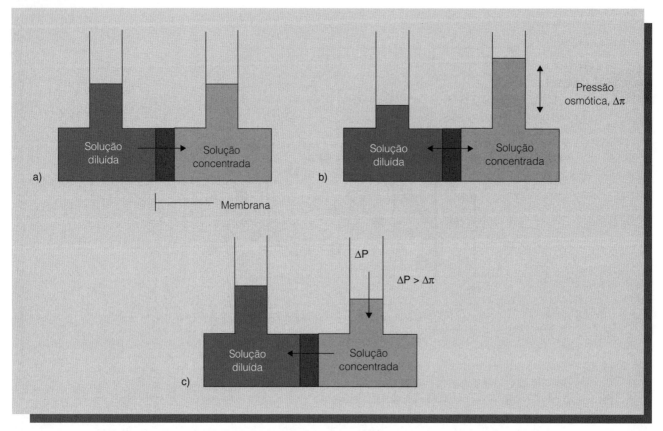

Figura 14.9 Princípios da osmose normal e da osmose reversa.
a) Princípio do processo de osmose normal, quando as duas soluções (diluída e concentrada) são colocadas em contato, mas separadas pela membrana semipermeável, e o solvente passa da mais diluída para a mais concentrada.
b) Equilíbrio osmótico na osmose normal, no qual as concentrações das duas soluções são as mesmas. O fluxo de solvente segue a diferença de pressão osmótica – $\Delta\pi$.
c) Princípio do processo de osmose reversa, quando as duas soluções (diluída e concentrada) são colocadas em contato, mas separadas pela membrana semipermeável, e é aplicada uma diferença de pressão – ΔP – pelo lado da solução mais concentrada, sendo ela superior à diferença de pressão osmótica – $\Delta\pi$. *Fonte:* PLVPQ – 2009.

figuração usa membranas em forma de fibra oca, que são extrudadas do material (Figura 14.10). Elas são compactas, oferecendo maior área de membrana por unidade de volume, mas o fluxo de água por unidade de membrana é relativamente baixo (há muita área de superfície das fibras), podendo resultar em fluxo laminar. A água de alimentação deve ter teor de STD muito baixo e há muita formação de incrustações, e, por isso, esse tipo de configuração não é muito usado (Ramilo, Soler & Coppari, 2003).

No arranjo em espiral, as membranas consistem em "folhas planas seladas em forma de envelope e enroladas em espiral" (Lenntech, 2009). Ele é obtido a partir de uma folha, formada com duas placas planas de membranas separadas por um coletor de permeado; para compor um elemento, várias folhas dessas são enroladas ao redor de um tubo plástico oco, em cujo centro se recolhe o permeado, que, no caso, é a água dessalinizada (Figura 14.11) (Ramilo, Soler & Coppari, 2003).

Para formar a planta de OR com arranjo em espiral, as membranas ficam "compactadas em série no interior de um vaso pressurizado", com número de elementos variando de um a oito, sendo que "os vasos pressurizados podem ser rearranjados em paralelo, de forma a satisfazer as necessidades de fluxo membranares e de pressão desejadas, bem como a produção requeridas" (Figura 14.12) (Lenntech, 2009). Esse tipo de arranjo apresenta características de performance relativa ao custo mais favoráveis, sendo então a configuração mais utilizada (Cotruvo, 2004).

Capítulo 14 – *Dessalinização da água do mar para consumo humano* 347

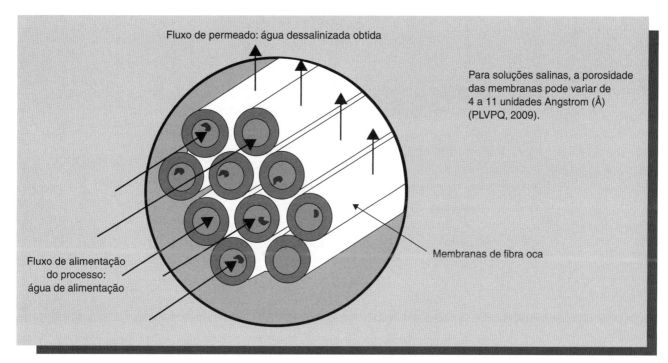

Figura 14.10 Membranas de osmose reversa na configuração fibra oca. *Fonte:* Silva, 2005

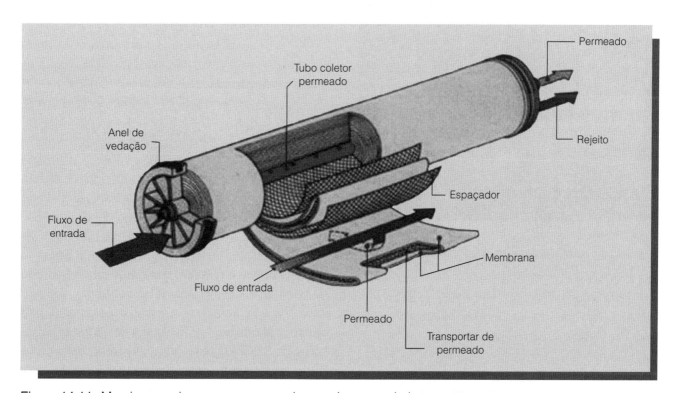

Figura 14.11 Membranas de osmose reversa de arranjo em espiral. *Fonte:* Water Works, 2009

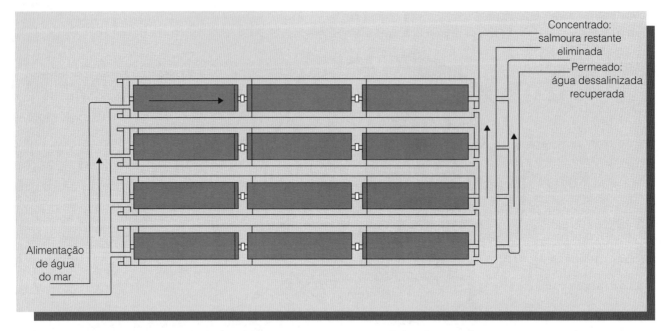

Figura 14.12 Esquema básico de funcionamento de um dessalinizador por osmose reversa de arranjo em espiral. *Fonte:* Lenntech, 2009

O exterior de um dessalinizador por OR pode ser visto na Figura 14.13.

Figura 14.13 Vista externa de um dessalinizador por osmose reversa. *Fonte:* Schirrmann, 2008

Para soluções salinas, a porosidade das membranas pode variar de 4 a 11 unidades Angstrom (Å) (PLVPQ, 2009).

O dispositivo de recuperação de energia – DRE

São necessárias grandes quantidades de energia para bombear a água de alimentação através das membranas que filtram os sais dissolvidos (Discovery Channel, 2009), e nessas bombas de alta pressão se concentram os maiores gastos energéticos da dessalinização por OR (Pina, 2004).

Mas os altos custos foram reduzidos com a implementação de um dispositivo de recuperação de energia – DRE, com o qual é "possível reutilizar a energia proveniente do fluxo de concentrado" (Lenntech, 2009).

O DRE mais usado é o permutador de pressão (*pressure exchanger* – Px), o qual reduz os custos com energia em 60%, pois recupera a energia desperdiçada com 97% de eficácia (Discovery Channel, 2009). A reportagem desse canal de televisão explica como esse dispositivo funciona: o Px é um cilindro de cerâmica coberto nas duas extremidades por hélices fixas com dutos de saída (Figura 14.14). Durante sua operação, um lado do duto da hélice é aberto para o jato de alta pressão da água não aproveitada, forçando o cilindro a girar, enquanto do outro lado do cilindro o segundo duto da hélice é exposto simultaneamente ao jato de baixa pressão da água de alimentação; assim, a cada rotação, a energia pressurizada da água não aproveitada se choca com a água de alimentação, e, como um pistão líquido, lança essa última contra os filtros, onde ocorre a dessalinização (Figura 14.15).

O esquema de funcionamento de um dessalinizador por OR com Px está ilustrado na Figura 14.16.

Como há muitos solutos de baixo peso molecular na água de alimentação, a pressão osmótica a superar é muito alta. Por essa razão, as pressões de operação na OR são bastante elevadas, sendo de 17 a 27 bar para a água salobra e de 54 a 80 bar para a água do mar (Pina, 2004).

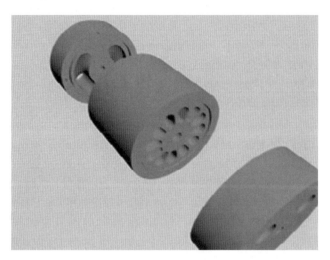

Figura 14.14 Estrutura do permutador de pressão (*pressure exchanger*). *Fonte:* Energy Recovery, INC., 2009

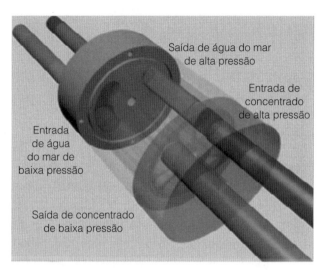

Figura 14.15 Esquema de funcionamento do permutador de pressão (*pressure exchanger*). *Fonte:* Energy Recovery, INC., 2009

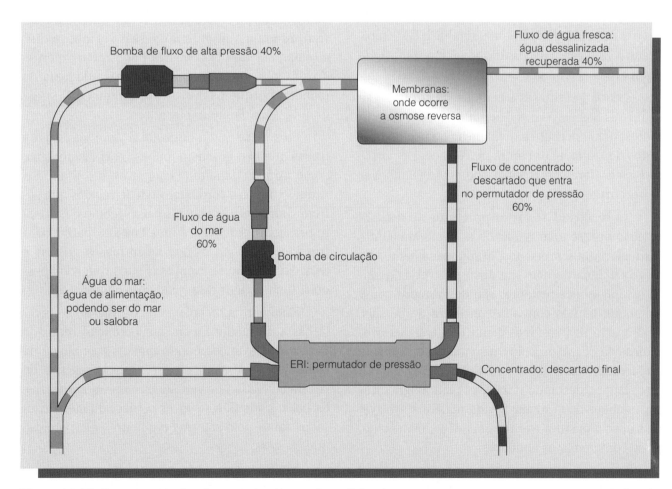

Figura 14.16 Esquema de funcionamento de um dessalinizador por osmose reversa com um permutador de pressão (*pressure exchanger*). *Fonte:* Energy Recovery, INC., 2009

A recuperação média de água dessalinizada é de 30 a 45% da água de alimentação que entra em contato com as membranas (Ramilo, Soler & Coppari, 2003).

Pré e pós-tratamento

Antes da água de alimentação entrar no sistema de OR, ela deve ser submetida a uma etapa de pré-tratamento físico-químico mais complexa que a requerida pelos processos térmicos (Ramilo, Soler & Coppari, 2003). Dentre esses processos, destacam-se a cloração, para evitar resíduos biológicos, evita oxidação das membranas; a filtração e coagulação, cujo objetivo é diminuir o teor de STD e de coloides; o uso de soluções antiescaldantes, para "evitar precipitação de carbonatos de cálcio e de sulfatos"; e a ultrafiltração, que previne danos às membranas por reter resíduos menores (Lenntech, 2009). Ainda, devem ser feitos ajustes de pH para impedir a precipitação de sais e proteger as membranas (Cotruvo, 2004).

Após o processo de OR, a água dessalinizada deve ter seu pH ajustado e seu teor de STD estabilizado – às vezes, é necessário remineralizar a água recuperada (Lenntech, 2009; Cotruvo, 2004).

Existem pesquisas nas quais substituiram-se os metais das peças dos dessalinizadores por polímeros, o que permite a diminuição no uso de produtos de tratamento contra incrustações e corrosão, causadores de rejeitos poluentes (Bandelier & Deronzier, 2004).

Na realidade, todos os processos de dessalinização apresentam impactos ao meio ambiente. Na maioria dos processos, aproximadamente um terço da água do mar vira água potável, enquanto os dois terços restantes são descartados como salmoura, líquido com alta concentração de sais. O descarte dos resíduos é um dos grandes problemas da dessalinização causando danos ao meio ambiente. No solo, a salmoura inibe o crescimento das plantas, deixando-o inviável para a agricultura; também pode matar a vida aquática sensível ao sal, se a mistura cair na água doce, bem como, pode contaminar os aquíferos.

Tão preocupante quanto, é preciso levar em conta a enorme demanda em energia da dessalinização, pois uma típica usina moderna de osmose reversa consome 6 quilowatts/hora de eletricidade para cada metro cúbico de água que ela produz. A maior parte desta energia provém da queima de carvão, de petróleo ou de outros combustíveis fósseis. Portanto, enquanto a dessalinização poderia se tornar uma fonte viável de água potável em regiões costeiras, isso se daria ao custo de um aumento das emissões de carbono na atmosfera (Salonda, 2008).

Muitos consideram a dessalinização como uma solução de alta tecnologia e de custos proibitivos, não adequada para resolver o problema global de abastecimento de água, o qual, primariamente, é causado pelo seu desperdício. Para essas pessoas, essa técnica pode representar apenas uma das soluções possíveis para resolver dificuldades pontuais de abastecimento, relativas a uma demanda específica. Mas, para muitas regiões costeiras e em certas áreas no interior de alguns países onde as circunstâncias são excepcionais, a dessalinização da água do mar ou da água salobra pode vir a ser a tecnologia a mais indicada, tanto para uso doméstico quanto industrial. Ainda assim, mesmo nessas regiões, é difícil imaginar que ela consiga penetrar no mercado agrícola, que utiliza a maior parte da água do planeta, porque os custos são de uma ordem de grandeza ainda muito elevada.

Fica claro que a dessalinização é viável para países que não possuem muitas reservas de água, como Arábia Saudita, Israel, Kuwait, Emirados Árabes Unidos e Jordânia, além de regiões que sofrem com a seca em outros países, como o nordeste brasileiro. Ademais, é uma boa alternativa para tripulações de navios que ficam meses no mar e para exploradores e cientistas que promovem pesquisas em regiões desprovidas de água doce.

Enquanto a tecnologia da destilação se revela bastante madura, com um potencial reduzido para novos avanços importantes, a tecnologia da osmose reversa ainda apresenta a perspectiva de ser beneficiada por verdadeiros aprimoramentos, os quais poderiam reverter as desvantagens causadas tanto pelo seu preço quanto, pela poluição que ela gera.

Em relação aos processos citados neste capítulo, verifica-se que os mais utilizados são a destilação *flash* multietapa e a osmose reversa, sendo a DFM boa para lugares com abundância em energia térmica disponível, e a OR, para aqueles que apresentam fontes de energia elétrica, preferencialmente as alternativas, como a eólica.

Os processos de dessalinização da água, em geral, não requerem muita mão de obra, apenas cuidados para evitar danos e trocas frequentes das partes componentes dos sistemas. Claramente, a irradiação solar direta é o mais simples deles, mas não é aplicável em larga escala; enquanto todos os outros podem ser.

A aplicabilidade das técnicas de dessalinização vem aumentando ao longo dos anos, principalmente por causa dos novos avanços, os quais têm permitido consideráveis diminuições de requerimentos energéticos e aumentos nas produções diárias de água dessalinizada, tornando-a cada vez mais viável economicamente.

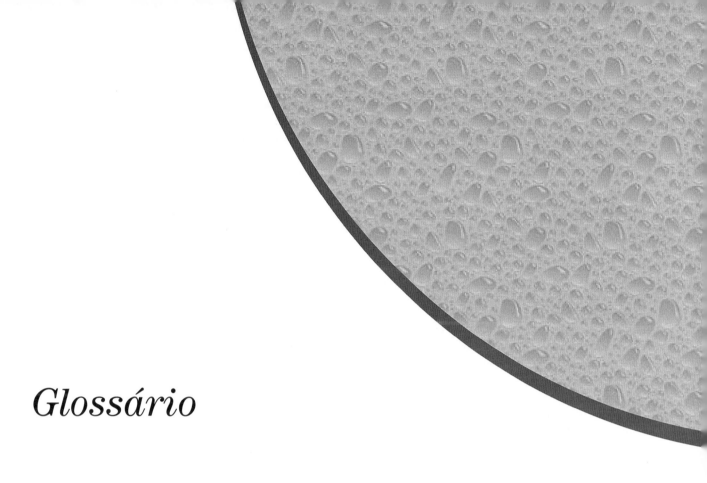

Glossário

De forma a auxiliar a compreensão e esclarecer possíveis dúvidas de palavras encontradas neste livro, segue um glossário de alguns termos normalmente aplicados na área abordada.

Este acervo foi adaptado através do levantamento de pesquisas feitas em bibliografias diversas. Se houver o interesse de maior aprofundamento, aconselha-se a pesquisa direta nas fontes citadas na Referência Bibliográfica.

A

- **ABES** – Associação Brasileira de Engenharia Sanitária.
- **Abiocenose** – Todos os elementos não vivos de um ecossistema. Por exemplo: as características geológicas e climáticas.
- **Abiótico** – É o componente não vivo do meio ambiente. (1) Condições físico-químicas do meio ambiente, como a luz, a temperatura, a água, o pH, a salinidade, as rochas, os minerais, entre outros componentes. (2) Sem vida; aplicado às características físicas de um ecossistema. Por exemplo: elementos minerais, a umidade, a radiação solar e os gases.
- **Abrasão** – Processo em que as superfícies terrestres são erodidas pelos materiais em trânsito nas ondas e correntes marinhas (abrasão marinha), geleiras (abrasão glacial) e ventos (abrasão eólica).
- **Absorção da água** – Quando as gotas de água das chuvas ficam retidas na camada superficial do solo. A água passa a infiltrar-se por efeito da gravidade, principalmente se o solo e o subsolo são porosos.
- **Abundância** – Em ecologia, o número relativo de indivíduos de cada espécie florística.
- **Ação bioquímica** – Modificação química resultante do metabolismo de organismos vivos.
- **Acidez** – "Presença de ácido, quer dizer, de um composto hidrogenado que, em estado líquido ou dissolvido, se comporta como um eletrólito. A concentração de ions H+ é expressa pelo valor do pH" (Lemaire & Lemaire, 1975).
- **Aclimatação** – (1) Ação ou efeito de aclimar, habituar a um novo clima.
- **Adequação** – Biologicamente é a não existência de alternativa.

→ **Aditivo** – Qualquer substância adicionada intencionalmente aos agrotóxicos ou afins, além do ingrediente ativo e do solvente, para melhorar sua ação, função, durabilidade, estabilidade e detecção ou para facilitar o processo de produção (Decreto 98.816/90).

→ **Adsorção** – "Absorção superficial de moléculas por um adsorvente (sílica, alumina ativada, carvão ativo). Este fenômeno pode ser essencialmente físico ou químico e, se há reação, esta pode ser catalítica ou não catalítica. O adsorvente físico mais importante é o carvão ativo, que é sobretudo eficaz em torno ou no ponto de ebulição do produto a ser retido. É utilizado para combater odores, notadamente de solventes orgânicos" (Lemaire & Lemaire, 1975). "Adsorção é o nome do fenômeno em que as moléculas de um fluido entram em contato e aderem à superfície de um sólido. Por este processo, os gases, líquidos e sólidos, mesmo em concentrações muito pequenas, podem ser seletivamente capturados ou removidos de uma corrente da ar, por meio de materiais específicos, conhecidos como adsorventes" (Danielson, 1973).

→ **Adubação verde** – Técnica agrícola para aumentar o conteúdo de matéria orgânica do solo.

→ **Adubo orgânico e mineral** – (1) Matéria que se mistura à terra para corrigir deficiências e aumentar a fertilidade. Os adubos orgânicos contribuem para aumentar de forma imediata o húmus do solo. Os adubos minerais completam e enriquecem as matérias nutritivas, como o potássio e o cálcio. (2) Adubo orgânico é considerado como restos de alimentos vegetais e esterco de animais que se misturam à terra para fertilizá-la.

→ **Adubo químico** – Substância química que se mistura à terra para fertilizá-la.

→ **Adubo verde** – Vegetal incorporado ao solo com a finalidade de adicionar matéria orgânica que vai se transformar, parcialmente, em húmus, bem como em nutrientes para a planta. Os adubos verdes podem consistir de ervas, gramíneas, leguminosas etc.

→ **Adução** – Tubulações e equipamentos de grande porte, responsáveis pela condução das águas do manancial até a estação de tratamento.

→ **Aeração** – Processo que consiste em acrescentar oxigênio ou ar, utilizado para tratamento de águas poluídas. O aumento do oxigênio promove a ação de bactérias que decompõem os poluentes orgânicos. Reoxigenação da água com ajuda do ar. A taxa de oxigênio dissolvido, expressa em % de saturação, é uma característica representativa de certa massa de água e de seu grau de poluição. Para restituir a uma água poluída a taxa de oxigênio dissolvido ou para alimentar o processo de biodegradação das matérias orgânicas consumidoras de oxigênio, é preciso favorecer o contato da água e do ar. A aeração pode também ter por fim a eliminação de um gás dissolvido na água: ácido carbônico, hidrogênio sulfurado.

→ **Aeróbio/Anaeróbio** – Aeróbios são organismos para os quais o oxigênio livre do ar é imprescindível à vida. Os anaeróbios, ao contrário, não requerem ar ou oxigênio livre para manter a vida; aqueles que vivem somente na total ausência do oxigênio livre são os anaeróbios estritos ou obrigatórios; os que vivem tanto na ausência quanto na presença de oxigênio livre são os anaeróbios facultativos. "Aeróbio – diz-se de um organismo que não pode viver em ausência do oxigênio" (Dajoz, 1973).

→ **Aerobiose/Anaerobiose** – Aerobiose é a condição de vida em presença do oxigênio livre; ao contrário, a anaerobiose é a condição de vida na ausência do oxigênio livre. "Aerobiose – vida em um meio em presença do oxigênio livre. Anaerobiose – vida existente sob condições anaeróbias, isto é, num meio onde não exista oxigênio livre" (Carvalho, 1981).

→ **Afloramento** – (1) Exposição diretamente observável da parte superior de uma rocha ou filão, rente à superfície do solo. Toda e qualquer exposição de rochas na superfície da terra, que pode ser natural (escarpas, lajeados) ou artificial (escavações). (2) Qualquer exposição de rochas na superfície da Terra. Podem ser naturais, escarpas, lajeados ou artificiais – escavações (Mineropar).

→ **Afluente ou Tributário** – (1)Qualquer curso d'água que deságua em outro maior, ou num lago, ou lagoa. (2) Curso d'água cujo volume ou descarga contribui para aumentar outro, no qual desemboca. Chama-se ainda de afluente o curso d'água que desemboca num lago ou numa lagoa (Guerra, 1978).

→ **Agência de Água** – Instância executiva descentralizada de apoio ao Comitê de Bacia Hidrográfica, prevista na Lei Nacional de Recursos Hídricos e leis estaduais correlatas; na Lei Estadual n. 12.726/99, que institui a Política Estadual de Recursos Hídricos do Paraná, a Agência de Água responde pelo planejamento e pela formulação do Plano de Bacia Hidrográfica e pelo suporte técnico, administrativo e financeiro, incluindo a cobrança dos direitos de uso dos recursos hídricos em sua área de atuação.

→ **Agenda 21** – Documento aprovado pela comunidade internacional, durante a Rio-92, que contém compromissos para mudança do padrão de desenvolvimento no século XXI. Resgata o termo "Agenda" no seu sentido de intenções, desígnio, desejo de mudanças para um modelo de civilização em que predomine o equilíbrio ambiental e a justiça social entre as nações. Além de um documento, a Agenda 21 é um processo de planejamento participativo que analisa a situação atual de um país, estado, município e/ou região, e planeja o futuro de forma sustentável. Esse processo de planejamento deve envolver todos os atores sociais na discussão dos principais problemas e na formação de parcerias e compromissos para a sua solução a curto, médio e longo prazos. A análise e o encaminhamento das propostas para o futuro devem ser feitos dentro de uma abordagem integrada e sistêmica das dimensões econômica, social, ambiental e político-institucional. Em outras palavras, o esforço de planejar o futuro, com base nos princípios de Agenda 21, gera produtos concretos, exequíveis e mensuráveis, derivados de compromissos pactuados entre todos os atores. A sustentabilidade dos resultados fica, portanto, assegurada.

↪ **Agente biológico de controle** – (1) Organismo vivo, de ocorrência natural ou obtido através de manipulação genética, introduzido no ambiente para controle de uma população ou de atividades biológicas de outro organismo vivo considerado nocivo (Decreto 98.816/90).

↪ **Agente mutagênico** – Substância ou radiação que provoca alterações genéticas nos organismos vivos, as quais podem ser transmitidas para gerações subsequentes.

↪ **Agentes da erosão** – Conjunto de forças que contribuem para o desenvolvimento da erosão do relevo. Os agentes de erosão são, na sua maior parte, de origem climática, tais como variações de temperatura, insolação, variações de umidade, chuvas e ventos.

↪ **Agentes de controle biológico** – Organismos vivos usados para eliminar ou regular a população de outros organismos vivos.

↪ **Aglutinantes** – Substâncias que unem as partículas de um agregado. Material adicionado durante a fase de fabricação para melhorar a aglutinação ou outras propriedades.

↪ **Agradação** – Processo de construção de uma superfície por fenômenos deposicionais. Oposto de degradação.

↪ **Agricultura alternativa** – Métodos agrícolas que normalmente dispensam uso de insumos químicos ou mecanização, visando à conservação do solo, bem como de sua fauna e flora. Neste sistema, as policulturas estão adaptadas à vocação do solo e às condições climáticas locais, enquanto as pragas e as plantas invasoras são contidas através de controle biológico. Na agricultura alternativa, também conhecida como agricultura ecológica, a produtividade é condizente com a manutenção do equilíbrio natural do sistema (Glossário Ibama, 2003).

↪ **Agricultura sustentável** – Método agrícola que incorpora técnicas de conservação do solo e de energia, manejo integrado de pragas e consumo mínimo de recursos ambientais e insumos, para evitar a degradação do ambiente e assegurar a qualidade dos alimentos produzidos.

↪ **Agricultura** – É a atividade desenvolvida pelo homem, tanto no meio rural quanto no meio urbano, que consiste na exploração racional do solo para obtenção direta de produtos vegetais, ou indireta, através da criação de animais, para alimentação ou fornecimento de matéria-prima.

↪ **Agrimensura** – Arte de medir a superfície dos terrenos, de levantar plantas e transladá-las ao papel.

↪ **Agroquímicos** – Agentes químicos sintéticos usados na agricultura.

↪ **Agrossistema** – Sistema ecológico natural, adaptado ao campo, utilizado para produção agrícola ou pecuária, segundo diferentes tipos e níveis de manejo, sem afetar o equilíbrio geológico, atmosférico e biológico.

↪ **Agrotóxico** – (1) Produto químico destinado a combater as pragas da lavoura (insetos, fungos etc.). O uso indiscriminado prejudica os animais e o próprio homem. (2) Nome adotado pela imprensa para os produtos caracterizados como defensivos agrícolas ou biocidas; produtos químicos utilizados para proteger as plantas combatendo e prevenindo pragas e doenças agrícolas.

↪ **Água** – Composto químico com duas partes de hidrogênio e uma de oxigênio, encontrado nos estados sólido (gelo, neve), líquido (nuvens, mares, lagos, rios) e gasoso (vapor-d'água). Componente líquido essencial para o desenvolvimento e sustentação da vida, possui um grande poder de dissolução de muitas substâncias químicas; por essa razão é considerado solvente universal.

↪ **Água ácida** – Teor acentuado de gás carbônico ou ácidos minerais. Seu pH é inferior a 7. É considerada agressiva ou corrosiva.

↪ **Água alcalina** – Quantidade elevada de bicarbonatos de cálcio e magnésio, carbonatos ou hidróxido de sódio, cálcio e magnésio (pH entre 7 e 14).

↪ **Água bruta** – (1) Água de uma fonte de abastecimento (manancial), antes de receber qualquer tratamento. (2) Água proveniente de um manancial, antes de receber tratamento.

- **Água capilar** – Umidade líquida presa entre grãos de solo, seja por atração eletrostática entre as moléculas minerais e da água, seja por forças osmóticas.

- **Água cinza** – Termo geral para água servida, doméstica, que não contém contaminação de esgoto ou fecal. Um exemplo de água cinza é o efluente de máquinas de lavar roupa.

- **Água conata** – Água armazenada nos interstícios de um sedimento inconsolidado ou de uma rocha sedimentar, incorporada durante o processo deposicional. As águas conatas podem ser doces ou salgadas, conforme sua origem continental ou marinha, respectivamente. A maioria das águas conatas, associadas aos campos petrolíferos, é salgada. Sinônimos: água de formação e água fóssil.

- **Água contaminada** – Água poluída com germes patogênicos.

- **Água de captação** – Qualquer rio, lago ou oceano em que a água servida tratada ou não tratada é finalmente descarregada.

- **Água de degelo** – Água originada da fusão do gelo, especificamente das geleiras continentais, que causa a subida do nível do mar quando retorna aos oceanos.

- **Água de esgoto** – Corrente de água servida que é drenada de um pátio de fazenda, de um monte de escória ou de uma rua.

- **Água de lastro** – A água de lastro, utilizada em navios de carga como contrapeso para que as embarcações mantenham a estabilidade e a integridade estrutural, é transportada de um país ao outro, e pode disseminar espécies "alienígenas" potencialmente perigosas e daninhas.

- **Água de reposição** – Água requerida para substituir a usada num sistema ou perdida por ele. A água de reposição inclui a usada para substituir a água que escoa de um sistema de irrigação e, mais comumente, aquela perdida numa torre de refrigeração usada na geração de energia.

- **Água de superfície** – Ocorrência de água na superfície da terra. Água superficial.

- **Água doce** – Água que contém muito pouco sal (menos de 0,05 por cento), em comparação com a água salobra (que tem entre 0,05 e 3 por cento), como a dos rios, lagos e lagoas.

- **Água do mar** – A água salina do oceano. Os componentes dissolvidos da água do mar montam a uma média de 34 partes por mil medidas por peso.

- **Água dura ou salobra** – É a água que contém em excesso minerais dissolvidos, como cálcio e magnésio, é chamada de água dura (caracteriza a ausência da espuma de sabão). Existem processos de tratamento para tirar o excesso de cálcio e magnésio da água, é o que se chama de "amolecimento da água", através de aparelhos domésticos que promovem a desmineralização pela troca iônica ou, em casos mais simples, através de fervura. Desagradável para beber, limpezas, banhos, imprópria para cozimentos (é muito antieconômica, aumentando o gasto com sabões e detergentes).

- **Água fluvial** – Água dos rios.

- **Água freática** – (1) Água que ocupa os vãos dentro de uma rocha ou solo num nível abaixo do lençol de água.(2) Água freática. Água do lençol subterrâneo que se encontra a pouca profundidade e com pressão atmosférica normal.

- **Água mineral** – (1) Aquela proveniente de fontes naturais que possua composição química ou propriedades físicas ou físico-químicas distintas das águas comuns, com características que lhe confiram uma ação medicamentosa (Decreto-Lei 7.841/45). (2) Água mineral é aquela que possui uma salinidade de pelo menos 1 grama por litro, excetuando-se os carbonatos de cálcio e magnésio (Glosário Libreria, 2003).

- **Água pesada** – Água que contém grande proporção de moléculas, como o isótopo de deutério de hidrogênio, em vez do hidrogênio comum (escrito como $D2O$ ou HDO). Tais moléculas são encontradas em quantidades muito pequenas na água comum.

- **Água pluvial** – A que procede imediatamente das chuvas (Decreto-Lei 7.841/45).

- **Água poluída** – Características alteradas devido à presença indesejada de substâncias estranhas e/ou organismos que tornam impróprio o seu uso.

- **Água potável** – (1) É aquela cuja qualidade a torna adequada ao consumo humano (Portaria n. 56 – BSB, de 14 de março de 1977). (2) Água que, sem necessidade de tratamento adicional, é inócua do ponto de vista fisiológico e organolético e apta ao consumo humano.

- **Água pura** – (1) Representa estado molecular da água - H_2O; (2) Desprovida de substâncias estranhas.

- **Água radiativa** – (mineral ou termal) – Quando possui radioatividade natural (explosões atômicas).

- **Água receptora** – Qualquer rio, lago ou oceano em que a água servida tratada ou não tratada é descarregada.

- **Água residual** – (1) Águas procedentes do uso doméstico, comercial ou industrial. O grau de impureza pode ser muito variado, e o tratamento é feito por meios mecânicos e químicos antes do processo de purificação biológica, que utiliza bactérias.

→ **Água residuária** – (1) Qualquer despejo ou resíduo líquido, de origem doméstica ou industrial, com potencialidade de causar poluição. (2) Qualquer despejo ou resíduo líquido com potencialidade de causar poluição (ABNT, 1973).

→ **Água salgada ou salina** – (1) Além dos sais causadores da dureza, possui elevado teor de cloreto de sódio (2) Água que contém concentrações significativas de sal (acima de 3 por cento), como a encontrada nos oceanos. Cf. ÁGUA DOCE, SALOBRA.

→ **Água salobra** – Água com salinidade intermediária entre as águas doce e a salina, isto é, com aproximadamente de 15 a 30% de salinidade.

→ **Água servida** – (1) Termo geral aplicado ao vazamento de água de um reservatório. (2) Termo geral para o efluente de um sistema de esgoto residencial ou municipal.

→ **Água subterrânea** – Toda a água que está contida nos espaços porosos de rochas e no solo abaixo da elevação do lençol freático. (1) Suprimento de água doce sob a superfície da terra, em um aquífero ou no solo, que forma um reservatório natural para o uso do homem. (2) Que ocorre naturalmente no subsolo e pode ser extraída e utilizada para consumo.

→ **Água termal** – Água mineral originada de camadas profundas da crosta terrestre e que atinge a superfície em temperatura elevada.

→ **Água tratada** – Água tornada potável por um processo de tratamento e que deve atender aos padrões estabelecidos pela Organização Mundial de Saúde para consumo humano.

→ **Água vadosa** – Água subterrânea que ocupa a zona de aeração, isto é, acima do nível freático, que constitui o limite superior da zona de saturação. Sinônimo: água suspensa (ver ÁGUA FREÁTICA).

→ **Aguapé** – Planta aquática flutuante originária da América do Sul.

→ **Aguaceiro** – Chuva pesada e intensa que cai repentinamente. Associada ao verão e aos cúmulos-nimbos.

→ **AIA** – Avaliação de Impacto Ambiental. Instrumento de política ambiental, formado por um conjunto de procedimentos capazes de assegurar, desde o início do processo, que se faça um exame sistemático dos impactos ambientais de uma ação proposta e de suas alternativas, e cujos resultados sejam apresentados de forma adequada ao público e aos responsáveis pela tomada da decisão e por eles considerados.

→ **Alcalinidade da água** – Qualidade da água em neutralizar compostos ácidos, em virtude da presença de bicarbonatos, hidróxidos, boratos, silicatos e fosfatos. Esgotos são alcalinos, por receberem materiais de uso doméstico com estas características.

→ **Alcalinidade** – Estado de uma substância que tem propriedades alcalinas.

→ **Alcaloides** – Compostos orgânicos nitrogenados produzidos por plantas e fisiologicamente ativos nos vertebrados. Muitos possuem sabor amargo e alguns são venenosos, por exemplo, morfina, quinina, estricnina.

→ **Álcool etílico** – (1) Composto orgânico, obtido através da fermentação de substâncias amiláceas ou açucaradas como a sacarose existente no caldo da cana, e também mediante processos sintéticos. (2) Líquido incolor, volátil, inflamável, solúvel em água, com cheiro e sabor característicos.

→ **Alga** – (1) Organismos uni ou multicelulares, microscópicos ou com algumas dezenas de metros, que vivem em água doce ou salgada e que se fixam em rochas ou se agrupam, formando plânctons. São capazes de realizar a fotossíntese e exercem papel fundamental na cadeia alimentar dos oceanos e rios.

→ **Algicidas** – Substâncias usadas para evitar a propagação de algas.

→ **Alijamento** – Todo despejo de resíduos e outras substâncias efetuado por embarcações, plataformas, aeronaves e outras instalações, inclusive seu afundamento intencional em águas sob jurisdição nacional (Lei n. 9.966/2000).

→ **Alumínio** – (1) Metal branco, prateado, com número atômico 13, leve, mole, dúctil, resistente à corrosão. É extraído da bauxita e seu processamento é caro e poluidor. É uma das substâncias contidas na chuva ácida que contamina rios, lagos, peixes, aves e, no fim da cadeia alimentar, os seres humanos.

→ **Aluviais** – (1) Grupo de solos sazonais, formado à custa de materiais de transporte e de depósito relativamente recente (aluvião), caracterizado por ligeira modificação (ou nenhuma) do material originário, devido aos processos de formação do solo. Também se diz aluvião e alúvio. (2) Depósitos fluviais detríticos de idade bem recente (Quaternário), que podem ser litificados com o tempo e transformarem-se em aluviões antigos.

→ **Aluvião** – (1) Solo de encostas dos morros, na forma de partículas e agregados, que se acumulam nas partes mais baixas do relevo; acréscimo de área em um imóvel por acessão, isto é, pela sedimentação de material geológico causado por aterramento ou desvio do leito de um curso d'água por ação da natureza (Autores). (3) Material sedimentar de composição variada depositado pelos cursos d'água (Glossário Ibama, 2003).

→ **Álveo** – Superfície que as águas cobrem sem transbordar para o solo natural e ordinariamente enxuto (Decreto 24.643/34).

→ **Amazônia Legal** – Toda a região da bacia amazônica, incluindo parte do norte de Mato Grosso, de Minas Gerais, de Goiás, do Tocantins e do oeste do Maranhão, segundo fixado em lei.

→ **Ambiente antrópico** – Ambiente pertencente ou relativo ao homem.

→ **Ambiente biológico ou biótico** – Conjunto de condições geradas por microrganismos (animais, como as bactérias, ou vegetais, como os fungos) que atuam sobre indivíduos e populações.

→ **Ambiente físico ou abiótico** – Conjunto de condições não biológicas (estruturais, energéticas, químicas e outras) do meio ambiente, que atuam sobre indivíduos e populações.

→ **Ambiente sedimentar** – Parte da superfície terrestre caracterizada por propriedades físicas, químicas e biológicas distintas das áreas adjacentes. Esses três parâmetros envolvem fauna, flora, geologia, geomorfologia, clima etc. Alguns exemplos de ambientes sedimentares são deltas, desertos e plainos abissais.

→ **Ambiente** – (1) Soma dos inúmeros fatores que influenciam a vida dos seres vivos. O mesmo que meio e ambiência. (2) Conjunto das condições externas ao organismo e que afetam o seu crescimento e desenvolvimento. (3) Conjunto de condições que envolvem e sustentam os seres vivos no interior da biosfera, incluindo clima, solo, recursos hídricos e outros organismos. (4) Soma total das condições que atuam sobre os seres vivos.

→ **Aminoácido** – Substância orgânica que contém grupamentos carboxila (COOH) e amina (NH_2) e que são os constituintes das proteínas. Existem vinte aminoácidos diferentes, que participam das proteínas.

→ **Amostra base** – Amostras obtidas por meio dos procedimentos de multiplicação da amostra inicial ou diretamente dos procedimentos de coleta ou intercâmbio de germoplasma, quando seu tamanho é adequado para evitar ou diminuir a ocorrência de perdas de variação genética durante os procedimentos de multiplicação e regeneração.

→ **Amostra** – Porção representativa de água, ar, qualquer tipo de efluentes ou emissão atmosférica ou qualquer substância ou produto, tomada para fins de análise de seus componentes e suas propriedades. Em biologia, parte de uma população ou universo, tomada para representar a qualidade ou quantidade de todo um conjunto.

→ **Amostrador de fundo** – Equipamento de amostragem de sedimentos de fundos subaquosos. Existem vários tipos, que podem ser agrupados em três grupos básicos: draga, pegador de fundo e testemunhador.

→ **Amostragem** – Sistemática de efetuar-se a amostra. Técnicas de amostragem variam conforme as necessidades da demanda. Pode-se ter amostragens seletivas ou casualizadas, mas frequentemente ocorrem as duas seguintes situações para plantas com sementes: 1) sementes de vários indivíduos da população são colocadas no mesmo envelope ou saco e recebem um só número do coletor; 2) sementes de cada indivíduo são colocadas em sacos distintos e cada um deles recebe um número de coletor, assim formando vários acessos. O número ideal de indivíduos a ser amostrado varia de cultura para cultura, e a abordagem geralmente leva em consideração o sistema de cruzamento da espécie, se autógama, alógama ou intermediária.

→ **ANA** – (1) Agência Nacional de Águas. Entidade Federal de Implementação da Política Nacional de Recursos Hídricos e de Coordenação do Sistema Nacional de Gerenciamento de Recursos Hídricos. Regulamentada pela Lei n. 9.984/2000. (2) Agência Nacional de Águas, criada pela Lei Federal n. 9.984/2000, tem por função disciplinar o uso de recursos hídricos mediante a Política Nacional dos Recursos Hídricos e da articulação do planejamento nacional, regional, estadual e dos setores usuários referentes aos recursos hídricos.

→ **Anaeróbio** – Ou anaeróbico. Condição na qual não existe disponível qualquer forma de oxigênio. Organismos que não requerem ar ou oxigênio livre para manter a vida; aqueles que vivem na total ausência do oxigênio livre são os anaeróbios estritos ou obrigatórios; os que vivem tanto na ausência quanto na presença de oxigênio livre são anaeróbios facultativos.

→ **Anaerobiose** – Condição de vida na ausência de oxigênio livre.

→ **Análise ambiental** – Exame detalhado de um sistema ambiental, por meio do estudo da qualidade de seus fatores, componentes ou elementos, assim como dos processos e interações que nele possam ocorrer, com a finalidade de entender sua natureza e determinar suas características essenciais (FEEMA, 1997).

→ **ANAMMA** – Associação Nacional de Municípios e Meio Ambiente.

➥ **Ano hidrológico** – Período de um ano (doze meses) baseado em critérios de hidraulicidade.

➥ **Antrópico** – (1) Relativo à humanidade, à sociedade humana, à ação do homem. Termo de criação recente, empregado por alguns autores para a qualificar: um dos setores do meio ambiente, o meio antrópico, compreendendo os fatores sociais, econômicos e culturais; um dos subsistemas do sistema ambiental, o subsistema antrópico. (2) Relativo à ação humana (Resolução Conama 012/94). (3) Referente ao período geológico em que se registra a presença dos humanos na Terra. (4) Refere-se à ação humana sobre a natureza.

➥ **Ápice** – O alto. Extremidade de alguma coisa. Vértice. Cume.

➥ **Apodrecimento** – Processo de perda gradual de certas características da madeira ou de qualquer outro tipo de material que são afetados pela podridão evolutiva.

➥ **Aquacultura** – Do ponto de vista biológico, a aquacultura pode ser considerada como tentativa do homem, através da manipulação e da introdução de energia num ecossistema aquático, de controlar as taxas de natalidade, crescimento e mortalidade, visando obter maior taxa de extração, no menor tempo possível, do animal explorado (Negret, 1982).

➥ **Aquecimento global** – (1) Fenômeno causado, segundo alguns cientistas, por uma mudança no efeito estufa, que estaria aumentando a temperatura da Terra, devido às emissões excessivas de gases tóxicos, como o dióxido de carbono. As consequências mais graves seriam o derretimento de parte das calotas polares, mudança do clima e grandes inundações. (2) Acréscimo da temperatura média na Terra causado por alterações na atmosfera provocadas pelas atividades humanas (Glossário Libreria, 2003).

➥ **Aquicultura** – (1) Cultivo ou criação de organismos cujo ciclo de vida se dá inteiramente em meio aquático (Portaria Ibama 145-N/98). Do ponto de vista biológico, a aquicultura pode ser considerada como a tentativa do homem, através da manipulação e da introdução de energia num ecossistema aquático, de controlar as taxas de natalidade, crescimento e mortalidade, visando a obter maior taxa de extração, no menor tempo possível, do animal explorado. A aquicultura passou a ser, então, uma das fontes econômicas e ecológicas para a obtenção e produção de alimentos.

➥ **Aquífero** – (1) São reservas de água subterrânea que, além de reterem água das chuvas, desempenham papel importante do controle de cheias.

➥ **Ar** – A mistura de gases que compõem a atmosfera da Terra. Os gases principais que compõem o ar seco são nitrogênio (N_2) a 78,09%, oxigênio (O_2) a 20,946%, argônio (A) a 0,93% e dióxido de carbono (CO_2) a 0,033%. Um dos componentes mais importantes do ar, e da maioria dos gases importantes em meteorologia, é o vapor de água (H_2O).

➥ **Área contaminada** – Área onde há comprovadamente poluição causada por quaisquer substâncias ou resíduos que nela tenham sido depositados, acumulados, armazenados, enterrados ou infiltrados, e que determina impactos negativos sobre os bens a proteger.

➥ **Área crítica de poluição** – Zona de grande concentração industrial e bastante edificada onde são encontradas, em grande quantidade, substâncias como o dióxido de carbono, monóxido de carbono e óxidos fotoquímicos.

➥ **Área de geração** – Área oceânica onde são geradas as ondas, por ventos de sentido e velocidade aproximadamente constantes.

➥ **Área de influência** – Área externa de um dado território, sobre o qual exerce influência de ordem ecológica e/ou socioeconômica, podendo trazer alterações nos processos ecossistêmicos.

➥ **Área de preservação permanente** – (1) Pelo Art. 2º da Lei n. 4.771/65, consideram-se de preservação permanente a) as florestas e demais formas de vegetação natural... b) ao redor das lagoas, lagos ou reservatórios d'água naturais ou artificiais; c) nas nascentes, ainda que intermitentes e nos chamados olhos-d'água, qualquer que seja a sua situação topográfica; d) no topo de morros, montes, montanhas e serras; e) nas encostas ou partes destas... f) nas restingas, como fixadoras de dunas ou estabilizadoras de mangues; g) nas bordas dos tabuleiros ou chapadas ...; h) em altitudes superiores a 1.800 (mil e oitocentos) metros, qualquer que seja a vegetação. Pelo Art. 3º, consideram-se, ainda, de preservação permanente, quando assim declaradas por ato do Poder Público, as florestas e demais formas de vegetação natural destinadas: a) a atenuar a erosão das terras; b) a fixar as dunas; c) a formar faixas de proteção ao longo de rodovias e ferrovias; d) a auxiliar a defesa do território nacional, a critério das autoridades militares; e) a proteger sítios de excepcional beleza ou de valor científico ou histórico; f) a asilar exemplares da fauna ou flora ameaçados de extinção; g) a manter o ambiente necessário à vida das populações silvícolas; h) a assegurar condições de bem-estar público.

➥ **Área de proteção ambiental – APA –** (1) Unidade de conservação de uso sustentável, estabelecida pela Lei Federal n. 6902/81, que outorga ao Poder Executivo, nos casos de relevante interesse público, o direito de declarar determinadas áreas do território nacional como de interesse ambiental. A Área de Proteção Ambiental é uma área em geral extensa, com certo grau de ocupação humana, dotada de atributos abióticos, bióticos, estéticos e culturais especialmente importantes para a qualidade de vida e o bem-estar das populações humanas, e tem como objetivos básicos proteger a diversidade biológica, disciplinar o processo de ocupação e assegurar a sustentabilidade do uso dos recursos naturais (Arruda *et al.*, 2001).

→ **Área de recarga** – Parte de uma bacia hidrográfica que contribui para recarga da água subterrânea.

→ **Área degradada** – (1) Uma área que por ação própria da natureza ou por uma ação antrópica perdeu sua capacidade natural de geração de benefícios. (2) Área onde há a ocorrência de alterações negativas das suas propriedades físicas e químicas, devido a processos como a salinização, lixiviação, deposição ácida e a introdução de poluentes.

→ **Área saturada** – Porção de uma região de controle da qualidade do ar em que um ou mais padrões de qualidade do ar estejam ultrapassados.

→ **Área verde** – Logradouro público com cobertura vegetal de porte arbustivo-arbóreo, não impermeabilizável, visando a contribuir para a melhoria da qualidade de vida urbana, permitindo-se seu uso para atividades de lazer (Resolução Conjunta Ibama-SMA/SP 2/94).

→ **Areia** – (1) Grãos de quartzo que derivam da desagregação ou da decomposição das rochas ricas em sílica. (2) Sedimento detrítico não consolidado, composto essencialmente de partículas minerais de diâmetros variáveis entre 0,062 e 2 mm. O mineral mais frequente é o quartzo, porém há situações especiais em que predominam outros tipos de fragmentos minerais, tais como calcita e gipsita.

→ **Arenito** – Rocha sedimentar detrítica resultante da litificação (consolidação) de areia por um cemento de natureza química (calcítica, ferruginosa, silicosa etc.). Os grãos que o constituem são mais frequentemente de quartzo.

→ **Argila orgânica** – Sedimento de granulação fina (alguns mícrons de diâmetro), composto principalmente de quartzo e argilominerais, contendo matéria orgânica carbonosa e, em consequência, exibindo cores cinza ou preta. Em geral, indica deposição em águas calmas, como fundos de lagunas, lagos, baías etc., que frequentemente apresentam condições redutoras.

→ **Árido** – Clima extremamente seco, em que, efetivamente, não existe umidade no ar. É considerado o oposto de úmido, quando se fala em climas.

→ **Arrecife** – Mesmo que recife.

→ **Arroba** – Unidade de medida de peso de produtos agropecuários, equivalente a 15 kg (quinze quilos).

→ **Artesiano** – Refere-se à água que emerge, sob pressão natural, acima do aquífero que a contém.

→ **Associação biótica** – Conjunto de plantas e animais que têm as mesmas exigências ecológicas e que inclui uma ou mais espécies dominantes, conferindo-lhes um caráter definido.

→ **Assoreamento** – Processo em que lagos, rios, baías e estuários vão sendo aterrados pelos solos e outros sedimentos neles depositados pelas águas das enxurradas, ou por outros processos. Obstrução do leito de um canal, estuário ou rio por sedimentos; ocorre devido à erosão das margens ou redução da correnteza.

→ **Aterro sanitário** – (1) Sistema empregado para a disposição final dos resíduos sólidos sobre a terra, os quais são espalhados e compactados e diariamente cobertos com terra, para não resultar nenhum risco ou dano ao meio ambiente, construído segundo normas técnicas, para evitar riscos de contaminação.

→ **Atividade agrícola** – Produção, o processamento e a comercialização dos produtos, subprodutos e derivados, serviços e insumos agrícolas, pecuários, pesqueiros e florestais; compreende processos físicos, químicos e biológicos, onde os recursos naturais envolvidos devem ser utilizados e gerenciados, subordinando-se às normas e princípios de interesse público, de forma que seja cumprida a função social e econômica da propriedade (Lei n. 8.171/91).

→ **Atividade poluidora** – Qualquer atividade utilizadora de recursos ambientais capaz, atual ou potencialmente, de causar poluição ou degradação ambiental. É eminentemente antrópica, ou seja, decorre das atividades humanas.

→ **Ativo ambiental** – (1) Bens ambientais de uma organização, como mananciais de água, encostas, reservas, áreas de proteção ambiental etc. (2) Bens e direitos destinados ao controle, preservação, proteção e recuperação do meio ambiente. Trata-se da provisão para perda de potencial de serviço dos ativos em função de causas ambientais.

→ **Atmosfera** – Camada de gases que envolve a Terra, elemento fundamental do sistema integrado de organização da vida no planeta; a atmosfera da Terra é composta de 78% de nitrogênio, 21% de oxigênio, 9% de argônio, 0,035% de dióxido de carbono e quantidades mínimas de outros gases. O nível de dióxido de carbono está aumentando na atmosfera, principalmente em consequência da intensa queima de combustíveis fósseis. A contaminação da atmosfera pode ocorrer pela entrada de outros gases ou por partículas em suspensão; a mistura de gases pode causar a destruição de um dos gases, como acontece com o CFC, que ataca e destrói a camada de ozônio; em outros casos, provoca o surgimento de um terceiro elemento poluidor, acarretando graves consequências porque não é possível eliminá-lo da atmosfera, como se faz com as partículas.

→ **Atrófico** – Fase ou estágio de um organismo em que não ocorre alimentação.

→ **Autodepuração da água** – Processo natural de purificação da água, que reduz a poluição orgânica. Por exemplo, há espécies de plantas aquáticas que absorvem poluentes.

→ **Autoridade Polícia Ambiental** – Oficial, subtenente e sargento, que integre uma organização policial militar de proteção ambiental (OPMPA), na execução do policiamento ostensivo e nas ações policiais militares.

→ **Autossustentabilidade** – Manutenção de algo sem interferências externas, capacidade de sustentar-se às próprias custas.

→ **Azotobacter** – Grupo de bactérias aeróbias, fixadoras de nitrogênio atmosférico no solo, principalmente nos que são ricos em húmus, com reação alcalina ou neutra.

B

→ **Bacia amazônica** – Área abrangida pelos Estados do Acre, Pará, Amazonas, Roraima, Rondônia e Mato Grosso, além das regiões situadas ao Norte do paralelo de 13°S, nos Estados de Tocantins e Goiás, e a Oeste do meridiano de 44°W, no Estado do Maranhão (Decreto 1.282/94).

→ **Bacia de captação** – Mais de que o rio, lago ou reservatório de onde se retira a água para consumo, compreende também toda a região onde ocorre o escoamento e a captação dessas águas na natureza. (Fonte: Rede AIPA).

→ **Bacia de drenagem** – Área de captação que recolhe e drena toda a água da chuva e a conduz para um corpo d'água (por exemplo, um rio), que depois leva ao mar ou um lago.

→ **Bacia de estabilização** – (1) "Área de drenagem de um curso d'água ou lago" (DNAEE, 1976). (2) "Conjunto de terras drenadas por um rio principal e seus afluentes" (Guerra, 1978).

→ **Bacia hidrográfica** – (1) Área limitada por divisores de água, dentro da qual são drenados os recursos hídricos, através de um curso de água, como um rio e seus afluentes. A área física, assim delimitada, constitui-se em importante unidade de planejamento e de execução de atividades socioeconômicas, ambientais, culturais e educativas. (2) Conjunto de terras drenadas por um rio principal e seus afluentes, onde normalmente a água se escoa dos pontos mais altos para os mais baixos.

→ **Bacia oceânica** – (1) Cada uma das depressões gigantescas da superfície terrestre ocupada pelos oceanos e cuja existência é considerada geologicamente bastante antiga. (2) Porção deprimida, de forma mais ou menos circular, situada entre as cadeias submarinas, apresentando espessuras variáveis de sedimentos acumulados. Há 14, 19 e 12 bacias oceânicas deste tipo, distribuídas pelos oceanos Pacífico, Atlântico e Índico, respectivamente.

→ **Bacia sedimentar** – (1) Área geologicamente deprimida, contendo grande espessura de sedimentos no seu interior e podendo chegar a vários milhares de metros e pequena espessura (dezenas a centenas de metros) nas porções marginais. Exemplo: bacia do Paraná (mais de 1.500.00 km² de área e 5.000 a 6.000 m nas porções mais espessas). (2) Depressão enchida com detritos carregados das águas circunjacentes. As bacias sedimentares podem ser consideradas como planícies aluviais que se desenvolvem, ocasionalmente, no interior do continente (Guerra, 1978).

→ **Bactéria** – (1) Organismos unicelulares que podem se multiplicar em ambientes orgânicos não vivos, sem precisar de oxigênio (bactérias anaeróbias). Servem como base de várias cadeias alimentares. Podem ser patogênicas ou benéficas. (2) Organismos vegetais microscópicos, geralmente sem clorofila, essencialmente unicelulares e universalmente distribuídos (ABNT, 1973).

→ **Baixada** – Depressão do terreno ou planície entre montanhas e o mar. "Área deprimida em relação aos terrenos contíguos. Geralmente se designa assim as zonas próximas ao mar; algumas vezes, usa-se o termo como sinônimo de planície" (Guerra, 1978).

→ **Balanço hídrico** – "Balanço das entradas e saídas de água no interior de uma região hidrológica bem definida (uma bacia hidrográfica, um lago), levando em conta as variações efetivas de acumulação" (DNAEE, 1976).

→ **Balneabilidade** – É a medida das condições sanitárias das águas destinadas à recreação de contato primário. A balneabilidade é feita conforme a Resolução do Conama 274 de 29 de novembro de 2000, após 5 semanas de coleta e análises microbiológicas para Coliformes fecais, Escherichia coli e/ou Enterococos, nos dias e locais de maior influência do público.

- **Banco de areia** – (barra, coroa). (1) Depósitos alongados de areias, conchas, lamas etc., frequentemente encontrados em mares e lagos. (2) Acumulação de detritos, seixos, aluviões nas margens dos rios e nos litorais onde predominam as areias (Glossário Libreria, 2003).

- **Banhado** – "Termo derivado do espanhol "bañado", usado no sul do Brasil para as extensões de terras inundadas pelos rios. Constituem terras boas para a agricultura, ao contrário dos pântanos" (Guerra, 1978). (Ver também TERRAS ÚMIDAS.)

- **Barragem** – (1) "Barreira dotada de uma série de comportas ou outros mecanismos de controle, construída transversalmente a um rio, para controlar o nível das águas de montante, regular o escoamento ou derivar suas águas para canais." (2) Construção para regular o curso de rios, usada para prevenir enchentes, aproveitar a força das águas como fonte de energia ou para fins turísticos. Sua construção pode trazer problemas ambientais, como no caso de grandes hidrelétricas, por submergir terras férteis, muitas vezes cobertas por importantes florestas, e/ou por desalojar populações que vivem na área.

- **Bento** – (1) Que vivem no fundo de um corpo de água. Organismos aquáticos, fixados ao fundo, que permanecem nele, ou que vivem nos sedimentos do fundo. Fauna e flora de profundidade, encontrada no fundo de mares, rios e lagos, distinguindo-se dos que vivem no fundo dos oceanos (abissais) e também dos plânctons, que são superficiais e necessitam da luz. O "benthos", conjunto desses seres, chega a constituir verdadeiro ecossistema; fala-se de "comunidades bentônicas". Vivem dos restos de animais e vegetais encontrados nas águas. Apresentam rica biodiversidade.

- **Bentônico** – (1) Relativo ao fundo do mar ou de qualquer corpo de água estacionário. (2) Pertencente aos bentos. Alguns dos muitos vegetais e animais bentônicos marinhos: algas, foraminíferos, corais, vermes. Sinônimo: bêntico.

- **Bem-estar social** – É o bem comum, o bem da maioria, expresso sob todas as formas de satisfação das necessidades coletivas. Nele se incluem as exigências naturais e espirituais dos indivíduos coletivamente considerados: são as necessidades vitais da comunidade, dos grupos, das classes que compõem a sociedade (Meireles, 1976).

- **Bioacumulação** – (1) Processo através do qual um determinado poluente se torna mais concentrado ao entrar na cadeia alimentar. (2) Processo pelo qual um elemento químico tóxico se torna mais concentrado ao entrar na cadeia alimentar. Ocorre frequentemente com os metais pesados: como são poluentes não metabolizados pelos seres vivos, os metais pesados são absorvidos, por exemplo, por larvas de peixe. Os predadores que se alimentam das larvas contaminadas acabam acumulando o poluente e contaminando, por sua vez, seus próprios predadores. E o mesmo ocorre em outros níveis da cadeia alimentar.

- **Biocenose** – (1) Unidade ecológica natural das plantas e animais, isto é, associação de organismos que vivem juntos em estado de dependência mútua. (2) Associação de organismos de espécies diferentes que habitam um biótipo comum. (3) É um grupamento de seres vivos reunidos pela atração não recíproca exercida sobre eles pelos diversos fatores do meio; este grupamento caracteriza-se por determinada composição específica, pela existência de fenômenos de interdependência, e ocupa um espaço chamado biótopo. É o mesmo que comunidade biótica e associação. Conjunto equilibrado de animais e de plantas de uma comunidade (Glossário Ibama, 2003).

- **Biodegradação** – Decomposição por processos biológicos naturais. Substâncias biodegradáveis são aquelas que podem ser decompostas por este tipo de processo.

- **Biodegradável** – (1) Substância que se decompõe pela ação de seres vivos. (2) Que se decompõe em substâncias naturais pela ação de microrganismos, perdendo suas propriedades originais em contato com o ambiente; dá-se o nome de persistente à substância de difícil degradação.

- **Biodiesel** – Combustível para motores à combustão interna com ignição por compressão, renovável e biodegradável, derivado de óleos vegetais ou de gorduras animais, que possa substituir parcial ou totalmente o óleo diesel de origem fóssil (MP 214 de 13 de setembro de 2004).

- **Biodigestor** – Determinação da eficiência relativa de uma substância (vitaminas, metais, hormônios), pela comparação de seus efeitos em organismos vivos com um padrão de comportamento. Emprego de organismos vivos para determinar o efeito biológico de certas substâncias, fatores ou condições (The World Bank, 1978).

- **Biodiversidade** – (1) Referente à variedade de vida existente no planeta, seja terra, água ou ar. (2) Variedade de espécies de um ecossistema. (3) A biodiversidade é o centro atual da discussão entre países possuidores de reservas significativas de diversidade biológica, que defendem o princípio da soberania sobre tais recursos, e os detentores de tecnologias para reprodução e uso destes recursos, que consideram a biodiversidade como patrimônio da humanidade, ou seja, de livre acesso.

→ **Biofertilizante** – Produto que contenha princípio ativo apto a melhorar, direta ou indiretamente, o desenvolvimento das plantas (Lei n. 6.894/80).

→ **Biofiltro** – Filtro provido de microrganismos aeróbios (que precisam de oxigênio para viver), a fim de eliminar o odor de gases e de misturas que exalam mau cheiro.

→ **Biogás** – (1) Gás resultante da decomposição anaeróbica de biomassa (resíduos agrícolas, florestais, lixo), que pode ser usado como combustível, devido ao seu alto teor de metano. (2) Gás produzido pela fermentação de matéria orgânica, em geral constituído predominantemente pelo metano, que pode ser usado como combustível. (3) Mistura de gases cuja composição é variável e expressa em função dos componentes que aparecem em maior proporção. Sua obtenção pode variar de diversos tipos de materiais, como resíduos de materiais agrícolas, lixo e esgoto.

→ **Bioindicadores** – São espécies animais ou vegetais que indicam precocemente a existência de modificações bióticas (orgânicas) e abióticas (físico-químicas) de um ambiente. São organismos que ajudam a detectar diversos tipos de modificações ambientais antes que se agravem e ainda a determinar qual o tipo de poluição que pode afetar um ecossistema.

→ **Bioma** – (1) Comunidade principal de plantas e animais associada a uma zona de vida ou região com condições ambientais, principalmente climáticas, estáveis. Exemplo: floresta de coníferas do Hemisfério Norte. (2) Total de matéria orgânica contida em determinado espaço, incluindo todos os animais e vegetais (biologia). Para a economia pode ser vista como potencial de matéria-prima, especialmente na produção de energia (Glossário Libreria, 2003).

→ **Biomassa** – (1) É a quantidade de matéria orgânica viva em cada nível trófico de uma determinada área. (2) Quantidade total de matéria orgânica que constitui os seres de um ecossistema; somatório da massa orgânica viva de determinado espaço, num determinado tempo; a expressão queima de biomassa significa da parte viva da mata, que tem forte influência sobre as emissões de carbono e as mudanças climáticas (Glossário Libreria, 2003).

→ **Biomonitoramento** – Determinação da integridade de um sistema biológico para avaliar sua degradação por qualquer impacto induzido pela sociedade humana.

→ **Bioquímico** – Depositado por processos químicos sob influência biológica. A remoção de CO_2 da água do mar pelas plantas aquáticas, por exemplo, pode ocasionar a precipitação da calcita ($CaCO_3$) bioquímica.

→ **Biosfera** – (1) Conjunto formado por todos os ecossistemas da Terra. Constitui a porção do planeta habitada por seres vivos.

→ **Biota** – (1) Fauna e flora de uma região consideradas em conjunto, como um todo. (2) Conjunto dos componentes vivos de um ecossistema. Todas as espécies de plantas e animais existentes dentro de uma determinada área (Braile, 1983).

→ **Biótico** – (1) Relativo ao bioma ou biota, ou seja, ao conjunto de seres animais e vegetais de uma região. (2) Referente a organismos vivos ou produzidos por eles. Por exemplo: fatores ambientais criados pelas plantas ou microrganismos.

→ **Biótipo** – Grupo de indivíduos que tem o mesmo genótipo.

→ **Biótopo** – (1) É o espaço ocupado pela biocenose. O biótopo é uma área geográfica de superfície e volume variáveis, submetida a condições cujas dominantes são homogêneas (Peres, 1961). (2) Lugar onde há vida. É o componente físico do ecossistema (Margalef, 1980).

→ **Bolor** – Espécies de fungos que se desenvolvem na superfície de materiais, produzindo estruturas de reprodução, o que confere à superfície a aparência lanosa ou empoeirada.

→ **Boom** – Termo inglês que significa aumento rápido de um determinado contingente. Ex.: *boom* demográfico = explosão demográfica.

→ **Buraco da camada de ozônio** – Abertura resultante da redução da camada de ozônio na estratosfera, constatada entre setembro e novembro de 1989 na Antártida e que tem sido motivo de alarme. Essa camada é essencial à preservação da vida do planeta, porque filtra os raios ultravioletas do Sol, mortíferos às células.

→ **Bloom** – Proliferação de algas e/ou outras plantas aquáticas na superfície de lagos ou lagoas. [Os *blooms* são muitas vezes estimulados pelo enriquecimento de fósforo advindo da lixiviação das lavouras e despejos de lixo e esgotos].

→ **Braço de mar** – Canal largo de mar que penetra terra adentro, sem relação com as suas dimensões absolutas. Pode-se aplicar essa denominação a um golfo (Mar Adriático) ou a um rio (Santander, Espanha).

→ **Brejo** – (1) As áreas úmidas do agreste e do sertão. Termo utilizado, com esse sentido, no Nordeste. (2) Terreno molhado ou saturado de água, algumas vezes alagável de tempos em tempos, coberto com vegetação natural própria na qual predominam arbustos integrados com gramíneas rasteiras e algumas espécies arbóreas. (3) Área encharcada e plana que aparece, especialmente, nas zonas de transbordamento de rios.

→ **Broto** – Lançamento, rebento, renovo. É a planta proveniente de uma touça. Caule embrionário, incluindo folhas rudimentares, frequentemente protegidas por escamas especializadas.

C

→ **Caatinga** – (1) Vegetação arbórea-arbustiva. Folhas pequenas, partidas ou pinadas, muitas vezes sensíveis. Ecossistema formado por pequenas árvores e arbustos espinhosos esparsos que perdem as folhas durante o período de seca. Flora típica do Sertão Nordestino Brasileiro (Arruda et al., 2001).

→ **Cabeceiras** – (1) Lugar onde nasce um curso d´água. Parte superior de um rio, próximo à sua nascente (DNAEE, 1976). (2) Zona onde surgem os olhos-d'água que vão formar um curso fluvial. A cabeceira nem sempre é um lugar bem definido, algumas vezes ela abrange uma área. As cabeceiras são denominadas também nascente, fonte, mina, manancial (Glossário Libreria, 2003).

→ **Cabo** – Setor saliente do continente, que se estende para dentro do mar ou lago, sendo menos extenso do que uma península e maior do que um pontão.

→ **Cadeia alimentar** – É a transferência da energia alimentar que existe no ambiente natural, numa sequência na qual alguns organismos consomem e outros são consumidos. Essas cadeias são responsáveis pelo equilíbrio natural das comunidades e o seu rompimento pode trazer consequências drásticas. A cadeia alimentar é formada por diferentes níveis tróficos (*trophe* = nutrição). A energia necessária ao funcionamento dos ecossistemas é proveniente do Sol e é captada pelos organismos clorofilados (autótrofos), que por produzirem alimento são chamados produtores (1º nível trófico). Estes servem de alimento aos outros níveis tróficos.

→ **Calcário** – Rocha que contém essencialmente carbonato de cálcio ($CaCO_3$) na sua composição.

→ **Calha** – Vales ou sulcos por onde correm as águas de um rio.

→ **Calor** – Modalidade de energia que é transmitida de um corpo para outro quando entre eles existe diferença de temperatura.

→ **Calota glacial** – Grande massa de geleira com até 2 a 3 km de espessura, ligada à glaciação continental ou de latitude, formada em regiões polares. No Pleistoceno existiram calotas glaciais importantes, tais como Laurentidiana (América do Norte), Fenoscandiana (Norte da Europa) e Alpina (região dos Alpes). Atualmente, calotas glaciais recobrem a Antártida e a Groenlândia.

→ **Calota insular** – Calota de gelo cobrindo parte importante de uma ilha. Designação usada para distingui-la da calota continental e geleira de vale.

→ **Camada de ozônio** – (1) Camada com cerca de 20 km de espessura, distante 25 km da Terra, localizada na estratosfera, que concentra cerca de 90% de ozônio atmosférico e protege nosso planeta dos efeitos nocivos da radiação ultravioleta proveniente do Sol.

→ **Canal** – "Conduto aberto artificial (...) Curso d'água natural ou artificial, claramente diferenciado, que contém água em movimento contínua ou periodicamente, ou então que estabelece interconexão entre duas massas de água" (DNAEE, 1976). "Corrente de água navegável que escoa entre bancos de areia, lama ou pedras" (Diccionario de la Naturaleza, 1987).

→ **Capacidade de assimilação, capacidade de suporte** – Para um sistema ambiental ou um ecossistema, os níveis de utilização dos recursos ambientais que pode suportar, garantindo-se a sustentabilidade e a conservação de tais recursos e o respeito aos padrões de qualidade ambiental. Para um corpo receptor, a quantidade de carga poluidora que pode receber e depurar, sem alterar os padrões de qualidade referentes aos usos a que se destina. No caso dos rios, é função da vazão e das condições de escoamento. "A capacidade que tem um corpo d'água de diluir e estabilizar despejos, de modo a não prejudicar significativamente suas qualidades ecológicas e sanitárias" (ABNT, 1973). "Capacidade de um corpo d'água de se purificar da poluição orgânica" (The World Bank, 1978).

→ **Capacidade de tolerância ou de aceitação** – Quantidade máxima de um poluente que pode ser suportado por um ser vivo ou de um determinado meio.

→ **Captação da água** – Conjunto de estruturas montadas para retirar água dos mananciais, para abastecimento público ou outros fins.

→ **Capilaridade** – (1) Fenômeno que envolve a subida e a descida do nível de água do solo através de fendas minúsculas em rochas conhecidas como capilares. (2) Fenômeno observado quando se coloca a extremidade de um tubo fino na superfície de um líquido. O líquido tende a subir ou descer no tubo, devido a forças de atração molecular.

→ **Carbono Orgânico Total. (COT)** – Teste onde o carbono orgânico é medido diretamente e não indiretamente através da determinação do oxigênio consumido. É um teste instrumental medindo todo o carbono liberado na forma de CO_2.

→ **Carbono 14** – Isótopo radioativo do carbono com peso atômico 14, produzido pelo bombardeamento de átomos de nitrogênio 14, por raios cósmicos. Hoje em dia, é intensamente utilizado na determinação da idade de substâncias carbonosas ou carbonáticas de idade inferior a cerca de 30.000 anos. A meia-vida deste elemento radioativo é de 5700 ± 30 anos.

→ **Carbono** – Elemento químico designado pela letra C e número atômico 12. O carbono é único entre os elementos, uma vez que forma um vasto número de compostos, mais do que todos os outros elementos combinados, com exceção do hidrogênio. Existe em três formas alotrópicas principais: diamante, a grafite e o carbono amorfo. O diamante e a grafite ocorrem naturalmente como sólidos cristalinos e possuem propriedades diversas, enquanto carbono "amorfo" é um termo aplicado a uma grande variedade de substâncias carboníferas que não são classificadas como diamante ou grafite.

→ **Carcinogênicos** – Substâncias químicas que causam câncer ou que promovem o crescimento de tumores iniciados anteriormente por outras substâncias. Há casos em que o câncer aparece nos filhos de mães expostas a estas substâncias. Algumas substâncias são carcinogênicas a baixos níveis, como a dioxina, e outras reagem com mais vigor. A maioria das substâncias carcinogênicas é também mutagênica e teratogênica.

→ **Carga orgânica** – "Quantidade de oxigênio necessária à oxidação bioquímica da massa de matéria orgânica que é lançada ao corpo receptor, na unidade de tempo. Geralmente, é expressa em toneladas de DBO por dia" (Aciesp, 1980). "Quantidade de matéria orgânica, transportada ou lançada num corpo receptor" (Carvalho, 1981).

→ **Carga Poluidora** – "A carga poluidora de um efluente gasoso ou líquido é a expressão da quantidade de poluente lançada pela fonte. Para as águas, é frequentemente expressa em DBO ou DQO; para o ar, em quantidade emitida por hora, ou por tonelada de produto fabricado" (Lemaire & Lemaire, 1975).

→ **Carvão ativado** – "Carvão obtido por carbonização de matérias vegetais em ambiente anaeróbio. Grande absorvente, é utilizado em máscaras antigás, clarificação de líquidos, medicamentos etc." (Diccionario de la Naturaleza, 1987). "Forma de carvão altamente absorvente usada na remoção de maus odores e de substâncias tóxicas" (Braile, 1992).

→ **Carvão vegetal** – (1) Forma de carbono amorfo, produzida pela combustão parcial de vegetais lenhosos. (2) Material sólido, leve e combustível que se obtém da combustão incompleta da lenha (Instrução Normativa IBDF 1/80). (3) Substância combustível sólida resultante da carbonização de material lenhoso (Portaria Normativa IBDF 302/84). (4) Subproduto florestal, resultante da semicombustão da lenha (madeira) em fornos.

→ **Carvão** – Substância combustível sólida, negra, resultante da combustão incompleta de materiais orgânicos. Carvão mineral.

→ **Célula** – Câmara ou compartimento que, pelo menos durante certo tempo, é provida de um protoplasta. Constitui a unidade estrutural dos tecidos dos seres vivos.

→ **Celulose** – (1) Composto orgânico hidrocarbonado ($C_6H_{10}O_5$) que constitui a parte sólida dos vegetais e principalmente das paredes das células e das fibras. Extraída da madeira, utiliza-se na fabricação de papel, seda artificial (raiom) etc. (2) Substância obtida pela dissolução e desidratação do principal componente da parede da célula vegetal, mediante processos mecânicos e químicos, e destinada a servir de matéria-prima para a produção do papel, papelão, plástico, etc. (Instrução Normativa IBDF 1/80 e Portaria Normativa IBDF 302/84).

→ **Central hidroelétrica** – Instalação na qual a energia potencial e cinética da água é transformada em energia elétrica.

→ **Certificação ambiental** – (1) Processo por meio do qual entidade certificadora outorga certificado, por escrito, de que um empreendimento está em conformidade com exigências técnicas de natureza ambiental. (2) Garantia escrita concedida a empresas cujo produto, processo ou serviço está em conformidade com os requisitos ambientais estabelecidos em lei. Normalmente tem como meio de representação selos de qualidade ambiental.

→ **Césio 137** – Trata-se de um elemento químico que se caracteriza como um pó azul brilhante, altamente radiativo, que provoca queimaduras, vômitos e diarreia até a morte. Cientificamente, o césio 137 é um radioisótopo usado no tratamento do câncer e em processos industriais como fonte de calibração de instrumentos e de medição de radiatividade. O organismo humano necessita de 110 dias para eliminá-lo. Atualmente, é substituído pelo cobalto.

→ **CFC** – (Clorofluorcarbono). (1) Composto químico gasoso, cuja molécula é composta dos átomos dos elementos cloro, flúor e carbono, de onde vêm suas iniciais. Constitui um gás de alto poder refrigerante, por isso muito usado na indústria (geladeiras e condicionadores de ar). Também constitui um dos principais componentes na produção de espumas, como as caixinhas de sanduíches em lanchonetes. Originariamente, era utilizado em larga escala como um gás propelente de recipientes aerossóis; este uso está praticamente banido pelos seus comprovados efeitos danosos à camada de ozônio. Existem diversos programas em todo o mundo para banimento total do uso de CFCs até o início do século XXI, devido a tais efeitos. Atualmente já começaram a ser fabricadas geladeiras e outros dispositivos refrigeradores que não utilizam CFCs.

→ **Chorume** – (1) Líquido escuro e com alta carga poluidora, resultante da decomposição do lixo particularmente quando disposto no solo, como, por exemplo, nos aterros sanitários. É altamente poluidor.

→ **Chumbo** – Metal pesado, de efeitos cumulativos enquanto poluente. Nos seres humanos, que podem ser atingidos através da alimentação, ingestão de líquidos e respiração, uma dose de 1mg/dia, durante um período prolongado pode provocar tremores, perda de memória, alucinações, insônia, melancolia, anemias e problemas renais, como cólicas e prisão de ventre. As fontes são as latas de conserva, tubos metálicos de pastas de dentes, fumaça de cigarro e de carvão, tintas em geral, produtos para escurecer os cabelos, além de processos industriais específicos (baterias elétricas e a tinta utilizada em impressões gráficas) (Embrapa, 1996).

→ **Chuva ácida** – "São as precipitações pluviais com pH abaixo de 5,6" (Braile, 1983). A chuva é um pouco ácida, mas as atividades humanas fazem com que o seja muito mais. Por exemplo, nos Estados Unidos, a concentração varia entre 50 e 200 meq por litro, isto é, de 5 a 20 vezes maior que as concentrações naturais" (Diccionario de la Naturaleza, 1987).

→ **Chuva** – Precipitação atmosférica formada de gotas de água cujas dimensões variam, por efeito da condensação do vapor de água contido na atmosfera.

→ **Ciclo hidrológico das águas ou Ciclo da água** – O processo da circulação das águas da Terra, que inclui os fenômenos de evaporação, precipitação, transporte, escoamento superficial, infiltração, retenção e percolação. Sucessão de fases percorridas pela água ao passar da atmosfera à terra, e vice-versa: evaporação do solo, do mar e das águas continentais; condensação para formar nuvens; precipitação, acumulação no solo ou nas massas de água; escoamento direto ou retardado para o mar e a evaporação (DNAEE, 1976).

→ **Ciclo vital** – Compreende o nascimento, o crescimento, a maturidade, a velhice e a morte dos organismos.

→ **Ciclo da decomposição** – Tudo o que morre constitui a dieta de um grupo de organismos denominados decompositores, como os fungos e bactérias. Ao se alimentar, eles dividem o material morto em pedaços cada vez menores, até que todas as substâncias químicas sejam liberadas no ar, solo e água para aproveitamento posterior.

→ **Ciclo do carbono** – O carbono é encontrado nos corpos de todos os seres vivos, nos oceanos, no ar e no solo. No ar, combinado com o oxigênio, forma o dióxido de carbono (CO_2). As plantas retiram o carbono do ar, transformando-o em carboidratos, uma fonte de energia para os animais. No solo, nos ossos e nas carcaças dos animais, o carbono é encontrado como carbonato de cálcio. O carbono volta à atmosfera por meio da decomposição.

→ **Ciclo do nitrogênio** – O nitrogênio constitui 78% da atmosfera da terra, mas só pode ser aproveitado como fonte de energia para os seres vivos depois de transformado em nitrato pela ação de bactérias. Os nitratos, solúveis em água, são captados pelas raízes das plantas, que por sua vez o repassam aos animais. Outras bactérias transformam parte do nitrato que não é consumido pelas plantas novamente em gás nitrogênio, completando o ciclo.

→ **Cinturão verde** – Faixa de terra, usualmente de alguns quilômetros, no entorno de áreas urbanas, preservada substancialmente como espaço aberto. Seu objetivo é prevenir expansão excessiva das cidades e processos de conturbação, trazendo ar fresco e espaço rural não degradado para o mais perto possível dos moradores das cidades.

→ **Clarificação** – "Qualquer processo ou combinação de processos que reduza a concentração de materiais suspensos na água" (ABNT, 1973). "Designação genérica e pouco precisa das operações que têm por finalidade clarificar as águas, eliminando as matérias em suspensão, e diminuir, por consequência, a turbidez. Essas operações são, principalmente: a precipitação, a coagulação, a floculação, a decantação, a filtração" (Lemaire & Lemaire, 1975).

→ **Classe da água** – (1) Categoria de um corpo de água que especifica o seu uso preponderante em função de características definidas por padrões de qualidade das águas. No Brasil, a classificação é feita de acordo com a Resolução n. 357/2005 do Conselho Nacional do Meio Ambiente (Conama).

→ **Classe de resíduos** – Classificação dos resíduos segundo sua origem ou periculosidade.

→ **Clima** – "Estado da atmosfera expresso principalmente por meio de temperaturas, chuvas, insolação, nebulosidade etc. Os climas dependem fortemente da posição em latitude do local considerado e do aspecto do substrato. Assim, fala-se de climas polares, temperados, tropicais, subtropicais, desérticos etc... As relações entre os climas e a ecologia são evidentes: agrícolas, fauna e flora, erosão, hidrologia, consumo de energia, dispersão atmosférica de poluentes, condições sanitárias, contaminação radioativa. Algumas características climáticas podem aumentar consideravelmente a exposição aos poluentes ao favorecer a formação fotoquímica de produtos nocivos" (Lemaire & Lemaire, 1975). (ver Microclima, Mesoclima e Macroclima)

→ **Climatologia** – Ciência que estuda o clima de dada área, em determinado período, incluindo relações estatísticas, valores médios, valores normais, frequência, variações, distribuição etc., dos elementos meteorológicos (Borém, 1998).

→ **Clímax** – Complexo de formações vegetais mais ou menos estáveis durante longo tempo, em condições de evolução natural. Diz-se que está em equilíbrio quando as alterações que apresenta não implicam em rupturas importantes no esquema de distribuição de energia e materiais entre seus componentes vivos. Pode ser também a última comunidade biológica em que termina a sucessão ecológica, isto é, a comunidade estável, que não sofre mais mudanças direcionais.

→ **Cloração** – Processo de tratamento de água, que consiste na aplicação de cloro em água de abastecimento público ou despejos, para desinfecção. "Aplicação de cloro em água potável, esgotos ou despejos industriais, para desinfecção e oxidação de compostos indesejáveis" (The World Bank, 1978). "Adição de cloro em água utilizada, de refrigeração ou destinada à distribuição ao público. Cada tratamento visa a fins diferentes, respectivamente: desinfecção, tratamento algicida e esterilização" (Lemaire & Lemaire, 1975).

→ **Cloro** – É oxidante muito conhecido, um gás verde-amarelo, descoberto em 1974, é o melhor e mais barato desinfetante. Na água temos concentrações de cloro de 0,5 a 1 mg/l. Somente a partir de 50 mg/l é que a presença do cloro pode ser considerada perigosa. Mantêm-se na água protegendo-a desde o tratamento até o ponto de distribuição.

→ **Clorofila** – Pigmento existente nos vegetais, de estrutura química semelhante à hemoglobina do sangue dos mamíferos, solúvel em solventes orgânicos. Capta a energia solar para realização da fotossíntese.

→ **Clorofluorcarbono** – Ver **CFC**.

→ **Cobrança pelo uso da água** – Instituída pela Lei Federal n. 9.433/77, baseada no princípio usuário-pagador, a cobrança pelo uso da água atinge os usuários da água bruta, tanto aquele que capta a água para diversos usos quanto o que usa a água como diluidor de seus efluentes; a cobrança pelo uso da água pelo usuário tem como objetivos principais: reconhecer a água como bem econômico; incentivar a racionalização do seu uso e obter recursos financeiros, os quais serão aplicação proprietária na bacia hidrográfica onde foram gerados, colaborando-se diretamente para a melhoria ambiental da região; também prevista na Lei Estadual n. 12.726/99, do Paraná.

→ **Coesão** – Força que mantém juntas as partículas, que é apreciável nas argilas e virtualmente inexistente nas areias e muitos siltes.

→ **Coliformes fecais** – Bactéria do grupo *coli* encontrada no intestino de homens e animais, comumente utilizada como indicador da contaminação por matéria orgânica de origem animal.

→ **Coliformes** – Incluem todos os bacilos aeróbicos ou anaeróbicos facultativos, gram-negativos, não esporulados, que fermentam a lactose com produção de gás, dentro de 48 horas, a 35 °C; pertencem a este grupo: Escherichia coli; Enterobacter aerogenese; Enterobacter cloacae; Citrobacter freundii; Klebsiella pneumoniae.

→ **Colmatagem** – (1) Deposição de partículas finas, como argila ou silte, na superfície e nos interstícios de um meio poroso permeável, por exemplo, o solo, reduzindo-lhe a permeabilidade.

→ **Combustão espontânea** – Combustão que ocorre naturalmente, sem a presença de agente específico de ignição.

→ **Combustão** – (1) Processo de combinação de uma substância com o oxigênio, em geral exotérmico e autossustentável. (2) O processo de queima de uma fonte combustível como a madeira, carvão, óleo ou gasolina.

→ **Comitê de bacia** – Órgãos regionais e setoriais, deliberativos e normativos de bacias hidrográficas; segundo a Lei Estadual n. 12.729/99, do Paraná, o Comitê de Bacia Hidrográfica é composto por: representantes das instâncias regionais das instituições públicas estaduais com atuação em meio ambiente, recursos hídricos e desenvolvimentos sustentáveis; representantes dos municípios, de organizações da sociedade civil com atuação regional na área de recursos hídricos e dos usuários; tem, entre outras, as seguintes funções: a) promover o debate das questões relacionadas a recursos hídricos e articular a atuação das entidades intervenientes; b) arbitrar, em primeira instância administrativa, os conflitos relacionados aos recursos hídricos; c) aprovar o Plano de Recursos Hídricos da bacia hidrográfica; d) acompanhar a execução do Plano de Recursos Hídricos da Bacia e sugerir as providências necessárias ao cumprimento de suas metas; d) propor critérios e normas gerais para a outorga dos direitos de uso dos recursos hídricos; e) aprovar proposta de mecanismo de cobrança pelo uso de recursos hídricos e dos valores a serem cobrados.

→ **Compactação** – (1) Operação de redução do volume de materiais empilhados, notadamente de resíduos. A compactação de resíduos urbanos, matérias plásticas, seguida de revestimentos de asfalto ou cimento, é preconizada como solução para eliminação de certos rejeitos, para uso como material de construção. Quando do despejo controlado de resíduos urbanos, utiliza-se por vezes um método chamado compactação de superfície (Lemaire & Lemaire, 1975).

→ **Compostagem** – (1) Técnica que consiste em deixar fermentar uma mistura de restos orgânicos vegetais e animais, a fim de se obter um produto homogêneo (o composto) de estrutura grumosa, muito rica em húmus e microrganismos, que é incorporada ao solo a fim de melhorar a estrutura deste, as suas características e a riqueza em elementos fertilizantes. Na compostagem, normalmente sobram cerca de 50% de resíduos, os quais devem ser adequadamente dispostos.

→ **Composto orgânico** – É um produto homogêneo obtido através de processo biológico de compostagem.

→ **Comunidade clímax** – Último estágio de uma sucessão ecológica; comunidade estável, em perfeito equilíbrio com o meio ambiente (Glossário Ibama, 2003).

→ **Conama** – Sigla de Conselho Nacional do Meio Ambiente. Suas competências incluem o estabelecimento de todas as normas técnicas e administrativas para a regulamentação e a implementação da Política Nacional do Meio Ambiente e a decisão, em grau de recurso, das ações de controle ambiental da Sema.

→ **Condensação** – Passagem do estado gasoso ao líquido.

→ **Conselho de Defesa Ambiental** – Órgão competente para propor os critérios e condições de utilização de áreas indispensáveis à segurança do território nacional e opinar sobre seu efetivo uso, especialmente na faixa de fronteira e nas relacionadas com a preservação e exploração dos recursos naturais de qualquer tipo (Constituição Federal).

→ **Conselho Estadual de Meio Ambiente (Cema)** – Colegiado que tem por função a formulação da Política Estadual de Meio Ambiente; é formado por 23 membros, assim distribuídos: a) 12 titulares de órgãos e entidades do Poder Executivo Estadual; b) quatro representantes das instituições universitárias públicas e privadas de ensino superior do Estado do Paraná; c) dois representantes das instituições universitárias públicas e privadas de ensino superior do Estado do Paraná; d) dois representantes das categorias patronais; e) dois representantes de trabalhadores; f) um representante dos Secretários Municipais de Meio Ambiente.

→ **Conselho Estadual de Recursos Hídricos (CERH)** – Órgão deliberativo e normativo central do Sistema Estadual de Gerenciamento dos Recursos Hídricos; formado por 29 membros, sob a presidência do Secretário Estadual de Meio Ambiente, assim distribuídos: 14 representantes de Instituições do Poder Executivo; dois representantes da Assembleia Legislativa; três representantes de Municípios; quatro representantes de setores usuários; ao CERH cabe, entre outras atribuições: a) estabelecer princípios e diretrizes da Política Estadual de Recursos Hídricos; b) aprovar o Plano Estadual de Recursos Hídricos; c) arbitrar e decidir conflitos entre comitês de bacia hidrográfica; d) instituir comitês de bacia; e) reconhecer as unidades executivas descentralizadas integrantes ao Sistema Estadual de Gerenciamento dos Recursos Hídricos.

→ **Conselho Nacional de Recursos Hídricos (CNRH)** – Órgão máximo da política nacional de recursos hídricos; colegiado que tem funções deliberativas e consultivas; constituído por 30 membros, sob a presidência do Ministro do Meio Ambiente, assim distribuídos: 13 representantes do Governo Federal (Ministérios de Agricultura, Pecuária e Abastecimento; Ciência e Tecnologia; Fazenda; Desenvolvimento, Indústria e Comércio Exterior; Justiça; Defesas (Comando da Marinha); Meio Ambiente; Planejamento, Orçamento e Gestão; Relações Exteriores; Saúde; Transportes; Integração Nacional e Secretaria Especial de Desenvolvimento Urbano da Presidência da República); um representante de cada uma das seguintes instituições: Agência Nacional de Águas; Agência Nacional de Energia Elétrica; entidades de ensino e pesquisa, e organizações não governamentais; um representante dos conselhos estaduais de recursos hídricos de cada região do País; cinco representantes de usuários de recursos hídricos (irrigantes, serviços de água e esgoto, geração de energia elétrica, indústrias, setor hidroviário e pescadores e atividades de lazer e turismo); e um representante de comitês, consórcios e associações intermunicipais de bacias hidrográficas.

→ **Consumidores** – (1) Organismos heterótrofos, na maioria animais, que ingerem outros organismos ou partículas da matéria orgânica. (2) É o animal que se alimenta de outros seres vivos. Os consumidores primários (herbívoros) se alimentam dos vegetais; os consumidores secundários (carnívoros) se alimentam de outros animais. O conjunto formado pelos organismos consumidores e produtores constitui a cadeia alimentar dos ecossistemas.

→ **Contaminação atmosférica** – Qualquer tipo de impureza do ar, em particular a originada pelas emanações de gases tóxicos de indústrias, do tráfego terrestre, marítimo ou aéreo.

→ **Contaminação da água** – Contaminação de águas correntes, devido às crescentes descargas de resíduos procedentes de indústrias e de águas servidas; poluição da água.

→ **Contaminação do mar** – Deterioramento das águas marinhas, como vazamentos de petroleiros, experiências nucleares, lixo, esgotos etc.; poluição do mar, poluição marinha, poluição marítima.

→ **Contaminação** – (1) A ação ou efeito de corromper ou infectar por contato. Termo usado, muitas vezes, como sinônimo de poluição, porém, quase sempre empregado em relação direta a efeitos sobre a saúde do homem. (2) Introdução, no meio, de elementos em concentrações nocivas à saúde humana, tais como: organismos patogênicos, substâncias tóxicas ou radioativas.

→ **Contaminante** – Uma partícula que suja o ar. É sinônimo de poluente.

→ **Controle ambiental** – Conjunto de ações tomadas visando a manter em níveis satisfatórios as condições do ambiente. O termo pode também se referir à atuação do Poder Público na orientação, correção, fiscalização e monitoração ambiental de acordo com as diretrizes administrativas e as leis em vigor.

→ **Controle biológico** – (1) Utilização de inimigos naturais para reduzir a população de um organismo considerado prejudicial. (2) O controle das pragas e parasitas pelo uso de outros organismos (não inseticidas e drogas), por exemplo, diminuir pernilongos pela criação de peixes que ingerem larvas (Goodland, 1975). Utilização da vulnerabilidade natural de um organismo para controlar sua reprodução, mediante a introdução de predadores, visando à redução ou eliminação do uso de produtos químicos para os mesmos objetivos.

→ **Corpo d'água** – Rio, lago ou reservatório.

→ **Correção do solo** – Conjunto de medidas, especialmente as técnicas agrícolas, que contribuem para sanear o solo e melhorar suas características, elevando assim a produtividade.

→ **Córrego** – Pequeno riacho, ou afluente de um rio maior.

→ **Corrente** – (1) Curso de água que flui ao longo de um leito sobre os continentes. (2) Corrente marinha formada por ação de vento, diferenças de densidade etc. Exemplo: Corrente do Golfo.

→ **Corrosão** – Destruição das rochas pela ação química da água e dos ácidos nela contidos.

→ **Crime ambiental** – Condutas e atividades lesivas ao meio ambiente, conforme caracterizadas na legislação ambiental e na Lei de Crimes Ambientais (Lei n. 9.605, de 12 de fevereiro de 1998) (FEEMA, 1997).

→ **Cultura** – Espécie vegetal cultivada para uso.

→ **Custo ambiental** – Conjunto de bens ambientais a serem perdidos em consequência de um empreendimento econômico. Valor monetário dos danos causados ao ambiente por uma determinada atividade humana.

D

→ **Dano ambiental** – Lesão resultante de acidente ou evento adverso, que altera o meio natural. Intensidade das perdas humanas, materiais ou ambientais, induzidas às pessoas, comunidades, instituições, instalações e/ou ecossistemas, como consequência de um desastre.

→ **Decantador** – Tanque usado em tratamento de água ou de esgotos para separar os sedimentos ou as camadas inferiores de seu conteúdo, fazendo com que as camadas superficiais sejam transferidas para outro tanque ou canal. Decantador secundário "Tanque através do qual o efluente de um filtro biológico ou de uma estação de lodos ativados dirige-se, com a finalidade de remover sólidos sedimentáveis" (Aciesp, 1980).

→ **Decomposição** – Em Biologia "Processo de conversão de organismos mortos, ou parte destes, em substâncias orgânicas e inorgânicas, através da ação escalonada de um conjunto de organismos (necrófagos, detritóvoros, saprófagos decompositores e saprófitos propriamente ditos)" (Aciesp, 1980).

→ **Decompositores** – Organismos que transformam a matéria orgânica morta em matéria inorgânica simples, passível de ser reutilizada pelo mundo vivo. Compreendem a maioria dos fungos e das bactérias. O mesmo que saprófitas.

→ **Deflúvio. Escoamento fluvial**

→ **Degradação Ambiental** – Termo usado para qualificar os processos resultantes dos danos ao meio ambiente, pelos quais se perdem ou se reduzem algumas de suas propriedades, tais como a qualidade ou a capacidade produtiva dos recursos ambientais. "Degradação da qualidade ambiental – a alteração adversa das características do meio ambiente" (Lei n. 6.938, de 31 de agosto de 1981).

→ **DBO** – Demanda Bioquímica de Oxigênio. "É a determinação da quantidade de oxigênio dissolvida na água e utilizada pelos microrganismos na oxidação bioquímica da matéria orgânica. É o parâmetro mais empregado para medir a poluição, normalmente utilizando-se a demanda bioquímica de cinco dias

(DB05). A determinação de DBO é importante para verificar-se a quantidade de oxigênio necessária para estabilizar a matéria orgânica". Grandes quantidades de matéria orgânica utilizam grandes quantidades de oxigênio. Assim, quanto maior o grau de poluição, maior a DBO". É uma indicação direta do carbono orgânico biodegradável. Os esgotos domésticos possuem uma DBO da ordem de 300 mg/L, ou seja, um litro de esgoto consome aproximadamente 300 mg de oxigênio, em 5 dias, no processo de estabilização da MO carbonácea.

→ **DBO$_5$** – Corresponde ao consumo de oxigênio exercido durante os primeiros 5 dias. No entanto, no final do 5º dia, a estabilização da MO não está ainda completa, prosseguindo, embora em taxas mais lentas, por mais um período de semanas ou dias. Após tal, o consumo de oxigênio pode ser considerado desprezível.

→ **DDT** – (1) O mais conhecido e mais usado inseticida de hidrocarboneto clorado; é perigoso por sua toxicidade e por sua persistência; no Brasil, um projeto de lei em tramitação no Congresso Nacional, de autoria do Senador Tião Viana, proíbe a fabricação, a importação, a exportação, a manutenção em estoque, a comercialização e o uso do DDT (diclorodifeniltricloretano), produto químico presente em inseticidas, em todo o território nacional.

→ **Decantação/Sedimentação** – (1) Processo utilizado na depuração da água e dos esgotos, obtido geralmente pela redução da velocidade do líquido, através do qual o material suspenso se deposita, sedimenta. A velocidade de decantação depende da concentração (ela é favorecida pela diluição) e da dimensão das partículas ou dos aglomerados obtidos por coagulação ou floculação.

→ **Decomposição aeróbica** – Decomposição de material orgânico, que só pode ocorrer em presença do oxigênio; realizada por organismos que consomem oxigênio.

→ **Decomposição anaeróbica** – Decomposição de material orgânico, que ocorre sem a presença do oxigênio.

→ **Decomposição** – Em Biologia – Processo de conversão de organismos mortos, ou parte destes, em substâncias orgânicas e inorgânicas, através da ação escalonada de um conjunto de organismos (necrófagos, detritívoros, saprófafos, decompositores e saprófitos propriamente ditos) (Aciesp, 1980). Em Geomorfologia – Alterações das rochas produzidas pelo intemperismo químico (Guerra, 1978).

→ **Decompositores** – (1) Microrganismos (fungos ou bactérias) que obtêm alimentos mediante a decomposição de matéria orgânica; essencial para a continuidade da vida na Terra.

→ **Deflúvio** – Escoamento superficial da água. Aproximadamente um sexto da precipitação numa determinada área escoa como deflúvio. O restante evapora ou penetra no solo. Os deflúvios agrícolas, das estradas e de outras atividades humanas podem ser uma importante fonte de poluição da água.

→ **Degradabilidade** – Capacidade de decomposição biológica ou química de compostos orgânicos e inorgânicos.

→ **Degradação ambiental** – Termo usado para qualificar os processos resultantes dos danos ao meio ambiente, pelos quais se perdem ou se reduzem algumas de suas propriedades, tais como a qualidade ou a capacidade produtiva dos recursos ambientais. "Degradação da qualidade ambiental – a alteração adversa das características do meio ambiente" (Lei n. 6.938, de 31 de agosto de 1981).

→ **Degradação do solo** – "Compreende os processos de salinização, alcalinização e acidificação que produzem estados de desequilíbrio físico-químico no solo, tornando-o inapto para o cultivo" (Goodland, 1975). "Modificações que atingem um solo, passando o mesmo de uma categoria para outra, muito mais elevada, quando a erosão começa a destruir as capas superficiais mais ricas em matéria orgânica" (Guerra, 1978).

→ **Degradação** – (1) Rebaixamento da superfície de um terreno por processos erosivos, especialmente pela remoção de materiais através da erosão e do transporte por água corrente, em contraposição à agradação. (2) Processos resultantes dos danos ao meio ambiente, pelos quais se perdem ou se reduzem algumas de suas propriedades, tais como a qualidade ou capacidade produtiva dos recursos ambientais (Decreto 97.632/89).

→ **Demanda Bioquímica de Oxigênio** – Ver **DBO**.

→ **Demanda Química de Oxigênio (DQO)** – Oxidação química da MO, obtida através de um forte oxidante (dicromato de potássio) em meio ácido. Mede a oxidação da "MO" não biodegradável (← 30%) além das biodegradáveis. Mede o consumo de oxigênio ocorrido durante a oxidação química da matéria orgânica. O teste da "DQO" é mais rápido que o teste da "DBO". Demora 2 a 3 horas para ser realizado. Para a análise do esgoto, é necessário diluir a amostra com uma quantidade de oxidante (Dicromato de Potássio = oxidante forte) – amostra + oxidante + temperatura = teste DQO.

→ **Demanda Última de Oxigênio (DBO$_u$)** – Consumo de oxigênio exercido até o tempo desprezível, a partir do qual não há consumo representativo. Para esgotos domésticos considera-se, em termos práticos, que aos 20 dias de teste a estabilização esteja praticamente completa. Determina-se a DBO$_u$.

→ **Densidade de população** – (1) Razão entre o número de habitantes e a área da unidade espacial ou político-administrativa em que vivem, expressa em habitantes por hectare ou por quilômetro quadrado. (Glossário Ibama, 2003).

→ **Deposição final** – Termo utilizado para designar o enterramento no solo, no mar ou em poços de sal de produtos residuais radioativos, procedentes de usinas nucleares, laboratórios de isótopos ou fábricas.

→ **Depósitos aluviais** Conjuntos de sedimentos sólidos carreados e depositados pelos rios.

→ **Depressão** – (1) Depressão rasa, em geral pantanosa, como a encontrada em cristas praiais. (2) Forma de relevo que se apresenta em posição altimétrica mais baixa do que porções contíguas (Resolução Conama n. 004/85).

→ **Depuração natural – Autodepuração.**

→ **Derivação ambiental** – Alteração dos componentes físicos e biológicos e da dinâmica dos processos naturais, o que condiciona transformações sucessivas no meio ambiente. Isto, a partir de fenômenos da natureza ou, de interferências das atividades sociais e econômicas (Arruda et al., 2001).

→ **Derivação de águas** – Transferência de águas de uma corrente para outra, podendo as correntes serem naturais ou artificiais (Setti, 1996).

→ **Descarga** – Qualquer despejo, escape, derrame, vazamento, esvaziamento, lançamento para fora ou bombeamento de substâncias nocivas ou perigosas, em qualquer quantidade, a partir de um navio, porto organizado, instalação portuária, duto, plataforma ou suas instalações de apoio (Lei n. 9.966/2000).

→ **Desembocadura** – (1) Saída ou ponto de descarga de um curso fluvial em um outro, lago ou mar. (2) Abertura que permite a entrada ou saída em uma gruta, canhão submarino etc.

→ **Desenvolvimento sustentado** – Também conhecido como desenvolvimento sustentável. Modelo de desenvolvimento que leva em consideração, além dos fatores econômicos, aqueles de caráter social ecológico, assim como as disponibilidades dos recursos vivos e inanimados, as vantagens e os inconvenientes, a curto, médio e longo prazos, de outros tipos de ação.

→ **Desertificação** – Processo de degradação do solo, natural ou provocado por remoção da cobertura vegetal ou utilização predatória, que, devido a condições climáticas e edáficas peculiares, acaba por transformá-lo em um deserto; a expansão dos limites de um deserto. "A propagação das condições desérticas para além dos limites do deserto, ou a intensificação dessas condições desérticas dentro de seus limites" (Diccionario de la Naturaleza, 1987).

→ **Desinfecção** – (1) "Caso particular de esterilização em que a destruição dos microrganismos se refere especificamente à eliminação dos germes patogênicos, sem que haja destruição total dos microrganismos" (IES, 1972). (2) "Processo físico ou químico para eliminar organismos capazes de causar enfermidades infecciosas" (Braile, 1983).

→ **Desmatamento/desflorestamento** – (1) Prática de corte, capina ou queimada que leva à retirada da cobertura vegetal existente em determinada área, para fins de pecuária, agricultura ou expansão urbana. (2) Remoção permanente de uma floresta; desfloramento.

→ **Desnitrificação** – Processo pelo qual o NO_3 é reduzido a formas gasosas de N, como N_2 ou N_2O. As bactérias responsáveis pela desnitrificação são normalmente aeróbicas, mas em condições anaeróbicas, podem usar o NO_3 para substituir o O_2, como receptor de elétrons produzidos durante a fermentação (Borém, 1998).

→ **Despejos Industriais** – "Despejo líquido proveniente de processos industriais, diferindo dos esgotos domésticos ou sanitários. Denominado, também, resíduo líquido industrial" (Aciesp, 1980).

→ **Dessalinização** – Da água. Separação dos sais da água do mar para sua conversão em água potável e posterior utilização em sistemas de abastecimento doméstico, na indústria ou na irrigação.

→ **Detergente** – (1) Substância sintética usada para remover gorduras e sujeira; os detergentes com alta concentração de elementos fosforosos contribuem para a eutrofização de corpos de água.

→ **Detrito** – (1) Material incoerente originário de desgaste de rochas (DNAEE, 1976). (2) Sedimentos ou fragmentos desagregados de uma rocha (Guerra, 1978).

→ **Diagnóstico ambiental** – (1) Estudo dos agentes causadores da degradação ambiental de uma determinada área, de seus níveis de poluição, bem como dos condicionantes ambientais agravadores ou redutores dos efeitos provocados no meio ambiente.

→ **Difusão** – Em controle da poluição do ar. "Em meteorologia, é a troca de parcelas fluidas, inclusive de seus conteúdos e propriedades, entre regiões da atmosfera, em movimento aparentemente aleatório, em escala muito reduzida para ser tratada por equações de movimento" (Stern, 1968). "Partículas de poeira em gotículas de um *spray*" (Danielson, 1973).

→ **Digestão** – "Degradação anaeróbia de matérias orgânicas, em particular dos lodos provenientes de uma degradação aeróbia (depuração biológica)" (Lemaire & Lemaire, 1975). "Processo pelo qual a matéria orgânica ou volátil do lodo é gaseificada, liquefeita, mineralizada ou convertida em matéria orgânica mais estável, através da atividade aeróbia ou anaeróbia de microrganismos" (ABNT, 1973).

→ **Digestor ou biodigestor** – (1) É um tanque, normalmente fechado, onde, por meio de decomposição anaeróbica, há uma diminuição do volume de sólidos e estabilização de lodo bruto (Braile, 1983). (2) Tanque no qual o lodo é colocado para permitir a decomposição bioquímica da matéria orgânica em substâncias mais simples e estáveis (Aciesp, 1980).

→ **Dióxido de carbono** – Gás incolor, incombustível e de odor e gosto suavemente ácidos, que entra em pequena parcela na constituição da atmosfera, sendo a única fonte de carbono para as plantas clorofiladas. Em si, não é venenoso e sua presença no ar em até 2,5% não provoca danos, mas em uma porcentagem de 4 a 5% causa enjoo e a partir de 8%, aproximadamente, torna-se mortal.

→ **Dióxido de enxofre** – É um dos principais poluidores do ar e resulta do processo de combustão do petróleo e carvão mineral. É produzido em maior escala pelos veículos movidos a óleo diesel. Pode-se constituir em ácido sulfúrico, um dos causadores da chuva ácida (Embrapa, 1996).

→ **Dioxina** – "Tetraclorodibezoparadioxina (TCDD). Composto altamente tóxico e persistente, que se forma na elaboração de herbicidas, como o 2,4,5T" (Diccionario de la Naturaleza, 1987). "São chamadas de ultravenenos, pela sua alta toxidez. As dibenzoparadioxinas policloradas (PCDD) e os furanos são duas séries de compostos com ligações tricíclicas aromatizadas, involuntariamente sintetizadas de forma plana com características físicas, biológicas, químicas e tóxicas semelhantes (...) A dioxina tem uma DL/50 (dose letal) de 0,001 Mg/Kg (sic)" (Braile, 1992).

→ **Dique** – (1) Corpo tabular de rocha sedimentar, introduzida por preenchimento ou por injeção, em discordância à estrutura da rocha encaixante. (2) Paredão construído ao redor de uma área baixa para prevenir inundações. O sistema de diques mais extenso do mundo é o existente na Holanda.

→ **Direito ambiental** – (1) Distingue-se de legislação ambiental, por considerar, além do conjunto de textos dos diplomas e normas legais em vigor, as jurisprudências e demais instrumentos da ciência jurídica aplicados ao meio ambiente. A denominação Direito Ambiental é mais adequada; a expressão Direito Ecológico pode levar a que se limite sua aplicação ao Direito dos Ecossistemas (Ballesteros, 1982). (2) Complexo de princípios e normas reguladoras das atividades humanas que, direta ou indiretamente, possam afetar a sanidade do ambiente em sua dimensão global, visando à sua sustentabilidade para as presentes e futuras gerações (Édis Milaré).

→ **Dispersão** – "Ação de dispersar. A dispersão dos poluentes atmosféricos por meio de chaminés. O grau de dispersão é determinado por cálculos complexos em que intervêm os parâmetros meteorológicos" (Lemaire & Lemaire, 1975).

→ **Dispersores** – Espécies da fauna que realizam a dispersão de sementes, assegurando a reprodução da flora.

→ **Diversidade biológica** – Ver **Biodiversidade**.

→ **Divisor de águas** – (1) Linha que une os pontos mais altos do relevo de uma região e que delimita o escorrimento superficial das águas de chuva.

→ **Draga** – (1) Equipamento que serve para retirar (dragar) sedimentos do fundo de rios, lagos, mar.

→ **Dragagem** – (1) Método de amostragem, de exploração de recursos minerais, de aprofundamento de vias de navegação (rios, baías, estuários etc.) ou dragagem de zonas pantanosas, por escavação e remoção de materiais sólidos de fundos subaquosos. Naturalmente, cada tipo de operação de dragagem requer equipamentos adequados.

→ **Drenagem** – "Remoção natural ou artificial da água superficial ou subterrânea de uma área determinada" (Helder G. Costa, informação pessoal, 1985). "Remoção da água superficial ou subterrânea de uma área determinada, por bombeamento ou gravidade" (DNAEE, 1976). "Escoamento de água pela gravidade devido à porosidade do solo" (Goodland, 1975).

→ **Dureza da água** – Propriedade da água, decorrente principalmente, da presença de bicarbonatos, cloretos e sulfatos de cálcio e de magnésio, que impede a produção abundante de espuma de sabão.

E

→ **ECO 92** – (1) Conferência Internacional das Nações Unidas sobre Meio Ambiente e Desenvolvimento, que foi realizada no estado do Rio de Janeiro em 1992. A Eco 92 proclamou que os seres humanos estão no centro das preocupações sobre desenvolvimento sustentável e têm direito a uma vida saudável, produtiva e em harmonia com a natureza. (2) Denominação comum da Conferência das Nações Unidas sobre Meio Ambiente e Desenvolvimento de 1992, denominada internacionalmente de 1992 Earth Summit on Environment and Development. Aconteceu em junho de 1992, na cidade do Rio de Janeiro. Foi a maior reunião já realizada em toda a história humana por qualquer motivo. A Rio–92 reuniu mais de 120 chefes de Estado, e representantes no total de mais de 170 países. Foram elaborados cinco documentos, assinados pelos Chefes de Estado e representantes: a Declaração do Rio, a Agenda 21, a Convenção sobre Diversidade Biológica, a Convenção sobre Mudança do Clima e a Declaração de Princípios da Floresta.

→ **Ecologia** – Ciência que estuda a relação dos seres vivos entre si e com o ambiente físico. Palavra originado do grego: oikos = casa, moradia + logos = estudo.

→ **Ecossistema** – Conjunto integrado de fatores físicos, químicos e bióticos, que caracterizam um determinado lugar, estendendo-se por um determinado espaço de dimensões variáveis. Também pode ser uma unidade ecológica constituída pela reunião do meio abiótico (componentes não vivos) com a comunidade, no qual ocorre intercâmbio de matéria e energia. O ecossistemas são as pequenas unidades funcionais da vida.

→ **Eclusa** – O mesmo que comporta, isto é, porta que sustém as águas de uma represa, açude ou dique e que pode ser aberta quando da necessidade de soltá-las (Glossário Libreria, 2003).

→ **Educação ambiental** – "Processo de aprendizagem e comunicação de problemas relacionados à interação dos homens com seu ambiente natural. É o instrumento de formação de uma consciência, através do conhecimento e da reflexão sobre a realidade ambiental" (FEEMA, Assessoria de Comunicação, informação pessoal, 1986).

→ **Efeito cumulativo** – Fenômeno que ocorre com inseticidas e compostos radioativos que se concentram nos organismos terminais da cadeia alimentar, como o homem.

→ **Efeito estufa** – Fenômeno que ocorre quando gases, como o dióxido de carbono entre outros, atuando como as paredes de vidro de uma estufa, aprisionam o calor na atmosfera da Terra, impedindo sua passagem de volta para a estratosfera. O efeito estufa funciona em escala planetária e o fenômeno pode ser observado, como exemplo, em um carro exposto ao sol e com as janelas fechadas. Os raios solares atravessam o vidro do carro provocando o aquecimento de seu interior, que acaba "guardado" dentro do veículo, porque os vidros retêm os raios infravermelhos. No caso específico da atmosfera terrestre, gases como o CFC, o metano e o gás carbônico funcionam como se fossem o vidro de um carro. A luz do sol passa por eles, aquece a superfície do planeta, mas parte do calor que deveria ser devolvida à atmosfera fica presa, acarretando o aumento térmico do ambiente. Acontecendo em todo o planeta, seria capaz de promover o degelo parcial das calotas polares, com a consequente elevação do nível dos mares e a inundação dos litorais.

→ **Efeito residual** – Tempo de permanência de um produto químico, biologicamente ativo nos alimentos, no solo, no ar e na água, podendo trazer implicações de ordem toxicológica.

→ **Efluente industrial** – São esgotos provenientes de indústrias (Embrapa, 1996).

→ **Efluente** – (1) Qualquer tipo de água, ou líquido, que flui de um sistema de coleta, de transporte, como tubulações, canais, reservatórios, elevatórias ou de um sistema de tratamento ou disposição final, com estações de tratamento e corpos de água.

→ **EIA/RIMA** – Estudos de Impacto Ambiental e Relatório de Impacto Ambiental: Regulamentados através da Resolução Conama 001/86, que estabelece a obrigatoriedade da elaboração e apresentação de EIA/Rima para licenciamento de empreendimentos que possam modificar o meio ambiente.

→ **Emersão** – Área anteriormente inundada que passou a condições subaéreas, fato que pode ocorrer tanto pela descida do nível do mar, como pelo levantamento do continente. Grupo de organismos restritos a uma região ou a um ambiente. Sinônimos: indígeno e nativo.

→ **Emissão padrão** – Limite aceitável de lançamento de substâncias químicas específicas no ambiente.

→ **Emissão** – (1) Liberação ou lançamento de contaminantes ou poluentes no ar. As emissões são provenientes dos motores de veículos e das chaminés de fábricas. (2) Escoamento de matérias gasosas tóxicas. (3) Lixo descarregado no ambiente, em geral relacionado a descargas de gases, podendo também se referir a elementos líquidos ou radiativos.

→ **Emissário submarino** – Sistemas utilizados por algumas cidades litorâneas para canalizar esgotos e lançar em alto mar por meio de tubulação submersa (Embrapa, 19).

→ **Emissário** – "São canalizações de esgoto que não recebem contribuição ao longo de seu percurso, conduzindo apenas a descarga recebida de montante (...), destinadas a conduzir o material coletado pela rede de esgoto à estação de tratamento ou ao local adequado de despejo" (IES, 1972). "Coletor que recebe o esgoto de uma rede coletora e o encaminha a um ponto final de despejo ou de tratamento (Aciesp, 1980).

→ **Encosta** – Parte em declive nos flancos de um morro, colina ou serra.

- **Energia hidráulica** – (1) Energia hídrica. Energia potencial e cinética das águas. (2) Energia proveniente do movimento das águas. É produzido por meio do aproveitamento do potencial hidráulico existente num rio, utilizando desníveis naturais, como quedas-d'água ou artificiais produzidos pelo desvio do curso original do rio.

- **Energia potencial** – Em uma onda oscilatória progressiva, corresponde à energia resultante da elevação ou depressão da superfície aquosa acima do nível sem perturbação.

- **Energia primária** – Fontes naturais de energia utilizadas, por exemplo, para a produção de eletricidade.

- **Energia solar** – É a energia proveniente do Sol. É uma energia não poluente, renovável, não influi no efeito estufa e não precisa de geradores ou turbinas para a produção de energia elétrica.

- **Enseada** – (1) Setor côncavo do litoral, delineando uma baía muito aberta, em forma de meia-lua. A enseada desenvolve-se frequentemente entre dois promontórios e penetra muito pouco na costa. Pode-se denominá-la também de baía aberta.

- **Entidade poluidora, poluidor** – "Qualquer pessoa física ou jurídica, de direito público ou privado, responsável por atividade ou equipamento poluidor, ou potencialmente poluidor do meio ambiente" (Deliberação CECA n. 03, de 28 de dezembro de 1977).

- **Environmental Protection Agency (EPA)** – Agência Federal de Proteção Ambiental dos Estados Unidos. No Brasil, o seu equivalente é o Ibama.

- **Enxofre** – Elemento de número atômico 16 não metálico, cristalino, amarelo, com odor característico. Como o calcário, o nitrogênio ou carbono, o enxofre também se move dentro de ciclos da biosfera. Os sulfatos são a principal fonte de enxofre para os seres vivos, pois são assimilados pelas proteínas, incorporando-se na estrutura da matéria viva.

- **Equilíbrio biológico** – Equilíbrio dinâmico entre os fatores bióticos de uma determinada área ou ecossistema.

- **Equilíbrio ecológico** – (1) População de tamanho estável na qual as taxas de mortalidade e emigração são compensadas pela taxa de natalidade e imigração. Equilíbrio de fluxo de energia em um ecossistema.

- **Erosão** – Processo de desagregação do solo e transporte dos sedimentos pela ação mecânica da água dos rios (erosão fluvial), da água da chuva (erosão pluvial), dos ventos (erosão eólica), do degelo (erosão glacial), das ondas e correntes do mar (erosão marinha); o processo natural de erosão pode-se acelerar, direta ou hidretamente, pela ação humana.

- **Escala de Richter** – Escala de medida de magnitude de um terremoto, proposta por um sismologista americano chamado Francis Richter (1900).

- **Escala granulométrica** – Escala para classificação de sedimentos clásticos (ou detríticos).

- **Escarpa** – Declive de terreno, deixado pela erosão, nas beiras ou limites dos planaltos e mesas geológicas. Corte oblíquo. Declive ou tabule de um fosso junto à muralha.

- **Esgoto de produção recente** – Apresenta partículas sólidas transportadas ainda intactas, água com aspecto original, coloração cinza e quase sem cheiro (presença de O_2)

- **Esgoto doméstico** – Efluentes líquidos dos usos domésticos da água. Estritamente falando, podem ser decompostos em águas cloacais e águas resultantes de outros usos.

- **Esgoto sanitário** – Efluentes líquidos que contêm pequena quantidade de esgotos industriais e águas de infiltração provenientes do lençol freático.

- **Esgoto séptico** – Esgoto sanitário em plena fase de putrefação com ausência completa de oxigênio livre.

- **Esgoto velho** – Aparente homogeneidade pela desintegração do material transportado, com coloração cinza-escuro e exalação de odores pela depressão de O_2.

- **Esgoto** – Refugo líquido que deve ser conduzido a um destino final.

- **Espécie indicadora** – (1) Aquela cuja presença indica a existência de determinadas condições no ambiente em que ocorre (Resolução Conama 012/94). (2) Que é usada para identificar as condições ou mudanças ecológicas num ambiente determinado.

- **Estabilidade (de ecossistemas)** – É a capacidade de o sistema ecológico retornar a um estado de equilíbrio após um distúrbio temporário. Quanto mais rapidamente ele retorna, e com menor flutuação, mais estável é.

- **Estabilização de matéria orgânica** – Consiste em transformar a matéria orgânica em inorgânica.

- **Estação de tratamento de água (ETA)** – Instalação onde se procede ao tratamento de água captada de qualquer manancial, por meio de processos físicos, químicos e bioquímicos, visando a torná-la adequada ao consumo doméstico ou industrial. Os processos empregados variam de acordo com as características da água bruta e da qualidade da água tratada desejada, podendo incluir a clarificação, a desinfecção, ou a eliminação de impurezas específicas.

→ **Estação de tratamento de esgoto (ETE)** – Instalação onde os esgotos domésticos são tratados para remoção de materiais que possam prejudicar a qualidade da água dos corpos receptores e ameaçar a saúde pública. A maior parte das estações utiliza uma combinação de técnicas mecânicas e bacteriológicas para o tratamento do esgoto.

→ **Estado coloidal** – O sistema coloidal é uma mistura heterogênea em que as partículas possuem diâmetros entre 10Å e 100 Å. Estas partículas são chamadas de micelas. As dimensões coloidais podem ser classificadas em: Sol; Gel; Emulsão; e Aerossol. Os coloides podem ser hidrófilos ou hidrófobos. Podem apresentar propriedades de "movimento Browniani" e "carga de micenas".

→ **Esterilização** – As bactérias e vírus porventura presentes na água não podem ser retirados por nenhum dos dois processos acima descritos. Para eliminação desses agentes nocivos, o processo mais usado em grande e pequena escala é a cloração, que consiste na adição de hipoclorito de sódio na água, promovendo assim a oxidação (destruição) de toda e qualquer matéria orgânica existente, viva ou não. Domesticamente, pode-se efetuar também com bons resultados a fervura da água.

→ **Estratégia de manejo** – Plano de intervenção sobre as atividades desenvolvidas em uma determinada área, pela utilização de métodos e tecnologias adequadas, permitindo a conservação dos recursos naturais, o desenvolvimento socioeconômico e a recuperação ambiental de áreas degradadas.

→ **Estratificação térmica** – Originada das diferentes densidades do meio. O meio aquático é mais termoestável que o meio aéreo. No mar, a 14 m, praticamente não há oscilação de temperatura. No meio d'água doce, a variação ocorre em função da extensão, sendo sempre maior a oscilação que no mar.

→ **Estuário** – (1) Uma extensão de água costeira, semifechada, que tem uma comunicação livre com o alto-mar; resultado, portanto, fortemente afetado pela atividade das marés e nele se mistura a água do mar (em geral de forma mensurável) com a água doce da drenagem terrestre. São exemplos as desembocaduras dos rios, das baías costeiras, as marismas (terrenos encharcados à beira do mar) e as extensões de água barradas por praias. Cabe considerar os estuários como ecótonos entre a água doce e os *habitats* marinhos, embora não sejam, de modo algum, de transição, e, sim, únicos (Odum, 1972).

→ **Estudo de Impacto Ambiental. (1) EIA** – Um dos elementos do processo de avaliação de impacto ambiental. Trata-se da execução, por equipe multidisciplinar, das tarefas técnicas e científicas destinadas a analisar, sistematicamente, as consequências da implantação de um projeto no meio ambiente, por meio de métodos de AIA e técnicas de previsão dos impactos ambientais.

→ **Estudos ambientais** – São todos e quaisquer estudos relativos aos aspectos ambientais relacionados à localização, instalação, operação e ampliação de uma atividade ou empreendimento, apresentando-se como subsídio para a análise da licença requerida, tais como relatório ambiental, plano e projeto de controle ambiental, relatório ambiental preliminar, diagnóstico ambiental, plano de manejo, plano de recuperação de área degradada e análise preliminar de risco (Resolução Conama 237/97).

→ **Etanol** – Produto derivado da cana-de-açúcar, que também pode ser obtido de cereais. O etanol é um excelente combustível automotivo e emite poucos poluentes. É utilizado como combustível no Brasil sob a forma hidratada e também é adicionado à gasolina.

→ **Eutroficação** – Processo de alterações físicas, químicas e biológicas de águas paradas ou represadas, associado ao enriquecimento de nutrientes, matéria orgânica e minerais; é o envelhecimento precoce da água de lagos e reservatórios, que afeta a transparência da água, o nível de clorofila, a concentração de fósforo, a quantidade de vegetais flutuantes, o oxigênio dissolvido, e leva à alteração do equilíbrio das espécies animais e vegetais. [O mesmo que eutrificação e trofização nítrica.]

→ **Eutrofização** – Fenômeno pelo qual a água é acrescida, principalmente, por compostos nitrogenados e fosforados. Ocorre pelo depósito de fertilizantes utilizados na agricultura ou de lixo e esgotos domésticos, além de resíduos industriais, como o vinhoto, oriundo da indústria açucareira, na água. Isso promove o desenvolvimento de uma superpopulação de microrganismos decompositores, que consomem o oxigênio, acarretando a morte das espécies aeróbicas, por asfixia. A água passa a ter presença predominante de seres anaeróbicos que produzem o ácido sulfídrico (H_2S), com odor parecido ao de ovos podres.

→ **Evaporação** – Passagem lenta e insensível de um líquido (exposto ao ar ou colocado no vazio) ao estado de vapor.

→ **Evapotranspiração** – Quantidade de água transferida do solo à atmosfera por evaporação e transpiração das plantas (DNAEE).

→ **Exaustão** – Emissão de poluentes dos carros, caminhões, trens, aviões e barcos. Existem mais de 550 milhões de veículos na Terra, o suficiente para envolvê-la mais de 40 vezes. A exaustão de todos estes veículos polui o ar e aumenta o nível de ozônio ao nível do solo.

→ **Extinção em massa** – O desaparecimento repentino de uma grande fração da biota, imaginado ser causado por catástrofes ambientais como um impacto de meteoro; extinções em massa significativas ocorreram no fim dos períodos Cretáceo e Permiano.

→ **Extrativismo** – (1) Retirada da natureza, a matéria-prima. (2) Sistema de exploração baseado na coleta e extração, de modo sustentável, de recursos naturais renováveis (Arruda et al., 2001).

F

→ **Fator de emissão** – Densidade de um determinado poluente contido no material liberado para o ambiente. Usualmente é dado em unidades de massa de poluente por unidade de volume liberado (por exemplo, miligramas de poluente por litro de rejeito, ou mg/l).

→ **Fator limitante** – Aquele que estabelece os limites do desenvolvimento de uma população dentro do ecossistema, pela ausência, redução ou excesso desse fator ambiental.

→ **Fatores ambientais** – São elementos ou componentes que exercem função específica ou influem diretamente no funcionamento do sistema ambiental (Arruda et al., 2001).

→ **Fermentação** – Processo de oxirredução bioquímica sob a ação de microrganismos chamados fermentos, leveduras, diástases, enzimas. Segundo trabalhos recentes, as fermentações não se devem propriamente aos microrganismos, mas a certos produtos solúveis de seu metabolismo. O teor de oxigênio separa a fermentação da respiração. (Lemaire & Lemaire, 1975).

→ **Fertilidade do solo** – Capacidade de produção do solo devido à disponibilidade equilibrada de elementos químicos como potássio, nitrogênio, sódio, ferro, magnésio e da conjunção de alguns fatores como água, luz, ar, temperatura e da estrutura física da terra (Aciesp, 1980).

→ **Fertilizante composto** – Fertilizante obtido por processo bioquímico, natural ou controlado com mistura de resíduos de origem vegetal ou animal (Decreto 86.955/82).

→ **Fertilizante orgânico** – Fertilizante de origem vegetal ou animal contendo um ou mais nutrientes das plantas (Decreto 86.955/82).

→ **Fertilizante** – (1) Substância mineral ou orgânica, natural ou sintética, fornecedora de um ou mais nutrientes vegetais (Lei n. 6.894/80 e Decreto 86.955/82). (2) Substância natural ou artificial que contém elementos químicos e propriedades físicas que aumentam o crescimento e a produtividade das plantas, melhorando a natural fertilidade do solo ou devolvendo os elementos retirados do solo pela erosão ou por culturas anteriores.

→ **Filtração biológica** – "Processo que consiste na utilização de um leito artificial de material grosseiro, tal como pedras britadas, escória de ferro, ardósia, tubos, placas finas ou material plástico, sobre os quais as águas residuárias são distribuídas, constituindo filmes, dando a oportunidade para a formação de limos (zoogléa) que floculam e oxidam a água residuária" (ABNT, 1973).

→ **Filtração** – É um processo pelo qual retiramos partículas suspensas (não dissolvidas) no meio aquoso. A filtração retira a matéria suspensa na água, qualquer que seja sua origem.

→ **Filtro biológico** – Leito de areia, cascalho, pedra britada, ou outro meio pelo qual a água residuária sofre infiltração biológica (Aciesp, 1980).

→ **Filtro** – Camada ou zona de materiais granulares que não permite a passagem de partículas carreadas por erosão subterrânea. Para esse fim, a granulometria do material de filtro é dimensionada para cada caso, sendo as dimensões dos poros e vazios inferiores às das partículas situadas a montante.

→ **Fissura** – Fenda ou fratura numa rocha, na qual as paredes se mostram distintamente separadas. O espaço entre as paredes de uma fissura preenchido com matéria mineral constitui um veio.

→ **Fito** – Prefixo que significa planta.

→ **Fitoplâncton** – conjunto de plantas flutuantes, como algas, de um ecossistema aquático.

→ **Floculação** – "Formação de agregados de partículas finas em suspensão em um líquido, chamados flocos ou floculados. Os termos floculação e coagulação são frequentemente empregados um pelo outro. Na prática, entretanto, os floculantes têm características físicas e químicas diferentes das dos coagulantes.

→ **Flora** – Totalidade das espécies vegetais que compreendem a vegetação de uma determinada região, sem qualquer expressão de importância individual.

→ **Floração de algas, *bloom* de algas** – (1) "Proliferação ou explosão sazonal da biomassa de fitoplâncton como consequência do enriquecimento de nutrientes em uma massa aquática, o que conduz, entre outros efeitos, a uma perda de transparência, à coloração e à presença de odor e sabor nas águas" (Diccionario de la Naturaleza, 1987). (2) "Excessivo crescimento de plantas microscópicas, tais como as águas azuis, que ocorrem em corpos de água, dando origem geralmente à formação de flocos biológicos e elevando muito a turbidez" (Batalha, 1987).

→ **Flotação** – "Processo de elevação de matéria suspensa para a superfície do líquido, na forma de escuma, por meio de aeração, insuflação de gás, aplicação de produtos químicos, eletrólise, calor ou decomposição bacteriana, e a remoção subsequente da escuma" (ABNT, 1973).

→ **Flúor** – Elemento univalente não metálico do grupo dos halógenos, de símbolo F, número atômico 9 e massa atômica 19, que é normalmente um gás tóxico, irritante, inflamável, amarelo-pálido, altamente corrosivo, que ataca a água e a maioria dos metais e compostos orgânicos.

→ **Fluoretação** – Adição de flúor à água tratada, sob a forma de fluoretos, para prevenir a cárie dentária, normalmente numa concentração de 0,5 a 1,0 mg de flúor por litro de água.

→ **Fluvial** – Relativo a rio: porto fluvial. Que vive nos rios, próprio dos rios. Produzido pela ação dos rios.

→ **Fluxo energético** – (1) Quantidade de energia que é acumulada ou passa através dos componentes de um ecossistema, em um determinado intervalo de tempo (Aciesp, 1980).

→ **Fonte poluidora** – Ponto ou lugar de emissão de poluentes.

→ **Fossa negra** – É uma fossa séptica, uma escavação sem revestimento interno onde os dejetos caem no terreno, parte se infiltrando e parte sendo decomposta na superfície de fundo. Não existe nenhum deflúvio. São dispositivos perigosos que só devem ser empregados em último caso.

→ **Fossa seca** – São escavações, cujas paredes são revestidas de tábuas não aparelhadas com o fundo em terreno natural e cobertas na altura do piso por uma laje onde é instalado um vaso sanitário.

→ **Fossa séptica** – Câmara subterrânea de cimento ou alvenaria, onde são acumulados os esgotos de um ou vários prédios e onde os mesmos são digeridos por bactérias aeróbias e anaeróbias. Processada essa digestão, resulta o líquido efluente que deve ser dirigido a uma rede ou sumidouro. "Unidade de sedimentação e digestão de fluxo horizontal e funcionamento contínuo, destinado ao tratamento primário dos esgotos sanitários" (Decreto n. 533, de 16 de janeiro de 1976).

→ **Fotogrametria** – Método de levantamento topográfico mediante a fotografia.

→ **Fotômetro** – Instrumento para medir a intensidade da luz.

→ **Fotossíntese** – Processo bioquímico que permite aos vegetais sintetizar substâncias orgânicas complexas e de alto conteúdo energético, a partir de substâncias minerais simples e de baixo conteúdo energético. Para isso, se utilizam de energia solar que captam nas moléculas de clorofila. Neste processo, a planta consome gás carbônico (CO_2) e água, liberando oxigênio (O_2) para a atmosfera. É o processo pelo qual as plantas utilizam a luz solar como fonte de energia para formar substâncias nutritivas.

→ **Foz** – (1) Ponto mais baixo no limite de um sistema de drenagem (desembocadura). Extremidade onde o rio descarrega suas águas no mar (DNAEE, 1976). (2) Boca de descarga de um rio. Este desaguamento pode ser feito num lago, numa lagoa, no mar ou mesmo num outro rio. A forma da foz pode ser classificada em dois tipos: estuário e delta (Guerra, 1978).

→ **Fundo Nacional do Meio Ambiente (FNMA)** – Criado pela Lei n. 7.797, de 10 de julho de 1989, destina-se a apoiar projetos em diferentes modalidades, que visem ao uso racional e sustentável de recursos naturais, de acordo com as prioridades da política nacional do meio ambiente, incluindo a manutenção e a recuperação da qualidade ambiental.

→ **Fungicida** – (1) Que mata os fungos e seus esporos (Lemaire & Lemaire, 1975). (2) Substância letal para fungos (FEEMA/Pronol DG 1017).

G

→ **Gás natural** – (1) Mistura gasosa, cujo constituinte principal é o metano. O gás natural é uma energia fóssil, muitas vezes associada a depósitos de petróleo. Não é muito tóxico e tem duplo poder calorífico. Sua combustão libera apenas dióxido de carbono e é considerada uma fonte de energia limpa. (2) Recurso natural relativamente abundante e amplamente utilizado.

→ **Gases de estufa** – Gases da atmosfera terrestre que contribuem para o efeito estufa. Além do dióxido de carbono, gases como o metano e os clorofluorcarbonetos também dão sua cota para o aquecimento global.

→ **Geada** – É a formação de uma camada de cristais de gelo na superfície abaixo de 0 °C. A principal causa da formação da geada é a condensação de massa de ar polar. Dependendo da intensidade e da extensão da geada, o fenômeno pode causar sérios danos à agricultura, queimando e ressecando a folhagem das plantas, especialmente das hortaliças.

→ **Gêiser** – (1) Fonte termal, intermitente, em forma de esguicho, de origem vulcânica, que lança água e vapor a alturas que podem ultrapassar 60 m. (2) Ou *geyser* – é um jato intermitente de água quente, que sai do interior da Terra. Os gêiseres irrompem em jatos com emanações sulfurosas, desenvolvendo uma quantidade considerável de vapor de água.

→ **Geofísica** – Ciência que estuda diversos fatores terrestres, tais como: dimensão, estrutura, fenômenos físicos (gravidade, sismicidade, magnetismo, vulcanismo etc). Estuda ainda as propriedades físicas da crosta que condicionam tais fenômenos.

→ **Geografia** – Ciência que tem por objeto a descrição da Terra na sua forma, acidentes físicos, clima, produções, populações, divisões políticas etc.

→ **Geologia** – (1) Ciência que tem por objeto o estudo dos materiais que compõem o globo, sua natureza, situação e formação. A geologia tem um duplo fim: o estudo da estrutura atual da crosta terrestre e a investigação das causas que presidiram a sua formação e a sua evolução através das idades. A observação dos fenômenos atuais é importante no estudo dos fenômenos ocorridos durante a história física da Terra.

→ **Geopolítica** – Estudo da vida política dos povos com relação aos fatores geográficos. A geopolítica compreende métodos e elementos tirados da geografia, história e da ciência política.

→ **Gestão ambiental** – O conceito original de gestão ambiental diz respeito à administração, pelo governo, do uso dos recursos ambientais, por meio de ações ou medidas econômicas, investimentos e providências institucionais e jurídicas, com a finalidade de manter ou recuperar a qualidade do meio ambiente, assegurar a produtividade dos recursos e o desenvolvimento social. Este conceito, entretanto, tem-se ampliado nos últimos anos para incluir, além da gestão pública do meio ambiente, os programas de ação desenvolvidos por empresas para administrar suas atividades dentro dos modernos princípios de proteção do meio ambiente.

→ **Gestão integrada** – É a combinação de processos, procedimentos e práticas adotadas por uma organização para implementar suas políticas e atingir seus objetivos de forma mais eficiente do que através de múltiplos sistemas de gestão. Na integração de elementos de sistemas de gestão, considerando-se as dimensões qualidade, meio ambiente, saúde e segurança no trabalho, temos a congregação das normas ISO 9001, ISO 14001, e OSHAS 18001.

→ **Gradeamento** – Sistema de grades projetado para a remoção de sólidos relativamente grosseiros em suspensão ou flutuação, retidos por meio de grades ou telas. Podem ser mecanizadas ou não.

→ **Gramíneas** – Família de plantas que caracterizam-se, em geral, como ervas monocotiledôneas de pequeno porte, com caule em geral oco e articulado por nós sólidos, raramente ramificado e mais ou menos lenhoso, folhas lineares, sésseis, com lígula e bainha enrolada em redor do caule, raízes geralmente fasciculares e flores na maioria das espécies, cachos e partículas simples ou compostas por espiguetas.

→ **Granulometria** – Medição das dimensões dos componentes clásticos de um sedimento ou de um solo. Por extensão, composição de um sedimento quanto ao tamanho dos seus grãos. As medidas se expressam estatisticamente por meio de curvas de frequência, histogramas e curvas cumulativas. O estudo estatístico da distribuição baseia-se numa escala granulométrica.

→ **Greenpeace** – ONG multinacional fundada em 1971. Atua em pelo menos cinco áreas diferentes: ecologia oceânica, selvas tropicais, Antártida, substâncias tóxicas, energia nuclear e atmosfera. O Greenpeace se serve de armas eficientes como ação direta, que atrai a atenção da mídia e muitas vezes impede um processo de agressão ambiental. Elabora estudos científicos sobre os problemas ecológicos mais graves do planeta.

→ **Grupo dos 7 (G7)** – Denominação dada aos países mais industrializados do mundo: Grã-Bretanha, Japão, Alemanha, França, Itália, Canadá e Estados Unidos da América. A Rússia às vezes é incluída no grupo em notícias de jornais (Glossário Librería, 2003).

→ **Guano** – Depósito orgânico de clima quente, constituído essencialmente de excrementos de aves, como também de ossos e outros restos. Por remobilização, juntamente com calcários subjacentes, formam-se fosfatos cálcicos, constituindo importantes adubos de fósforo.

H

→ **Habitat** – É o espaço ocupado por um organismo ou mesmo uma população. É termo mais específico e restritivo que meio ambiente. Refere-se sobretudo à permanência de ocupação (Dansereau, 1978). "Conjunto de todos os fatores e elementos que cercam uma dada espécie de ser vivo" (Martins, 1978). "O local físico ou lugar onde um organismo vive, e onde obtém alimento, abrigo e condições de reprodução" (USDT, 1980).

→ **Halógenos** – "Grupo de substâncias químicas contendo na sua molécula cloro, flúor, bromo ou iodo" (Batalha, 1987).

→ **Hectare** – Medida agrária que corresponde a 10.000 m².

→ **Herbicida** – São agentes químicos que eliminam ou impedem o crescimento de outros vegetais – chamados comumente ervas daninhas – nos cultivos.

- **Heterotrófico** – (1) Que não sintetiza, por si próprio, seus constituintes orgânicos, porém recorre a um produtor de alimentos orgânicos. Por exemplo, os herbívoros (Lemaire & Lemaire, 1975).

- **Hidrelétricas** – Usinas que produzem eletricidade a partir do aproveitamento das quedas-d'água.

- **Hidrocarboneto** – (1) Cada um de uma classe de compostos orgânicos formados de carbono e hidrogênio e que compreende as parafinas, olefinas, membros da série dos acetilenos, que ocorrem em petróleo, gás natural, carvão de pedra e betume. (2) Símbolo químico: HC; qualquer composto químico que contém apenas carbono e hidrogênio; grupo de químicos orgânicos que inclui a maior parte dos derivados de petróleo.

- **Hidrófilo** – (1) Diz-se de ou planta adaptada à vida na água ou em ambientes encharcados. (2) Que gosta de água. (3) Que absorve bem a água. (4) Que é polinizado pela água.

- **Hidrogênio** – Símbolo químico: H; o mais leve e mais abundante de todos os elementos, encontrado na água e em muitos compostos orgânicos.

- **Hidrografia** – Ciência e descrição dos mares, lagos, rios etc., com referência especial ao seu uso para fins de navegação e comércio.

- **Hidrólise** – Mudança provocada por influência de água, como, por exemplo, decomposição de minerais. Resulta da dissociação mais ou menos completa da água dando íons de hidrogênio, com consequente formação de pH ácido.

- **Hidrologia** – (1) Ciência que tem como objeto de estudos a água na Terra, sua circulação, ocorrência, distribuição, assim como suas propriedades físicas e químicas, além de suas relações com o meio em que circulam. (2) Ciência que trata das águas, suas propriedades, leis, fenômenos e distribuição, na superfície e abaixo da superfície da Terra; hidatologia.

- **Hidrosfera** – (1) Invólucro hídrico do globo terrestre que inclui os oceanos, lagos, rios, águas subterrâneas e o vapor aquoso da atmosfera. (2) Meio líquido do planeta, constituído pelas águas oceânicas e continentais da Terra. As superfícies líquidas correspondem a 71% da superfície terrestre, enquanto as terras emersas 29%.

- **Homeostase** – Capacidade de adaptação que um ser vivo apresenta no intuito de manter o seu organismo equilibrado em relação às variações ambientais.

- **Hospedeiro** – Organismo vivo servindo de substrato e/ou fonte de energia para outro.

- **Húmus** – (1) Produto da decomposição microbiana e química dos detritos orgânicos, cuja composição química é muito variável. Atua em geral como ácido orgânico bivalente com cerca de 58% de H, 3% de N e 2% de S, P, Ca, Fe e K e outros elementos. Quando quase saturado de Ca (cálcio), constitui terras ricas. Solúvel, em grande parte, em hidróxidos alcalinos, mas insolúvel em hidróxidos alcalinoterrosos e em ácidos. (2) Matéria escura que se forma pela decomposição e fermentação de elementos vegetais, matérias orgânicas amontoadas e comprimidas em plataformas e fossas que formam naturalmente camadas mais ou menos espessas. O húmus é usado para corrigir alguns tipos de solos; todos os solos cultivados contêm húmus em maior ou menor quantidade (Glossário Libreria, 2003).

I

- **Ibama** – Instituto Brasileiro do Meio Ambiente e dos Recursos Naturais Renováveis, órgão executor da Política de Meio Ambiente em nível nacional. Criado em 1989 (Lei n. 7.735) pela fusão do Instituto Brasileiro de Desenvolvimento Florestal (IBDF), Secretaria Especial de Meio Ambiente (Sema), Superintendência da Borracha (SUDHEVEA) e Superintendência da Pesca (Sudepe). Regulamentado pelo Decreto n. 97.946, de 11 de julho de 1989.

- **Igarapés** – Esteiro ou canal estreito que só dá passagem a igaras ou pequenos barcos; riacho, ribeirão, ribeiro, riozinho.

- **Ilha fluvial** – Porções relativamente pequenas de terra emersa circundada apenas por água doce, aparecendo no leito de um rio.

- **Ilha** – Porção de terra cercada de água por todos os lados.

- **Ilha de calor** – (1) Aumento da temperatura em regiões urbanizadas, provocado pela impermebilização do solo, pela pavimentação das ruas e pela concentração de edificações altas; a neblina urbana, misturada com gases poluentes gerados pelo tráfego intenso de veículos que utilizam combustíveis fósseis, capta o calor da pavimentação e dos prédios, elevando a temperatura do ambiente urbano.

- **Impacto ambiental** – (1) Qualquer alteração significativa no meio ambiente – em um ou mais de seus componentes – provocada por uma ação humana. "Qualquer alteração das propriedades físicas, químicas e biológicas do meio ambiente, causada por qualquer forma de matéria ou energia resultante das atividades humanas que, direta ou indiretamente, afetem: (I) a saúde, a segurança e o bem-estar da população; (II) as atividades sociais e econômicas; (III) a biota; (IV) as condições estéticas e sanitárias do meio ambiente; (V) a qualidade dos recursos ambientais" (Resolução n. 001, de 23 de janeiro de 1986, do Conama).

→ **Imunidade** – Resistência da planta a doenças que é completa e permanente (sentido restrito).

→ **Indicadores ambientais** – (1) Conjunto de espécies, substâncias e grandezas físicas do ambiente, capazes de detectar alterações no ar, água e solo, na medida em que apresentam sensibilidade a essas alterações. (2) Espécies indicadoras são certas espécies que têm exigências biológicas bem definidas e permitem conhecer os meios possuidores de características especiais (Dajoz, 1973).

→ **Índice de coliforme** – Contagem de bactérias coliformes num corpo d'água, usado como indicador de pureza da água.

→ **Industrialização** – Ato ou efeito de industrializar.

→ **Infecção** – "Ação de infectar ou estado do que está infectado. Penetração em um organismo vivo de micróbios que perturbam seu equilíbrio. O termo infestação reserva-se aos parasitas não microbianos" (Lemaire & Lemaire, 1975).

→ **Infestação** – "Ação de infestar, estado do que está infestado. Penetração em um organismo de parasitas não microbianos" (Lemaire & Lemaire, 1975).

→ **Inseticida** – "Que destrói insetos. Os inseticidas constituem uma das categorias de pesticidas" (Lemaire & Lemaire, 1975). "Qualquer substância que, na formulação, exerça ação letal sobre pragas" (FEEMA/Pronol DG 1017).

→ **Instituto Nacional de Metrologia, Normalização e Qualidade Industrial – Inmetro** – Órgão de normalização do governo federal que possui uma Comissão Técnica de Certificação Ambiental, cuja finalidade é estabelecer a estrutura para o credenciamento de entidades de certificação de sistemas de gestão ambiental, de certificação ambiental, de produtos de auditores ambientais, garantindo a conformidade com as exigências internacionais.

→ **Instrumento de política ambiental** – Mecanismos de que se vale a Administração Pública para implementar e perseguir os objetivos da política ambiental, podendo incluir os aparatos administrativos, os sistemas de informação, as licenças e autorizações, pesquisas e métodos científicos, técnicas educativas, incentivos fiscais e outras econômicas, relatórios informativos etc. (FEEMA, 1997).

→ **Insular** – Isolar, ilhar; para designar procedente, relativo ou pertecente a ilha usa-se a palavra insulando.

→ **Interceptor** – "São condutos de esgotos transversais a um grande número de coletores principais, podendo inclusive receber contribuições de emissários. Os interceptores caracterizam-se pelo grande porte em relação aos coletores das redes de esgoto" (IES, 1972). "É a canalização a que são ligados transversalmente vários coletores com a finalidade de captar a descarga de tempo seco, com ou sem determinada quantidade de água pluvial proveniente do sistema combinado ou unitário de esgotos" (Carvalho, 1981).

→ **Inundação** – É o efeito de fenômenos meteorológicos, tais como chuvas, ciclones e degelo, que causam acumulações temporárias de água, em terrenos que se caracterizam por deficiência de drenagem, o que impede o desague acelerado desses volumes.

→ **Intrusão de água salgada** – Fenômeno pelo qual uma massa de água salgada penetra numa massa de água doce. Pode ocorrer tanto em águas superficiais como subterrâneas.

→ **Intrusão** – Penetração forçada de rocha fundida ou magma em ou entre outras rochas.

→ **Irradiar** – Transmitir a radiação.

→ **Irrigação** – Técnica de regar artificialmente terras cultivadas em regiões onde as chuvas são raras.

→ **ISO (International Organization for Standardization)** – (1) Organização Internacional de Padronização, formada pelos representantes de mais de 120 países. Organização fundada em 1947 e sediada em Genebra, Suíça. É responsável pela elaboração e difusão de normas internacionais em todos os domínios de atividades, exceto no campo eletroeletrônico, que é de reponsabilidade da IEC (International Eletrotechnical Commission). Dentre as centenas de normas elaboradas pela ISO, de interesse para área ambiental são a série ISO–9000, de gestão da qualidade de produtos e serviços, e a série ISO–14000, de sistemas de gestão ambiental. (2) Prefixo grego "isos"; marca registrada da International Organization for Standartization, sediada na Suíça; sistema internacional integrado de padronização e metodologia de produção com qualidade.

J

→ **Jusante** – "Na direção da corrente, rio abaixo" (DNAEE, 1976). "Denomina-se a uma área que fica abaixo da outra, ao se considerar a corrente fluvial pela qual é banhada. Costuma-se também empregar a expressão 'relevo de jusante' ao se descrever uma região que está numa posição mais baixa em relação ao ponto considerado. O oposto de jusante é montante" (Guerra, 1978). "Diz-se de uma área ou de um ponto que fica abaixo de outro, ao se considerar uma corrente fluvial ou tubulação na direção da foz, do final. O contrário é montante" (Carvalho, 1981).

→ **Juvenil** – Água ou fonte de origem magmática. A água juvenil ainda não integra o ciclo das águas atmosféricas. É ascendente, rica em sais e termal. É difícil a distinção de água juvenil pura.

K

- **Know–how** – (Pronuncia-se aprox. "nou rau"). Capacidade, entre outras, tecnológica, científica, cultural e administrativa.

L

- **Lacustre** – Que vive ou está situado à beira ou nas águas de um lago. Depósitos lacustres: os que se formam em lagos. Cidades lacustres: antigas habitações pré-históricas construídas sobre estacaria nos lagos e cujos vestígios ainda hoje permanecem, particularmente nas margens dos lagos da Suíça. Ainda hoje são encontrados povos que constroem suas habitações sobre lagos (Glossário Libreria, 2003).

- **Lago eutrófico** – Lago ou represamento contendo água rica em nutrientes, surgindo como consequência desse fato um crescimento excessivo de algas (Aciesp, 1980).

- **Lago** – "Um dos hábitats lênticos (de águas quietas). As formas, as profundidades e as extensões dos lagos são muito variáveis. Geralmente, são alimentados por um ou mais 'rios afluentes'. Possuem também 'rios emissários', o que evita seu transbordamento.

- **Lagoa aerada** – Lagoa de tratamento de água residuária artificial ou natural, em que a aeração mecânica ou por ar difuso é usada para suprir a maior parte de oxigênio necessário.

- **Lagoa aeróbica** – Lagoa de oxidação em que o processo biológico de tratamento é predominantemente aeróbio. Estas lagoas têm sua atividade baseada na simbiose entre algas e bactérias. Estas decompõem a matéria orgânica produzindo gás carbônico, nitratos e fosfatos que nutrem as algas, que pela ação da luz solar transformam o gás carbônico em hidratos de carbono, libertando oxigênio que é utilizado de novo pelas bactérias e assim por diante.

- **Lagoa anaeróbica** – Lagoa de oxidação em que o processo biológico é predominantemente anaeróbio. Nestas lagoas, a estabilização não conta com o curso do oxigênio dissolvido, de maneira que os organismos existentes têm de remover o oxigênio dos compostos das águas residuárias, a fim de retirar a energia para sobreviverem. É um processo que a rigor não se pode distinguir daquele que tem lugar nos tanques sépticos.

- **Lagoa de maturação** – Lagoa usada como refinamento do tratamento prévio efetuado em lagoas ou outro processo biológico, reduzindo bactérias, sólidos em suspensão, nutrientes, porém uma parcela negligenciável de DBO.

- **Lagoa de oxidação e estabilização** – Um lago artificial no qual dejetos orgânicos são reduzidos pela ação das bactérias. Às vezes, introduz-se oxigênio na lagoa para acelerar o processo. Lagoa contendo água residuária bruta ou tratada em que ocorre estabilização anaeróbia e/ou aeróbia.

- **Lagoa** – "Um dos *habitats* lênticos (águas quietas) (...) "Pequeno reservatório natural ou artificial" (DNAEE, 1976). "Depressão de formas variadas – principalmente tendente a circulares – de profundidades pequenas e cheias de água salgada ou doce. As lagoas podem ser definidas como lagos de pequena extensão e profundidade (...) Muito comum é reservarmos a denominação 'lagoa' para as lagunas situadas nas bordas litorâneas que possuem ligação com o oceano".

- **Laguna** – Depressão contendo água salobra ou salgada, localizada na borda litorânea. A separação das águas da laguna das do mar pode se fazer por um obstáculo mais ou menos efetivo, mas não é rara a existência de canais, pondo em comunicação as duas águas.

- **Lastro** – Camada de pedra britada, ou de outro material semelhante, colocada sob os dormentes de uma via férrea para suportar e distribuir à plataforma (ao chão) os esforços por eles transmitidos.

- **Latitude** – (1) Ângulo medido entre o plano do Equador e a normal a um ponto qualquer sobre a superfície elipsoidal de referência, variando de 0° a 90°, com o sinal positivo no Hemisfério Norte e negativo no Hemisfério Sul.

- **Legislação ambiental** – Conjunto de regulamentos jurídicos especificamente dirigidos às atividades que afetam a qualidade do meio ambiente (Shane apud Interim Mekong Committee, 1982).

- **Lençol freático** – É um lençol d'água subterrâneo que se encontra em pressão normal e que se formou em profundidade relativamente pequena.

- **Lêntico** – Ambiente aquático em que a massa de água é parada, como em lagos ou tanques. Designa também os seres vivos de águas paradas.

- **Licença ambiental** – (1) Autorização dada pelo poder público para uso de um recurso natural. (2) Ato administrativo pelo qual o órgão ambiental competente estabelece as condições, restrições e medidas de controle ambiental que deverão ser obedecidas pelo empreendedor, pessoa física ou jurídica, para localizar, instalar, ampliar e operar empreendimentos ou atividades utilizadoras dos recursos ambientais consideradas efetiva ou potencialmente poluidoras ou aquelas que, sob qualquer forma, possam causar degradação ambiental (Resolução Conama 237/97).

→ **Limite de tolerância** – Variação máxima ou mínima de fatores ambientais que um organismo pode tolerar.

→ **Limo** – (1) Matéria desagregável, carregada por correntes fluviais ou marinhas e depositada no leito e nas margens dos rios e do mar. Em geral, o limo atua como fertilizante natural do solo. (2) Vegetação verde, microscópica, que atapeta, manchando de verde as pedras, as paredes e os troncos. Ocorre onde há umidade.

→ **Litosfera** – Crosta da Terra; parte da biosfera que consiste na camada superior de rochas que interagem com a hidrosfera e a atmosfera.

→ **Lixão** – (1) Forma inadequada de disposição final de resíduos sólidos, que consiste na descarga do material no solo sem qualquer técnica ou medida de controle. Este acúmulo de lixo traz problemas como a proliferação de vetores de doenças (ratos, baratas, moscas, mosquitos etc.), a geração de odores desagradáveis e a contaminação do solo e das águas superficiais e subterrâneas pelo chorume. Além disso, a falta de controle possibilita o despejo indiscriminado de resíduos perigosos, favorecendo a atividade de catação e a presença de animais domésticos que se alimentam dos restos ali dispostos.

→ **Lixívia** – Solução ou suspensão de materiais residuais de um processo industrial; por exemplo: lixívia negra ou licor negro é o resíduo que resulta do cozimento e da lavagem da celulose na indústria de papel.

→ **Lixiviação** – Arraste vertical, pela infiltração da água, de partículas da superfície do solo para camadas mais profundas.

→ **Lixo tóxico** – É composto por resíduos venenosos, como solventes, tintas, baterias de carros, baterias de celular, pesticidas, pilhas, produtos para desentupir pias e vasos sanitários, dentre outros.

→ **Lodo ativado** – (1) Processo de tratamento de esgotos que utiliza equipamentos mecânicos para insuflar oxigênio na massa líquida e promover a formação de colônias de bactérias aeróbicas, com vistas ao aumento da eficiência do tratamento em áreas de pequena extensão. O lodo é mantido em concentração suficiente pela circulação de flocos previamente formados (ABNT, 1973).

→ **Lodo bruto** – Lodo depositado e removido dos tanques de sedimentação, antes que a decomposição esteja avançada. Frequentemente chamado lodo não digerido.

→ **Lodo de esgoto** – Material sólido separado dos líquidos e da água residuária durante o processo de tratamento dos esgotos.

→ **Lodo digerido** – Lodo digerido sob condições anaeróbias ou aeróbias até que os conteúdos voláteis tenham sido reduzidos ao ponto em que os sólidos são relativamente não putrescíveis e inofensivos.

→ **Lodo** – Mistura de água, terra e matéria orgânica, formada no solo pelas chuvas ou no fundo dos mares, lagos estuários etc.

→ **Luz ultravioleta (UV)** – Radiação que pode causar reações químicas nocivas; na natureza, os raios UV do Sol são bloqueados pela camada de ozônio na atmosfera, daí a importância de sua proteção.

→ **Luz** – Forma semelhante de energia radiante, como os raios ultravioleta, que não afeta a retina.

M

→ **Maciço** – Bloco da crosta terrestre limitado por falhas ou flexões e soerguido como uma unidade, sem modificação interna.

→ **Macroalgas** – Espécies de algas visíveis a olho nu.

→ **Macronutrientes primários** – Nitrogênio, fósforo e potássio, expressos nas formas de nitrogênio (N), pentóxido de fósforo (P_2O_5) e óxido de potássio (K_2O) (Decreto 86.955/82).

→ **Macronutrientes secundários** – O cálcio, magnésio e enxofre, expressos nas formas de cálcio (Ca), magnésio (Mg) e enxofre (S) (Decreto 86.955/82).

→ **Macroclima** – "Clima geral: compreende as grandes regiões e zonas climáticas da terra e é o resultado da situação geográfica e orográfica. O macroclima se diferencia em mesoclima quando aparecem modificações locais em algumas de suas características" (Diccionario de la Naturaleza, 1987).

→ **Magnético** – Ângulo compreendido entre o meridiano de um lugar e o meridiano magnético. (2) Distância angular, medida sobre o horizonte, variando de 0° a 360°, a partir do norte por leste (Azimute topográfico) ou a partir do sul por oeste (Azimute astronômico) (Glossário Libreria, 2003).

→ **Manancial** – Qualquer corpo d'água, superficial ou subterrâneo, utilizado para abastecimento humano, industrial, animal ou irrigação. Pode ser subterrâneo e superficial.

→ **Manejo** – Aplicação de programas de utilização dos ecossistemas, naturais ou artificiais, baseada em teorias ecológicas sólidas, de modo a manter, de melhor forma possível, nas comunidades, fontes úteis de produtos biológicos para o homem, e também como fonte de conhecimento científico e de lazer.

→ **Manejo ambiental** – (1) Conjunto de atividades e práticas que, harmonicamente executadas, permitem o desenvolvimento socioeconômico e a conservação ambiental. (2) Programa de utilização dos ecossistemas, naturais ou artificiais, baseado em teorias ecológicas que contemplam a manutenção da biodiversidade e o aumento da produção de insumos necessários à vida na região (produção agrícola, energética, pecuária), além de propiciarem o conhecimento científico e atividades de lazer.

→ **Manejo do solo** – Soma total de todas as operações de cultivo, práticas culturais, fertilização, correção e outros tratamentos, conduzidos ou aplicados a um solo, que visam à produção de plantas.

→ **Manejo sustentado** – Sistema de exploração que respeita a capacidade de reposição dos recursos ambientais.

→ **Mangue** – (1) Vegetação típica de zona costeiro-estuarina, adaptada à água salobra e ao movimento das marés; é o berçário onde se desenvolve grande parte das espécies marinhas; dependem do mangue 80% a 90% das espécies comerciais de pescado. (2) Terreno plano, baixo, junto à costa e sujeito à inundação pela marés e extremamente importante na manutenção e reprodução principalmente de espécies aquáticas.

→ **Manguezal** – (1) Sistema ecológico costeiro tropical, dominado por espécies vegetais típicas (mangues), às quais se associam outros organismos vegetais e animais. Os mangues são periodicamente inundados pelas marés e constituem um dos ecossistemas mais produtivos do planeta.

→ **Marketing verde** – Processo através do qual a economia sustentável é integrada à sociedade, atraindo clientes de forma a atender às suas necessidades bem como aos objetivos da organização, tornando perene sua existência.

→ **Mata Atlântica** – Formações florestais (Floresta Ombrófila Densa Atlântica, Floresta Ombrófila Mista, Floresta Ombrófila Aberta, Floresta Estacional Semidecidual, Floresta Estacional Decidual) e ecossistemas associados inseridos no domínio Mata Atlântica (Manguezais, Restingas, Campos de Altitude, Brejos Interioranos e Encraves Florestais no Nordeste), com as respectivas delimitações estabelecidas pelo Mapa de Vegetação do Brasil, IBGE 1988 (Decreto 750/93).

→ **Mata ciliar** – É o conjunto da flora existente à beira de um rio, córrego ou espelho d'água. Também conhecido como floresta ciliar.

→ **Matéria em suspenção** – Em sentido estrito, matéria sólida que flutua na água (ou em outro meio) por ter peso específico similar ao do meio, sendo arrastada por ele. No caso em que a matéria sólida seja mais leve que a água, e por isso fluente sobre ela, é chamada matéria flutuante. Se se trata de matéria sólida que, após certo período de flutuação, acaba fundindo-se ao solo, chama-se matéria submergida.

→ **Matéria orgânica** – Composto natural de resíduos animais e vegetais que são passíveis de ou sofreram decomposição.

→ **Medidas corretivas** – Ações para a recuperação de impactos ambientais causados por qualquer empreendimento ou causa natural. Significam todas as medidas tomadas para proceder à remoção do poluente do meio ambiente, bem como restaurar o ambiente que sofreu degradação resultante destas medidas (Arruda *et al.*, 2001).

→ **Medidas preventivas** – Medidas destinadas a prevenir a degradação de um componente do meio ou de um sistema ambiental (Arruda *et al.*, 2001).

→ **Meio ambiente** – A totalidade dos fatores fisiográficos (solo, água, floresta, relevo, geologia, paisagem, e fatores meteoroclimáticos) mais os fatores psicossociais inerentes à natureza humana (comportamento, bem-estar, estado de espírito, trabalho, saúde, alimentação etc.) somados aos fatores sociológicos, como cultura, civilidade, convivência, o respeito, a paz etc.; ambiente. Tudo o que cerca o ser vivo, que o influencia e que é indispensável à sua sustentação. Estas condições incluem solo, clima, recursos hídricos, ar, nutrientes e os outros organismos. O meio ambiente não é constituído apenas do meio físico e biológico, mas também do meio sociocultural e sua relação com os modelos de desenvolvimento adotados pelo homem.

→ **Mesoclima** – Estudo climático de pequenas áreas.

→ **Metabolismo** – Conjunto de todos os processos físicos e químicos pelos quais os organismos vivos produzem as substâncias e a energia indispensáveis às suas atividades. Compreende elaboração de energia, destruição de matérias vivas para liberação de energia da constituição química da matéria viva.

→ **Metais pesados** – Grupo de metais de peso atômico relativamente alto. Alguns – como zinco e ferro – são necessários ao corpo humano, em pequeníssimas concentrações. Outros – como chumbo, mercúrio, cromo e cádmio – são, em geral, tóxicos aos animais e às plantas, mesmo em baixas concentrações.

→ **Metanol** – Derivado do carvão e da madeira, é um combustível de alta performance e emite baixos níveis de poluentes tóxicos. Metanol é utilizado como combustível em veículos de corrida, devido às suas características e aspectos de segurança.

→ **Microclima** – Conjunto das condições atmosféricas de um lugar limitado em relação às do clima geral.

→ **Micronutrientes** – (1) Nome dado a vários elementos químicos (como zinco, cobre, cobalto, manganês, iodo e flúor) encontrados em quantidades minúsculas nos tecidos de plantas e animais. (2) O boro, cloro, cobre, ferro, manganês, molibdênio, zinco e cobalto, expressos nas formas de B, Cl, Cu, Fe, Mn, Mo, Zn e Co, respectivamente (Decreto 86.955/82).

→ **Microrganismo ou micro-organismo** – Organismo microscópico ou ultramicroscópico, incluindo bactérias, cianofíceas, fungos, protistas e vírus.

→ **Migração** – Deslocamento de indivíduos ou grupo de indivíduos de uma região para outra. Pode ser regular ou periódica, podendo ainda coincidir com mudanças de estação.

→ **Mineralização** – Processo pelo qual elementos combinados em forma orgânica, provenientes de organismos vivos ou mortos, ou ainda sintéticos, são reconvertidos em formas inorgânicas, para serem úteis ao crescimento das plantas. A mineralização de compostos orgânicos ocorre através da oxidação e metabolização por animais vivos, predominantemente microscópicos (ABNT, 1973).

→ **Monitoramento ambiental** – Medição repetitiva, descrita ou contínua, ou observação sistemática da qualidade ambiental.

→ **Monocultura** – (1) Cultivo de uma única espécie vegetal em determinada área. Esta prática provoca desequilíbrios ecossistêmicos e, em consequência, o aparecimento de "pragas", isto é, a concentração em grande escala de determinada espécie animal ou vegetal que podem devastar uma lavoura inteira se não forem erradicadas logo.

→ **Monóxido de carbono** – (1) Gás incolor, inodoro e venenoso produzido pela combustão incompleta de madeira, carvão, óleo e gasolina. Carros e caminhões emitem monóxido de carbono. Respirar muito monóxido de carbono pode tornar a pessoa doente. (2) Símbolo químico CO; gás produzido pela queima incompleta de hidrocabonetos, como na queima de combustíveis fósseis (emissões de veículos movidos a gasolina ou diesel) ou pela decomposição parcialmente anaeróbica de matéria orgânica; altamente tóxico, um dos principais poluentes do ar.

→ **Monóxido de carbono** – Composto que surge em combustões e que contém um átomo de oxigênio e um de carbono. É uma substância muito tóxica porque se combina com a hemoglobina (pigmento do glóbulo vermelho do sangue), evitando que esta fixe oxigênio.

→ **Montante** – (1) Ponto que se localiza em posição anterior a outro ponto situado no sentido da corrente fluvial (contrário de jusante). (2) Rio acima.

→ **Muco** – Secreção constituída por água e uma proteína, a mucina.

N

→ **Não biodegradável** – Substância que não se degrada por processos naturais, permanecendo em sua forma original por muito tempo; alguns plásticos e alguns tipos de pesticidas estão nesta categoria.

→ **Nascente** – (1) Fonte de água que aparece em terreno rochoso. (2) Local onde se verifica o aparecimento de água por afloramento do lençol freático (Resolução Conama 004/85). (3) Local onde o lençol freático aflora, superfície do solo onde o relevo facilita o escoamento contínuo da água. (4) Local onde o rio nasce (Glossário Libreria, 2003).

→ **Natureza** – (1) Em ciências ambientais, tudo o que existe, exceto as obras humanas, mas incluindo os humanos. (2) Designação genérica para os organismos vivos e seu ambiente; o mundo natural.

→ **Neblina (Fog)** – Condensação de vapor de água em gotículas formando massas semelhantes a nuvens próximas ao solo.

→ **Nicho** – (1) O papel desempenhado por uma espécie particular no seu ecossistema. (2) Localização ecológica de uma espécie em uma comunidade ou ecossistema. Por exemplo: posição na cadeia trófica; o limite do nicho é ditado pela presença de espécies competidoras.

→ **Nitrificação** – (1) Conversão de amônia em nitratos, por bactérias aeróbias, passando por nitritos como etapa intermediária (ABNT, 1973). (2) Oxidação do nitrogênio orgânico e amoniacal (nitrogênio Kjeldahl) presente nas águas poluídas, em nitrito por bactérias nitrosomas e, em seguida, em nitratos por nitrobactérias (Lemaire & Lemaire, 1975).

→ **Nitrobactéria** – Bactéria autotrófica e quimiossintetizante, que oxida nitrito a nitrato, para obtenção da energia necessária à síntese de alimento orgânico (Carvalho, 1981).

→ **Nitrogênio** – Principal gás que existe na atmosfera, o nitrogênio intervém na biosfera através de um complexo ciclo que envolve trocas entre atmosfera, solo e seres vivos. A bactéria Rhizobium, que cresce nas raízes das plantas leguminosas (feijão, soja), fixa o nitrogênio do ar, transformando-o em nitrato, um nutriente fundamental para as plantas.

→ **Nível da água subterrânea** – Limite superior da zona saturada, do solo ou aquífero.

→ **Nível dinâmico** – Nível no qual a água se estabiliza durante o bombeamento de um poço.

→ **Nível estático** – Nível hidrostático de um poço em repouso, isto é, antes do início do bombeamento. Nos aquíferos livres, o nível estático coincide com o nível do lençol freático, e nos artesianos com o relevo piezométrico.

→ **Nível mais alto** – Nível alcançado por ocasião da cheia sazonal do curso d'água perene ou intermitente (Resolução Conama 303/2002, art. 2°, I).

→ **Nível trófico** – Ou nível alimentar, é a posição ocupada por um organismo na cadeia alimentar. Os produtores ocupam o primeiro nível, os consumidores primários o segundo nível, os secundários o terceiro nível e assim por diante. Os decompositores podem atuar em qualquer nível trófico.

→ **Norma** – (1) Regra, modelo, paradigma, forma ou tudo que se estabeleça em lei ou regulamento para servir de pauta ou padrão na maneira de agir (Silva, 1975). (2) São instrumentos que estabelecem critérios e diretrizes, através de parâmetros quantitativos e qualitativos, e regulam as ações de pessoas e instituições no desempenho de suas funções (Sahop, 1978).

→ **NPK** – Abraviatura de Nitrogênio, Fósforo e Potássio, os três principais nutrientes usados nos fertilizantes.

→ **Nutrientes** – (1) Qualquer substância do meio ambiente utilizada pelos seres vivos, seja macro ou micronutriente, por exemplo, nitrato e fosfato do solo. Os plânctons (fitoplâncton ou geoplâncton) incluem-se entre os nutrientes. (Goodland, 1975). (2) Elementos ou compostos essenciais como matéria-prima para o crescimento e desenvolvimento de organismos, como, por exemplo, o carbono, o oxigênio, o nitrogênio e o fósforo (The World Bank, 1978).

O

→ **Ocupação do solo** – (1) Utilização dos espaços com fins produtivos (agricultura, pecuária, indústria, comércio). A ocupação do solo admite graus muito diversos de intensidade e de formas. O ordenamento de espaço feito pelos planificadores urbanos constitui um modelo concreto de ocupação do solo.

→ **OD** – Ver **Oxigênio Dissolvido**.

→ **Odor** – "Concentração de um gás perceptível pelo aparelho olfativo do homem (...)" (Lemaire & Lemaire, 1975). "Uma das características dos esgotos. Permite diferenciar os esgotos recentes, de cheiro desagradável, mas fraco, de esgotos velhos com emanações de metano e gás sulfídrico" (Amarílio Pereira de Souza, informação pessoal, 1986).

→ **Óleo** – Qualquer forma de hidrocarboneto (petróleo e seus derivados), incluindo óleo cru, combustível, borra, resíduos de petróleo e produtos refinados (Lei n. 9.966/2000).

→ **Óleos e graxas** – (1) Grupo de substâncias, incluindo gorduras, graxas, ácidos graxos livres, óleos minerais e outros materiais graxos (Carvalho, 1981). (2) São substâncias compostas, primordialmente, de substâncias gordurosas originárias dos despejos das cozinhas, de indústrias como matadouros e frigoríficos, extração em autoclaves, lavagem de lã, processamento do óleo, comestíveis e hidrocarbonetos de indústria de petróleo (Braile, 1983).

→ **Olho-d´água** – (1) Local onde se verifica o aparecimento de água por afloramento do lençol freático (Resolução Conama n. 04, de 18 de setembro de 1985). (2) Designação dada aos locais onde se verifica o aparecimento de uma fonte ou mina d'água. As áreas onde aparecem olhos-d'água são, geralmente, planas e brejosas (Guerra, 1978).

→ **Oleossolúvel** – Substância solúvel em solventes orgânicos.

→ **Organismos patogênicos** – Microrganismos que podem produzir doenças.

→ **Organoclorados** – Inseticidas orgânicos sintéticos que contêm, na sua molécula, átomos de cloro, carbono e hidrogênio. Exemplos: DDT, Aldrin e Dieldrin.

→ **Organofosforados** – Pesticidas orgânicos sintéticos, contendo, na sua molécula, átomos de carbono, hidrogênio e fósforo. Exemplos: Paration e Malation.

→ **Organismo** – (1) Corpo organizado que tem existência autônoma. Disposição dos órgãos nos seres vivos. Constituição orgânica, temperamento, compleição. (2) Entidade biológica capaz de reproduzir e/ou de transferir material genético, incluindo vírus, príons e outras classes que venham a ser conhecidas (Lei n. 8.974/95). (3) Qualquer ser vivo, unicelular ou multicelular, cujos componentes funcionam organicamente para realizar suas funções vitais.

→ **Órgão ambiental ou órgão de meio ambiente** – Órgão ou poder executivo federal, estadual ou municipal, integrante do Sistema Nacional do Meio

Ambiente (Sisnama), responsável pela fiscalização, controle e proteção ao meio ambiente no âmbito de suas competências (Lei n. 9.966/2000).

→ **Origem hídrica** – Decorrente de certas substâncias contidas na água em teor inadequado (pesticidas, despejos industriais, detergentes etc.).

→ **Osmose** – Fenômeno produzido quando duas substâncias líquidas ou dissolvidas, com concentrações desiguais e separadas por membrana semipermeável, atravessam-na e se misturam.

→ **Osmose reversa** – Processo de separação de poluentes por meio de membranas semipermeáveis.

→ **Outorga** – Ato administrativo pelo qual o poder público permite, por tempo determinado, o uso de recursos hídricos, visando ao controle, à conservação e proteção desses recursos, com o objetivo de assegurar à atual e às futuras gerações a necessária disponibilidade de água em padrões adequados.

→ **Oxigênio consumido** – Quantidade de oxigênio necessário para oxidar a matéria orgânica e inorgânica numa determinada amostra (Aciesp, 1980).

→ **Oxidação** – (1) Oxidação biológica ou bioquímica. Processo pelo qual bactérias e outros microrganismos se alimentam de matéria orgânica e a decompõem. Dependem desse princípio a autopurificação dos cursos d'água e os processos de tratamento por lodo ativado e por filtro biológico (The World Bank, 1978). (2) Processo em que organismos vivos, em presença ou não de oxigênio, através da respiração aeróbia ou anaeróbia, convertem matéria orgânica contida na água residuária em substâncias mais simples ou de forma mineral (Carvalho, 1981).

→ **Oxidantes fotoquímicos** – "São poluentes secundários formados pela ação da luz solar sobre os óxidos de nitrogênio e hidrocarbonetos no ar. São os contribuidores primários na formação do *smog* (neblina) fotoquímico" (Braile, 1992).

→ **Oxigênio dissolvido – OD** – (1) É o oxigênio dissolvido na água, água residuária ou outro líquido, geralmente expresso em miligramas por litro, partes por milhão ou percentagem de saturação (Aciesp, 1980). (2) É, tradicionalmente, considerado o oxigênio molecular (em estado livre), proveniente da dissolução do oxigênio atmosférico, somado ao oxigênio da fotossíntese. Inclui-se também o oxigênio puro eventualmente empregado para reoxigenação artificial de uma seção de um corpo de água desoxigenado (técnica ainda em estágio experimental). Não se deve confundir com o oxigênio que, combinado com o hidrogênio, entra na composição da molécula de água, na proporção de um para dois átomos.

→ **Ozônio** – (1) Gás azulado, muito oxidante e reativo. Estima-se que 90% do ozônio disponível esteja concentrado na camada que protege o planeta dos raios ultravioletas. (2) Gás com odor característico, incolor. O Ozônio é bom e mau. Nas camadas elevadas da atmosfera, é importante porque filtra os raios ultravioletas. Ao nível do solo, é perigoso porque forma poluentes tóxicos, reagindo com outros gases da atmosfera poluída. (3) Gás formado por moléculas constituídas por três átomos de oxigênio ao invés de dois (como é o oxigênio comum que respiramos) (Glossário Libreria, 2003).

P

→ **Padrões ambientais** – Estabelece o nível ou grau de qualidade exigido pela legislação ambiental para parâmetros de um determinado componente ambiental. Em sentido restrito, padrão é o nível ou grau de qualidade de um elemento (substância, produto ou serviço) que é próprio ou adequado a um determinado propósito. Os padrões são estabelecidos pelas autoridades como regra para medidas de quantidade, peso, extensão ou valor dos elementos. Na gestão ambiental, são de uso corrente os padrões de qualidade ambiental e dos componentes do meio ambiente, bem como os padrões (Arruda *et al.*, 2001).

→ **Padrões da qualidade da água** – (1) Plano para o controle da qualidade da água, contemplando quatro elementos principais: o uso da água (recreação, abastecimento, preservação dos peixes e dos animais selvagens, industrial, agrícola); os critérios para a proteção desses usos; os planos de tratamento (para o necessário melhoramento dos sistemas de esgotamento urbano e industrial); e a legislação antipoluição para proteger a água de boa qualidade existente

→ **Padrões de balneabilidade** – Condições limitantes estabelecidas para a qualidade das águas doces, salobras e salinas destinadas à recreação de contato primário (banho público).

→ **Padrões de efluentes (líquido)** – Padrões a serem obedecidos pelos lançamentos diretos e indiretos de efluentes líquidos, provenientes de atividades poluidoras, em águas interiores ou costeiras, superficiais ou subterrâneas (Pronol/FEEMA NT 202).

→ **Padrões de emissão** – Maior quantidade de um determinado poluente que pode ser legalmente lançado de uma única fonte ao ar. No Brasil, os padrões de emissão são estabelecidos pelo Ibama ou pelos Órgãos Estaduais de Controle.

→ **Padrões de potabilidade** – São as quantidades limites que, com relação aos diversos elementos, podem ser tolerados nas águas de abastecimento, quantidades essas fixadas, em geral, por leis, decretos ou regulamentos regionais (ABNT, 1973). Os padrões de potabilidade foram estabelecidos pela Portaria n. 56/Bsb de 14 de março de 1977, baixada pelo Ministério da Saúde, em cumprimento ao Decreto n. 78.367, de 09 de março de 1977.

→ **Partículas** – "Partículas sólidas ou líquidas finamente divididas no ar ou em uma fonte de emissão. Os particulados incluem poeiras, fumos, nevoeiro, aspersão e cerração" (Braile, 1983).

→ **Passivo ambiental** – Valor monetário, composto basicamente de três conjuntos de itens: o primeiro, composto das multas, dívidas, ações jurídicas (existentes ou possíveis), taxas e impostos pagos devido à inobservância de requisitos legais; o segundo, composto dos custos de implantação de procedimentos e tecnologias que possibilitem o atendimento às não conformidades; o terceiro, dos dispêndios necessários à recuperação de área degradada e indenização à população afetada. Importante notar que este conceito embute os custos citados anteriormente, mesmo que eles não sejam ainda conhecidos, e pesquisadores estudam como incluir no passivo ambiental os riscos existentes, isto é, não apenas o que já ocorreu, mas também o que poderá ocorrer.

→ **Patógeno** – Organismo capaz de causar doenças numa planta hospedeira. Geralmente são patógenos cepas deletérias de bactérias, vírus ou fungos.

→ **Patrimônio ambiental** – Conjunto de bens naturais da humanidade.

→ **Península** – Região cercada de água por todos os lados, exceto por um, pelo qual se liga a um continente. As penínsulas mais importantes são: na Europa, a península Escandinava, a Balcânica, a Itálica, a Jutlândia e a Ibérica; na Ásia, a Industânica, a Arábica e a da Coreia; no continente americano, a do Labrador, a da Flórida, a da Califórnia e a de Yucatan (Glossário Libreria, 2003).

→ **Percolação** – "Movimento de penetração da água, no solo e subsolo. Este movimento geralmente é lento e vai dar origem ao lençol freático" (Guerra, 1978). "Movimento da água através de interstícios de uma substância, como através do solo" (Carvalho, 1981). "Movimento de água através dos poros ou fissuras de um solo ou rocha, sob pressão hidrodinâmica, exceto quando o movimento ocorre através de aberturas amplas, tais como covas" (Aciesp, 1980).

→ **Pesticida** – Qualquer substância tóxica usada para matar animais ou plantas que causam danos econômicos às colheitas ou às plantas ornamentais, ou que são perigosos à saúde dos animais domésticos e do homem. Todos os pesticidas interferem no processo metabólico normal dos organismos (pestes). São, muitas vezes, classificados de acordo com o tipo de organismo que combatem (Carvalho, 1981).

→ **Perene** – Planta cujo ciclo de vida dura mais de dois anos.

→ **Perfil de solo** – Sucessão dos horizontes do solo.

→ **pH** – Em química, escala numérica que dá a medida quantitativa da acidez ou basicidade (alcalinidade) de uma solução líquida. É representado em uma escala de zero a 14 com o valor 7 representando o estado neutro, o valor zero o mais ácido e o valor 14 o mais alcalino. "A concentração de íon-hidrogênio é um importante parâmetro tanto das águas naturais como das águas servidas, pois a existência de grande parte da vida biológica só é possível dentro de estreitos limites da variação desse parâmetro. Águas servidas com concentração adversa de íon-hidrogênio são difíceis de tratar por meios biológicos e, se não houver modificação de pH antes do lançamento em águas naturais, os efluentes certamente alterarão essas águas naturais" (Amarílio Pereira de Souza, informação pessoal, 1986).

→ **Piezômetro** – "Poço de observação no qual é medido o nível freático ou a altura piezométrica" (DNAEE, 1976).

→ **Piscicultura** – Arte de criar e multiplicar peixes. Criação e reprodução de peixes; cultivo de peixes.

→ **Plâncton** – Conjunto dos seres vivos que flutuam sem atividades nas massas de água de lagos ou de oceanos. A parte vegetal é chamada fitoplâncton e ocorre até onde chegam os raios de sol (cerca de 100 metros de profundidade, dependendo da altitude). A parte da fauna é chamada zooplâncton e é formada basicamente de minúsculos crustáceos. O plâncton é a principal reserva alimentar dos ecossistemas marinhos.

→ **Planejamento ambiental** – (1) Identificação de objetivos adequados ao ambiente físico, incluindo objetivos sociais e econômicos, e a criação de procedimentos e programas administrativos para atingir aqueles objetivos.

→ **Plano de controle ambiental (PCA)** – Documento técnico que contém os projetos executivos de minimização dos impactos ambientais identificados na fase de avaliação da viabilidade ambiental de um empreendimento. Nos termos da Resolução Conama 10/90, o PCA é requisito à obtenção da licença de instalação de empreedimentos de exploração de minérios destinados à construção civil.

→ **Plano de gestão** – Conjunto de ações pactuadas entre os atores sociais interessados na conservação e/ou preservação ambiental de uma determinada área, constituindo projetos setoriais e integrados contendo as medidas necessárias à gestão do território (Arruda *et al.*, 2001).

→ **Plano de manejo** – "Conjunto de metas, normas, critérios e diretrizes, e a aplicação prática desses princípios, que tem por fim a administração ou o manejo dos recursos de uma dada área (...)" (Condurú & Santos, 1995).

→ **Planos diretores ambientais** – Conjunto de diretrizes, etapas de realização, restrições e permissões, idealizados com base em diagnósticos prévios, para disciplinar o desenvolvimento de projetos e atividades em uma determinada área, com vista ao alcance de objetivos e metas de recuperação e conservação ambiental.

→ **Pluvial** – Relativo à chuva. Proveniente da chuva.

→ **Pluviógrafo** – "Instrumento que contém um dispositivo para registrar continuamente as alturas de chuvas durante um período" (DNAEE, 1976).

→ **Pluviometria** – Ciência que estuda a quantidade de chuva.

→ **Pluviômetro** – Aparelho que mede a quantidade de chuva, expressa em milímetros de altura.

→ **PNB *per capita*** – Soma de todas as riquezas produzidas num país no período de 01 ano dividida pela população total.

→ **PNMA** – Programa Nacional do Meio Ambiente, conduzido pelo Ministério do Meio Ambiente. Gerencia recursos financeiros oriundos de arrecadação interna e ajuda externa.

→ **PNUMA** – Programa das Nações Unidas para o Meio Ambiente. Estabelecido pela ONU em 1972, a partir de acordos discutidos durante a Conferência de Estocolmo de 1972 sobre Ambiente Humano. O PNUMA é uma unidade das Nações Unidas, e não uma de suas agências especializadas, portanto é mantido por doações voluntárias e não pelas contribuições dos diversos governos. O PNUMA se reporta diretamente à Assembleia Geral através do Conselho Econômico e Social da ONU (Unep).

→ **Poluente** – Substância, meio ou agente que provoque, direta ou indiretamente, qualquer forma de poluição.

→ **Poluição da água** – É o lançamento nas águas dos mares, dos rios, dos lagos e demais corpos d'água, superficiais ou subterrâneos, de substâncias químicas, físicas ou biológicas que afetem diretamente as características naturais das águas e a vida ou que venham a lhes causar efeitos adversos secundários.

→ **Poluição do ar** – Ou poluição atmosférica. É a acumulação de qualquer substância ou forma de energia no ar, em concentrações suficientes para produzir efeitos mensuráveis no homem, nos animais, nas plantas ou em qualquer equipamento ou material, em forma de particulados, gases, gotículas ou qualquer de suas combinações.

→ **Poluição do solo** – Contaminação do solo por qualquer um dos inúmeros poluentes derivados da agricultura, da mineração, das atividades urbanas e industriais, dos dejetos animais, do uso de herbicidas ou dos processos de erosão.

→ **Preservação ambiental** – Ações que garantem a manutenção das características próprias de um ambiente e as interações entre os seus componentes.

→ **Princípio ativo** (de agrotóxicos) – Substância, o produto ou o agente resultante de processos de natureza química, física ou biológica, empregados para conferir eficácia aos agrotóxicos e afins (Decreto 98.816/90).

→ **Proteção integral** – Manutenção dos ecossistemas livres de alterações causadas por interferência humana, admitindo apenas o uso indireto dos seus atributos naturais (Lei n. 9.985/2000, art. 2, VI).

→ **Proteína** – Classe de compostos orgânicos de carbono, nitrogênio e hidrogênio que constitui o principal componente dos organismos vivos.

→ **Protocolo de Kyoto** – Instrumento legal para obrigar os países signatários da Convenção sobre Mudanças Climáticas a reduzir os níveis de emissão de gases de efeito estufa, que continuaram crescendo após a assinatura da convenção, em 1992; o protocolo estipula a criação de um fundo anual de quase US$ 500 milhões, abastecido pelos países industrializados, para facilitar a adaptação das nações pobres às exigências do protocolo; também determina regras para a compra e venda de créditos obtidos por cortes nas emissões de dióxido de carbono, apontado como o grande vilão do efeito estufa.

→ **Putrefação** – (1) Processo de oxidação natural que ocorre em virtude da ação de bactérias e fungos. (2) Decomposição biológica de matéria orgânica, com formação de cheiro desagradável, associada a condições anaeróbias (ABNT, 1973).

Q

→ **Qualidade ambiental** – (1) Estado das principais variáveis do ambiente que afetam o bem-estar dos organismos, particularmente dos humanos. Termo empregado para caracterizar as condições do ambiente segundo um conjunto de normas e padrões ambientais preestabelecidos. A qualidade ambiental é utilizada como valor referencial para o processo de controle ambiental. (2) Resultado dos processos dinâmicos e interativos dos elementos do sistema ambiental, define-se como o estado do meio ambiente, numa determinada área ou região, conforme é percebido objetivamente, em função da medição da qualidade de alguns de seus componentes, ou mesmo subjetivamente, em relação a determinados atributos, como a beleza, o conforto, o bem-estar (FEEMA, 1997).

→ **Qualidade da água** – Características químicas, físicas e biológicas, relacionadas com o seu uso para um determinado fim. A mesma água pode ser de boa qualidade para um determinado fim e de má qualidade para outro, dependendo de suas características e das exigências requeridas pelo uso específico.

R

→ **Radiação** – Processo de emissão de energia eletromagnética (calor, luz raios gama, raios X) e partículas subatômicas (elétrons, nêutrons, partículas alfa etc.); a energia ou as partículas assim emitidas. "Emissão e propagação de energia através do espaço de um meio material sob a forma de ondas eletromagnéticas, sonoras etc." (Aciesp, 1980). Radiação solar: "Conjunto de radiações emitidas pelo Sol que atingem a Terra e que se caracterizam por curto comprimento de onda" (Ferattini, 1992).

→ **Radioatividade** – (1) Fenômeno em que alguns núcleos atômicos emitem partículas ou raios como beta (elétron) e alfa (núcleo do átomo de hélio) ou ondas eletromagnéticas chamadas raios gama ou radiação gama. Certos núcleos sofrem processos espontâneos de desintegração liberando energia e emitindo um ou mais tipos de radiação. Pode haver também radiações artificiais, cujos efeitos são preocupantes. A medida de radiação é o rem, que acusa a quantidade e os efeitos biológicos de radiação.

→ **Recarga artificial** – Processo de aumentar o fornecimento natural de água a um aquífero bombeando água para dentro dele através de perfurações ou para dentro de bacias de captação que drenam a água para dentro do aquífero.

→ **Reciclagem** – Processo de transformação de materiais descartados, que envolve a alteração das propriedades físicas e físico-químicas dos mesmos, tornando-os insumos destinados a processos produtivos, tratamento de resíduos, ou de material usado, de forma a possibilitar sua reutilização; processamento de materiais, rejeitos ou sobras; processo que utiliza rejeitos do processo produtivo como matéria-prima; a reciclagem de rejeitos industriais diminui o volume de resíduos que necessitam de disposição final e, consequentemente, os custos do processo de produção; diferente de reutilização ou reaproveitamento.

→ **Recuperação de área degradada** – Atividade que tem por objetivo o retorno do sítio degradado a uma forma de utilização, de acordo com um plano preestabelecido para o uso do solo, visando à obtenção de uma estabilidade do meio ambiente (Decreto 97.632/89).

→ **Recurso ambiental** – (1) Recurso natural constituído pela atmosfera, águas interiores, superficiais e subterrâneas, estuários, mar territorial, solo, subsolo, elementos da biosfera, como fauna e flora. (2) A atmosfera, as águas interiores, superficiais e subterrâneas e os estuários, o mar territorial, o solo, o subsolo e os elementos da biosfera, a fauna e a flora (Lei n. 6.938 de 31 de agosto de 1981).

→ **Recursos hídricos** – (1) As águas superficiais ou subterrâneas disponíveis para qualquer uso em uma determinada região. (2) Numa determinada região da bacia, a quantidade de águas superficiais ou subterrâneas, disponíveis para qualquer uso (DNAEE, 1976).

→ **Recursos não renováveis** – (1) Recursos provenientes da decomposição da matéria orgânica acumulada há milhões de anos e que se encontram no interior das rochas e do subsolo. Ex.: petróleo, carvão fóssil. (2) Qualquer recurso natural finito que, em escala de tempo humana, uma vez consumido, não possa ser renovado.

→ **Recursos naturais** – (1) Denominação que se dá à totalidade das riquezas materiais que se encontram em estado natural, como florestas e reservas minerais. (2) Recursos ambientais obtidos diretamente da natureza, podendo classificar-se em renováveis e inexauríveis ou não renováveis; renováveis quando, uma vez aproveitados em um determinado lugar e por um dado período, são suscetíveis de continuar a ser aproveitados neste mesmo lugar, ao cabo de um período de tempo relativamente curto; exauríveis quando qualquer exploração traz consigo, inevitavelmente, sua irreversível diminuição (FEEMA, 1997).

→ **Recursos renováveis** – (1) Recursos que podem ser utilizados pelo homem e que podem ser recolocados na natureza (ex.: árvores, animais) ou já existem à disposição sem que seja necessária a reposição (ex.: energia solar, ventos, água). (2) Que potencialmente podem durar indefinidamente porque são substituídos por processos naturais, desde que respeitadas suas características; alguns recursos naturais renováveis, como a água doce, própria para consumo, podem ter sua capacidade de reposição afetada por alterações externas; a poluição das fontes naturais de abastecimento torna a água potável um produto cada vez mais raro.

→ **Rede de drenagem** – Disposição dos cursos de água de uma determinada região. Distinguem-se vários tipos de rede de drenagem: dendrítica, retangular, em grade, radial e anular. A rede de drenagem dendrítica caracteriza-se pelo fato de os rios correrem em todas as direções, como os ramos de uma árvore; a retangular é o tipo de drenagem que apresenta rios fortemente angulares, ajustados aos sistemas de juntas e falhas; a rede de drenagem em grade é própria das regiões intensamente dobradas, a radial é típica das regiões de domos e vulcões; a anular é própria das regiões de domos maturos, é aquela em que se estabelecem redes circulares.

→ **Rede de esgoto** – Termo coletivo para o sistema de coleta afastamento e tratamento de esgoto num determinado bairro ou região.

→ **Reflorestamento** – Processo que consiste no replantio de árvores em áreas que anteriormente eram ocupadas por florestas.

→ **Região estuariana** – Área costeira na qual a água doce se mistura com a salgada (Resolução Conama 012/94).

→ **Região metropolitana** – (1) Área que compreende os diversos municípios que formam a metrópole principal. (2) Conjunto de municípios contínuos e integrados socioeconomicamente a uma cidade central, com serviços públicos de infraestrutura comuns.

→ **Rejeitos** – Rejeitos radioativos "(...) qualquer material resultante de atividades humanas que contenha radionucleídeos em quantidades superiores aos limites de isenção, de acordo com norma específica do CNEN, e para o qual a reutilização é imprópria ou não prevista" (Resolução n. 24, de 7 de dezembro de 1994, do Conama) (ver também RESÍDUO).

→ **Relatório Ambiental Preliminar (RAP)** – Instrumento utilizado nos preâmbulos do procedimento licenciatório, com um conteúdo similar ao do EIA, porém menos aprofundado e detalhado. O RAP possibilita uma identificação preliminar dos potenciais impactos ambientais e possíveis medidas mitigadoras associadas a um empreendimento ou atividade em processo de licenciamento.

→ **Represa** – "Massa de água formada por retenção, por exemplo, a montante de uma barragem" (DNAEE, 1976). "Obra de engenharia destinada à acumulação de água para diversos fins, o que é obtido pelo represamento dos rios, originando-se daí grandes lagos artificiais que, por vezes, causam sérios transtornos e inconvenientes ecológicos, como recrudescimento de endemias e até mesmo abalos sísmicos" (Carvalho, 1981) (ver também Barragem).

→ **Reservatório** – Corpo artificial de água de superfície que é retido por uma represa.

→ **Resíduo** – (1) Substância ou mistura de substâncias remanescentes ou existentes em alimentos ou no meio ambiente, decorrente do uso ou não de agrotóxicos e afins, inclusive qualquer derivado específico, tais como produtos de conversão e de degradação, metabólicos, produtos de reação e impurezas, considerados toxicológica e ambientalmente importantes (Decreto 98.816/90). (2) Material descartado, individual ou coletivamente, pela ação humana, animal ou por fenômenos naturais, nocivo à saúde, ao meio ambiente e ao bem-estar da população.

→ **Resíduos sólidos** – (1) Todos os resíduos sólidos ou semissólidos que não têm utilidade, nem valor funcional ou estético para o gerador e são originados em residências, indústrias, comércio, instituições, hospitais e logradouros públicos. (2) Material inútil, indesejado ou descartado, cuja composição ou quantidade de líquido não permite que se escoe livremente.

→ **Reutilização** – Aproveitamento do resíduo sem submetê-lo a processamento industrial, assegurando o tratamento destinado ao cumprimento dos padrões de saúde pública e de proteção ao meio ambiente.

→ **RIMA** – Relatório de Impacto Ambiental; documento que apresenta os resultados dos estudos técnicos e científicos de avaliação de impacto ambiental; resume o Estudo Prévio de Impacto (EIA) e deve esclarecer todos os elementos do projeto em estudo, de modo compreensível aos leigos, para que possam ser divulgados e apreciados pelos grupos sociais interessados e por todas as instituições envolvidas na tomada de decisão.

→ **Rio** – Corrente contínua de água, mais ou menos caudalosa, que deságua noutra, no mar ou num lago.

→ **Risco ambiental** – (1) Potencial do dano que um impacto pode causar sobre o meio ambiente (Glossário Libreria, 2003). (2) Relação existente entre a probabilidade de que uma ameaça de evento adverso ou acidente determinado se concretize, com o grau de vulnerabilidade do sistema receptor e seus efeitos. O gerenciamento de riscos ambientais é processo complexo e sua implantação torna-se exigência crescente, assim como a comunicação de riscos, que é um item indispensável ao processo de gestão ambiental.

S

→ **Sais biogênicos** – Os mais dissolvidos, essenciais para a vida.

→ **Salina** – Terreno onde se faz entrar a água do mar para retirar, por evaporação, o sal marinho que ela contém. Mina de sal-gema (Glossário Libreria, 2003).

→ **Salinação, salinização** – "Incremento do conteúdo salino da água, dos solos, sedimentos etc. A salinização pode originar mudanças drásticas no papel ecológico e no uso de tais recursos, impedindo ou favorecendo a existência de certos seres vivos, a obtenção de colheitas etc." (Diccionario de la Naturaleza, 1987).

→ **Salinidade** – (1) Teor de substâncias salinas em um líquido. (2) Medida de concentração de sais minerais dissolvidos na água (Carvalho, 1981).

→ **Salobra** – Ecossistemas em que se misturam as águas doces e salgadas, em quantidades variáveis. Influem na taxa de salinidade as chuvas, as marés ou a afluência dos rios. De uma hora para outra, a água salobra pode ficar hipersalgada com relação aos oceanos. Esse fenômeno pode matar algumas espécies e causar pululação (proliferação excessiva) de outras mais adaptadas. Um pequeno crustáceo reage singularmente a esse processo: diminui a sua superfície corporal. Outro entra em hibernação nos períodos de alta salinidade.

→ **Saneamento** – "O controle de todos os fatores do meio físico do homem que exercem efeito deletério sobre seu bem-estar físico, mental ou social" (Organização Mundial da Saúde, *apud* Aciesp, 1980). "O conjunto de ações, serviços e obras que têm por objetivo alcançar níveis crescentes de salubridade ambiental, por meio do abastecimento de água potável, coleta e disposição sanitária de resíduos líquidos, sólidos e gasosos, promoção da disciplina sanitária do uso e ocupação do solo, drenagem urbana, controle de vetores de doenças transmissíveis e demais serviços e obras especializados" (Lei n. 7.750, de 13 de março de 1992). Saneamento básico "É a solução dos problemas relacionados estritamente com abastecimento de água e disposição dos esgotos de uma comunidade. Há quem defenda a inclusão do lixo e outros problemas que terminarão por tornar sem sentido o vocábulo 'básico' do título do verbete" (Carvalho, 1981).

→ **Saturação** – "É a qualidade de uma área definida em função do teor de poluente específico, existente ou previsto no horizonte de planejamento, se comparado com o limite padrão estabelecido para a área, coerentemente com o uso da mesma, objeto de opção política" (Pronol/FEEMA RT 940). "Condição de um líquido quando guarda em solução a quantidade máxima possível de uma dada substância em certa pressão e temperatura" (Carvalho, 1981).

→ **Saúde pública** – "É a ciência e a arte de prevenir as doenças, prolongar a vida e promover a saúde e a eficiência física e mental, através dos esforços organizados da comunidade, visando ao saneamento do meio, ao controle das infecções na comunidade, à educação dos indivíduos nos princípios da higiene pessoal, à organização de serviços médicos e de enfermagem para o diagnóstico precoce e o tratamento preventivo das doenças, e ao desenvolvimento da máquina social que garantirá, para cada indivíduo da comunidade, um padrão de vida adequado à manutenção da saúde" (Aciesp, 1980).

→ **Savana** – As savanas são grandes planícies cobertas de vegetação, limitadas em geral pela zona das florestas equatoriais, de clima mais seco e caracterizado pela alternância da estação seca e da úmida.

→ **Sedimentação** – "Processo de deposição, pela ação da gravidade, de material suspenso, levado pela água, água residuária ou outros líquidos. É obtido normalmente pela redução da velocidade do líquido abaixo do ponto a partir do qual pode transportar o material suspenso. Também chamada decantação ou clarificação" (Carvalho, 1981).

→ **Sedimento** – Termo genérico para qualquer material particulado depositado por agente natural de transporte, como vento ou água.

→ **Serviço público** – "Atividade administrativa pela qual a Administração, por si ou por seus delegados, satisfaz as necessidades essenciais ou secundárias da comunidade, assim por lei consideradas, e sob as condições por aquela impostas unilateralmente" (Moreira Neto, 1976).

→ **Sinergia, sinergismo** – Fenômeno químico no qual o efeito obtido pela ação combinada de duas substâncias químicas diferentes é maior do que a soma dos efeitos individuais dessas mesmas substâncias. Este fenômeno pode ser observado nos efeitos do lançamento de diferentes poluentes num mesmo corpo d'água. "Reações químicas nas quais o efeito total da ação recíproca é superior à soma dos efeitos de cada substância separadamente" (Odum, 1972).

→ **Sequestro de carbono** – (1) É todo o carbono capturado e mantido pela vegetação durante o processo respiratório e fotossíntese. O conceito foi consagrado pela Conferência de Kioto, em 1997, com a finalidade de conter e reverter o acúmulo de CO_2 na atmosfera, visando à diminuição do efeito estufa.

- **Seres consumidores** – Seres como os animais, que precisam do alimento armazenado nos seres produtores.
- **Seres decompositores** – Seres consumidores que se alimentam de detritos dos organismos mortos.
- **Seres produtores** – Seres que, como as plantas, possuem a capacidade de fabricar alimento usando a energia da luz solar.
- **Simbiose** – Associação interespecífica harmônica, com benefícios mútuos e interdependência metabólica.
- **Sólidos decantáveis** – São os sólidos separáveis em um dispositivo para decantação denominado cone de Imhoff, durante o prazo de 60 ou 120 minutos (Amarílio Pereira de Souza, informação pessoal, 1986).
- **Sólidos dissolvidos** – Quantidade total de substâncias dissolvidas em água e efluentes, incluindo matéria orgânica, minerais e outras substâncias inorgânicas; a água que contém níveis elevados de sólidos dissolvidos é imprópria para o uso industrial e considerada de qualidade inferior para consumo humano.
- **Sólidos filtráveis** – Ou matéria sólida dissolvida, são aqueles que atravessam um filtro que possa reter sólidos de diâmetro maior ou igual a 1 mícron (Amarílio Pereira de Souza, informação pessoal, 1986).
- **Sólidos fixos** – São os não voláteis (Amarílio Pereira de Souza, informação pessoal, 1986).
- **Sólidos flutuantes** – Ou matéria flutuante. Gorduras, sólidos, líquidos e escuma removíveis da superfície de um líquido (ABNT, 1973).
- **Sólidos suspensos** – Sólidos em suspensão. Pequenas partículas de poluentes sólidos nos despejos, que contribuem para a turbidez e que resistem à separação por meios convencionais (The World Bank, 1978).
- **Sólidos totais** – Analiticamente, os sólidos totais contidos nos esgotos são definidos como a matéria que permanece como resíduo depois da evaporação à temperatura compreendida entre 103 °C e 105 °C (Amarílio Pereira de Souza, informação pessoal, 1986).
- **Sólidos voláteis** – São aqueles que se volatilizam a uma temperatura de 600 °C (Amarílio Pereira de Souza, informação pessoal, 1986).
- **Soluções Salinas** – Chama-se de solução salina a dissolução de um sal (soluto) em um líquido (solvente), sendo este líquido normalmente a água. Se dissolvermos uma colher de sal de cozinha (cloreto de sódio) em um copo d'água pura, teremos uma solução salina de cloreto de sódio. Se pusermos mais colheres de sal no mesmo copo, a solução ficará mais "salgada", isto é, a concentração do sal ficará maior.
- **Solvente** – Líquido no qual uma ou mais substâncias se dissolvem para formar uma solução (Decreto 98.816/90).
- **Subproduto** – Qualquer material ou produto resultante de um processo concebido primeiramente para produzir outro produto. O custo concebido primeiramente para produzir outro produto. O custo de um subproduto é virtualmente zero. Há, entretanto, incentivo para encontrar usos ou mercados para os subprodutos, por exemplo, escória de alto-forno, usada na construção de estradas. Se tal uso não existe, o subproduto torna-se um resíduo (Bannock et al., 1977).
- **Subsídio** – Incentivo monetário dado a um produtor visando tornar seu produto mais barato e, consequentemente, de mais fácil colocação no mercado.
- **Subsolo** – Camada de solo, imediatamente inferior à que se vê ou se pode arar. Construção abaixo do rés do chão.
- **Substância nociva ou perigosa** – Qualquer substância que, se descarregada nas águas, é capaz de gerar riscos ou causar danos à saúde humana, ao ecossistema aquático ou prejudicar o uso da água e de seu entorno (Lei n. 9.966/2000).
- **Sumidouro** – Em hidrologia – Cavidade, em forma de funil, na superfície do solo, que se comunica com o sistema de drenagem subterrânea, em regiões calcárias, causada pela dissolução da rocha. Em engenharia sanitária – Poço destinado a receber o efluente da fossa séptica e permitir sua infiltração subterrânea.
- **Sustentabilidade** – Qualidade, característica ou requisito do que é sustentável. Num processo ou num sistema, a sustentabilidade pressupõe o equilíbrio entre 'entradas' e 'saídas', de modo que uma dada realidade possa manter-se continuadamente com suas características essenciais. Na abordagem ambiental, a sustentabilidade é um requisito para que os ecossistemas permaneçam iguais a si mesmos, assim como os recursos podem ser utilizados somente com reposição e/ou substituição, evitando-se a sua depleção, de maneira a manter o equilíbrio ecológico, uma relação adequada entre recursos e produção, e entre produção e consumo.

T

- **T–90** – "É o tempo que leva a água do mar para reduzir de 90% o número de bactérias do esgoto" (Carvalho, 1981).
- **Talude** – (1) Plano que imita lateralmente tanto um aterro como uma escavação. (2) Superfície inclinada do terreno na base de um morro ou de uma

encosta do vale, onde se encontra um depósito de detritos (Guerra, 1978).

→ **Talvegue** – "Linha de maior profundidade no leito fluvial. Resulta da interseção dos planos das vertentes com dois sistemas de declives convergentes; é o oposto de crista. O termo significa 'caminho do vale' (Guerra, 1978).

→ **Tanque de resíduos** – Qualquer tanque destinado especificamente a depósto provisório dos líquidos de drenagem a lavagem de tanques e outras misturas e resíduos (Lei n. 9.966/2000).

→ **Teia alimentar** – Rede alimentar.

→ **Tempo de concentração** – "Período de tempo necessário para que o escoamento superficial proveniente de uma precipitação pluviométrica escoe entre o ponto mais remoto de uma bacia, até o exutório".

→ **Termodinâmica** – Relativo ao calor e ao movimento; parte da Física que investiga a transformação da energia, particularmente dos processos que envolvem energia térmica.

→ **Termoelétrica** – Usinas que produzem eletricidade a partir da queima de combustível como o carvão, o óleo e a lenha.

→ **Termômetro** – Qualquer instrumento destinado a medir temperaturas.

→ **Terras úmidas** – "Área inundada por água subterrânea ou de superfície, com uma frequência suficiente para sustentar vida vegetal ou aquática que requeira condições de saturação do solo" (EPA, 1979). "Áreas de pântano, brejo, turfeira ou água, natural ou artificial, permanente ou temporária, parada ou corrente, doce, salobra ou salgada, incluindo as águas do mar, cuja profundidade na maré baixa não exceda seis metros" (Informação pessoal de Norma Crud, 1985, baseada na Conferência de Ramsar, 1971).

→ **Tolerância** – Capacidade de suportar variações ambientais em maior ou menor grau. Para identificar os níveis de tolerância de um organismo são utilizados os prefixos euri, que significa amplo, ou esteno, que significa limitado. Assim, um animal que suporta uma ampla variação de temperatura ambiental é denominado euritermo, enquanto um organismo que possui pequena capacidade de tolerância a este mesmo fator é chamado estenotermo.

→ **Tomada d'água** – Estrutura ou local cuja finalidade é controlar, regular, derivar e receber água, diretamente da fonte por uma entrada d'água construída a montante (DNAEE, 1976).

→ **Topografia** – Descrição ou delineação minuciosa de uma localidade. Configuração do relevo de um terreno com a posição de seus acidentes naturais ou artificiais. Descrição anatômica e minuciosa de qualquer parte do organismo humano.

→ **Toxicidade aguda** – Qualquer efeito venenoso produzido dentro de um certo período de tempo, usualmente de 24-96 horas, que resulte em dano biológico severo e, às vezes, em morte (The World Bank, 1978).

→ **Tóxico** – (1) Venenoso; substância ou agente venenoso. (2) Substância química ou biológica capaz de provocar envenenamento.

→ **Toxidez** – Ou toxicidade. (1) Capacidade de uma toxina ou substância venenosa produzir dano a um organismo animal. (2) A qualidade ou grau de ser venenoso ou danoso à vida animal ou vegetal (The World Bank, 1978).

→ **Transmissão hídrica** – Os microrganismos patogênicos atingem a água com os excretas de pessoas ou animais infectados, portando germes patogênicos de origem intestinal (coliformes), usam a água como veículo.

→ **Tratamento** – Processo artificial de depuração e remoção das impurezas, substâncias e compostos químicos de água captada dos cursos naturais, de modo a torná-la própria ao consumo humano, ou de qualquer tipo de efluente líquido, de modo a adequar sua qualidade para a disposição final.

→ **Tratamento biológico** – Forma de tratamento de água residuária, na qual a ação de microrganismos é intensificada para estabilizar e oxidar a matéria orgânica.

→ **Tratamento da água** – (1) Conjunto de procedimentos para converter água impura em água potável ou utilizável pela indústria ou agricultura. As instalações destinadas para tratamento são denominadas depuradoras ou purificadoras, e recebem o nome de dessalinizadoras quando tratam a água do mar.

→ **Tratamento preliminar** – Operações unitárias, tais como remoção de sólidos grosseiros, de gorduras e de areia, que prepara a água residuária para o tratamento subsequente.

→ **Tratamento primário** – Operações unitárias, com vistas principalmente à remoção e estabilização de sólidos em suspensão, tais como sedimentação, digestão de lodo, remoção da umidade do lodo.

→ **Tratamento químico** – Qualquer processo envolvendo a adição de reagentes químicos para a obtenção de um determinado resultado.

→ **Tratamento secundário** – Operações unitárias de tratamento, visando principalmente à redução de carga orgânica dissolvida, geralmente por processos biológicos de tratamento.

→ **Tratamento terciário** – Operações unitárias que se desenvolvem após o tratamento secundário, visando ao aprimoramento da qualidade do efluente, por exemplo a desinfecção, a remoção de fosfatos e outras substâncias.

→ **Trialometanos** – Quando se adiciona cloro a uma água que possui muita matéria orgânica, temos a formação de produtos não desejáveis, que são o trialometanos, conhecidos como THM. Dentre eles, o "clorofórmio" e o "bromofórmio" são cancerígenos.

→ **Turbidez** – Medida da transparência de uma amostra ou corpo d'água, em termos da redução de penetração da luz, devido à presença de matéria em suspensão ou substâncias coloidais. Mede a não propagação da luz na água. É o resultado da maior ou menor presença de substâncias coloidais na água (Amarílio Pereira de Souza, informação pessoal, 1986).

→ **Turfa** – (1) Depósito recente de carvões, formado principalmente em regiões de clima frio ou temperado, onde os vegetais antes do apodrecimento são carbonizados. Estas transformações exigem que a água seja límpida e o local não muito profundo. A turfa é uma matéria lenhosa, que perdeu parte de seu oxigênio por ocasião de carbonização, assim transformando-se em carvão, cujo valor econômico como combustível é, no entanto, pequeno (Guerra, 1978).

U

→ **Ultravioleta. UV (Ultravioleta)** – Radiação eletromagnética de comprimento de onda compreendido entre 100 e 400 nm (nanômetro) produzida por descargas elétricas em tubos de gás. Cerca de 5% da energia irradiada pelo Sol consiste nessa radiação, mas a maior parte da que incide sobre a Terra é infiltrada pelo oxigênio e, principalmente, pela camada de ozônio da atmosfera terrestre, evitando danos consideráveis aos seres vivos.

→ **Umidade** – Medida da quantidade de vapor-d'água contido no ar atmosférico.

→ **Umidade relativa** – Para uma dada temperatura e pressão, a relação percentual entre o vapor-d'água contido no ar e o vapor que o mesmo ar poderia conter se estivesse saturado, a idênticas temperatura e pressão (WMO *apud* DNAEE, 1976).

→ **Usos múltiplos** – Nos processos de planejamento e gestão ambiental, a expressão usos múltiplos refere-se à utilização simultânea de um ou mais recursos ambientais por várias atividades humanas. Por exemplo, na gestão de bacias hidrográficas, os usos múltiplos da água (geração de energia, irrigação, abastecimento público, pesca, recreação e outros) devem ser considerados, com vistas à conservação da qualidade deste recurso, de modo a atender às diferentes demandas de utilização.

→ **Urbanização** – Ato ou efeito de urbanizar. Arte ou ciência de edificar cidades; urbanística.

V

→ **Vale** – (1) Depressão topográfica alongada, aberta, inclinada numa direção em toda sua extensão. Pode ser ocupada ou não por água. São vários os tipos de vales, entre os quais: vale fluvial, vale glacial, vale suspenso, vale de falha. (2) Depressão, planície entre montes ou no sopé de um monte (Glossário Libreria, 2003).

→ **Valo de oxidação** – "É um reator biológico aeróbio de formato característico, que pode ser utilizado para qualquer variante do processo de lodos ativados que comporte um reator em mistura completa" (Carvalho, 1981).

→ **Vazão** – (1) Quantidade de água que jorra de uma fonte por unidade de tempo. No rio, é a quantidade de água que passa numa secção transversal ao leito por unidade de tempo. (2) Volume fluido que passa, na unidade de tempo, através de uma superfície (como exemplo, a seção transversal de um curso d'água) (DNAEE, 1976).

→ **Várzea** – (1) Planície de grande fertilidade. (2) Planícies cultivadas em vale. Nem sempre são férteis e cultiváveis, especialmente se sofrem alagamentos periódicos ou estão formadas sobre solo arenoso ou pedregoso. (3) Formação florística dos vales ou lugares baixos, parcialmente alagados.

→ **Vertedor** – Dispositivo utilizado para controlar e medir pequenas vazões de líquidos em canais abertos.

→ **Vertente** – Planos de declives variados que divergem das cristas ou dos interflúvios, enquadrando o vale. Nas zonas de planície, muitas vezes, as vertentes podem ser abruptas e formarem gargantas (Guerra, 1978).

→ **Vetor biológico** – (1) Vetor no qual um parasita se desenvolve ou multiplica (Usaid, 1980). (2) É aquele que toma parte essencial, participando do ciclo evolutivo do parasita, como o caramujo da esquistossomose (Carvalho, 1981).

→ **Vetor** – Em biologia. (1) Portador, usualmente artrópode, que é capaz de transmitir um agente patogênico de um organismo para o outro (The World Bank, 1978). (2) Artrópode ou outro animal que transmite um parasita de um vertebrado hospedeiro para outro (Usaid, 1980). (3) Animal que transmite um organismo patogênico a outros organismos; portador de doença.

↪ **Vida útil** – Relacionado com o tempo de produtividade de uma mercadoria.

↪ **Vinhoto** – (1) Resíduo nocivo produzido pelas usinas de álcool. (2) Líquido residual das destilarias de álcool de cana-de-açúcar, também conhecido como vinhaça, restilo ou caldas de destilaria. O lançamento direto ou indireto do vinhoto nos rios é proibido por lei.

↪ **Vírus** – Organismos microscópicos que podem causar inúmeras doenças aos animais e às plantas.

↪ **Viscosidade** – Resistência interna que as partículas de uma substância oferecem ao escorregamento de uma sobre as outras.

↪ **Voçoroca** – Processo erosivo subterrâneo causado por infiltração de águas pluviais, através de desmoronamento e que se manifesta por grandes fendas na superfície do terreno afetado, especialmente quando este é de encosta e carece de cobertura vegetal.

X

↪ **Xerófilo** – Vegetal que vive em lugares secos.

↪ **Xeromórfica** – (1) Planta semelhante às xerófitas. (2) Espécie vegetal com morfologia semelhante às xerófitas e, por isso, não sofre com a escassez de água no ambiente onde vegeta (como é o caso da vegetação de cerrado, por exemplo).

↪ **Xisto** – (1) Designação dada a um grupo de rochas metamórficas, com xistosidade nítida. Mineralogicamente caracterizado pela ausência ou pela raridade de feldspato. O xisto pode ser proveniente de rocha sedimentar ou magmática. Exemplo: biotitaxisto, coritaxisto. Aplica-se ainda este termo a qualquer rocha metamórfica que revele xistosidade, mesmo incipiente. (2) Tipo de rocha de composição química variável, de largo uso industrial.

↪ **Xistosa** – Característica de minerais metamórficos que consiste na disposição em camadas nas rochas.

Z

↪ **Zona abissal** – "Denominação dada pelos biogeógrafos à parte profunda dos oceanos" (Guerra, 1978).

↪ **Zona costeira** – O espaço geográfico de interação do ar, mar e terra, incluindo seus recursos renováveis ou não, abrangendo uma faixa marítima e outra terrestre (Lei n. 7.661/88).

↪ **Zona de aeração** – Zona situada acima do nível hidrostático, no qual os interstícios das rochas são alternadamente ocupados por ar e por água vadosa. A zona de aeração é de interesse para o geólogo, por corresponder à zona em que ocorrem as ações principais de intemperismo.

↪ **Zona intertidal** – "É a zona compreendida entre o nível da maré baixa e da ação das ondas na maré alta. Pode ser dividida em zona intertidal maior (backshore) e zona intertidal menor (foreshore)" (Guerra, 1978). Zona intertidal maior: "A faixa que se estende acima do nível normal da maré alta, só sendo atingida pelas marés excepcionais ou pelas grandes ondas no período de tempestade" (Guerra, 1978). Zona intertidal menor "É a faixa de terra litorânea exposta durante a maré baixa e submersa durante a maré alta" (Guerra, 1978).

↪ **Zooplâncton** – (1) Conjunto de animais do plâncton. (2) É o conjunto de animais suspensos ou que nadam na coluna de água, incapazes de sobrepujar o transporte pelas correntes, devido ao seu pequeno tamanho ou à sua pequena capacidade de locomoção. Fazem parte do conjunto maior de plâncton.

Referências Bibliográficas

ABECITRUS. *Site corporativo*. Disponível em: <www.abrecitrus.com.br>. Acessado em dez. 2005.

ABES-SP. Reúso da Água, série *"Cadernos de Engenharia Sanitária e Ambiental"*. São Paulo, 1997.

ABNT – Associação Brasileira de Normas Técnicas. *Reúso Local*. Item 5.6 NBR 13969/1997.

ABNT – *NBR – 7229*, 1993.

AHN, K., SONG, K., CHA, H., YEOM, I. Removal of ions in nickel electroplating rinse water using low-pressure nanofiltration. *Desalination Watertown*, v. 122, p. 77-84, 1999.

ALIBABA.com – Site de compra de equipamentos on-line. Disponível em Acessado em fevereiro de 2010.

ALLISON, R. P., Electrodialsys Reversis Reversal in Walter Reuse Aplications. *Desalination Watertown* v. 103, p. 11-18, 1995.

ALMEIDA, Cristina M. M. Almeida – *Desinfecção com dióxido de cloro*. Faculdade de Farmácia da Universidade de Lisboa, Laboratório de Hidrologia e Análises Hidrológicas, Av. das Forças Armadas, 1649-083, Lisboa. Disponível em: http://www.spq.pt/boletim/docs/boletimSPQ_105_021_09.pdf Acessado em fevereiro 2010.

AMBIENTALonline. *Artigos sobre meio ambiente*. Disponível em: <www.ambientalonline.hpg.ig.com.br/home.htm>. Acessado em 11 mar. 2002.

AMBIENTE BRASIL. *Saneamento urbano*. Disponível em: <www.ambientebrasil.com.br/-./agua/urbana/saneamento.html>. Acessado em 2005.

_____. *Efluentes industriais*. Disponível em: <www.ambientebrasil.com.br/-efluentes industriaisl>. Acessado em 2004.

ANA – Agência Nacional de Água. *A evolução da gestão de recursos hídricos no Brasil*. Edição comemorativa do Dia Mundial da Água. Brasília, 64p., 2002.

_____. *Reúso da água*. Disponível em: <www.reúsodeagua.hpg.com.br>. Acessado em 2005.

APHA, AWWA, WPCF. *Standard methods for the examination of water and wastewater*. 19. ed. Washington, 1995.

AQUA ENGENHARIA. *Projetos desenvolvidos*. Disponível em: <www.acquaeng.com.br/projetos.html>. Acessado em: 25 fev. 2002.

AQUALUNG – Informativo Instituto Ecológico Aqualung. RAMOS, J. B. Água recurso inesgotável?. *In Informativo n. 30* – mar./abr. 2000 – Instituto Ecológico – Aqualung – Disponível em: <www.uol.com.br/instaqua/info38.htm>.

AQUAMARE – Beneficiadora e Distribuidora de Água Ltda. *H2Ocean*. Disponível em: <http://www.h2ocean.com.br/novo/h2ocean.html>. Acesso em: 21 mar. 2009.

AQUANET. *Os Processos de Dessalinização*. Disponível em: <http://neutralcarbon.com.br/Processo.html>. 2010

ARAIA, Eduardo. Água Doce: o ouro do século 21. *Revista Planeta*, n. 438, mar. 2009. Disponível em: <http://www.terra.com.br/revistaplaneta/edicoes/438/artigo128850-1.htm>. Acesso em: 18 mar. 2009.

BAIRD, C. *Química Ambiental*. 2. ed. Rev. e amp. Porto Alegre: Bookman, 2002.

BANCOR AMBIENTAL. *Eletrodiálise Reversa para Vinhaças de Destilaria de Álcool*. Disponível em: <http://www.bancor.com.br/EDR-V_catalogue.htm>. Acesso em: 13 mar. 2009.

BANDELIER, Philippe; DERONZIER, Jean-Claude. *Dessalinização com Alto Rendimento*. França Flash, n. 39, p. 12, jul-set 2004. Disponível em: <http://www.cendotec.org.br/francaflash/ff39.pdf>. Acesso em: 11 mar. 2009.

BATALHA, B. L.; PARLATORRE, A. C. *Controle da qualidade da água para consumo humano:* bases conceituais e operacionais. São Paulo: Cetesb, 198 p. 1998.

BODE, H. Control of heavy metal emission from metal plating industry in a German river basin. *Water Science and Technology*, v. 38, n. 4-5, p.121-129, 1998.

BORGES, J. T.; GUIMARÃES, J. R. A cloração e o residual de cloro na água – uma abordagem polêmica. In: Seminário Nacional de Microbiologia Aplicada ao Saneamento, Vitória, 2000. *Anais*..Vitória- ES, ABES, 2000.

BRAILE, P. M.; CAVALCANTI J. E. W. A. *Manual de tratamento de águas residuárias industriais*. São Paulo: CETESB, 1993.

BRANCO, S. M. Água, Meio Ambiente e Saúde. In: Rebouças, A. C. (coord.). *Águas Doces do Brasil:* Capital Ecológico. São Paulo: Escrituras. 717 p., 1999.

BRASIL. *PORTARIA 82/GM*. Estabelece o regulamento e funcionamento técnico para o funcionamento dos serviços de diálise e as normas para cadastramento destes estabelecimentos junto ao Sistema Único de Saúde. Disponível em: <www.saude.gov.br/doc/Portarias/2000>. Acesso em: 10 abr. 2003.

BRASIL. *PORTARIA MS 1469/2000*. Estabelece os procedimentos e responsabilidades relativas ao controle e vigilância da qualidade da água para consumo humano e seu padrão de potabilidade, e dá outras providências. Disponível em: <www.saude.gov.br/doc/Portarias>. Acesso em: 10 abr. 2003.

BRASIL. *Portaria n. 518, de 25 de março de 2004*. Estabelece os procedimentos e responsabilidades relativos ao controle e vigilância da qualidade da água para consumo humano e seu padrão de potabilidade, e dá outras providências. Ministério da Saúde, Brasil, 2004. Disponível em: <http://www.quimlab.com.br/PDF-art/Portaria%20no.%20518.pdf>. Acesso em: 15 mar. 2009.

BRASIL. *Resolução Conama, n. 357*, de 17 de março de 2005. Dispõe sobre a classificação dos corpos de água e diretrizes ambientais para o seu enquadramento, bem como estabelece as condições e padrões de lançamento de efluentes, e dá outras providências.

BRIGHT HUB. *Desalination*: Multi stage flash distillation. 20 mar. 2009. Disponível em: <http://www.brighthub.com/engineering/mechanical/articles/29623.aspx>. Acesso em: 25 mar. 2009.

BRKIT. *Ciclo da água*. Disponível em: <www.brkit.com.br/agua/ciclohtm;>.

CABES. *Catálogo Brasileiro de Engenharia Sanitária e Ambiental* – (1192/93). Rio de Janeiro: ABES, v. 17. [199-].

CABRAL, E. R., MANNHEIMER, W. A. *Galvanização:* sua aplicação em equipamento elétrico. Rio de Janeiro: Ao Livro Técnico, p. 120-129, 1979.

CAETENEWS. *Os Diferentes Tipos de Água*. 24 jun. 2007. Disponível em: <http://www.caetenews.com.br/blog/planetaagua/index.php?itemid=1103>. Acesso em: 04 mar. 2009.

CAETENEWS. *Uso da Água do Mar*. 24 jun. 2007. Disponível em: <http://www.caetenews.com.br/blog/planetaagua/index.php?itemid=1102>. Acesso em: 04 mar. 2009.

CARRARA, S. M. C. M. *Estudos de viabilidade do reúso de efluentes líquidos gerados em processos de galvanoplastia por tratamento físico-químico*. Campinas. Dissertação de Mestrado. Universidade Estadual de Campinas, 119 p., 1997.

CARTWRIGHT, P. Pollution prevention drives membrane technologies. *Chemical Engineering*, v. 101, n. 9, p. 84-87, sep 1994.

CARVALHO, B. *Glossário de Saneamento e Ecologia*. ABES. Rio de Janeiro, 1981.

CASA DE QUÍMICA. Site Institucional de produtos químicos. Disponível em: http://www.casaquimica.com.br/. Acessado em fevereiro de 2010.

CASAN. Saúde Pública: *ETE – lodos ativados: valo de oxidação*. Disponível em: <www.casan.com.br/saude_etc_valo.htm>. Acessado em: 25 fev. 2002.

CASTELBLANQUE, J., SALIMBENI, F. NF and RO membranes for the recovery and reuse of water and concentrated metallic saltas from waste water produced in the electroplating process. *Desalination Watertown*. v. 167, p. 65-73, 2004.

CEPEA. *Saneamento básico:* Gerenciamento de lodos. Disponível em: <www.cepea.esalq>. Acessado em 2002.

_____. *Situação do Saneamento Básico no Brasil e na Região de Estudo*. Disponível em: <www.cepea.esalq.usp.br/>. Acessado em: 8 abr. 2002.

CERH – Conselho Estadual de Recursos Hídricos. *Plano Estadual de Recursos Hídricos*: Diagnóstico, CERH, São Paulo, 1990.

CETESB – Companhia de Tecnologia de Saneamento Ambiental. VASCONSELOS, N. V. et al. *Nova Técnica Sobre Tecnologia de Controle de Curtumes*. NP/NPP/NPPR. São Paulo, 1989.

_____. *Legislação da Cetesb:* Artigo 18 decreto 8.468. São Paulo, 1976.

_____. *Controle da qualidade da água para consumo humano:* Bases Conceituais e Operacionais. São Paulo, 1977.

_____. *Técnica de Abastecimento e Tratamento de Água*. v. 1 e 2, 2. ed. São Paulo, 1978.

_____. *Opções para tratamento de esgotos de pequenas comunidades*. São Paulo, 1990.

_____. *Licença de funcionamento*. São Paulo, [199-].

_____. *Produção mais Limpa:* Casos de Sucesso. Disponível em: <www.cetesb.sp.gov.br/Ambiente/producao_limpa/casos.asp>. Acessado em: dez. 2005.

CH2M-HILL DO BRASIL. *Estudo elaborado pela CH2M-HILL DO BRASIL*. São Paulo, s/d.

CH$_2$M-HILL DO BRASIL. *Estudos de serviços de engenharia*. São Paulo, s/d.

CHERNICHARO, C. A. L. Tratamento anaeróbio de esgotos: Situação atual e perspectivas. Seminário Internacional de tratamento e disposição de esgotos sanitários: Tecnologia e perspectivas para o futuro, *Anais*, Brasília, CAESB, 1996.

_____. *Reatores Anaeróbios*. Belo Horizonte: DESA – UFMG. 1997. 246p.

CHEVRON ORONITE DO BRASIL Ltda. *Procedimentos operacionais da estação de tratamento de efluentes*. São Paulo, 2005.

CIRRA – Centro Internacional de Referências de Reuso de Água. *Apostila do curso de reuso de água*. CIRRA, SP – 2006.

CITYALPHA. *Barueri e Carapicuíba vão fornecer água de reúso*. Disponível em: <www.cityalpha.com.br/barueri17.htm>. Acessado em: 11 mar. 2002.

COMITÊ DA BACIA HIDROGRÁFICA DO ALTO TIETÊ. *Reúso da Água nas Indústrias e no Setor de Serviços:* Experiências de Sucesso e Perspectivas. São Paulo, 2000.

CONAMA. Resolução 357. Brasília. MMA, 2005.

CONGRESSO GERAL DE ENERGIA NUCLEAR, Raios X por dispersão de energia em amostra de água e efluentes industriais. *Anais...* Rio de Janeiro, v. 3, p. 841-845, 1993.

COPERSUCAR. *Fundamentos dos processos de fabricação de açúcar e álcool*, Caderno Copersucar – Série Industrial n. 20, Piracicaba, 1999.

_____. *Tratamento de efluentes na agroindústria sucroalcooleira*. Palestra no Simpósio FEBRAL. São Paulo, 1995.

COTRUVO, Joseph A. *Desalination Guidelines Development for Drinking Water*: background. Rolling revision of the WHO (World Health Organization) Guidelines for drinking-water quality, 2004. Disponível em: <http://www.who.int/water_sanitation_health/dwq/nutrientschap2.pdf>. Acesso em: 15 mar. 2009.

CROOK, J. Critérios de qualidade da água para reúso. *Revista DAE*, São Paulo, v. 53, n. 174, p. 10-18, nov./dez. 1993.

CRQ. Disponível em: <www.crq4.org.br/informativo/abril_2004/pagina09.php> Acessado em: 16 ago. 2001.

CUNHA, O. A. A. *Resinas de Troca Iônica para Tratamento de Água Industrial*. Instituto Brasileiro de Petróleo, Rio de Janeiro, 1996.

DEGRÈMONT. *Instalação, Operação e Manutenção da Empresa*, 2004

DIAS, Tiago. Membranas: meio filtrante de tecnologia avançada. *Revista e Portal Meio Filtrante*, n. 23, nov./dez. 2006. Disponível em: <http://www.meiofiltrante.com.br/materias.asp?action=detalhe&id=265>. 2006

DISCOVERY CHANNEL. *Dessalinização* (vídeo). Disponível em: <http://www.blogdasaguas.com/padrao/agua-potavel_dessanilizacao-discovery-channel/>. Acesso em: 08 mar. 2009.

DNAEE – Departamento Nacional de Águas e Energia Elétrica. *Plano Nacional de Recursos Hídricos*. Brasília, 1985.

ECO QUÍMICA Portal de Química e Meio Ambiente. Disponível em: http://ube-164.pop.com.br/repositorio/4488/meusite/hidroanalitica/solidos.htm. Acessado em fevereiro de 2010

ECOPOLO. Site corporativo. Disponível em: <www.ecopolo.com.br/>. Acessado em 2003.

EMBRAPA – Empresa Brasileira de Pesquisa Agropecuária. *Atlas do Meio Ambiente do Brasil*. Brasília: Ed. Terra Viva. 138p., 1994.

ENERGY RECOVERY, INC. *How the PX Works* (vídeo). Disponível em: <http://www.energyrecovery.com/eri_video/how-px-works.php4>. Acesso em: 12 mar. 2009.

EPA – Environmental Protection Agency. *Guidelines for Water Reuse*. EPA/625/R- 04/108, Washington, DC, September, 2004.

ERI – THE ENERGY AND RESOURCES INSTITUTE. *Solar Desalination Unit for Clear Drinking Water*. **Disponível em: <http://www.teriin.org/index.php?option=com_content&task=view&id=62>. Acesso em 14 mar. 2009.**

FALKENMARK, M. *Macro – scale water supply demand comparasion on the global scene*. Stockholm, p. 15-40, 1986.

FERREIRA, I. V. L. e DANIEL, L. A. – Artigo técnico: *Fotocatálise heterogênea com TiO$_2$ aplicada ao tratamento de esgoto sanitário secundário*. Engenharia Sanitária e Ambiental *Print version* ISSN 1413-4152. Disponível em: http://www.scielo.br/scielo.php?pid=S1413-41522004000 400011&script=sci_arttext&tlng=es. Acessado em fevereiro de 2010.

FIBGE – Fundação Instituto Brasileiro de Geografia e Estatística. *Pesquisa nacional de saneamento básico*. Rio de Janeiro: FIBGE, 1989.

FIESP– Federação das Indústrias do Estado de São Paulo. *Ampliação da oferta de energia através da biomassa*, FIESP. São Paulo, 2001.

_____. *Conservação e Reúso da Água – Manual de Orientações para o Setor Industrial – vol 1*, Fiesp/ANA/MMA. São Paulo, s/d.

_____. FIESP – *Caso EMBRAER*. Disponível em: <www.fiesp.com.br/meio/meio_ambiente>. Acessado em 2005

FLUIDTECH LTDA. *Manual de Treinamento*: Sistema de Tratamento, Armazenagem e Distribuição de Água para Hemodiálise (com Osmose Reversa OSMONICS 23G), 2001a.

_____. *Manual de Operação e Manutenção*: Sistema de Purificação de Água por Osmose Reversa OSMONICS – Modelo OSMO 23G –2001b.

FOLHA DE SÃO PAULO. *Governos vão cobrar taxa por uso de água*. São Paulo, 24 jun. 2001. C5.

FREIRE, R. S. *Novas tendências para o tratamento de resíduos industriais contendo espécies organocloradas.* Instituto de Química – Universidade Estadual de Campinas - CP 6154 - 13083-970-Campinas–SP. Disponível em: http://www.scielo.br/scielo.php?script=sci_ arttext&pid=S0100-40422000000400013&lng=en&nrm=iso&tlng=pt Acessado em fevereiro de 2010.

FUNASA. Manual de Saneamento. Cap. 03 p. 165-172. Disponível em: <www.funasa.gov.br/pub/manusane/mansan03_165_201.DPF>. Acessado em: 9 abr. 2002.

GEA Filtration. Disponível em: http://www.geafiltration.com/Portuguese/Tecnologia/Tipos _de _Membranas.htm. Acessado em fevereiro de 2010

GENTIL, V. *Corrosão.* 2. ed. Rio de Janeiro: Guanabara, 435 p., 1987.

GIORGI, C. F. *Experiências com biorreatores de membrana (BRM).* **Revista Hydro Julho 2008. 20 – 29.**

GLEICK, P. H. *Water in crisis:* A guide to the word's fresh water resources. Oxford, Oxford Press, 476 p., 1993.

GONZALES, L. V. Curso de Troca Iônica. PUC – Pontifícia Universidade Católica. Disponível em: http://www.dema.puc-rio.br/cursos/OUTecAmb/Troca_Ionica.ppt#286,6Estruturadarede polimérica – Acessado em fevereiro de 2010.

GPCA – MEIO AMBIENTE. *Tratamento de esgotos sanitários.* Disponível em: <www.gpca.com.br/gil/art79.htm>. Acessado em: 27 fev. 2002.

GREENTEC Engenharia Ambiental. Disponível em: http://www.greentechambiental.com.br/ aqua/s1_osmosere.htm. Acessado em fevereiro de 2010.

HESPANHOL, I. Esgotos Domésticos como Recursos Hídricos – Parte I – Dimensões Políticas, Institucionais, Legais, Econômico-financeiras e Sócio-culturais. *Revista Engenharia,* São Paulo, n. 523, p. 45-58, 1997.

_____. Água e Saneamento Básico. Uma Visão Realista. In: Rebouças. A. C. (Coord.). *Águas Doces no Brasil.* São Paulo: Escrituras, 1999.

HESPANHOL, I.; MIERZWA, J. C. Artigo: Programa para gerenciamento de águas nas indústrias, visando ao uso racional e à reutilização. *Revista Engenharia Sanitária e Ambiental,* v. 4, abr./jun. 1999.

HUGENNEYER JR., C. Redução de custos. *Tratamento de Superfície,* n. 81, p. 10-11, jan./fev. 1997.

IBAMA. Disponível em: <www.ibama.gov.br>. Acessado em 2005.

IBGE – Instituto Brasileiro de Geografia e Estatística – Centro de Documentação e Disseminação de Informações. *O Brasil em números.* Rio de Janeiro, IBGE, 1992/1995/1996.

_____. Diretoria de Pesquisas. Departamento de População e Indicadores Sociais. Divisão de Estudos e Análises da Dinâmica Demográfica. *Projeção da População do Brasil por Sexo e Idade para o Período 1980-2050 –* Revisão 2000. Disponível em: <www.ibge.org.br>.

_____. *Indicadores IBGE.* Disponível em: <www.ibge.gov.br/home/estatistica/indicadores>. Acessado em 2006.

IG – Lodo de esgoto. Disponível em: <www.lodoesgoto.htm.ig.com.br/estudo1.htm>. Acessado em 11 abr. 2002.

IHP/UNESCO. *Aproaches to integrated water resouces management in humid tropical and arid and semerid zones in developing countries.* Paris, 161 p. 1991.

IICA – Instituto Interamericano de Cooperação para Agricultura. *Reúso de Esgotos Sanitários.* Disponível em: <www.iica.org.br/centro.htm>. Acessado em: 11 mar. 2002.

_____. *SOS Águas.* Disponível em: <www.estadao.com.br/ext/ciencia/sosagua/not1.htm>. Acessado em: 11 mar. 2002.

INFOÁGUA Laboratório de Análises de Água e Consultoria Ambiental Sanitária. Disponível em: http://www.infoaguas.com.br/modulos/canais/descricao.php?cod=49&codcan=4. Acessado em fevereito de 2010.

LAPOLLI, F. R. *Biofiltração e microfiltração tangencial para o tratamento de esgotos sanitários.* São Carlos. 186 p. Tese (doutorado). Escola de Engenharia de São Carlos, Universidade de São Paulo. 1998.

LAUTENSCHLAGER, S. R. *Otimização do processo de ultrafiltração no tratamento avançado de efluentes e águas superficiais.* Tese (Doutorado) – Escola Politécnica da Universidade de São Paulo. São Paulo, 2006.

LAVRADOR, J. *Contribuição para Entendimento do Reúso Planejado da Água e Algumas Considerações sobre Possibilidades de uso no Brasil.* São Paulo. Dissertação de Mestrado. Escola Politécnica da Universidade de São Paulo, 198p., 1987.

LEITE, V. D.; et al. Artigo. *Estudo do processo de stripping de amônia em líquidos lixiviados*. Disponível em documentos.aidis.cl/Trabajos%20Poster/.../VI-Leite-Brasil-1.doc Acessado em 2010.

LENNTECH – WATER TREATMENT & PURIFICATION HOLDING B. V. *Dessalinização*. Disponível em: <http://www.lenntech.com/Portugues/Dessalinizacao/Dessalinizacao-assunto-chave.htm> – Acessado em 2009.

LIKUID – Centro de Estudos de Investigações Técnicas. Disponível em: http://www.likuidnanotek.com/produ_men_xq.htm. Acessado em fevereiro de 2010.

LOWENHEIM, F. A. *Electroplating*. New York: McGraw-Hill, p.171-249, 1978.

MACÊDO, J. *Águas e Águas*. 2. ed. Belo Horizonte – CRQ-MG, 2004.

MAESTRI. R. S. *Biorreator à membrana como alternativa para otratamento de esgotos sanitários e reúso da água*. Mestrado. Universidade Federal de Santa Catarina. Florianópolis – SC. Março 2007

MALUF, Alexandre Prata. *Destiladores Solares no Brasil*. Dissertação de Especialização, Universidade Federal de Lavras, Lavras, 2005.

MANCUSO, P. C. S., SANTOS, H. F. (ed.). *Reúso de Água*. São Paulo: Manole, 2003.

MANN, J. G.; LIU, Y. A. *Industrial Water Reuse and Wastewater Minimization*. New York: McGraw-Hill, 523p., 1999.

MARDER, L. *Emprego da Técnica de Eletrodiálise no Tratamento de Soluções contendo Cádmio e Cianeto*. Dissertação (Mestrado em Engenharia). Programa de Pós-Graduação em Engenharia de Minas, Metalúrgica e de Materiais. Porto Alegre. UFRGS. 2002.

MARDER, L.; BERNARDES, A. M.; FERREIRA, J. Z. Cadmium electroplating wastewater treatment using a laboratory-scale electrodialysis system. *Separation and Purification Technology*, v. 37, p. 247-255, 2004.

MARGAT, J. Repartition des ressources et des utilisations d'eau dans le monde: disparités présentes et futures. *La Houille Blanche* n. 2, Paris, p. 40-51, 1998.

MARQUES, M. Efluentes de galvanoplastia: B. S. Continental tem a única estação vertical. *Saneamento Ambiental*, n. 37, fev./mar. São Paulo, 1996.

MARTINS, G. *Benefícios e custos do Abastecimento de Água e Esgotamento Sanitário em pequenas comunidades*. Dissertação de mestrado da Faculdade de Saúde Pública da Universidade de São Paulo. São Paulo: 1995.

MELBOURNE WATER. *Desalination*: adding security to water supply. Disponível em: <http://thesource.melbournewater.com.au/content/articles/200706303.asp>. Acesso em: 13 maio 2009.

MENDES, A. *Para Pensar o Desenvolvimento Sustentável*. São Paulo: Brasiliense, 1994.

METCALF & EDDY, INC, *Wastewater engineering: treatment and reuse*, 4th. ed. – New York: McGraw-Hill, 2003.

METCALF & EDDY. *Wastewater Engineering: Treatment, Disposal and Reuse*. 3. ed. McGraw-Hill Inc. Singapura, 1334 p., 1991.

MIERZWA, J. C. – PHD – *Processos de Separação dor Membranas para Tratamento de Água d Efluentes*. USP, 2009.

MIERZWA, J. C. *Água na indústria*: uso racional e reúso. São Paulo: Oficina dos Textos, 2005.

MIERZWA, J. C.; HESPANHOL, I. *Água na indústria: uso racional e reúso*. São Paulo: Oficina de textos, 144 p. 2005.

MINISTÉRIO DO MEIO AMBIENTE. Disponível em: <www. mma.gov.br/conama/processos>.

MISEREZ, Marc-André. *Água Doce que Vem do Mar*. Swissinfo.ch, 11 mar. 2003. Disponível em: <http://www.swissinfo.ch/por/archive.html?siteSect=883&sid=1686474&ty=st>. Acesso em: 14 mar. 2009.

MONTEIRO, C. E. *Disposição final dos despejos líquidos da indústria açucareira e alcooleira*. São Paulo, Cetesb, 1977.

MOREIRA, M.; JOYCE, A.; PINA, H. *O Problema da Escassez da Água Potável e a Questão da Dessalinização*. Seminário de Manutenção, Área Departamental de Engenharia Mecânica, Escola Superior de Tecnologia, U.Algarve, Faro, 1994. Disponível em: <http://ltodi.est.ips.pt/mmoreira/PUBLICACOES_C/peapqd_sem_manu_UAL_1994.PDF>. Acesso em: 16 mar. 2009.

MORIKAWA, L. *Introdução ao Carbono Ativado*. Curitiba, Indústrias Químicas Carbomafra S.A., 1990.

MOTA, S. *Reúso de Águas: a Experiência da Universidade do Ceará*. Fortaleza, UFC, 2000.

MOTTA, Maurício. *Introdução ao Processo de Separação por Membrana*. Centro de Tecnologia e Geociências, Universidade Federal de Pernambuco. Disponível em: <http://www.deq.ufpe.br/disciplinas/Processos%20Qu%C3%ADmicos%20de%20Tratamento%20de%20Efluentes/Membranas.pdf>. Acesso em: 10 mar. 2009.

MRE. *Brasil: Informações Gerais Sobre Aspectos Geográficos*. Disponível em: <www.mre.gov.br/mdsg/textos/brinfg-p.htm>. Acessado em: 21 ago. 2001.

MURGEL B. e ALMEIDA ROCHA, A. *Elementos de Ciências do Ambiente*. São Paulo, Cetesb, 1987.

MUSTAFÁ G. S. Reutilização de efluentes líquidos em indústria petroquímica. Dissertação de mestrado. U. F. Bahia – Escola Politécnica. Salvador, 1998.

NAKAJIMA A., TAHARA M., YOSHIMURA Y., NAKAZAWA H. *Determination of free radicals generated from light exposed ketoprofen*. J. Photochem. Photobiol. A, v.174, p.89-97, 2005.

NEGRÃO, P. Artigo. Extração de Compostos Orgânicos Voláteis de Águas Subterrâneas Através de Air Strippers. Clean News. N. 5; jun 2002. Disponível em: http://www.clean.com.br/Clean_ News/antigos/cleannews5_strippers.pdf. Acessado em fevereiro de 2010.

NEGREIROS, S. O Impacto do Meio Ambiente nos Negócios. Saneamento Ambiental. 45: 20-23 pp, 1997.

NETTO, A. J. M. e outros. Sistemas de esgotos sanitários – Cetesb/Faculdade de Saúde Pública da USP. São Paulo, 418 pp. 1973.

NETTO, A.; FERNANDEZ, M. F.; Araújo, R.; Ito, A. H. Manual de Hidráulica. São Paulo: Blucher, 8. ed. 669 p. 1998.

NOVA ANALÍTICA Importação e Exportação Ltda. *Catálogo on line*. Disponível em: http://www.analiticaweb.com.br/produtos_detalhe.php?an=f10c38fbaa09eee7ec5a27886309b628&Bid=p3d24b0dc771eb. Acessado em fevereiro de 2010.

NUNES, J. A. Tratamento Físico-Químico de Águas Residuárias Industriais. 3. ed. Rev. ampl. São Paulo: Triunfo, 2001.

NUNES, J. R.; ZUGMAN, J. *Curso de tratamento de águas residuárias de indústrias de galvanoplastia*. São Paulo: Cetesb, p. 1-30, 1989.

NUVOLARI, A. (coord.). *Esgoto Sanitário:* Coleta, transporte, tratamento e reúso agrícola. São Paulo: Blucher, 520p., 2003.

O ESTADO DE SÃO PAULO. *Aprovado projeto para uso da água que vem do esgoto*. Disponível em: <www.estado.com.br/editorias/2001/l>. Acessado em: 14 set. 2001.

O ESTADO DE SÃO PAULO. *São Caetano economiza com reúso de água*. Disponível em: <www.estadao-escola.com.br/eescola/pesquisa/artigo /ano2001/ trabalho/20010799.htm>. Acessado em: 3 jul. 2001.

OENNING Jr. A. – Tese de Mestrado: "Avaliação de tecnologias avançadas para o reúso de água em indústria metalmecânica". Universidade Federal do Paraná – Programa de Pós-Graduação em Engenharia de Recursos Hídricos e Ambiental. 2006.

OLIVEIRA, E. C. M. *Desinfecção de efluentes sanitários tratados através da radiação ultravioleta*. Tese Mestrado. Universidade Federal de Santa Catarina. 2003

OLIVEIRA, E. L.; PEREIRA, R. A. C. Reúso de efluentes de tratamento de esgoto em irrigação por subsuperfície. *Publicação técnica*, 21º Congresso Brasileiro de Engenharia Sanitária e Ambiental, 2001.

OLIVETTI SOUZA. M. – Especialização. *Dessalinização da Água do Mar Para Consumo Humano*. Faculdade de Tecnologia de São Paulo – Fatec-SP. Depto. Hidráulica e Saneamento. 2009

PACHECO, J. W. F. *Curtumes*, Série P+L. São Paulo, Cetesb, 2005.

PADILLA, W. El uso de la fertirrigacion en cultivos de flores en latinoamericana. In: *Fertirrigação*: citros, flores, hortaliças. FOLEGATTI, M. V. (coord.) Guaíba – RS. Agropecuária, 355-392 p., 1999.

PALUDETTO SILVA, J. O.; HESPANHOL, I. *Reúso de Água na Indústria de Curtimento de Couros:* Estudo de Caso, Conferência Global – Construindo o Mundo Sustentável. São Paulo, IUAPPA/ABEPPOLAR, 2002.

PAM MEMBRANAS SELETIVAS, Catálogo virtual. Disponível em: http://www.pam-membranas.com.br/produtos.html. Acessado em fevereiro 2010.

PAM MEMBRANAS SELETIVAS. *Programa Focar*. Rede de Tecnologia do Rio de Janeiro. 2005. Disponível em <www.redetec.org.br/focar?downloads/cristiano_borges.pdf>. Acessado em: 20 08 2008.

PANOSSIAN, Z. Banho de níquel tipo Watts: estrutura dos eletrodepósitos de níquel. *Tratamento de Superfície,* n. 77, p. 27-37, maio/jun. 1996.

_____. Banho de níquel tipo Watts: função dos principais constituintes. *Tratamento de Superfície*, n. 74, p. 32-38, nov./dez. 1995.

_____. Banho de níquel tipo Watts: principais contaminantes. *Tratamento de Superfície,* n. 81, p. 26-32, jan./fev. 1997.

PEREIRA JUNIOR, José de Sena. *Dessalinização de Água do Mar no Litoral Nordestino e Influência da Transposição de Água na Vazão do Rio São Francisco*: estudo. Consultoria Legislativa da Câmara dos Deputados, 2005. Disponível em: <http://www.abpef.org.br/arquivos/Dessaliniza%E7%E3o%20-%20camara%20dos%20deputados%20-%202004_12195.pdf>. Acesso em: 21 mar. 2009.

PERFURADORES S/A. *São Caetano é pioneira em reúso de água.* Disponível em: <www.perfuradores.com/noticia_323.htm>. Acessado em: 24 abr. 2002.

PEUSER, M. Progressos na substituição de cromo decorativo. *Tratamento de Superfície,* n.79, p. 34-35, set./out. 1996.

PINA, Antônio Victor Vaz de. *Dessalinização Solar no Abastecimento de Água para uma Família no Arquipélago de Cabo Verde*. Monografia de Graduação, Universidade Federal do Rio grande do Sul, Porto Alegre, 2004.

PIVELI, R. P. *Avanços no Tratamento Biológico de efluentes*. Whorkshop. "Avaliação de Impactos e Desenvolvimento de Tecnologias de Tratamento". Setembro 2007. <www.ipen.br/conteudo/upload/200710101736470.ipen_Roque_Passos.pdf>. Acessado em: 27 08 2008.

PLVPQ – Portal de Laboratórios Virtuais de Processos Químicos. *Membranas.* Disponível em: <http://labvirtual.eq.uc.pt/siteJoomla/index.php?option=com_content&task=view&id=57&Itemid=206>. Acesso em: 16 mar. 2009.

PROSAB. *Saneamento básico.* Disponível em: <www.prosab.org.br>.

QASIN, S. R. *Wastewater Treatment Plants: Planning, design and operation.* 2. ed. Pensylvania – EUA: Technomic. 1107p., 1999.

QUEIROZ, M. B.; OLIVEIRA, M. J.; LEITE, V. D.; DIAS, J.; BENTO, E. R. *Estudo da influência do pH no processo de stripping de amônia em torres empacotadas.* – 1º Encontro Nacional de Tecnologia Química. Fortaleza – CE. Junho de 2008. Disponível em: http://www.abq.org.br/entequi/2008/trabalhos/20-2740.htm. Acessado em fevereiro de 2010.

QUIN, J.; WAI, M.; OO, M., WONG, F. A feasibility study on the treatment and recycling of a wastewater from metal plating. *Journal of Membrane Science,* v. 208, p. 213-221, 2002.

RAMALHO, Renata. *Dessalinização da Água.* Curiosidades da Dra. Shirley, 05 jun. 2008. Disponível em: <http://drashirleydecampos.com.br/noticias/23186>. Acesso em: 07 mar. 2009.

RAMILO, Lucía B.; SOLER, Susana M. Gómez de; COPPARI, Norberto R. *Tecnologías de Proceso para Desalinización de Aguas.* Comisión Nacional de Energía Atómica, n. 9/10, p. 22-27, ene-jun. 2003.

RAMOS, R. G.; ALÉM SOBRINHO, P. Remoção de surfactantes no pós-tratamento de efluente de reator UASB utilizando filtro biológico. *(Boletim Técnico da Escola Politécnica da USP. Departamento de Engenharia Hidráulica e Sanitária, BT/PHD/101).* São Paulo: EPUSP, 11p., 2002.

RBC – RAIN BIRD CORPORATION. *Irrigação para um Mundo em Crescimento.* 2004. Disponível em: <http://www.rainbird.com/pdf/iuow/iuow_pt_br.pdf>. Acesso em: 22 mar. 2009.

REAHL, Eugene R. *Half a Century of Desalination With Electrodialysis.* General Electric Company, Technical Paper, TP1038EN 0603, 2006. Disponível em: <http://www.gewater.com/pdf/Technical%20Papers_Cust/Americas/English/TP1038EN.pdf>. Acesso em: 17 mar. 2009.

REBOUÇAS, A. C. Água Doce no Mundo e no Brasil. In: REBOUÇAS, A. C.; BRAGA B.; TUNDISI J. (org). *Águas Doces no Brasil*: Capital Ecológico, Uso e Conservação. São Paulo: Escrituras. 717 p., 1999.

REBOUÇAS, A.; BRAGA, B.; TUNDISI J. (org). *Águas Doces no Brasil:* Capital Ecológico, Uso e Conservação. 2. ed. Rev. ampl. São Paulo: Escrituras, 703p., 2002.

REDE AMBIENTE. *Educação ambiental.* Disponível em: <www.redeambiente.org/dicionário>. Educação Ambiental 24 horas. Acessado em: 27 fev. 2002.

REVISTA ÉPOCA. Fórum Nacional das Águas. Informe Publicitário. Poços de Caldas, 4 a 7 de junho de 2003. vol. 267, 30 de junho de 2003.

REVISTA GERENCIAMENTO AMBIENTAL. Disponível em: <www.gerenciamentoambiental>. Acessado em 2005.

RIBEIRO, F. M.; SANTOS, M. S. Cervejas e refrigerantes, Serie P+L. São Paulo, Cetesb, 2006.

RIOS, Jorge. *Dessalinização da Água*. 27 maio 2003. Disponível em: <http://www.ecoviagem.com.br/fique-por-dentro/artigos/meio-ambiente/dessalinizacao-da-agua-682.asp>. Acesso em: 07 mar. 2009.

ROCHA M. T.; SHIROTA, R. Disposição Final de Lodo de Esgoto – *Revista de estudos ambientais*, v. 1, n. 3, set./dez. 1999.

ROCZANSKI, A. O. *Recuperação da água de retenção do processo de eletrodeposição de ouro por eletrodiálise*. Tese Mestrado. Universidade Regional de Blumenau – Centro de Ciências Tecnológicas. 2006.

ROZENTAL, B. A. *Osmose Reversa no Tratamento de Água*. Rio de Janeiro, Instituto Brasileiro de Petróleo, 1996.

SABESP. *Dessalinização da Água*. Disponível em: <http://www.sabesp.com.br/CalandraWeb/CalandraRedirect/?temp=4&proj=sabesp&pub=T&db=&docid=FA6CEC90E39669E5832571C600637D19>. Acesso em: 2010.

SABESP. *Estabelecimento de diretrizes técnicas, econômicas e institucionais de programa de ação para implementação de sistema de reúso de esgoto na RMSP*. CONTRATO AE.08428/01. São Paulo, 2001.

_____. *Reúso planejado:* Sabesp meio ambiente; reciclagem de lodo. Disponível em: <www.sabesp.com.br/sabespensina/avançado>. Acessado em 2006.

_____. *Tratamento de água;* Tratamento de esgoto; Reciclagem de lodo; lodos ativados. Disponível em: <www.sabesp.com.br/sabespensina/intermediário>. Acessado em 2005.

_____. *Uso racional da água: adote esta idéia*. Apresentação da Vice-Presidência Metropolitana de Distribuiçao da RMSP, São Paulo, s/d.

_____. Relatório 4 – Caracterização das ETEs – volume 4.1 Texto. São Paulo, 2002.

_____. Relatório 4 – Caracterização das ETEs – volume 4.2 Anexos. São Paulo, 2002.

_____. *Coleta e transporte de efluentes;* Tratamento Metropolitano. Disponível em: <www.sabesp.com.br/0_que_fazemos/>. Acessado em 2005.

_____. *Conservação e uso racional da água*. Disponível em: <www.eu.ansp.br/~sabesp/ educação.html>. Acessado em: 07 ago. 1998.

SALATI, E.; LEMOS, H.M.; SALATI, E. Água e o desenvolvimento sustentável. In.: REBOUÇAS, A. C.; BRAGA, B.; TUNDISI, J. G. (org.). *Águas Doces no Brasil:* Capital Ecológico, Uso e Conservação. São Paulo: Escrituras, 1999.

SALONDA. *Dessalinização da Água do Mar*. 2008. Disponível em: <http://proascg4.pbworks.com/Dessaliniza%C3%A7%C3%A3o>. Acesso em: 31 maio. 2009.

SANEAR. *Prensa desaguadora de esteiras*. Disponível em: <www.sanear.com.br>. Acessado em 2005.

SANTOS, M. F. *Estudo preliminar da avaliação técnica de metodologias de tratamento terciário do efluente tratado gerado na ETE da CETREL para reúso em atividades industriais*. Mestrado. UFBA – Universidade Federal da BAHIA – Salvador, 2006.

SANTOS, M. S.; YAMANAKA, H. T. *Bijuterias*, Serie P+L, São Paulo, Cetesb, 2005.

SCHIRRMANN, Luiz Stefano. *Osmose Reversa*: tecnologia para a dessalinização da água do mar. Pensamentos & Opiniões, jul 2008. Disponível em: <http://schirrmann.blogspot.com/2008/07/osmose-reversa-tecnologia-para.html>. Acesso em: 07 mar. 2009.

SCHOEMAN, J. F. et al. Evaluation of reverse osmosis for electroplating effluent treatment. *Water Science and Technology*, v. 25, n. 10, p. 79-93, 1992.

SCIELO, 2008 – Imagem *Característica dos processos por separação por membranas*. Disponível em: www.scielo.br/img/revistas/esa/v13n1/a11fig01.gif Acessado em fevereiro de 2010.

SHEREVE, R. N.; BRINK JR. J. A. *Indústrias de processos químicos*. 4. ed. Rio de Janeiro: Guanabara, p. 23-29. 1977.

SHIKLOMANOV, I. A. *World water resoucer*: a new appraisal and assessment for the 21st Century. IHP/UNESCO, 37p. 1998.

SIDEM. *Multiple Effect Distillation*. Disponível em: <http://www.sidem-desalination.com/en/process/MED/Process/>.

SIDEM. *Multi-Stage Flash Distillation*. Disponível em: <http://www.sidem-desalination.com/en/process/MSF/>.

SILVA, Anderson Marinho da; SANTOS, Andrezza L. M.; ALLEBRANDT, Cristiane. *Dessalinização da Água –* principais processos. Trabalho de graduação, Faculdade de Tecnologia de São Paulo, São Paulo, 2008.

SILVA, G. A.; SIMÕES, R. A. G. Água na Indústria, In: REBOUÇAS, A. C.; BRAGA, B.; TUNDISI, J. G. *Águas Doces no Brasil*: Capital Ecológico, Uso e Conservação. São Paulo: Escrituras, 1999.

SILVA, José Orlando Paludetto. *Introdução ao Processo de Separação por Membranas*. GEASANEVITA, 2005. Disponível em: <http://www.geasanevita.com.br/MG_APRESENTACAO%20MEMBRANAS.pdf>. Acesso em: 22 mar. 2009.

SILVA, M. C. C. *Clarificação do concentrado gerado no tratamento de água por ultrafiltração*: estudo de caso na represa do Guarapiranga. Tese Mestrado. Escola Politécnica da Universidade de São Paulo – USP – 2009.

SIMABUCO, S. M.; NASCIMENTO F. V. F. Análise quantitativa por fluorescência de raios X por dispersão de energia em amostra de água e efluentes industriais. In: Congresso Geral de Energia Nuclear, 5, 1993, Rio de Janeiro. *Anais...* Rio de Janeiro, v. 3, p. 841-845. 1993.

SIMÕES, N. M. G. "*Fenol e Clorofenóis em Águas para Consumo Humano: Optimização do Método de Análise por SPME-GC/MS*", Tese Mestrado. Faculdade de Farmácia da Universidade de Lisboa, 2004.

SINGH, R. A Review of Membrane Technologies: Reverse Osmosis, Nanofiltration and Ultrafiltration. *Ultrapure Water,* vol. 14, Littleton, 1997.

SMITH, R. *Water and wastewater minimization:* water, water everywhere. Chem Eng Sci, 1995, part 1.

SOARES, Clarissa. *Tratamento de Água Unifamiliar Através da Destilação Solar Natural Utilizando Água Salgada, Salobra e Doce Contaminada*. Dissertação de Mestrado, Universidade Federal de Santa Catarina, Florianópolis, 2004.

SOUZA, C. A. *Tratamento Termofílico Aeróbio de Efluente de Máquinas de Papel utilizando Biorreator a Membrana*. Tese de Doutorado em Ciência Florestal. Universidade Federal de Viçosa. 2008. <http://www.tede.ufv.br.tedesimplificadotde_buscaarquivo.phpcod Arquivo=1543> Acessado em: 22 10 2008.

SOUZA, F. B. *Remoção de compostos fenólicos de efluentes petroquímicos com tratamentos sequenciais e simultâneos de ozonização e adsorcao*. Tese Mestrado. Universidade Federal de Santa Catarina. 2009.

SPIER, L. R. Operação e manutenção de estações de tratamento. *Tratamento de Superfície*, n. 74, p. 42-43, nov./dez. Rio de Janeiro, 1995.

SURI, R. P. S. et al. *Heterogeneous photocatalytic oxidation of hazardous organic contaminantsin water.* Water Environmental. Research, v. 65, n. 5, p. 665-73, Jul./Aug. 1993.

TAKASHI ASANO, Ph. D., P. E. Wastewater Reclamation and Reuse, *Water Quality Management Library*. v. 10, Pennsylvania, USA, Technomic Publishing Co., Inc., 1998.

TAMBOSI, J. L. *Remoção de fármacos e avaliação de seus produtos de degradação através de tecnologias avançadas de tratamento* – Tese Doutorado. Centro Tecnológico da Universidade Federal de Santa Catarina. 2008

TELLES, D. A. Água na Agricultura e Pecuária. In: REBOUÇAS, A. C.; BRAGA, B.; TUNDISI, J. G. (org.). *Águas Doces no Brasil:* Capital Ecológico, Uso e Conservação. São Paulo: Escrituras, 1999.

_____. Água na Agricultura e Pecuária. In: REBOUÇAS, A. C.; BRAGA, B.; TUNDISI, J. G. (org.). *Águas Doces no Brasil:* Capital Ecológico, Uso e Conservação. 2. ed. Rev. ampl. São Paulo: Escrituras, 2002.

_____. Aspectos da Utilização de Corpos D'água que Recebem Esgoto Sanitário na Irrigação de Culturas Agrícolas, in NUVOLARI, A. (cord.) *Esgoto Sanitário:* Coleta, Transporte, Tratamento e Reúso Agrícola. São Paulo: Blucher, 2003.

THAME, A. C. M. "*ÁGUA:* a iminência da escassez". São Paulo, Universidade de São Paulo, 2002.

TOMAZ, P. *Previsão de Consumo de Água*. São Paulo: Hermano & Bugelli, 2000.

_____. *Conservação da Água*. São Paulo: Digihouse Editoração Eletrônica, 1998.

TOSETTO, M. S.; OZAWA, S. P.; YWASHIMA, L. A. Biblioteca de Tecnologias Ambientais: Uma proposta para a Engenharia Civil. *Anais* do III Congresso Científico da Unicamp (painel), 1999.

TRATAMENTO DE ÁGUA E EFLUENTES, 2008. Disponível em: http://www.tratamentoaguaefluentes.com.br/filtrosfiltracao/Tratamento_Agua_filtracao.htm. Acessado em fevereiro de 2010.

TUNDISI J. G.; TUNDISI T. M.; ROCHA O. Liminologia de Águas Interiores. Aspectos, Conservação e Recuperação de Ecossistemas Aquáticos. In: REBOUÇAS, A. C.; BRAGA, B.; TUNDISI, J. G. (org.). *Águas Doces no Brasil:* Capital Ecológico, Uso e Conservação. São Paulo: Escrituras, 1999.

TUREK, Marian; DYDO, Piotr; WILTOWSKI, Tomasz. *Electrodialysis as an Alternative Seawater Desalination Method*. The 2005 Annual Meeting, Cincinnati, OH. 2005.

TV CULTURA. *Água: um bem limitado – reúso*. Disponível em: <www.tv cultura.com.br>.

UNESCO. Água para todos, Água para la vida. *Informe de lãs Naciones Unidas sobre el Dessarrollo de los Recursos Hídricos en el Mundo*. 36p. 2004.

UNIÁGUA – Universidade da Água. *Água no Planeta*. Disponível em: <www.uniagua.org.br/aguaplaneta.htm>. Acessado em 2001, 2004 e 2005.

____. *Reúso*. Disponível em: <www.uniagua.org.br/reuso>. Acessado em 2005.

ÚNICA – União da Agroindústria Canavieira de São Paulo. Disponível em: <www.unica.com.br>. Acessado em dez. 2005.

UNICAMP – Universidade de Campinas. *Tecnologia para tratamento de esgotos sanitários*. Disponível em: <www.fec.unicamp.br>. Acessado em: 25 fev. 2002.

UNIVERSIDADE FEDERAL DE MINAS GERAIS. Disponível em: <www. Desa, ufmg. Br/espec/ resumos/ livros>. Acessado em 2004.

USEPA – Environmental Protection Agency. Water Quality Criteria. Washington, EPA, 1973.

USP – Universidade de São Paulo. *Lagoas Facultativas*. Disponível em: <www.saneamento.poli.ufrj.br/pesquisas>. Acessado em 2005.

____. *Programa pró-ciência – qualidade de água*. Disponível em: <educar.sc.usp.br/biologia/prociencias/qagua.htm. Acessado em: 22 out. 2002.

VIANA, P. Z. *Biorreator com Membrana aplicada ao tratamento de esgotos domésticos*: Avaliação do desempenho de módulos de membranas com circulação externa. Tese de Mestrado em Engenharia Civil. Universidade Federal do Rio de Janeiro 2004. < www.coc.ufrj.br/index.php?option=com_docman&task=doc_details&gid=324>. Acessado em: 29 08 08.

VIDROLAB. Vidrolab 2 – Vidros e Materiais de Laboratório Ltda. Disponível em: http://www.vidrolab.pt/asp/prods/por-tp.asp?id=3326. Acessado em fevereiro de 2010.

VIERO, A. F. *Avaliação do desempenho de um biorreator com membranas submersas para tratamento de efluente*. Tese de Doutorado em Engenharia Química. Universidade Federal do Rio de Janeiro. 2006. <www.dominiopublico. gov.br/download/texto/cp012455>. Acessado em: 10 10 2008.

VON SPERLING, M. Princípios do Tratamento Biológico de Águas Residuárias; Introdução à qualidade das águas e ao tratamento de esgotos, v. 1. Belo Horizonte: ABES, 1995.

____. *Princípios do Tratamento Biológico de Águas Residuárias; Lagoas de Estabilização*, v. 3. Belo Horizonte: ABES, 1996.

____. *Princípios do Tratamento Biológico de Águas Residuárias; Lodos Ativados*, v. 4. Belo Horizonte: ABES, 1997.

____. *Introdução à qualidade das águas e ao tratamento de esgoto*. 3. ed. Belo Horizonte: DESA/UFMG, 452 p. 2005.

WASSERMAN, Julio Cesar. *Estudo do Impacto Ambiental da Barra Franca na Lagoa de Saquarema*. Departamento de Análise Geo-Ambiental, Universidade Federal Fluminense, 2000.

WATER WORKS. *Processo de Osmose Reversa*. Disponível em: <http://www.waterworks.com.br/tecnologia.php>. Acesso em: 16 mar. 2009.

WHITE MARTINS. *Aplicações de Ozônio em Processos Industriais*. Rio de Janeiro, 1992.

YAMANAKA, H. T. Sucos Cítricos, Série P+L, São Paulo, Cetesb, 2005.

SITES CORPORATIVOS USADOS PARA O GLOSSÁRIO

– Ambiente Brasil – www.ambientebrasil.com.br, 2005.
– Unificado – www.unificado.com.br, 2004.
– Uniágua – www.uniagua.org.br, 2004
– Sabesp – www.sabesp.com.br, 2006
– Cetesb – www.cetesb.sp.gov.br
– Viva Terra – www.vivaterra.org.br, 2006
– Ibama – www.ibama.gov.br